РОССИЙСКАЯ АКАДЕМИЯ НАУК
Программа Президиума РАН
«Научные основы сохранения биоразнообразия России»
Зоологический институт РАН

БИОЛОГИЧЕСКИЕ ИНВАЗИИ В ВОДНЫХ И НАЗЕМНЫХ ЭКОСИСТЕМАХ

Под редакцией
академика РАН А.Ф. Алимова
и Н.Г. Богуцкой

Товарищество научных изданий КМК
Москва – Санкт-Петербург ❖ 2004

Коллектив авторов: *А.Ф. Алимов, Н.Г. Богуцкая, М.И. Орлова, В.Ф. Зайцев, С.Я. Резник, В.Е. Панов, А.Э. Айрапетьянц, Н.В. Аладин, В.Я. Бергер, Н.А. Березина, В.С. Болдырев, П.В. Большагин, Д.Е. Быченков, Д.В. Гельтман, С.М. Голубков, В.И. Гонтарь, М.Б. Дианов, Л.В. Жакова, О.В. Ковалев, О.Е. Кравченко, П.И. Крылов, Л.А. Кудерский, А.Л. Лобанов, А.М. Насека, Е.Н. Науменко, А.Д. Наумов, В.А. Паевский, И.С. Плотников, Ю.Ю. Полунина, А.А. Протасов, В.Г. Сиделева, А.О. Смуров, В.В. Сподарева, П.П. Стрелков, И.В. Телеш, А.Н. Тельпуховский, Т.У. Тирриот, И.М. Фокин, Т.А. Харченко, Н.В. Шадрин, Ф.М. Шакирова, В.С. Шестаков*

БИОЛОГИЧЕСКИЕ ИНВАЗИИ В ВОДНЫХ И НАЗЕМНЫХ ЭКОСИСТЕМАХ. М.: Товарищество научных изданий КМК. 2004. 436 с.

Монография обобщает многолетние результаты работ Зоологического института Российской академии наук и его партнеров в области изучения формирования биоразнообразия в водных и наземных экосистемах под влиянием чужеродных видов. В книге на современном уровне проанализирована и систематизирована терминология, характеризующая предмет и различные аспекты инвазионной биологии, дано общее представление о биологических инвазиях как частном случае расселения организмов и оценены масштабы этого явления. В ряде разделов книги проанализированы основные причины и закономерности процесса антропогенного расселения видов в сравнении с естественным на примере конкретных видов и надвидовых таксонов в условиях конкретных водных и наземных экосистем. Особенное внимание уделено значению видов-вселенцев в формировании фаун и флор, влиянию на структурно-функциональные характеристики экосистем. Дана также оценка возможностей применения информационных технологий в изучении чужеродных видов. Книга содержит обширный новый фактический материал по отдельным аспектам биологических инвазий и представляет интерес для широкого круга читателей и специалистов в области зоологии, ботаники, гидробиологии, систематики, биогеографии, экологии и эволюции, для специалистов в управлении водными и наземными биологическими ресурсами, а также для преподавателей и студентов высших учебных заведений.
Библиография содержит 1530 назв., ил. 51, табл. 31.

Редакционная коллегия:
А.Ф. Алимов, Н.Г. Богуцкая

Рецензенты:
акад. РАН С.Г. Инге-Вечтомов (Санкт-Петербургский государственный университет, Санкт-Петербургский научный центр РАН),
проф. С.Н. Оленин (Клайпедский университет, Литва)
проф., д.б.н В.Р. Дольник (Зоологический институт РАН)

Издание осуществлено при поддержке Российского фонда фундаментальных исследований по проекту № 04-04-62037

РФФИ

ISBN 5-87317-158-0

RUSSIAN ACADEMY OF SCIENCES
Programme of the Presidium of RAN «Scientific Bases of the Conservation of Biodiversity of Russia»
Zoological Institute RAN

BIOLOGICAL INVASIONS IN AQUATIC AND TERRESTRIAL ECOSYSTEMS

Edited by
A.F. Alimov and N.G. Bogutskaya

KMK Scientific Press Ltd.
Moscow – Saint Petersburg ❖ 2004

A.F. Alimov, N.G. Bogutskaya, M.I. Orlova, V.F. Zaitzev, S.Ya. Reznik, V.E. Panov, A.E. Airapetyants, N.V. Aladin, V.Ya. Berger, N.A. Berezina, V.S. Boldyrev, P.V. Bolshagin, D.E. Bychenkov, D.V. Geltman, S.M. Golubkov, V.I. Gontar, M.B.Dianov, L.V. Zhakova, O.V. Kovalev, O.E. Kravchenko, P.I. Krylov, L.A. Kudersky, A.L. Lobanov, A.M. Naseka, E.N. Naumenko, A.D. Naumov, V.A. Paevsky, I.S. Plotnikov, Yu.Yu. Polunina, A.A. Protasov, V.G. Sideleva, V.V. Spodareva, A.O. Smurov, P.P. Strelkov, I.V. Telesh, A.N. Telpukhovsky, T.W. Therriault, I.M. Fokin, T.A. Kharchenko, N.V. Shadrin, F.M. Shakirova, V.S. Shestakov.

BIOLOGICAL INVASIONS IN AQUATIC AND TERRESTRIAL ECOSYSTEMS.
Moscow: KMK Scientific Press Ltd. 2004. 436 p.

The monograph generalizes results of long-term research conducted by the Zoological Institute of the Russian Academy of Sciences and its partners in studies of formation of biodiversity in aquatic and terrestrial ecosystems under the influence of non-indigenous species. The book analyzes and systematizes terminology and definitions characterizing the subject and different aspects of invasion biology. Assessed is the general idea of biological invasions as a particular case of dispersal of organisms and scale of this phenomenon. In a number of chapters of the book the major reasons and regularities of the process of anthropogenic dispersal of species are analyzed as compared to natural ones by the example of individual species and superspecies taxa under conditions of particular water and terrestrial ecosystems. Special emphasis is placed on invasive species in formation of faunas and floras, influences on structural-functional characteristics of ecosystems. Assessment of possibilities of application of information technologies in the study of invasive species is given. The book contains extensive new factual material on separate aspects of biological invasions, and is of interest to a wide audience and specialists in management of aquatic and terrestrial biological resources, and also for teachers and students of higher educational institutions.
References include 1529 titles, Il. 51, Table 31.

ISBN 5-87317-158-0

Введение

В XX столетии биологические инвазии различных организмов в результате интенсификации промышленности, сельского хозяйства и экономических отношений стали причиной изменения границ биогеографических областей. Рост народонаселения планеты и повышение уровня технической и энергетической вооруженности человека послужил основой колоссальных изменений экосистем. Проблема антропогенной трансформации естественных систем тесно связана с различными политическими, экономическими и культурными процессами: говорят даже об антропогенной эволюции экосистем (Миркин, Наумова, 2001) и новом типе биоразнообразия — ксеноразнообразии, образованном чужеродными видами (Leppäkoski, Olenin, 2000). Особое внимание уделяется повреждающему аспекту вселения чужеродных видов. Инвазии адвентивных организмов признаны одними из ведущих факторов трансформации природных экосистем и являются платой за создание высокопродуктивных агроценозов, повышение эффективности гидростроительства, торговли сельскохозяйственной продукцией и экзотическими организмами, туризма, звероводства и аквакультуры, спортивного лова и охоты. В историческое время мы наблюдаем не просто быстрое изменение видового разнообразия отдельных экосистем, но и необратимое преобразование ландшафтов целых регионов (Средиземноморья, Новой Зеландии, зоны экваториальных лесов в целом, прерий Северной Америки, бассейна Аральского моря и т.д.).

Используя концепцию К.Б. Городкова (1997) о динамическом взаимодействии ареалов разных видов, можно говорить о том, что, по-видимому, никогда ни один вид не оказывал столь сильного и специфического ареагенного воздействия, как *Homo sapiens*. С точки зрения межвидовых отношений, человек выступает как сильнейший констриктор, особенно аменсал (через формирование антропогенных ландшафтов и, соответственно, разрушение естественных биоценозов, загрязнение среды, вырубки, перевыпас, пожары и др.), а также как хищник (охота, рыболовство и т. д.). Очень велика роль человека как мутуалиста (разведение домашних животных, культурных растений и др., которые, в свою очередь, оказывают заметное влияние на природную среду). Процветают также виды-комменсалы человека, очень большое значение приобретают антропохоры и синантропы. Наконец, под воздействием человека идет ускоренное формообразование (селекция доместикатов, включая локальные расы, породы, сорта и т.д., появление новых сорняков и вредителей, формирование устойчивости к пестицидам и инсектицидам).

Глобальный характер антропогенного распространения видов растений и животных все более очевиден, особенно сейчас, в эпоху так называемой глобализации процессов мирового развития, обостренного войнами регионального характера, которые способствуют переносу большого числа не контролируемых карантинными службами организмов, в том числе и патогенных (с беженцами из стран, участвующих в конфликтах, с военными и гражданскими грузами, направляемыми в разные части света, и т.п.).

Изучение закономерностей протекания биологических инвазий становится специальной областью биологических исследований. Этот процесс затронул и территорию бывшего СССР, занимающего основную часть Северной Евразии. Только в последние три года в Российской Федерации проведено несколько международных конференций (http://www.zin.ru/projects/invasions/rc_news.htm). К их числу следует, прежде всего, отнести международный американо-российский семинар по инвазионным видам, проходивший в Институте биологии внутренних вод РАН 27–30 августа 2001 г., где был очерчен основной круг наиболее важных направлений исследований чужеродных видов в рамках международного сотрудничества. Основные итоги исследования видов-вселенцев в наземных и водных экосистемах были подведены на заседании круглого стола, проходившего 4–6 июня 2002 г. в Институте проблем экологии и эволюции РАН с участием представителей учреждений РАН, других министерств и ведомств, а также на открытом заседании Совета по проблемам общей биологии Санкт-Петербургского научного центра РАН "Биологические инвазии в наземных и водных экосистемах" 5 декабря 2002 г. В 2003 г. состоялись конференции "Проблемы изучения адвентивной и синантропной флоры в регионах СНГ" (Новиков, Щербаков, 2003) и "Эволюция морских экосистем под влиянием вселенцев и искусственной смертности фауны" (Матишов и др., 2003). Эти встречи показали, в частности, необходимость разработки унифицированной терминологии.

Показательно также и то, что ряд международных научных обществ имеет в своей структуре секции и рабочие группы по чужеродным организмам, а международные конференции, организуемые этими обществами, как правило, посвящают одну из своих секций вопросам биоинвазий. Существуют также специальные конференции, посвященные только биологическим инвазиям, например, "International zebra mussel and aquatic nuisance species conference" и "International Marine Bioinvasions Conference", заседания которых проходят ежегодно в США и Канаде, куда приглашаются и европейские ученые. С 1969 г. проводятся регулярные международные симпозиумы по биологическому контролю сорняков (International Symposium on Biological Control of Weeds), посвященные почти исключительно проблеме борьбы с инвазионной сорной растительностью.

Можно предположить, что настоящий период изучения инвазий следует охарактеризовать как переходный от описаний фактов вселения видов в новые районы к анализу причин и последствий этого явления. В 2000 г. был опубликован сборник трудов "Виды-вселенцы в европейских морях СССР" по итогам конференции, проходившей в Мурманском биологическом институте (Матишов, Денисов, 2000). В 2002 г. выпущена коллективная монография "Invasive aquatic species in Europe. Distribution, impacts and management" (Leppäkoski et al., 2002), где представлены исследования большинства ученых, занимающихся биологическими инвазиями в водных экосистемах Европы.

В Зоологическом институте РАН (ЗИН РАН) изучение основных закономерностей расширения ареала видами животных, частным случаем которого и является биологическая инвазия в нашем понимании, имеет богатую предысторию. Начало систематическому накоплению сведений о распространении животных на территории Российской империи было положено экспедициями Императорского Зоологического музея под руководством Д.Г. Мессершмидта, И.Г. Гмелина, Г.В. Стеллера, С.П. Крашенинникова, П.С. Палласа и многих других великих российских зоологов. В частности, в 1769 г. П.С. Палласом был описан один из наиболее известных видов среди тех, которые считаются теперь инвазионными, — *Dreissena polymorpha* (= *Mytilus polymorphus* Pallas). Появление ряда фундаментальных научных трудов по систематике, фаунистике, зоогеографии и экологии вряд ли было бы возможно без собираемых в течение более чем двух веков богатейших коллекций и описательных материалов Зоологического музея Императорской академии наук, а затем и Зоологического института СССР и РАН. Так, например, коллекции были использованы Н.А. Андрусовым при написании основополагающей монографии по ископаемым и рецентным группам сем. Dreissenidae (Андрусов, 1897). Именно в этом труде, благодаря всестороннему — морфология, филогения, экология, распространение, палеонтология — подходу к предмету исследований, автору удалось показать значение естественных (геологических и палеоклиматических) и антропогенных факторов в иммиграции и экспансии некоторых видов дрейссен в прошлом и в историческое время. Он отметил отдельные элементы сходства в явлениях, которые мы трактуем как "палеоинвазия" и "инвазия". В ЗИН РАН в рамках многочисленных фаунистических и таксономических исследований продолжается накопление данных о распространении и расселении животных, что позволяет анализировать динамику ареалов в сравнительном аспекте. Кроме того, полевые наблюдения часто позволяют выявлять механизмы и векторы расселения. Эти сведения послужили основой многих работ, рассматривающих различные аспекты инвазий в широком смысле.

Отметим очень немногие из работ, сделанных в Петербурге, имеющих прямое или опосредованное, но, несомненно, важное значение в формировании представлений о биологической инвазии. Изучение и систематизация сведений о современном распространении отдельных таксонов и фаунистических комплексов рыб позволило Л.С. Бергу (1909, 1949 и др.) предложить свою схему зоогеографического районирования водоемов Евразии. Эта система не только достаточно универсальна и пригодна для анализа естественного распространения других групп водных животных, но и является отправной точкой в зоогеографических исследованиях чужеродной фауны внутренних водоемов. Материалы фундаментального труда В.А. Жадина и С.В. Герда (1961), посвященного системному описанию континентальных водоемов СССР и оценке изменений, произошедших в них в ходе гидростроительства, помогают пониманию причин экспансии ряда видов гидробионтов в меридиональном направлении. Обобщение результатов исследований прежних лет и анализ собственных фактических данных по ракообразным СССР позволили Е.Ф. Гурьяновой (1951) выдвинуть гипотезу о путях иммиграции ледниковых реликтов (палеоинвазии) в водоемы Евразии. Ее исследования, наряду с работами П.Л. Пирожникова (1937 и др.) по рыбам, можно считать важной предпосылкой разработки иммиграционной теории (Segestråle, 1962), описывающей причины, механизмы и последствия некоторых палеоинвазий в Евразии и Северной Америке.

Зоогеографическое направление исследований отражено в монографии Я.И. Старобогатова (1970), где, наряду с естественными причинами, обуславливающими распространение различных групп моллюсков в континентальных водоемах, подчеркивается важность антропогенного фактора. По его мнению, фактический ареал для целого ряда видов много меньше потенциального. Такая разница между реальными и потенциальными возможностями видов обусловлена, в частности, наличием множественных географических барьеров и критических зон, в механическом преодолении которых антропогенные факторы в историческое время играют основную роль. Значение таких зон в биологических процессах на примере зоны критической солености в эстуарных экосистемах можно оценить, ознакомившись с книгой В.В. Хлебовича (1974), где на основе анализа экологии представителей широкого спектра таксономических групп выявлены причины распространения некоторых водных животных в чрезвычайно широком диапазоне значений соленостного фактора. Не затрагивая непосредственно проблему биологических инвазий, этот труд может иметь большое значение в будущих прогностических исследованиях. Основу таких прогнозов, несомненно, заложили работы И.И. Николаева (1951, 1963, 1974, 1979, 1985).

Особая область исследований — разработка основ "классического" биометода, т.е. интродукций естественных врагов для снижения плотности популяции инвазионного вида и уменьшения приносимого им ущерба. Среди сотрудников ЗИН РАН, уделявших особое внимание биометоду как таковому, следует в первую очередь упомянуть И.А. Рубцова, который был активным защитником и пропагандистом биологического метода борьбы и на протяжении многих лет своей жизни указывал на опасность злоупотребления инсектицидами и на необходимость разработки теоретических основ биологического метода борьбы с вредными насекомыми. В сущности, к теоретическим основам биологического метода борьбы с вредными насекомыми можно отнести, например, практически все работы многих поколений систематиков, занимавшихся как таксонами, позднее давшими практике агентов биометода (жесткокрылыми, перепончатокрылыми, двукрылыми), так и потенциальными объектами контроля — вредными насекомыми. В 1959 г. в Зоологическом институте была создана лаборатория экспериментальной энтомологии и теоретических основ биометода, которую возглавил Д.М. Штейнберг. Заложенные им основы научных направлений до сих пор разрабатываются его научными последователями и учениками. После Д.М. Штейнберга лабораторию в течение 40 лет возглавлял В.А. Заславский, непревзойденный специалист по экологии и физиологии насекомых. Исследования в области биологического контроля сорных растений в нашей стране были начаты в 70-х годах прошлого столетия О.В. Ковалевым, который и по сей день является авторитетнейшим ученым в разработке теории контроля сорных растений на основе моделирования сопряженной эволюции членистоногих-фитофагов и высших растений.

Большое внимание в ЗИН РАН уделяется инвазиям в водных экосистемах. В период с конца 1980-х до середины 1990-х гг. были проведены первые исследования видов-вселенцев в водной системе "Ладожское озеро – Нева – Невская губа – восточная часть Финского залива", начавшиеся с обнаружения и изучения особенностей распространения байкальской амфиподы *Gmelinoides fasciatus* в Ладожском озере (Панов, 1994; Panov, 1996). При поддержке Ленкомэкологии и ФЦНТП "Биоразнообразие" были проведены первые работы по распространению и биологии чужеродных видов в эстуарии Невы, Ладожском и Псковско-Чудском озерах (Панов и др., 1997; Орлова и др., 1999; Panov et al., 1996; Krylov, Panov, 1997; Krylov et al., 1999; Panov et al., 2000). Одним из важных прикладных результатов этих работ было научное обоснование необходимости разработки и выполнения специальной региональной программы, направленной на решение проблемы биологического загрязнения в бассейне Финского залива (Алимов и др., 1998). Кроме того, впервые была обоснована необходимость специального учета чужеродных видов при проведении государственного гидробиологического мониторинга (Балушкина и др., 1999).

С 1998 г. начался период планомерных исследований распространения и биологии водных чужеродных видов, поддержанных первым в России грантом по данной тематике в рамках ФЦНТП "Биоразнообразие" ("Динамика биоразнообразия водных сообществ бассейна Балтийского моря под влиянием видов-вселенцев"). Эти исследования проводились группой сотрудников лаборатории пресноводной и экспериментальной гидробиологии под руководством академика РАН А.Ф. Алимова. Результаты были опубликованы в большой серии работ (Orlova et al., 1999; Panov, 1999a; Panov et al., 1999; Телеш и др., 2000, 2001; Алимов и др. 2001; Березина и др., 2001; Литвинчук и др., 2001; Орлова, Щербина, 2002; Панов, 2002; Orlova, 2002; Panov, Berezina, 2002; Reid, Orlova, 2002). В этот же период впервые была обоснована необходимость разработки национального плана действий по предотвращению интродукций чужеродных видов во внутренние и прибрежные воды России (Алимов и др., 2000) и разработаны основы системы мер защиты водной системы "Ладожское озеро – Нева – Невская губа – восточная часть Финского залива" от биологического загрязнения (Алимов и др., 2002). В 2001–2002 гг. ЗИН РАН и Санкт-Петербургским научным центром РАН были проведены международные семинары по проблемам биологического загрязнения акватории Невы, Невской губы и восточной части Финского залива с участием Комитета по природопользованию, охране окружающей среды и обеспечению экологической безопасности администрации Санкт-Петербурга и Генерального консульства США в Санкт-Петербурге. Важным направлением работ было создание информационных систем для учета чужеродных видов, и впервые в России были созданы базы данных по водным чужеродным видам с ГИС-приложениями (Panov et al., 1999b; Панов и др., 2000) и тематический информационный сайт в сети Интернет (http://www.zin.ru/projects/invasions/).

Данная монография является результатом междисциплинарного, межинститутского и международного сотрудничества. В написании книги приняли участие ученые разных специальностей из организаций России, Украины, Туркменистана и Канады.

Материал в книге представлен следующим образом:

Глава 1. Общие представления о биологических интродукциях и инвазиях.

1.1. Антропогенное распространение видов животных и растений за пределы исторического ареала: процесс и результат. Рассмотрены общие вопросы теории биологических инвазий. Проведен обзор основных проблем, связанных с феноменом антропогенного расселения организмов разных таксономических групп и интеграции их в новые экосистемы. Особое внимание уделено содержанию и обоснованию терминов, используемых при изучении инвазий. ***А.Ф. Алимов, Н.Г. Богуцкая, М.И. Орлова, В.А. Паевский, С.Я. Резник*** **(ЗИН РАН),** ***О.Е. Кравченко*** **(Всероссийский институт растениеводства),** ***Д.В. Гельтман*** **(Ботанический институт РАН).**

1.2. Биометод и биоразнообразие: два взгляда на проблему инвазий. Раздел посвящен обсуждению неоднозначности последствий расширения видового ареала, что делает весьма важной проблему способов и критериев оценки влияния чужеродных видов на естественные и антропогенные биоценозы. Обоснована необходимость комплексной количественной оценки влияния вселяемого вида на окружающую среду. При этом особую остроту приобретает проблема выбора критериев оценки позитивных и негативных последствий. В сравнительном плане рассмотрены экономические и экологические критерии для оценки последствий интродукций и инвазий, а также степень их влияния на биоразнообразие. ***В.Ф. Зайцев, С.Я. Резник*** **(ЗИН РАН).**

1.3. Новая концепция формирования биосферных инвазий: экспансия “ювенильных” таксонов. Предложена новая концепция формирования биосферных инвазий, объясняющая их успех экспансией филогенетически молодых видов. “Ювенильные” таксоны являются начальными этапами в эволюции надвидовых таксонов, обеспечивая быстрое заполнение экологических ниш при экспансиях в разрушенные системы. В эволюционном процессе это “ценофобы”, нередко занимающие начальные серии сукцессий нерекомбинирующими формами. Эти таксоны, сохраняя нестабильное состояние генома, при инвазиях в разрушенные экосистемы провоцируются к экспансии на новой территории. Для ряда видов коэволюционной системы “насекомое-растение” в области инвазии показано существенное изменение некоторых популяционных показателей, в частности увеличение численности и возрастание размаха фенетической изменчивости. ***О.В. Ковалев*** **(ЗИН РАН).**

1.4. Обзор чужеродных видов свободноживущих водных беспозвоночных и рыб в водоемах европейской части России и сопредельных стран. Данный раздел демонстрирует масштаб обсуждаемого явления и основные тенденции в его протекании на примере водоемов европейской части России и сопредельных стран. Анализ таксономического и фаунистического состава гидробионтов, демонстрирующих успешную инвазию, показал лидирующее значение отдельных фаунистических комплексов (например, эстуарных видов) и регионов в качестве источников инвазий и позволил высказать предположение о различной восприимчивости водных экосистем к инвазиям и о ведущем значении довольно ограниченного числа векторов в успехе интродукции.

1.4.1. Свободноживущие беспозвоночные. ***М.И. Орлова*** **(ЗИН РАН),** ***Н.В. Шадрин*** **(Институт биологии южных морей Национальной академии наук Украины).**

1.4.2. Рыбы. ***А.М. Насека, Н.Г. Богуцкая*** **(ЗИН РАН).**

Глава 2. Примеры, причины и механизмы расселения видов.

2.1. Канадская элодея — характерный пример инвазии высшего водного растения на территории России. Описывается история инвазии одного из самых известных и наиболее агрессивных видов-вселенцев, часто называемого “водяной заразой” или “водяной чумой”. Показано, что заросли *Elodea canadensis* могут играть как положительную, так и отрицательную роль в функционировании экосистем водоемов. ***Л.В. Жакова*** **(ЗИН РАН).**

2.2. Инвазии хищных планктонных Cladocera и возможные причины их успеха. Детально рассмотрены примеры инвазий хищных Cladocera в ряд водоемов Европы и Северной Америки. Проанализирована динамика популяций *Cercopagis pengoi*, *Bythotrephes longimanus* и *Leptodora kindtii* в области инвазии. Показано, что в большинстве случаев вселение новых видов не сопровождалось подавлением популяций местных хищных кладоцер. Сделан вывод, что успешная натурализация хищных кладоцер в новых местообитаниях — одно из последствий антропогенного изменения ихтиоценозов водоемов (изменение способов и орудий лова, интродукция новых видов рыб и др.), что привело к ослаблению контроля развития зоопланктона со стороны рыб-планктофагов. ***П.И. Крылов, П.В. Большагин, В.Е. Панов*** **(ЗИН РАН),** ***Д.Е. Быченков*** **(Законодательное собрание Санкт-Петербурга),** ***Е.Н. Науменко*** **(Атлантический научно-исследовательский институт рыбного хозяйства и океанографии),** ***Ю.Ю. Полунина*** **(Атлантическое отделение Института океанологии РАН).**

2.3. Основные причины сходства и различия инвазий родственных видов на примере *Dreissena polymorpha* и *D. bugensis* (Bivalvia, Dreissenidae). Проведен сравнительный анализ литературных источников и фактических данных в свете современных представлений о причинах успеха расселения организмов на примере двух родственных инвазионных видов дрейссен и оценка значения внутренних и внешних факторов в протекании и завершении процесса инвазии. При выявлении основных предпосылок, причин и особенностей современного антропогенного расселения инвазионных дрейссенид и палеоинвазий основное внимание уделено ныне живущим понто-каспийским *Dreissena polymorpha polymorpha, D. bugensis* и *D. rostriformis*. ***М.И. Орлова*** **(ЗИН РАН),** ***T.V. Тирриот*** **(Pacific Biological Station, Department of Fisheries and Oceans, Canada),** ***А.А. Протасов, Т.А. Харченко*** **(Институт гидробиологии Национальной академии наук Украины),** ***Ф.М. Шакирова*** **(Институт пустынь Академии наук Республики Туркменистан).**

2.4. Пресноводные рыбы России за пределами исторических ареалов: обзор типов интродукций и инвазий. В этом разделе проиллюстрированы основные понятия и категории, связанные с явлением расширения ареалов пресноводных рыб на территории России, на отдельных примерах. По данным авторов, не менее 120 видов найдено вне пределов их исторических ареалов. Такие адвентивные виды, а также механизмы и сам процесс их расселения классифицированы по многим критериям, в частности по расположению региона донора по отношению к границам Российской Федерации, природе фактора, обусловившего изменение характеристик ареала, способу проникновения в регион-реципиент, характеру интродукции, цели и технологии аквакультуры, успеху натурализации, степени экспансии. Согласно классификации чужеродных видов проанализирован состав рыбного населения речных бассейнов Волги и Кубани. ***Н.Г. Богуцкая, Л.А. Кудерский*** **(Институт озероведения РАН),** ***А.М. Насека, В.В. Сподарева*** **(ЗИН РАН).**

2.5. Инвазионные виды рыб в озере Байкал и Байкальском регионе. Проанализирована современная фауна рыб бассейна оз. Байкал. Показано, что из 12 инвазионных видов в Байкале натурализовалась половина видов, из которых 4 (амурский сазан, восточный лещ, амурский сом и ротан) обитают совместно с рыбами сибирского комплекса, а 2 вида (пелядь и ряпушка) — с рыбами сибирско-байкальского комплекса. В оз. Байкал прибрежная зона с глубинами до 50 м, на которой могут обитать рыбы сибирского комплекса и вселенцы, составляет всего 8% общей площади озера. Геоморфологические и климатические особенности оз. Байкал препятствуют увеличению численности прибрежных видов рыб, в том числе и интродуцированных видов. Показано, что вселенцы не оказали большого влияния на экосистему оз. Байкал. ***В.Г. Сиделева*** **(ЗИН РАН),** ***А.Н. Тельпуховский*** **(Лимнологический институт СО РАН).**

2.6. Расселение птиц в Европе: обзор наиболее быстрых экспансий за последние два столетия. В обзоре суммированы фактические данные по срокам, темпам и территориям расселения 9 видов птиц из отрядов пластинчатоклювых, голубеобразных, дятлообразных и воробьиных, а также обсуждены объяснения причин их экспансии, предложенные разными авторами. ***В.А. Паевский*** **(ЗИН РАН).**

2.7. Расширение ареалов палеарктическими рукокрылыми (Chiroptera, Mammalia) как пример инвазии в антропогенных биотопах. Рассматривается быстрое расширение ареала и освоение новых типов ландшафтов 3 видами палеарктических рукокрылых — типичных синантропов, почти утерявших связь с естественными убежищами. Показано, что антропогенные преобразования природы способствуют быстрому расселению этих видов преимущественно в северном направлении, что, вероятно, связано с потеплением климата Европы. ***П.П. Стрелков*** **(ЗИН РАН).**

2.8. Расселение морских донных животных как механизм биологической инвазии. С помощью уравнения Пикколи-Сартори рассмотрено расселение бореальных и бореально-арктических донных животных атлантического происхождения на шельфе арктических евразийских морей. Вероятно, расселительный потенциал различных таксонов может зависеть от преобладающего в группе способа размножения и от наличия пелагической расселительной стадии. Обсуждается вопрос о возможности использования указанной математической модели для проверки гипотез о соответствии числа видов таксона в локальной фауне теоретически ожидаемому и для выявления инвазионной способности отдельных групп морских животных. ***А.Д. Наумов, В.И. Гонтарь*** **(ЗИН РАН).**

2.9. Причины и тенденции антропогенного расселения эстуарных организмов. Данный раздел демонстрирует неоднородность солоноватоводной фауны. Высказано предположение о том, что в пределах одного и того же вида наиболее инвазионны популяции и подвиды, обитающие в геологически молодых эстуарных районах одной и той же зоогеографической провинции (например, понто-каспийского региона). Показано также, что к источникам успешных вселенцев можно причислить и те эстуарные районы, которые характеризуются резкими и непериодическими колебаниями гидродинамических и гидрохимических характеристик (эстуарии муссонного климата восточной Азии). Анализ структуры донных сообществ эстуарных районов использован для объяснения причин такого явления, наблюдаемого в последние несколько десятилетий, как сопряженная инвазия двух или нескольких видов. ***В.В. Хлебович, М.И. Орлова*** **(ЗИН РАН).**

2.10. Колонизация Белого моря различными видами в голоцене: естественная и антропогенная составляющие. На примере двустворчатых моллюсков и других групп животных показано, что наиболее интенсивно естественная инвазия (палеоинвазия) морских животных в Белое море проходила во время атлантической климатической фазы. В настоящее время фауна Белого моря продолжает пополняться как за счет естественного расселения организмов, так и за счет инвазионных и интродуцированных видов (антропогенный процесс). ***А.Д. Наумов, В.Я. Бергер*** **(ЗИН РАН).**

2.11. Воздействие видов-вселенцев на биоразнообразие Каспийского моря. Рассматриваются история и пути проникновения гидробионтов в Каспийское море из других водоемов как в прошлом, так и в настоящее время, а также их роль в формировании фауны данного солоноватоводного водоема. Особое внимание уделено роли недавних вселенцев в экосистеме Каспийского моря и их влиянию на биологическое разнообразие. ***Н.В. Аладин, И.С. Плотников*** **(ЗИН РАН).**

Глава 3. Роль чужеродных видов в сообществах и экосистемах-реципиентах и модели инвазионного процесса.

3.1. Влияние чужеродных видов на функционирование водных экосистем. Рассмотрены характеристики “биологического загрязнения” в экосистемах водоемов, такие как самовоспроизводимость, самоусиление, инвариантность, многосторонность, непредсказуемость и практическая неустранимость, делающие его специфической и весьма мощной формой антропогенного воздействия. Отмечено, что вселения чужеродных видов в новые для них экосистемы представляют собой крупномасштабные эксперименты, позволяющие в природных условиях исследовать механизмы функционирования экологических систем. Рассмотрены изменения структурно-функциональных показателей экосистем и направлений развития (сукцессии) экосистемы под влиянием видов-вселенцев. ***С.М. Голубков*** **(ЗИН РАН).**

3.2. Причины, особенности и последствия распространения чужеродных видов амфипод в водных экосистемах Европы. В разделе рассмотрены основные антропогенные и естественные процессы, способствующие увеличению скорости дисперсии (как локальной, так и масштабной) чужеродных видов амфипод. На примере некоторых видов амфипод демонстрируются основные закономерности роста численности популяций натурализовавшихся видов, рассмотрены характеристики, определяющие успех инвазии, обсуждаются различные механизмы воздействия и последствия воздействий чужеродных амфипод на различные компоненты экосистемы-реципиента. ***Н.А. Березина*** **(ЗИН РАН).**

3.3. Взаимоотношения между видом-вселенцем *Dreissena polymorpha* (Pallas) и микрозоопланктоном в прибрежных водах эстуария реки Невы (Финский залив Балтийского моря). Дано сравнительное количественное описание воздействия вида-эдификатора на пелагические сообщества водоема-реципиента, основанное на новом фактическом материале и литературных данных. ***И.В. Телеш, М.И. Орлова*** **(ЗИН РАН).**

3.4. Роль чужеродных видов животных в экосистеме Аральского моря. Анализируются последствия как плановых интродукций, так и случайного проникновения чужеродных видов в этот водоем. Особое внимание уделено роли вселенцев в современной экосистеме Арала в связи с резким снижением биоразнообразия в результате осолонения. ***Н.В. Аладин, И.С. Плотников, А.О. Смуров, В.И.Гонтарь*** **(ЗИН РАН).**

3.5. Бычки Neogobiinae (Teleostei, Gobiidae) в экосистемах Евразии и североамериканских Великих озер. Рассмотрено подсемейство рыб, широко распространенных в бассейнах Черного, Азовского и Каспийского морей, для анализа причин и механизмов расселения ряда видов за пределы исторического ареала. Эта группа видов может служить моделью для проверки гипотезы о том, что инвазии близкородственных и экологически сходных видов начинаются из областей, дающих большое число иммигрантов, таких как, например, эстуарные районы понто-каспийского бассейна. Проанализированы морфологические особенности и особенности образа жизни 7 видов, которые имеют наибольший инвазионный потенциал. ***Н.Г. Богуцкая, В.С. Болдырев*** **(Волгоградское отделение Государственного института озерного и речного рыбного хозяйства),** ***А.М. Насека*** **(ЗИН РАН).**

3.6. Интродуцированные млекопитающие в России: экологический и экономический эффект. Раздел посвящен анализу интродукций млекопитающих и их результатам на территории бывшего СССР с особым вниманием к Северо-Западу России. Показано, что в общей сложности на территории бывшего СССР для обогащения фауны пушно-промысловыми формами или внедрения специализированных хищников с целью ведения биологической борьбы с нежелательными компонентами биоценоза было выпущено более 470 тысяч экземпляров млекопитающих, принадлежащих к 47 видам. Из них только небольшое количество видов успешно натурализовалось и продолжает расселяться. При этом экономическая выгода даже от успешных акклиматизаций весьма сомнительна. Анализ всех приведенных примеров подчеркивает необходимость научно обоснованного подхода к любым акклиматизациям млекопитающих. ***И.М. Фокин*** **(ЗИН РАН),** ***А.Э. Айрапетьянц*** **(Санкт-Петербургский государственный университет).**

3.7. Интродукция амброзиевого листоеда *Zygogramma suturalis* (Coleoptera, Chrysomelidae) как модель инвазионного процесса. Раздел посвящен краткому анализу результатов интродукции амброзиевого полосатого листоеда для борьбы с злостными инвазионными сорняками — амброзиями. Система "листоед-амброзия" близка к "идеально простой" модели для исследований: листоед не питается ничем, кроме амброзии, а амброзия не поедается практически никем, кроме листоеда. Подобная модель позволила выявить и сформулировать ряд закономерностей, применимых и к более сложным ситуациям. ***С.Я. Резник*** **(ЗИН РАН).**

Глава 4. Значение открытых информационных систем и баз данных по чужеродным видам.

Обсуждается значение открытых информационных систем и баз данных по чужеродным видам, в том числе в связи с требованиями международного законодательства ("Конвенция о биологическом разнообразии"). Дан обзор основных международных и национальных источников информации по проблеме в сети Интернет. Обосновывается необходимость разработки открытой национальной информационной системы по чужеродным видам России, которая должна быть создана с учетом международных рекомендаций и стандартов. Предлагается концепция национальной информационной системы по чужеродным видам, которая должна представлять собой сеть открытых совместимых тематических баз данных, доступ пользователей к которым может осуществляться через центральный Интернет-портал. ***В.Е. Панов, А.Л. Лобанов, М.Б. Дианов, В.С. Шестаков*** **(ЗИН РАН).**

Словарь терминов содержит определения всех основных понятий, использованных в тексте книги. Он отражает критически проанализированную терминологию, принятую в современной литературе, и оригинальное мнение авторов данной монографии.

Список литературы включает 1551 публикацию, отражающую все области инвазионной биологии, а также дающую сведения о распространении и экологических особенностях многих групп организмов — от вирусов до млекопитающих. Авторы монографии ставили своей задачей сделать обзор литературы по рассматриваемым вопросам как можно более полным и надеются, что список литературы может послужить своего рода библиографией для всех, кто интересуется вопросами биологических инвазий.

Без финансовой поддержки со стороны Российской академии наук, Российского фонда фундаментальных исследований, Министерства промышленности, науки и технологий Российской Федерации и ряда других организаций представленная работа была бы невозможной. Монография подготовлена в рамках следующих программ, проектов и грантов:

— программа Отделения биологических наук РАН "Проблемы общей биологии и экологии", в том числе темы "Изучение пространственного распределения, функциональной экологии, динамики популяций и роли в экосистемах интродуцированных видов как научной основы прогноза их распространения и контроля" и "Разработка информационных систем для ведения учета интродуцированных видов";

— программа Президиума РАН "Научные основы сохранения биоразнообразия России" (6.4. Изучение влияния чужеродных видов на биоразнообразие России, разработка методов прогноза и превентивных методов борьбы с инвазиями);

— программа фундаментальных исследований Отделения биологических наук РАН "Фундаментальные основы управления биологическими ресурсами" (2. Оценка состояния и динамики важнейших биологических ресурсов, научные основы управления биоресурсами на уровне видов, сообществ и экосистем);

— "Конкурсный фонд индивидуальной поддержки ведущих ученых и научных школ" Министерства промышленности, науки и технологий РФ ("Школа продукционной гидробиологии", "Петербургская ихтиологическая школа", "Санкт-Петербургская диптерологическая школа");

— инициативные проекты Российского фонда фундаментальных исследований №№ 01–04–485424, 01–04–49550, 01–04–49560, 02–04–48617, 02-04-48646, 02–04–49993; 04-04-49207;

— гранты INTAS Aral Sea 2000–1053, 2000–1030, 2000–1039;

— грант Совета "The Natural Sciences and Engineering Research Council of Canada (NSERC)", Канада;

— грант фонда "Maj and Tør Nessling Foundation", Финляндия.

За поддержку и помощь в исследованиях авторы выражают свою искреннюю признательность С.А. Белокобыльскому, Е.Б. Виноградовой, О.В. Ковалеву, А.Л. Лобанову, И.А. Спасской (ЗИН РАН) и всем другим участникам комплексных экспедиций по борьбе с амброзией.

Мы надеемся, что эта монография внесет вклад в развитие основных направлений современной науки о биологических инвазиях и их последствиях.

Глава 1. Общие представления о биологических интродукциях и инвазиях

1.1. Антропогенное распространение видов животных и растений: процесс и результат

В отношении человека и человечества к природе — естественной природе в целом (тому, что принято называть “биосферой”), экосистемам и отдельным видам — можно выделить три аспекта (Elton, 1958). Первый из них является, в сущности, этическим. Он заключается в том, что человек не вправе вмешиваться в жизнь животных и растений, разрушать или переделывать сообщества, истреблять виды, т.е. должен признавать “право” природных сообществ и систем на независимое от человека существование. Возрождение (до некоторой степени) этического подхода мы наблюдаем в появлении и развитии концепции биологического разнообразия.

Второй аспект можно назвать “эстетическим” или “интеллектуальным”. Мы можем сказать, что природа — все виды дикой живой природы с окружающей их средой — интересна, а также красива и способна возбуждать эмоции. Это — источник вдохновения для людей искусства, источник материала и удовольствия для натуралистов и ученых и, наконец, место отдыха и развлечений.

Третий, наиболее заметный аспект — практический. Человечество издавна использует растения, животных, неживые объекты природы с утилитарными целями и изменяет или уничтожает то, что кажется ненужным или вредным. “Мы не можем ждать милости от природы, взять их у нее — наша задача”, — высказывание, вполне применимое не только к отечественной практике взаимодействия человека с живой природой. Осуждая такой подход в его утрированном виде, тем не менее, было бы крайне наивно утверждать, что во имя сохранения “естественного” биоразнообразия и невмешательства в экологические системы человечество полностью откажется от их эксплуатации, а также культивирования пищевых и иных ресурсов (сельского хозяйства, аквакультуры, озеленения населенных пунктов, пушного хозяйства и т.п.), использования абиотических ресурсов окружающей среды или выведения техногенных продуктов и продуктов свой жизнедеятельности.

В современную эпоху интенсивных антропогенных преобразований экосистем можно констатировать, что в подавляющем большинстве случаев происходит более или менее быстрое обеднение естественных сообществ и трансформация естественных экосистем. Аборигенные флора и фауна и естественные экосистемы сохраняются лишь на ограниченных территориях, где влияние человеческой активности сдерживается, как правило, лишь благодаря особым факторам, например, исключительной отдаленности, эффективному заповедному режиму и т.п. Главной составляющей процесса современной эволюции экосистем называют “гомогенизацию” биосферы, т. е. “великое переселение” видов из одного региона в другой, появление в экосистемах видов, которых там ранее не было. Считается, что резкое увеличение темпов расселения чужеродных видов в последние десятилетия обусловлено, в первую очередь, антропогенными факторами (Elton, 1958; Николаев, 1985; Carlton, 1996a, 1996b и мн. др.). Результатом взаимодействия аборигенных видов и видов-вселенцев часто является снижение таксономического разнообразия за счет прямого уничтожения аборигенных видов или их подавления (Heywood, 1989; Lodge, 1993; Миркин, Наумова, 2001 и др.). Снижения количества таксонов в системе может не происходить, но таксономический состав меняется кардинальным образом. Так, необычайно возросший поток мигрирующих видов оказывает огромное влияние на дикорастущую и культурную флору. По литературным данным, отмечается тенденция к уменьшению во флоре удельного веса местных видов (Ильминских, 1982; Терехина, 2000). Во флорах разных районов европейской части России заносные виды составляют 20–30% (Миркин и др., 2001). К концу текущего столетия значительно возросла частота обнаружения новых видов в прибрежных морских, солоноватоводных и пресноводных экосистемах всего мира. Только во внутренних морях России и сопредельных стран и в каскадах водохранилищ на крупных реках обнаруживается более 150 видов свободноживущих беспозвоночных, ранее не свойственных этим экосистемам. Среди рыб, зарегистрированных в пресных водах России, около 1/3 видов обнаруживаются вне пределов их исторических ареалов.

В последнее время процессы, связанные с появлением и воздействиями на сообщества и экосистемы чужеродных видов, принято называть “биологическими инвазиями”. Под биологической инвазией в широком смысле понимается “вторжение в какую-либо местность нехарактерного для нее вида животного, включение в сообщество новых для него видов” (Реймерс, 1988), “все случаи проникновения живых организмов в экосистемы, расположенные за пределами их первоначального (обычно естественного) ареала” (Дгебуадзе, 2002), или “…все случаи распространения организмов, как вызванные деятельностью человека (интродукция), так и естественные перемещения видов за пределы их обычного распространения (естественное расширение ареала)” (Панов, 2002). Терминология, связанная с ареалом, подробно рассматривается ниже (см. также “Словарь терминов”).

В сводках, посвященных инвазиям (Elton, 1958; Crosby, 1986; Drake et al., 1989; Helgeveld, 1989; di Castri et al., 1990; Clout, Sarah, 1996; Williamson, 1996; Leppäkoski et al., 2002 и мн. др.), приводятся многочисленные естественные и антропогенные причины, способствующие расселению чужеродных видов. В самом общем виде к инвазиям в широком смысле относят миграцию и вселение видов в результате

— естественного расширения ареала по типу диффузии;

— квазиестественных перемещений, связанных с флюктуациями численности и климатическими изменениями, в том числе перемещений в результате экстраординарных климатических или геологических явлений; к таким перемещениям близок скачкообразный тип естественного расселения некоторых организмов;

— антропогенных изменений абиотических факторов окружающей среды, повлекших за собой соответствующие изменения границы ареала;

— преднамеренной интродукции и реинтродукции важных с утилитарной точки зрения (“полезных”) организмов;

— случайных заносов (с балластными водами, с импортной сельскохозяйственной продукцией, вместе с “полезными” интродуцентами, багажом и т.п.).

Расселение, которое можно полностью отнести за счет “естественных” причин (причин, не связанных с развитием человеческой цивилизации), строго говоря, есть предмет изучения биогеографии. Обычно такие “естественные изменения” ареалов видов или областей распространения таксономических групп или нетаксономических группировок видов (сообществ, ценозов) происходят сравнительно медленно. По В.И. Вернадскому (1926), любому организму (живому веществу) изначально присуще свойство расселяться, занимая все новые и новые пространства. При успешном расширении ареалов основной стратегией является постепенное и последовательное заселение новых местообитаний. Геологические и эволюционные события, однако, связаны неразрывным континуумом с событиями, детерминированными человеческой историей (Di Castri, 1989). При этом механизмы расселения видов естественным путем в процессе исторического развития биосферы оказываются во многом сходны с механизмами распространения, индуцированного человеческой деятельностью (см. ниже разделы, посвященные распространению видов в арктических, Каспийском и Аральском морях).

Временной аспект может служить одним из критериев отличия “антропогенных” изменений от “естественных” — эволюционных или биогеографических, имеющих гораздо более крупный временной масштаб. Изменения, вызванные прямо или косвенно деятельностью человека (развитием цивилизации), происходят обычно заметно быстрее (регистрируются одним или немногими поколениями людей) и происходят в данный отрезок времени или происходили сравнительно недавно. Большое (наибольшее) количество регистрируемых изменений ареалов связано, прежде всего, с самым последним периодом развития человеческой цивилизации. Однако есть много и относительно древних примеров, связанных с преднамеренными и сопутствующими перемещениями. Так, еще в Древнем Египте перевозили рыб для разведения в водоемах, отдаленных от их мест обитания. Весьма вероятно, что распространение целого ряда средиземноморских видов растений (включая многие наши обычные сорняки) связано с их заносом при древних торговых контактах. Вряд ли подлежит сомнению, что такие исторические явления, как великое переселение народов в первом тысячелетии нашей эры, монгольское нашествие на Русь, крестовые походы и т.п., способствовали распространению целого ряда видов за пределы их естественных ареалов.

Существует большое число фундаментальных работ, посвященных прямо (Elton, 1958; Иоганзен, 1963; Карпевич, 1975, 1998; Drake et al., 1989; Williamson, 1996; Ижевский, 2002; Leppäkoski et al., 2002 и др.) или косвенно (Буторин, Мордухай-Болтовской, 1960; Segestråle, 1962; Старобогатов, 1970 и мн. др.) процессу современного расселения видов, его стадиям, причинам, его вызывающим, а также механизмам, моделям расселения и последствиям внедрения вида в экосистему-реципиент. Однако в силу объективных причин, вызванных, в первую очередь, спецификой рассматриваемых объектов, в литературе можно обнаружить как различные термины для описания одних и тех же явлений, так и множественность толкования одних и тех же понятий. Так, в “Словаре терминов и понятий, связанных с охраной живой природы" (Реймерс, Яблоков, 1982) "инвазия", "внедрение", "вселение" и "интродукция" трактуются почти однозначно. Терминология, связанная с феноменом инвазии, находится в процессе разработки как в англоязычной (Miller, 1999; Carlton, 2002), так и в русскоязычной литературе. Используемые нами определения многих терминов представлены в "Словаре терминов".

В целом большинство авторов различает биологические инвазии, произошедшие в силу естественных причин, и инвазии, вызванные прямо или косвенно деятельностью человека, и, соответственно, употребляют для них различные термины. Так, Д. Карлтон и другие авторы (Carlton, 1996a, 1997; Buchan, Padilla, 1999) выделяют "расширение ареала" ("range expansion"), с одной стороны, и "интродукцию", или "антропогенную инвазию" ("introduction", "man-mediated invasion") — с другой, как явления, различающиеся способами расселения и преодоления естественных барьеров, временным и пространственным масштабами процесса расселения, а также тем, насколько сообщества-реципиенты предрасположены принять новых вселенцев. Однако для более четкого разграничения относительно давних исторических событий, детерминированных исключительно естественными причинами ("палеоинвазий"), и явлений, происходящих в период развития человеческой цивилизации, мы ограничиваем определение "инвазии" ("биологической инвазии") расселением вида за пределы исторического ареала после неолита, вызванное (прямо или косвенно) деятельностью человека. Начало неолита (5–6 тыс. лет до н.э.) считают условной временнóй границей, поскольку, даже если ранее человек и осуществлял интродукции, то эти интродукции были равнозначны переносам видов дикими животными (Webb, 1985; Kowarik, 1995).

Вместе с тем естественный процесс расширения ареала является частью или неотъемлемым продолжением антропогенно индуцированного. "Естественное расширение ареала", "естественное расселение", "саморасселение", "самоакклиматизация" — суть синонимы, отражающие расселение организмов под воздействием иных, нежели непосредственно антропогенных, причин. Самостоятельное расселение, как и интродукция, — один из вариантов инвазии, но осуществляется чаще не через преодоление барьера, а после его разрушения (т.е. увеличения вероятности преодоления барьера-границы первичного ареала вплоть до 100%). Самостоятельное расселение может следовать за интродукцией: организмы, будучи тем или иным образом занесены в регион-реципиент и натурализовавшись там (в случае благоприятных условий для образования самоподдерживающихся популяций), способны к самостоятельной колонизации экосистемы-реципиента без всяких поддерживающих усилий со стороны человека. Такое "вторичное самостоятельное расселение" следует отличать от "самостоятельного расселения" в общем смысле. Расширение ареала и колонизация экосистемы-реципиента в обоих случаях могут осуществляться двумя основными путями — по принципу "диффузии" и скачкообразно ("saltation") (Johnson, Carlton, 1996; MacIsaac, 2001). В случае диффузии скорость приращения площади ареала сравнительно невелика, поскольку является равнодействующей между естественной дисперсией расселительных стадий или активно расселяющихся особей в пространстве и всеми внешними силами (условия среды, всевозможные физические барьеры, биотические взаимодействия), ограничивающими расселительный потенциал популяции, или, напротив, способствующими расселению. Скачкообразный (сальтаторный) тип естественного распространения некоторых организмов вместе с течениями, ветрами и т. д., в общем, является частным случаем диффузного и обусловлен канализацией некоторых воздействий (например, течений), которые не препятствуют, а наоборот, усиливают дисперсию вида, но только в каком-то одном направлении ("jumping dispersal").

Следует отметить, что термин "инвазия" используется и в более узком смысле, нежели предложено выше, для обозначения "экспансии", быстрого активного расселения, в том числе с завоеванием новых биотопов и экологических ниш. Такое использование термина "инвазия" в русском языке обусловлено, по-видимому, тем, что при переводе книги Ч. Элтона (Elton, 1958) на русский язык понятие "invasion" было переведено и интерпретировано как "нашествие" (Элтон, 1960), что подчеркивает быстрый — "экспансивный" — характер наблюдаемого расширения ареала некоторых видов. У ряда авторов, анализирующих расселение растений, термин "инвазия" применяется только к экспоненциальной фазе расселения чужеродных видов после вселения их в новые местообитания (Connolly, 1977; Trepi, 1984; Trewick, Wade, 1986; Perrins et al., 1993; Pysek, Prach, 1993) или даже только к активной (агрессивной) натурализации адвентивного вида, сопровождающейся вытеснением видов местной (аборигенной) флоры (Новиков, Щербаков, 2003).

Термином "инвазия" могут также обозначаться явления, сопровождающие резкую вспышку численности у мигрирующих видов животных, главным образом птиц (Лэк, 1957; Svardson, 1957; Формозов, 1965; Паевский, 1985) и млекопитающих, которые на самом деле являются одним из механизмов регуляции численности путем элиминации популяционного излишка (Wynne-Edwards, 1962; Дольник, 1975) и, по-видимому, должны быть обозначены термином "выселение". В большинстве орнитологических работ, посвященных "инвазиям" (в англоязычной литературе "irruption", редко "invasion"), этим термином обозначают только нерегулярные, массовые и далекие передвижения популяций тех видов, которые в обычные годы оседлы или кочуют на ограниченных территориях. Термин "инвазия" также применяется к количественной характеристике одного из феноменов симбиоза — паразитизму (интенсивность и экстенсивность инвазии описывают распространение паразита в популяции хозяина и степень зараженности особи). Сравнение содержания термина "инвазия" в разных научных областях — экологии, популяционной генетике, эпидемиологии, биогеографии, математике — можно найти у Р. Хельгевельда (Helgeveld, 1989), который рассматривает инвазию как феномен, характеризующийся быстрым распространением (расселением) вида и подчеркивает динамические аспекты этого процесса.

Термин "интродукция" в широком смысле (как антипод "естественного расселения") часто обозначает явление расселения, вызванное деятельностью человека. Часто не разделяют акт переноса, т.е. собственно интродукцию ("перемещение", "вселение") и следующий за ним процесс "натурализации" или "вторичного самостоятельного расселения" (если таковое имеет место), рассмотренный выше.

Термин "интродукция" встречается в литературе с XVI века. Сначала он обозначал введение в культуру дикорастущего организма. В российскую науку этот термин вошел в 30-е годы XX века, когда Всесоюзный институт растениеводства под руководством академика Н.И. Вавилова развернул большую работу по освоению растительных ресурсов. Остановимся на термине "интродукция" как непосредственном механическом перемещении (преднамеренном или непреднамеренном) особей вида в регионы, где этот вид ранее не обитал, через барьеры, вероятность естественного преодоления которых данным видом приближается к нулю. Носителем при таком перемещении является человек, домашние животные или искусственно созданные средства передвижения. Синонимами "интродукции" в этом смысле являются часто употребляемые в англоязычной литературе (Williamson, 1996; Fuller et al., 1999; Elvira, 2001) термины "translocation" и "transplantation", а также "transfer".

К преднамеренной интродукции относятся:

1) перемещение без разведения для достижения прямым или косвенным образом любой утилитарной цели. Сюда относится и широко известная практика перемещения водных позвоночных и беспозвоночных животных с целью заполнить "пустующие" экологические ниши для повышения продуктивности экосистем;

2) разведение ценных для человека видов. Под разведением понимают искусственное поддержание и/или искусственное обеспечение отдельных составляющих жизненного цикла вида вне его естественного ареала. Такое разведение может быть условно подразделено на два основных типа:

— разведение в техногенных, но не полностью замкнутых системах (полях, садках и т.п.), условия которых делают сравнительно маловероятной возможность попадания объектов содержания (разведения) в естественные системы; сюда относится, в основном, разведение с товарной, научной, декоративной, образовательной целью, (например, разведение домашних животных), другие отрасли сельского хозяйства, пчеловодство и т.п. Следует отметить, что разведение животных и растений в зоопарках, аквариумах и оранжереях, а также иные случаи обитания в сугубо техногенных замкнутых условиях формально к явлению биологической инвазии не относятся;

— разведение с целенаправленным выпуском (высаживанием) особей в открытые системы для целей спортивного рыбоводства, звероводства, коммерческого рыбоводства нагульного типа, борьбы с обрастанием или зарастанием, садоводства, лесоводства и т.п.;

3) практика "классического" биологического контроля, т.е. целенаправленное расселение живых организмов (хищников, фитофагов, патогенов) для борьбы с вредными или нежелательными видами животных, растений или микроорганизмов;

4) преднамеренный выпуск (без утилитарных целей) объектов разведения; примером могут служить объекты аквариумного рыбоводства, выпущенные ("выброшенные") в естественные водоемы, или выпущенная туда же купленная в магазине наживка.

К непреднамеренной интродукции относится большое число случаев переноса организмов, осуществленного случайно, без постановки конкретной цели переноса. Она может быть условно разделена на две группы явлений: 1) интродукция вида вместе с объектами преднамеренного вселения (например, "бракеражная" акклиматизация в рыбоводстве) и 2) интродукция на "небиологическом" или биологическом носителе. Небиологическими носителями могут выступать суда (балластные воды, содержащие планктон, включая пелагические личиночные стадии донных гидробионтов; погруженные объекты с прикрепленными к ним взрослыми особями или молодью организмов-обрастателей), железнодорожный транспорт, самолеты и т.п. Именно этот спектр интродукций в основном попадает в категорию объектов карантинного контроля. На биологических носителях часто осуществляются интродукции насекомых (на растениях), паразитов, морских беспозвоночных (при импорте морепродуктов в упаковке из водорослей) и т.п.

Очень близок к термину "интродукция" термин "акклиматизация", однако последний, как правило, используется для обозначения явлений, связанных с преднамеренной интродукцией, т.е. сознательным процессом "улучшения ненасыщенных" флор и фаун и "заполнения свободных экологических мест" с более или менее явной утилитарной целью (Карпевич, 1998). В теории и практике акклиматизации термин "интродукция" используется в основном в узком смысле. Наиболее полное определение такого рода дано В.П. Малеевым (1933, с. 8): "Всякое введение растения, принадлежащего к определенной систематической единице, виду или одной из низших категорий, в страну, где оно до сих пор еще не существовало, независимо от того, происходит ли это растение из страны с аналогичными или с сильно отличающимися естественно-историческими условиями, а также от тех методов, при помощи которых осуществляется приспособление этого растения к условиям данной страны, мы будем в дальнейшем, ... называть интродукцией". Более краткую, но сходную, формулировку дает Н.А. Базилевская (1964, с. 15): "Интродукция... — введение новых видов в культуру дикорастущих растений как в пределах ареала, так и в новых областях, где эти виды не встречались до сих пор ни в диком, ни в культурном состоянии". История становления термина "акклиматизация" в ботанике довольно подробно освещена в ряде работ (Соколов, 1957; Русанов, 1967; Лапин, 1972), поэтому здесь лишь напомним, что, начиная с работы А. Де Кандоля (De Candolle, 1855), в понятие "акклиматизация", подразумевавшее в начале своего существования лишь "привыкание" растений к климату, со временем стали вкладывать более широкий смысл, а именно — приспособление организма к условиям существования (окружающей среде) нового района. Однако до сих пор нечетко определены границы термина "акклиматизация", под которым исследователи понимают или "процесс приспособления организмов к новым условиям среды" (Соколов, 1957), или "деятельность человека по изменению организма для новых условий среды" (Базилевская, 1964; Русанов, 1967), или то и другое вместе. В итоге акклиматизацию растений рассматривают как "суммарную реакцию растений на изменившиеся условия среды или на воздействия человека при интродукции, приводящие к возникновению новых форм или видов с повышенной стойкостью и продуктивностью в новых условиях за пределами экологического ареала исходных видов" (Лапин, 1972). Кроме того, ряд определений просто подчеркивает факт устойчивого присутствия растений в флоре (культуре) нового региона.

В практике переселения водных организмов интродукция — это перенос организмов с целью введения их в новую область, водоем, биотоп, культуру и т.д. (Карпевич, 1960а; Иоганзен, Петкевич, 1972), т.е., согласно этим определениям, интродукция всегда является первым этапом процесса акклиматизации, но не всегда интродукция заканчивается акклиматизацией интродуцента. В прямом и нейтральном смысле слова "акклиматизация" есть "приспособление к новому климату". Однако ввиду того, что климатическими факторами (температура, инсоляция, влажность и др.) не исчерпывается влияние среды на организмы, поскольку на них действуют и многие другие абиотические и биотические факторы, понятие термина "акклиматизация" в последующем расширялось и приобретало специфические оттенки у ботаников и зоологов, а также у гидробиологов. И.В. Мичурин (1941: цит. по Карпевич, 1975) выделял два типа акклиматизации — с переносом вида в новые для него местообитания, к которым акклиматизант должен приспособиться, развить новые адаптации с поддерживающим участием человека, и акклиматизацию как вселение вида в новый биотоп, где условия не отличаются от таковых в историческом или естественном ареале. В.В. Станчинский (1933) пишет, что акклиматизацией животных называется такое производимое человеком переселение диких или домашних животных из областей их естественного распространения в другие страны, при котором эти животные не теряют своей жизнеспособности и способности давать плодовитое потомство. Б.М. Житков (1934) — основоположник массового внедрения чужеродных охотничье-промысловых видов на территории бывшего Советского Союза — под термином "акклиматизация" понимал "привычку, приспособление организма к новому для него климату", независимо от того, каким образом вид попал в не свойственную ему климатическую зону. В.Ф. Палий (1963) представлял себе процесс акклиматизации как возможность расширения видового ареала и подчеркивал, что акклиматизация происходит постоянно, так как любой вид стремится расширить свой ареал. Делая обзор терминологии и понятий, связанных с акклиматизацией, А.Ф. Карпевич (1975, с. 11) приводит следующее определение: "...акклиматизация — это единый процесс приспособления интродуцированных особей и их потомства к новым условиям среды, а также формирования в них новой популяции вида на основе ограниченного генофонда и под действием естественного отбора...". Как и А.Ф. Карпевич, многие другие авторы середины прошлого века главным аспектом "акклиматизации" считали "привыкание" и "приспособление" (Гептнер, 1963; Иоганзен, 1963). Применительно к рыбам под акклиматизацией понимают целенаправленное вселение рыб в водоемы или рыбоводные емкости, расположенные за пределами природных ареалов, и содержание вселенцев в новых местообитаниях на протяжении ряда поколений (Кудерский, 2001). Акклиматизационные мероприятия в рыбоводстве преследуют две главные цели: 1) натурализацию, т.е. формирование в новых водоемах (естественных или техногенных) самовоспроизводящихся популяций рыб; 2) товарное рыбоводство, т.е. выращивание товарной рыбы в специализированных рыбоводных сооружениях без естественного воспроизводства вселенцев. В англоязычной литературе термином "acclimatization" называют существование в диком виде в не свойственных виду климате и условиях среды с помощью поддержки со стороны человека (Elvira, 2001).

В данной монографии мы рассматриваем термины "акклиматизация" и "преднамеренная интродукция" как очень близкие по значению друг другу и англоязычному понятию "intentional stocking" (см. "Словарь терминов") и понимаем под ними преднамеренный перенос особей вида-акклиматизанта (вселенца) в новый биотоп с целью дальнейшего практического использования самоподдерживающихся или искусственно поддерживаемых человеком популяций этого вида. Термины "акклиматизация", "intentional introduction for stocking", "deliberated release" могут также быть использованы для обозначения одного из антропогенных векторов биологической инвазии (Орлова, 2000; Grigorovich et al., 2002; Olenin et al., 2002).

Как следует из приведенного выше обзора явлений, связанных с появлением (расселением) вида в не свойственных ему ранее регионах, биотопах и экосистемах, основное значение в процессе инвазии приобретает факт образования им устойчивых самовоспроизводящихся популяций. Вид может не прижиться, исчезнуть из нового местообитания (в случае акклиматизации это происходит более или менее быстро после прекращения акклиматизационных мероприятий). В ботанике выделяют категорию таких чужеродных растений, которые могут существовать и даже изредка давать диаспоры на данной территории, но не могут формировать самоподдерживающиеся популяции, и поэтому их существование зависит от постоянно повторяющегося заноса.

Формирование устойчивых самовоспроизводящихся популяций, способных к самоподдержанию без повторяющегося заноса, является основой успеха инвазии. В литературе существует большой набор терминов, описывающих факт успешной инвазии или акклиматизации, с перечислением критериев, положенных в основу их определения. Наиболее распространенный термин — "натурализация", который впервые был определен А. Де Кандолем (De Candolle, 1855) как высший этап акклиматизации, на котором растение приспосабливается к новым условиям, размножается, дичает и не уступает местным формам в борьбе за существование. А.Ф. Карпевич (1998) также применительно к практике акклиматизации приводит следующее определение: "Натурализация — это конечная фаза процесса акклиматизации, когда вселенец приспособился к новым условиям, определились его ниша и взаимоотношения с аборигенами в экосистеме заселяемого водоема, установилось подвижное равновесие численности новой популяции и выявилась возможность ее использования в кормовых или промысловых целях". Если исключить утилитарный аспект (см. "Словарь терминов"), это определение полностью соответствует тому, как понимают натурализацию в работах, посвященных инвазиям животных, в том числе англоязычных, где "naturalization" считается синонимом таких терминов, как "establishment", "colonization" и "successful introduction" (Harris, 1991; Fuller et al., 1999; Elvira, 2001).

Рассмотрев все многообразие и оттенки понимания термина "инвазия", мы полагаем, что вряд ли возможно дать однозначное определение этого термина. Вместе с тем необходимо подчеркнуть два аспекта процесса. Инвазия в широком смысле этого понятия — это, прежде всего, один из случаев процесса расселения, обладающий всеми его свойствами, видимым (регистрируемым) результатом которого (так же, как и любого другого случая расселения) является долговременное присутствие популяций вида на ранее не свойственной ему территории (в новой акватории), а часто и постепенное дальнейшее расширение новоприобретенной области обитания при отсутствии барьеров. С другой стороны, инвазии как частному случаю расселения присущи и специфические черты, прежде всего в отношении индуцирующих факторов и механизмов протекания процесса, а также скорости, результатов и последствий. Инвазии в широком смысле, как уже упоминалось, мы считаем возможным подразделить на собственно инвазии как случаи, где индуцирующим фактором является человек, а основные векторы и механизмы сопряжены с его хозяйственной и иной деятельностью, и палеоинвазии как события, сходные по масштабам и скорости с собственно инвазиями, но протекавшие в доисторическое время и индуцированные снятием лимитирующих распространение барьеров благодаря геологическим и климатическим событиям.

Субъектом процесса инвазии формально является вид-вселенец. Следует отметить, однако, что фактически в новые регионы, биотопы и т.д. попадает не вид, а некоторое количество особей вида, причем их количество, физиологическое состояние, стадия развития, генетические и другие характеристики имеют непосредственное отношение к успеху инвазии. Формально термин "особь" мы применяем как к собственно взрослому организму или его отдельным жизненным стадиям, так и к "потенциальной особи", т.е. семенам, яйцам, вегетативным частям и т.п., которые могут выжить и получить развитие до собственно "особи", или "индивидуума", способного к размножению, т.е. ко всему спектру возможных субъектов интродукции ("propagule" в англоязычной литературе, "рекруты" в отечественной литературе по акклиматизации). Таким образом, ключевым моментом является факт определения — является ли вид "местным" ("аборигенным", "нативным") или, напротив, видом привнесенным, "неаборигенным", "чужеродным". "Местным", или "аборигенным" ("indigenous", "native") видом считают вид, который произошел на данной территории или иммигрировал (расселился, распространился, проник) благодаря только естественным причинам, т.е. в доисторическое время (Thellung, 1922; Камышев, 1961; Schroeder, 1969 и др.) (см. выше о временной шкале). Соответственно, "неаборигенный", "адвентивный" или "чужеродный" ("nonindigenous", "alien", "adventive", "non-native"; у некоторых авторов также "exotic") — это вид, обнаруживаемый за пределами своего естественного (исторического, анцестрального) ареала (Di Castri, 1989; Pysek et al., 1995; Fuller et al., 1999; Миркин, Наумова, 2001; Elvira, 2001 и мн. др.).

Однако различение "местного", или "аборигенного", вида и "неаборигенного", или "чужеродного", часто сложно или условно (Sukopp, 1972; Smith, 1986; Heywood, 1989; Pysek et al., 1995; Carlton, 1996b, 2002). Некоторые авторы (Pysek et al., 1995) специально подчеркивают, что, анализируя локальную флору или фауну, исследователь-инвазионист полностью зависит от мнения систематиков (если таковое существует) — является ли вид аборигенным или привнесенным. Решения часто могут быть ошибочны, если основаны на неверной интерпретации палеонтологических данных или некритической, часто эмоционально окрашенной, априорной позиции (Webb, 1985). Д. Уэбб (Webb, 1985) предложил восемь критериев для оценки аборигенного статуса вида, но данные для их использования (ископаемые остатки, достоверные исторические указания) могут часто отсутствовать. Обширный критериальный кодекс для различения местных и заносных видов растений предложен в работе В.В. Туганаева и А.Н. Пузырева (1988). Дискуссию о методах определения аборигенного и неаборигенного статуса можно найти также в ряде других публикаций (Протопопова, 1966; Майтулина, 1980; Ильминских, 1982, 1993;

Вьюкова, 1984; Чичев, 1984, 1985; Пузырев, 1986; Preston, 1986; Smith, 1986; Игнатов, 1989; Туганаев, 1989; Бурда, 1991; Ишбирдин, Ишбирдина, 1993; Третьяков, 1998). Характерными признаками аборигенного вида считают устойчивость репродукции, определенность и устойчивость ареала, устойчивость экологической и ценотической приуроченности и рисунка внутривидовой изменчивости (Скворцов, Зайцева, 1989). Адвентивные виды, напротив, обладают неустойчивостью этих показателей. Суммируя данные из процитированных выше работ, можно заключить, что вид будет отнесен к адвентикам, если 1) приурочен только к вторичным местообитаниям, 2) не был ранее найден на данной территории 3) не был найден в археологических раскопках на данной территории, 4) встречается очень редко (и на вторичных местообитаниях), 5) не проходит весь жизненный цикл или проходит его исключительно редко, 6) на данной территории не имеет близкородственных видов, 7) его местонахождение удалено от основного ареала, 8) основным фактором распространения является человек. Однако заносный вид приурочен к вторичным местообитаниями преимущественно, но не строго, поскольку есть и заносные натурализовавшиеся виды. Кроме того, многие заносные виды находят в археологических раскопках, если возраст заноса больше возраста раскопа. Такие виды классифицируются как археофиты, и к ним относятся многие культурные и сорно-полевые растения. Есть и другие сложности: наличие или отсутствие на данной территории близкородственных видов часто ничего не доказывает; осуществляющий экспансию заносный вид может расширять свой вторичный ареал без разрывов и т.д. В некоторых случаях отсутствует достоверная информация о заносе вида, и автору приходится пользоваться не только знанием, но и интуицией. Таким образом, "ни один из критериев, взятый в отдельности, не является достаточным основанием для отнесения растения к определенной группе" (Туганаев, Пузырев, 1988).

В целом большинство авторов считает, что основным критерием неаборигенного статуса вида является зависимость его интродукции и/или расселения от человеческой активности. Тем не менее, и критерий зависимости от деятельности человека в широком смысле (включая перемещения с помощью домашних животных) не всегда может быть использован, если отсутствует информация о механизмах (векторах) иммиграции. Для вида, происхождение которого на данной территории неизвестно, был предложен термин "криптогенетический" (Carlton, 1996a).

Следуя приведенному выше определению инвазии (в широком смысле), ее субъектом (и, соответственно, парным термином) следует считать "чужеродный (=неаборигенный) вид". Такое понимание находит свое отражение в ряде фундаментальных работ по биологическим инвазиям (Kolar, Lodge, 2001; MacIsaac et al., 2001), в которых используется термин "nonindigenous species, NIS" (а не "invasive") как понятие, применяемое к расселяющемуся виду ("invading species"). В качестве синонимов или близких по значению терминов к понятию "чужеродный" ("alien") считают применяемые к виду термины "интродуцированный" ("introduced"), "non-native", "exotic", "invader" (Webb, 1985; Pysek, 1995; Leppäkoski, Olenin, 2000; Elvira, 2001).

В русскоязычной литературе термин "инвазионный" также не всегда является синонимом термина "неаборигенный" или "чужеродный". Обычно "инвазионным" называют вид, попавший в новые биотопы и водоемы благодаря самостоятельному расселению как после предваряющей его интродукции, так и без таковой, т.е. вид, демонстрирующий инвазию в узком смысле, т.е. экспансию. Более того, в решении 6-й Конференции сторон конвенции по биологическому разнообразию (Secretariat..., 2002) определение "invasive" относится только к такому чужеродному виду, чья интродукция и/или распространение угрожает биологическому разнообразию (видам, местообитаниям или экосистемам), и, соответственно, часто именно в таком значении употребляется в отечественной литературе в виде "кальки" с английского — "инвазивный". Таким образом, в контексте многих документов и публикаций, связанных с Конвенцией по биологическому разнообразию или Международным союзом охраны природы (Lyons, Miller, 1999; SSC Invasive Species Group, 2000; McNeely et al., 2001; Wittenberg, Cock, 2001 и мн. др.), "invasive alien species" — это вредные чужеродные виды, т.е. чужеродные виды, расселение которых имеет отрицательные последствия. При этом подчеркивают, что такие виды составляют очень небольшую долю среди всех чужеродных ("alien") видов (Mooney, 2001). Согласно так называемому "правилу 10%" (Williamson, 1996), только 10% интродукций оканчиваются натурализацией; при этом только 10% случаев успешной натурализации могут быть отнесены в разряд вредителей ("pests"). Некоторые авторы еще более сужают определение инвазионного вида, определяя его как вид, который играет заметную роль в экосистеме-реципиенте и распространение которого приносит экономический ущерб (Boudouresque, Verlague, 2002). Очевидна относительность (и антропоцентричность) использования критериев, связанных с субъективной оценкой "отрицательных последствий", для определения тех видов, которых следует считать "invasive alien", в особенности в полуестественных и искусственных системах.

Весьма показателен анализ, проведенный рядом авторов (Pysek, 1995; Richardson et al., 2000), чтобы показать, как часто и в каком контексте авторы научных публикаций употребляют термин "invasive" и "naturalized". По их мнению, "инвазионным" ("invasive", синоним "naturalized") следует считать чужеродный ("alien") вид, который демонстрирует расширение области обитания и увеличение численности (Prach, Wade, 1992; Binggeli, 1994; Pysek, 1995), т.е. термин "invasive" применительно к виду не является полностью парным термину "invasion" (т.е. от него не образован), а в пару к понятию "инвазия" ставится термин "чужеродный". Основной вывод — не каждый чужеродный вид является инвазионным. Таким образом, в отличие от авторов (Mack, 1985; Kowarik, 1995), считающих термины "инвазионный" и "чужеродный" синонимами, П. Пышек с соавторами (Pysek, 1995; Richardson et al., 2000) разделяют мнение ряда других авторов (Prach, Wade, 1992; Binggeli, 1994; Rejmanek, 1995), что при определении инвазионного вида основным является такой критерий, как натурализация ("naturalization", "successful establishment").

Кроме того, термин "инвазионный" применяется не только в биогеографическом смысле, но и в экологических работах для описания колонизации сообщества новым для этого сообщества видом (Sloan, Turelli, 1986; Van Hulst, 1987; Wacquant, 1990; Silvertown et al., 1994) и в палеонтологических исследованиях в отношении мигрирующих видов (Bennett, 1987; Coope, 1987; Davis, 1987).

Широко используемые в отечественной литературе понятия "акклиматизант" и "интродуцент" также не имеют четкого и однозначного определения. Основываясь на контексте, в котором их употребляют, можно заключить, что они относятся, прежде всего, к объекту преднамеренной интродукции (акклиматизации) вне зависимости от того, происходит последующая экспансия вида или нет.

Следует сказать, что в ботанике существует собственная терминология. Специальный словарь терминов, используемых в отечественной ботанической литературе, приведен как приложение к материалам недавно прошедшего совещания по изучению адвентивной и синантропной флоры (Новиков, Щербаков, 2003). Для заносного или адвентивного растения используются понятия "адвентик", "антропофит", "антропохор", которые подчеркивают тот факт, что это — виды, иммигрировавшие с помощью человека. Первая более или менее логичная схема их классификации была предложена немецкими учеными в начале XX века (Rikli, 1903, Thellung, 1915, 1922). Следующая волна интереса к их изучению, а в особенности к выработке терминологии по заносным растениям, возникла в 50–60-е годы прошлого века (Jalas, 1955; Kreh, 1957; Камышев, 1959, 1961; Sukopp, 1962; Протопопова, 1966; Holub, Jirasek, 1967; Kornas, 1968; Schroeder, 1969 и др.). Классификация чужеродных растений, которая с определенными оговорками применима и к животным, осуществляется по трем основным критериям: 1) по степени акклиматизации и натурализации (в основе этой классификации лежат представления о развитии заносного растения на новом месте после процесса заноса. Следует отметить, что именно к этой группе терминов принадлежит понятие "инвазионный" вид — вид, распространяющийся из новых местообитаний; 2) по способу заноса (применительно к дикорастущим адвентикам); 3) по времени заноса. В отличие от классификации животных-вселенцев, для растений принято деление на две большие группы по времени заноса: старозаносные виды, или "археофиты" (Thellung, 1922 и др.) — виды, занесенные человеком в "доколумбовое" время, и новозаносные виды, или неофиты (Schroeder, 1969 и др.) — виды, занесенные в "современное" время (от 1492 г., когда в Европе появились первые американские адвентики).

Следует отметить, что отечественная традиция в этом вопросе опирается на немецкую фитогеографическую школу, в которой понятие "инвазионный вид" практически не используется. Так, например, этот термин отсутствует в недавней обстоятельной сводке, посвященной растениям, многие из которых с полным правом можно назвать "инвазионными" в Центральной Европе (Lohmeyer, Sukopp, 1992). Только совсем недавно международным коллективом ботаников опубликована статья (Richardson et al., 2000), достаточно корректно вводящая термин "инвазионный вид" применительно к растениям. В этой работе инвазионные ("invasive") виды определяются как "такие натурализовавшиеся растения, которые часто образуют потомство в очень большом количестве и на значительном расстоянии от родительских растений и, таким образом, обладают потенциальной способностью распространения на значительной территории". К натурализовавшимся видам, в свою очередь, относятся такие чужеродные ("alien") растения, которые могут постоянно размножаться и формировать устойчивые популяции в течение многих жизненных циклов без прямого дополнительного заноса человеком; они часто легко дают потомство, но не обязательно внедряются в естественные, полуестественные или искусственные экосистемы.

Таким образом, основным отличием инвазионных видов является их активное внедрение в естественные и полуестественные растительные сообщества. Отмеченными выше авторами специально выделена группа трансформеров — таких инвазионных растений, которые изменяют характер, условия, аспект или природу экосистем на территории, существенной по отношению к общей площади, занимаемой этими экосистемами. Если принимать традиционную ботаническую терминологию, то инвазионные виды попадают в основном в группу агриофитов. Этот термин был введен Н.С. Камышевым (1959) и получил признание среди специалистов, занимающихся данной проблемой. По Н.С. Камышеву, агриофиты — это такие заносные растения, которые "нормально развиваются в естественных условиях, выдерживают конкуренцию с туземными растениями и почти неотличимы от них". Помимо агриофитов, Н.С. Камышев выделял также еще две группы антропохоров: хомофиты — распространяющиеся по пустырям и агрофиты — по полям. Представляется, что достаточно резкую грань между агриофитами и хомофитами не всегда легко провести из-за нечеткости определения "естественности" и "ненарушенности" сообщества. Это противоречие в какой-то мере снимается введением в определение агриофитов понятия "современная естественная растительность" ("heutigen naturlichen Vegetation)" (Lohmeyer, Sukopp, 1992). С нашей точки зрения, инвазионные виды представляют собой все-таки более узкую группу растений, чем собственно агриофиты. Для них характерен активно идущий в настоящее время процесс распространения и захвата новых территорий и экологических ниш. При этом следует учесть, что в абсолютном большинстве случаев речь идет о внедрении в хотя бы частично нарушенные сообщества.

В настоящее время наука располагает целым рядом подробно описанных примеров расширения ареалов и резкого увеличения численности с глобальными экологическими, экономическими, а иногда и социальными последствиями (Elton, 1958; Hengeveld, 1989; Lever, 1994; Williamson, 1996; Mack et al., 2000; Weidema, 2000; Неронов, Лущекина, 2001; Shaw et al., 2001 и мн. др.). Ряд инвазий принес огромный экономический ущерб (Devine, 1998; Kasulo, 1999; Secretariat, 2001; McNeely et al., 2001 и мн. др.). Так, в североамериканских Великих озерах на контроль численности морской миноги требуется 10 млн долларов ежегодно, а борьба с дрейссеной только в 2002 г. обошлась в 4 млрд. долларов (Baron et al., 2003).

Однако соотношение инвазии и биологического разнообразия, как и экономические или социальные последствия инвазии, не может однозначно рассматриваться в категориях "плохо" — "хорошо" (Miller, 1999; Carlton, 2002). Критериям оценки последствий биологических инвазий посвящен раздел 1.2 этой книги.

В случае очевидно отрицательного воздействия (с точки зрения человека) видов-вселенцев на экосистему или хозяйственную деятельность можно говорить о так называемом "биологическом загрязнении" экосистем, под которым понимается вселение и развитие популяций чужеродных видов организмов, преднамеренно или непреднамеренно занесенных человеком в природные экосистемы. Применение термина "загрязнение" в данном случае вполне правомерно. Так, одно из определений "загрязнения", данное загрязнению морской среды, но применимое и в широком смысле — "антропогенное выведение в окружающую морскую среду, прямо или косвенно, субстанций или энергии, в результате которого возникают такие отрицательные последствия, как ущерб животным и растительным ресурсам, угроза здоровью людей, помеха человеческой деятельности, в том числе рыболовству, ухудшение качества используемой воды и уменьшение эстетической привлекательности" (GESAMPT, 1991, с. 13). Сходство и отличия химического и биологического типов загрязнения подробно разбираются в статье М. Эллиотта (Elliott, 2003). Проблема биологического загрязнения рассматривается также ниже, в разделе 3.1. Близка к проблеме биологического загрязнения проблема так называемого "генетического загрязнения". Бурное развитие в последнее десятилетие биотехнологии, в первую очередь генной инженерии, создало новую экологическую опасность — возможное аварийное попадание из лабораторий в природную среду организмов с новыми свойствами, в частности рекомбинантных штаммов болезнетворных микроорганизмов, которые могут вызвать непредсказуемые последствия для человека, животных, растений и микроорганизмов. Аварии в медицинских или ветеринарных лабораториях при работе с высоковирулентными и контагиозными культурами возбудителей болезней, приводящие к выходу этих возбудителей во внешнюю среду, могут вызывать внутрилабораторное заражение сотрудников с последующим широким распространением возбудителей среди населения.

В настоящее время вредные чужеродные виды считаются второй по значению угрозой биоразнообразию (после разрушения мест обитания), одной из угроз естественным аборигеным экосистемам, устойчивости биологических ресурсов и здоровью людей (Ruesink et al., 1995; Simberloff, 1996; Vitousek et al., 1997; Simberloff, Von Holle, 1999; Everett, 2000; Byers et al., 2002). Осознание мировым сообществом глобального характера этой экологической проблемы стало причиной появления специальных международных соглашений и программ, в частности специальных решений Конвенции о биологическом разнообразии и Глобальной программы по вредным чужеродным видам. Конвенция о биологическом разнообразии, заключенная в Найроби в 1992 г. (Convention on Biological Diversity, http://www.biodiv.org), ратифицированная более чем 170 государствами, включая Россию, в настоящее время является основным международным юридическим документом по проблеме инвазий чужеродных видов, их контроля и уничтожения (Панов, 2002). На современном этапе все более очевидной становится необходимость создания единой информационной системы, которая бы объединяла данные об инвазионных видах в глобальном масштабе (Ricciardi et al., 2000).

Суммируя последствия расселения видов, индуцированных в результате человеческой активности, можно говорить о трех взаимосвязанных составляющих феномена появления (и проявления) нового вида в ранее не заселенных им местообитаниях: во-первых, изменение границ распространения отдельных таксонов и нетаксономических группировок; во-вторых, освоение видами новых для них биотопов, в том числе антропогенных; в-третьих, изменение структуры и функционирования отдельных экосистем в связи с изменением доминантов, хищников, замыкающих трофическую цепь ("top predators") и эдификаторов в сообществах, а также посредством изменения абиотических факторов среды. Рассмотрим каждую из них отдельно.

1.1.1. Изменение ареала вида

"Естественный", или "исторический" ("native", "historical"), ареал а также "первичный", или "анцестральный", ареал — понятия, весьма условные и различающиеся по смыслу, хотя и употребляемые часто как синонимы для обозначения исходного (до начала инвазии) ареала вида. В соответствии со смыслом, вкладываемым в понятие инвазии как процесса, предполагающего в той или иной мере участие человека, в качестве исходного следует считать ареал, которым вид обладал до неолитической революции (второй половины голоцена), т.е. до того периода, когда хозяйственная деятельность начала приобретать масштабы, приведшие к преобразованию ландшафтов, а также до начала развития транспортных средств, обеспечивших перемещения небольших групп людей (вместе с запасами, необходимыми для их жизнедеятельности) на значительные расстояния. Однако, установить точные границы раннеголоценового ареала для подавляющего большинства видов не представляется возможным, и, по-видимому, речь может идти лишь о той области распространения вида, где он был зарегистрирован до появления первых сообщений о расселении за ее пределы. На наш взгляд, при уместности употребления всех перечисленных понятий наиболее точным и предпочтительным является понятие "исторический", соответствующее англоязычному "historical".

Термин "новый", "новоприобретенный", "приобретенный" ("non-native") ареал обычно используют для обозначения территорий и биотопов, на которых вид появляется вследствие расширения "естественного", или "исторического", ареала или изменения его конфигурации. Следует помнить, что использование слова "ареал" в подобных комбинациях условно, поскольку фактически речь идет о "новой части ареала" (новый ареал минус исходный ареал). Определение статуса ареала (части ареала) может встретить те же сложности, что и определение статуса вида, описанные выше.

"Ареал — такое же историческое понятие, как и вид" (Синская, 1948, с. 36). Он является таким же обязательным атрибутом каждого вида, как особенности морфологии, физиологии, поведения и т.п. Строго говоря, ареалов, стабильных в полном смысле этого слова, не существует: все их границы в той или иной степени подвижны. Имеются исчезающие виды, ареал которых постоянно сокращается, и виды, находящиеся в стадии экспансии. Можно с большой степенью уверенности считать, что изменения границ ареала многократно наблюдались в истории любого вида (Элтон, 1960; Воронов, 1963; Тимофеев-Ресовский и др., 1973; Городков, 1990а, б, 1997). При рассмотрении вопросов, связанных с ареалом (как уже подчеркивалось выше при рассмотрении общих вопросов инвазии), следует различать, насколько это возможно, "расширение ареала" или "расселение" отдельных видов как следствие прямой или опосредованной деятельности человека в отличие от эволюционных или исторических преобразований.

Бурная история плейстоцена, по-видимому, не оставила неизменным ни одного ареала, по крайней мере в пределах полярных и умеренных поясов. Многие из них полностью смещались, теряли и восстанавливали целостность. Наиболее крупные потрясения закончились только в начале голоцена, менее 10 тыс. лет назад, по окончании последней ледниковой эпохи. В историческое время наблюдалась кажущаяся стабильность окружающей среды. Восприятие большинства исторических ареалов как стабильных (квазистабильных) вызвано рядом причин, в том числе потому, что: 1) пренебрегают кратковременными флуктуациями границ, связанными с особенностями условий отдельных лет; 2) рассматривают ареал в таком географическом масштабе, в котором незначительные флуктуации несущественны; 3) материал по естественной динамике ареала подавляющего большинства видов весьма ограничен (часто это только те разрозненные фактические данные, которые дает коллекционный материал); 4) как статичный рассматривают и очень медленно изменяющийся ареал. Принимая за эталон такой квазистабильный ареал, можно выявить сравнительно быстрое изменение ареала за счет усиления антропогенного воздействия.

Сделаем краткий обзор лишь тех проблем, связанных с учением об ареале, которые имеют прямое отношение к пониманию характера и закономерностей расселения видов — субъектов биологической инвазии.

1.1.2. Учение об ареале. Границы ареала

Любой наблюдаемый ареал представляет больший или меньший фрагмент потенциального ареала (Городков, 1985). Понятие "потенциального ареала" позволяет лучше понять причины успешного расширения (изменения) реализованного ареала, т.е. инвазии. Реализованный (наблюдаемый) ареал близок к потенциальному у процветающих молодых, вполне конкурентоспособных, достаточно вагильных, эврибионтных и сравнительно широко распространенных видов (почти полностью захвативших весь доступный им ареал). Значительно большее несовпадение реализованного и потенциального ареалов — у локальных эндемиков или у немногочисленных популяций реликтовых видов; реализованный ареал почти полностью утрачивается у последних особей вымирающих таксонов. Например, дикие лошади, истребленные в оптимальных для них условиях степей, существовали в виде реликтовых популяций в экстремальных для них условиях пустынь и в лесах.

Значительная часть территории потенциального ареала обычно остается незанятой в результате воздействия неблагоприятных биотических факторов. Болезни, паразиты, хищники, конкуренты, отсутствие специфических пищевых ресурсов, биоценотические условия и многое другое могут мешать виду заселить любую часть ареала, в том числе и наиболее оптимальную. Часть площади потенциального ареала может быть неиспользованной в результате затопления морем, непреодолимых барьеров и т.д. Постепенное осушение шельфа, как, например, по берегам Балтики или арктических морей, образование вулканических островов, таких как Сюртсей около Исландии и заселение его (Lindroth et al., 1973), могут служить примерами частичного расширения используемой части потенциального ареала наземных организмов в силу естественных причин, как и расселение морских организмов в морях Северного Ледовитого океана после того, как северный шельф Евразии освободился от ледникового режима (см. раздел 2.8).

Существование нереализованной части пространства потенциального ареала также обусловлено экологической валентностью вида. Иными словами, вид оказывается приспособленным и к среде, в которой он реально не обитает. Эти адаптации могут иметь характер толерантности как к обычно ненаблюдаемым в природе экстремальным значениям отдельных экологических факторов, так и к необычному сочетанию нормальных значений факторов.

1.1.3. Граница ареала как сложная система

Для описания характера границ реализованного (наблюдаемого) ареала В.В. Станчинский (1922) использовал следующие термины. Он разделял стативные (устойчивые, сложившиеся в предшествующие эпохи) границы ареала на: 1) импедитные (граница ареала определяется наличием физико-географических преград и совпадает с ними); 2) стационные (граница ареала определяется отсутствием стаций, т.е. биотопов, необходимых для развития вида; 3) ривалитатные (граница ареала зависит от конкуренции с близкими видами); 4) реликтовые (границы, сложившиеся в давние времена и не объясняемые ни одним из указанных выше условий). Упрощая, можно выделять только два типа границ реализованного (наблюдаемого) ареала:
1) границы, определяемые географическими преградами (аналогичны "топографическим преградам" А.И. Толмачева):
— граница четкая;
— расселение скачкообразно;
— преодоление возможно, но маловероятно (вероятность обратно пропорциональна выраженности преграды). Роль антропогенного фактора заключается, прежде всего, в увеличении этой вероятности до значимых величин (рано или поздно произошли бы и трансконтинентальные переселения, но для этого потребовались бы сотни миллионов лет);
— размножение после случайного заноса происходит только при наличии пригодных местообитаний (см. ниже о факторах среды).
2) границы, определяемые факторами окружающей среды:
— граница размытая;
— расселение градуально;
— преодоление невозможно без микроэволюционных изменений;
— антропогенный фактор способствует изменению характеристик окружающей среды.

Однако наблюдаемые границы распространения представляют обычно сложное явление: они дают непрерывную гамму постепенных переходов от зоны оптимума с наиболее многочисленной популяцией через пессимум с низкой численностью до территорий или акваторий, где живые особи не могут оказаться ни при каких условиях, кроме завоза человеком.

Очень интересный анализ границ ареала в пелагиали сделал К.В. Беклемишев (1969). Его положения в основном приемлемы и для наземной биоты, особенно для вагильных видов; весьма существенны и представления о вероятностном подходе к границам ареала. В известной мере обратную задачу обсуждал Дж. Симпсон (Simpson, 1952) — вероятностный подход к барьерам.

В целом пространственные параметры ареала включают не только его размер и конфигурацию (положение границ), но и степень дискретности, поскольку в границах ареала вид обитает только в пределах пригодных стаций (биотопов).

Могут быть выделены несколько типов границ распространения (Ekman, 1935; Арнольди, 1957; В.Н. Беклемишев, 1960, 1969; Стебаев, Сергеев, 1982; Городков, 1985):
1) граница зоны условно сплошного распространения;
2) граница зоны островного распространения;
3) граница зоны периодического вымирания (здесь за счет активного или пассивного расселения в благоприятные годы или ежегодно вид может давать одно или несколько поколений, но полностью вымирает в неблагоприятные сезоны или экстремальные годы — временные популяции К.В. Беклемишева. В случае создания относительно устойчивых популяций с редким вымиранием можно говорить о многолетних пульсациях границы ареала. У особо вагильных видов — как, например, у перелетной саранчи — эта территория может быть огромной, причем даже здесь вид имеет большое экономическое значение);
4) граница зоны стерильного выселения (экспатриации) (стерильная зона выселения очень важна для вида, поскольку позволяет преодолевать барьеры и заселять изолированные пригодные для существования территории, а также расширять ареал при улучшении климата или повышении предела толерантности вида; по существу, это — пространство, которое вид пытается заселить, но до некоторого времени безуспешно);
5) граница зоны выноса остатков организмов (к ареалу уже не относится).

Пространство дисперсии непосредственно связано со способностью вида к расселению — вагильности, которая непосредственно зав исит от экологической валентности вида. В случае высокой вагильности вид легко занимает изолированные пригодные стации по периферии ареала и имеет очень широкую зону стерильного выселения. Это позволяет немедленно использовать любое благоприятное для него изменение в климатической или биотической обстановке для расширения ареала. Виды с низкой вагильностью (например, многие бескрылые жуки и моллюски) плохо осваивают периферийные изоляты, а временами и бóльшую часть потенциального ареала, отделенную неширокими преградами. Однако чаще всего наблюдаются случаи промежуточного характера.

Пространство ареала погружено внутрь пространства дисперсии, внешние поверхности которого и представляют весьма нечеткие границы зоны стерильного выселения. Дж.Г. Симпсон (Simpson, 1952) проанализировал характер дисперсии. При колонизации видами новых территорий весьма существенна даже такая низкая вероятность успешного преодоления барьера, как 1 раз за 1 млн. лет.

Математическая сторона различных случаев колонизации обсуждалась Р. Макартуром и Е. Вильсоном (MacArthur, Wilson, 1967), большой фактический материал по миграциям насекомых был проанализирован К. Вильямсом (Williams, 1958) и К. Джонсоном (Johnson, 1969).

Динамика ареалов многообразна. Достаточно абстрактный подход к динамике ареала можно встретить уже у Дж.Г. Симпсона (Simpson, 1940), где на весьма выразительной схеме он иллюстрирует "миграцию", "экспансию" и "контрактацию" ареала (Simpson, 1940, с. 139, рис. 1). К.Б. Городков (1990а) разработал систему элементарных процессов — модусов ареагенеза, выделяя группы пространственных и филетических модусов. В общем виде изменение распространения вида может быть представлено как результат следующих процессов:

1. Вид преодолел преграду и реализует потенциальный ареал; при этом географическая среда стабильна, и вид сохраняет свою экологическую валентность.
2. Изменилась географическая среда, соответственно меняется и ареал.
3. Изменилась экологическая валентность при формо-, расо- и видообразовании, что приводит к последующим изменениям ареала на фоне неизменной географической среды.
4. Изменились и вид, и среда, соответственно меняется и ареал: это — наиболее общий случай.
5. Если такие изменения идут замедленно, то в течение некоторого промежутка времени вид имеет более или менее неизменный ареал. Это — состояние динамического равновесия с географической средой, оно воспринимается как стабильный ареал.

Особенно важным для рассмотрения вопроса о распространении инвазионных видов оказывается модель взаимодействия ареалов (Городков, 1997). На модели простейшего ареадинамического взаимодействия двух видов К.Б. Городков проанализировал комбинаторику 4 случаев воздействия ареала одного вида на ареал другого (0, +, –, ±), дающую 10 сочетаний:

1 (00). Отсутствие ареагенного воздействия — полная взаимная нейтральность. Виды заметно не влияют на распространение друг друга. Это наиболее частый случай: отсутствие существенных связей между видами внутри биоты и соответственно ареадинамического эффекта — обычное и нормальное явление, хотя теоретически все виды и в пределах биотопа, и в биосфере в целом взаимосвязаны. Сюда же относятся и различные случаи биотических отношений, в том числе и существенных, однако не приводящих к изменению ареалов. Необходимо также помнить, что важная для ареадинамики связь может быть опосредованной и хорошо замаскированной. Например, распространение промежуточного хозяина, лимитирующего распространение патогенного паразита, может влиять на ареал окончательного хозяина. Ареал вида, резервуара инфекции, может ограничить расселение другого вида. В целом выявление сложных или замаскированных связей требует длительного изучения и поэтому пока нереально для большинства видов.

2 (0+). Одностороннее расширение ареала — простая дилатация. Захватывается ареал вида-дилататора (например, нового хозяина) малопатогенным паразитом или комменсалом. В настоящее время — обычный случай для вредителей сельского хозяйства при расширении области возделывания культур, которые сами дают пример антропогенной дилатации.

3 (0–). Одностороннее сужение ареала — простая констрикция. В налегающих частях ареала вид исчезает: например, полифаг может полностью истребить второстепенный кормовой вид, что, однако, не отразится на его собственном распространении; обычный случай при вторжении вида-вселенца в островные биоты. К ана-

логичным результатам приводит воздействие очень сильного конкурента или аменсала.

4 (0±). Одностороннее ограничение ареала — простая лимитация. Монофаги не могут выйти за пределы ареала кормового вида, а в силу своей зависимости, как правило, не ограничивают его распространение. Это — обычный случай при биологическом контроле, когда интродуцированный специализированный энтомофаг понижает численность вредителя, вида-лимитатора, но не сокращает его ареал.

5 (++). Двухстороннее расширение ареалов — взаимная дилатация. При мутуализме адаптивные возможности каждого вида повышаются, и они могут заселить ареалы друг друга (микориза, опылители, кишечные симбионты и многие другие).

6 (+–). Уничтожение одного ареала — дилатация констриктора. При соприкосновении ареалов вида-дилататора с видом-констриктором длительное сосуществование пары невозможно: система с момента контакта стремится к самоуничтожению; проследить в природе этот случай сложно из-за кратковременности события. Уже при первом соприкосновении захватывается весь ареал дилататора, он истребляется; затем здесь происходит вымирание констриктора, и его ареал сокращается до исходного.

7 (+±). Расширение ареала лимитатора — дилатация лимитатора. После возникновения пары вид-лимитатор совместно с видом-дилататором заселяют весь его потенциальный ареал. По сути дела, формируются два независимых ареала: один — вида-лимитатора в нормальных для него условиях, а второй — мутуалистической пары: лимитатор и его дилататор. Эти ареалы могут существовать независимо. Примером может служить заселение человеком новых территорий (часто весьма удаленных) за счет интродукции домашних животных и культурных растений.

8 (– –). Двухстороннее сокращение ареалов — взаимная констрикция. Антагонизм при частичном наложении ареалов приводит к их взаимной деформации, при их полном совпадении происходит еще большее обоюдное равновесное ограничение. Примером могут служить равные по силе конкуренты или взаимоуничтожение свободно скрещивающихся видов, дающих стерильное потомство — генетическое уничтожение зигот, как у некоторых жуков-долгоносиков.

9 (– ±). Полная зависимость от истребляемого вида — констрикция лимитатора. В чистом виде — маловероятный случай, так как такая система исходно стремится к самоуничтожению и, если и возникает, то существует короткое время. В природе этот случай часто имитируется заносом эффективного констриктора (болезни, паразита, хищника) в островные местообитания, где вымирают и хозяин, и констриктор, что может представлять одну из причин обеднения островных биот.

10 (± ±). Двухстороннее ограничение ареалов — взаимная лимитация. Возможны только полностью совмещенные ареалы, как, например, у облигатных симбионтов. Впоследствии формирование коареала может стать предпосылкой для его дальнейшего расширения, если симбиоз окажется удачным. Довольно частый и важный случай, хотя обычно он не привлекает внимания.

1.1.4. Вид в пределах исторического ареала и в области инвазии

Особым аспектом исследования проблем расширения видом ареала является вопрос о сохранении (или изменении) видом своих особенностей (морфологических, генетических, экологических и т.д.) в области инвазии.

Сравнительное изучение вида в пределах исторического ареала и области инвазии до настоящего времени почти не проводилось, хотя такие данные могут заметно прояснить механизм инвазии. С одной стороны, на новых территориях вид оказывается обедненным генетически и морфологически по сравнению с историческим ареалом. С другой стороны, в области инвазии (если инвазия является повторяющейся) получают возможность для контакта и генетического обмена представители различных географических популяций вида (особенно в случаях обширного исторического ареала), в естественных условиях разобщенные. Благодаря этому вид на новой территории получает новые комбинации генов и, как следствие, новые свойства, которые и могут определять его способность успешно конкурировать с местной биотой. Не исключена и гибридизация с близкородственными видами, как местными, так и заносными. В отдельных случаях можно говорить о формировании в области инвазии новых географических рас (Камелин и др., 2001). В поддержку высказанной точки зрения свидетельствует и мнение Н.Н. Цвелева (1981, с. 68) о том, что "...многие широко и активно распространяющиеся виды" возникли в результате "массовой интрогрессивной гибридизации пар относительно близких видов..." и такая гибридизация "...была, очевидно, обычным явлением в плейстоцене". Подобным путем, весьма вероятно, возник такой широко и активно распространяющийся вид как крапива двудомная (Гельтман, 1990). Примером гибридизации близких форм (или видов) может служить и успешная натурализация в оз. Севан гибридной формы сига, которая образовалась после вселения в этот водоем сига-лудоги и чудского сига. Другим примером может служить расселение на территории европейской части России волко-собачьих гибридов, численность которых увеличивается. Эти новые хищники наносят большой ущерб, и бороться с ними значительно сложнее, чем с волком. Эти примеры позволяют предположить, что в ряде случаев гибридизация (между представителями различных географических популяций или близких видов) в области инвазии способствует началу активного завоевания видом новых территорий и экологических ниш. Во всяком случае, этот вопрос требует специального изучения.

Гибридизация, конечно, не является единственно возможным способом формирования новых рас; в ряде случаев действуют и иные генетические механизмы, в первую очередь, дрейф генов. Принципиально важно то, что вид в области инвазии не всегда эквивалентен себе в области исторического ареала. Так, для ряда видов жуков-листоедов в области инвазии показано существенное изменение некоторых популяционных показателей и возрастание размаха фенетической изменчивости, что подробно рассматривается в разделе 1.3.

Очень близким к понятию "инвазионный вид" является "потенциально инвазионный вид". Под это понятие, очевидно, подпадают все виды, обладающие определенными биологическими особенностями, обеспечивающими успех расселения (“invasiveness”) за пределы исторического ареала (Буторин, Мордухай-Болтовской, 1960; Lodge 1993; Ricciardi, MacIsaac 2000; McMahon, 2002) при благоприятном стечении внешних обстоятельств, таких как восприимчивость (“invasibility”, “susceptibility”) потенциальной экосистемы-реципиента к инвазии (Elton, 1958; Williamson, 1996; Levine, D’Antonio, 1999) или ее “приемная емкость” (Карпевич, 1975) и имеющиеся в наличии векторы — естественные или антропогенные — переноса (“available vectors”, “corridors”) (Ricciardi, MacIsaak, 2000). По одной из современных концепций, выдвинутой О.В. Ковалевым (см. раздел 1.3), свойством “инвазионности” обладают (при благоприятном стечении внешних обстоятельств) прежде всего так называемые “ювенильные” таксоны. Таковых, по-видимому, сравнительно много в относительно молодых и нестабильных экосистемах, например эстуариях понто-каспийской области и Дальнего Востока (см. раздел 2.9). Некоторые из ювенильных таксонов лишь в последние десятилетия начали быструю и успешную экспансию в антропогенно трансформированные экосистемы, часто вытесняя ранее вселившиеся виды, обладающие сходным образом жизни (см. разделы 2.3, 3.2, 3.5).

Большое число современных работ посвящено выявлению потенциально инвазионных видов. Очевидно, успех биологической инвазии — натурализации вида в новой экосистеме — определяется особенностями вида-вселенца, особенностями протекания процесса интродукции и условиями в сообществе (экосистеме) — реципиенте. Во многих публикациях (Crosby, 1986; Drake et al., 1989; Di Castri et al., 1990; Clout, Lowe, 1996; Williamson, Fitter, 1996b; Ross et al., 2001 и др.) приводится перечень многочисленного ряда естественных и антропогенных причин, способствующих расселению пришельцев. Например, показано, что успех инвазии положительно скоррелирован с числом особей, подвергшихся интродукции, и числом повторных вселений (Lonsdale, 1999; Levine, 2000; Ruiz et al., 2000; Mack, Lonsdale, 2001; Ricciardi, 2001), а также с числом одновременно вселяющихся видов (Hewitt, Huxel, 2002). Особый интерес представляет вопрос, имеются ли такие характеристики вида (особенности морфологии, образа жизни, популяционной и генетической структуры), которые предопределяют его превращение в инвазионный (Kolar, Lodge, 2001). У потенциально инвазионных видов всегда обнаруживаются такие особенности морфологии, физиологии и образа жизни, которые позволяют им осваивать биотопы, более или менее отличающиеся от условий обитания в нативных стациях, а также успешно конкурировать с аборигенными видами за общие ресурсы. В самом общем виде особенности вида, способного стать инвазионным, по-видимому, включают высокую эврибионтность (при завоевании новых биотопов) и высокую конкурентоспособность (для успешной конкуренции с аборигенными обитателями осваиваемых регионов и экосистем). Очевидно, что эти свойства имеют относительный характер и с трудом поддаются априорной оценке. Некоторые авторы подчеркивают отсутствие общего закона при оценке “способности инвазировать” (di Castri, 1989) или вообще отрицают возможность выявления будущего инвазионного (адвентивного) вида (Hengeveld, 1989; Roy, 1990; Williamson, 1996; Миркин, Наумова, 2001). Однако, по мнению других авторов, быстрое развитие количественных методов изучения инвазионного процесса дает возможность выработки критериев оценки будущего успеха инвазии (Kolar, Lodge, 2001).

Для понимания, имеются ли характеристики потенциальной "инвазионности" у конкретного вида, определенное значение может иметь сравнение реально инвазионных и потенциально инвазионных видов, близких в таксономическом отношении, сходных по происхождению и /или относящихся к сходным экологическим группировкам ("экологически эквивалентные" виды) (Пронин, 2002). Модели выявления потенциально инвазионных видов (Kolar, Lodge, 2001; Muller, 2001) показывают, что виды рода, в котором уже известны инвазии, часто расселяются вместе или в близкой последовательности. При этом инвазии, как правило, начинаются из областей, дающих большое число выселений (например, Понто-Каспийский бассейн в случае с водными беспозвоночными и рыбами). Фундаментальными для успеха инвазии считают генетические свойства популяции вселенца, которые определены числом, генетическим разнообразием и источником особей-родоначальников, а также стохастическими и селективными факторами, которые влияют на сохранение и воспроизведение конкретных генотипов в области инвазии (Williamson, 1996; Holland, 2000, Tsutsui, Case, 2001, Lee, 2002; Garcia-Ramos, Rodriguez, 2002; Stepien et al., 2002). Высокое генетическое разнообразие группы (популяции) особей-вселенцев прямо связано с их способностью натурализоваться, расширять область инвазии и внедряться в новые биотопы (Williamson, 1996; Shea, Chesson, 2002; Garcia-Ramos, Rodriguez, 2002; Stepien et al., 2002). Анализ литературы доказывает, что возможность выявления потенциально инвазионного вида является лишь одним из многих аспектов предсказания возможности потенциальной инвазии, ее успеха и степени повреждения колонизируемой аборигенной экосистемы. Особенности системы-реципиента рассматриваются ниже.

1.1.5. Чужеродный вид и сообщество-реципиент

В пределах каждой географической и ландшафтной зоны существует множество экосистем, естественных и антропогенно трансформированных, в которых можно обнаружить условно однотипные участки — биотопы; местообитания; стации, сходные в отношении основных абиотических параметров и степени и характера антропогенных воздействий. Эти участки населены определенным количеством популяций видов, сосуществующих совместно и находящих в этих участках условия, достаточно благоприятные для жизни. Эти группировки самоподдерживающихся популяций не случайны, и совместное сосуществование их членов обусловлено не только сходными требованиями к абиотической составляющей окружающей среды, образом жизни, особенностями жизненного цикла и всем многообразием взаимоотношений каждого организма со средой, но, в первую очередь, согласованным функционированием этих сосуществующих популяций, основанном на многообразных биотических связях между ними. Такие взаимосвязанные группировки живых организмов, приуроченные пространственно и функционально к определенным биотопам, издавна получили название "биоценоза", "биотического сообщества" или просто "сообщества живых организмов", "сообщества", ("community", "assemblage").

Интеграции нового вида (интродуцированного), как правило, уже предшествует целый ряд изменений, приводящих исходный (естественный, интактный) биоценоз в состояние восприимчивости. Успех инвазии зависит, в первую очередь, от таких особенностей системы-реципиента, которые обеспечивают саму реализацию инвазии. При этом эти особенности могут быть двух родов — особенности общего свойства (общая подверженность системы к неустойчивости при воздействии на нее любых инвазий) и конкретные особенности, обеспечивающие успех инвазии отдельных вселенцев. К первой группе можно отнести, в первую очередь, наличие нарушений (“disturbance”) в системе, отклонений от того, что можно считать нормальным или естественным для данной системы. Так, общепринятым считается, что нарушенные (как в силу естественных, так и в силу антропогенных причин) экосистемы более восприимчивы к инвазиям (McNeely et al., 2001; Leppäkoski et al., 2002 и др.). Таковыми являются, например, сообщества большинства искусственных экосистем (например, агроценозы); экосистем, испытавших антропогенное воздействие, приведшее к почти полному разрушению структуры нативных сообществ (водохранилища); экосистем эволюционно молодых водоемов (Балтийское и Белое моря, оз. Балхаш) или характеризующихся изменчивыми абиотическими условиями (эстуарии рек). Кроме того, причиной успеха внедрения вида в биоценоз считают наличие в нем свободных ниш (Элтон, 1960; Карпевич, 1975; Di Castri, 1990). Наличие таких “свободных” ниш, как правило, связывают с обедненным в видовом отношении сообществом. Традиционно считается, что богатые видами многокомпонентные сообщества менее подвержены инвазиям. Нет очевидных примеров внедрения растений в климаксовые зональные растительные сообщества (например, старовозрастные еловые леса). Однако вопреки этой парадигме можно найти примеры внедрения новых видов и в сообщества с высоким видовым разнообразием (Levine, d’Antonio, 1999). Важной предпосылкой вселения может быть также и изменение биотических связей между представителями различных трофических уровней при отсутствии видимых серьезных вмешательств человека в естественные сукцессии экосистем и сообществ, входящих в из состав. Так, вселению хищных ветвистоусых рачков в ряд водоемов предшествовало падение численности рыб-планктофагов и, как следствие, снижение пресса рыб на хищный зоопланктон (см. раздел 2.2). Конкретные особенности сообществ и экосистем, обеспечивающие успех инвазии отдельных вселенцев, многообразны. Многие примеры такого рода, включая палеоинвазии, рассматриваются во всех разделах данной книги.

Естественно предположить, что любая интеграция нового вида в сообщество влечет за собой изменения в его структуре и функционировании, однако не всегда эти изменения заметны для наблюдателя и могут быть оценены количественно. Заметны, как правило, те изменения, которые наносят ощутимый экономический ущерб хозяйственной деятельности человека, приводят к нарушениям привычных ландшафтов, к исчезновению видов и подпадают под понятие “биологического загрязнения” (см. выше, а также разделы 3.1, 3.2). Заметные прямые эффекты вселенцев могут наблюдаться, как правило, в сообществах, бедных видами, тогда как в зрелых, богатых видами сообществах и саму инвазию, и ее последствия заметить намного труднее (Moyle, Light, 1996). Выраженность эффекта инвазии зависит и от экологических особенностей видов — наиболее сильные воздействия на сообщества оказывают виды-эдификаторы и виды, замыкающие трофические цепи (обычно хищники), или виды-конкуренты местных видов (Moyle, Light, 1996).

Заметные изменения структуры и границ биоценозов связаны, прежде всего, с появлением (заменой) видов-эдификаторов и перераспределением видового состава и количественных показателей нативных видов, вплоть до исчезновения некоторых. Сам вид-эдификатор является доминантом. Местные виды по отношению к эдификатору-вселенцу можно подразделить, как минимум, на две группы — консорты нового вида (Каратаев и др., 1994), связанные с ним топически и трофически, занимающие в обновленном сообществе субдоминантное положение по количественным показателям, и прочие виды.

Структура биоценозов, подвергшихся замене эдификатора, претерпевает изменения видового состава и другим путем. В большинстве экосистем реципиентов число чужеродных видов с течением времени растет (Алимов и др., 2000), причем, в том числе, и за счет видов из одного и того же региона реципиента. Это явление характерно, в частности, для крупных водоемов, таких как североамериканские Великие озера (Ricciardi, MacIsaak, 2000), Балтийское (Leppäkoski, Olenin, 2001) и Каспийское (Орлова, 2000) моря, за счет облегчения интеграции других видов-вселенцев, свободно живущих, но сопряженных исторически с видом — эдификатором (раздел 2.9). Это явление получило название "invasion meltdown" (Simberloff, Von Holle, 1999), а наиболее приемлемым русским эквивалентом, на наш взгляд, может служить понятие "сопряженная инвазия" (см. "Словарь терминов"). Некоторые виды привносят с собой своих эндосимбионтов и паразитов (Molloy et al., 1997), и последние становятся членами сообществ (в том числе паразито-хозяинных систем) экосистемы-реципиента (Бисерова, 1996; Molloy et al., 1997). В случае сопряженной инвазии комбинация нескольких инвазионных видов может оказывать синэргический эффект на сообщество или экосистему (Simberloff, Von Holle, 1999; Ricciardi, MacIsaac, 2000).

Большинство замен видов в сообществах носит опосредованный характер — через пищевой ресурс, появление или исчезновение убежища, но есть и случаи прямого воздействия одного вида (вселенца) на другой — это случаи, связанные с массовым развитием хищника, вредителя, паразита или конкурента. Структура ценозов, подвергшихся интеграции хищника, насекомого-фитофага, паразита или патогена, заметно и необратимо меняется (Pimentel et al., 2000; Holmgren, 2002). Появление хищника или потребителя какого-либо нативного вида может привести к резкому снижению плотности популяции или даже вытеснению (уничтожению) видов-жертв из сообщества (разделы 3.1, 3.2), хотя во многих случаях влияние интродуцента оказывается пренебрежимо малым. Взаимоотношения видов-конкурентов, чьи ниши (например, трофическая) в той или иной мере перекрываются, тоже могут вызывать заметное перераспределение количественных показателей сообщества в сторону вида-вселенца, вплоть до полного исчезновения нативного вида со сходными экологическими требованиями ("экологического эквивалента") (Karataev et al., 1997; Пронин, 2002). Особенно это характерно для взаимоотношений родственных видов (Byers, 1999; Crooks, 2001).

Субъективное восприятие влияния инвазии на сообщество связано, прежде всего, с элиминацией местных видов и снижением видового разнообразия сообщества в целом, но есть примеры и иного рода. Так, появление гастроподы *Potamopyrgus*

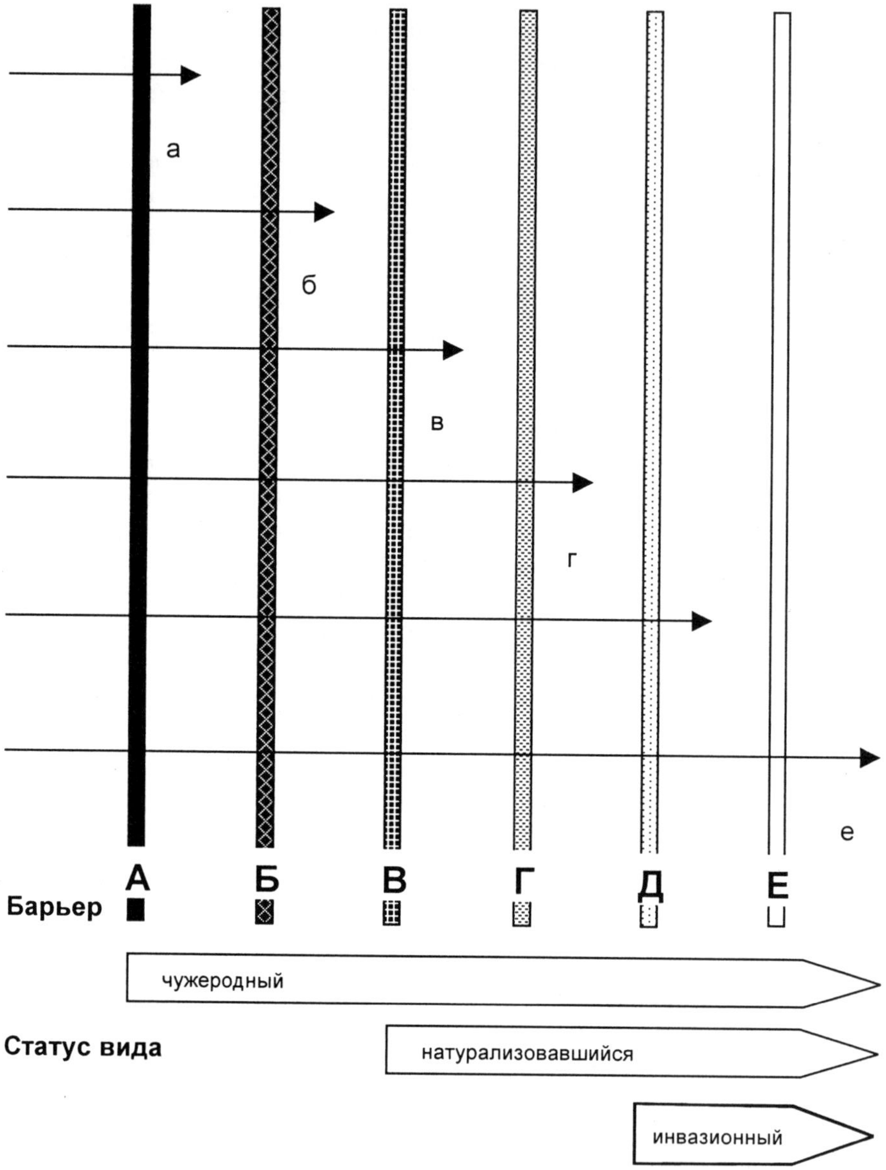

Рис. 1 Схема, иллюстрирующая последовательные барьеры и фазы, проходимые (или не проходимые) видом в процессе инвазии. **А** — преодоление географического барьера; **Б** — освоение биотических и абиотических особенностей нового биотопа; **В** — возникновение способности к регулярному размножению (натурализация); **Г** — преодоление барьеров на пути расселения из места интродукции; **Д** — освоение нарушенных экосистем во всей области инвазии; **Е** — освоение естественных экосистем во всей области инвазии (из Richardson et al., 2000 и McNeely et al., 2001, с изменениями).

antipodarum Gray существенно повысило общее число видов и количественное обилие большинства обычных донных беспозвоночных в одном из ручьев Австралии (Schreiber et al., 2002).

Ряд видов-вселенцев (прежде всего те из них, которых можно отнести к числу эдификаторов) может заметно менять облик всей экосистемы или ее отдельных участков (см. разделы 3.1, 3.2 и 3.3). Так, донные сестонофаги-фильтраторы рода *Dreissena* не только формируют собственные сообщества в водоемах-реципиентах, но способны также существенно повлиять на низшие трофические уровни и на общее состояние среды, вызвать изменения количественных характеристик в планктонных сообществах.

Важно подчеркнуть, что инвазия — это процесс, содержанием которого является преодоление различных барьеров и, соответственно, прохождение разных стадий (Шилов, 2001; Kolar, Lodge, 2001; McNeely et al., 2001). В ботанике процесс от первого появления адвентивного вида дикорастущим на новой для себя территории до внедрения его в естественную растительность наравне с аборигенными видами подразделяют на следующие подпроцессы или состояния (De Candolle, 1855; Clos, 1865, цит. по: Андреев, Зуева, 1990; Thellung, 1922; Камышев, 1959; Trepi, 1990; Миркин, Наумова, 2002 и др.): 1) возникновение способности к самовозобновлению в новых экологических условиях окружающей среды, неполная натурализация или акклиматизация; 2) проявление способности к расселению, экспансия; 3) способность к внедрению в естественную растительность, полная натурализация. Обобщая для всех групп организмов, можно выделить ряд "вселение-натурализация-интеграция" ("arrival-establishment-integration") (Vermeij, 1996), т.е. собственно процесс инвазии по отношению к биоценозам завершается интеграцией (Moyle, Light, 1996). Период натурализации вида, т.е. существование популяции за счет самовоспроизведения, не всегда может быть длительным, если интеграция вида по каким-то причинам не состоялась. Видимым итогом интеграции является постоянство (долговременность) присутствия нового вида в биотопе, а в ряде случаев — его высокие количественные показатели, регистрируемые постоянно или флуктуирующие во времени. Будучи постоянным компонентом биоценоза, новый вид включается (интегрируется) в трофические сети сообщества и, соответственно, во все связанные с ними потоки вещества, энергии и информации. Весьма удачной является схема Д. Ричардсона и др. (Richardson et al., 2000), которая концептуализирует процесс инвазии в целом и может быть применима ко всем группам организмов (рис. 1).

Совершенно особую область инвазионных исследований составляет моделирование. Развитие моделирования тесно связано с идеей о возможности не только предсказать возможные инвазии, но и оценить их возможные последствия (Helgeveld, 1989; Ramcharan et al., 1992; Ricciardi, Rassmussen, 1998; Павлов и др., 2001; Hayes, 2002a, 2002b; Hewitt, Huxel, 2002; Marco et al., 2002). Кроме того, моделирование возможных инвазий может служить для их предупреждения (Wittenberg, Cock, 2001; Kolar, Lodge, 2001, 2002; McIsaac et al., 2001).

1.2. Биометод и биоразнообразие: два взгляда на проблему инвазий

Большинство наблюдаемых случаев экспансии или сокращения ареала прямо или косвенно связано с деятельностью человека. В ряде случаев вполне очевидна целесообразность содействия распространению того или иного вида: вне своего ареала выращиваются ныне практически все культурные растения и домашние животные. Широкое распространение получила преднамеренная интродукция агентов биометода. Более того, иногда и случайный завоз чужеродного вида приводит к столь явным положительным последствиям, что дальнейшее его расселение происходит уже преднамеренно. Примером такой “хорошей инвазии” может быть злак *Spartinia*, случайно завезенный в Англию из США и оказавшийся весьма удобным для закрепления илистых побережий, где не способны расти никакие другие высшие растения (Элтон, 1960). В последнем издании каталога агентов биологической борьбы с сорняками (Julien, Griffiths, 1999) упомянуто более 70 видов насекомых и грибов, которые были непреднамеренно завезены в различные регионы и оказались в той или иной степени полезны для борьбы с инвазионными сорными растениями.

С другой стороны, многие виды-вселенцы могут оказывать крайне негативное воздействие. В первую очередь, это относится к сорнякам, вредителям сельского и лесного хозяйства, паразитам человека и т.п., но не меньший вред нередко наносит непродуманная и поспешная акклиматизация энтомофагов или фитофагов (Элтон, 1960; Де Бах, 1968; Коппел, Мертинс, 1980). Более того, даже полезный интродуцент может причинить значительный вред в результате случайного расселения за пределы “предназначенного” ему ареала. Так, например, бабочка-огневка из рода *Cactoblastis*, с большим успехом интродуцированная из Южной Америки в Австралию для борьбы с инвазионными видами кактусов, недавно проникла в США, где сама выступает в роли инвазионного вида, угрожающего аборигенным растениям (Stiling, 2002).

Однако в большинстве случаев результаты случайной или преднамеренной интродукции не оказывают никакого влияния на здоровье или хозяйственную деятельность человека. Такая неоднозначность последствий расширения видового ареала делает весьма важной проблему способов и критериев оценки влияния чужеродных видов на естественные и антропогенные биоценозы.

Оценка позитивных и негативных последствий интродукции чрезвычайно важна и для биологического метода борьбы с сорняками, вредными насекомыми и другими нежелательными видами. Биологическая борьба возможна как с чужеродными, так и с автохтонными видами. Борьба с “местными” вредителями, как правило, проводится методом “наводнений”, т.е. массовым выпуском энтомофагов, разводимых на специальных биофабриках и применяемых в пределах их естественного ареала. Подавление заносных видов, напротив, обычно осуществляется путем “классического” биометода, т.е. интродукцией естественных врагов для снижения плотности популяции инвазионного вида и уменьшения приносимого им ущерба. Естественно, основное ограничение такого варианта биометода состоит в том, что интродуцируемый вид может, в свою очередь, сам стать источником более или менее вредоносной инвазии (Harris, 1973, 1988; Waage, Greathead, 1988; Howarth, 1991; Harris, 1991, 1993; Simberloff, Stiling, 1996a, 1996b; Thomas, Willis, 1998).

Предварительная проверка специфичности питания планируемых к интродукции видов позволяет практически исключить возможность того, что фитофаг, ввозимый для борьбы с сорняком, может начать вредить культурным растениям. Любое сомнение в специфичности может стать поводом для отказа от интродукции. Гораздо сложнее оценить ущерб, который может быть нанесен дикорастущей автохтонной растительности. Растения, близкородственные инвазионному сорняку, могут не только входить в состав местной флоры, но и относиться к числу редких, нуждающихся в охране видов (Howarth, 1991; Simberloff, Stiling, 1996a, 1996b; Thomas, Willis, 1998). В последнем случае требуется уже комплексная количественная оценка влияния вселяемого вида на окружающую среду. При этом особую остроту приобретает проблема выбора критериев оценки позитивных и негативных последствий интродукции.

Первый, наиболее распространенный и, в некотором смысле, самый простой способ оценки влияния чужеродных видов, — экономический. Он базируется на оценке влияния, оказываемого на сельское и лесное хозяйство, промышленность, транспорт и прочие аспекты хозяйственной деятельности человека. При этом не следует забывать и возможное негативное воздействие интродуцентов (ядовитых, аллергенных и т.п.) на здоровье населения засоренного региона, также оцениваемое с точки зрения экономики: потери рабочего времени, расходы на лечение и пр.

Строгие оценки показывают, что экономические последствия инвазий (например, даже наиболее вредоносных сорняков), как правило, неоднозначны: имеет место так называемый "конфликт интересов". Так, зверобой *Hypericum perforatum* Linnaeus, 1758, широко используемый в качестве лекарственного растения, в Америке является одним из наиболее злостных инвазионных сорняков (Де Бах, 1968). Многие другие заносные сорняки — отличные медоносы (Waage, Greathead, 1988; Harris, 1991, 1993; McFadyen, 1998; Thomas, Willis, 1998), а элодея канадская — при невысоких плотностях популяции — является кормовой базой для растительноядных рыб (см. раздел 2.1).

Соответственно, при оценке суммарного экономического эффекта успешной интродукции агентов биометода должны быть учтены как уменьшение ущерба, наносимого сорняком (вредителем), и экономия средств, ранее затрачиваемых на другие (менее эффективные) способы борьбы с ним, так и затраты на поиск, предварительное изучение и собственно интродукцию (расселение). В этом аспекте как огромное достоинство классического биометода следует рассматривать тот факт, что однократные (хотя подчас и значительные) затраты могут окупаться дальнейшим многолетним получением экономического эффекта (Де Бах, 1968; McFadyen, 1998).

Уже к концу XX века значительного экономического эффекта можно было ожидать только от подавления наиболее злостных сорняков, так как себестоимость интродукции одного вида насекомого составляла около полумиллиона долларов (Harris, 1979; McFadyen, 1998). При этом лишь треть интродуцированных видов приживается в новых условиях и не более трети успешно акклиматизировавшихся оказывает значительное влияние на произрастание растения-мишени. Таким образом, доля успешных интродукций составляет, по оценкам разных авторов (Waage, Greathead, 1988; Harris, 1988, 1991, 1993; Gassmann, 1995; Williamson, Fitter, 1996a; McFadyen, 1998), не более 10%. И, тем не менее, экономический эффект от одной успешной интродукции бывает столь велик (ежегодные доходы превосходят суммарные расходы на 1–2 порядка), что с лихвой окупает стоимость множества неудавшихся проектов (McFadyen, 1998). Более того, сокращение использования гербицидов приводит к соответствующему снижению загрязнения окружающей среды, и эта "экологическая эффективность" биометода не менее важна, чем экономическая.

В качестве экологического критерия вредоносности инвазий обычно рассматривается наличие серьезных, подчас катастрофических изменений в природных экосистемах (Элтон, 1960). Конечно, экологическая оценка не обладает (подчас кажущейся) объективностью экономических расчетов. Тем не менее, такие характеристики, как продуктивность, структура, характер поступления и распределения энергии в трофических сетях экосистемы, набор доминирующих видов и т.п., как правило, могут быть определены с точностью, вполне достаточной для количественной оценки влияния того или иного инвазионного вида.

При этом оказывается, что далеко не все чужеродные виды оказывают существенное влияние на функциональные параметры экосистем, поскольку всякая система имеет компенсаторные свойства. В ряде случаев происходит разделение ниш между заносным видом и одним или несколькими автохтоными. Даже если конкуренция настолько остра, что вид-пришелец вытесняет кого-то из представителей местной флоры или фауны, он нередко занимает его место в пищевых цепях без особенных последствий для экосистемы в целом (Гиляров, 1996; Миркин, Наумова, 2002). Заметим, что в последнем случае, как правило, речь идет не о полном исчезновении одного из автохтонных видов, но лишь о переходе в разряд "малочисленных" или "редких": вид вытесняется из числа доминантных, но не исчезает, что делает происходящие перемены обратимыми. Со временем пришелец постепенно "вписывается" в структуру экосистемы, попадая под ее стабилизирующее воздействие. Так, например, число насекомых, питающихся растениями-интродуцентами, постепенно растет с увеличением времени, прошедшего после интродукции (Dennill, Moran, 1989; Andow, Imura, 1994).

Говоря о возможном влиянии чужеродных видов на естественные экосистемы, можно вспомнить уже упомянутую выше статистику биологической борьбы с сорняками: не более трети интродуцированных фитофагов приживаются в новых условиях, а из прижившихся не более трети оказывают сколько-нибудь заметное влияние на кормовое растение (Harris, 1988, 1991, 1993; Gassmann, 1995; Williamson, Fitter, 1996; McFadyen, 1998). Близкие результаты получены и при анализе данных по интродукции энтомофагов (Ижевский, 1988; Frank, McCoy, 1993). Помимо печального заключения о явной недостаточности наших знаний для достоверного прогноза реакции даже сравнительно простых экосистем на вторжение вида-пришельца, из этих цифр можно сделать и другой вывод. Если уж виды, предварительно исследованные, специально подобранные для достижения максимального влияния на растение-мишень и преднамеренно интродуцированные, в 90% случаев не оказывают значительного влияния на плотность популяции растения-хозяина, вряд ли следует ожидать большего эффекта от случайных вселенцев.

И, наконец, третий, недавно предложенный критерий оценки последствий экспансии вида за пределы его исходного ареала — влияние на биоразнообразие регионов-реципиентов.

Если экономика и экология к настоящему времени являются вполне сформировавшимися отраслями научного познания мира, то концепция биоразнообразия, при всей своей сиюминутной популярности, чрезвычайно молода и справедливо рассматривается некоторыми исследователями (Гиляров, 1996; Миркин, Наумова, 2002) как не столько научная, сколько общественно-политическая (или даже этическая) категория.

В "Конвенции по биологическому разнообразию" (http://www.biodiv.org) под биоразнообразием понимается вариабельность живых организмов из любых экосистем и экологических комплексов (включая разнообразие в рамках вида, между видами и разнообразие экосистем). Таким образом, основными компонентами биоразнообразия являются генетическое, таксономическое и экологическое разнообразие.

В качестве структурных единиц экологического разнообразия рассматриваются биоты, экосистемы, местообитания и т.п. Ясно, что влияние инвазий на экологическое разнообразие практически совпадает с тем, что было описано выше как "экологический критерий".

Генетическое (внутривидовое) разнообразие, определяемое различиями между популяциями и индивидуумами одного вида, конечно, также может зависеть от вторжения видов-вселенцев. Однако, если исключить четко различимые подвиды, расы, формы и т.п., сама по себе внутривидовая наследуемая изменчивость столь сложна и разнообразна, так трудно отличима от ненаследуемых (модификационных) изменений, что возможности её измерения весьма ограничены. Кроме того, если естественные, не зависящие от прямого или опосредованного влияния человека изменения экологического и таксономического биоразнообразия обычно происходят на протяжении весьма длительных периодов времени (если не принимать во внимание динамику границ видовых ареалов), то внутривидовое биоразнообразие гораздо более подвижно. За исключением немногих специально исследованных примеров, попытки досконально выяснить причины и, тем более, "взять под охрану" динамику внутривидового биоразнообразия (другими словами, популяционно-генетические процессы) представляются мало перспективными.

Поэтому на практике под биоразнообразием обычно в первую очередь понимается таксономическое разнообразие организмов: видовое, надвидовое и дискретное внутривидовое (подвиды, формы, расы, сорта и т.п.). Ни в коей мере не ставя под сомнение необходимость глубокого и всестороннего изучения таксономического биоразнообразия, следует заметить, что практически применимые способы строгой количественной оценки его динамики до сих пор весьма несовершенны. "Доступная информация о биоразнообразии обычно ограничена, описательна и не может быть использована как основа для количественного прогноза" (Alien species..., 2002, стр. 99). В первую очередь, это определяется тем простым фактом, что за исключением относительно немногих "популярных" таксонов (позвоночные, дневные бабочки, цветковые растения и т.п.) состав фауны и флоры большинства стран изучен весьма слабо. В особенности это относится к немногочисленным и редким видам беспозвоночных, составляющим (по крайней мере, в количественном отношении) основную долю видового биоразнообразия большинства экосистем и регионов. Виды-доминанты различных сообществ исследованы гораздо лучше, но динамика их численности относится к “экологическому критерию” инвазий.

Недостаточная разработанность теоретических основ и методик порой приводит к прямо противоположным оценкам влияния инвазий на биоразнообразие. Так, например, создается впечатление, что разработчики уже неоднократно цитированного документа (Alien species..., 2002) рассматривают практически любой чужеродный вид в качестве угрожающего биоразнообразию: “При рассмотрении способов уничтожения или контроля чужеродного вида следует применять метод упреждения (precautionary approach). Отсутствие достоверных научных данных о вредоносности инвазионного вида не должно быть препятствием для принятия мер по его искоренению” (с. 257). Фактически в этой цитате постулируется необходимость уничтожения **любого** заносного вида, проявившего способность выживать за пределами современного ареала. Подразумевается, что любой пришелец самим фактом своего существования угрожает биоразнообразию (хотя на с. 258 упоминается возможность того, что вид на одной территории может быть “безвредным чужеродным”, а на другой — “вредным чужеродным”).

Существует, однако, и прямо противоположная точка зрения: “охранять биоразнообразие нет необходимости, так как бессмысленно охранять то, что не нуждается в охране, что гораздо сильнее наших охранных и разрушительных возможностей” (Сапунов, 2000).

Обе точки зрения, по-видимому, базируются на факте сложности взаимоотношений между видами одной экосистемы, но выводы делаются диаметрально противоположные:
— практически любой пришелец приводит к катастрофическим последствиям, а любой автохтонный вид существенно важен и незаменим;
— практически любое вмешательство в экосистему гасится стабилизирующими взаимодействиями, а подавляющее большинство автохтонных видов не играет заметной роли в ее функционировании и/или может быть заменено чужеродными видами без ущерба для экосистемы в целом.

Более подробное рассмотрение этих концепций, получивших образные названия “видов-заклепок” и “видов-пассажиров”, можно найти, например, у А.М. Гилярова (1996).

Использование влияния на биоразнообразие в качестве критерия инвазии, как и следовало ожидать, приводит также и к диаметрально противоположным экспертным оценкам вредоносности конкретных чужеродных видов. Так, например, недавно в США была опубликована работа (Hager, McCoy,1998), авторы которой пришли к выводу об отсутствии значительного воздействия на биоразнообразие со стороны дербенника иволистного (*Lythrum salicaria* Linnaeus, 1758) — растения, признанного в стране одним из самых злостных заносных сорняков (Mullin, 1998; Blossey et al., 2001).

Возможно, отдельным пунктом следует указать социально-экономические и культурологические последствия инвазий, которые также не поддаются строгой количественной оценке — например, утрата населением навыков охоты, рыболовства или выращивания традиционных сельскохозяйственных культур. Однако образ жизни и привычки человека так же динамичны, как параметры окружающих его антропогенных экосистем: всё новое очень быстро становится привычным, а затем и "исконным". Всего около ста лет прошло в России от "картофельных бунтов" до восприятия инвазии вредителя картофеля колорадского жука как общенационального бедствия.

Возвращаясь к трем основным аспектам вредоносности чужеродных видов, еще раз подчеркнем, что они далеко не всегда присутствуют одновременно. Например, инвазионный вид может наносить ущерб биоразнообразию на видовом уровне, не снижая при этом устойчивости экосистемы и не принося значительного прямого материального ущерба (Миркин, Наумова, 2002).

В качестве примера существенных различий между оценками вредоносности, сделанными с точек зрения экономики, экологии и таксономического биоразнообразия, рассмотрим три "вида-вселенца", представляющих собой звенья одной пищевой цепи:

1. Картофель (*Solanum tuberosum* Linnaeus, 1758).
2. Колорадский жук (*Leptinotarsa decemlineata* Say, 1824) — инвазионный вредитель картофеля.
3. Хищный клоп подизус (*Podisus maculiventris* Say, 1824), интродуцированный для борьбы с колорадским жуком.

С точки зрения концепции биоразнообразия, строго говоря, "вредными чужеродными" ("invasive") будут считаться все три вида. Однако при этом ущерб естественному биоразнообразию, причиняемый колорадским жуком, минимален: кроме картофеля, помидоров и других культур, он при отсутствии альтернативы способен питаться лишь немногими автохтонными сорными растениями (Миндер, 1981). Несколько больший вред биоразнообразию наносит массовый выпуск интродуцированного хищного клопа, этого прожорливого полифага, нападающего на представителей самых разных отрядов насекомых (Гусев, 1981). Однако не требует доказательств тот факт, что наибольший ущерб биоразнообразию — в том числе и на видовом уровне — проистекает из выращивания картофеля.

С точки зрения экологии, заметное влияние на структуру (да и на само существование) природных экосистем оказывает только выращивание картофеля. Ни колорадский жук, ни подизус не влияют на естественные экосистемы (чего, конечно, нельзя сказать о ядохимикатах, применяемых для борьбы с жуком). Впрочем, вся хозяйственная деятельность человечества с точки зрения сохранения естественной биоты рассматривается как неизбежное зло, подлежащее строгой регуляции (заповедники, природоохраные зоны и т.п.).

И, наконец, при применении экономического критерия вредоносности картофель оказывается полезным растением, колорадский жук — опасным вредителем, а клоп подизус — полезным агентом биометода. Вредоносность колорадского жука оценивается как потерями урожая, так и расходами на борьбу с вредителем. Что же касается полезности энтомофага, то она также оценивается соотношением расходов на его разведение и доходов от его применения. Влиянием на представителей местной энтомофауны в данном случае можно пренебречь, по крайней мере, до тех пор, пока не будет показан заметный ущерб какому-либо из полезных видов — опылителей, энтомофагов и т.п.

Гораздо более строгие требования обычно предъявляются к фитофагам, способным к массовому размножению в природных биоценозах, но и в данном случае незначительный побочный эффект (например, питание голодных имаго фитофага на "нецелевом" автохтонном растении) с точки зрения экономики не рассматривается как препятствие для интродукции (Harris, 1988, 1993).

Исторически биометод был ориентирован, прежде всего, на экономический аспект инвазии: его задача — не восстановление естественной экосистемы, а снижение ущерба. Конечно, в случае успеха биологический контроль может способствовать восстановлению нарушенного равновесия естественных экосистем, если инвазия распространилась и на них. Среди успешных программ такого рода можно упомянуть борьбу с сорными растениями, засоряющими не только агроценозы, но и естественные сообщества (Jayanth, 1996; Bahar, 2000).

Однако большинство инвазий (по крайней мере, на суше) наблюдается в агроценозах и других нарушенных экосистемах, обладающих меньшей "сопротивляемостью" пришельцам (Элтон, 1960; Johnstone, 1986; Миркин, Наумова, 2002). Так, например, простейший способ борьбы со злостным инвазионным сорняком амброзией (*Ambrosia artemisiifolia* Linnaeus, 1753) — залужение (Дзыбов, 1989). При прекращении обработки почвы и исключении перевыпаса амброзия рано или поздно будет вытеснена местным разнотравьем (Марьюшкина, 1986; Ковалев и др., 1989), но применение этого весьма недорогого и эффективного способа, очевидно, ограничено потребностями сельского хозяйства.

Если же обратиться к биометоду, направленному против "местных" вредителей, то ситуация также окажется весьма неоднозначной. Например, массовые выпуски паразитоидов-яйцеедов из рода *Trichogramma* позволяют отказаться от применения ядохимикатов (или резко сократить его), и это, несомненно, уменьшает вред, наносимый биоразнообразию интенсивным садоводством и полеводством (Smith, 1996). В тех случаях, когда применение ядохимикатов запрещено законодательством, — например, в борьбе с вредителями леса в Канаде (Smith et al., 1990) — трихограмма оказывается практически незаменимым средством. С другой стороны, сама по себе трихограмма — малоспецифичный паразитоид, заражающий яйца многих совок, листоверток, белянок (Сорокина, 1999), — несомненно, подавляет не только тот вид, против которого выпускается, но и многие другие, в том числе, возможно, редкие или исчезающие.

Ориентация на решение сиюминутных практических задач, конечно, являлась и основной слабостью "классического" биометода. Впрочем, в последние десятилетия этот недостаток успешно преодолевается. Так, например, общепризнанной стала необходимость при предварительной проверке специфичности питания фитофага, интродуцируемого для борьбы с инвазионным сорняком, включать в список тест-растений не только сельскохозяйственные культуры, но и дикорастущие автохтонные растения, родственные инвазионному виду, особенно редкие или находящиеся под угрозой исчезновения (Howarth, 1991; Simberloff, Stiling, 1996a, b; Wan, Harris, 1997; McFadyen, 1998; Thomas, Willis, 1998). Тем самым биометод, сохраняя практическую направленность, стремится также и к защите естественного биоразнообразия.

Говоря о достоинствах и недостатках биометода, следует сравнивать его не с идеалом, но с практически доступными альтернативами. Конечно, при любой интродукции агента биометода, как бы тщательно ни проводилась проверка его специфичности, всегда остается некоторый минимальный риск ущерба естественной фауне или флоре. Однако применение гербицидов и пестицидов ежегодно приносит такой — реальный, а не гипотетический! — ущерб окружающей среде, что риск интродукции представляется вполне оправданным (Waage, Greathead, 1988; Howarth, 1991; Auld, 1998; Thomas, Willis, 1998).

С другой стороны, исключительно "природоохранное" отношение к инвазиям, пренебрежение практическими задачами, отказ от использования категорий "пользы" и "вреда" представляются крайностью, затрудняющей взаимопонимание и сотрудничество с исследователями, ищущими практические способы борьбы со злостными инвазионными видами. Так, в уже цитированном "программном" документе (Alien species..., 2002) слова "сорняк (weed)" и "вредитель (pest)" не упоминаются ни разу (термин "биоразнообразие" употребляется 8 раз, "инвазия, инвазионный и т.п." — 122 раза). В Конвенции о биологическом разнообразии (статья 2) "компоненты экосистем, имеющие фактическую или потенциальную полезность для человека" объединены термином "биологические ресурсы", отличным от "биологического разнообразия". Однако в документе "Alien species…, 2002" ничего не говорится и о "биологических ресурсах".

Создается впечатление, что авторы документа не знают (или не хотят знать) о "прикладных" аспектах инвазий, и в этом прослеживается определенная логика: как было показано выше, если принимать за единственный критерий инвазии ущерб естественному биоразнообразию, то многие заносные вредители и сорняки представляются не такими уж опасными, а борьба с ними — не столь уж важной.

Как, например, с точки зрения концепции биоразнообразия оценить цель интродукции амброзиевого листоеда: чтобы на некоторых полях юга России естественная степная растительность вытеснялась не одним заносным американским сложноцветным (амброзией), а другим (подсолнечником)? Более того, иногда в результате успешного применения этого агента биометода один инвазионный сорняк замещается другим — тоже инвазионным, но менее вредоносным: например, амброзия — мелколепестником (Ковалев и др., 1989).

Не представляют угрозы естественному биоразнообразию и многие заносные вредители, например, японская восковая ложнощитовка (*Ceroplastes japonicus* Green, 1921). Что же касается интродуцированного для борьбы с ней энтомофага *Microterys clouseni* Compere, 1926 (Зайцев, Сугоняев, 1999), то и его массовое размножение не влияет на автохтонные виды, по крайней мере, до тех пор, пока он сохраняет узкую специфичность к насекомому-мишени. Значит, если исходить исключительно из критерия “ущерба естественному биоразнообразию”, то и в этом случае ни вредитель, ни агент биометода не могут считаться “инвазионными” видами.

Говоря об инвазиях, следует строже различать научный и прикладной аспекты проблемы. С научной точки зрения, экологические, популяционно-генетические и другие закономерности процесса внеареального расселения не зависят от того, идет ли речь об экспансии случайно занесенного опасного вредителя, о преднамеренной интродукции агента биометода, или о расселении вида, полезность или вред которого пока не выявлены (Элтон, 1960; Ehler, 1998; McEvoy et al., 2000; Fagan et al., 2002).

Но уж если понятию “инвазия” придается сугубо негативный смысл (распространение нежелательного вида), если всякий инвазионный вид объявляется подлежащим “упреждающему уничтожению” (Alien species..., 2002), то тогда и критерии оценки должны быть практически значимыми: влияние на экономику, на здоровье человека, на продуктивность природных и антропогенных экосистем и т.п.

Аналогичный дуализм существует, например, в паразитологии. Современное научное определение паразитизма не включает таких “оценочных” параметров, как причинение вреда человеку или животному-хозяину: важно только использование хозяина в качестве источника пищи, среды обитания и способа регуляции взаимоотношений с внешней средой. Вместо термина “патогенность” большинство исследователей предпочитает более строгое понятие “антагонизм” (Шульман, Добровольский, 1977; Кеннеди, 1978; Vickerman, 1998), однако при проведении прикладных исследований в области медицинской паразитологии и при разработке лечебных и профилактических мероприятий, очевидно, необходимо оценивать также и степень вредоносности.

Завершая сравнительный анализ двух точек зрения на проблему биологических инвазий, можно заключить, что оптимальное решение, как это обычно случается, лежит где-то между крайностями: сугубо практическим подходом “классического” биометода и отвлеченно-природоохранной концепцией биоразнообразия. Как отмечалось выше, современные исследователи, работающие в области биометода, уже признают необходимость учета влияния интродуцируемых насекомых на представителей автохтонной флоры и фауны, не имеющих явного практического значения. По-видимому, и разработчикам концепции охраны биоразнообразия от инвазий тоже следует сделать шаг навстречу “прикладникам”, хотя бы в виде признания того простого факта, что не только биоразнообразие нуждается в защите от результатов хозяйственной деятельности человека, но и человек нуждается в защите своего хозяйства от некоторых представителей биоразнообразия.

В любом случае, критерий инвазионности должен быть не качественным (деление чужеродных видов на “вредных” и “безвредных”), а количественным (комплексная оценка пользы и/или вредоносности). Если профилактические меры по недопущению завоза чужеродных видов, как правило, ориентированы на достаточно широкий спектр объектов, то программы борьбы с инвазиями всегда направлены против одного из множества заносных видов. Необходимость объективного количественного критерия вредоносности очевидна, иначе человечество столкнется с практически нереальной задачей искоренения многих тысяч видов-вселенцев — от злостных инвазионных вредителей до мелких безвредных насекомых, появление которых регистрируется только систематиками и фаунистами.

Возможно, компромисс между “прикладным” и “природоохранным” подходами достижим при использовании экологического критерия инвазии. С одной стороны, при этом учитывается влияние вида-вселенца на все, а не только на хозяйственно важные биоценозы. С другой стороны, экологические исследования позволяют выделить из совокупного биоразнообразия виды, особенно важные для функционирования экосистемы в целом — это может послужить основой для более адекватной количественной оценки вредоносности инвазии. В качестве такого “интегрального критерия инвазии” можно было бы предложить наличие негативных последствий для человека, хозяйственно важных полезных видов или для видов-доминантов, определяющих структуру и продуктивность естественных и антропогенных экосистем. Что же касается влияния на таксономическое биоразнообразие в целом, то этот аспект инвазии, конечно, тоже важен, но все же при оценке ущерба и определении мер борьбы он представляется второстепенным.

1.3. Новая концепция формирования биосферных инвазий: экспансия “ювенильных” таксонов

Термин “*ювенильные таксоны*” (Ковалев, 1994, 1995а, б) был предложен для исследования макроэволюционых процессов при выделении филогенетически молодых таксонов, обладающих высокими скоростями адаптивных изменений. Ювенильные таксоны являются начальными этапами в эволюции надвидовых таксонов, обеспечивая быстрое заполнение экологических ниш при регулярной динамике сукцессионных процессов под влиянием климатических колебаний или при экспансиях в разрушенные системы. В экологическом отношении при экспансиях — это “ценофобы” (Разумовский, 1981), нередко занимающие освобождающиеся ниши нерекомбинирующими формами (высокоплоидными, партеногенетическими, колониальными, апомиктическими расами) (Гребельный, 1993). Модификация физической модели “самоорганизующейся критичности” Бака-Снеппена (Bak, Sneppen, 1993), используемой для описания процессов критической динамики лавинообразного характера, протекающих в природных системах, была дополнена дифференциацией видов на ценофилов и ценофобов с учетом фактора влияния внешней среды (Kovalev et al., 1997), что позволило отметить высокие скорости адаптивных изменений у ценофобов. Одна из особенностей генома ювенильных таксонов — активность мобильных генетических элементов. Таким образом, эти таксоны, сохраняя нестабильное состояние генома, при инвазиях в разрушенные экосистемы провоцируются к экспансии на новой территории. У инвазионного ювенильного таксона проявляется способность не только к внедрению в экосистему на ранних сериях сукцессий, но и к *блокированию сукцессионного процесса* с образованием плотных однородных сообществ (очагов). Для подобных инвазионных видов был применен термин *турбаторы* (Ковалев, 1995а). Турбаторами, например, являются адвентивные сорные растения, образующие устойчивые растительные группировки в районах их расселения и блокирующие сукцессионный процесс на залежах, а также адвентивные виды, способные к образованию сомкнутого покрова на поверхности пресноводных водоемов.

Экспансия ювенильных таксонов

Роль ювенильных таксонов в инвазионном процессе должна рассматриваться гораздо шире, чем проявление особенностей отдельных видов, если исходить из системной концепции целостности надвидовых таксонов В.В. Черныха (1986). Экспансия ювенильных таксонов при инвазиях может проявляться как экспресс-модель начальных фаз филогенеза надвидовых таксонов. В частности, в фундаментальной разработке последовательности фаз филогенеза в развитии этой концепции А.В. Марковым и Е.Б. Наймарком (1998), на основе детального анализа эволюции конкретных групп беспозвоночных, выделены фазы в их типичной последовательности: фаза экстенсивной дивергенции, фаза расцвета, фаза упадка и реликтовая фаза. Авторы справедливо соотносят наше понятие "ювенильных таксонов" таксонам в фазе *экстенсивной дивергенции.* Для этой первой из последовательных фаз филогенеза характерны: 1) большой объем свободного экологического пространства в адаптивной зоне таксона, 2) определенная степень "непредсказуемости" в процессах дивергенции, 3) низкий уровень специализированности новых субтаксонов, 4) появление долгоживущих и широко распространенных видов и родов, 5) быстрый рост разнообразия и суммарных показателей среднего индекса географического распространения родов и средней продолжительности существования (в млн. лет) родов (экспансия группы), 6) высокая устойчивость таксона к колебаниям внешних условий, 7) преобладание в таксоне ценофобов, эксплерентов и патиентов (Марков, Наймарк, 1998).

Действительно, среди самых успешных вселенцев и экономически важных инвазионных видов не представлены надвидовые таксоны в фазе упадка и в реликтовой фазе. Довольно обычна экспансия при инвазиях филогенетически молодых видов, относящихся к надвидовым таксонам фазы расцвета. Для наших представлений важно, что таксоны, находящиеся в фазе экстенсивной дивергенции, являются *наиболее устойчивыми.* Влияние внешних факторов на эволюционирующий таксон сильно зависит от фазы эволюционного развития, в которой данный таксон находится. Разрушение природных экосистем сопровождается переходом эврибионтных видов, игравших роль эксплерентов и ценофобов, в антропосферу (Марков, Наймарк, 1998).

Концепция "ювенильных таксонов" создает возможности для подготовки списка инвазионных видов, представляющих особую опасность, при разработке Глобальной стратегии контроля чужеродных видов. В этой стратегии, разрабатываемой различными международными организациями под руководством Международного научного комитета по проблемам окружающей среды (SCOPE), *отсутствуют таксономические подходы* с системным анализом потенциальной опасности надвидовых таксонов, находящихся в фазе экстенсивной дивергенции (ювенильных таксонов). Современная многоцарственная система органического мира включает многие десятки таксономических типов (Кусакин, Дроздов, 1994,1998), но лишь немногие из них включают ювенильные таксоны, представляющие особую опасность для антропосферы или для биосферы в целом.

Остановимся только на некоторых ювенильных таксонах, экспансия таксономических групп которых вызывает особое беспокойство, а также полезных агентах биоконтроля при интродукции.

Вирусы. Многообразие вирусов, их возможное полифилетическое происхождение от различных групп организмов затрудняет построение их филогенетической классификации (Кусакин, Дроздов, 1994). Однако для исследования проблем инвазий важно, что современная классификация вирусов учитывает природу хозяев. В тех случаях, когда известны животные — носители наиболее опасных для человека инфекций, эти таксономические группы представлены явными ювенильными таксонами, как и надвидовые таксоны вирусов.

Ретровирусы (сем. Retroviridae) включают вирусы иммунодефицита человека (ВИЧ), в том числе вызывающие СПИД. Хотя проблема появления этих вирусов продолжает дискутироваться, весьма существенно, что у африканских шимпанзе (род *Pan*) и зеленой мартышки *Cercopithecus aethiops* (Linnaeus, 1758) обнаружен вирус STLV, имеющий 95% гомологии с вирусом ВИЧ (Кусакин, Дроздов, 1994). Оба рода *Pan* и *Cercopithecus*, как и род *Homo*, являются терминальными ветвями филогенетического древа инфраотряда Catarrhini (Delson et al., 2000). Анцестральный ареал шимпанзе в экваториальной Африке и обнаружение антител к ВИЧ в сыворотке крови, полученной от жителя Центральной Африки в 1959 г., свидетельствуют о том, что вирус СПИД существовал на африканском континенте, но не был там распространен повсеместно (Кусакин, Дроздов, 1994). Можно предполагать, что анцестральный ареал вируса СПИД был ограничен территорией экваториальной Африки.

Если в XX столетии вирус гриппа (сем. Orthomyxoviridae) называли "современным королем вирусов" (Жданов, Ершов, 1988), то в наступившем столетии "тронное место" едва не закрепилось за вирусом острого респираторного сидрома — SARS (Severe Acute Respiratory Syndrome). Распространение вируса началось в городских районах Китая, где плотность населения благоприятствовала контролируемой в настоящее время инвазии вируса.

Современные генетические исследования свидетельствуют, что вирусы — универсальный вид мобильных генетических элементов. У всех эукариот происходит регулярное встраивание в хромосому сегментов РНК- и ДНК-содержащих вирусов; транспозиции мобильных элементов и вызываемые ими изменения могут быть массовыми, упорядоченными. Существует внутри- и межвидовой поток генетических элементов при участии вирусов (Голубовский, 2000). В конце прошлого века обнаружено, что возможен обмен молекулами РНК между вирусами человека и животных, следствием чего является возникновение новых разновидностей вируса гриппа (Кусакин, Дроздов, 1994). Выше уже отмечалось (Ковалев, 1994, 1995а), что важной особенностью ювенильных таксонов является активность мобильных генетических элементов, при этом разные таксономические группы могут быть носителями патогенных для человека вирусов. Возможно, вирусы человека и домашних животных окажутся наиболее проблемной группой при исследовании инвазий в антропосфере.

Покрытосеменные растения (Angiospermae). Среди покрытосеменных растений особо выделяются травянистые или вторично древесные формы апопластных растений как самые успешные вселенцы и самые вредоносные виды адвентивных сорняков. Инвазии заносных видов растений в растительные сообщества (адвентивизация флоры) являются элементом более широкого процесса синантропизации или антропогенной трансформации флоры. Например, в сорно-полевой флоре Северной Америки доля адвентивных видов достигает 60% (Миркин, Наумова, 2001). На европейской территории все большую роль в адвентивизации растительных сообществ играют сорные растения американского происхождения (Ковалев, 1989а). Б.М. Миркин и Л.Г. Наумова (2001) приводят материалы по северо-американской флоре с заключением, что все основные синантропные виды относятся к адвентивным родам (приводится список из 36 родов). Однако "главные заносные виды вредоносных сорняков" (Zimdahl, 1983) в Северной Америке нередко относятся к широко распространенным родам (*Commelina, Euphorbia, Salvinia, Sagittaria, Setaria*). Что же объединяет всесветных успешных вселенцев? Из анализа списков адвентивных сорных растений мировой флоры нетрудно сделать вывод, что это *апопластные* травянистые или вторично древесные (*Tamarix*) формы. Формирование апопластной организации межтканевого обмена, редукция плазмодесм и появление травянистых сообществ соотносится с периодом смены основных климатических режимов в олигоцене (Ковалев, 2000). Покрытосеменные растения дважды в своей истории выступают с травянистыми формами как агрессивной "сорной растительностью". На заре возникновения травянистые двудольные были настоящими "турбаторами" мезофитных сукцессионных систем. В позднемеловом ландшафте Северной Америки двудольные были многочисленными только на нарушенных участках и, вероятно, представляли раннюю сукцессионную стадию обилием травянистых видов (Винг, 1995). В неогене происходит всесветная экспансия апопластных трав из семейств двудольных (*Amaranthaceae, Chenopodiaceae, Polygonaceae, Brassicaceae, Euphobiaceae, Fabaceae*, *Apiaceae, Asteraceae, Solanaceae, Boraginaceae, Scrophulariaceae* и некоторых других семейств) и однодольных (*Poaceae*). "Неогеновые травы" сыграли огромную роль в изменении ландшафтов Земли как классические "инвазионные" растения, агрессивно захватывая обширные территории и образуя, например, дернину. Поэтому подавляющее число видов степных флор имеет продвинутый апопластный тип — вершина эволюции по апопластному варианту (Гамалей, 2002). Такая трансформация ландшафтов оказала значительное влияние на формообразовательные процессы у фитофагов — позвоночных и беспозвоночных животных.

Поэтому ювенильные таксоны апопластных семейств растений сохраняют системные особенности таксонов в фазе экстенсивной дивергенции и в случае инвазии успешно следуют к расширению адаптивой зоны. Одни из самых трудноискоренимых и всесветно распространенных апопластных адвентиков — сорные растения семейства сложноцветных (*Asteraceae*). Остановимся кратко только на одной подтрибе амброзиевых (*Asteraceae, Heliantheae, Ambrosiinae*).

Б.М. Миркин и Л.Г. Наумова (2001) приводят пример с расселением выходца из Северной Америки *Cyclachaena xanthifolia* Fresen, 1836 как одного из самых опасных адвентивных видов в нарушенных местообитаниях на юге Русской равнины. Авторы полагают, что этот пример иллюстрирует невозможность обобщений универсальной концепции адвентивного вида и необходимость замены "универсальной парадигмы", т.к. циклахена, имея развитый арсенал "агрессора" (способность формировать мощный и густой травостой высотой до 2 м и продукцию семян 30–40 млрд. шт./га), может реализовать этот "арсенал" только на нарушенных местообитаниях, так как конкурировать со степными видами циклахена не может. Эффективных и экологически безопасных средств контроля популяций циклахены пока нет. Авторы заключают, что в составе стратегического арсенала адвентивных видов должно быть свойство эксплерентности. Однако автор этого термина Л.Г. Раменский (1938), хотя и включал в эту группу автохтонные сорные виды, не исследовал адвентивные виды. Автохтонные виды — *эксплеренты* в понимании Л.Г. Раменского — имеют очень низкую конкурентную мощность, но зато они способны очень быстро захватывать освобождающиеся территории, заполняя промежутки между более сильными растениями; также легко они и вытесняются последними. Один из самых широко распространенных видов подтрибы амброзиевых, *Ambrosia artemisiifolia,* на своей родине в Северной Америке является типичным видом первой стадии сукцессии, т.е. эксплерентом. Важно, что амброзия полыннолистная не способна занимать территории с многолетними травами (Ковалев и др.,1989). Но на новых континентах, например в Евразии, амброзия становится турбатором, замедляя сукцессию на нарушенных местообитаниях. Такие однородные ассоциации аброзии могут существовать неопределенно долго, также как и ассоциации циклахены, если в агроценозах или населеных территорияхпроисходит постоянное нарушение почвенного покрова. Пыльца амброзии и циклахены является источником массовых аллергических заболеваний населения, а распространяются оба вида, прежде всего, в населенных районах. Проблема широкого распространения и вредоносности амброзиевых стала глобальной. Одна из причин успеха натурализации амброзиевых — биоситез сесквитерпеновых лактонов — аналогов ювенильного гормона насекомых (Ковалев, 1989а). Поэтому в местах заноса амброзиевых отсутствуют естественные враги. Однако на родине каждый из родов трибы амброзиевых имеет целый набор специфических олигофагов, часть из которых может быть использована в интродукции для целей биологического контроля (Kovalev, Zaitzev, 1996). Эти олигофаги не позволяют видам амброзиевых выходить за пределы фитоценотической эксплерентности.

Таким образом, **стратегия эксплерента в анцестральном ареале изменяется на стратегию турбатора при инвазии**. Понятие эксплерентности не следует относить ко всем успешным вселенцам. Часто адвентивный вид не проникает в устойчивые естественные растительные ассоциации, хотя и приносит большой вред на населенных территориях.

Интересно, что история небольшой подтрибы амброзиевых в миоцене начинается с экспансии в Старый Свет. Дурнишник *Xanthium strumarium* Linnaeus, 1753 считается европейским археофитом, его плоды найдены в разрезах средневековых городов, славянских городищ, в поселениях римской эпохи. По-видимому, единственно возможным мостом, по которому дурнишник мог переселиться в Евразию, была Беренгия: колючие плоды дурнишника успешно расселяются животными (Ковалев, 1989а, 1995а). Через Берингию с конца миоцена происходил интенсивный обмен крупными млекопитающими, прежде всего парнокопытными. Особенно многочисленные в позднетретичное время в Северной Америке верблюдовые (Camelidae) появляются в конце миоцена в Евразии и затем исчезают на севере американского континента. Их путь в Азию шел через Сонору — родину *X. strumarium*. Обнаруженный на севере Италии отпечаток плода *Xanthium* является самой ранней находкой ископаемых дурнишников и совпадает с мессинской регрессией и аридизацией и последовавшим расселением рода *Paracamelus*. Гигантский верблюд достиг в это время территории юга Европы, способствуя расселению плодов дурнишника. Всесветная экспансия *X. strumarium* продолжалась уже в современную эпоху. Этот вид получил в ботанической и палеоботанической литературе более 20 различных видовых названий. Значительная фенотипическая изменчивость этого вида, а также *X. spinosum*, послужила причиной необоснованного выделения большого числа видов в роде *Xanthium* (Протопопова, 1994). Отсутствие полиплоидов у *Xanthium* (2n=36) уменьшило агрессивность этих вселенцев в истории их неоднократных инвазий.

В отличие от *Xanthium,* другой представитель американской по происхождению трибы подсолнечниковых — череда (род *Bidens*) — также расселялась с животными из Нового Света. Этот ювенильный таксон состоит из полиплоидов, поэтому экспансия сопровождалась появлением в этом роде десятков видов.

Всесветная экспансия апопластных растений затрудняет определение такой важной характеристики как область первичного распространения надвидового таксона. Существенную помощь может оказать использование концепции целостности (коэволюции) растения и консорций его специфических фитофагов.

Двустворчатые моллюски (Mollusca, Bivalvia, Dreissenidae). Расцвет семейства Dreissenidae в позднем миоцене-плиоцене в области Средиземноморского бассейна и бывших водоемов Паратетиса обнаруживает временны́е параллели с развитием семейств апопластных растений в геологической истории. Как показано ниже в разделе 2.3, многие виды семейства в прошлом и настоящем — это успешные ивазионные виды. Один из самых филогенетически молодых видов (возраст 7–10 тыс. лет), *Dreissena bugensis* Andrusov, 1897, стремительно расширяет свой ареал в последние десятилетия. Можно говорить о “провокации” ювенильного таксона к экспансии в лиманах и водохранилищах, которые оказываются результатом одного и того же процесса затопления речной долины. Это объясняет, почему в бассейнах Волги и Днепра были созданы идеальные условия для расселения такого ювенильного таксона, как *D. bugensis*. См. также раздел 2.3.

Позвоночные (Chordata, Vertebrata). Известно, что, например, крысы (род *Rattus*) как инвазионные виды приносят экономический вред гораздо больший, чем все другие позвоночные вредители, вместе взятые (Неронов, Лущекина, 2001). Однако в долговременной перспективе катастрофическое влияние на ландшафты Земли оказывают домашние животные — филогенетически молодые формы, относящиеся к ювенильным таксонам из различных таксономических групп. Неконтролируемый выпас домашних животных — это разрушительная экспансия человека по границам естественных экосистем. Особенно велико отрицательное значение домашних животных в аридных районах: можно привести тривиальный пример с расширением зоны пустынь на территориях, примыкающих к Сахаре. Сейчас проблема опустынивания особенно остро проявляется в горных районах Средней Азии, где в течение нескольких десятилетий полностью уничтожены горные лесные системы на значительных территориях. Как неизбежное следствие этого процесса — проблема таяния ледников и дефицит пресной воды. Эти горные регионы расположены к югу от 40° северной широты с самыми высокими широтными величинами составляющих энергетического баланса и соседствуют с территориями пустынь. К сожалению, инерция традиционного уклада населения в республиках Средней Азии не позволяет задержать лавинообразные процессы разрушения ландшафтов. Жесточайший эксперимент с Аральским морем и Аму-Дарьей (см. раздел 3.4) должен послужить уроком для проведения необходимых прогностических оценок.

Уединенные популяционные волны

Независимо от таксономического статуса в популяциях видов различных ювенильных таксонов может наблюдаться исключительно высокая скорость увеличения численности, проявляющаяся в области инвазии и отсутствующая в анцестральном ареале (Ковалев, Вечернин, 1986а). Эта особенность проявляется лишь у немногих видов, относящихся, например, к филогенетически наиболее молодым подсемействам некоторых семейств насекомых, часто имеет эпизодический характер, но может обеспечить проявление вспышек численности экономически вредоносных видов или успех полезных агентов биоконтроля. В 1986 г. был описан уникальный феномен — **уединенные популяционные волны** (УПВ) насекомых (Ковалев, Вечернин, 1986а, 1986б, 1989; Вечернин, Ковалев, 1988; Kovalev, 1990; Ковалев, 1991). Уединенные популяционные волны были описаны при интродукции узких олигофагов в инвазионные популяции сорных растений. Все сорные растения представлены апопластными травянистыми таксонами. При этом все обнаруженные в УПВ представители коэволюционной системы “насекомое-растение” относятся к ювенильным таксонам, в частности, листоеды подсемейств Chrysomelinae и Galerucinae (Coleoptera, Chrysomelidae). Из модели следует, что для образования УПВ, движущейся с некоторой скоростью, необходима вполне определенная плотность жуков на единицу фронта волны (около 5000 жуков/м^2) (рис. 2). Такая плотность никогда не может появиться, например, у интродуцированного вида амброзиевого листоеда *Zygogramma suturalis* Fabricius, 1775 (Coleoptera, Chrysomelidae) на его родине в Северной Америке, а в районе интродукции может поддерживаться только путем создания специальных участков накопления. Однако в целом ряде успехов биоконтроля даже такого накопления вселенца не требовалось.

Формирование УПВ при интродукциях полезных насекомых-фитофагов неоднократно проявлялось при акклиматизации насекомых на новых континентах, и успех некоторых самых эффективных кампаний по биологическому контролю сорных растений связан, по нашему мнению, с эффективностью УПВ. Самый масштабный процесс формирования УПВ был обнаружен в течение кампании по подавлению зверобоя *Hypericum perforatum* (Clusiaceae) в Северной и Южной Америке, Австралии, Новой Зеландии и Южно-Африканской Республике с помощью интродуцированных из Европы листоедов рода *Chrysolina* (Chrysomelidae) (Holloway, Huffaker, 1951; Huffaker, 1957, 1967; Harris et al., 1969; Julien, Griffits, 1998). Наибо-

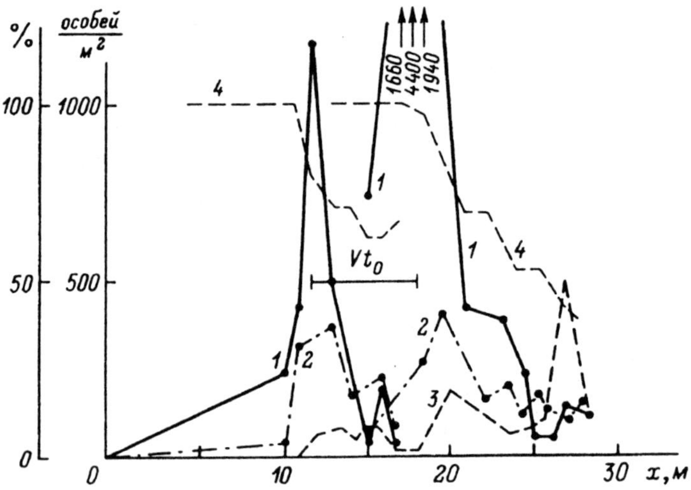

Рис. 2. Детальная структура уединенной популяционной волны (УПВ) амброзиевого листоеда.

По результатам наблюдений на участке эспарцета 2 (см. рис. 3) показано положение волн 4 и 6 июля 1985 г. (интервал 2 сут.), что соответствует скорости движения волны около 3 м/сут.). *По оси абсцисс* — расстояние от опорной точки в направлении, перпендикулярном фронту волны; *по оси ординат: слева* — поврежденность амброзии, *справа* — число особей листоеда на 1 кв. м. *1* — УПВ жуков, *2* — плотность личинок, *3* — плотность яиц на данном участке, *4* — поврежденность амброзии. *Стрелки с цифрами* – количество жуков в УПВ (из: Ковалев, Вечернин, 1986а).

лее эффективный вид, *C. quadrigemina* (Suffrian, 1851), приводил к снижению плотности сорняка до 99% (Julien, Griffits, 1998). В анцестральном ареале вида в Старом Свете никогда не бывает вспышек массового размножения листоеда в подобных масштабах. Однако энтомологи не только не исследовали феномен УПВ, но даже не отметили необычные особенности проявления биологических процессов, хотя очень высокая численность насекомых, аналогичная УПВ в очагах амброзии, иногда фиксировалась на фотографиях и схемах. Первая такая фотография, на которой можно идентифицировать УПВ, приводится Хаффейкером (Huffaker,1957) для иллюстрации расселения *C. quadrigemina* (=*C. gemellata*) в Калифорнии. На фотографии отчетливо выделяются особенности сохранения постоянной формы УПВ: насекомые не переходят передний фронт волны, несмотря на недостаток пищи в структуре движущейся УПВ.

Европейские листоеды *Galerucella calmariensis* Linnaeus, 1767 и *G. pusilla* Duftschmidt, 1825 (Chrysomelidae) были интродуцированы в целях биологического контроля дербенника *Lythrum salicaria* Linnaeus, 1754 (Lythraceae) в Канаду и США (Corrigan et al., 1998). На этом примере также отмечают (Julien, Griffits, 1998) формирование экстремально высокой плотности жуков (>500 яйцекладок на 1 кв. м) с последующим локальным подавлением дербенника. Однако повсеместного подавления сорняка не произошло (Mullin, 1998; Blossey et al., 2001). Почему же фено-

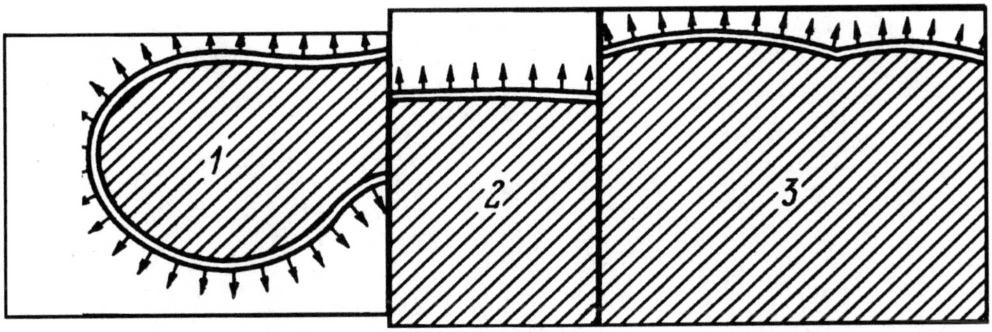

Рис. 3. Движение уединенной популяционной волны амброзиевого листоеда по засоренным амброзией полыннолистной посевам многолетних трав совхоза “Пелагиадский” Ставропольского края

1 — эспарцет (80 га), *2* — эспарцет (45 га), *3* — люцерна (90 га). Положение фронтов приведено по состоянию на 15 июля 1985 г. Заштрихованы области, полностью освобожденные от амброзии.

мен УПВ проявляется так редко и, если проявляется, часто имеет эпизодический характер?

Для формирования УПВ *Zygogramma suturalis* на Северном Кавказе на специальном участке на площади 3 га многократно обрабатывалась почва до образования однородного покрытия из 10–12 тыс. проростков амброзии полыннолистной на кв. м без присутствия других растений (Ковалев, 1989а). Для образования УПВ, движущейся с некоторой скоростью, необходима вполне определенная плотность популяции жуков, для достижения которой требуется не менее 2–3 лет разведения фитофага на специально выделенном участке. Поддержание очень высокой численности в УПВ — десятков миллионов особей на больших полях (рис. 3) привело к временному подавлению очагов амброзии и к подъему урожая некоторых сельскохозяйственных культур (Ковалев и др., 1989; Марьюшкина и др., 1989). К сожалению, в связи с отсутствием финансирования в перестроечный период, исследования УПВ в Ставропольском крае были прекращены.

Один из самых выдающихся проектов биоконтроля связан с успешным расселением южноамериканского слоника *Cyrtobagous salviniae* Calder et Sands, 1985 (Curculionidae, Coleoptera) для подавления сальвинии *Salvinia molesta* D.S. Mitchell, 1974 (Salviniaceae) в пресноводных водоемах субтропических и тропических районов Австралии, Африки, Индии, Шри Ланки и Океании (Julien, Griffits, 1998). Сальвиния, выходец из Бразилии, формировала колоссальную фитомассу на поверхности водоемов: около 50 тыс. т на площади в 400 га, иногда на поверхности не оставалось свободного пространства. Во всех районах колонизации слоника в восьмидесятые годы прошлого века сальвиния была подавлена в очень короткие сроки от 14 месяцев до 2–3 лет.

В период формирования УПВ *Z. suturalis* обнаружилась значительная фенотипическая изменчивость этого вида (рис. 4, 5, 6) в сравнении с другими видами этого рода (Ковалев, Медведев, 1983; Ковалев, 1989б). Непрерывные ряды изменчивости при усилении меланизации завершаются полной меланизацией хитино-

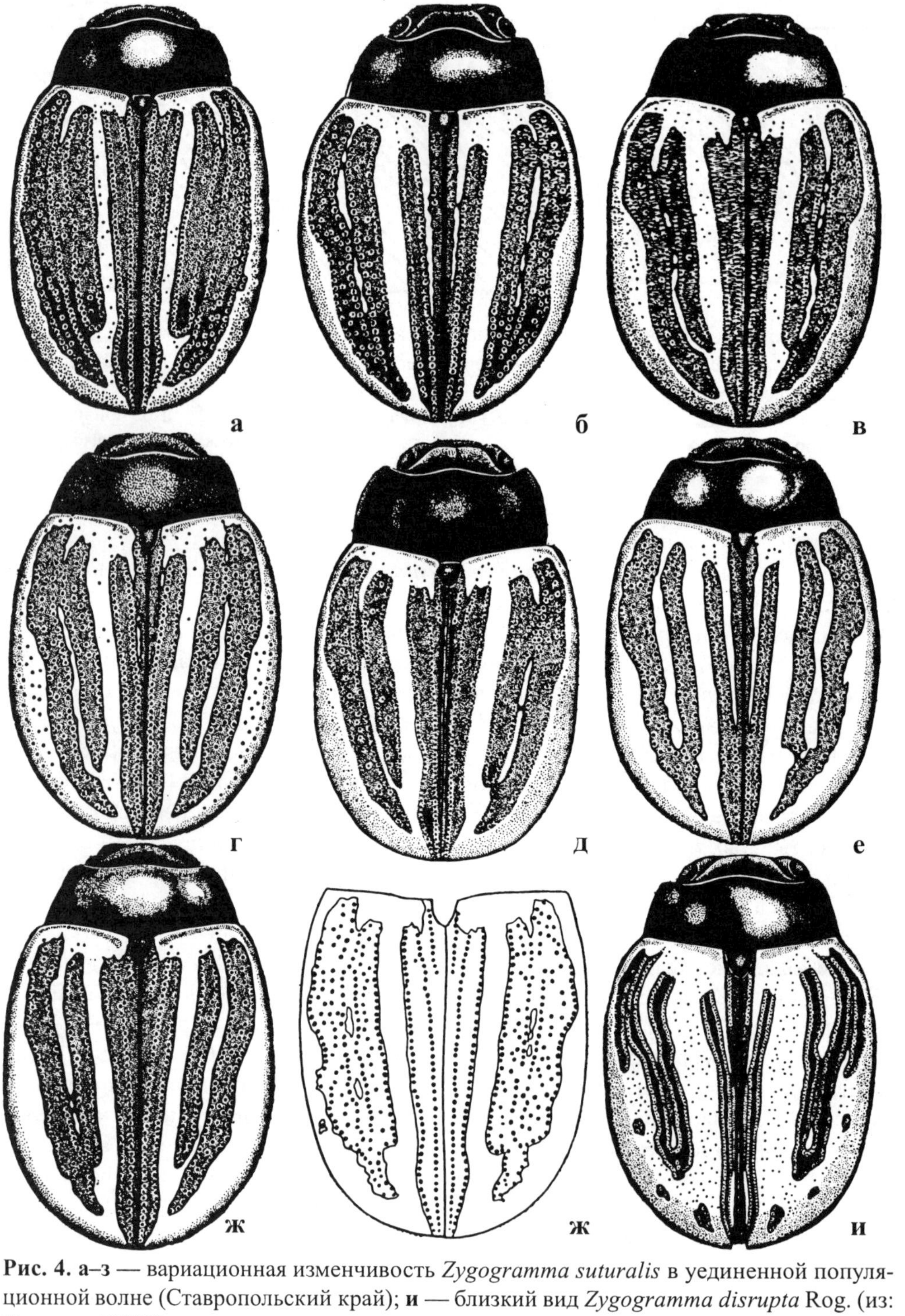

Рис. 4. а–з — вариационная изменчивость *Zygogramma suturalis* в уединенной популяционной волне (Ставропольский край); **и** — близкий вид *Zygogramma disrupta* Rog. (из: Ковалев, 1989б).

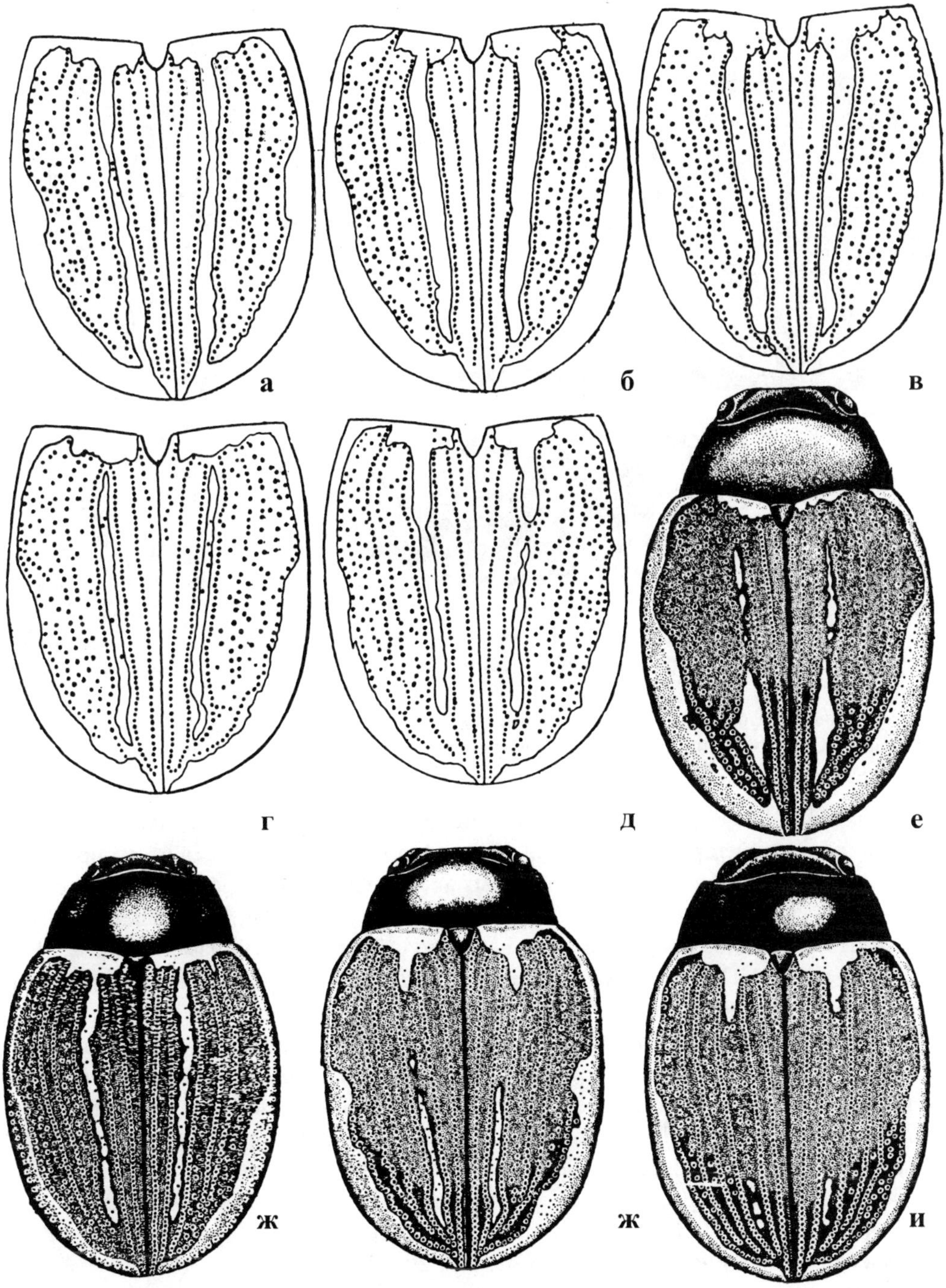

Рис. 5. Непрерывные ряды изменчивости при усилении меланизации *Zygogramma suturalis* в уединенной популяционной волне (Ставропольский край) (из: Ковалев, 1989б). **а–д** — схема расположения меланина; **е–и** — общий вид (сверху) листоеда с различной степенью меланизации.

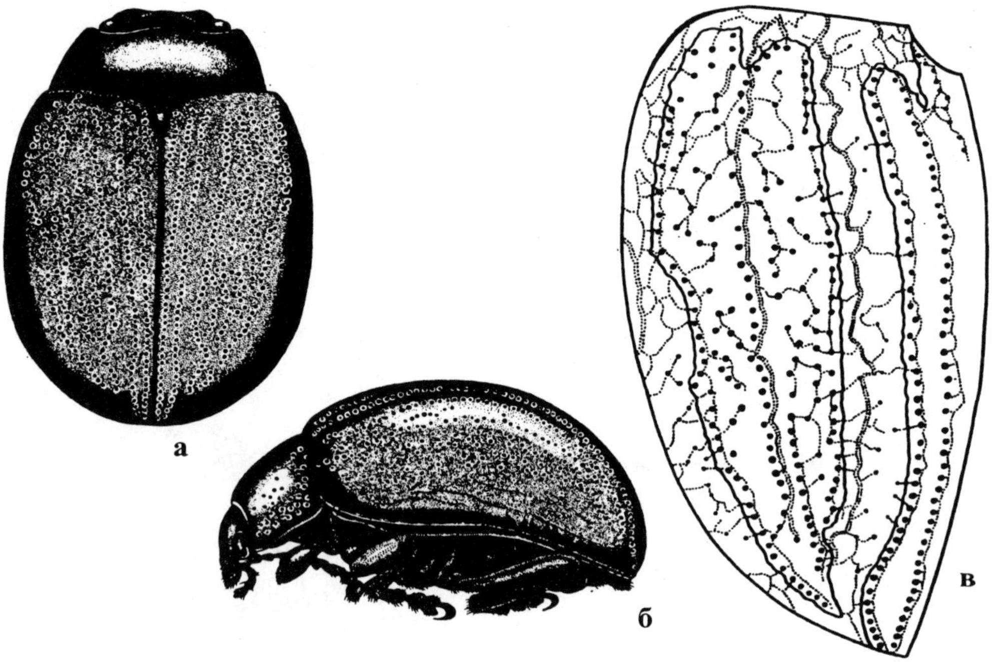

Рис. 6. Меланизация и трахеация надкрылий *Zygogramma suturalis* и гомология жилкования.

Меланистическая форма амброзиевого листоеда в УПВ: **а** — вид сверху, **б** — вид сбоку, **в** — схема трахеации. Сплошной линией показаны очертания шовной и краевой меланиновых полос.

вых покровов (Ковалев, 1989б). На родине вида в Северной Америке, в полевых условиях на территории 11 штатов США, подобная изменчивость этого признака не была обнаружена в пределах обширных ареалов двух слабо различающихся подвидов *Z. s. suturalis* Fabricius, 1775 и *Z. s. casta* Rogers, 1854. В коллекциях США также не нашлось экземпляров, демонстрирующих подобную изменчивость. В то же время в зоне УПВ *Z. suturalis* на Северном Кавказе обнаруживаются все фенотипические формы обоих подвидов (рис. 4) (Ковалев, 1989б).

Кроме того, был встречен ещё один феномен — появление полета у вида, ранее не обладавшего этой способностью. Было высказано предположение, что появление особей, способных к полету (*Z. suturalis volatus* Kovalev, 2002), происходило только в одном районе Ставропольского края — зоне формирования УПВ с экстремально высокой плотностью в месте завоза интродуцированной популяции. Популяции этого подвида расселились на Северном Кавказе, вытеснив “пешеходов”, и были расселены в Палеарктике от юга Западной Европы (Хорватия, Сербия) до Дальнего Востока России и Китая (Ковалев, 2002).

Формирование подвида *Z. suturalis volatus* произошло в необычайно короткие сроки — в течение всего 5–7 поколений, но общие причины выделения ранга этого подвидового таксона имеют фундаментальный характер: это морфологически и анатомически резко отличающаяся форма вида, изолированная географически от североамериканских популяций анцестрального ареала вида на территории Палеарктики.

При исследовании УПВ на участке максимальной плотности амброзиевого листоеда *Z. suturalis* отмечена эпизоотия энтомофторовых грибов рода *Zoophtora,* вызвавшая гибель до 10% популяции жуков, хотя поражения листоедов этой группой патогенов не отмечалось в мировой литературе (Ковалев, Присный, 1989).

Рост численности человечества фактически также происходит по модели уединенных популяционных волн. В последние годы было высказано предположение (Капица, 1999), что рост численности человечества происходит по гиперболическому закону, при котором скорость роста пропорциональна квадрату численности населения. Действительно, расселение гоминид, прежде всего рода *Homo* и самого молодого вида *H. sapiens* Linnaeus, 1758, проходит по сценарию инвазии ювенильных таксонов. Рост численности населения представляет благоприятную среду для взрыва численности инвазионных патогенных микроорганизмов.

Автоволновые процессы, подобные уединенным популяционным волнам, в популяционных структурах биосферы проявляются также в жизненных циклах низших организмов — бактерий, амёб, миксомицетов и др.

Общие закономерности современных инвазий и палеоин-вазий: палеоинвазии аридных сообществ растений в миоцен

Обнаружение азиатских по происхождению аридных сообществ растений (туранских C_4-растений) на юго-западе Африки (Kovalev, 1995) выявило необычный тип миграции северной биоты через тропический пояс на юг континента в конце миоцена. Подобный путь миграции не был ранее известен флористам. При этом расселялись растительные сообщества с весьма насыщенными по таксономическому разнообразию консорциями насекомых-олигофагов из отрядов Homoptera, Coleoptera и Lepidoptera. Благодаря таксономическому и филогенетическому анализу насекомых-фитофагов из этих консорций выяснилось, что реликтовые специализированные насекомые относятся к палеарктическим родам, обитают в Южной Африке с миоцена и служат индикаторами туранского происхождения биоты. Флористы же считали, что эти растения являются не только африканскими по происхождению, но и формируют анцестральные области распространения ряда родовых таксонов растений, расселившихся из этого региона в северном полушарии. Так, африканские аспартатные C_4-виды рода *Caroxylon* воспринимались монографом маревых В.П. Бочанцевым (1969) как представители анцестральной секции рода *Salsola.* В.П. Бочанцев поэтому считал, что центр формирования рода *Salsola* находится в Южной Африке.

Один из эдификаторов системы — единственный вид апопластного рода *Tamarix* относился флористами к реликтовым остаткам африканского центра происхождения тамарисков. Однако был обнаружен ископаемый вид *Tamarix palaeoafricana* O. Kovalev, 1995, связывающий туранские тамариски с южноафриканским видом. Индикатором туранского происхождения тамариска в Южной Африке оказались родовые группировки насекомых-олигофагов с первично сахарогобийскими ареалами: *Duilius* (Cixiidae), *Colposcenia* (Aphalaridae) — Homoptera. Оба этих рода широко распространены в Палеарктике, виды развиваются на тамарисках, а в Южной Африке обнаружено только по одному виду, связанному с тамариском (Kovalev, 1995). Таким образом, расселение азиатского климаксового сообщества не сопровождалось изменением системых особенностей родовых таксонов растений и насекомых.

Однако каковы были обстоятельства, способствовавшие таким масштабам расселения туранской биоты? Прежде всего, изменения климата в конце миоцена сопровождались широкой экспансией C_4-растений в составе туранских сообществ (Ковалев, Жилин, 1998; Ковалев, 2000). C_4-синдром фотосинтеза сформировался в середине миоцена и проявился выборочно в 20 семействах апопластных двудольных и однодольных растений как гораздо более эффективный механизм фиксации двуокиси углерода, чем C_3-фотопериодический метаболизм. Это была адаптация к эстремальным условиям образования ультрааридных пустынь. В современной палеонтологической литературе проблеме глобальной "экспансии" C_4-растений в миоцене-плиоцене посвящены многочисленные публикации в связи с уникальной возможностью фиксации изотопов углерода C_4-растений в эмали зубов ископаемых животных (Cerling et al., 1993). Была ли эта экспансия действительно глобальной в период формирования C_4-синдрома? Современное всесветное и постоянно увеличивающееся распространение C_4-растений относится исключительно к хозяйственной деятельности человека, т.к. эти растения нередко являются очень устойчивыми и трудно искоренимыми сорными видами. Самая популярная гипотеза палеонтологов (Cerling et al., 1997, 1998) объясняет причину глобальной экспансии C_4-растений предполагаемыми процессами резкого уменьшения углекислоты в атмосфере в конце неогена и особенно в терминальном миоцене. Однако все обнаруженные следы C_4-растений в фоссилиях животных имеют четкую региональную очерченность и найдены только в Восточной Африке, на юге Турана (Пакистан), на юго-западе Северной и на юго-западе Южной Америки. Никаких следов C_4-синдрома не оказалось, например, на юге Европы. Поэтому приводимые сторонниками этой гипотезы аргументы не являются объяснением эволюционных событий.

Формирование C_4-синдрома может быть связано со следующими последовательными эволюционными событиями или системными процессами в конце миоцена. Прежде всего, разрушение устойчивых лесных формаций из симпластных древесных видов в пределах от экватора до 40° сев. широты, где были обнаружены следы C_4-растений, и формирование новых доминантов из апопластных травянистых таксонов возможно только с участием эдификаторов мегафауны из крупных животных (Ковалев, 2000). Особая роль в этих процесах принадлежала представителям отряда хоботных (Proboscidea). Стабильно очень высокие плотности популяций этих животных при отсутствии уравновешивающего пресса крупных хищников оказали огромное влияние на экосистемы (Kingdon, 1979; Пучков, Кульчицкий, 1995). Кстати, первые следы C_4-синдрома были обнаружены в Кении в эмали зубов слонов и носорогов возрастом 15,3 млн. лет (Morgan et al., 1994). Неконтролируемая хищниками численность привела к постоянным интенсивным миграциям хоботных в миоцене-плиоцене из Африки по другим континентам (Кэрролл, 1993).

Так образовался афроазиатский "C_4-коридор", имевший продолжение на западе американского континента. На этих территориях происходила экспансия ювенильных таксонов травянистых апопластных растений в сукцессиях пастьбы.

Над обширными равнинными территориями открытых саванноподобных ландшафтов формировались пояса высокого давления с максимальной величиной (20–22 ккал/см^2 в мес.) суммарной радиации, в изолиниях которой вытеснялись C_3-растения. При этом основную роль играли не годовые, а месячные величины суммарной радиации. Величина в 18 ккал недостаточна для образования C_4-синдрома (Ковалев, 2000). Как показали исследования изотопов углерода при анализе кормовых рационов животных, глобальное увеличение биомассы C_4-растений произошло в позднем миоцене и раннем плиоцене (5–8 млн. лет назад) (Cerling et al.,1998). Это связано с массовым появлением новых доминантов аридных формаций и формированием сукцессионных систем. Сходные процессы в эволюции C_4-синдрома, вероятно, с участием сумчатых, происходили в Австралии. Самые крупные из всех известных сумчатых — представители 12 родов из семейств Diprotodontidae и Palorchestidae — достигали размеров гиппопотама (Кэрролл, 1993). Если вернуться к афроазиатскому "коридору C_4-растений" и проблеме миграции туранской биоты, то в миграционых потоках хоботных отмечено неоднократное возвращение из Азии в Африку преимущественно азиатского семейства Stegodontidae (Кэрролл, 1993). Таким путем могли следовать и туранские биоты.

Другим примером сопряженной палеоинвазии могут служить **насекомые — индикаторы анцестральных ареалов родовых таксонов растений.**

Системная целостность родового таксона растений включает формирование консорций специфических фитофагов, прежде всего узких олигофагов, питание и развитие преимагинальных фаз у которых ограничено видами растений одного рода. Самые показательные индикаторы таких консорций — галлообразующие насекомые и клещи. Такие коэволюционные связи формируются у растений и насекомых в течение длительного геологического времени в условиях первичного ареала. Однако в ряде случаев при инвазии рода на другой континент и формировании представителями этого рода растения вторичного ареала, в процессе экспансии новые виды этого рода полностью утрачивают галлообразующие виды. Систематики-ботаники часто не могут выявить реальный видовой статус морфологических и генетических абберантов и присваивают им самостоятельный таксономический статус. Очень показательны исследования флористами рода астрагала (*Astragalus*, Fabaceae) на территории американского континента. В Новом Свете, где произрастает более 400 видов астрагалов, у этих растений отсутствуют узкие олигофаги-насекомые. На родине астрагалов в Старом Свете фауна насекомых-олигофагов чрезвычайно разнообразная, включая многочисленных галлообразователей. В Евразии на астрагалах известно 24 вида галлиц (Diptera, Cecidomyiidae) и еще больше не описано, 16 видов чехлоносок (Lepidoptera, Coleophoridae), при этом фауна чехлоносок, обитающих на мотыльковых, не проникла в Неарктику (Фалькович, 1996; Федотова, 2000). Американские ботаники разработали многочисленные кладистические схемы для астрагалов, не учитывая, что этот род, как мы выяснили, происходит из Евразии и занесен в Северную Америку, вероятно, сеноставками (р. *Ochotona*) в плиоцене (Ковалев, 1998). В плиоценовых отложениях Северной Америки астрагалы появились сразу в заметном числе отпечатков. По всей вероятности, через Берингию были занесены единичные растения возможно одного вида, т.к. американские виды этого рода резко отличаются набором хромосом, числа хромосом которых либо кратны x=11,12,13,14 (Spellenberg, 1976), либо анеуплоиды (Сытин, 1992). У евразиатских астрагалов числа хромосом кратны x=8. При этом среди американских астрагалов много сорных видов, что не свойственно видам астрагалов в Евразии.

Палеоинвазии ювенильных таксонов как индикаторы смены палеоклиматов

Смена неледникового типа климата, типичного для позднего мела и раннего кайнозоя, на ледниковый тип, происходившая в последние 23–25 млн. лет, сопровождается калейдоскопической сменой биот. Эта смена биот происходит как *инвазионный процесс* с распространением ювенильных таксонов в освобождающихся экологических пространствах. За предшествующие 250 млн. лет неледникового интервала (Зубаков, 1990) не было таких черт последующего ледникового климата как понижение температуры придонных вод до значений, близких к современным, развития криосферы Земли от подземных до континентальных оледенений и морских льдов в полярных областях, развития процессов аридизации континентов; формирования климатической и ландшафтной зональности современного типа; коренной перестройки атмосферной циркуляции (Борзенкова, 2003). В плиоцене и особенно позднем плейстоцене происходят наиболее резкие изменения глобальных температур, при этом в главном триггере крупнопериодических изменений климата и эволюции органического мира — 400-тысячелетнем ритме закономерно повторяются 6–8 климатических фаз, когда происходили великие вымирания млекопитающих (например, мамонтовой фауны) и формируются новые волны инвазий биот (Зубаков, 1990). Очень характерная для неогена гиппарионовая фауна, сформировавшаяся в Центральной Азии (Орлов, 1989) и отличающаяся необычайной многочисленностью многих животных, получила свое название по инвазионному таксону (р. *Hipparion*) из Северной Америки.

Наконец, эти же климатические события способствуют становлению *Homo sapiens* как системного вида, т.к. формирование человеком ювенильных таксонов — домашних животных и культурных растений приводит к постепенному разрушению природных ценозов.

1.4. Обзор чужеродных видов свободноживущих водных беспозвоночных и рыб в водоемах европейской части России и сопредельных стран

Вместе с возрастанием скорости переноса организмов через географические барьеры, увеличением числа видов, которые могут быть определены как чужеродные и инвазионные, в литературе происходит накопление обширных описательных материалов по фактам вселений. Одной из задач монографии является оценка масштабов биологических инвазий. Следуя этой задаче и используя накопленные фактические материалы, мы составили сводные списки видов-вселенцев среди водных беспозвоночных и рыб. В них приведены таксономический состав и общие сведения по экологии чужеродных видов.

1.4.1. Свободноживущие беспозвоночные

В общей сложности к настоящему моменту в Европейской части России зарегистрировано более 150 чужеродных видов среди свободноживущих видов беспозвоночных (табл. 1). В приведенной таблице лидирующее место занимают ракообразные, значительно также число видов моллюсков, кольчатых червей и кишечнополостных (рис. 7). Организмы, ведущие донный образ жизни, значительно преобладают над пелагическими (планктоном и нектоном). Среди первых большая часть видов приурочена к мягким грунтам, однако имеется и значительное число обрастателей, к которым относятся прикрепленные двустворчатые моллюски, сестонофаги-фильтраторы, в частности представители сем. Dreissenidae (3 вида), способные образовывать массовые поселения в широком градиенте основных абиотических факторов среды и играть заметную роль в круговоротах веществ и трансформации энергии в экосистемах. Среди сестонофагов-фильтраторов зообрастаний насчитывается также 4 вида мшанок и 2 вида внутрипорошицевых. По числу видов среди обрастателей преобладают, однако, гидроидные полипы-зоопланктофаги.

По преимуществу чужеродная фауна беспозвоночных Европейской части России относится к понто-каспийскому комплексу. В Каспии, южных морях и Балтике широкое распространение получили организмы, ведущие свое происхождение из прибрежных вод и, в меньшей степени, из внутренних водоемов Америки. В водохранилищах волжского каскада вместе с формированием подходящих условий широкое распространение получили холодноводные виды североевропейского планктонного озерного комплекса, которые составляют более одной трети от всего числа планктонных видов-вселенцев. Такая особенность Волги отличает ее от каскадов водохранилищ других крупных рек Европейской части бывшего СССР, где лидирующее значение и по числу видов и по численности принадлежит понто-каспийским организмам.

Основным вектором первичной интродукции вселенцев в водоемы морского типа можно считать судоходство, тогда как в инвазиях, протекающих во внутренних водоемах (включая Каспийское море), наиболее важное значение имеет пред-

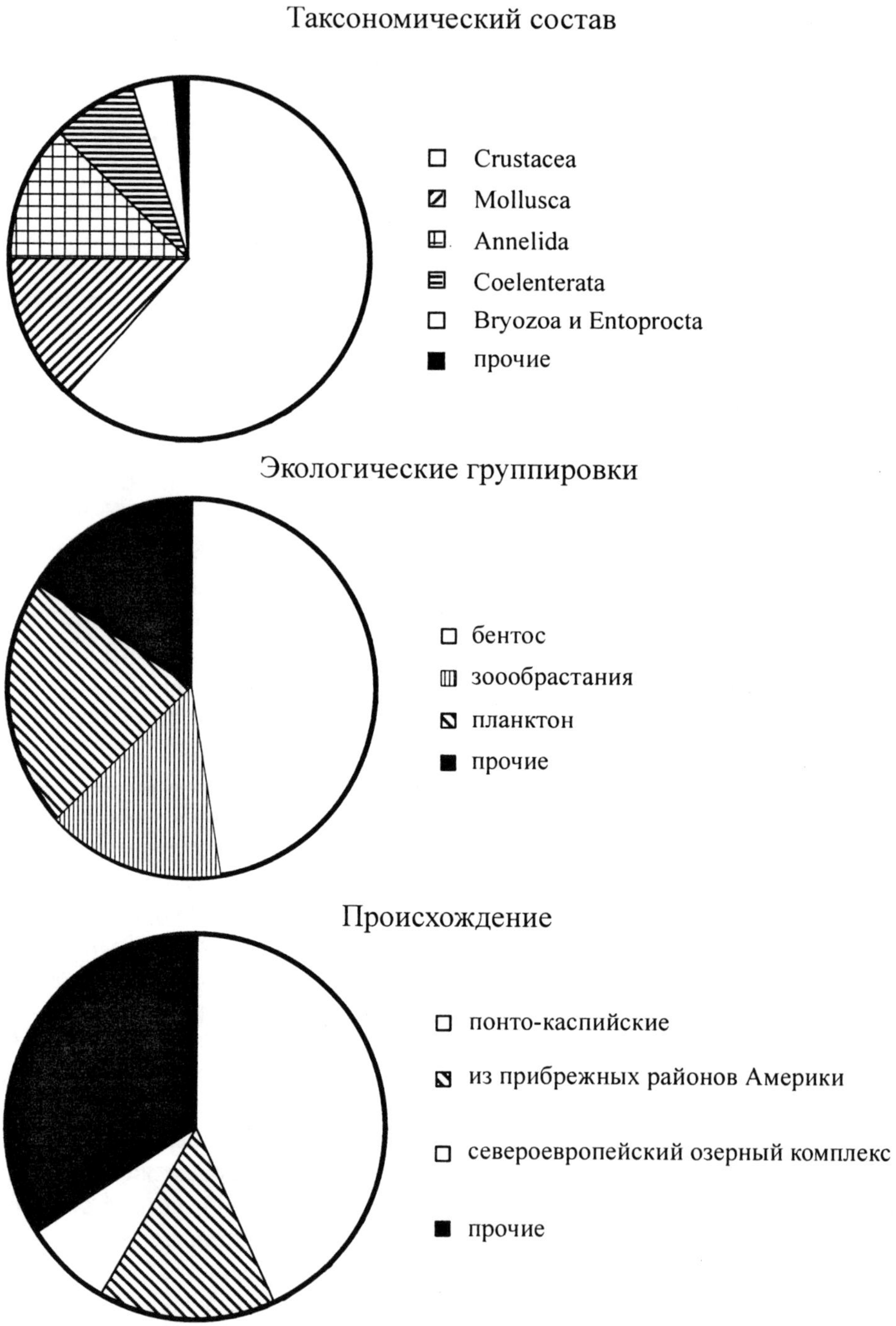

Рис. 7. Общая характеристика состава свободноживущих беспозвоночных-вселенцев в водоемах Европейской части России и сопредельных стран.

Таблица 1. Список беспозвоночных-вселенцев во внутренние моря, солоноватоводные озера и нижние течения рек Европейской части России и сопредельных стран. * — определение предварительное.

	Вид (подвид)	Экологическая характеристика	Происхождение или регион-донор	Векторы или причины первичной интродукции	Регионы-реципиенты	Натурализация	Источники
1	2	3	4	5	6	7	8
	Coelenterata						
1	*Blakfordia virginica* Mayer, 1910	обрастания, бентос	Сев. Америка	судоходство	Черное, Азовское, Каспийское моря	+	Мордухай-Болтовской, 1960; Водяницкий, 1968
2	*Bougainvillia megas* (Kinne, 1956)	обрастания, бентос	Сев. Америка	судоходство	Балтийское, Черное, Каспийское, Азовское моря	+	Зевина, 1979; Jansson, 1994a; Шадрин, 2000; Орлова, 2000
3	*Cordylophora caspia* (Pallas, 1770)	обрастания, бентос	понто-каспийский	судоходство	всесветное распространение	+	см. сводку Jansson, 1994a
4	*Craspedacusta sowerbii* Lank, 1880	планктон	?	судоходство	всесветное распространение	?	Протасов, 1994
5	*Edendrium* spp.*	?	Сев. Америка, тихоокеанское побережье	судоходство	Черное море	?	см. сводку Grigorovich et al., 2002
6	*Gonionemus vertens* Agassiz, 1862	бентос	Сев. Америка, Тихий океан	судоходство	Балтийское море	+	Gollasch, Mecke, 1996
7	*Maeotias inexspectata* Ostroumoff, 1896	планктон	понто-каспийский	судоходство	Балтийское море	?	см. базу данных BSASD, 2002
8	*Moerisia maeotica* (Ostroumov, 1896)	обрастания, бентос	Черное море	судоходство	Каспийское море	+	Зевина, 1979
9	*Aurelia aurita* (L., 1758)	планктон	Средиземное море	судоходство	Каспийское море	+	Ушивцев и др., лич. сообщ.
10	*Tiaropsis multicirrata**	?	Сев. Америка, тихоокеанское побережье	судоходство	Черное море	?	Grigorovich et al., 2002
11	*Clavopsella quadrangularia* Thiel, 1962	обрастания, бентос	североафриканское побережье	?	Балтийское море	?	Gollasch, 1996
	Ctenophora						
12	*Mnemiopsis leidyi* A. Agassiz, 1865	планктон	атлантическое побережье Сев. и Южн. Америки	судоходство	Черное, Азовское, Каспийское моря	+	Zaitzev, Mamaev, 1997; Шиганова и др., 2003
13	*Beroe ovata* Brungiére, 1789	планктон	атлантическое побережье Сев. и Южн. Америки	судоходство	Черное и Азовское моря	+	Шиганова и др., 2003

Таблица 1 (продолжение).

1	2	3	4	5	6	7	8
	Rotatoria						
14	*Conchiloides natans* (Seligo, 1900)	планктон	Сев. Европа	гидротехн. строительство?	водохранилища верхней Волги	+	см. сводку Slynko et al., 2002
15	*Keratella hiemalis* Carlin, 1943	планктон	Сев. Европа	гидротехн. строительство?	водохранилища верхней Волги	+	см. сводку Slynko et al., 2002
16	*Notholca cinetura* Jaschnov, 1922	планктон	Сев. Европа	гидротехн. строительство?	дельта Волги	?	Косова, 1991
17	*Syncheta lakowitziana* Lucks, 1930	планктон	Сев. Европа	гидротехн. строительство?	водохранилища верхней Волги	+	см. сводку Slynko et al., 2002
18	*Syncheta verrucosa* K?hn, 1	планктон	Сев. Европа	гидротехн. строительство?	водохранилища верхней Волги	+	см. сводку Slynko et al., 2002
	Polychaeta						
19	*Capitellides dispar* Ehles, 1907	бентос	Новая Зеландия	судоходство	Черное море	+	см. сводку Grigorovich et al., 2002
20	*Glycera capitata* (Oersted, 1943)	бентос	бореальный?	судоходство	Черное море	+	Водяницкий, 1968
21	*Ficopomatus enigmaticus* (Fauvel, 1923)	обрастания, бентос	Индо-Пацифика	судоходство	Черное, Азовское, Каспийское, Балтийское моря	+	Зевина, 1979, а также сводки: Шадрин, 2000; Орлова, 2000 и база данных BSASD, 2002
22	*Hediste diversicolor* Müller, 1776	бентос	бореальное?	акклиматизация	Каспийское, Аральское моря	+	Карпевич, 1975 и мн. др.
23	*Hypania invalida* Grube, 1860	бентос	понто-каспийский	акклиматизация	средние течения крупных рек, водохранилища	+	Карпевич, 1975; см. обзор Щербина, 2000
24	*Hypania kowalewskii* (Grimm, 1877)	бентос	понто-каспийский	акклиматизация	средние течения крупных рек, водохранилища	+	Журавель, 1967б; Иоффе, 1972
25	*Manaynkia caspica* Annenkova, 1929	бентос	понто-каспийский (из арктических реликтов)	гидротехн. строительство?	р. Ингулец, Куйбышевское водохранилище	+	Grigorovich et al., 2002; Патрин, 2002
26	*Marenzelleria* cf. *viridis* (Verill, 1873)	бентос	атлантическое побережье Сев. Америки	судоходство	Балтийское море	+	Norkko et al., 1993; см. также обзор Zettler et al., 2002
27	*Polydora limicola* Annenkova, 1934	бентос	Тихий океан	судоходство	Черное море	+	см. сводку Grigorovich et al., 2002
28	*Polydora redeki* (Horst, 1920)	бентос	Зап. Европа, прибрежные воды	судоходство	Балтийское море	+	Eliason, Haahtela, 1969; база данных BSASD, 2002
29	*Streblospio shrubsolii* (Buchanan, 1890)	бентос	Сев. Атлантика	судоходство	Черное море	+	см. определитель п/ред. Водяницкого, 1968

Таблица 1 (продолжение).

1	2	3	4	5	6	7	8
	Oligochaeta						
30	*Branchiura sowerbyi* Beddard, 1892	бентос	Юго-Зап. Азия	?	Балтийское море	+	см. базу данных BSASD, 2002
31	*Paranais frici* Hrabe, 1941	бентос	понто-каспийский	судоходство	Балтийское море	+	см. базу данных BSASD, 2002
32	*Potamothrix heucheri* (Bretscher, 1900)	бентос	понто-каспийский	судоходство	Балтийское море	+	см. базу данных BSASD, 2002
33	*Potamothrix vejdovskyi* Hrabe,1941	бентос	понто-каспийский	судоходство	Балтийское море	+	см. базу данных BSASD, 2002
34	*Psammoryctides deserticola* (Grimm, 1876)	бентос	понто-каспийский	гидротехн. строительство?	бассейн Северского Донца	+	см. сводку Grigorovich et al., 2002
	Hirudinea						
35	*Caspiobdella fadejevi* (Epstein, 1961)	бентос, эктопаразит рыб	понто-каспийский	?	водохранилища верхней и средней Волги	+	Lapkina et al., 2001; Zokhov, 2001
	Crustacea						
36	*Bosmina coregoni* Baird, 1857	планктон	Сев. Европа	гидротехн. строительство?	водохранилища верхней Волги и Днепра	+	Мордухай-Болтовской, Дзюбан, 1976; см. также сводку Slynko et al., 2002
37	*Bosmina crassicornis* Lillieborg, 1887	планктон	Сев. Европа	гидротехн. строительство?	водохранилища верхней Волги и Днепра	+	Мордухай-Болтовской, Дзюбан, 1976; см. также сводки Slynko et al., 2002 и Grigorovich et al., 2002
38	*Bosmina kessleri* Uljanin, 1875	планктон	Сев. Европа	гидротехн. строительство?	водохранилища верхней Волги и Днепра	+	Мордухай-Болтовской, Дзюбан, 1976; Slynko et al., 2002; Grigorovich et al., 2002
39	*Bosmina longispina* Leydig, 1860	планктон	Сев. Европа	гидротехн. строительство?	водохранилища верхней Волги и Днепра	+	Мордухай-Болтовской, Дзюбан, 1976; Slynko et al., 2002
40	*Bosmina obtusirostris* Sars, 1861	планктон	Сев. Европа	гидротехн. строительство?	водохранилища верхней Волги	+	Мордухай-Болтовской, Дзюбан, 1976; Slynko et al., 2002
41	*Bythotrephes longimanus* Leydig, 1860	планктон	Сев. Европа	гидротехн. строительство?	Волга, Дон, Рейн	+	Мордухай-Болтовской, Дзюбан, 1976; см. также обзор Ривьер, Григорович, 1999 и автореферат Литвинчук, 2001
42	*Calanipeda aquaedulcis* (Kritchagin, 1973)	планктон	понто-каспийский-средиземноморский	?	водохранилища Европейской части б. СССР, Аральское море	+	Мордухай-Болтовской, Дзюбан, 1976; Карпевич, 1975; Мордухай-Болтовской, 1979; сводка Slynko et al., 2002

Таблица 1 (продолжение).

1	2	3	4	5	6	7	8
43	*Cornigerius bicornis* Zernov, 1901	планктон	понто-каспийский	гидротехн. строительство?	бассейны Днепра и Дона	?	Мордухай-Болтовской , Галинский 1974, также сводка Grigorovich et al., 2002
44	*Cornigerius lacustris* (Spandle, 1923)	планктон	понто-каспийский	множественные	водохранилища Днепра и Дона	?	Базилевич, 1972; Мордухай-Болтовской, Галинский 1974,
45	*Cornigerius maeoticus maeoticus* (Pengo, 1879)	планктон	понто-каспийский	множественные	водохранилища Европейской части б. СССР, Балтийское море	?	Гламазда, 1971; Мордухай-Болтовской, Галинский 1974, сводки Grigorovich et al., 2002; Slynko et al., 2002
46	*Cyclops kolensis* Lillijeborg, 1901	планктон	Сев. Европа	гидротехн. строительство?	водохранилища Волги	+	сводка Slynko et al., 2002
47	*Daphnia cristata* Sars, 1862	планктон	Сев. Европа	гидротехн. строительство?	водохранилища верхней Волги и Днепра	+	Мордухай-Болтовской, Дзюбан, 1976; Slynko et al., 2002
48	*Heterocope caspia* Sars, 1863	планктон	понто-каспийский	?	водохранилища Волги и Днепра	+	Мордухай-Болтовской, Дзюбан, 1976;
49	*Limnosida frontosa* Sars, 1862	планктон	Сев. Европа	гидротехн. строительство?	водохранилища верхней Волги	+	Slynko et al., 2002
50	*Podon intermedius* Lilljeborg, 1853	планктон	черноморский	судоходство по каналу	Каспийское море	+	Курашова и др., 1992
51	*Podonevadne trigona ovum* (M.-Boltovskoi, 1965)	планктон	понто-каспийский	?	водохранилища Европейской части б. СССР	+	Журавель, 1967б; Николаев, 1979
52	*Heterocope appendiculata* Sars, 1863	планктон	Сев. Европа	гидротехн. строительство?	водохранилища Волги и Днепра	+	Slynko et al., 2002; Grigorovich et al., 2002
53	*Cercopagis pengoi* Ostroumov; 1894	планктон	понто-каспийский	судоходство	водохранилища Европейской части б. СССР	+	см. обзоры Ривьер, Григорович, 1999; Therrault et al., 2002; автореферат Литвинчук, 2001, а также раздел 2.2.
54	*Acartia clausi* Giesbrecht, 1889	планктон	североамериканский атлантический	судоходство	Черное, Азовское, Каспийское моря	+	Курашова, Абдуллаева, 1984
55	*Acartia tonsa* Dana, 1849	планктон	североамериканский атлантический	судоходство	Балтийское, Черное, Азовское и Каспийское моря	+	Belmonte et al., 1994; Шадрин, 2000; Шадрин, личн. сообщ.
56	*Ectinosoma abrau* Kritchagin, 1873	планктон	понто-каспийский	множественные	водохранилища Днепра	?	Монченко, 1995; сводка Grigorovich et al., 2002
57	*Eocyzicus orientalis* Daday, 1914	планктон	транскавказское	случайная акклиматизация	бассейн Днестра, бассейн Волги	?	Dobrynina, 2001; сводка Grigorovich et al., 2002

Таблица 1 (продолжение).

1	2	3	4	5	6	7	8
58	*Eudiaptomus gracilis* Sars, 1863	планктон	Сев. Европа	гидротехн. строительство?	водохранилища Волги и Днепра	+	Мордухай-Болтовской, Дзюбан, 1976; Grigorovich et al., 2002
59	*Eudiaptomus graciloides* Sars, 1886	планктон	Сев. Европа	гидротехн. строительство?	водохранилища Волги и Днепра	+	Мордухай-Болтовской, Дзюбан, 1976; Grigorovich et al., 2003
60	*Eurytemora affinis* (Poppe, 1880)	планктон	космополит?	гидротехн. строительство?	водохранилища Европейской части б. СССР	?	сводка Grigorovich et al., 2002
61	*Leptestheria gahalacensis* (Ruppel, 1837)	планктон	Юж. Европа	случайная акклиматизация	бассейны Волги и Кубани	?	сводка Grigorovich et al., 2002
62	*Limnocletodes behningii* Borutzky, 1926	бентос	понто-каспийский	множественные	Каховское водохранилище	?	Монченко, 1995
63	*Nitocra incerta* (Richard, 1893)	бентос	понто-каспийский	множественные	водохранилища Днепра	?	Монченко, 1995
64	*Penilia avirostris* Dana, 1849	планктон	тропический, пресноводный?	судоходство	Каспийское море	+	о распространении см. раздел 2.11
65	*Schizopera borutzkyi* Montchenko, 1995	планктон	дельта Дуная	?	водохранилища Днепра	?	Монченко, 1995
66	*Balanus eburneus* Gould, 1841	бентос, обрастания	Сев. Америка, тихоокеанское побережье	судоходство	Черное, Азовское, Каспийское, Балтийское моря	+	Зевина, 1979; сводки: Jansson, 1994a; Шадрин, 2000
67	*Balanus improvisus* Darwin, 1854	бентос, обрастания	атлантическое побережье Сев. Америки	судоходство	Черное, Азовское, Каспийское, Балтийское моря	+	Зевина, 1979; сводки Jansson, 1994a; Орлова, 2000; Шадрин, 2000
68	*Chthamalus depressus* (Poli, 1891)	бентос, обрастания	?	?	Черное море	?	Gomoui, Sloka, 1996
69	*Chthamalus stellatus* (Poli, 1891)	бентос, обрастания	?	?	Черное море	?	Gomoui, Sloka, 1996
70	*Hemimysis anomala* Sars, 1907	нектон	понто-каспийский	акклиматизация	водохранилища и каналы Европейской части б. СССР, Рейн, Балтийское море	+	Журавель, 1963, 1967б; van der Velde et al., 2002;
71	*Katamysis warpachowskyi* Sars, 1893	нектон	понто-каспийский	акклиматизация	водохранилища Днестра	+	Журавель, 1963, 1967б; Иоффе, 1972
72	*Leptomysis mediterranea* Sars, 1877	нектон	атлантический средиземноморский	судоходство	Балтийское море	?	Gollasch, Mecke, 1996

Таблица 1 (продолжение).

1	2	3	4	5	6	7	8
73	*Limnomysis benedeni* Czerniavskiy, 1882	нектон	понто-каспийский	акклиматизация	водохранилища и каналы Европейской части б. СССР, Рейн, Балтийское море	+	Лубянов, 1963; Журавель, 1967б; Иоффе, 1972
74	*Paramysis baeri bispinosa* (Martynov, 1924)	нектон	понто-каспийский	акклиматизация	водохранилища и каналы Европейской части б. СССР	+	Иоффе, 1972; Карпевич 1975
75	*Paramysis intermedia* Czerniavsky, 1882	нектон	понто-каспийский	акклиматизация	озера и водохранилища Европейской части б. СССР, оз. Балхаш	+	Иоффе, 1972; Карпевич 1976
76	*Paramysis kessleri sarsi* (Grimm, 1875)	нектон	понто-каспийский	акклиматизация	водохранилища Днепра	+	Иоффе, 1972
77	*Paramysis lacustris* Czerniavsky, 1882	нектон	понто-каспийский	акклиматизация	озера и водохранилища Европейской части б. СССР, Балтийского бассейна, Крым, оз. Балхаш	+	Иоффе , 1972; Журавель, 1965; Карпевич, 1975; см. также базу данных BSASD, 2002
78	*Paramysis ullskyi* Czerniavsky, 1882	нектон	понто-каспийский	акклиматизация	водохранилища и каналы Волги и Дона	+	Иоффе, 1972; Николаев, 1979
79	*Caspiacuma campylaspoides* (Sars, 1897)	бентос	понто-каспийский	акклиматизация	Дубоссарское водохранилище	+	Иоффе, 1968
80	*Pseudocuma cercaroides* Sars, 1894	бентос	понто-каспийский	акклиматизация	водохранилища и каналы б. СССР	+	Николаев, 1979; Иоффе, 1972
81	*Pterocuma pectinata* (Sowinsky, 1893)	бентос	понто-каспийский	акклиматизация	озера и водохранилища Европейской части б. СССР	+	Карпевич, 1975
82	*Pterocuma rostrata* (Sars, 1894)	бентос	понто-каспийский	акклиматизация	каналы Днепра	+	Журавель, 1963,1967б
83	*Pterocuma sowinskyi* (Sars, 1894)	бентос	понто-каспийский	акклиматизация	водохранилища Дона	+	Карпевич, 1975
84	*Schisorhynchus eudorelloides* (Sars, 1894)	бентос	понто-каспийский	акклиматизация	Цимлянское водохранилище	+	см. сводку Grigorovich et al., 2002
85	*Stenocuma tenuicaudata* (Sars, 1894)	бентос	понто-каспийский	акклиматизация	водохранилища Дона	+	Карпевич, 1975; см. сводку Grigorovich et al., 2002
86	*Jaera sarsi* Valkanov 1936	бентос	понто-каспийский	множественные	водохранилища Волги и Днепра	+	Плигин, 1989; Мордухай-Болтовской, Дзюбан, 1976
87	*Amathilina cristata* Sars, 1894	бентос	понто-каспийский	акклиматизация	каналы и водохранилища Дона и Днепра	+	Журавель, 1967б; Дедю, 1980

Таблица 1 (продолжение).

1	2	3	4	5	6	7	8
88	*Chaetogammarus ischnus* (Stebbing, 1899)	бентос	понто-каспийский	акклиматизация	водохранилища и каналы б. СССР, бассейн Балтийского моря, Балтийское море	+	Журавель, 1963; 1967б; Jazdzewski, Konopacka, 2002
89	*Chetogammarus warpachowsky* (Sars, 1894)	бентос	понто-аспийский	акклиматизация	водохранилища и каналы Европейской части б. СССР	+	Журавель, 1963, 1967
90	*Corophium chelicorne* Sars, 1895	бентос	понто-каспийский	акклиматизация	каналы и водохранилища Днепра	+	Журавель, 1963; Иоффе, 1972; Дедю, 1980
91	*Corophium curvispinum* Sars, 1895	бентос	понто-каспийский	акклиматизация	каналы и водохранилища б. СССР, Балтийское море, Рейн	+	Журавель, 1963; Иоффе, 1972; Дедю, 1980, van der Velde, 2002
92	*Corophium maeoticum* Sowinsky, 1894	бентос	понто-каспийский	гидротехн. строительство?	каналы юга Украины	?	Дедю, 1980
93	*Corophium mucronatum* Sars, 1895	бентос	понто-каспийский	гидротехн. строительство?	каналы юга Украины	?	Дедю, 1980
94	*Corophium multisetosum* Stock, 1952	бентос	понто-каспийский	?	Балтийское море	+	BSASD, 2002
95	*Corophium nobile* Sars, 1895	бентос	понто-каспийский	акклиматизация	каналы и водохранилища Днепра	+	Журавель, 1963; Дедю, 1980
96	*Corophium robustum* Sars, 1895	бентос	понто-каспийский	акклиматизация	каналы и водохранилища Днепра	+	Журавель, 1963;
97	*Corophium volutator* (Pallas, 1776)	бентос	черноморский	судоходство по каналу	Каспийское море	+	Атлас, 1968
98	*Corophium orientalis* Stock, 1960	планктон	атлантический средиземноморский	?	Каспийское море	+	Grigorovich et al., 2002
99	*Dikerogammarus haemobaphes* (Eichwald, 1841)	бентос	понто-каспийский	акклиматизация	водохранилища и каналы Европейской части б. СССР, Рейн, Висла	+	Журавель, 1963, 1965; Иоффе, 1972; Jazdzewski, Konpacka, 2002
100	*Dikerogammarus villosus* (Sowinsky, 1894)	бентос	понто-каспийский	акклиматизация	водохранилища и каналы Европейской части б. СССР, Рейн, Висла	+	Журавель, 1965; Jazdzewski, Konpacka, 2002
101	*Echinogammarus trichiatus* (Martynov, 1932)	бентос	понто-каспийский	случайная акклиматизация	водохранилища Днепра	?	Grigorovich et al., 2002

Таблица 1 (продолжение).

1	2	3	4	5	6	7	8
102	*Gammarus lacustris* Sars, 1863	бентос	европейско-сибирский	акклиматизация	водохранилища Волги и Днепра, бассейн Балтийского моря, Балтийское море	+	Иоффе, 1972
103	*Gammarus tigrinus* Sexton, 1939	бентос	побережье Сев. Америки	судоходство	Балтийское море	+	Bulnheim 1976; также сводка Jansson, 1994a
104	*Gmelina costata* Sars, 1863	бентос	понто-каспийский	гидротехн. строительство?	каналы юга Украины	?	Дедю, 1980
105	*Gmelina kusnetzowi* Sowinsky, 1894	бентос	понто-каспийский	случайная акклиматизация	водохранилища Днепра	?	Grigorovich et al., 2002
106	*Gmelina pusilla* Sars, 1863	бентос	понто-каспийский	гидротехн. строительство?	каналы юга Украины	?	см. обзор Дедю, 1980
107	*Gmelinoides fasciatus* Stebbing, 1899	бентос	байкальский	акклиматизация	водохранилища Волги и Днепра, бассейн Балтийского моря, Балтийское море, озера Северо-Запада	+	см. раздел 3.2
108	*Iphigenella andrussowi* Sars, 1896	бентос	понто-каспийский	акклиматизация	водохранилища Днепра	+	Grigorovich et al., 2002
109	*Iphigenella shablensis* (Carausu, 1943)	бентос	черноморский	гидротехн. строительство?	Каспий, дельта Волги	?	Grigorovich et al., 2002
110	*Micruropus possolskii* Sowinsky, 1915	бентос	байкальский	акклиматизация	водохранилища Волги, Урал	-	Иоффе, 1972
111	*Obessogammarus crassus* (Sars, 1894)	бентос	понто-каспийский	акклиматизация	водохранилища и каналы б. СССР, бассейн Балтийского моря	+	Журавель, 1965; Дедю, 1980; Jazdzewki, Konopacka, 2002;
112	*Onychocampus mohammed* (Blanch et Richard, 1891)	бентос	североатлантический средиземноморский	множественные	водохранилища Днепра	?	Grigorovich et al., 2002
113	*Pontogammarus aralensis* Uljanin, 1875	бентос	понто-каспийский	акклиматизация	водохранилища Днепра и Дона	+	Круглова, 1963
114	*Pontogammarus maeoticus* (Sowinsky, 1894)	бентос	понто-каспийский	акклиматизация	водохранилища Днепра, Крым	+	Журавель, 1965; Иоффе, 1972
115	*Pontogammarus obessus* Sars, 1894	бентос	понто-каспийский	?	водохранилища и каналы СНГ	+	Журавель, 1965; Иоффе, 1972; Дедю, 1980

Таблица 1 (продолжение).

1	2	3	4	5	6	7	8
116	*Pontogammarus robustoides* (Sars, 1894)	бентос	понто-каспийский	акклиматизация	водохранилища и каналы б. СССР, бассейн Балтийского моря, Балтийское море	+	Журавель, 1965; Иоффе, 1972, BSASD, 2002
117	*Pontogammarus subnudus* (Sars, 1894)	бентос	понто-каспийский	случайная акклиматизация	водохранилища Днепра	?	Grigorovich et al., 2002
118	*Stenogammarus carausui* (Derzhavin et Pjatakova, 1962)	бентос	понто-каспийский	случайная акклиматизация	водохранилища Днепра	+	Grigorovich et al., 2002
119	*Astacus colchicus* Kessler, 1876	бентос	транскавказский	акклиматизация	бассейны рек Риони и Хорог	+	Бирштейн, 1935
120	*Astacus astacus* (Linnaeus, 1758)	бентос	Сев. Европа	акклиматизация	бассейн верхней Волги	+	Slynko et al., 2002
121	*Astacus leptodactilus* (Eschsholtz, 1823)	бентос	понто-каспийский	акклиматизация	пруды Белоруссии, северо-запад Украины	+	Карпевич, 1975
122	*Callinectes sapidus* Rathbun, 1896	бентос	североатлантический	судоходство	Черное, средиземное, Балтийское море	+	Zaitzev, Mamaev, 1997; BSASD, 2002
123	*Eriocheir sinensis* Milne-Edwards, 1854	бентос	эстуарии Юго-Вост. Азии	множественные	Волга, реки Балтийского моря, Балтийское море, западная Европа, Белое море	+?	Николаев, 1951; Segerstrole 1957; Leppakoski 1984; Slynko et al., 2002; а также раздел 2.10
124	*Leander adspersus* Rathke, 1832	нектон	черноморский	попутная акклиматизация	Каспийское море	+	Мордухай-Болтовской, 1960; Зевина, 1979
125	*Orconectes limosus* (Rafinesque, 1817)	бентос	Сев. Америка, внутренние воды	акклиматизация	Балтийское море, водоемы Беларуси	+	Pikulik et al., 1999; BSASD, 2002
126	*Orconectes virilis* (Hagen, 1870)	бентос	Сев. Америка, внутренние воды	акклиматизация	Балтийское море	+	BSASD, 2002
127	*Pacifastacus leniusculus* (Dana, 1852)	бентос	Сев. Америка, внутренние воды	акклиматизация	Балтийское море	+	BSASD, 2002
128	*Palaemon elegans* Rathke, 1832	нектон	черноморский	попутная акклиматизация	Каспийское море	+	Мордухай-Болтовской, 1960
129	*Pandalus kessleri* (Czerniavsky, 1878)	нектон	Индо-Пацифика	акклиматизация	Балтийское море	-	BSASD, 2002
130	*Paralithodes camtschatica* (Tilesius, 1815)	бентос	бореальный, тихоокеанский	акклиматизация	Баренцево море	+	Карпевич, 1975; Матишов и др., 2000
131	*Penaeus japonicus* Bate, 1888	нектон	японское побережье	акклиматизация	Балтийское море	-	BSASD, 2002

Таблица 1 (продолжение).

1	2	3	4	5	6	7	8
132	*Rhithropanopeus harrisii* (Gould, 1841)	бентос	атлантическое побережье Сев. Америки	судоходство	Черное, Азовское, Каспийское, Балтийское моря, эстуарии рек	+	Николаев, 1951; Segestråle, 1957; Leppakoski, 1984
	Mollusca						
133	*Crepidula fornicata* (Linnaeus, 1758)	бентос	восточное побережье Сев. Америки	с упаковкой	Балтийское море	+	Gollasch, 1999; BSASD, 2002
134	*Lithoglyphus naticoides* C. Pfeiffer, 1828	бентос	черноморский?	судоходство	Балтийское море дельта и водохранилища средней и нижней Волги	+	Schlesch, 1937; Бисерова, 1990; Jansson, 1994a; Grigorovich et al., 2002
135	*Potamopyrgus antipodarum* (Gray, 1843)	бентос	Австралия, Новая Зеландия	судоходство	эстуарии Черного моря, Балтийское море, прибрежные и континентальные водоемы Зап. Европы	+	Segestråle, 1957; Jansson, 1994a; Grigorovich et al., 2002
136	*Rapana thomasiana* Crosse, 1861	бентос	азиатский тихоокеанский	судоходство	Черное и Азовское моря	+	Шадрин, 2000
137	*Doridella obscura* Verill, 1870	обрастания, бентос	атлантическое побережье Сев. Америки	судоходство	Черное море	+	Шадрин, 2000
138	*Tenellia adpersa* Nordmann, 1844	обрастания, бентос	средиземноморский	судоходство	Каспийское море	?	Анцулевич, Старобогатов, 1990
139	*Anadara inaeqivalvis* (Brunguiere, 1789)	бентос	азиатский тихоокеанский	судоходство	Черное море	+	Шадрин, 2000
140	*Abra ovata* Philippi, 1893	бентос	средиземноморский	акклиматизация	Каспийское и Аральское моря	+	Карпевич, 1975; Яблонская, Осадчих, 1996
141	*Corbicula* spp.	бентос	эстуарии Юго-Вост. Азии	?	дельта Дуная, воды Зап. Европы	+	Mouthon, 2001; van der Velde et al. 2002; Сон, 2003
142	*Crassostrea gigas* (Thunberg, 1793)	обрастания, бентос	Тихий океан	акклиматизация	Черное и Балтийское моря	-	Шадрин, 2000; BSASD, 2002
143	*Dreissena bugensis* (Andrusov, 1897)	обрастания, бентос	понто-каспийский	судоходство	водохранилища Волги, Днепра, Днестра, низовья Дона	+	Антонов, 1993; Mills et al., 1996; Орлова, Щербина, 2002, см. также раздел 2.3
144	*Dreissena polymorpha* (Pallas, 1771)	обрастания, бентос	понто-каспийский	судоходство	Европа	+	см. обзоры Старобогатов, Андреева, 1994; Minchin et al., 2002, а также раздел 2.3

Таблица 1 (продолжение).

1	2	3	4	5	6	7	8
145	*Ensis americanus* (Gould in Binney, 1870)	бентос	побережье Сев. Америки	судоходство	Балтийское море	+	BSASD, 2002
146	*Monodacna colorata* (Eichwald, 1829)	бентос	понто-каспийский	акклиматизация	Днестровский лиман, Днепр, Волга, Сев. Каспий	+	Саенкова, 1960; Карпевич, 1975
147	*Mya areanaria* Linnaeus, 1758	бентос	атлантическое побережье Сев. Америки	судоходство	Черное, Балтийское моря	+	Шадрин, 2000; BSASD, 2002
148	*Mytilaster lineatus* Gmelin, 1791	обрастания, бентос	средиземно-морский	по железной дороге	Каспийское море	+	Яблонская, Осадчих, 1996
149	*Mytilopsis leucophae-ata* (Conrad, 1831)	обрастания, бентос	понто-каспийский	судоходство	Балтийское море; Днест-ровский лиман	+/?	Darr, Zettler, 2000; Therriault et al., 2003
150	*Mytilus galloprovin-cialis* Lamarck, 1818	обрастания, бентос	средиземно-морский	акклиматизация	Каспийское море	-	Карпевич, 1975
151	*Petricola pholadi-formes* Lamarck, 1818	сверлиль-щик	сев.-вост. Атлантика	с упаковкой	Балтийское море	+	BSASD, 2002
152	*Ruditapes philippina-rum* (Adams et Reeve, 1898)	бентос	Юго-Вост. Азия, прибрежные воды	случайная акклиматизация	Балтийское море	+	BSASD, 2002
153	*Teredo navalis* Linnaeus, 1758	сверлиль-щик	Юго-Вост. Азия	судоходство	Балтийское море	+	Jansson, 1994; BSASD, 2002
154	*Crassostrea virginica* (Gmelin, 1791)	обрастания, бентос	побережье Сев. Америки	акклиматизация	Балтийское море	-	BSASD, 2002
155	*Cunearca cornea* Reeve, 1884	бентос	Индо-Пацифика	судоходство	Черное море	+	Шадрин, 2000
156	*Sinanodonta woodiana* (Lea, 1834)	бентос	Юго-Вост. Азия, пресные воды	?	дельта Дуная	+	Сон, 2003
	Bryozoa						
157	*Conopeum seurati* (Canu, 1928)	обрастания, бентос	средиземно-морский	судоходство	Черное, Азовское, Каспий-ское моря	?	Мордухай-Болтовской, 1960
158	*Membranipora crus-tulenta* (Pallas, 1776)	обрастания, бентос	средиземно-морский	судоходство	Черное, Азовское, Каспий-ское моря	+	Мордухай-Болтовской, 1960
159	*Victorella pavida* S. Kent, 1870	обрастания, бентос	Индийский океан	судоходство	Балтийское море	+	Jansson, 1994a; BSASD, 2002

Таблица 1 (окончание).

1	2	3	4	5	6	7	8
	Camptozoa						
160	*Barentsia benedeni* (Foettinger, 1887)	обрастания, бентос	побережья Индии и Африки	судоходство	Черное, Азовское, Каспийское море	+	Мордухай-Болтовской, 1960; Зевина, 1979
161	*Urnatella gracilis* Leydig, 1851	обрастания, бентос	Сев. Америка	судоходство	всесветное распространение	+	Водяницкий, 1968
	Chordata, Tunicata						
162	*Styela clava* Herdnamm, 1881	обрастания	Индо-Пацифика	судоходство	Балтийское море		Jansson, 1994a

намеренная акклиматизация и гидростроительство, связанное как с заполнением водохранилищ, так и с постройкой каналов всевозможного назначения.

Значительна роль эстуарных и прибрежных районов Земного шара как источника наиболее успешных вселенцев среди беспозвоночных. Анализ таксономического состава показал, что наиболее широко представлены ракообразные, то есть группа, обладающая совершенными механизмами осморегуляции, что позволяет ей осваивать широкий градиент водоемов.

1.4.2. Рыбы

К настоящему времени во внутренних водоемах европейской части России было отмечено 104 чужеродных вида бесчелюстных и рыб, которые относятся к 64 родам 26 семействам 15 отрядов (табл. 2). Основную массу составляют виды, принадлежащие фауне России (71 вид), чуть менее трети всего списка видов (33 вида) является представителями ихтиофауны других стран или континентов. Наибольшее число видов, появившихся по разным причинам в новом ареале, приходится на долю представителей отряда Cypriniformes — 31 вид, затем идут представители Salmoniformes — 25 и Perciformes — 24 вида.

По причинам и способу появления в новых местах чужеродные виды могут быть разделены следующим образом. Как видно из табл. 2, основная масса видов (более 70) была преднамеренно ввезена или перемещена как объект рыбоводства или аквариумистики; незначительная часть была случайно занесена вместе с рыбоводным и аквариумным материалом, и лишь небольшое число видов по разным причинам мигрировало в новые участки ареала из соседних областей или дало вспышку численности в пределах своего ареала и впоследствии расселялось, расширяя его границы (т.е. путем условно естественного расселения).

Основное число видов принадлежит к исключительно пресноводным (49) или солоноватоводным-пресноводным (18), остальные 37 видов в разной степени эвригалинные, т.е.обладают широкой толерантностью к соленостным условиям среды и имеют популяции или живут в отдельные периоды своего жизненного цикла как в морской, так и в солоноватоводной и пресноводной среде.

Среди чужеродных видов основу составляют виды, не мигрирующие или частично мигрирующие, которые имеют, как правило, только одну жилую форму (71), 7 проходных видов и остальные виды (26), отдельные популяции которых в своем жизненном цикле имеют и проходные формы, и жилые.

Таблица 2. Рыбы-вселенцы в водоемах европейской России и прилежащих территорий.

Вид	Экологическая характеристика	Регион-донор	Вектор	Регион-реципиент	Натурализация	Источник
			Petromyzontiformes: Petromyzontidae			
1 *Caspiomyzon wagneri* (Kessler, 1870)	морской-пресноводный; морской-речной; проходной; ?паразит-детритофаг	бассейн Каспийского моря	преднамеренная интродукция	бассейн Дона	нет	Тихий, 1953; Бурмакин, 1963
2 *Eudontomyzon mariae* (Berg, 1931)	пресноводный; речной; жилой; ? детритофаг	бассейн Дона	неизвестен	бассейн Волги (р. Сура)	локально	Левин, 2001
			Acipenseriformes: Acipenseridae			
3 *Acipenser baerii* Brandt, 1869	пресноводный; речной-озерный; жилой; бентофаг	реки Сибири	преднамеренная интродукция, аквакультура	бассейн Балтийского (озера Ладожское и Псковско-Чудское) и Каспийского морей (оз. Селигер, водохранилища Горьковское, Самарское и Волгоградское)	нет	см. сводки Карпевич, 1998; Кудерский, 2001
4 *Acipenser gueldenstaedtii* Brandt et Ratzeburg, 1833	солоноватоводный-пресноводный; морской-эстуарный-речной; ? жилой-проходной; бентофаг	бассейн Волги	преднамеренная интродукция, реинтродукция, аквакультура	основные речные бассейны европейской части России	нет	см. сводки Карпевич, 1998; Слынько и др., 2000; Кудерский, 2001
5 *Acipenser ruthenus* Linnaeus, 1758	пресноводный; речной; жилой; бентофаг	бассейн Волги	преднамеренная интродукция, реинтродукция, аквакультура	основные речные бассейны европейской части России	локально	см. сводки Карпевич, 1998; Новоселов, 2000; Кудерский, 2001
6 *Acipenser stellatus* Pallas, 1771	солоноватоводный-пресноводный; морской-эстуарный-речной; проходной; бентофаг	бассейн Волги	преднамеренная интродукция, аквакультура	бассейн Волги; рыбоводство на теплых водах	нет	см. сводки Карпевич, 1998; Кудерский, 2001
7 *Huso huso* (Linnaeus, 1758)	солоноватоводный-пресноводный; морской-эстуарный-речной; проходной; хищник	бассейн Волги	преднамеренная интродукция, аквакультура	бассейн Волги, (водохранилища волжского каскада), бассейн Урала (оз. Челкар)	нет	см. сводки Карпевич, 1998; Кудерский, 2001

Таблица 2 (продолжение).

Вид	Экологическая характеристика	Регион-донор	Вектор	Регион-реципиент	Натурализация	Источник
			Acipenseriformes: Polyodontidae			
8 *Polyodon spathula* (Walbaum, 1792)	пресноводный; речной; проходной; планктофаг-эврифаг	Сев. Америка	аквакультура	бассейны Волги и Кубани (Краснодарское водохранилище)	нет	см. сводку Кудерский, 2001
			Angulliformes: Angullidae			
9 *Anguilla anguilla* (Linnaeus, 1758)	морской-пресноводный; морской-эстуарный-речной-озерный; проходной; хищник-эврифаг	бассейн Балтийского моря	преднамеренная интродукция, аквакультура, естественное расселение	запад европейской части России; бассейн Волги (водоемы Тверской, Московской обл., оз. Селигер, волжские водохранилища)	нет	Кохненко, 1958; Карпевич, Локшина, 1965а, б
			Clupeiformes: Clupeida			
10 *Clupea harengus membras* (Linnaeus, 1758)	морской-солоноватоводный-пресноводный; морской-эстуарный-речной-озерный; жилой; планктофаг	Балтийское море	преднамеренная интродукция	бассейн Дона (Пролетарское водохранилище)	нет	Карпевич, Бокова, 1963
11 *Clupeonella cultriventris* (Nordmann, 1840)	морской-солоноватоводный-пресноводный; морской-эстуарный-речной-озерный; жилой; планктофаг	Нижняя Волга	естественное расселение	бассейны Днепра, Дона и Волги (водохранилища)	широко	Позняк, 1987б; Слынько и др., 2000; Яковлев и др., 2001; Антонов, Козловский, 2001
			Cypriniformes: Cyprinidae			
12 *Abramis brama* (Linnaeus, 1758)	солоноватоводный-пресноводный; эстуарный-речной-озерный; жилой-полупроходной; бентофаг	водоемы европейской части России	преднамеренная интродукция	озера в Латвии, Литве, Московской области, на Урале	широко	Карпевич, 1998; Пересkоков, 2000
13 *Abramis sapa* (Pallas, 1814)	солоноватоводный-пресноводный; эстуарный-речной-озерный; жилой-полупроходной; бентофаг	? бассейн Верхней Волги, верховья Сев. Двины	естественное расселение	р. Северная Двина от верховьев до дельты и участков приустьевого взморья	локально	Соловкина, 1975; Новоселов, 2000; Новоселов, Студенов, 2000, 2002
14 *Alburnus chalcoides* (Güldenstädt, 1772)	пресноводный; эстуарный-речной; жилой-полупроходной; планктофаг	? бассейн Азовского моря	преднамеренная интродукция — аквакультура, естественное расселение	бассейн Дона (верховья; Сенгилеевское и др. водохранилища)	локально	Попова, 1961; Козлов, 1977; Битехтина и др., 1980

Таблица 2 (продолжение).

	Вид	Экологическая характеристика	Регион-донор	Вектор	Регион-реципиент	Натурализация	Источник
15	*Aspius aspius* (Linnaeus, 1758)	пресноводный; эстуарный-речной-озерный; жилой-полупроходной; хищник	? бассейн Верхней Волги	естественное расселение из соседних областей	р. Северная Двина от верховьев до Архангельска	локально	Новоселов, 2000; Новоселов, Студенов, 2002; Бознак, 2003
16	*Aristichthys nobilis* (Richardson, 1845)	пресноводный; речной-озерный; планктофаг	Китай (? Янцзы)	преднамеренная интродукция, аквакультура	бассейны Волги, Дона, Днепра, Кубани (в европейской части России примерно до 55° с.ш. и севернее как объект аквакультуры на теплых водах ГРЭС, АЭС и ТЭЦ)	нет	см. сводки Богуцкая,1998; Кудерский, 2001
17	*Barbus brachycephalus* Kessler, 1872	морской-солоноватоводный-пресноводный; морской-эстуарный-речной; жилой-полупроходной-проходной; бентофаг-эврифаг	бассейн Каспийского моря	преднамеренная интродукция	Ириклинское водохранилище (Урал), Азовское море (Ахтанизовский лиман)	нет	см. сводку Карпевич, 1998
18	*Barbus ciscaucasicus* Kessler, 1877	пресноводный; речной; жилой; бентофаг-эврифаг	бассейн Кас-пийского моря (р. Кума)	естественное расселение (по каналу)	р. Восточный Маныч (Чограйское водохранилище)	локально	Позняк, 1987а
19	*Capoeta capoeta* (Güldenstädt, 1773)	пресноводный; речной-озерный; жилой; эврифаг	оз. Севан	преднамеренная интродукция; аквакультура	Урал (Ириклинское водохранилище); рыбоводные хозяйства в Эстонии	нет	Карпевич, Бокова, 1963
20	*Carassius auratus* (Linnaeus, 1758)	пресноводный; речной-озерный; жилой; бентофаг-планктофаг-эврифаг	Китай (? Янцзы)	преднамеренная интродукция; аквакультура	локально в европейской части России, в Украине	? локально	см. сводки Мовчан, Смирнов, 1983; Szczerbowski, 2001
21	*Carassius gibelio* (Bloch, 1782)	пресноводный; речной-озерный; жилой; бентофаг-планктофаг-эврифаг	водоемы европейской части России; бассейн Амура	преднамеренная интродукция; аквакультура; естественное расселение	повсеместно в Европе	широко	см. сводки Козлов, 1993; Абраменко, 2001; Szczerbowski, 2001
22	*Carassius carassius* (Linnaeus, 1758)	пресноводный; речной-озерный; жилой; бентофаг-планктофаг-эврифаг	водоемы европейской части России	преднамеренная интродукция-аквакультура; естественное расселение	локально в бассейнах основных рек Восточной Европы (пруды, озера, водохранилища)	локально	см. сводки Мовчан, Смирнов, 1983; Szczerbowski, Szczerbowski, 2001

Таблица 2 (продолжение).

	Вид	Экологическая характеристика	Регион-донор	Вектор	Регион-реципиент	Натурализация	Источник
23	*Ctenopharyngodon idella* (Valenciennes, 1844)	пресноводный; речной-озерный; жилой; макрофитофаг	Китай (? Янцзы), бассейн Амура	преднамеренная интродукция, аквакультура	системы Днепра, Волги, Кубани, водоемы Северо-Западного Кавказа	нет	см. сводку Карпевич, 1998
24	*Cyprinus carpio* Linnaeus, 1758	солоноватоводный-пресноводный; эстуарный-речной-озерный; жилой-полупроходной; бентофаг-эврифаг	водоемы европейской части России	преднамеренная интродукция; аквакультура, естественное расселение	повсеместно в Европе	широко	см. сводку Barus et al., 2001
25	*Hypophthalmichthys molitrix* (Valenciennes, 1844)	пресноводный; речной-озерный; планктофаг	Китай (? Янцзы)	преднамеренная интродукция, аквакультура	бассейны Волги, Дона, Днепра, Кубани (в европейской части России примерно до 55° с.ш. и севернее как объект аквакультуры на теплых водах ГРЭС, АЭС и ТЭЦ)	? нет	Мовчан, Смирнов, 1981; Абдусамадов, 1986; Богуцкая, 1998; Кудерский, 2001
26	*Leucaspius delineatus* (Heckel, 1843)	пресноводный; речной-озерный; жилой; планктофаг	? водоемы европейской части России	непреднамеренная интродукция	Ленинградская обл.; озера Абрау, Лиманчик; Армения	локально	Руденко, 1966; Пипоян, 1996; Кудерский, 1999; Лужняк, 2001
27	*Leuciscus idus* (Linnaeus, 1758)	пресноводный; речной-озерный; жилой; эврифаг	водоемы европейской части России	преднамеренная интродукция, аквакультура; непреднамеренная интродукция (?естественное расселение)	повсеместно в Европе (гл. образом, искусственные водоемы); лиманы и низовья Кубани	? временно	Троицкий, 1939; Делямуре, 1964; Плотников, 2000
28	*Mylopharyngodon piceus* (Richardson, 1846)	пресноводный; речной-озерный; жилой; бентофаг	Китай (? Янцзы), бассейн Амура	преднамеренная интродукция, аквакультура	системы Днепра, Волги, Кубани, водоемы Сев.-Зап. Кавказа	нет	см. сводку Карпевич, 1998
29	*Parabramis pekinensis* (Basilewsky, 1855)	пресноводный; речной-озерный; жилой; эврифаг	бассейн Амура	преднамеренная интродукция	бассейн Волги (пруды Московской области)	нет	Строганов, 1964

Таблица 2 (продолжение).

	Вид	Экологическая характеристика	Регион-донор	Вектор	Регион-реципиент	Натурализация	Источник
30	*Pelecus cultratus* (Linnaeus, 1758)	солоноватоводный-пресноводный; эстуарный-речной-озерный; жилой-полупроходной; хищник-эврифаг	? бассейн Волги	? естественное расселение	бассейн Сев. Двины	локально	Бознак, 2001, 2003
31	*Pseudorasbora parva* (Temminck et Schlegel,1846)	пресноводный; речной-озерный; жилой; планктофаг-эврифаг	Китай (? Янцзы)	непреднамеренная интродукция; естественное расселение	бассейны Черного и Азовского морей	широко	www.zin.ru/animalia/pisces; также см. раздел 2.4
32	*Rhodeus amarus* (Bloch, 1782)	пресноводный; речной-озерный; жилой; планктофаг-эврифаг	бассейны Волги и ? Дона	? непреднамеренная интродукция; расселение	бассейны Волги (Москва-река и Ока, низовья Волги) и Кубани	широко	см. раздел 2.4.
33	*Romanogobio parvus* (Naseka et Freyhof, 2003)	пресноводный; речной; жилой; бентофаг-эврифаг	бассейн Кубани	естественное расселение (постройка канала)	бассейн Дона (р. Егорлык)	локально	наши данные
34	*Romanogobio pentatrichus* Naseka et Bogutskaya, 1998	пресноводный; речной; жилой; бентофаг-эврифаг	бассейн Кубани	естественное расселение (постройка канала)	бассейн Дона (р. Егорлык)	локально	Naseka et al., 2001
35	*Rutilus frisii* (Nordmann, 1840)	морской-солоноватоводный-пресноводный; морской-эстуарный-речной; жилой-проходной; бентофаг-эврифаг	Каспийское море; Азовское море	преднамеренная интродукция; аквакультура (кутум); ? естественное расселение (вырезуб)	кутум: бассейн Азовского моря, Кубань, Днепр; вырезуб: низовья Кубани	?	Карпевич, 1948; Дорошин, 1959; Троицкий, Цуникова, 1988; Нагалевский, 1994
36	*Rutilus rutilus* (Linnaeus, 1758)	солоноватоводный-пресноводный; эстуарный-речной-озерный; жилой-полупроходной; бентофаг-планктофаг-эврифаг	водоемы европейской части России	преднамеренная интродукция, аквакультура, расселение	водохранилища и озера России и Украины	широко	Карпевич, Бокова, 1963; Кудерский, 2001
37	*Scardinius erythrophthalmus* (Linnaeus, 1758)	пресноводный; эстуарный-речной-озерный; жилой-полупроходной; планктофаг	водоемы европейской части России	естественное расселение; непреднамеренная интродукция	бассейн Сев. Двины; оз. Абрау	локально	Соловкина, 1969а; Бознак, 2001; Плотников, 2001
38	*Vimba vimba* (Linnaeus, 1758)	солоноватоводный-пресноводный; эстуарный-речной-озерный; жилой-полупроходной; бентофаг-эврифаг	р. Неман, Нижний Дон	преднамеренная интродукция, аквакультура, реинтродукция	озера в Калининградской обл., Литве; бассейн Дона, Кубани	локально	Карпевич, Локшина, 1965а,б; Астанин, Саманева, 1967; Позняк, 1987а

Таблица 2 (продолжение).

	Вид	Экологическая характеристика	Регион-донор	Вектор	Регион-реципиент	Натурализация	Источник
			Cypriniformes: Catostomidae				
39	*Catostomus catostomus* (Forster, 1773)	пресноводный; речной; жилой; бентофаг-эврифаг	Северо-Восток России	преднамеренная интродукция, аквакультура, случайное попадание в открытые водоемы	бассейн Балтийского моря	локально	Величко, 1986; Кошелев и др., 1983; Первозванский, 1999; Кудерский и др., 2002
40	*Ictiobus bubalus* (Rafinesque, 1818)	пресноводный; речной-озерный; жилой; бентофаг	Сев. Америка	преднамеренная интродукция, аквакультура	бассейны Волги, Дона, Кубани (пруды, водохранилища)	нет	Ерохина, Виноградов, 1973; Позняк, 1987а; Емтыль, 1997; Евланов и др., 1998
41	*Ictiobus cyprinellus* (Valenciennes, 1844)	пресноводный; речной-озерный; жилой; бентофаг	Сев. Америка	преднамеренная интродукция, аквакультура	бассейны Волги, Дона, Кубани (пруды, водохранилища), водоемы Калмыкии	нет	Ерохина, Виноградов, 1973; Позняк, 1987а; Емтыль, 1997; Евланов и др., 1998
42	*Ictiobus niger* (Rafinesque, 1820)	пресноводный; речной-озерный; жилой; бентофаг-планктофаг	Сев. Америка	преднамеренная интродукция, аквакультура	бассейны Волги, Дона, Кубани (пруды, водохранилища), водоемы Калмыкии	нет	Ерохина, Виноградов, 1973; Позняк, 1987а; Емтыль, 1997; Евланов и др., 1998
			Siluriformes: Ictaluridae				
43	*Ictalurus punctatus* (Rafinesque, 1818)	? солоноватоводный-пресноводный; ? эстуариный-речной-озерный; жилой; хищник-эврифаг	Сев. Америка	преднамеренная интродукция; аквакультура; непреднамеренная интродукция	бассейны Волги, Дона и Кубани, водоемы Калмыкии; тепловодные хозяйства повсеместно	? локально	Кудерский, 1982, 2001
44	*Ameiurus nebulosus* (Lesueur, 1819)	пресноводный; речной-озерный; жилой; хищник-эврифаг	Сев. Америка, Германия, Чехословакия	аквакультура; естественное расселение	пруды, озера в Белоруси и Украине	? локально	Штейнфельд, 1959; Мовчан, 1988
			Siluriformes: Clariidae				
45	*Clarias gariepinus* (Burchell, 1822)	пресноводный; речной-озерный; жилой; хищник-эврифаг	(Юго-Вост. Азия), Нидерланды	аквакультура	бассейн Дона	нет	Устинов и др., 1998

Таблица 2 (продолжение).

	Вид	Экологическая характеристика	Регион-донор	Вектор	Регион-реципиент	Натурализация	Источник
				Esociformes: Esocidae			
46	*Esox lucius* Linnaeus, 1758	? солоноватоводный-пресноводный; эстуарный-речной-озерный; жилой-полупроходной; хищник	водоемы европейской части России	преднамеренная интродукция	водоемы европейской части бывшего СССР ("уплотнение ареала")	широко	Кудерский, 2001
47	*Esox reichertii* Dybowski, 1869	пресноводный; речной-озерный; жилой; хищник	бассейн Амура	преднамеренная интродукция	бассейн Волги (Москва-река)	нет	Карпевич, Луконина, 1972
				Osmeriformes: Osmeridae			
48	*Osmerus eperlanus* (Linnaeus, 1758)	морской-солоноватоводный-пресноводный; морской-эстуарный-речной-озерный; жилой-полупроходной-проходной; хищник-бентофаг-планктофаг	бассейны Белого и Балтийского морей, верховья Волги (оз. Белое)	естественное расселение	бассейн Волги (от Верхневолжского водохранилища вниз до Саратовского водохранилища)	широко	Шаронов, 1971; Кудерский, 1975
				Salmoniformes: Coregonidae			
49	*Coregonus albula* (Linnaeus, 1758)	? солоноватоводный-пресноводный; ? эстуарный-речной-озерный; жилой-? полупроходной; планктофаг	бассейн Верхней Волги; Ладожское оз., озера северо-запада России	преднамеренная интродукция; аквакультура; естественное расселение	многие озера европейской России, бассейн Волги (водохранилища вниз до Саратовского)	широко	см. сводки Шаронов, 1971; Кудерский, 1975; Слынько и др., 2000; Кудерский, 2001
50	*Coregonus 'baerii* Kessler, 1864'	пресноводный; озерный; жилой	Ладожское оз.	преднамеренная интродукция	озера северо-запада России	нет	Бурмакин, 1963; Кудерский, Сонин, 1968
51	*Coregonus 'baunti* Muchomedijarov, 1948'	морской–пресноводный; озерный; жилой	бассейн Лены (Баунтовские озера)	преднамеренная интродукция	озера северо-запада России	нет	Бурмакин, 1963; Кудерский, Сонин, 1968
52	*Coregonus 'ludoga'*	пресноводный; озерный; жилой	Ладожское оз.	преднамеренная интродукция	озера северо-запада России, Южного Урала	временно	Бурмакин, 1963; Кудерский, Сонин, 1968
53	*Coregonus 'maraenoides'*	пресноводный; озерный; жилой	Псковско-Чудское оз.	преднамеренная интродукция	озера Южного Урала; водохранилища Волги и Урала	локально	Буторин, Мордухай-Болтовской, 1978; Кудерский, Шимановская,1995

Таблица 2 (продолжение).

	Вид	Экологическая характеристика	Регион-донор	Вектор	Регион-реципиент	Натурализация	Источник
54	*Coregonus migratorius* (Georgi, 1775)	пресноводный; озерный; жилой; зоопланктофаг-хищник	оз. Байкал	преднамеренная интродукция	озера северо-запада России (в том числе Ладожское, Онежское); Европейской части России	?локально; ?временно	см. сводку Кудерский, 2001
55	*Coregonus muksun* (Pallas, 1814)	морской-солоноватоводный-пресноводный; морской-эстуарный-речной-озерный; жилой-полупроходной-проходной; зоопланктофаг-бентофаг	реки Сибири	преднамеренная интродукция-аквакультура	в озерах Ленинградской, Новгородской. Псковской областей, Карелии, Башкирии, Бурятии	нет	см. сводку Кудерский, 2001
56	*Coregonus nasus* (Pallas, 1776)	морской-солоноватоводный-пресноводный; морской-эстуарный-речной-озерный; жилой-полупроходной-проходной; бентофаг	реки Сибири	преднамеренная интродукция; аквакультура	в озерах Ленинградской, Псковской, Новгородской областей, в Карелии.	нет	Кудерский, 2001
57	*Coregonus peled* (Gmelin, 1789)	пресноводный; речной-озерный; зоопланктофаг	реки Сибири	преднамеренная интродукция; аквакультура	европейская часть России (озера, водохранилища, пруды)	локально	см. сводку Кудерский, 2001
58	*Coregonus pidschian* (Gmelin, 1789)	морской-солоноватоводный-пресноводный; морской-эстуарный-речной-озерный; жилой-полупроходной-проходной;	реки Обь и Индигирка	преднамеренная интродукция-аквакультура	пруды и озера Ленинградской обл.	нет	Маненкова, Рязанова, 1979; Головкова, 1983
59	*Stenodus leucichthys* (Güldenstädt, 1772)	морской-солоноватоводный-пресноводный; морской-эстуарный-речной-озерный; жилой-полупроходной-проходной; хищник-бентофаг-планктофаг-эврифаг	бассейн Волги	преднамеренная интродукция; аквакультура	озера Южного Урала, бассейны Волги, Дона и Кубани, Онежское оз.; Азовское море	нет	см. сводку Кудерский, 2001
	Salmoniformes: Salmonidae						
60	*Hucho taimen* (Pallas, 1773)	пресноводный; речной-озерный; жилой; хищник	? бассейн Волги	преднамеренная интродукция; аквакультура	Северное Приладожье, Ропша	нет	Быковская и др., 1980
61	*Oncorhynchus gorbuscha* (Walbaum, 1792)	морской-солоноватоводный-пресноводный; морской-эстуарный-речной; проходной; хищник	бассейн Охотского моря	преднамеренная интродукция-аквакультура	бассейн Белого и Баренцева морей; реки Бзыбь и Черная (Кавказское побережье Черного моря), Каспийское и Балтийское моря.	локально	см. раздел 2.4. и 2.10

Таблица 2 (продолжение).

	Вид	Экологическая характеристика	Регион-донор	Вектор	Регион-реципиент	Натурализация	Источник
62	*Oncorhynchus keta* (Walbaum, 1792)	морской-солоноватоводный-пресноводный; морской-эстуарный-речной; проходной; хищник	бассейн Охотского моря	преднамеренная интродукция-аквакультура	р. Свирь; Белое, Баренцево, Каспийское, Черное моря.	нет	см. сводку Кудерский, 2001
63	*Oncorhynchus kisutch* (Walbaum, 1792)	морской-солоноватоводный-пресноводный; морской-эстуарный-речной-озерный; жилой-проходной; хищник-эврифаг	бассейн Охотского моря	преднамеренная интродукция; аквакультура	Водоемы северо-запада России; бассейн Волги; Каспийское море.	нет	см. сводку Кудерский, 2001
64	*Oncorhynchus nerka* (Walbaum, 1792)	морской-солоноватоводный-пресноводный; морской-эстуарный-речной-озерный; жилой-проходной; хищник-эврифаг	бассейн Охотского моря	преднамеренная интродукция; аквакультура	Кольский полуостров	нет	Суркова, 1966
65	*Parasalmo mykiss gairdnerii* (Richardson, 1836)	морской-солоноватоводный-пресноводный; морской-эстуарный-речной-озерный; жилой-проходной; хищник-эврифаг	Сев. Америка, Зап. Европа	преднамеренная интродукция; аквакультура, непреднамеренная интродукция-(уход из рыбоводных сооружений)	бассейны Волги, Дона и Кубани, Карелия, Ленинградская и Мурманская обл. и др., реки черноморского побережья	локально	см. сводку Кудерский, 2001
66	*Salmo salar* Linnaeus, 1758	морской-солоноватоводный-пресноводный; морской-эстуарный-речной-озерный; жилой-проходной; хищник	бассейн Балтийского моря	преднамеренная интродукция — аквакультура	Чудское и Псковское озера; водоемы Южного Урала	нет	см. сводку Кудерский, 2001
67	*Salmo trutta* Linnaeus, 1758	морской-солоноватоводный-пресноводный; морской-эстуарный-речной-озерный; жилой-проходной; хищник-эврифаг	? бассейн Балтийского моря	преднамеренная интродукция — аквакультура	Чудское оз., оз. Абрау; Ленинградская обл.; водоемы Южного Урала	нет	Сомов, 1922; Крыжановский, 1938; Бурмакин, 1963
68	*Salmo ezenami* Berg, 1948	пресноводный; речной-озерный; жилой; хищник-эврифаг	оз. Кезеной-ам	преднамеренная интродукция	оз. Мочох в Нагорном Дагестане	локально	Данилов-Данильян, 2001
69	*Salmo ischchan* Kessler, 1877	пресноводный; речной-озерный; жилой; хищник-эврифаг	оз. Севан	преднамеренная интродукция — аквакультура	озера Дагестана и Северо-Запада России	нет	Кудерский, Сонин, 1968; Кудерский, 2001

Таблица 2 (продолжение).

	Вид	Экологическая характеристика	Регион-донор	Вектор	Регион-реципиент	Натурализация	Источник
70	*Salvelinus fontinalis* (Mitchill, 1814)	пресноводный; речной; жилой; хищник-эврифаг	Сев. Америка, Зап. Европа	преднамеренная интродукция; аквакультура, непреднамеренная интродукция —уход из рыбоводных закрытых систем	Ленинградская обл. (питомник Ропша, река Стрелка); озера Южного Урала	локально	Гримм, 1905; Кучин, 1915; Кудерский, 1984, 2001
71	*Salvelinus lepechini* (Gmelin, 1889)	пресноводный; озерный; жилой; хищник-эврифаг	Ладожское оз.	преднамеренная интродукция	озера северо-запада России	нет	Бурмакин, 1963
				Mugiliformes: Mugilidae			
72	*Liza haematocheila* (Temminck et Schlegel, 1845)	морской-солоноватоводный-пресноводный; морской-эстуарный; проходной; детритофаг	Японское море	преднамеренная интродукция	Азовское море	широко	см. раздел 2.4.
				Beloniformes: Oryziidae			
73	*Oryzias sinensis* Chen, Uwa et Chu, 1989	пресноводный; речной-озерный; жилой; планктофаг-эврифаг	Китай (? Янцзы) — водоемы Казахстана	преднамеренная интродукция; расселение	бассейн Кубани; реки черноморского побережья	широко	см. раздел 2.4.
				Cyprinodontiformes: Poeciliidae			
74	*Gambusia holbrooki* Girard, 1859	солоноватоводный-пресноводный; эстуарный-речной-озерный; жилой-полупроходной; планктофаг-эврифаг	Сев. Америка, Зап. Европа	преднамеренная интродукция, естественное расселение	бассейн Кубани и Волги, ? реки черноморского побережья Краснодарского края	широко	см. раздел 2.4.
75	*Poecilia reticulata* Peters, 1859	пресноводный; речной-озерный; жилой; планктофаг	Центр. Америка — ? Зап. Европа	преднамеренная интродукция (объект аквариумистики)	бассейн Волги (Москва-река), бассейн Дона	локально	Соколов и др., 1994; Делицын, 2001
				Gasterosteiformes: Gasterosteidae			
76	*Pungitius platygaster* (Kessler, 1859)	морской-солоноватоводный-пресноводный; морской-эстуарный-речной-озерный; жилой-полупроходной-проходной; эврифаг	устьевые участки южных рек России и Украины	естественное расселение	вверх по течению рек (преимущественно водохранилища)	широко	Мовчан, 1988; Слынько и др., 2000
77	*Pungitius pungitius* (Linnaeus, 1758)	солоноватоводный-пресноводный; эстуарный-речной-озерный; жилой-полупроходной; эврифаг	? Северо-Запад России	? непреднамеренная интродукция; естественное расселение	бассейн Каспийского моря (от Верхней Волги до Средней Волги с притоками)	широко	Соколов, Цепкин, 1992; Евланов и др., 1998

Таблица 2 (продолжение).

	Вид	Экологическая характеристика	Регион-донор	Вектор	Регион-реципиент	Натурализация	Источник
	Gasterosteiformes: Syngnathidae						
78	*Syngnathus abaster* Risso, 1826	морской-солоноватоводный-пресноводный; морской-эстуарный-речной-озерный; жилой-полупроходной-проходной; бентофаг-планктофаг-эврифаг	Нижний Дон, Нижняя Волга, эстуарии и лиманы Черного, Азовского и Каспийского морей	естественное расселение; непреднамеренная интродукция (при акклиматизации беспозвоночных)	вверх по течению (в основном, водохранилища) рек бассейн Черного, Азовского и Каспийского морей	широко	см. сводки Емтыль, 1997; Слынько и др., 2000
	Perciformes: Centrarchidae						
79	*Lepomis gibbosus* (Linnaeus, 1758)	пресноводный; речной-озерный; жилой; хищник	Сев. Америка — Зап. Европа	преднамеренная и непреднамеренная интродукция; естественное рассселение	бассейн нижнего Днепра; повсеместно на юге Украины	широко	Попова, 1998; наши данные
80	*Micropterus salmoides* (La Cepede, 1802)	пресноводный; речной-озерный; жилой; хищник-эврифаг	Сев. Америка — Зап. Европа	преднамеренная интродукция-аквакультура	Краснодарский край (озера Абрау и Лиманчик), пруды в Подмосковье	временно	Крыжановский, 1938; Олейников, 1938; Чихачев, Чихачев, Лужняк, 2001
	Perciformes: Moronidae						
81	*Morone saxatilis* (Walbaum, 1792)	морской-солоноватоводный-пресноводный; морской-эстуарный-речной; жилой-полупроходной; хищник-эврифаг	Сев. Америка	преднамеренная интродукция	водоемы бассейнов Черного, Азовского, Каспийского, Балтийского морей	локально	Бердичевский и др., 1968; Дорошев, 1970; Virbickas, 1986
	Perciformes: Percidae						
82	*Perca fluviatilis* Linnaeus, 1758	солоноватоводный-пресноводный; эстуарный-речной-озерный; жилой; хищник-эврифаг	водоемы европейской части России и Украины	преднамеренная интродукция; естественное расселение	повсеместно в бассейнах основных рек европейской части России; Крым	широко	см. сводки Попова и др., 1993; Карпевич, 1998; Кудерский, 2001
83	*Sander lucioperca* (Linnaeus, 1758)	солоноватоводный-пресноводный; эстуарный-речной-озерный; жилой-полупроходной; хищник	? бассейны Балтийского моря и Волги	преднамеренная интродукция; аквакультура; естественное расселение	повсеместно в бассейнах основных рек европейской части России (бассейн Белого моря и др.)	широко	см. сводку Кудерский, 2001
84	*Sander volgensis* (Gmelin, 1789)	пресноводный; эстуарный-речной-озерный; жилой-полупроходной; хищник-эврифаг	? бассейн Дона	? интродукция; естественное расселение	бассейн Кубани	широко	см. раздел 2.4.

Таблица 2 (продолжение).

	Вид	Экологическая характеристика	Регион-донор	Вектор	Регион-реципиент	Натурализация	Источник
				Perciformes: Cichlidae			
85	*Oreochromis aureus* (Steingachner, 1864)	пресноводный; речной-озерный; жилой; эврифаг	Зап. Африка, Ближний Восток	преднамеренная интродукция; аквакультура (на теплых водах); случайный уход в открытые водоемы	бассейн Балтийского моря, бассейны Днепра, Дона, Кубани и Волги	?нет	Ивойлов, 1986, 1988; Кудерский, 2001
86	*Oreochromis mossambicus* (Peters, 1852)	солоноватоводный-пресноводный; эстуарный-речной-озерный; жилой; эврифаг	Юго-Вост. Африка	преднамеренная интродукция; аквакультура (на теплых водах); случайный уход в открытые водоемы	бассейн Балтийского моря, бассейны Днепра, Дона, Кубани и Волги	?нет	см. сводки Привезенцев, 1994; Емтыль, 1997; Кудерский, 2001
87	*Oreochromis niloticus* (Linnaeus, 1758)	пресноводный; речной-озерный; жилой; эврифаг	Африка	преднамеренная интродукция; аквакультура (на теплых водах); случайный уход в открытые водоемы	бассейн Балтийского моря, бассейны Днепра, Дона, Кубни и Волги	нет	Ивойлов, 1986, 1988; Привезенцев, 1994; Кудерский, 2001
88	*Oreochromis hornorum* (Trewavas, 1966)	пресноводный; речной-озерный; жилой; эврифаг	Африка	аквакультура (на теплых водах); ? случайное попадание в открытые водоемы	бассейн Балтийского моря (Финского залива)	нет	Ивойлов, 1988
89	*Sarotherodon melanotheron* Rüppell, 1852	пресноводный; речной-озерный; жилой; эврифаг	Африка	преднамеренная интродукция; аквакультура (на теплых водах); случайное попадание в открытые водоемы	бассейн Балтийского моря (Финского залива)	нет	Ивойлов, 1986, 1988
90	*Tilapia guineensis* (Günther, 1862)	пресноводный; речной-озерный; жилой; эврифаг	Африка	преднамеренная интродукция; аквакультура (на теплых водах); случайное попадание в открытые водоемы	бассейн Балтийского моря (Финского залива)	нет	Ивойлов, 1986, 1988
91	*Tilapia mariae* Boulenger, 1899	пресноводный; речной-озерный; жилой; эврифаг	Африка	преднамеренная интродукция; аквакультура (на теплых водах); случайное попадание в открытые водоемы	бассейн Балтийского моря (Финского залива)	нет	Ивойлов, 1986, 1988

Таблица 2 (продолжение).

	Вид	Экологическая характеристика	Регион-донор	Вектор	Регион-реципиент	Натурализация	Источник
92	*Tilapia zillii* (Gervais, 1848)	пресноводный; речной-озерный; жилой; эврифаг	Африка, Ближний Восток	преднамеренная интродукция; аквакультура (на теплых водах); случайное попадание в открытые водоемы	бассейн Балтийского моря, бассейны Днепра, Дона и Волги	нет	Ивойлов, 1986, 1988; Привезенцев, 1994; Кудерский, 2001
				Perciformes: Odontobutidae			
93	*Perccottus glenii* Dybowski, 1877	пресноводный; речной-озерный; жилой; хищник-эврифаг	бассейн Амура, ? Китай	преднамеренная интродукция (объект аквариумистики), непреднамеренная интродукция (совместно с рыбоводным объектом), расселение	бассейны Белого, Балтийского, Черного, Азовского и Каспийского морей	широко	см. обзор www.zin.ru/animalia/pisces
				Perciformes: Gobiidae			
94	*Benthophilus stellatus* (Sauvage, 1874)	солоноватоводный-пресноводный; эстуарный-речной-озерный; жилой; бентофаг	бассейн Азовского и Черного морей	непреднамеренная интродукция (?при акклиматизации беспозвоночных); естественное расселение	бассейн Волги, Днепра (водохранилища)	широко	Гавлена, 1973; Евланов и др., 1998; Козловский, 2001; наши данные
95	*Knipowitschia caucasica* (Berg, 1916)	соленоводный-солоноватоводный-пресноводный; морской-эстуарный-речной-озерный; жилой; бентофаг-планктофаг	? Азовское море	естественное расселение	? Нижний Дон (Цимлянское водохранилище)	локально	наши данные
96	*Knipowitschia longecaudata* (Kessler, 1877)	солоноватоводный-пресноводный; эстуарный-речной-озерный; жилой; бентофаг-планктофаг	Нижний Дон, низовья Кубани	естественное расселение	бассейн Дона (река Маныч-Пролетарское водохранилище, Цимлянское водохранилище), бассейн Кубани (пруды Ахтарского нерестово-выростного хозяйства)	локально	Смирнов, 1986; наши данные
97	*Neogobius gorlap* Iljin, 1949	морской-солоноватоводный-пресноводный; эстуарный-речной; жилой; ? хищник-бентофаг	Нижняя Волга	естественное расселение; ? непреднамеренная интродукция	бассейны Дона и Волги	широко	см. раздел 3.5

Таблица 2 (окончание).

	Вид	Экологическая характеристика	Регион-донор	Вектор	Регион-реципиент	Натурализация	Источник
98	*Neogobius gymnotrachelus* (Kessler, 1857)	морской-солоноватоводный-пресноводный; морской-эстуарный-речной; жилой; хищник-бентофаг	нижние участки Дуная, Днестра, Днепра, Дона, Волги	естественное расселение	вверх по течению Дуная, Днестра, Днепра, Дона, Волги	широко	см. раздел 3.5
99	*Neogobius kessleri* (Günther, 1861)	морской-солоноватоводный-пресноводный; морской-эстуарный-речной; жилой; хищник-бентофаг	нижние участки и лиманы Дуная, Днестра, Днепра	? естественное расселение; ? непреднамеренная интродукция	вверх по течению Дуная, Днепра	локально	см. раздел 3.5
100	*Neogobius melanostomus* (Pallas, 1814)	соленоводный-солоноватоводный-пресноводный; морской-эстуарный-речной; жилой; бентофаг	бассейн Черного, Азовского, Каспийского морей	естественное расселение; ? непреднамеренная интродукция	реки (вверх по течению) бассейнов Черного, Азовского, Каспийского морей; реки и заливы Балтийского моря	широко	см. раздел 3.5
101	*Proterorhinus marmoratus* (Pallas, 1814)	морской-солоноватоводный-пресноводный; морской-эстуарный-речной-озерный; жилой; ? хищник-бентофаг-эврифаг	Нижняя Волга	инвазия-вспышка численности и естественное расселение	бассейн Волги (водохранилища волжского каскада, многие крупные притоки)	широко	см. раздел 3.5
				Perciformes: Channidae			
102	*Channa argus* (Cantor, 1842)	пресноводный; речной-озерный; жилой; хищник	Китай (? Янцзы), бассейн Амура	преднамеренная интродукция; аквакультура	бассейн Волги (пруды Московской области, Нижняя Волга)	нет	Веригин, 1956; Бурмакин, 1963
				Pleuronectiformes: Pleuronectidae			
103	*Platichthys flesus* (Linnaeus, 1758)	соленоводный-солоноватоводный-пресноводный; морской-эстуарный-речной-озерный; жилой; ? хищник-бентофаг	? бассейн Азовского моря	преднамеренная интродукция	Каспийское море; Пролетарское водохранилище (река Маныч)	нет; ? локально	Карпевич, 1948; Рыкова, 1995

Глава 2. Примеры, причины и механизмы расселения видов

2.1. Канадская элодея — характерный пример инвазии высшего водного растения на территории России

Elodea canadensis Michaux, 1791 (*Hydrocharitaceae*) — один из самых известных и наиболее агрессивных видов-вселенцев, часто называемый "водяной заразой" или "водяной чумой". Это двудомное растение относится к многолетним укореняющимся длиннопобеговым гидротофитам (Свириденко, 1986). В отличие от большинства других инвазионных видов растений, его расселение достаточно хорошо документировано.

Впервые элодея канадская обнаружена А. Мишо (André Michaux) в 1791 в Северной Америке, в реках Канады в окрестностях Монреаля (Michaux, 1803; Доброхотова, 1940), в Европу попала в начале XIX столетия. Предположительно, ее завезли в Ирландию вместе со строевым лесом. В 1836 она была найдена растущей в водоемах Ирландии, а в 1841–1847 гг. — в Англии. В водоемах континентальной Европы элодею канадскую впервые зарегистрировали в 1877 г. на территории Польши, в бассейне р. Вислы (Стемнинский, 1909; Доброхотова, 1939).

Первые сведения о находках *E. canadensis* на территории современной России относятся к 1880–1882 гг. Имеются гербарные образцы, собранные К.Мейнсгаузеном в Лахте (р. Каменка) в 1880–1881 гг. Годом позже Р. Регель обнаружил этот вид в р. Карповка в Санкт-Петербурге, а через 10 лет он и другие исследователи констатировали сильное разрастание элодеи в водоемах почти всей Петербургской губернии (Гусев, 1964). С 1885 г. вид регистрируют в бассейне р. Волги, а в 1890-х гг. он был обнаружен в бассейнах Днепра и Оки. К середине XX века элодея канадская отмечалась почти повсеместно в водоемах европейской части России — от Архангельска до Северного Кавказа и от западной границы до Урала (Петунников, 1886; Стемнинский, 1910; Доброхотова, 1939).

В азиатской части России элодея канадская была интродуцирована любителем аквариумов С.В. Логиновым в 1892 г. в водоемы окрестностей г. Екатеринбург (Средний Урал), откуда она начала свое быстрое расселение по системам рек Урала и Западной Сибири (Клер, 1902; Дексбах, 1956, 1965; Свириденко, 1986; Бабушкин, 1999).

В Восточную Сибирь элодея, вероятно, проникла при акклиматизации рыб или с помощью аквариумистов в конце 60-х годов XX столетия, когда она была зарегистрирована в водоемах бассейна р. Ангара. К середине 1980-х гг. ее находили в Иркутском водохранилище, в р. Енисей, в оз. Байкал и водоемах его бассейна (Кожова и др., 1985; Бабушкин, 1999; Майстренко, Неронов, 2001).

К концу XX столетия *E. canadensis* уже отмечалась почти повсеместно в водоемах как европейской, так и азиатской части России — на юге она достигла Черного моря, на севере — Белого, а на востоке — Японского (Белозеров, 1956; Постовалова 1966). В настоящее время считается, что этот вид имеет циркумбореальное распространение, но североамериканское происхождение (Цвелев, 2000).

Быстрому распространению элодеи канадской способствовали природные и антропогенные факторы. Среди природных — это, прежде всего, течения, способствующие перемещению и переносу фрагментов растения по системам рек и их бассейнам, а также перенос водными птицами и животными. К антропогенным факторам относятся стихийная и целенаправленная деятельность человека. Стихийно способствуют распространению элодеи рыбаки, переезжая с водоема на водоем с сетями, в ячеях которых застревают веточки этого растения. К целенаправленной следует отнести деятельность аквариумистов-любителей, которые намеренно интродуцировали элодею канадскую в различные водоемы центральной России, Урала и Восточной Сибири, хотя еще в 1886 г. А. Петунников (1886) назвал это растение “водяной заразой” и предупреждал о возможном вреде, который может вызвать ее расселение.

Благодаря своему широкому экологическому ареалу и высокой экологической пластичности, элодея канадская заселяет разнообразные пресноводные (олигогалинные) водоемы, отличающиеся по морфометриии, химизму, проточности, характеру питания, происхождению и т. д. Она встречена в больших и малых озерах, в водохранилищах, прудах, водоемах-охладителях, в карьерах, каналах и протоках, в реках и ручьях, в ключевых и пойменных водоемах. Предпочитает она слабопроточные водоемы с мягкими грунтами и широким диапазоном температур (Дексбах 1956; Бобров, Чемерис, 2001).

Этот вид — типичный кальцефил, обитающий в олиготрофных, мезотрофных и эвтрофных водоемах, в России встречается в субнейтральных и щелочных водах с pH до 8,39 и общей минерализацией до 0,68 г/л, предпочитает гидрокарбонатно-натриевые воды, но может расти и в водоемах с низкой концентрацией ионов Ca^{2+}. Высокие концентрации ионов Cl^- и Mg^{2+} препятствуют интенсивному развитию элодеи, поэтому она обитает только в пресных водоемах, в которых соленость воды не превышает или лишь немногим превышает 0,5 г/л. Предельной глубиной распространения элодеи считается удвоенная величина прозрачности по диску Секки (Дексбах, 1956; Мишин, Грибовская, 1969; Свириденко, 1986; Бабушкин, 1999).

Elodea canadensis — двудомный вид, но в местах вселения в Европе и Центральной Азии встречаются только женские экземпляры, которые, хотя и цветут, но плодов не образуют, а размножаются исключительно вегетативно, при помощи турионов или кусочков побегов (Доброхотова, 1939; Матвеев, 1964).

Этот вид обладает ярко выраженными эдификаторными свойствами и в нарушенных вторичных местообитаниях становится активным доминантом-коннектором исключительной мощности, способным давать плотные заросли уже через 3–4 года, вытесняя представителей аборигенной флоры (Свириденко, 1986; Бобров, Чемерис, 2001). Максимальные биомассы элодеи наблюдались в прудах и водохранилищах при тепловых электростанциях и достигали 15,5 кг/м^2 сырой массы (1,86 кг/м^2 воздушно сухой массы) (Павлинова, 1939).

В развитии зарослей элодеи канадской отмечается периодичность — сначала она дает массовое развитие, а затем может последовать период угасания, так как в результате восстановительной сукцессии происходит подавление этого вида и замещение его представителями аборигенной флоры (Доброхотова 1939; Зенкевич 1956; Бобров, Чемерис, 2001; Майстренко, Неронов, 2001). К сожалению, это происходит не всегда. Если водоем проточный или есть постоянный приток карстовых вод, богатых кальцием, или же имеется постоянное органическое загрязнение, бурное развитие зарослей элодеи может продолжаться десятилетиями (Дексбах, 1956; Бобров, Чемерис, 2001).

Заросли *E. canadensis* могут играть как положительную, так и отрицательную роль в функционировании экосистем водоемов. Они являются потенциальной кормовой базой для растительноядных рыб, служат укрытием для многих водных организмов, а также используются на корм скоту. Чрезмерное же развитие элодеи, наоборот, ведет к снижению продуктивности водоема, обесценивает его с рыбохозяйственной точки зрения и даже мешает судоходству (Дексбах, 1956, 1965; Бабушкин, 1999; Майстренко, Неронов, 2001).

2.2. Инвазии хищных планктонных Cladocera и возможные причины их успеха

Масштабное расселение представителей родов *Bythotrephes*, *Cercopagis* и, в меньшей степени, *Leptodora* (Crustacea: Cladocera), наблюдавшееся на протяжении последних 20 лет, привлекло большое внимание гидробиологов и специалистов по охране окружающей среды.

В середине 1980-х гг. палеарктический вид *Bythotrephes longimanus* Leydig, 1860* проник в водоемы Северной Америки. В конце 1984 г. он был найден в оз. Гурон, затем в течение 1985–1986 гг. расселился по другим Великим озерам (Bur et al., 1986; Lange, Cap, 1986; Lehman, 1987; Evans, 1988; Cullis, Johnson, 1988). В дальнейшем он появился также в ряде внутренних озер США и Канады (Yan et al., 1992; Yan, Pawson, 1997). Одновременно *B. longimanus* вселился в некоторые водоемы Западной Европы (Visser, 1988; Ketelaars, van Breemen, 1993; Ketelaars, Gille, 1994).

Обитавший в Каспийском, Аральском и Азовском морях *Cercopagis pengoi* (Ostroumov, 1891), также встречался в некоторых лиманах Черного моря и в прибрежном солоноватоводном оз. Гебеджинско в Болгарии (Мордухай-Болтовской, Ривьер, 1987). После создания системы водохранилищ на реках Дон и Днепр, в 1960–70-х гг. он заселил некоторые из них, показав способность жить в пресной воде (Мордухай-Болтовской, 1965; Гламазда, 1971; Мордухай-Болтовской, Галинский, 1974; Вольвич, 1978; Гусынская, Жданова, 1978). До начала 1990-х гг. новых сведений о расширении ареала этого вида не появлялось, когда, достаточно неожи-

* Вопрос о количестве видов в роде *Bythotrephes* до сих пор остается спорным (Мордухай-Болтовской, Ривьер, 1987; Литвинчук, 2002; Therriault et al., 2002a). До его решения в данной работе принимается, что р. *Bythotrephes* представлен одним полиморфным видом, по правилу приоритета носящим название *B. longimanus* Leydig, 1860.

данно, *C. pengoi* был обнаружен в Рижском заливе Балтийского моря (Ojaveer, Lumberg, 1995). С этого момента началась быстрая колонизация Балтики этим видом. С 1995 г. церкопагис отмечался в планктоне восточной части Финского залива (Kivi, 1995; Panov et al., 1996; Avinsky, 1997). Летом 1997 г. он был обнаружен у побережья Швеции и в открытой части Балтики (у о. Готланд) (Gorokhova et al., 2000). В конце июля – начале августа 1999 г. практически одновременно *C.pengoi* был встречен в открытой части юго-восточной Балтики — Гданьской впадине и Слупском желобе (Карасева, 2000), а также в Гданьском (Żmudiński, 1999; Bielecka et al., 2000), Вислинском (Полунина, 2000; Науменко, Полунина, 2000) и Куршском заливах (Gasiūnaitė, 2000).

Летом 1998 г. *C. pengoi* был впервые найден в планктоне одного из Великих озер Северной Америки — в оз. Онтарио (MacIsaac et al., 1999). В 1999–2000 гг. численность церкопагиса в этом озере значительно возросла, началось его расселение в другие водоемы (Grigorovich et al., 2000; Critescu et al., 2001; Makarewicz et al., 2001; Ojaveer et al., 2001; Benoît et al., 2002; Therriault et al., 2002b).

Обитатель палеарктической и неарктической областей Северного полушария, хищная кладоцера *Leptodora kindtii* (Focke, 1844), также показала способность к расселению и успешной натурализации в новых водоемах, хотя такие случаи были более редкими (или, возможно, менее привлекавшими внимание и потому хуже документированными). Один из примеров — вселение лептодоры в 1977 г. в мелководное оз. Нейзидлер Зее на границе Австрии и Венгрии (Herzig, 1979, 1980).

Очевидно, что все эти события не могли не привести к появлению большого числа исследований биологии хищных кладоцер. Часть работ была направлена на изучение генетической структуры популяций вселенцев (Weider, 1991; Berg, Garton, 1994; Critescu et al., 2001; Makarewicz et al., 2001; Berg et al., 2002), главным образом с целью установления путей их распространения из одного водоема в другой. Кроме того, рассматривалось возможное воздействие видов-вселенцев на сообщества водоемов (Sandgren, Lehman, 1990; Lehman, Cáceres, 1993; Ketelaars, van Breemen, 1993; Yan, Pawson, 1997; Телеш и др., 2001; Benoît et al., 2002). Также изучались взаимоотношения между местными и вселившимися видами хищных кладоцер (Berg, Garton, 1988; Garton et al., 1990; Branstrator, 1995), их трофические связи (Herzig, Auer, 1990; Lehman, 1993; Vanderploeg et al., 1993; Schulz, Yurista, 1995; Wahlström, Westman, 1999) и ряд других вопросов. Возросший интерес к биологии хищных кладоцер привел к появлению обзорных работ (Grigorovich et al., 1998; Ривьер, Григорович, 1999).

Вместе с тем, говоря об успехе биологических инвазий, нельзя забывать о том, что возможность натурализации вида в новом сообществе определяется не только особенностями его биологии, но и условиями в сообществе-реципиенте. После исходного проникновения в водоем вид должен оказаться способным либо найти незанятую нишу, либо успешно конкурировать за занятую (Berg, Garton, 1988). Уязвимость экосистемы для инвазии того или иного вида в значительной степени определяется комплексом биотических связей — прессом хищников и наличием конкуренции с экологически близкими видами (Павлов и др., 2001). Имеются примеры, когда тот или иной вид заносили в водоем на протяжении длительного периода времени, однако его натурализация начиналась только в определенный момент. Очевидно, этому способствовали какие-то изменения в сообществе. Можно предположить, что инвазии хищных кладоцер в этом отношении — не исключение (см., например, Evans, 1988), однако вопрос о том, что именно обусловило успех их вселения в водоемы, часто очень значительно отличающиеся по комплексу климатических и других абиотических условий от водоемов-доноров, остается практически неизученным.

Для того чтобы попытаться ответить на этот вопрос, необходимо в первую очередь проанализировать изменения основных биотических факторов, определяющих развитие популяции. Во-первых, это численность местных видов, потенциальных конкурентов вселенца, занимающих сходные экологические ниши; во-вторых, — пищевые условия; в третьих, — пресс хищников, способных контролировать количественное развитие (и само существование) популяции вселенца. К потенциальным конкурентам крупных хищных кладоцер можно отнести другие виды этой группы с близким спектром питания и схожим отношением ко многим факторам среды (Мордухай-Болтовской, Ривьер, 1987). Анализируя трофические условия, следует обратить внимание на популяции мелких планктонных фильтраторов, особенно коловраток и кладоцер, которыми питаются молодь и взрослые хищные Cladocera (Крылов, 1989; Монаков, 1998). К хищникам, способным контролировать развитие зоопланктона, особенно крупного, в первую очередь относятся рыбы-планктофаги (Lazzaro, 1987).

Ниже рассмотрено несколько примеров инвазий хищных кладоцер в водоемы Европы и Северной Америки. При этом основное внимание уделяется не столько динамике инвазии как таковой или ее последствиям, сколько тем изменениям в предшествующий инвазии период, которые могли сделать сообщество уязвимым для проникновения и успешной натурализации чужеродного вида*.

Cercopagis pengoi в восточной части Финского залива Балтийского моря

Рассмотрим сезонную и многолетнюю динамику популяций хищных кладоцер в мелководном районе, в Лужской и Копорской губах, а также по акватории восточной части залива в целом.

Мелководный район. Как и в других частях восточной части Финского залива, понто-каспийский вселенец *Cercopagis pengoi* был впервые отмечен в его мелководном районе в 1995 г. Наши наблюдения, начатые летом 1996 г., показали, что в дальнейшем он стал постоянным компонентом планктонного сообщества наряду с местными видами хищных кладоцер, *Leptodora kindtii* и *Bythrotrephes longimanus*.

Сезонные изменения численности этих 3 видов в течение вегетационных сезонов 1996–2000 гг. приведены на рис. 8. По этим данным видно, что для популя-

* Основные тезисы этой работы докладывались на Американо-Российском симпозиуме по инвазионным видам (Борок, 2001) и на VIII съезде Гидробиологического общества РАН (Калининград, 2001) (Крылов и др., 2001а, б). Здесь основные положения этих докладов обсуждаются более подробно с привлечением новых данных, появившихся за последние годы.

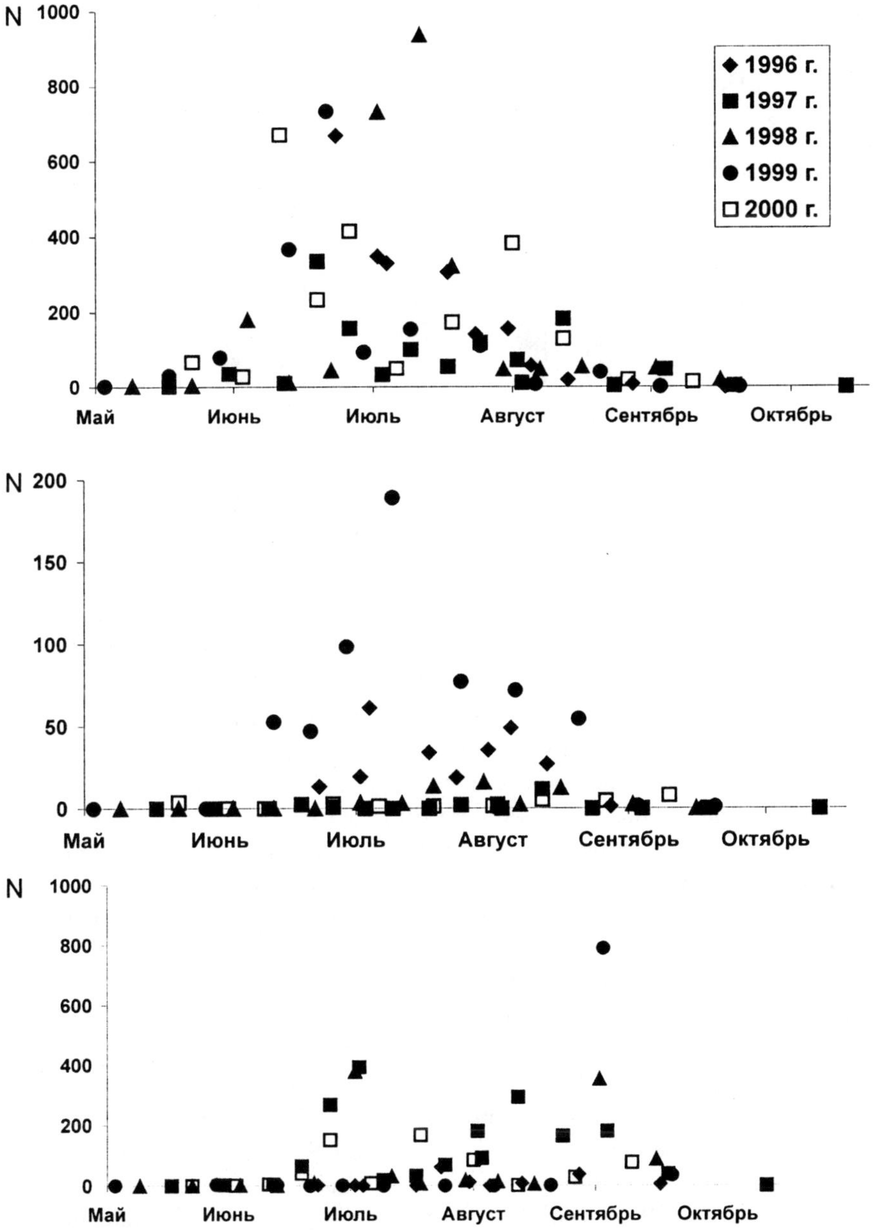

Рис. 8. Сезонные изменения численности (N, экз./м^3) *L. kindtii* (верхний рисунок), *B. longimanus* (средний рисунок) и *C. pengoi* (нижний рисунок) в мелководной зоне восточной части Финского залива (ст. 21) в 1996–2000 гг.

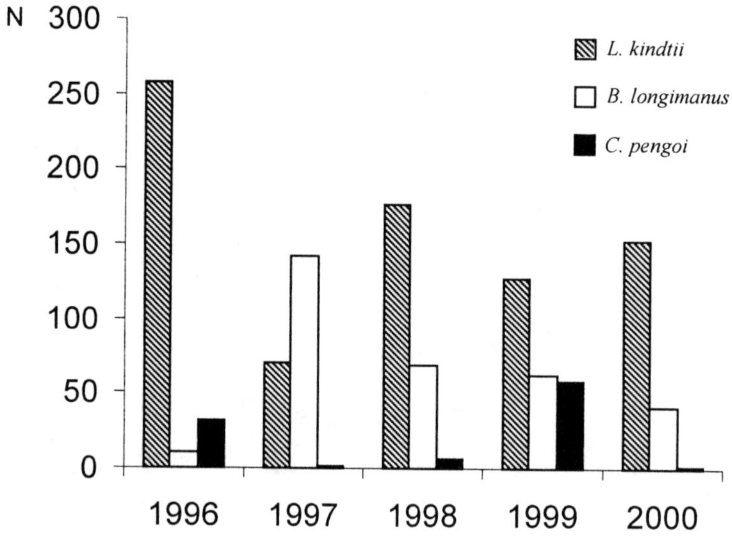

Рис. 9. Средние за сезон численности (N, экз. /м^3) *L.kindti*, *B. longimanus* и *C. pengoi* в мелководной зоне восточной части Финского залива (ст. 20, 20а и 21) в 1996–2000 гг.

ций всех трех видов были характерны значительные межгодовые различия в количественном развитии и в характере сезонной динамики. Хотя их подробный анализ не входит в задачи данной работы, следует отметить, что сезонные изменения численности местных видов и *C.pengoi* отличались. В годы, когда численность *L. kindtii* и *B. longimanus* была достаточно велика, их популяции имели один хорошо выраженный максимум, приходившийся на июль. Для сезонной динамики численности *C. pengoi* были характерны два пика, первый из которых приходился на середину июля, а второй — на конец августа–сентябрь. В отдельные годы могли быть хорошо выражены либо оба пика, либо только один из них. Так, в 1999 г. церкопагис был впервые встречен в планктоне 23 мая; в дальнейшем он отсутствовал в пробах или встречался единично, а максимум его численности пришелся на 20 сентября (до 790 экз./м^3). Следует также отметить, что в первой декаде октября, когда ни лептодора, ни битотрефес, как правило, уже не встречались, *C. pengoi* постоянно присутствовал в планктоне, хотя и в сравнительно небольшом количестве.

В 1997–1998 гг. массовое развитие *C. pengoi* в мелководном районе сопровождалось значительным сокращением популяции *B. longimanus*, средняя численность которого в 1997 г. составила всего 1,4 экз./м^3 (рис. 9). Однако в 1999 г. наблюдалось восстановление популяции битотрефеса, когда его максимальная численность в конце июля достигла 190 экз./м^3. Численность лептодоры во все годы исследований была достаточно высокой (71–257 экз./м^3 в среднем за сезон).

Копорская и Лужская губы. Кладоцеры *L. kindtii* и *B. longimanus* эпизодически отмечались исследователями в Лужской и Копорской губах на протяжении всего периода изучения этих акваторий. Они вошли в список видов зоопланктона, составленный по результатам исследований 1969–1970 гг. (В.Н. Сергеев, личн. сообщ.).

Таблица 3. Средняя по всем станциям численность (экз./м^3) хищных кладоцер в Лужской и Копорской губах Финского залива (в скобках — минимальные и максимальные значения). По: Krylov, Bychenkov, 2003.

Год	*L. kindtii*	*B. longimanus*	*C. pengoi*
1997	17,1 (13,3 – 27,1)	0	100,5 (59,7–117,8)
1998*	(0 – 9,0)	0	(113,9 –120,5)
1999**	27,4 (1,5–80,2)	5,3 (2,7–18,3)	14,3 (0–43,5)
2000	29,1 (2,6–62,1)	0	219,6 (35,0–378,3)
2001	83,9 (17,7–305,6)	14,8 (3,2–47,3)	234,2 (87,2–617,4)

* Пробы отбирались только на двух станциях.

** Пробы отбирались сразу после шторма.

В дальнейшем они иногда встречались в планктоне, а иногда нет. Так, при изучении зоопланктона Копорской губы в июне–августе 1977 г. битотрефес обнаружен не был, а лептодора отмечена единично в отдельных пробах (Рябова, Крылов, 1988). В результате подробного исследования планктона Лужской губы в течение летних месяцев 1991–1992 гг. был составлен, как отмечают авторы, "самый полный таксономический список зоопланктона губы за весь период ее исследований" (Анцулевич и др., 1995), однако ни *L. kindtii*, ни *B. longimanus* в него не вошли. В 1994 г. лептодора и битотрефес в планктоне встречены не были, но были найдены в пище плотвы из Лужской губы (Lavrentyeva et al., 1997). Все эти данные свидетельствуют о том, что до середины 1990-х гг. численность обоих видов была очень низкой.

В 1995 г. в планктоне Лужской и Копорской губ, как и в других частях восточной части Финского залива, впервые появился *C. pengoi*. С этого года наблюдался постепенный рост численности его популяции. Однако важно отметить, что численность лептодоры с этого времени также стала увеличиваться, а в отдельные годы (1999, 2001) значительного развития достигала и популяция *B. longimanus* (табл. 3). Так, в августе 2001 г. *L. kindtii*, *B. longimanus* и *C. pengoi* в достаточно больших количествах были встречены на всех станциях в Лужской и Копорской губах (рис. 10, 11). Максимальные численности составили 306 (*L. kindtii*), 47 (*B. longimanus*) и 617 экз./ м^3 (*C. pengoi*).

Акватория восточной части Финского залива в целом.

L. kindtii отмечали в планктоне восточной части Финского залива все исследователи, причем в отдельные годы ее включали в список массовых летних форм. *B. longimanus* относился к категории "встречавшихся единично", а в отдельные годы не был встречен совсем (табл. 4).

Гидробиологические съемки, проведенные в 1996–1998 гг. , показали, что после первого появления в 1995 г., *C. pengoi* быстро распространился по всей акватории восточной части Финского залива (кроме Невской губы), на отдельных станциях достигая значительной численности. Плотность популяции *L. kindtii* была сравнима с *C. pengoi*, причем, как и церкопагис, лептодора встречалась практически на всех станциях (табл. 5). Как и в других исследованных районах, численность *B. longimanus* в 1997 и 1998 гг. была низкой. Однако съемка в августе 2001 г. показа-

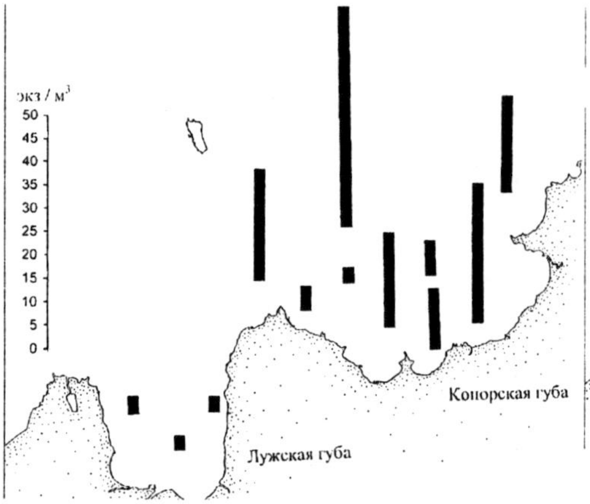

Рис. 10. Распределение *B. longimanus* по акватории Лужской и Копорской губ Финского залива в августе 2001 г.

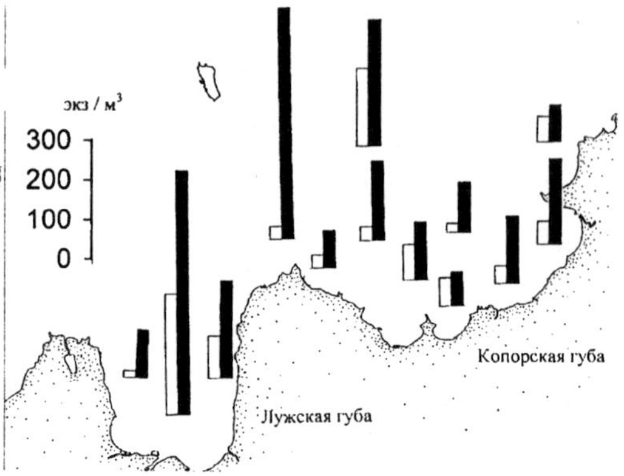

Рис. 11. Распределение *L. kindtii* (белые столбцы) и *C. pengoi* (черные столбцы) по акватории Лужской и Копорской губ Финского залива в августе 2001 г.

Таблица 4. Встречаемость *L. kindtii* и *B. longimanus* в летнем зоопланктоне восточной части Финского залива в разные годы.

Год	*L. kindtii*	*B. longimanus*	Источник
1923	+	+	Соколова, 1927
1956–58	+	+	Битюков и др., 1971
1964	+	+	Пидгайко, 1971
1981	+	+	Обзор..., 1986
1982	+	-	Обзор..., 1986
1983	+	-	Обзор..., 1986
1984	+	+	Обзор..., 1986
1985	+	-	Обзор..., 1986

Таблица 5. Средняя численность ($N_{ср}$, экз./м^3), максимальная численность (N_{mx}, экз./м^3) и встречаемость (S, % от общего числа станций) хищных кладоцер в восточной части Финского залива в 1996–1998 гг. (n — число станций).

Время съемки		*L. kindtii*			*B. longimanus*			*C. pengoi*		
	n	$N_{ср}$	N_{mx}	S	$N_{ср}$	N_{mx}	S	$N_{ср}$	N_{mx}	S
18–23.08.1996	21	74,4	256,0	90,5	22,7	62,0	90,5	41,4	303,2	61,9
19–22.08.1997	25	109,3	1451,3	100	1,2	16,9	25,0	178,9	2187,0	100
24–27.08.1998	15	25,3	63,7	86,7	0,9	3,2	60,0	87,2	415,6	100

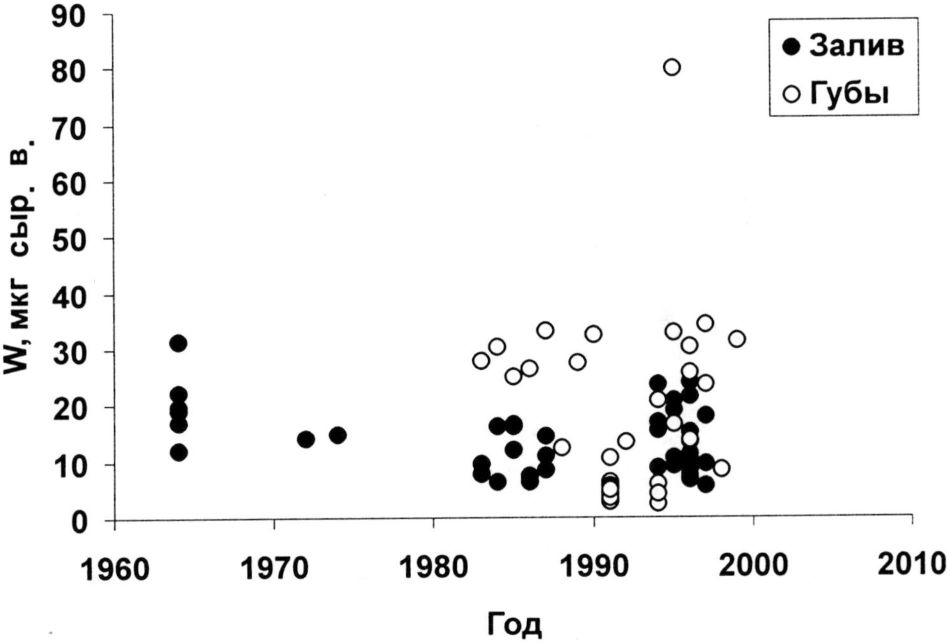

Рис. 12. Средняя масса тела (W, мкг сырого вещества) планктонных животных в восточной части Финского залива и отдельно Лужской и Копорской губах. Величина W рассчитана как частное от деления биомассы на численность по данным авторов, а также данным из опубликованных работ (Пидгайко, 1971; Скворцов, 1975; Шишкин и др., 1989; Рябова, Погребов, 1991; Романова и др., 1993; Анцулевич и др., 1995; Lavrentyeva et al., 1997; Telesh et al., 1999; Авинский, 1999).

ла, что *B. longimanus* снова имел высокую численность и был распространен по всей акватории залива (П.В. Большагин, Д.Е. Быченков, неопубл. данные).

Состояние зоопланктона и популяций рыб-планктофагов восточной части Финского залива.

Хотя зоопланктон восточной части Финского залива изучается на протяжении длительного времени, отсутствие стандартной методики (как в отношении распределения станций по акватории, так и в отношении орудий лова, методов расчета биомассы и др.) затрудняет сравнение данных, полученных разными авторами. Кроме того, период, предшествовавший инвазии *C. pengoi* и тем самым представляющий наибольший интерес для данной работы (1990–1994 гг.), оказался слабо охваченным исследованиями.

Говоря о восточной части залива в целом (без Невской губы), имеющиеся данные за 1989–1990 гг. (Силина, 1997) и 1994–1996 гг. (Басова и др., 1997; Авинский, 1999) не свидетельствуют о каких-либо существенных изменениях в структуре и количественном развитии зоопланктона по сравнению с 1980-ми гг. Исследование

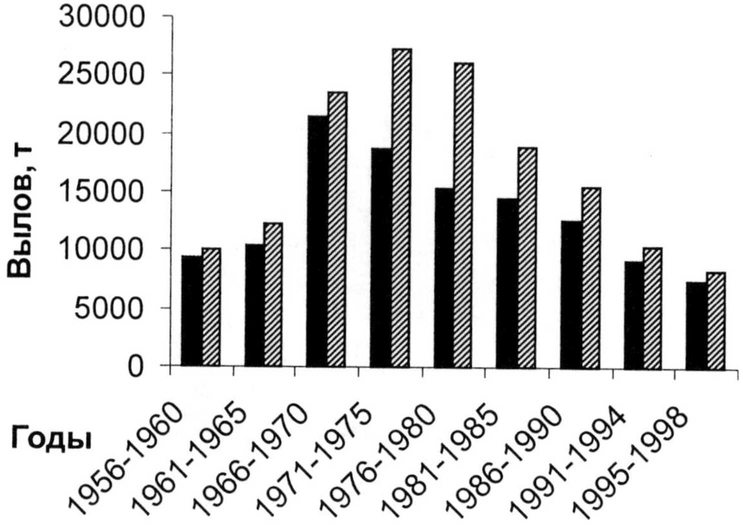

Рис. 13. Вылов салаки (черные столбцы) и общий вылов рыб-планктофагов (заштрихованные столбцы) в восточной части Финского залива в разные годы (по данным: Кудерский, 1996; Шурухин, Печников, 2000).

Лужской губы в 1991, 1992 и 1994 гг. также позволило авторам сделать заключение о неизменности состава, численности и биомассы зоопланктона губы за многолетний период (Анцулевич и др., 1995; Lavrentyeva et al., 1997).

Рассматривая зоопланктон как источник пищи хищных кладоцер, можно ожидать, что улучшение их пищевых условий должно было сопровождаться ростом количества их основных пищевых объектов — мелких ветвистоусых ракообразных и коловраток. Это, в свою очередь, должно было бы привести к снижению среднего размера (и массы тела) планктонных животных. Хотя имеющиеся данные о средней массе тела зоопланктона восточной части Финского залива в летнее время варьируют в широком диапазоне, какой-либо выраженной тенденции к изменению этого показателя не наблюдалось (рис. 12).

Основные рыбы-планктофаги восточной части Финского залива — салака *Clupea harengus membras* Linnaeus, 1758 и шпрот *Sprattus sprattus* (Linnaeus, 1758). Как и другие планктофаги, балтийская салака способна активно и избирательно питаться хищными кладоцерами, включая вселенца *C. pengoi* (Ojaveer, Lumberg, 1995; Antsulevich, Välipakka, 2000; Баранова и др., 2001).

В восточной части Финского залива обитает весенненерестящаяся салака, образующая локальную популяцию. Колебания численности поколений и запасов салаки находятся в прямой связи с долгопериодными изменениями климатических процессов, межгодовыми колебаниями водообмена с соседним Северным морем и биотическими условиями (Кудерский, 1993, 1996; Попов, 1993).

Однако с середины 1970-х гг. на фоне естественного снижения численности салаки резко возросла степень эксплуатации ее запасов. В значительной степени это было связано с развитием тралового лова, заменившего пассивные орудия (салачные сети, ставные невода), лов которыми ограничивался прибрежной зоной (Попов, 1993). Кроме того, добыча песка и прибрежное строительство привели к сокращению нерестилищ салаки (Кудерский, 1996). В результате с начала 1980-х гг. наблюдалось неуклонное снижение ее запасов и уловов. Если в период с 1970 по 1980 гг. среднегодовой вылов составлял примерно 17100 т, то в период, предшествовавший вселению *C. pengoi* (1991–1994 гг.), он сократился до 9255 т, а в 1998 г. достиг самого низкого уровня — 6888 т (рис. 13). О снижении численности салаки в заливе свидетельствуют и данные финских исследователей (Lehtonen et al., 1997).

Уловы шпрота также достигли максимума в 1976–1980 гг. (9260 т в год), после чего стали быстро падать. С 1986 по 1992 гг. шпрот в уловах отсутствовал (Кудерский, 1996). В последние годы наметилась тенденция к некоторому увеличению его запасов: вылов в 1998 г. составил 1141 т (Шурухин, Печников, 2000).

Таким образом, рост численности и распространение *C. pengoi* по акватории не только не сопровождались вытеснением местных видов хищных кладоцер, но, напротив, проходили на фоне их большего по сравнению с предыдущими годами количественного развития. Имеющиеся данные не свидетельствуют о каких-либо выраженных изменениях в структуре и обилии зоопланктона залива, происходивших в период перед появлением *C. pengoi* (1990–1994 гг.). Наконец, пресс основных рыб-планктофагов на зоопланктон в период, предшествовавший инвазии, существенно снизился.

Cercopagis pengoi в Вислинском и Куршском заливах Балтийского моря

В Куршском и Вислинском заливах *B. longimanus* никогда не встречался, а *Leptodora kindtii* отмечалась с начала исследований планктона этих водоемов (Schmidt-Ries, 1940). В Вислинском заливе в одни годы она встречалась в планктоне, а в другие — нет (Науменко, 2000). В 1990-х гг. начали отмечаться периодические вспышки численности *L. kindtii* на отдельных участках залива. Так, в июне 1996 г. численность *L. kindtii* на одной из станций в Вислинском заливе составила 2352, а в сентябре — 1574 экз./м^3; однако в 1998–1999 гг. ее было мало или не было совсем. Более четко выраженным был рост численности лептодоры в Куршском заливе (рис. 14).

В 1999 г. *Cercopagis pengoi* был обнаружен в открытых водах южной Балтики (Карасева, 2000). Оттуда с затоком морских вод он проник в Вислинский (Полунина, 2000; Науменко, Полунина, 2000) и Куршский заливы (Gasiūnaitė, 2000). В Куршском заливе, по-видимому, в силу специфики его гидрологических условий, церкопагис не образовал устойчивой популяции. В Вислинском заливе численность *C. pengoi* уже на следующий год в отдельных пробах превышала 7000 экз./м^3. Примечательно, что, как и в рассмотренных выше примерах, стремительное развитие популяции вида-вселенца не только не привело к подавлению популяции *L. kindtii*, но, напротив, сопровождалось распространением лептодоры по значительной части акватории залива и ростом ее численности (рис. 15). Правда, вспышка популяций

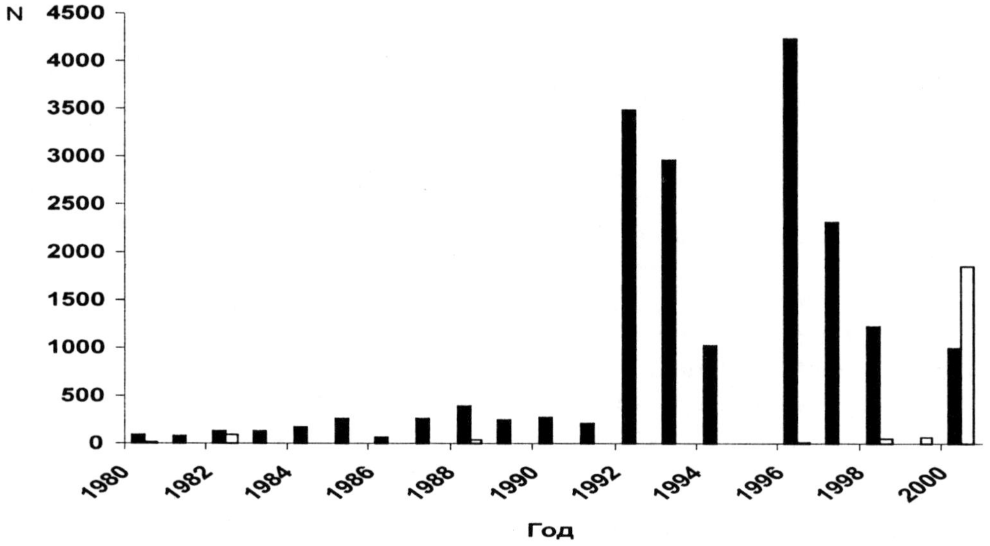

Рис. 14. Численность (N, экз./м^3) *L. kindti* в летнем планктоне Куршского (черные столбцы) и Вислинского (белые столбцы) заливов в разные годы.

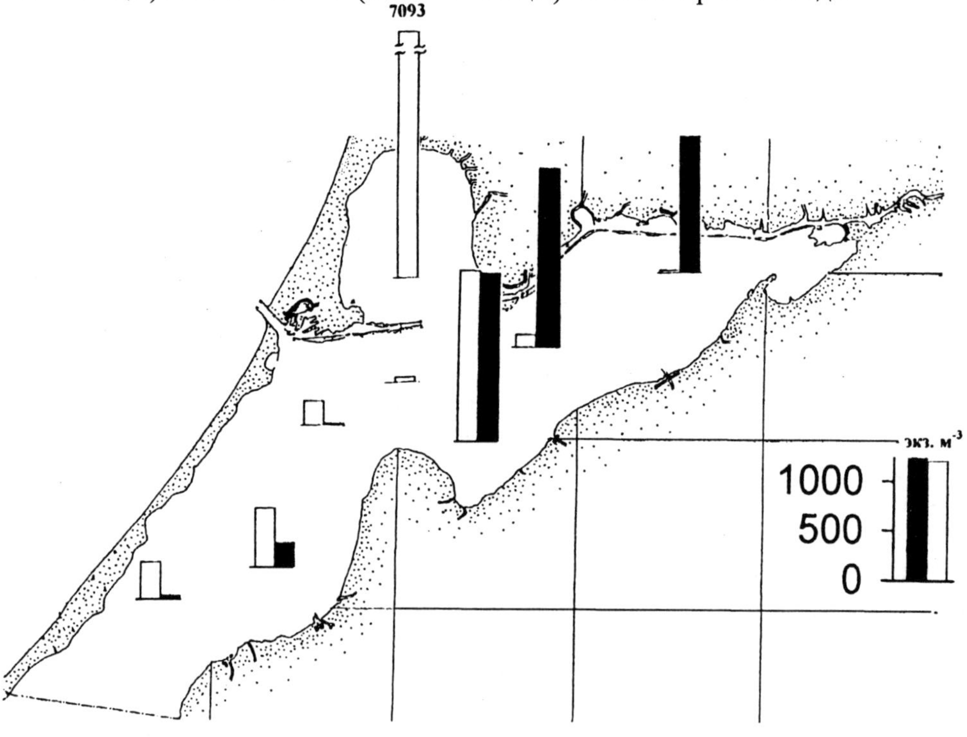

Рис. 15. Распределение *L. kindti* (черные столбцы) и *C. pengoi* (белые столбцы) по акватории Вислинского залива в мае 2000 г.

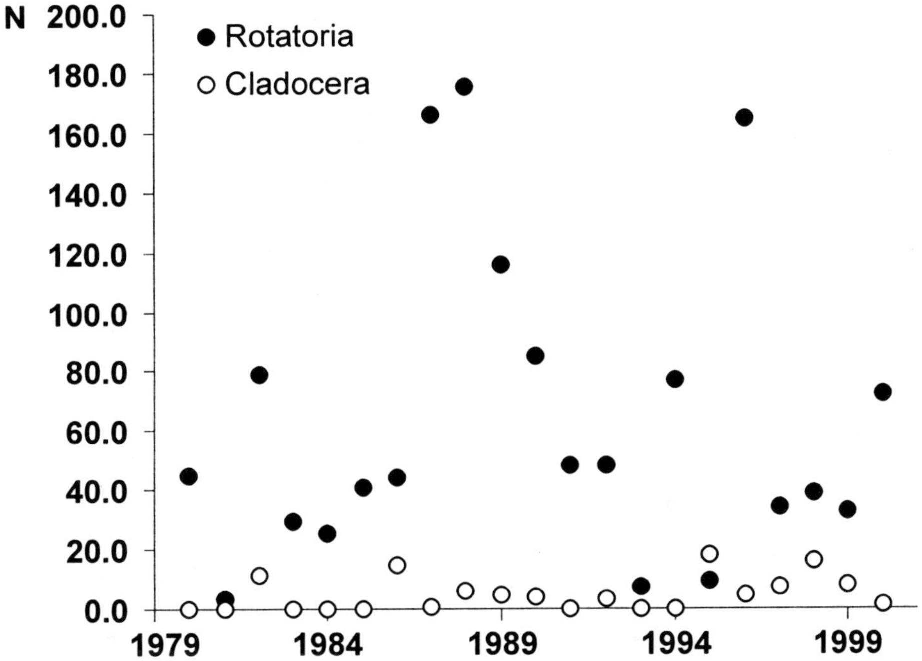

Рис. 16. Численность (N, тыс. экз./м^3) коловраток и мелких кладоцер в летнем планктоне Вислинского залива в 1980–2000 гг.

обоих видов, приходившаяся на май, была непродолжительной: в июле-августе ни *L. kindtii*, ни *C. pengoi* в планктоне уже не встречались.

Основу весенне-летнего планктона Вислинского залива составляют копеподы, на долю которых приходится 41–65% по численности и 83–91% по биомассе (Naumenko, 1999). Оставшаяся часть зоопланктона представлена коловратками и мелкими ветвистоусыми ракообразными. В годы роста популяций хищных Cladocera не наблюдалось выраженного роста численности этих групп по сравнению с предыдущими годами (рис. 16).

Вислинский залив — одно из основных нерестилищ прибрежной салаки юго-восточной Балтики. После нереста салака уходит в Балтику, а в заливе продолжается развитие нового поколения. Пройдя метаморфоз, мальки скатываются в море. Хотя массовый скат мальков приходится на начало июня (Красовская, 1992), некоторая часть их остается в заливе и в летние месяцы. Помимо молоди салаки, к потребителям зоопланктона в заливе относятся снеток, а также молодь окуня и судака, однако их количество по сравнению с салакой невелико, по крайней мере в начале лета (Янченко, 1992).

В последние годы (1988–1996) уловы салаки, а также численность и биомасса нерестового запаса в Вислинском заливе неуклонно снижались (Красовская, 1992; Krasovskaya, 1999). Это отразилось на численности молоди в заливе (рис. 17) и, видимо, привело к снижению пресса на зоопланктон в начале лета.

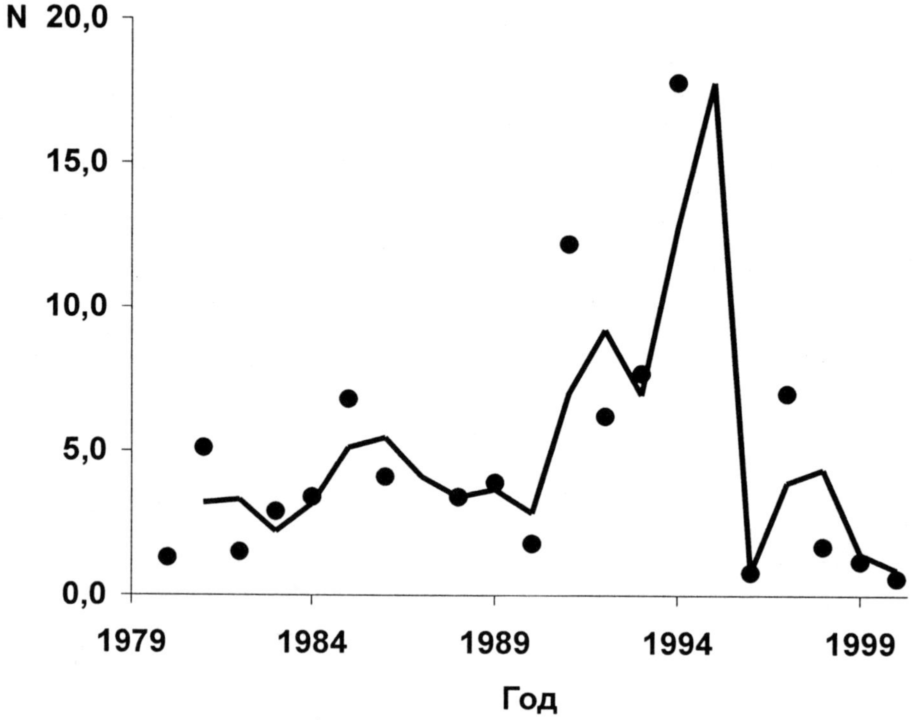

Рис. 17. Численность молоди салаки (N, экз./м^3) в Вислинском заливе в 1980–2000 гг.

Таким образом, несмотря на определенные отличия в составе зоопланктона и в характере сезонной динамики хищных кладоцер, общая картина инвазии *C. pengoi* в Вислинском заливе была сходной: массовое развитие на фоне увеличения популяции местного вида (*L. kindtii*), отсутствие роста концентрации их кормовых объектов (коловратки, мелкие кладоцеры) и снижение пресса основных рыб–планктофагов.

Bythotrephes longimanus в озере Мичиган

Пример вселения *Bythotrephes longimanus* в оз. Мичиган интересен по двум причинам. Во-первых, динамика популяции и биология битотрефеса в этом озере изучена полнее, чем в других Великих озерах. Во-вторых, по поводу причин и последствий этой инвазии (в частности о воздействии *B. longimanus* на зоопланктон в озере и популяцию местного вида, *Leptodora kindtii*) были высказаны достаточно противоречивые мнения.

Первые особи *B. longimanus* в оз. Мичиган были найдены в конце августа 1986 г., спустя год после того, как этот вид был обнаружен в озерах Гурон, Эри и Онтарио. В сентябре–начале октября его численность в планктоне составляла 4,5 экз./м^3 (в среднем для столба воды). Летом следующего года она возросла и в среднем составила 16 экз./м^3 (Lehman, 1987; Evans, 1988). В 1988–1993 гг. численность

B. longimanus в озере иногда достигала 117 экз./м^3, но в среднем в летний период в разные годы колебалась в пределах 1,6–21,7 экз./м^3 (табл. 6).

Несмотря на низкую численность в планктоне, уже летом 1988 г. *B. longimanus* составлял от 50 до 100% (в среднем 87,5%) содержимого желудков сельди-сероспинки *Alosa pseudoharengus* (Wilson, 1811) (длина тела 6–21 см) (Keilty, 1990), а также встречался в пище 18–72 % желтых окуней *Perca flavescens* (Mitchill, 1814) размером 8–21 см (до 110 экз. битотрефесов на 1 рыбу) (Schneeberger, 1991).

Изучение планктонного сообщества озера в период инвазии *B. longimanus* в оз. Мичиган сразу привело к возникновению двух различных гипотез о причинно-следственных связях и механизмах наблюдаемых изменений в зоопланктоне. Согласно первой, как развитие популяции *B. longimanus*, так и другие изменения в зоопланктоне озера, наблюдавшиеся в то же время, были связаны со снижением численности рыб-планктофагов, главным образом *A. pseudoharengus* (Evans, 1988; Sprules et al., 1990). Численность *B. longimanus* в озере была слишком мала, чтобы вызвать какие-либо заметные изменения в планктонном сообществе.

Согласно второй, появление битотрефеса уже в 1987–1988 гг. привело к подавлению местной популяции *L. kindtii*, что, в свою очередь, вызвало рост численности основных пищевых объектов лептодоры — мелких кладоцер *Bosmina longirostris* (O.F. Müller, 1785) и коловраток *Conochilus* spp. (Branstrator, Lehman, 1991). “Упадок” популяции *L. kindtii* продолжался, по крайней мере, до 1990 г. В качестве механизмов вытеснения *L. kindtii* битотрефесом рассматривались конкуренция за пищу и прямое хищничество со стороны *B. longimanus*, причем если первая возможность только предполагалась, то последняя была изучена экспериментально и с помощью модельных расчетов (Branstrator, 1995).

Не считая возможным определять преимущества той или иной гипотезы, все же хочется отметить два факта. Во-первых, судя по опубликованным данным, максимум численности *L. kindtii* пришелся на 1982 г., когда впервые наблюдалось заметное снижение возрастного класса 1+ главного планктофага *A. pseudoharengus*. Фактически численность *L. kindtii* начала снижаться именно с этого года (Evans, 1986,1992). Во-вторых, съемка, проведенная летом 1998 г., показала, что средняя для всей акватории численность *L. kindtii* в этом году составила 236 экз./м^2 (около 2,4 экз./м^3), а численность *B. longimanus* — 181 экз.м$^{-2}$ (около 1,9 экз./м^3) (Barbiero et al., 2001). Таким образом, говорить о вытеснении местного вида вселившимся пока не приходится.

Bythotrephes longimanus в озере Онтарио

Имеются сведения, что *Bythotrephes longimanus* появился в оз. Онтарио уже в 1982 г. (Johannsson et al., 1991), однако его “официальное” обнаружение произошло позже, в сентябре 1985 г. Интересно, что битотрефес тогда был найден в пробах, отобранных на водозаборе охлаждающей системы одной из электростанций в 600 м от берега на глубине 9 м; его численность достигала там 613 экз./м^3 (Lange, Cap, 1986). Эта величина в несколько раз выше всех других оценок численности *B. longimanus* в Великих озерах, когда-либо приводившихся в литературе (см. табл. 6).

Таблица 6. Максимальная (N_m, экз./м^3) и средняя ($N_{ср}$, экз./м^3) численность *Bythotrephes longimanus* в новых местообитаниях (в скобках приведены месяц и год первой находки). При длительных (сезонных) наблюдениях $N_{ср}$ рассчитана как средняя за период, когда вид встречался в планктоне. При осреднении данных по разным станциям в течение одной съемки на акватории, величина $N_{ср}$ отмечена знаком *. Т — число лет после первой находки.

Водоем	Год	N_m	$N_{ср}$	Т	Источник данных
Оз. Гурон (12.1984)	1988	14,9	4,0*	4	Jin, Sprules, 1990
	1993	9,7	–	9	Bilkovich, Lehman, 1997
	1998	–	6,7*	14	Barbiero et al., 2001
Оз. Онтарио (11.1985)	1985	613,3	–	0	Lange, Cap, 1986
	1987	102,2	22,3	2	Makarewicz, Jones, 1990
	1987	9,1	–	2	Jin, Sprules, 1990
	1988	0	0	3	Makarewicz, Jones, 1990
	1998	0	0	13	Barbiero et al., 2001
Оз. Эри (зап. бассейн) (11.1985)	1988	48,7	26,5*	3	Jin, Sprules, 1990
	1998	–	0,7*	13	Barbiero et al., 2001
Оз. Эри (центр. бассейн)	1987	367	95	2	Bur, Klarer, 1991
	1988	79	21	3	Bur, Klarer, 1991
	1993	42,5	–		Bilcovic, Lehman, 1997
	1998	–	82,2*		Barbiero et al., 2001
Оз. Эри (вост. бассейн)	1998	–	10,9*		Barbiero et al., 2001
Оз. Верхнее	1998	–	3,0*		Barbiero et al., 2001
Оз. Мичиган	1986	2,9	1,6*	0	Lehman, 1987
	1986	4,5	–	0	Evans, 1988
	1987	–	16	1	Evans, 1988
	1987	20,6	6,2*	1	Jin, Sprules, 1990
	1987	2,4	0,9	1	Branstrator, 1995
	1988	117,4	21,7*	2	Jin, Sprules, 1990
	1988	6,5	2,9	2	Branstrator, 1995
	1989	6,4	2,6	3	Branstrator, 1995
	1990	5,7	3,0	4	Branstrator, 1995
	1993	2,3	–	7	Bilcovic, Lehman, 1997
	1998	–	1,9*	12	Barbiero et al., 2001
	2000	24,9	3,9*	14	Pothoven et al., 2003
Оз. Фэри (08.1990)	1990	7,8	–	0	Yan et al., 1992
	1991	25,1	–	1	Yan et al., 1992
Оз. Гоу Хоум (06.1991)	1991	3,0	–	0	Yan et al., 1992
Оз. Джозеф (06.1989)	1989	2,9	–	0	Yan et al., 1992
	1990	0,7	–	1	Yan et al., 1992
Оз. Мэри (07.1990)	1990	5,5	–	0	Yan et al., 1992
Оз. Мускока (06.1989)	1989	11,8	–	0	Yan et al., 1992
	1990	1,9	–	1	Yan et al., 1992
Оз. Пенинсула (06.1991)	1991	2,3	–	0	Yan et al., 1992
Оз. Россо (07.1989)	1989	6,5	–	0	Yan et al., 1992
	1990	17,5	–	1	Yan et al., 1992
Оз. Вернон (06.1991)	1991	0,3	–	0	Yan et al., 1992

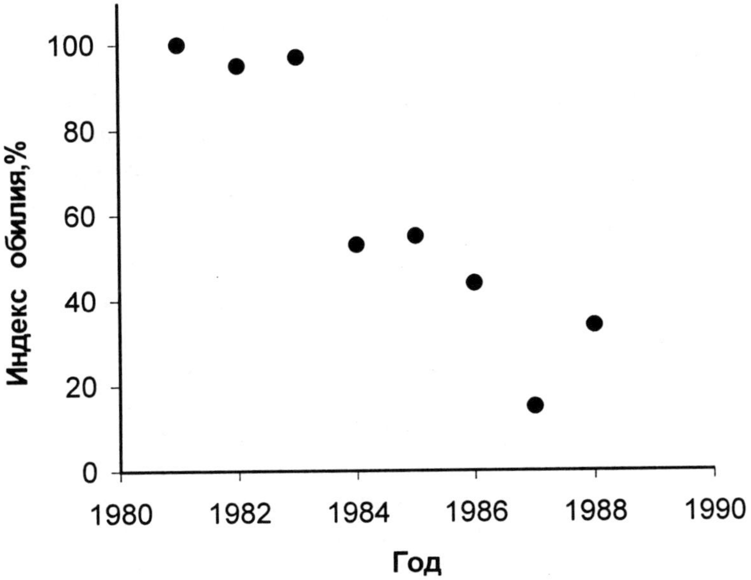

Рис. 18. Индекс обилия сельди-сероспинки *A. pseudoharengus* крупнее 16,5 см (вертикальная ось, %) в оз. Онтарио в 1981–1988 гг. (рассчитан по данным табл.1 из работы Johannsson et al., 1991. За 100 % принята численность в стандартных траловых ловах в 1981 г.).

В 1986 и 1987 гг. битотрефес не был встречен в прибрежной зоне озера, а в открытых водах появился в конце сентября 1987 г. Его максимальная численность достигла 102, а средняя составила 22,3 экз./м^3 (Makarewicz, Jones, 1990). В том же году его отмечали в планктоне озера и другие исследователи, правда, в значительно меньших количествах (Jin, Sprules, 1990), а уже в следующем, 1988 г. *B. longimanus* вновь исчез из планктона, хотя, по некоторым данным, еще встречался в пище рыб (Makarewicz, Jones, 1990; Jin, Sprules, 1990). В более поздних работах среди планктонных беспозвоночных озера битотрефес не указывался; он не был обнаружен и при летней съемке в 1998 г. (Barbiero et al., 2001).

Таким образом, оз. Онтарио стало единственным среди всех Великих озер водоемом, где *B. longimanus* появился на короткое время и вскоре исчез.

Опубликованные данные о численности *L. kindtii* в озере немногочисленны. Так, в 1984 г. (за год до обнаружения *B. longimanus*) ее средняя численность составила 7,3 экз./м^3 (при максимуме 240), а в 1987 г. (год наибольшего распространения *B. longimanus*) — 25,6 экз./м^3 (при максимуме 175) (Makarewicz et al., 2001). В дальнейшем она продолжала оставаться одним из постоянных планктонных хищников, хотя ее численность в разные годы, видимо, сильно менялась (Benoît et al., 2002). По результатам летней съемки 1998 г. средняя по всей акватории озера численность лептодор составила около 27 экз./м^3 (Barbiero et al., 2001).

Детальный анализ растительноядного зоопланктона озера с 1981 по 1988 гг. не выявил каких-либо изменений в структуре сообщества за это время, однако численность зоопланктона в открытых водах озера заметно снизилась в период с 1984 по 1988 гг. Это снижение затронуло и наиболее вероятный источник пищи хищных кладоцер — популяцию *Bosmina longirostris* (Johannsson et al., 1991).

Основные рыбы-планктофаги в оз. Онтарио, как и в оз. Мичиган, — сельдь-сероспинка *A. pseudoharengus*. В целом ее пресс на сообщество зоопланктона озера всегда был достаточно силен, что, в частности, привело к преобладанию в нем мелких форм (Johannsson et al., 1991; Barbiero et al., 2001). Численность рыб крупнее 16,5 см была достаточно высока в 1981–1984 гг., после чего начала быстро снижаться и в 1987 г. составила всего 15% от уровня 1981 г. В 1988 г. наметился подъем численности это группы (рис. 18).

Таким образом, судя по приведенным данным, в период, предшествовавший появлению *B. longimanus* в оз. Онтарио, не наблюдалось увеличения обилия мелкого зоопланктона, а развитие популяции битотрефеса не сопровождалось снижением численности местного планктонного хищника *L. kindtii*. Наиболее вероятная причина, вызвавшая рост численности биотрефеса и его распространение в 1987 г. по акватории озера, — ослабленный пресс рыб-планктофагов (Makarewicz, Jones, 1990; Johannsson et al., 1991). Можно полагать, что в дальнейшем восстановление популяции *A. pseudoharengus* привело либо к полному исчезновению этого вида из планктона, либо, как считают некоторые исследователи, к его существованию на уровне, который не фиксируется существующими методами сбора зоопланктона.

Cercopagis pengoi в озере Онтарио

Пока невозможно сказать, было ли случайностью то, что оз. Онтарио, столь эффективно "избавившееся" от *Bythotrephes longimanus*, стало центром распространения в Великих озерах нового вселенца, понто-каспийского эндемика *Cercopagis pengoi*.

Церкопагис был обнаружен в озере рыболовами в конце июля 1998 г. Пробы, взятые в конце августа в западной части озера, примерно в 5 км от берега, показали, что численность *C. pengoi* к этому моменту достигала 322, а в среднем составила 170 экз./м^3 (MacIsaac et al., 1999). По данным сезонных наблюдений в другой части озера, *C. pengoi* встречался в планктоне с 3 сентября по 9 ноября (Makarewicz et al., 2001). Его максимальная численность была сходной (323 экз./м^3), средняя составила 96,4 экз./м^3 (табл. 7).

Однако уже на следующий год увеличились как период нахождения церкопагиса в планктоне (с 15 июня), так и его численность (до 1759 в открытой части озера и до 2334 экз./м^3 в прибрежной) (Makarewicz et al., 2001). Несколько иные результаты были получены в ходе съемки по всей акватории озера в середине сентября 1999 г.: максимальная плотность популяции (2544 экз./м^3) наблюдалась в центральной части озера, а при приближении к берегу снижалась (Ojaveer et al., 2001). В других частях озера таких высоких значений не наблюдалось, численность *C. pengoi* не превышала 300 в 1999 г. и 600 экз./м^3 в 2000 г. (Benoît et al., 2002).

Сравнение данных по структуре и количественному развитию зоопланктона летом 1998 г. с данными за предыдущие годы не выявило каких-либо заметных

Таблица 7. Максимальная (N_m, экз./м³) и средняя ($N_{ср}$, экз./м³) численность *Cercopagis pengoi* в новых местообитаниях. Знак "+" означает, что вид присутствовал в планктоне, однако его численность не определялась. Остальные обозначения как в Табл. 6.

Водоем	Год	N_m	$N_{ср}$	T	Источник данных
Цимлянское вдхр. (07.1970)	1970	600	–	0	Гламазда, 1971
Веселовское вдхр.	1975	50	–	0	Вольвич, 1978
Рижский залив (07.1992)	1992	2	–	0	Ojaveer, Lumberg, 1995
	1994	300	180*	2	Ojaveer, Lumberg, 1995
Финский залив (09.1995)	1995	316	109*	0	Avinsky, 1997
	1996	283	60*	1	Avinsky, 1997
	1996	303	41*	1	Наши данные (рейс)
	1996	61	10	1	Наши данные, ст.21
	1997	393	142	2	Наши данные, ст.21
	1997	1148	258	2	Наши данные, ст.Р–1
	1997	2187	179*	2	Наши данные (рейс)
	1997	1770	–	2	Uitto et al., 1999
	1997	419	153	2	Литвинчук и др., 2001
	1998	378	69	3	Наши данные, ст.21
	1998	416	87*	3	Наши данные (рейс)
	1998	300	77	3	Antsulevich, Välipakka, 2000
	1999	789	62	4	Наши данные, ст.21
	2000	167	40	5	Наши данные, ст.21
Балтика у берегов Швеции (07.1997)	1997	420	230	0	Gorokhova et al., 2000
Центральная Балтика (07.1997)	1997	65	5–15	0	Gorokhova et al., 2000
Гданьский залив (07.1999)	1999	1369	–	0	Bielecka et al., 2000
Вислинский залив (08.1999)	1999	533	67	0	Наши данные
	2000	7093	394	1	Наши данные
Оз. Онтарио (07.1998)	1998	322	170*	0	MacIsaac et al., 1999
	1998	323	96,4	0	Makarewicz et al., 2001
	1998	–	26,9*		Barbiero et al., 2001
(открытая часть)	1999	1759	281	1	Makarewicz et al., 2001
(прибрежные ст.)	1999	2334	–	1	Makarewicz et al., 2001
	1999	2544	295*	1	Ojaveer et al., 2001
	1999	300	–	1	Benoît et al., 2002
	2000	600	–	2	Benoît et al., 2002
Оз. Мичиган (09.1999)	1999	+	–	0	Makarewicz et al., 2001
Оз. Сенека (08.1999)	1999	31,5	–	0	Makarewicz et al., 2001
Оз. Кайуга (08.1999)	1999	11,6	–	0	Makarewicz et al., 2001
Оз. Отиско (08.1999)	1999	29	–	0	Makarewicz et al., 2001
Оз. Оваско (08.1999)	1999	2,1	–	0	Makarewicz et al., 2001
Оз. Канандайгуа (08.1999)	1999	+	–	0	Makarewicz et al., 2001
Оз. Кросс (09.1999)	1999	+	–	0	Makarewicz et al., 2001

изменений. Напротив, была отмечена значительная стабильность сообщества на протяжении всех последних лет. Заметное отличие летнего зоопланктона оз. Онтарио от других Великих озер (доминирование мелких Cyclopoida и почти полное отсутствие крупных Calanoida) большинство авторов связывает с высоким прессом рыб-планктофагов, в частности *A. pseudoharengus* (Barbiero et al., 2001).

Однако данные, позволяющие количественно оценить пресс *Alosa* и других рыб-планктофагов на зоопланктон, немногочисленны. Известно, что численность *A. pseudoharengus* возраста 1+ в 1998 г. была самой низкой за последние 20 лет. Однако в 1999 индекс ее обилия был, напротив, самым высоким с 1978 г. (Makarewicz et al., 2001). О численности других возрастов и других видов рыб-планктофагов в озере данных нет.

Было предложено несколько дополняющих друг друга гипотез, объясняющих рост численности *C. pengoi* в 1999 г. (Makarewicz et al., 2001), из которых наиболее интересной кажется гипотеза возросшего пространственного разобщения хищника и жертвы.

Очевидно, что пресс рыб на тот или иной вид планктонных животных не всегда находится в прямой связи с их общей численностью в водоеме. Так, было показано, что некоторые рыбы [*A. pseudoharengus*, *Osmerus mordax* (Mitchill, 1814)], молодь *Salvelinus namaycush* (Walbaum, 1792) в оз. Онтарио в середине 1990-х гг. стали обитать на больших глубинах, чем в середине 1980-х (O'Gorman et al., 2000). Это увеличило их пресс на более глубоководные организмы (например, мизид) и снизило на зоопланктон, обитающий у поверхности и в прибрежье. Основная часть популяции *C. pengoi* в озере обитает в верхнем 20-метровом слое воды (Ojaveer et al., 2001; Benoît et al., 2002), поэтому наблюдаемый сдвиг в глубине обитания основных рыб-планктофагов мог привести к уменьшению выедания ими церкопагисов.

Интересно, что рост глубины обитания рыб связывался авторами исследования с распространением в озере других понто-каспийских вселенцев — дрейссен (O'Gorman et al., 2000). Механизм этой связи неясен, но если он существует, то данный пример иллюстрирует способность одних вселенцев косвенно влиять на уязвимость экосистемы для других.

Bythotrephes longimanus в водохранилищах Нидерландов

В 1987–1989 гг. *Bythotrephes longimanus* появился в трех водохранилищах Бюсбош (Biesbosch) в Нидерландах (Visser, 1988; Ketelaars, van Breemen, 1993). Уже на следующий год после вселения численность битотрефеса достигла высоких значений (до1800 экз./м^3 в водохранилище De Gijster в 1989 г.). В двух других водохранилищах максимальные показатели были несколько ниже — в пределах 300–500 экз./м^3 (Ketelaars, van Breemen, 1993). Это, тем не менее, было значительно выше численности битотрефесов в открытой части озер Северной Америки (см. табл. 6).

Следует подчеркнуть, что быстрое развитие популяции *B. longimanus* в этих водохранилищах также не привело к вытеснению или сокращению местных популяций *L. kindtii.* Напротив, во всех трех водоемах оно происходило на фоне увеличения численности лептодор, особенно хорошо выраженного в водохранилище Petrusplaat (Ketelaars, vanBreemen, 1993).

Значительных изменений в структуре и количественном развитии фито- и зоопланктона в период, предшествовавший вселению (1983–1987 гг.), отмечено не было (Ketelaars, vanBreemen, 1993).

Спустя 10 лет после начала инвазии *B. longimanus,* в одном из водохранилищ Biesbosch наблюдалось вселение и массовое развитие популяции еще одного чужеродного вида — понто-каспийской мизиды *Hemymisis anomala* Sars, 1907 (Ketelaars et al., 1999). Высокая численность в планктоне крупных дафний, хищных кладоцер и мизид привела авторов к выводу о том, что пресс рыб, питающихся зоопланктоном (молодь окуня, судака и ерша), в водохранилище низок и не контролирует развитие зоопланктона (Ketelaars et al., 1999; H.A.M. Ketelaars, личн. сообщ.).

Leptodora kindtii в озере Нейзидлер Зее

До 1970-х гг. хищные кладоцеры в оз. Нейзидлер Зее на границе Австрии и Венгрии отсутствовали. Считалось, что мелководность озера (средняя глубина 1,3 м), высокая степень ветрового перемешивания и мутность воды (прозрачность по диску Секки 0,08–0,52 м) препятствовали их развитию (Herzig, 1979, 1980). Однако в сентябре 1977 г. в планктоне впервые была встречена *Leptodora kindtii*, максимальная численность которой составила 57 экз./м^3. Уже следующим летом численность покоящихся яиц на дне озера достигала 940 экз./м^2 и *L. kindtii* стала встречаться в пище рыб (Herzig, 1979). С тех пор популяция *L. kindtii* стала постоянным членом сообщества, причем ее численность имела выраженную тенденцию к росту (рис. 19). Она стала играть все более важную роль в трофической структуре планктонного сообщества (Herzig, Auer, 1990; Herzig, 1994, 1995). Проведенные исследования показали, что пищей лептодоре в озере служат мелкие кладоцеры (*Diaphanosoma*) и коловратки (*Hexarthra*) (Herzig, Auer, 1990).

Сравнение количественного развития этих групп зоопланктона в разные годы не выявило каких-либо заметных изменений в период перед вселением лептодоры (первая половина 1970-х гг.), если не считать необычно высокой численности диафаносом летом 1972 г.

По договору между Австрией и Венгрией с 1975 г. была начата совместная программа по интенсивному разведению и запуску в озеро промысловых видов рыб: угря, судака, щуки, карпа, сома и некоторых других. Это привело к серьезной перестройке ихтиоценоза (Herzig, Kubečka, 2001). Можно предположить, что интродукция большого числа хищников на какой-то период ослабила пресс рыб-планктофагов на зоопланктон.

Однако в дальнейшем численность рыб планктофагов в озере продолжала расти, причем на первое по значению место вышла редкая до середины 1970-х гг. чехонь *Pelecus cultratus* (Linnaeus, 1758). Судя по уловам, ее численность в 1990–1991 гг. была в 12–17 раз выше, чем в 1975 г. (Herzig, 1994, 1995). Основные источники пищи чехони в озере — диафаносома и лептодора (Liu, Herzig, 1996). Показано, что между расчетной величиной выедания лептодоры чехонью и плотвой и смертностью в популяции *L. kindtii* существует прямая зависимость (Herzig, 1995).

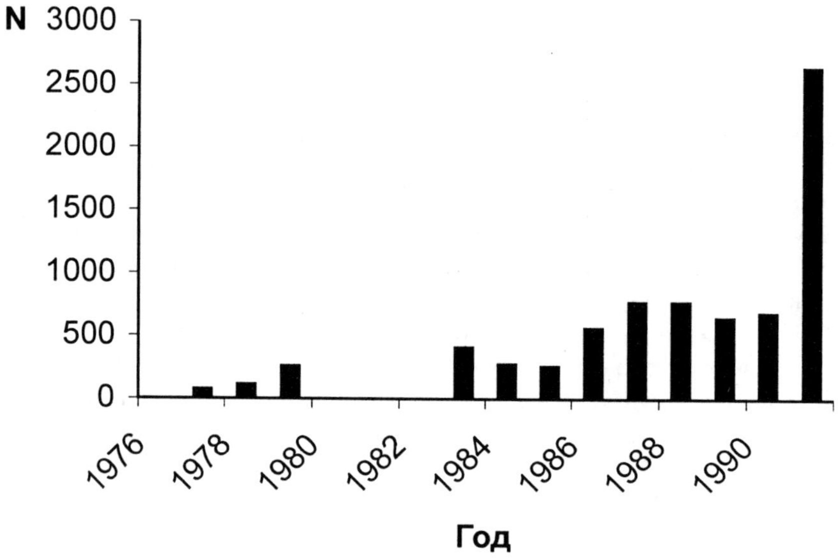

Рис. 19. Максимальная численность *L. kindtii* (N, экз./м^3) в оз. Нейзидлер Зее (по: Herzig, Auer, 1990; Herzig, 1995).

Как сочетался рост селективного пресса со стороны рыб с увеличением размера популяции *L. kindtii* в озере, остается неясным. Высказывались предположения, что существование "убежищ" (зарослей высшей водной растительности), пространственная гетерогенность акватории и наличие альтернативных источников пищи для рыб могли обеспечить устойчивое существование популяции лептодоры (Herzig, 1995), однако очевидно, что этот вопрос нуждается в дополнительных исследованиях.

Другие показатели снижения пресса рыб на популяции хищных кладоцер

Известно, что рыбы-планктофаги селективно питаются наиболее крупными планктонными животными. Строго говоря, основную роль в избирательном потреблении зоопланктона рыбами играют не размеры тела как таковые, а заметность жертвы, которая, кроме размеров, определяется наличием сильно пигментированных органов (глаз, яиц и т.п.), поэтому крупные хищные кладоцеры в целом всегда относились к пищевым объектам, элективно потребляемым рыбами. Из них наиболее избираемыми становились самые крупные особи, а также наиболее плодовитые самки, в первую очередь — несущие темные покоящиеся яйца (см. обзор Lazzaro, 1987).

После вселения новые виды быстро становились одним из излюбленных кормовых объектов местных рыб-планктофагов. Это подтверждают многочисленные исследования, проведенные после появления *Leptodora kindtii* в оз. Нейзидлер Зее (Liu, Herzig, 1996), *Bythotrephes longimanus* в Великих озерах (Bur et al., 1986; Keilty,

1990; Bur, Klarer, 1991; Schneeberger, 1991; Coulas, 1996) и после вселения *Cercopagis pengoi* в Балтийское море (Ojaveer, Lumberg, 1995; Antsulevich, Välipakka, 2000; Баранова и др., 2001).

Суточные вертикальные миграции зоопланктона (подъем в эвфотную зону в ночное время), в том числе у хищных кладоцер, относятся к важным защитным элементам их поведения, позволяющим уменьшить их выедание рыбами (Zaret, Suffern, 1976; Lampert, 1993), поэтому можно ожидать, что, если натурализация хищных кладоцер в новых водоемах проходила на фоне ослабленного по сравнению с водоемами–донорами пресса рыб–планктофагов, могут наблюдаться: 1) увеличение размеров их тела; 2) рост числа особей с покоящимися, хорошо заметными яйцами; увеличение числа и размера этих яиц; 3) уменьшение амплитуды суточных вертикальных миграций.

Рассмотрим ряд данных, позволяющих проверить эти предположения.

Cercopagis pengoi в Балтике и оз. Онтарио

Средний размер партеногенетических самок *Cercopagis pengoi* из разных популяций приведен в табл. 8. Как видно по этим данным, самки *C. pengoi* из различных районов Балтийского моря (Финский и Вислинский заливы) мало отличаются друг от друга по размерам (1,89–2,36 мм), но крупнее, чем в Каспийском море (1,73 мм).

Вопрос с популяцией этих рачков из оз. Онтарио более сложен. Так, по одним данным, в 1998 г. средний размер партеногенетических самок с 3 парами хвостовых коготков не превышал 1,45 мм (Grigorovich et al., 2000), по другим — приближался к 2 мм, хотя уже на следующий год сократился до примерно 1,64 мм (Ojaveer et al., 2001). Поскольку средний размер самок меняется в течение сезона, возможная причина этих отличий — разное время сбора материала. Однако обе величины (1,45 и 1,64 мм) говорят о том, что самки из оз. Онтарио мельче самок из балтийских и каспийской популяций.

Таблица 8. Средний размер тела без хвостовой иглы (L ± SD, мм) взрослых (с 3 парами каудальных коготков) партеногенетических самок *C. pengoi* в различных водоемах. N — число измерений.

Водоем	Год	L	N	Источник
Каспийское море	1998	1,73 ± 0,27	31	Grigorovich et al., 2000
Финский залив	1996	2,06 ± 0,20	45	Наши данные
	1997	1,96 ± 0,20	167	Наши данные
	1997	1,99 ± 0,19	22	Grigorovich et al., 2000
	1998	2,00 ± 0,24	94	Наши данные
Вислинский залив	1999	2,24 ± 0,21	4	Наши данные
	2000	1,89 ± 0,23	37	Наши данные
	2001	2,28 ± 0,26	18	Наши данные
Оз. Онтарио	1998	1,45 ± 0,19	395	Grigorovich et al., 2000

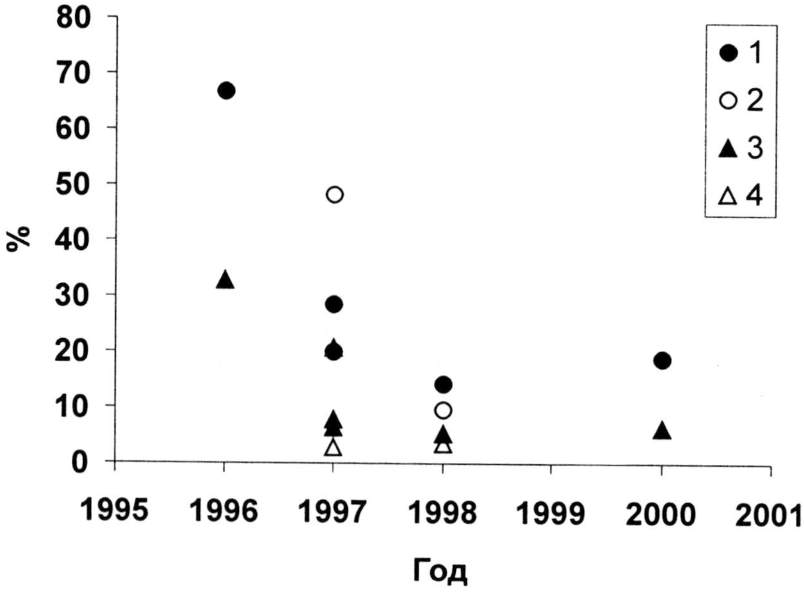

Рис. 20. Максимальная (1, 2) и средняя (3, 4) доли самок *C. pengoi* с покоящимися яйцами в восточной части Финского залива в разные годы. 1, 3 — по нашим данным; 2, 4 — по литературным данным (Uitto et al., 1999; Antsulevich, Välipakka, 2000; Литвинчук и др., 2001).

У каспийских церкопагид в течение сезона наблюдается выраженное преобладание партеногенетического размножения и угнетение двуполого (Ривьер, 1969). В сентябре 1995 г., когда *C. pengoi* был впервые встречен в планктоне восточной части Финского залива, гамогенетические самки с покоящимися (зимними) яйцами и самцы присутствовали в популяции, хотя их численность была сравнительно невелика (Avinsky, 1997). Однако уже в следующем году переход к гамогенезу наблюдался необычно рано, в середине лета, в период быстрого прогрева воды и роста численности популяции. В середине августа, когда обилие *C. pengoi* в планктоне было наибольшим, самки, несущие покоящиеся яйца, составляли более 60% общей численности; существенная доля (26%) приходилась на самцов (Krylov, Panov, 1998).

По сравнению с Каспием в Финском заливе увеличился и размер кладки. Количество зимних яиц в выводковой камере *C. pengoi* в Каспии — одно, реже два (Ривьер, 1969). В Финском заливе в августе 1996 г. 94% самок несли по 2 зимних яйца, были встречены единичные особи с 3 яйцами (хотя во всех случаях третье яйцо выглядело недоразвитым).

В последующие годы значение гамогенетических самок и самцов в популяции *C. pengoi* постепенно снижалось. В 2000 г. доля самок с зимними яйцами не превышала 19% (в среднем 6,6%), а самцов — 8% (в среднем 3,7%) (рис. 20).

В открытых водах Балтийского моря (район о. Готланд) в начале августа 1997 г. на гамогенетических самок с зимними яйцами приходилось 35%, самцы составляли 15 % от общей численности *C. pengoi* (Gorokhova et al., 2000).

В 1999 г., когда *C. pengoi* был впервые встречен в планктоне Вислинского залива, доля гамогенетических особей была невелика; самцы и самки составляли в среднем по 1% от общей численности (Полунина, 2000). Однако на следующий год их доля, как и в Финском заливе, возросла: самки с зимними яйцами составляли до 13,5% (в среднем 5,8), самцы — до 18,4% (в среднем 7,1) от общей численности популяции.

В оз. Онтарио процент гамогенетических особей *C. pengoi* также был значителен. В 1999 г. самцы составляли до 27%, самки с покоящимися яйцами — до 11% от общей численности популяции (Makarewicz et al., 2001). Имеющиеся сведения о размере кладки противоречивы. Так, по одним данным, в 1998 г. на долю самок, несущих 2 зимних яйца, приходилось больше 60% (Ojaveer et al., 2001), по другим — всего 18%, хотя, как и в Балтике, встречались отдельные особи с 3 зимними яйцами (Grigorovich et al., 2000).

В Каспийском море суточные вертикальные миграции церкопагид хорошо выражены, хотя основная часть этих ракообразных в течение суток не опускается ниже 35 м. Вечером они поднимаются в слой 25–10 м, а у поверхности, в слое 10–0 м, встречаются только ночью (23:00–4:00) (Ривьер, Мордухай-Болтовской, 1966).

Имеющиеся данные свидетельствуют об отсутствии значительных суточных вертикальных миграций *C. pengoi* как в Финском заливе, так и в оз. Онтарио. В Финском заливе основная часть популяции и в дневное, и в ночное время находилась в верхнем 10-метровом слое воды (Avinsky, 1997; Krylov et al., 1999). Более подробное изучение показало, что *C. pengoi* совершал определенные вертикальные перемещения в пределах верхнего 15-метрового слоя, однако их амплитуда была невелика. Сравнение с местными видами показало, что основная часть популяций *Bythotrephes longimanus* и *Leptodora kindtii* в заливе также постоянно находится в верхнем 10-метровом слое воды (Большагин, Крылов, 2003).

В оз. Онтарио популяция *C. pengoi* в течение суток была сосредоточена в слое 0–20 м (Ojaveer et al., 2001), максимум ее численности приходился на границу между эпи- и металимнионом (10–15 м) (Benort et al., 2002).

Следует, однако, отметить, что ряд исследователей в отдельные периоды времени или на отдельных станциях отмечали пики численности *C. pengoi* на больших глубинах (Uitto et al., 1999; Benort et al., 2002). Причины этого явления нуждаются в дополнительном изучении.

Bythotrephes longimanus в Великих озерах и водохранилищах Нидерландов

Проведенные исследования показали, что, по-видимому, водоемом-донором при инвазии битотрефеса в Великие озера Северной Америки стало Ладожское озеро. Путь “Ладога — р. Нева — восточная часть Финского залива (порт) — балластные воды судов — Великие озера” рассматривается как наиболее вероятный способ вселения этого вида (Sprules et al., 1990; Berg et al., 2002).

Не останавливаясь на вопросе о таксономическом статусе *B. longimanus* из Ладожского озера и восточной части Финского залива, следует отметить, что эти

Таблица 9. Средний размер тела без хвостовой иглы (L ± SD, мм) взрослых (с 3 парами каудальных коготков) партеногенетических самок *B. longimanus* в различных водоемах. N — число измерений.

Водоем	Год	L ± SD	N	Источник
Финский залив	1996	2,09 ± 0,22	155	Наши данные
Ладожское озеро	1996	2,79 ± 0,43	109	Наши данные
Оз. Мичиган	1989	2,90 ± 0,38	59	Burkhardt, 1994
	1989	3,29 ± 0,32	38	Burkhardt, 1994
	1992	2,89–3,44*	–	Sullivan, Lehman, 1998
	1993	3,03–3,59*	–	Sullivan, Lehman, 1998
	2000	2,83 ± 0,54		Pothoven et al., 2003
Оз. Гурон	1993	2,68–2,86*	–	Sullivan, Lehman, 1998
Оз. Эри	1993	2,04–2,19*	–	Sullivan, Lehman, 1998
Оз. Харп	1995	3,28	–	Yan, Pawson, 1998

*Изменения в течение сезона

две популяции существенно различаются как по ряду морфологических признаков (Литвинчук, 2000), так и по размерам тела (табл. 9), хотя пополнение популяции Финского залива за счет особей, приносимых р. Нева из Ладоги, видимо, происходит постоянно.

В озерах Северной Америки размеры *B. longimanus* значительно менялись как в течение сезона (Burkhard, 1994; Yan, Pawson, 1998; Pothoven et al., 2003), так и от озера к озеру. Самыми крупными были особи из оз. Мичиган, средними — из оз. Гурон, а самыми мелкими — из оз. Эри (Bilkovic, Lehman, 1997; Sullivan, Lehman, 1998). В оз. Эри размеры *B. longimanus* были близки к его размерам в Финском заливе, в оз. Гурон — к его размерам в Ладоге. Самки *B. longimanus* из оз. Мичиган были крупнее, чем особи ладожской и балтийской популяций (см. табл. 9).

В Финском заливе самки с зимними яйцами появлялись в популяции *B. longimanus* в конце августа–сентябре в очень незначительном количестве. Их число в пробах всегда было недостаточным для оценки доли в популяции и среднего размера кладки.

Как и в случае с *C. pengoi* в Балтике, инвазия *B. longimanus* в озера Северной Америки в ряде случаев сопровождалась ранним переходом к гамогенезу и возрастанием доли самцов и самок с зимними яйцами. Так, в оз. Харп (Онтарио, Канада), в котором *B. longimanus* появился в начале 1990-х гг., в 1994–1995 гг. первые гамогенетические самки были встречены в июле, а к концу августа 50–80% самок несли зимние яйца (Yan et al., 1992; N.D. Yan, T.W. Pawson, личн. сообщ.). В западном бассейне оз. Эри самцы и гамогенетические самки в отдельные годы встречались в середине лета (Garton et al., 1993). В оз. Мичиган в 1989 г. появление первых зимних яиц совпадало с моментом достижения максимальной численности *B. longimanus* в августе (Burkhard, 1994), а в 2000 г. они встречались только в сентябре (Pothoven et al., 2003).

В Финском заливе гамогенетические самки *B. longimanus* несли по 2–4 зимних яйца. Аналогично в Рыбинском водохранилище число зимних яиц составляло

2–3, максимум 4 на одну самку (Ривьер, 1969, 1993). Среднее количество зимних яиц на самку *B. longimanus* в озерах Северной Америки несколько различалось: 3,3 (оз. Мичиган, 1993 г.); 3,4 (оз. Верхнее, 1988 г.); 3,6–4,0 (оз. Эри, 1988 и 1993 гг.), 5,04 (оз. Мичиган, 2000 г.) и 5,1 (оз. Гурон, 1993 г.) (Garton et al., 1990; Garton, Berg,1990; Bilkovich, Lehman, 1997; Pothoven et al., 2003). В 1987 г. в оз. Эри встречались самки, несущие до 7 зимних яиц (Berg, Garton, 1988). Таким образом, можно говорить о том, что продукция покоящихся яиц в популяциях *B. longimanus* из озер Северной Америки была несколько выше, чем в Финском заливе.

Вселение *B. longimanus* в водохранилища Нидерландов не привело к повышению роли двуполого размножения: самки с зимними яйцами отмечались там единично и только в самом конце сезона (октябрь–ноябрь) (Ketelaars et al., 1995).

Диаметр зрелых зимних яиц *B. longimanus* в одном из озер США составил 430–440 мкм (Jarnagin et al., 2000). В Финском заливе в кладках из 2 яиц их диаметр был чуть меньше (380 мкм), в кладках из 4 яиц — чуть больше (420 мкм), в среднем составив 397 мкм (наши данные). Сходный размер (380–440 мкм) имели яйца битотрефесов из озер Беларуси (Черемисова, 1960), а в других европейских водоемах они были еще крупнее: в оз. Мондзее Германии — 488 мкм, в Рыбинском водохранилище — 450–600 мкм (Зозуля, 1977; Herzig, 1985). Таким образом, увеличения размера зимних яиц после инвазии *B. longimanus* в озера Северной Америки не наблюдалось.

Хорошо выраженные суточные вертикальные миграции *B. longimanus* в европейских водоемах отмечались многими авторами (Ривьер, Григорович, 1999).

Сведения о вертикальном распределении *B. longimanus* в Великих озерах немногочисленны и ограничены озером Мичиган. Судя по этим данным, битотрефес в озере совершает выраженные суточные вертикальные миграции, поднимаясь к поверхности в ночные часы и опускаясь в более глубокие слои воды днем. Однако амплитуда этих миграций, по-видимому, зависит от места и времени наблюдений. По одним данным, в дневные часы основная часть популяции находилась в слое 20–10 м, а ночью — в слое 10–0 м, хотя отдельные особи встречались по всей толще воды, до глубины 90 м (Caceres, Lehman, 1990). По другим данным, днем большинство особей находилось в слое 40–30 м, а ночью — в слое 20–10 м, хотя и у поверхности (10–0 м), и на больших глубинах (30–20 м) их число было довольно значительным (Lehman, 1987).

Данные о вертикальном распределении *B. longimanus* в одном из заселенных им водохранилищ Нидерландов (глубина 13 м) в дневное и ночное время не свидетельствовали о выраженных миграциях (Ketelaars et al., 1995). Возможно, это было связано со сравнительно небольшой глубиной водоема.

По приведенным данным можно сделать несколько выводов.

При вселении *Cercopagis pengoi* в Балтийское море: 1) размеры тела самок оказались выше, чем в Каспии; 2) доля самок, несущих темные, хорошо заметные зимние яйца в Балтике была значительно выше и 3) суточные вертикальные миграции *C. pengoi*, хорошо выраженные в Каспийском море, в Балтике не наблюдались. Второй и третий выводы справедливы и по отношению к *C. pengoi* из оз. Онтарио, который, однако, там мельче, чем в Балтике и Каспии.

Более сложная ситуация сложилась в популяциях *B. longimanus* из озер Северной Америки. Так, в первые годы после инвазии самые крупные особи (2,9–3,3 мм) были отмечены в оз. Мичиган, однако среднее количество зимних яиц на самку (3,3) там было ниже, чем в других озерах, а суточные миграции хорошо выражены. К 2000 г. размер самок *B. longimanus* в этом озере несколько уменьшился (до 2,8 мм), а среднее число зимних яиц на одну самку возросло до 5. В оз. Эри встречались самки, несущие до 7 зимних яиц, при этом размеры их тела были наименьшими. В оз. Харп у крупных, сравнимых с популяцией из оз. Мичиган самок *B. longimanus* (см. табл. 9) наблюдалось выраженное усиление гамогенеза.

Может возникнуть вопрос, в какой мере выбранные характеристики (в первую очередь размеры и интенсивность гамогенеза) церкопагид действительно отражают силу пресса хищников, а в какой — определяются внутренними (генетическими) или какими-то иными внешними факторами?

Известно, что размеры планктонных ракообразных вообще и церкопагид в частности значительно изменяются в течение сезона и что на них оказывают влияние условия питания и температура (Burkhard, 1994; Ketelaars et al., 1995; Yan, Pawson, 1998), однако прямая связь между сезонными изменениями размеров и температурой в озере проявляется не всегда (Yan, Pawson, 1998; Pothoven et al., 2003). Кроме того, как было показано для ряда Великих озер, зависимости между размерами и условиями питания там также не наблюдалось. Напротив, у наиболее мелких *B. longimanus* из оз. Эри содержание липидов в теле было выше, чем у более крупных особей из озер Гурон и Мичиган. В то же время пресс рыб на зоопланктон в оз. Эри был выше, чем в двух других озерах. Это позволило сделать вывод, что наиболее вероятной причиной, определяющей различия в размерах *B. longimanus* между озерами, служила именно интенсивность пресса рыб (Bilkovic, Lehman, 1997).

Переход к гамогенезу у Cladocera связан с совокупным действием таких факторов, как фотопериод, температура и пищевые условия (Алексеев, 1990). Имеются данные, что химические вещества, выделяемые рыбами, а также поврежденными особями своего вида, также могут служить индукторами диапаузы (Slusarczyck, 1995; Pijanowska, Stolpe, 1996).

Судя по рассмотренным данным, ранний переход к гамогенезу и увеличение числа самок, несущих зимние яйца, наблюдались при вселении хищных кладоцер в водоемы, находящиеся на большом расстоянии от водоема-донора (Каспий — Балтийское море, Финский залив — Великие озера), а при вселении в водоемы Европы (водохранилища Нидерландов) — нет. Кроме того, как это видно на примере *C. pengoi* в Финском заливе, интенсивность гамогенеза снижалась с течением времени. Механизм этого снижения нуждается в дополнительных исследованиях. Однако при сильном прессе рыб, направленном, как уже отмечалось ранее, на наиболее заметных особей, массовое появление самок с зимними яйцами в планктоне едва ли было возможным.

Интересно отметить, что в ряде водоемов, не подвергшихся проникновению новых видов хищных кладоцер, в тот же период времени наблюдались значительные изменения обилия местных видов этой группы.

Ярким и детально изученным примером таких изменений может служить оз. Лаго Маджоре в Италии (Manca, Riggiu, 1998).

Хищные кладоцеры *B. longimanus* и *L. kindtii* всегда обитали в этом озере, при этом численность лептодоры была значительно выше, чем битотрефеса, по крайней мере, в 1983–1986 гг. Однако, начиная с 1988 г., популяция *B. longimanus* начала быстро увеличиваться, а численность *L. kindtii* сократилась. Вскоре (начиная с 1990 г.) ихтиологи стали отмечать снижение запасов *Coregonus* sp. — основных планктоядных рыб в озере. В целом, изменения, происходившие в планктонном сообществе озера, находящемся в стадии "олиготрофикации", очень напоминали то, что наблюдалось в оз. Мичиган после вселения туда битотрефеса. Авторы исследования предположили, что причиной роста численности популяции *B. longimanus* стало снижение численности *L. kindtii*, его потенциального конкурента, а не снижение пресса рыб, начавшееся на 2 года позднее. Однако такое предположение кажется достаточно спорным, поскольку, судя по приведенным ими данным, снижение численности лептодор не было столь уж сильно выражено, а существование пищевой конкуренции между *L. kindtii* и *B. longimanus* было ничем не подтверждено. Вместе с тем можно допустить, что изменения численности рыб-планктофагов начались несколько раньше, чем это нашло отражение в уловах.

Таким образом, большая часть рассмотренных примеров свидетельствует о том, что рост популяций хищных Cladocera (как вселившихся, так и местных) происходил на фоне тех или иных изменений ихтиоценозов водоемов, которые привели к снижению пресса рыб на сообщество зоопланктона.

На то, что именно ослабление регуляции "сверху", а не улучшение пищевых условий стало причиной этих изменений, указывает ряд наблюдений. Во-первых, какие-либо изменения в структуре и/или обилии мелкого зоопланктона (в первую очередь мелких Cladocera и коловраток) в период, предшествующий появлению новых (и/или росту численности местных) видов хищных Cladocera, не были отмечены ни в одном из рассмотренных примеров. Во-вторых, о хорошей обеспеченности пищей и отсутствии пищевого лимитирования хищных кладоцер говорят их достаточно высокая плодовитость (Ketelaars et al., 1995; Литвинчук и др., 2001) и высокое содержание липидов в теле (Bilkovic, Lehman, 1997). Наконец, об этом свидетельствует сам факт, что рост численности крупных, хорошо заметных для рыб организмов наблюдался в водоемах, сильно различавшихся по трофности (от олиготрофного Лаго Маджоре до эвтрофного Нейзидлер Зее).

В 1960–1980-х гг. наблюдались значительные изменения в составе и обилии рыбного населения большинства крупных озер и внутренних морей в Европе и Северной Америке. Причины были различны: антропогенное эвтрофирование водоемов, интенсификация рыболовства, искусственное разведение и выпуск промысловых видов рыб (местных и экзотических), введение лимитов и другие способы регуляции вылова, непреднамеренные инвазии чужеродных видов. По-видимому, широко распространенное увеличение численности популяций хищных кладоцер, как местных, так и вселившихся, — одно из более или менее отдаленных последствий этих действий человека.

Проанализированные данные не следует рассматривать как попытку доказать факт невозможности вселения в водоем (и существования в нем) хищных кладоцер при высоком прессе рыб на зоопланктон.

Как показывали наблюдения, хищные Cladocera способны длительное время находиться в водоеме при очень высоком прессе рыб. Приведем лишь один пример. В течение летних сезонов 1980–1983 гг. изучался зоопланктон небольшого озера в Восточной Сибири. Озеро использовалось как маточный водоем для подращивания пеляди, плотность посадки которой была велика (Калягин, Калягина, 1986). Поскольку исследование было специально ориентировано на изучение хищного зоопланктона, наряду с дневными регулярно проводили съемки в ночное время с использованием различных орудий (сеть, планктоночерпатель) и способов лова (вертикальные и горизонтальные ловы по отдельным горизонтам). В результате *B. longimanus* был встречен в озере трижды: 23 экз. в ночном горизонтальном лове у поверхности в июле 1980 г., 2 экз. в одном из ночных ловов 1981 г. и 1 экз. — в одном из ночных ловов 1982 г. (Крылов, 1984). При стандартной схеме отбора проб (вертикальные ловы планктонной сетью в дневное время) битотрефес в озере не был бы обнаружен.

Этот и ряд других примеров говорят о том, что при высоком прессе рыб *B. longimanus* способен длительное время обитать в водоеме, ведя так называемое "скрытое существование", однако переход от "скрытой" фазы к "явной" при обилии рыб-планктофагов вряд ли возможен.

Вопрос о "скрытом существовании" тесно связан с проблемой определения времени проникновения новых видов хищных кладоцер в водоем. Ясно, что период между моментом попадания первых особей (или покоящихся яиц) в озеро и моментом обнаружения вида в планктоне при стандартных гидробиологических съемках может быть достаточно долгим. Расчеты, основанные на данных о скорости развития и плодовитости *B. longimanus* показали, что в озерах Мичиган и Верхнее между попаданием в озеро (принималось, что исходная популяция насчитывала 1 тысячу особей) и их обнаружением могло пройти от 2 до 8–12 лет (Sprules et al., 1990). Такая неопределенность оценки связана, в первую очередь, с невозможностью количественно определить смертность в популяции *B. longimanus* (т.е. фактически величину выедания рыбами-планктофагами). Способность этого вида вести длительное "скрытое существование" наводит на мысль, что период времени между попаданием в озеро и первым обнаружением теоретически мог быть любым.

Характерной чертой биологии хищных кладоцер, вселившихся в новые водоемы, было усиление гамогенеза и продуцирование большого количества покоящихся (зимних) яиц. По-видимому, образование большого запаса зимних яиц, подобно "семенным банкам" растений, также было важным механизмом, гарантирующим сохранение популяции в новых условиях.

Многие противоречивые оценки причин и следствий инвазий планктонных животных связаны с тем, что основываются главным образом на данных по динамике численности и распределению разных групп организмов. Такие данные часто не способны объяснить механизмы процессов, которые привели к возникновению той или иной наблюдаемой ситуации.

Поясним это на простом примере. Летняя съемка 1998 г. показала, что в оз. Онтарио *C. pengoi* встречался только на тех станциях, где относительно крупная *Daphnia retrocurva* Forbes, 1882 численно доминировала над мелкой *Bosmina longirostris* Leidig, 1860 (Barbiero et al., 2001). Ясно, что этот факт можно трактовать и как результат ослабления пресса рыб (контролирующих развитие крупных кладоцер, как хищных, так и растительноядных), и как следствие усиления пресса *C. pengoi*, способного подавлять развитие мелких босмин, и как совместное действие этих двух сил, или вообще как ответ на действие каких-то абиотических факторов, к которым *C. pengoi* и *D. retrocurva* приспособлены лучше, чем *B. longirostris*. На сложные взаимосвязи в планктоне и трудность выделения конкретного фактора, ответственного за те или иные изменения, указывают и результаты детального анализа планктонного сообщества оз. Мичиган (Makarewicz et al., 1995). Чтобы найти правильное объяснение, необходимо либо проведение специальных экспериментальных исследований, либо сравнительный анализ широкого спектра аналогичных данных по другим водоемам, либо, в идеале, и то, и другое.

Хищные кладоцеры, как и другие крупные представители зоопланктона, — излюбленный вид пищи как собственно рыб-планктофагов, так и молоди большинства других рыб, бенофагов и хищников. Учитывая высокое видовое разнообразие ихтиоценозов естественных водоемов и сложность количественной оценки обилия того или иного вида, становится очевидным, что корректный расчет величины пресса рыб на зоопланктон — задача в большинстве случаев практически не выполнимая. В то же время для изучения лимитирующей роли рыб в развитии популяций хищных кладоцер такие оценки были бы очень полезны. По-видимому, необходима постановка специальных экспериментальных исследований, которые позволили бы количественно оценить ту предельно допустимую величину выедания хищных кладоцер рыбами, выше которой их развитие в водоеме невозможно.

Как было показано, численность популяции салаки Финского залива достигла своего минимума и в ближайшие годы начнет увеличиваться. Это косвенно подтверждается данными по другим прибрежным экосистемам Балтики. Так, судя по уловам, в Рижском заливе численность салаки достигла минимума в 1983 г., до 1995 г. оставалась на постоянно низком уровне, а с 1996 г. начала постепенно возрастать (Ojaveer, 2002). Можно полагать, что увеличение выедания зоопланктона салакой в Финском заливе, как и в других частях Балтийского моря, приведет к снижению численности хищных кладоцер до уровня, когда их влияние на сообщество зоопланктона будет относительно невелико.

Прогнозы о возможности вселения новых видов планктонных ракообразных обычно основываются либо на анализе их отношения к абиотическим факторам, либо на уже имевших место случаях расселения за пределы исходного ареала (см., например, Panov et al., 1999). Рассмотренные в этом разделе данные показывают, что без учета биотических связей (и их изменений) в сообществе потенциального водоема-реципиента такие прогнозы вряд ли будут реалистичными.

5 — 10565

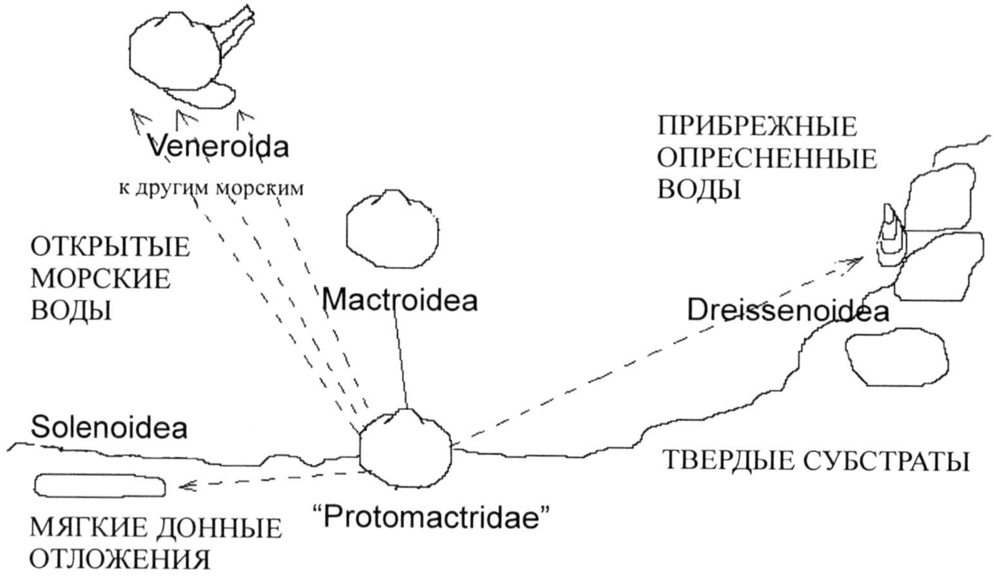

Рис. 21. Гипотетическая схема происхождения Dreissenoidea, реконструкция по описанию Я.И. Старобогатова (1994).

2.3. Основные причины сходства и различий инвазий двух родственных видов на примере *Dreissena bugensis* и *Dreissena polymorpha* (Dreissenidae, Bivalvia)

Краткая характеристика семейства дрейссенид, его происхождение и экологические особенности

Надсемейство Dreissenoidea состоит из единственного семейства Dreissenidae. В настоящее время это семейство представлено сессильными формами, обладающими неотеническим биссусом и населяющими солоноватые и пресные воды, главным образом в северном полушарии, за исключением *Mytilopsis* spp. (Андрусов, 1897; Marelli, Gray 1985; Hebert et al., 1989; Nuttall, 1990; Старобогатов, Андреева, 1994; Rosenberg, Ludyansky, 1994; Van der Velde et al., 2002). Дрейссениды при их внешнем морфологическом сходстве с представителями древнего отряда Mytiloida и прикрепленном образе жизни относятся к отряду Veneroida, обладая всеми особенностями, присущими представителям этой молодой и эволюционно прогрессивнй группы двустворчатых моллюсков (Андрусов, 1897; Meisenheimer, 1901; Younge, Campbell, 1968; Morton, 1991; Старобогатов, 1994). Первые ископаемые находки дрейссеноид датируются эоценом и сделаны по обеим сторонам тропической Атлантики, а само надсемейство является боковой ветвью гипотетических "протомактрид", обитателей мягких грунтов морских мелководий, вселившихся в прибрежные опресненные воды, богатые твердыми субстратами (Старобогатов, 1994; см. также схему на рис. 21).

Представители ископаемых дрейссенид, сходные морфологически с современными *Mytilopsis* spp., были найдены в эоценовых и олигоценовых отложениях центральной и западной Европы, а с миоцена — по северной части Средиземноморского бассейна и в области бывших водоемов Паратетиса (Nuttall, 1990). Основной расцвет семейства был в позднем миоцене–плиоцене, после того как его представители иммигрировали, а затем и колонизировали солоноватоводные бассейны Паратетиса. Здесь, в специфических соленостных условиях (от пресноводных до мезогалинных), обеспечивших наличие экологических ниш, не занятых морскими и пресноводными двустворчатыми моллюсками-сестонофагами, немногие исходные формы, обладавшие высокой фенотипической (и, видимо, генетической) пластичностью дали широкий спектр экотипов. Эндемичные группы видового и даже родового ранга встречались не только в сообществах обрастаний (что типично для современных представителей семейства), но и на мягких грунтах. Представители ископаемых рода *Dreissenomya* и подрода *Modiolodreissena* (например, *Dreissena (Modiolodreissena) theodori* Andrusov, 1897*)* вернулись к обычному для большинства двустворчатых моллюсков образу жизни — закапыванию в грунт (рис. 22А), а также Андрусов, 1897; Ильина и др., 1976; Бабак, 1983; Nuttall, 1990; Старобогатов, 1994; Geary et al., 2000). В Паннонском озере в миоцене–плиоцене обитали 130 видов дрейссенид, населявших все зоны водоема (рис. 22 Б), от литорали и дельт впадавших рек до профундали, заполненной мелкодисперсными донными отложениями (Geary et al., 2000). Меньшее их разнообразие наблюдалось в других частях Паратетиса — Эвксинской и Каспийской котловинах (Андрусов, 1897; Невесская, 1964; Ильина и др., 1976; Бабак, 1983; Nuttall, 1990; Старобогатов, 1994). Аналогом древних водоемов Паратетиса и поныне остается Каспийское море, где до недавнего времени дрейссены занимали все зоны, кроме глубин свыше 500 м (Логвиненко, 1965; Атлас.., 1968; Старобогатов, 1970; Старобогатов, Андреева, 1994). Массовые находки ископаемых видов в условиях солоноватых морей и озер Паратетиса были характерны для остракод и нескольких семейств эвригалинных и эвритопных моллюсков, среди которых двустворчатые были представлены главным образом Dreissenidae и Cardiidae. Представители обоих этих семейств имеют свободноживущую личиночную стадию, что, по-видимому, вместе с эвригалинностью предопределило в прошлом и настоящем успех их распространения и быстрого видообразования в гигантских солоноватоводных континентальных водоемах, а некоторым видам обеспечило успех при колонизации и пресных вод.

Несмотря на то, что *Dreissena polymorpha* (Pallas, 1771) и *D. bugensis* (Andrusov, 1897) типичны для пресных вод (рис. 23), все дрейссениды — недавние иммигранты в континентальные воды (см. выше), и по классификации Я.И. Старобогатова (1970) представители *Mytilopsis* spp. отнесены к группе *неолимнических* организмов, а представители рода *Dreissena* — к *мезолимническим*, или талассоидам (Bourguignat, 1885) в память об их недавнем морском происхождении, на которое указывает присутствие планктонной личинки. Ряд дрейссенид сохранил постоянство своего исторического

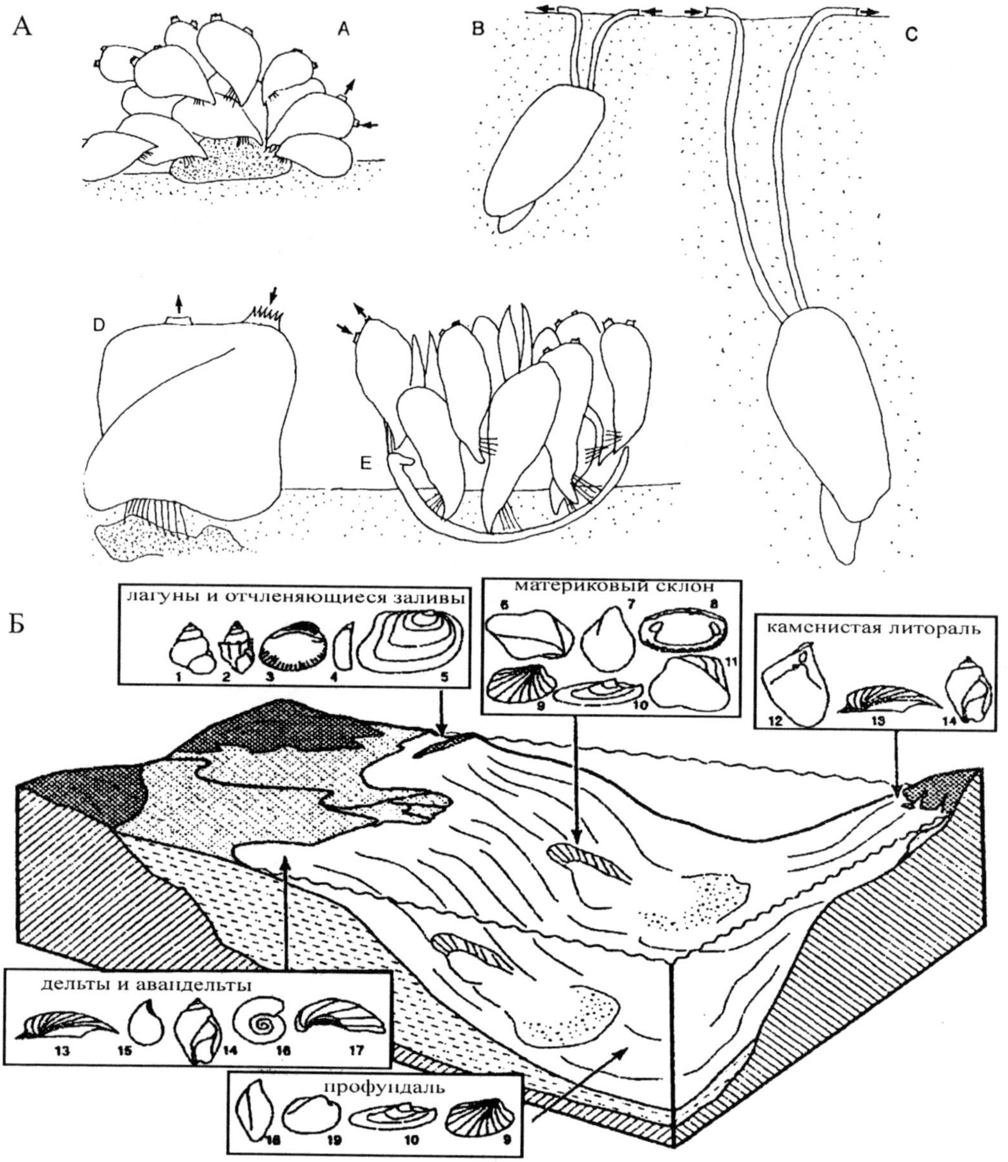

Рис. 22. Основные экотипы дрейссенид (А, из Nutall (1990) и их значение (Б, из Geary et al., 2000) в водоемах Паратетиса в позднем миоцене – плиоцене на примере Паннонского озера.

Моллюски на Рис. А: A — представители современных *Dreissena* и *Mytilopsis*; B — ископаемые *Dreyssenomya* (*Sinucongeria*); C — ископаемые *D.* (*Dreissenomya*); D — ископаемые *Congeria subglobosa* Partsch; E — ископаемые *Mytilopsis spathula* (Partsch). Dreissenidae на рис. Б: 4 — *Dreissena serbica* Brusina; 5 — *Congeria rhomboidea* (Hornes); 7 — *Congeria zagrabensis* Brusina; 12 — *Congeria ungulacaprae* (Münster); 15 — *Dreissena auricularus* (Fusch); 17 — *Congeria balatonica* Partsch; 18 — *Dreissenomya digitifera* (Andrusov).

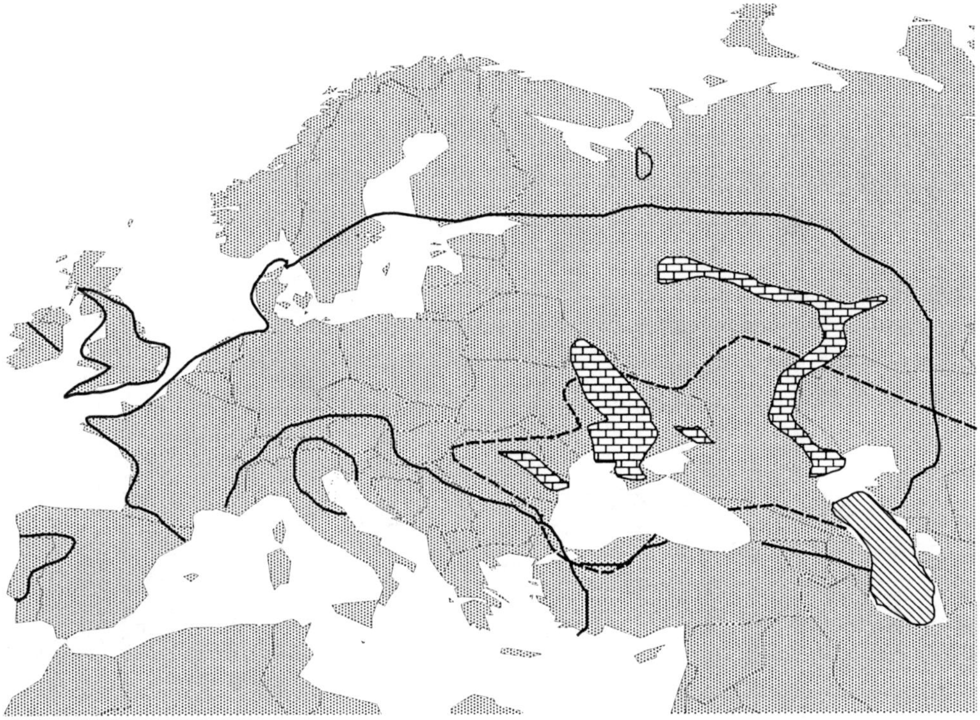

Dreissena rostriformis — *Dreissena polymorpha* (современный ареал)

Dreissena bugensis --- *Dreissena polymorpha* (раннеголоценовый ареал)

Рис. 23. Уточненная схема современных ареалов *D. rostriformis, D. polymoprha, D. bugensis* в Европе. По: Старобогатов, Андреева, 1994; Minchin et al., 2002, Orlova et al., неопубл. ориг. данные.

ареала. Например, *Congeria (Enocephalus) cusceri* (Bole, 1962) — троглобионтный вид, известный лишь из нескольких карстовых пещер бывшей Югославии (Kinzelbach, 1992; Старобогатов, Андреева, 1994; Morton et al., 1998). По-видимому, не вышли за пределы своего исторического ареала дрейссены, населяющие реки и озера Балканского полуострова и Малой Азии. *Dreissena elata* (Andrusov, 1887) and *D. caspia caspia* Eichwald, 1855 были известны только из прибрежной зоны Каспийского моря для районов, где соленость не опускалась ниже 7‰ вплоть до 1960-х гг., пока не вымерли вследствие вытеснения их средиземноморским вселенцем, *Mytilaster lineatus* Gmelin, 1791 (Mytilidae), занявшим тот же биотоп (Логвиненко, 1965; Старобогатов, 1970; Старобогатов, Андреева, 1994). Один из подвидов *Dreissena caspia* обитал только в Аральском море (Атлас, 1974), где тоже к настоящему времени вымер из-за прогрессирующего осолонения.

Напротив, некоторые представители семейства могут быть с полным основанием отнесены к инвазионным видам. Например, *D. rostriformis* (Deshayes, 1838)

Таблица 10. Геологическая история солоноватоводных гигантских водоемов Паратетиса и палеоинвазии *Dreissena rostriformis* (фаза синхронного развития Каспийской и Эвксинской котловин) (по: Андрусов, 1897; Мордухай-Болтовской, 1960; Зенкевич, 1963; Невесская, 1971; Старобогатов, 1994; Dumont, 1998; Geary et al., 2000).

Геологическая эпоха	Название водоема	Время млн. л. назад	Соленость‰	Основные геологические события	Основные события в формировании фауны моллюсков	Основные этапы в расширении ареала *Dreissena rostriformis*
Миоцен 22–5 млн. л. назад	**Бассейны Каспийской, Эвксинской и Паннонской котловин составляют единый гигантский водоем**					
	Нижнесарматский водоем	15–12,5	~ 20‰		Доминирование морской фауны, постепенное развитие фауны Сарматского типа.	
	Среднесарматский водоем	12,5–10	17–20‰	Отчленение Паннонского бассейна	Сосуществование морской фауны и эндемичной солоноватоводной сарматской	
	Бассейны Каспийской, Эвксинской и Дакийской котловин составляют единый водоем					
	Врехнесарматский водоем, объединяющий Каспийскую, Черноморскую и Дакийскую котловины, отдельно существующее Паннонское озеро	10–8,3	6–17‰	В Паннонском бассейне стабильные условия, соленость 5–12‰	В Верхнесарматском водоеме постепенная смена морской фауны солоноватоводной фауной сарматского типа. Процветание сарматской фауны в сарматском бассейне. Формирование эндемичной фауны в Паннонском бассейне.	
	Меотический водоем и Паннонское озеро	8,3–6,4	6–15‰	Трансгрессия и соединение Меотического водоема с Океаном и опресненным Паннонским озером	В Меотическом водоеме процветание сарматской фауны, в Паннонском — эндемичной солоноватоводной фауны	Находки наиболее древних остатков *Dreissena rostriformis* в отложениях Паннонского озера
	Нижне- и Среднепонтическое море в Дакийской, Эвксинской и Каспийской котловинах и существующее отдельно Паннонское озеро	6,4–5,8	12–15‰	Тектонический прогиб, трансгрессия, соединение Понтического моря с Паннонским озером	Солоноватоводная фауна в Паннонском озере, характеризующаяся высоким уровнем эндемизма. Фау-на смешанного происхождения в Понтическом водоеме, сформировавшаяся за счет сарматской, а так-же в значительной мере пополненная элементами иммигрировавшими из Паннонского озера и из Эгейского бассейна. Постепенная замена сарматской фауны, так называемой понтической, основу которой составляют солоноватоводные виды паннонского происхождения.	Иммиграция *Dreissena rostrifirmis* из Паннонской сначала в Дакийскую, а затем в Эвксинскую котловины Понтического водоема. В нижнепонтических отложениях обнаружена *D. rostriformis corniculata*. В среднем понте в результате видообразования появляется еще ряд подвидов. Их число еще более возросло в Эвксинской котловине к киммерийскому времени. Процессы бурного видообразования в группе продолжались в Эвксинской котловине вплоть до Карангатского времени
	Переход к фазе самостоятельного существования Эвксинского, Каспийского и Паннонского бассейнов (см. Таблицы 11 и 12)					

имеет богатую историю палеоинвазий в пределах водоемов Паратетиса, как следует из ее палеонтологических находок и основных геологических и палеоклиматических событий (табл. 10–12). Другие — *Mytilopsis leucophaeata* (Conrad, 1831) и *Dreissena polymorpha polymorpha* — заметно расширили свой европейский ареал в последние несколько веков вслед за интенсификацией судоходства и созданием межбассейновых каналов (Андрусов, 1890; Marelli, Gray, 1985; Nuttall, 1990; Старобогатов, Андреева, 1994; Darr, Zettler, 2000; Van der Velde et al., 2002; Therriault et al., 2004). Особый интерес представляет *D. bugensis*, которая начала стремительно распространяться за пределы области своего первого обнаружения (в конце XIX века, см. Андрусов, 1890) лишь в последние десятилетия (см. ниже). Интересно отметить, что *D. bugensis* была названа по р. Южный Буг, которая впадает в Днепровско-Бугский лиман. Наши исследования, проведенные в 1990-х гг., не обнаружили, однако, в р. Южный Буг этого вида.

Филогенетические связи в семействе дрейссенид и отношение *D. polymorpha, D. bugensis* и *D. rostriformis* к условиям среды

Н.И. Андрусов (1897) впервые предложил разбить всех дрейссен (*Dreissena* van Beneden, 1835), рецентных и ископаемых, на две неформальные группы, “carinatae” и “mytiliformis”. Эта схема в дальнейшем была взята за основу при разделении рода на 2 подрода — *Dreissena* s. str. (*Dreissena* van Beneden, 1835) и *Pontodreissena* Logvinenko et Starobogatov, 1966 — в соответствии с имеющимися между ними морфологическими и экологическими различиями (Старобогатов, 1970; Nuttall, 1990). Как правило, представители *Pontodreissena* spp. — это обитатели крупных озеровидных водоемов, населяющие, зачастую, и профундальную зону с незначительным содержанием твердых субстратов, тогда как представители другого подрода дрейссен наиболее обычны на твердых грунтах в прибрежных водах озер, а также в эстуариях и крупных реках. Палеонтологические и зоогеографические исследования явились основанием для предположения о том, что ветвь *Pontodreissena* сравнительно молода и берет начало от более древней ветви, *Dreissena* s.str., вселившейся в Паннонское озеро в верхнем меотисе (миоцене) из восточного Средиземноморья по речным системам Эгейского бассейна (Андрусов, 1897; Старобогатов, 1994). Переход представителей *Dreissena* s.str. к обитанию из пресных речных вод в солоноватые озерные и с твердых субстратов на мягкие с рассеянным включением твердых частиц и привел к обособлению подрода *Pontodreissena* (Старобогатов, 1994). Есть, однако, мнение о дифилетическом происхождении рода *Dressena,* и в этом случае ветви *Dreissena* s.str. и *Pontodreissena* произошли от двух разных ветвей конгериеподобных предков (Андрусов, 1897; Бабак, 1983; Geary et al., 2000). В 1994 г. было предложено дополнить имевшуюся схему подродом *Carinodreissena* Lvova et Starobogatov, 1982 (Старобогатов, 1994; Rosenberg, Ludyansky, 1994) с единственным ныне живущим видом *Dreissena stankovici* Lvova et Starobogatov, 1982, эндемиком озер Охрид и Преспа (Балканский полуостров). Основанием для этого послужили отличия во внешней морфологии раковины, строении мускульного аппарата, сифонов и пространственной изоляции *D. stankovici* от других групп (Льво-

Таблица 11. Геологическая история солоноватоводных гигантских водоемов Паратетиса и палеоинвазии *Dreissena rostriformis* (фаза самостоятельного существования Эксинского, Каспийского и Паннонского бассейнов, поздний миоцен-плейстоцен) (по: Андрусов, 1897; Мордухай-Болтовской,1960; Зенкевич, 1963; Невесская, 1971; Бабак, 1983; Старобогатов, 1994; Kaplin, 1995; Mandych et al., 1995; Dumont, 1998; Geary et al., 2000).

Геологическая эпоха	Эвксинская котловина					Каспийская котловина					Паннонская котловина					Основные этапы в расширении ареала *Dreissena rostriformis*
	Название водоема	Время млн. л. назад	Соленость‰	Основные геологичес-кие события	Основные события в формировании фауны моллюсков	Название водоема	Время млн. л. назад	Соленость‰	Основные геологические события	Основные события в формировании фауны моллюсков	Название водоема	Время млн. л. назад	Соленость‰	Основные геологические события	Основные события в формировании фауны моллюсков	
Поздний миоцен 5,8–5 млн. л. назад	Позднепонтийское озеро-море	5,8–5	10–15	Обособление Эвксинского бассейна	Дальнейшее развитие Понтической фауны, в составе которой много предковых форм современных каспийских автохтонов	Бабаджанское озеро	5,8–5,2	15–30	Обособление Каспийского бассейна, аридизация климата	Вымирание пресноводных и солоноватоводных видов в ходе прогрессирующего осолонения	Паннонское озеро	5–4,6	5–12	Стабильное состояние	Расцвет эндемичной солоноватоводной фауны моллюсков (<900 видов)	В Паннонском бассейне многочислены различные виды подрода *Pontodreissena*
	Киммерийское озеро-море	5–2,6	5–12		Процветание соловатоводной Понтической фауны	Балаханское озеро	5,2–2,5	Разные версии – 300‰ или пресное?	Сокращение площади водоема примерно в 5 раз, заполнена только южная часть Каспийской котловины	Три версии: гипергалинная, пресноводная фауны или полное отсутствие макробеспозвоночных	Палюдиновое озеро	4,6–3,5	пресное	Постепенное заполнение котловины озера терригенными наносами и его исчезновение	Пресноводная фауна	Видообразование внутри вида *Dreissena rostriformis*, некоторые виды дожили до Куяльника

Таблица 11 (продолжение).

Плиоцен 5–2 млн. л. назад	Куяльницкое озеро-море	2,6–1,7	5–12		Процветание понтической фауны. Ее миграция в Акчагыльский бассейн через Кумо-Манычское соединение	Акчагыльское озеро-море	2,5–2	5–12	Первая трансгрессия (прибл. +50 м ниже уровня моря), соединение с Эвксинской котловиной, затем регрессия	По-поводу происхождения фауны нет единого мнения. В отложениях найдены немногочисленные представители понтийской фауны (*Pontodreissena*)		Возможно имела место миграция одного из подвидов *D. rostriformis* в Акчагыльский бассейн из Куяльницкого. В акчагыльских отложениях присутствует несколько подвидов *D. rostriformis*, что может свидетельствовать о процессе видообразования уже в Акчагыльском бассейне. С Акчагыла известна *D. rostriformis distincta*
Плейстоцен 2 млн лет назад–90000 лет назад	Гурийское озеро-море	1,7–0,9	5–8		Сосуществование понтической фауны и фауны, сходной с современной автохтонной каспийской	Апшеронское озеро-море	2–0,7	5–12	Вторая большая трансгрессия	Иммиграция фауны каспийского типа из Гурийского бассейна и ее дальнейшее развитие в каспийской котловине. Менее вероятно происхождение фауны апшеронскогго водоема от акчагыльской		Нет данных заметном видообразовании в роде *Pontodreissena*, по-видиму Гурийское и Апшеронское моря были населены ранее возникшими группами *Dreissena rostriformis*
	Чаудинское озеро-море	0,9–0,4	пресная–8	Изоляция от Средиземноморского бассейна	Иммиграция и натурализация пресноводной фауны. Фаунистический обмен с соседним Бакинским водоемом. Развитие лиманной фауны Каспийского типа на основе понтических фаунистических элементов и каспийских автохтонов	Бакинское озеро-море	0,7–0,35	5–12	Тюркянская регрессия, вызванная оледенением (Миндель) и вслед за ней трансгрессия	Процветание каспийской фауны современного типа, иммграция видов в соседний Чаудинский бассейн		Дальнейшая эволюция эндемичных таксонов в Чаудинском водоеме, приведшая к появлению *Dreissena rostriformis chaudae*, морфологически очень близкого к *D. bugensis* подвида *D. rostriformis*

Таблица 12. Геологическая история солоноватоводных гигантских водоемов Паратетиса и палеоинвазии *Dreissena rostriformis* (Средиземноморская фаза)

Геологическая эпоха	Черноморская котловина: Название водоема	Время млн. л. назад	Соленость, ‰	Основные геологические события	Основные события в формировании фауны моллюсков	Каспийская котловина: Название водоема	Время млн. л. назад	Соленость, ‰	Основные геологические события	Основные события в формировании фауны моллюсков	Основные этапы в расширении ареала *Dreissena rostriformis*
Поздний плейстоцен 90–10 тыс. лет назад	Карангатское и затем Гирканское моря	0,09–0,04	15–20	1-я Средиземноморская фаза, межледниковье и трансгрессия	Натурализация Средиземноморской фауны на основной территории бассейна. Фауна Каспийского типа, по-видимому существовала в этот период только в эстуарных районах. Фаунистический обмен имел с Каспийским бассейном имел место в Гирканское (послекарангатское) время	Раннехвалынское озеро-море	0,09–0,04	3–8	Самая значительная трансгрессия в течение Четвертичного периода (46–48 м выше уровня моря), возобновление соединения с Эвксинской котловиной	Инвазия Средиземноморской фауны из Гирканского моря и натурализация эвригалинных средиземноморских видов	Существование подрода *Pontodreissena* только в Каспийской котловине
Голоцен 10,000 и до наст. вр.	Сурожское и затем Новоэвксинское озера	0,04–0,009	0–5	Тектоническое поднятие и закрытие соединения Эвксинской котловины со Средиземным морем, распреснение, кратковременные соединения с Позднехвалынским бассейном	Вымирание средиземноморской фауны и распространение фауны Каспийского типа, сохранявшейся в период осолонения с эстуарных районах бассейна или иммигрировавшая из Позднехвалынского моря	Позднехвалынское озеро-море	0,04–0,009	3–8	Енотаевская регрессия (-64 м ниже уровня моря) с последующей трансгрессий до 10 м выше уровня моря. Несколько незначительных регрессий и трансгрессий и стабилизация уровня	Иммиграция и натурализация ледниковых реликтов	В Черноморской котловине находки *D. rostriformis distincta*, которая по-видимому, не переживала средиземноморскую фазу в эстуариях, а иммигрировала в очередной раз в Черноморскую котловину из соседнего Позднехвалынского озера-моря. В новоэвксинское время дала современных пресноводный вид в роде *Pontodreissena–D. bugensis*
	Древнее Черное море	0,009–0,007	Возрастание солености до современных значений	Тектонический прогиб в районе Эгейского моря, вторжение средиземноморских вод в Черноморскую котловину	Массовая иммиграция и натурализация средиземноморской фауны, оттеснение фауны каспийского типа в эстуарии и лиманы, формирование группы лиманных каспийских реликтов	Новокаспийский бассейн и современное Каспийское море		<1–13	4 основных цикла колебаний уровня моря, при максимальном стоянии вод 20 м ниже уровня моря	Фауна современного облика, множественные антропогенные инвазии видов различного происхождения, главным образом с судоходством и в результате преднамеренных акклиматизаций	В Черноморской котловине вымирание *D. rostrifromis*, завершение формирования *D. bugensis*. В Каспийской котловине до 1960-х существование 4 подвидов *D. rostriformis*, с 1994 г обнаружение *D. bugensis*
	Современное Черное море	0,007–наст. время	<1–22		Завершение формирование фауны современного облика. Продолжение естенсвенной экспансии средиземноморских видов, антропогенные инвазии чужеродных видов различного происхождения						Распространение *D. bugensis* по пресным водам азово-черноморского и каспийского бассейнов

ва, Старобогатов, 1982). Предположительно, этот подрод произошел от *Pontodreissena* и возник в Паннонском бассейне в плиоценовое время, сопряженное с прогрессирующим опреснением Паннонского озера и переходом вида к обитанию в более плотных аггрегациях (Старобогатов, 1994). По мнению Н.И. Андрусова (1897), имевшего дело с ископаемыми формами, похожими на *D. stankovici*, их следовало рассматривать в составе группы "carinatae", т.е. как близкие к *Dreissena* s.str.

Современные возможности молекулярной биологии позволили уточнить вышеописанную схему филогенетических отношений (May et al., личн. сообщ.; Therriault et al., 2004). Результаты изучения последовательности нуклеотидов в рибосомальном (16S) фрагменте митохондриальной ДНК представлены здесь в виде упрощенной схемы (в построении дендрограммы было использовано только по одному представителю каждой из проанализированных групп дрейссен (*D.* (*Carinodreissena*) *stankovici, D. rostriformis, D. bugensis*) (оба вида считаются представителями ветви *Pontodreissena*) и *D. polymorpha* (представляет ветвь *Dreissena* s. str.) и по одному представителю двух рецентных ветвей рода *Congeria* (*Congeria* (*Mytilopsis*) *leucophaeata* и *C.* (*Enocephalus*) *kusceri*; дополнен анализ одним экземпляром *Mytilys edulis* Linnaeus, 1758, взятым в качестве стороннего таксона. Как следует из приведенной дендрограммы, род *Dreissena*, по-видимому, монофилетичен, а ожидаемое разделение представителей рода дрейссена на группы сложилось в пользу исходной схемы, предложенной Н.И. Андрусовым, предполагавшим две ветви. Предыдущие исследования энзимного полиморфизма и строения ядерной и митохондриальной ДНК тоже указывают на сильную дивергенцию между *D. bugensis* (*Pontodreissena*) и *D. polymorpha* (*Dreissena* s. str.) которая произошла более 10 млн. лет назад (Spidle et al., 1994; Marsden et al., 1996; Stepien et al., 1999; Andreeva et al., 2001; Therriault et al., 2003). Понтодрейссены (*D. bugensis* и *D. rostriformis* (Deshayes, 1838) образовали на дендрограмме (рис. 24) кластер, свидетельствующий об их очень близком родстве, настолько близком, что, несмотря на их пространственную изоляцию (Андрусов, 1897; Старобогатов, 1970, 1994) и экологические различия (табл. 13), а также признанный последними ревизиями статус отдельных видов (Старобогатов, 1994; Rosenberg, Ludyanskiy, 1994), следует признать, что их объединение в один вид, предложенное рядом исследователей (Невесская, 1964; Бабак, 1983 и др.), не лишено оснований. Такие же результаты получены всеми исследователями, изучавшими строение отдельных фрагментов митохондриальной ДНК (16S, CO1, cytochrome b) (Therriault et al., 2004; May et al., личн. сообщ.; C. Stepien, личн. сообщ.), поэтому возможно признать правомерным возвращение *D. bugensis* в ранг подвида (*D. rostriformis bugensis*) (см. Старобогатов, 1970; Бабак, 1983 и др.). Однако надежная ревизия семейства требует продолжения молекулярных исследований с использованием как других частей генома, так и всего многообразия имеющихся материалов по рецентным группам дрейссен из обоих подродов. Отмеченная степень сходства (Avise, 1994) двух членов группы *rostriformis-bugensis*, подкрепленная палеонтологическими сведениями (см. ниже), может свидетельствовать, во-первых, об очень молодом возрасте *D. bugensis*, во-вторых, о том, что процесс дивергенции ее от *D. rostriformis* продолжается, и, как следствие, можно предположить, что она унаследовала целый ряд ее особенностей, в том числе и экологических,

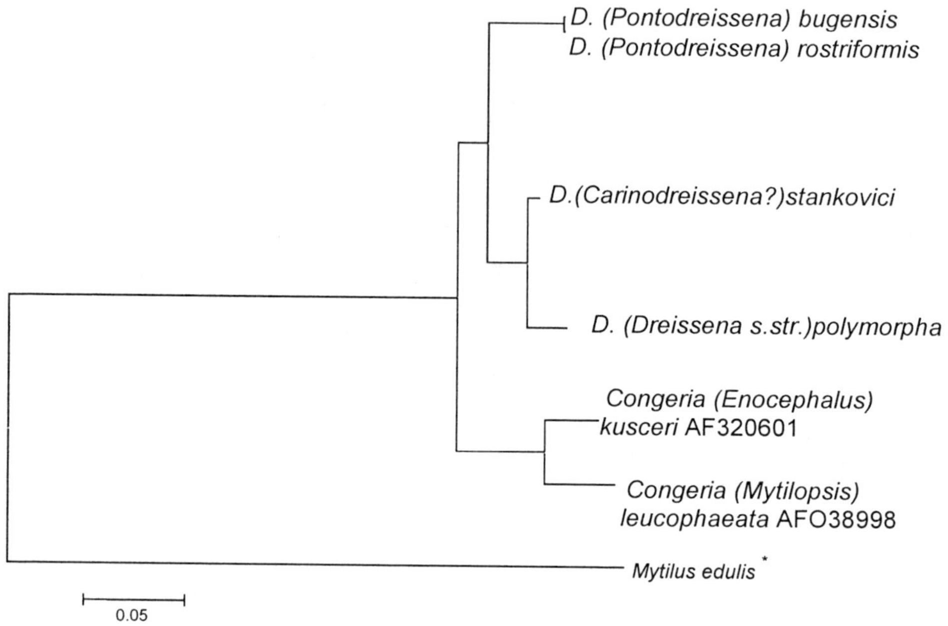

Рис. 24. Генетические дистанции, рассчитанные по секвенциям митохондриальной ДНК (419 нуклеотидов, 16S) Объяснения в тексте, звездочкой обозначены особи, секвенции по которым были получены из GenBank.

несмотря на географическую, репродуктивную и экологическую разобщенность популяций этих двух групп.

Солоноватоводные моллюски *D. rostriformis* ограничены в своем распространении в историческое время только Каспийским морем (см. рис. 23), встречаясь при солености не ниже 7‰ и на глубинах ниже 30 м (см. табл. 13). *D. bugensis* обитает на разных глубинах в пресноводных водоемах, встречаясь и на мелководьях, и ниже термоклина, в профундали (Baldwin et al., 1996; Claxton et al., 1996, 1998; Mills et al., 1996; Claxton, Mackie, 1998). Из наиболее глубоководных участков описан экотип "*profunda*" с более тонкостенной и светлоокрашенной раковиной (Baldwin et al., 1996; Claxton et al., 1998), который, однако, генетически идентичен обычной форме *D. bugensis* (Claxton et al., 1998).

Обитание в зоне гиполимниона в условиях низких температур и сравнительно бедных пищевых ресурсов — общая черта обеих современных понтодрейссен — клювовидной и бугской, отличающая их от дрейссены полиморфной, размножение которой возможно при температуре не ниже 12–15°С (см. табл. 13), и распространенной по преимуществу в водоемах с мезотрофными и мезотрофно-эвтрофными условиями (Ляхнович и др., 1994). Таким образом, дрейссена бугская, будучи чрезвычайно близкой к каспийской глубоководной дрейссене клювовидной, а, скорее всего, и непосредственно произошедшей от нее (см. ниже), как и предполагалось,

Таблица 13. Распространение и экологические характеристики *D. bugensis, D. rostriformis, D. polymoprha*.

Вид	Исторический ареал	Соленостные условия, при которых встречается вид (зона* и значения в ‰)		Глубина, на которой встречается вид (м)		Источник**
		В историческом ареале	За его пределами	В историческом ареале	За его пределами	
D. p. polymorpha	Эстуарии и нижние течения рек понто-каспийского региона	Пресноводные–олигогалинные	То же	Прибрежные мелководья	До 60	Карпевич 1955; Walz 1975; Mackie, Schloesser, 1996; Ляхнович и др., 1994
D. bugensis	Днепровско-Бугский лиман и нижнее течение р. Ингулец	Пресноводные–олигогалинные (до 3)	Пресноводные–олигогалинные (до 2)	До 13 (максимальная глубина Бугского лимана)	до 130	Марковский, 1954; Ляхнович и др., 1994; Mills et al., 1996; Orlova et al., 1998
D. rostriformis	Средний и Южный Каспий	Мезогалинные (12–13)	Не найдена	40–220	Не найдена	Старобогатов, 1970; Бабак, 1983; Гусейнов, Зроайко, 1987; Старобогатов, Андреева, 1994

* согласно венецианской системе (цит. по: Хлебович, 1977) пресные воды 0–1‰; олигогалинные 1–5‰; мезогалинные — 5–30 ‰.

сохраняет некоторые экологические черты этой близкородственной формы, позволяющие осваивать глубоководные, холодноводные олиготрофные участки озер и водохранилищ с рассеянными твердыми субстратами.

Возвращаясь к дендрограмме генетических дистанций, следует отметить, что *D. stankovici* и *D. polymorpha* образовали единый кластер, что опровергает высказанное предположение о происхождении каринодрейссен от понтодрейссен, но подтверждает мнение Н.И. Андрусова о правомерности их помещения в одну группу с современными *Dreissena* s.str. В то же время уровень дивергенции между *D. stankovici* и *D. polymorpha* достаточен для того, чтобы считать их самостоятельными видами, существующими изолированно не менее 2 млн. лет.

Инвазии трех понто-каспийских дрейссен в Европе. Палеонтологические данные и палеоинвазии

Многочисленные подвиды *D. rostriformis* встречаются, начиная с позднего миоцена (6 млн. лет назад) в Паннонской котловине (Старобогатов, 1994) вплоть до периода (2 млн. лет назад), когда это озеро, пройдя через пресноводную стадию (Палюдиновое озеро), прекратило свое существование (Geary et al., 2000) (см. табл. 11). Вид проникал также неоднократно в Эвксинскую и Каспийскую котловины при возобновлении перемычек между бассейнами, а длительность его существования в них определялась основными событиями, обусловленными геологическими, климатическими и эрозионными циклами (см. табл. 10; Андрусов, 1897; Бабак, 1983; Старобогатов, 1994). *D. r. distincta* Andrusov, 1897 постоянно обитает в Каспии с Акчагыльского времени (плиоцен) и до настоящих дней, тогда как из Черноморской (Эвксинской) котловины ее последние находки датируются Новоэвксинским временем (плейстоцен, между первой и второй Средиземноморскими фазами). После второй Средиземноморской фазы, вызвавшей осолонение Понто-Азова, *D. r. distincta* в черноморском бассейне вымерла (Бабак 1983). *D. bugensis* впервые найдена и описана Н.И. Андрусовым (1890) как *D. rostriformis* из Бугской части Днепровско-Бугского лимана, а позже он же присвоил ей статус самостоятельного вида из-за пространственной ее изоляции от каспийской *D. rostriformis distincta* и ряда морфологических отличий (Андрусов, 1897), что впоследствии оспаривалось (Старобогатов, 1970; Бабак, 1983) и, как видно из результатов изучения структуры отдельных фрагментов ДНК, не без оснований. Нет никаких сведений о присутствии ископаемых остатков дрейссены бугской где-либо, кроме Днепровско-Бугского лимана и нижнего течения впадающей в него р. Ингулец, т.е. за пределами исторической области ее распространения.

Многочисленные палеонтологические находки *D. polymorpha* датируются миоценом, но их "палеогеография" несколько шире, чем у всех понтодрейссен, вместе взятых, и охватывает не только вышеупомянутые водоемы Паратетиса, но также и речные бассейны северного Средиземноморья (Андрусов, 1890; Бабак, 1983; Nuttall, 1990; Старобогатов, 1994), где предположительно в пресноводных речных условиях этот вид и сформировался окончательно в позднем миоцене (Старобогатов, 1994). Его пресноводный подвид *D. polymorpha polymorpha* неоднократно вселялся в прибрежные воды озер Паратетиса, а впоследствии — в Каспийское и Аральское моря, там, где это было возможно по соленостным условиям, давая каждый раз эндемичные подвиды, в том числе и более толерантные к повышению солености, чем он сам (Старобогатов, 1994).

В настоящее время *D. polymorpha polymorpha* широко известна своим расселением в пресных водах Европы и Северной Америки. Ее современную экспансию из понто-каспийской области, где она обитала в раннем голоцене (см. рис. 23), в восточную, центральную, а, возможно, и в западную Европу, скорее всего, следует считать не только инвазией в нашей трактовке, но и не в меньшей степени реколонизацией прежнего ареала. Как следует из литературных источников, она встречалась на северо-западе европейской части СССР (Старобогатов, Андреева, 1994), а, возможно, и в западной Европе в предпоследнее (Kinzelbach, 1992) или только в последнее (Старобогатов, Андреева, 1994) межледниковье. Причинами этих палеоинвазий дрейссены полиморфной на север Европы можно считать трансгрессии Черного и Каспийского морей и образование обширной гидрографической сети в верхних течениях современных рек Днепра, Дона и Волги в периоды таяния ледника (Обедиентова, 1977; Старобогатов, Андреева, 1994).

Хронология современных инвазий *D. polymorpha* и *D. bugensis*

Современное (в течение примерно двух веков) распространение дрейссены полиморфной в Европе (см. рис. 23) хорошо документировано (Андрусов, 1897; Nowak, 1971; Kinzelbach, 1992; Старобогатов, Андреева, 1994; Olenin et al., 1999; Minchin et al., 2002 и мн. др). Наблюдающееся в историческое время быстрое расширение ареала вида сопряжено прежде всего с судоходством и инвазионными коридорами, пролегающими от регионов доноров (первичной и вторичных инвазий) до регионов реципиентов (включая Северную Америку) вдоль основных межконтинентальных трасс и внутриконтинентальных судоходных путей. Последние состоят из систем естественных и трансформированных участков крупных рек и искусственных межбассейновых каналов. Успех натурализации в местах интродукции объясняется главным образом особенностями биологии вида (Андрусов, 1897; Старобогатов, 1970; Старобогатов, Андреева, 1994; McMahon, 2002; Orlova, 2002). Отмечено также, что наиболее массовые поселения в Европе этот вид образует за пределами своего исторического ареала (Karatayev et al., 1997), которым принято считать эстуарии и нижние течения рек понто-каспийской области (см. рис. 23). Наиболее высокие количественные показатели ее популяций отмечены в каскадах водохранилищ (Буторин, Мордухай-Болтовской, 1978) и, особенно, в зонах подогрева от сбросных вод электростанций, богатых твердыми субстратами (Протасов, 1994). Здесь, в техногенно трансформированных экосистемах, этот вид находит условия даже более благоприятные для роста, чем при естественном термическом режиме (Karatayev et al., 1998).

Теоретически те же самые коридоры и векторы (как минимум, судоходство) могли бы способствовать распространению по европейскому континенту и дрейссены бугской, чей исходный ареал занимает часть Черноморской области исторического ареала дрейссены полиморфной, и именно в том регионе (система нижнего Днепра и Южного Буга), где пролегают(ли) наиболее важные транспортные пути, ведущие из Черного моря на север Европы уже с начала XIX столетия через ряд систем межбассейновых каналов (между бассейнами Днепра, Немана и Вислы).

Впервые расширение ареала дрейссены бугской за пределы исходной области обитания зарегистрировано после заполнения Днепровского водохранилища в 1934 г. и носило кратковременный характер из-за разрушения плотины в военное время. После войны вместе с завершением строительства (1947 г.) расселение дрейссены бугской возобновилось (Цееб и др., 1966). Продолжившееся в послевоенный период создание каскада водохранилищ на Днепре способствовало ее распространению вверх по течению Днепра вплоть до средней части Киевского водохранилища (Плигин, 1979, 1989). С 1990 г. она встречается также севернее, в водоеме-охладителе Чернобыльской АЭС, который постоянно подпитывается из р. Припять, одного из северных притоков Днепра (Лукашев, 2002). Вселение этого вида произошло еще в период работы водоема как охладителя АЭС (станция выведена из эксплуатации в декабре 2000 г.).

Важным антропогенным фактором расширения ареала *D. bugensis* в Украине явилась межбассейновая переброска стока рек и строительство ирригационных каналов. По ирригационным каналам дрейссена бугская распространилась из низовий Днепра по значительной части Крымского полуострова (Плигин, 1979; Харченко, 1995; Mills et al., 1996). Среди южных каналов наиболее важен Северокрымский, по нему с днепровской водой в Крым попали и личинки дрейссены. К 1980 г. (Харченко, 1980) моллюски 2 видов — *D. polymorpha* и *D. bugensis* — стали массовыми организмами бентоса и перифитона всех водоемов и водотоков магистрального Северокрымского канала и его распределительной сети. В 1985 г. (Харченко и др., 1985; Харченко, 1987) произошло расширения ареала дрейссены в восточном направлении через межбассейновый канал Днепр–Донбасс. Необходимо отметить, что процесс освоения дрейссеной новых местообитаний здесь был растянут во времени, поскольку строительство водотока происходило в несколько этапов. Однако уже к 1987 г. (Харченко, 1987) 2 вида дрейссен — бугская и полиморфная — были обнаружены в р. Северский Донец, которая пополняется днепровской водой из канала Днепр–Донбасс.

Бугская дрейссена, найденная в р. Северский Донец еще 15 лет назад (Харченко, 1987), по речным системам достигла Дона. Пробы, содержащие разновозрастных особей *D. bugensis*, были собраны Ю.В. Слынько в дельте Дона в 2002 г.

В бассейне Днестра вид был обнаружен в 1992–1993 гг., сначала в Днестровском водохранилище (Харченко, 1995), а к 2001 г. — ниже по течению Днестра и в Днестровском лимане, в районе Красной косы, продолжая существовать в виде разновозрастной популяции и в самом Днестровском водохранилище (Шевцова и др., 1998). В настоящее время *D. bugensis* является массовым видом всего нижнего Днестра, включая и Днестровский лиман.

По-прежнему нет сведений о находках дрейссены бугской из р. Дунай (Mills et al., 1996). Исходя из имеющихся у нас на 2002 г. данных, *D. bugensis* западнее Днестра на европейском континенте пока не отмечена. В р. Дунай, в Сасыкском водохранилище, которое сооружено в ложе бывшего соленого лимана, в придунайских озерах-лиманах встречается исключительно *D. polymorpha* (Харченко и др., 2000).

Первая находка *D. bugensis* за пределами Понто-Азовского региона датирована 1992 г. и приурочена к приплотинному участку Куйбышевского водохранилища (Антонов, 1993). К 2001 г. вид был обнаружен на всем протяжении Волжского каскада, за исключением Иваньковского, Верхневолжского водохранилищ и Шекснинского плеса Рыбинского водохранилища. Нет его обнаружений в системе р. Шексна и по всей северной части Волго-Балтийского водного пути (Орлова, Щербина, 2002; Orlova et al., in press). По-видимому, на трассе волжского каскада и волго-балтийского пути вид этот уже занял все подходящие по минерализации воды участки, на которых содержание растворенного кальция в воде не ниже предельных для дрейссенид величин (20–28 мг/л по Sprung, 1987; Ramcharan et al., 1992). Неясной остается, однако, причина отсутствия моллюсков этого вида в Иваньковском водохранилище, где и условия обитания вполне приемлемы, и векторы заноса наличествуют.

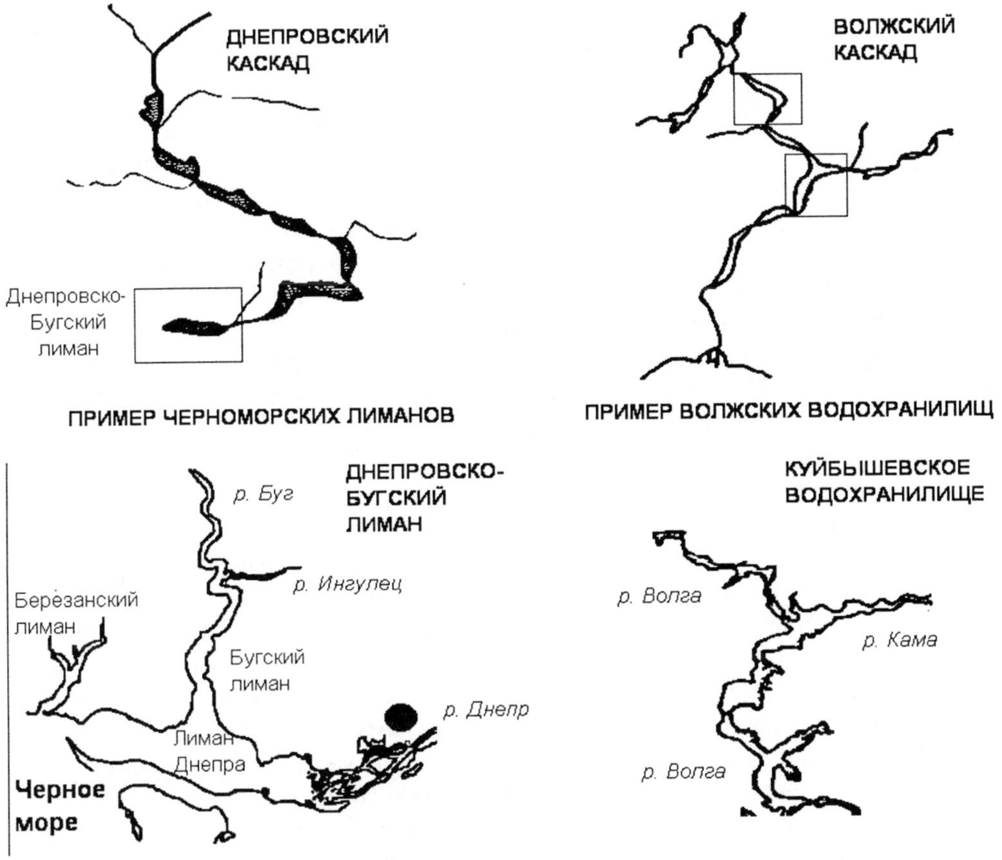

Рис. 25. Общий вид Днепровского и Волжского каскадов водохранилищ и внешнее сходство из древних черноморских лиманов (на примере Днепровско-Бугского) и современных водохранилищ (на примере Куйбышевского).

Значение антропогенной трансформации водных экосистем для успеха вселения *D. bugensis* и некоторые особенности ее натурализации

Детальное рассмотрение хронологии инвазий двух видов дрейссен в водохранилища Днепра и Волги, позволяет отметить ряд различий. До зарегулирования стока обеих рек и превращения их в каскады водохранилищ (рис. 25) не было сведений о присутствии там *D. bugensis*, в то время как *D. polymorpha* была хотя и немногочисленной, но довольно обычной (Журавель, 1934; Жадин, Герд, 1961; Буторин, Мордухай-Болтовской, 1978).

Первые находки дрейссены бугской в водохранилищах Днепра были сделаны несколькими годами спустя после того, как *D. polymorpha* заняла в них доминирующее положение (Цееб и др., 1966; Плигин, 1979). Массовое развитие дрейссены бугской в Днепровском каскаде происходит лишь по истечении 5–10 лет после заполнения водохранилища (Журавель, 1950, 1951). К середине 1960-х гг. было отмечено, что в более старых и глубоководных водохранилищах Днепровского каскада (Днепровское и Каховское) *D. bugensis* начала вытеснять доминировавшую ранее *D. polymorpha* и занимать ее место (Цееб и др., 1966), особенно в приглубых частях русла (Mills et al., 1996), где в летнее время формируется холодноводный гиполимнион с температурой около 10°С (Mills et al., 1996). Напротив, в более недавно созданных и мелководных водохранилищах *D. polymorpha* сохраняет свое доминирующее положение в присутствии *D. bugensis* (Цееб и др., 1966; Mills et al., 1996). Аналогичная последовательность событий, связанных с расселением *D. bugensis,* прослеживается и для Волжского каскада. *D. polymorpha* стала массовой в бентосе водохранилищ уже в 1950 г. (Овчинников, 1954), а быстрое расширение ареала дрейссены бугской началось только с 1990 гг. (Орлова, Щербина, 2002), т.е. примерно 10 лет спустя после заполнения последнего (по времени) Чебоксарского водохранилища (1981 г., по Литвинову, 2000).

Массовые поселения *D. bugensis* в верхней Волге приурочены к склонам бывших речных русел, тогда как *D. polymorpha* распространена как на склонах русел, так и на обширных мелководьях (Орлова, Щербина, 2002). По нашим данным, в бентосном сообществе водоема-охладителя Криворожской ТЭС (подпитка из канала Днепр — Кривой Рог, берущий начало в Каховском водохранилище) биомасса *D. polymorpha* составляла 51,3%, а биомасса *D. bugensis* — 48,2% от общей биомассы всего сообщества. В сообществе перифитона эти показатели составляли 82,3% и 9,2% соответственно. Очевидно, здесь *D. polymorpha* получает определенное преимущество и может более успешно противостоять вытеснению дрейссеной бугской. В бентосных поселениях водоема-охладителя Чернобыльской АЭС наблюдалось абсолютное доминирование *D. bugensis*. В перифитоне, на участке, наиболее подверженном влиянию сбросных вод, доминировала *D. polymorpha*. По мере удаления от места сброса подогретых вод доля *D. bugensis* в совместных поселениях дрейссен возрастала. В период с 1998 по 2000 гг. происходило снижение средней температуры воды, наблюдались резкие изменения термического режима в связи с нестабильной работой АЭС. В этот период в перифитоне на всех участках доля *D. bugensis* возрастала. Приведенные данные, однако, не должны рассматриваться как подтверждение определенной "термофильности" *D. polymorpha*. Исследования на водоемах-охладителях (Протасов, 1994) показали, что устойчивые поселения *D. polymorpha* существуют в зонах, где температура не превышает 26°С. Скорее всего, наблюдаемые различия в пространственном распределении двух видов связаны не только с температурным фактором, но и с определенными биотопическими требованиями каждого вида.

Следует указать на важную особенность в распределении двух названных видов дрейссен и в каналах Украины. В водохранилищах днепровского каскада, из которых берут начало Северокрымский канал (Каховском) и канал Днепр–Донбасс (Днепродзержинском), популяции *D. bugensis* и *D. polymorpha* представлены в соотношении 1:1. В каналах же картина меняется. По мере увеличения скорости течения (средние значения скорости составляют 0,5 м/с, но на некоторых участках возрастают до 1,5–2,0 м/с) это соотношение меняется. В реофильных условиях преобладает *D. polymorpha,* а количественные показатели *D. bugensis* снижаются. На участках дюкеров (крупные водоводы), где скорость воды постоянно сохраняется на уровне 2 м/сек, бугская дрейссена вообще отсутствует: остается только *D. polymorpha*, количественное развитие которой достигает здесь максимальных величин — плотность поселений 30 тыс. экз./м^2 , биомасса до 50 кг/м^2 (Харченко и др., 1985; Харченко и др., 2000). Остановимся еще на одной особенности распределения двух видов. Условия существования дрейссен в крупных водоводах очень специфичны. В них, кроме увеличения скоростей течения, наблюдается еще и повышение давления, связанное с перепадом высот в трубопроводах. Такие перепады могут составлять 15–20 м, что соответствует давлению 1,5–2,0 атм. При таких условиях и средней летней температуре 20–24°С, в отсутствие какой-либо температурной стратификации (см. выше о вертикальном распределении дрейссен в водохранилищах) встречается только *D. polymorpha* на всех глубинах вплоть до 20 м.

Причины, обуславливающие столь разные темпы расселения и различия в пространственном распределении двух родственных видов моллюсков в бассейнах этих рек, во многом предстоит еще выяснить, однако существует предположение, что в основе этих различий лежат экологические особенности обоих видов (Журавель, 1950, 1951, 1967а; Цееб и др., 1966; Плигин, 1979). Предполагается, что помимо различий, отраженных в табл. 13, *D. bugensis* более пелофильна, чем *D. polymorpha* (Цееб и др., 1966). Недавние экспериментальные исследования показали, что рост *D. bugensis* в условиях пониженной концентрации пищи происходит в 4–19 раз быстрее, чем у *D. polymorpha* (Baldwin et al., 2002), что может служить объяснением массового развития дрейссены бугской в глубоководных частях экосистем-реципиентов. Наблюдаемые и предполагаемые различия биологии обоих видов отчасти объясняют “отложенный” характер инвазии дрейссены бугской в географически “те же” экосистемы по сравнению с дрейссеной полиморфной. Присутствие *D. bugensis* в бассейнах крупных рек регистрируется только после их антропогенной трансформации и по завершении процесса стабилизации гидрологического и гидрохимического режимов и формирования холодноводного, а, возможно, и более олиготрофного гиполимниона в водохранилищах, т.е. условий, пригодных для развития вида-сестонофага, холодноводного и способного к быстрому росту при пониженной концентрации пищи, т.е. после того, как условия в экосиситеме-потенциальном реципиенте будут соответствовать “экологическому или потенциальному ареалу” вида-вселенца, а сама экосистема станет восприимчива к его инвазии (Elton, 1958; Мордухай-Болтовской, 1960; Карпевич, 1975; Lodge, 1993). Представляется, что концепция свободных ниш или невостребованных лицензий слишком упрощает объяснение появления и закрепления в сообществах видов-вселенцев: “Раз вид натурализовался, значит была свободная ниша”. Экологические ниши двух видов дрейссены настолько перекрываются, что можно говорить о сосуществовании двух видов в одной нише. Существует определенный парадокс. С одной стороны, *D. polymorpha,* расселяясь более интенсивно, по-видимому, имеет более “успешную” стратегию расселения; с другой, *D. bugensis* постепенно вытесняет дрейссену полиморфную, вполне определенно демонстрируя конкурентные преимущества. Не исключено, что и наблюдаемое возрастание доли *D. bugensis* в общей численности дрейссен в совместных поселениях в Днепре, Волге и Великих Американских озерах (Mills et al., 1996; Baldwin et al., 2002; Orlova et al., in press) — следствие ее способности поддерживать высокую скорость роста (и размножаться) при ухудшении трофических условий.

Рассмотрим более подробно некоторые последствия зарегулирования Днепра и Волги применительно к инвазии дрейссены бугской. Обзор геологических исследований северного Причерноморья, проведенный Ф.Д. Мордухаем-Болтовским (1960), описание экосистем рек, озер, водохранилищ и эстуариев СССР (Жадин, Герд, 1961), лиманов северного Причерноморья (Марковский, 1952, 1955; Мордухай-Болтовской, 1960; Старобогатов, 1970) дают основания предположить, что сходство условий в лиманах северного Причерноморья и в современных крупных водохранилищах на реках восточной Европы не случайно (см. рис. 25, табл. 14). Следовательно, и успех вселения в водохранилища представителей реликтовой черноморской лиманной фауны не случаен (см. раздел 2.9). По мнению Ф.Д. Мордухай-Болтовского (1960), лиманы северного Причерноморья появились в результате подтопления глубоких речных долин в ходе трансгрессии моря в Новоэвксинскую эпоху. Таким образом, и лиманы, и водохранилища — результат одного и того же процесса — затопления речной долины. В одном случае подпор воды создается за счет уровенного режима естественного терминального водоема (лиманы), а в другом — за счет искусственной дамбы и регулируемых попусков воды (водохранилища). Некоторые лиманы до сих пор сохранили облик водохранилища (см. рис. 25). Сходство лиманов и водохранилищ распространяется на динамику водных масс и, в некоторой степени, — на отдельные характеристики экосистем (см. табл. 14). Трансформация речной экосистемы в водохранилище начинается сразу после его заполнения и длится в южных областях несколько лет (Днепровские), а в северных из-за низкой температуры, пониженной pH (6–6,5), низкой минерализации вод впадающих рек может занять несколько десятилетий, как это имело место в Рыбинском водохранилище (Мордухай-Болтовской, 1955; Цееб и др., 1966). По-видимому, не случайно массовая регистрация находок дрейссены бугской в обоих каскадах водохранилищ примерно совпадает по времени с завершением стабилизации условий.

Основные векторы современных инвазий *D. polymorpha* и *D. bugensis*

Многочисленными исследованиями показано, что основным механизмом распространения *D. polymorpha* в Европе можно считать судоходство и лесосплав по водным путям, соединяющим водоемы понто-каспийской области с водоемами севера Европы. Вектором первичной интродукции дрейссены бугской за пределы исторического ареала тоже является судоходство (Журавель, 1950, 1951; Плигин, 1979; Mills et al., 1996), что подтверждается имеющимися данными исследований микросателлитных фрагментов ДНК (Wilson et al., 1999; Therriault et al., неопубл.).

Таблица 14. Характеристика гидрологических условий, гидрохимического режима и некоторых биологических параметров в лиманах и крупных реках до и после зарегулирования их стока (на примере Днепровско-Бугского лимана, Днепра и Волги).

Параметры	Днепровко-Бугский лиман	Водохранилища	Реки до зарегулирования стока	Источник
		Гидрология		
Изменения направления стока	Присутствуют, зависят от сгонно-нагонных явлений	Присутствуют, зависят от работы электростанций	Обычно отсутствуют	Мордухай-Болтовской, 1960; Жадин, Герд 1961;
Колебания уровня воды	Периодические и непериодические, вызваны стоковым режимом впадающих рек и колебаниями уровня моря	Периодические (сезонные) и непериодические, вызваны стоковым режимом рек впадающих рек и вызванные сработкой уровня	Периодические сезонные (половодье и межень)	Жадин, Герд, 1961; Литвинов, 2000
Стратификация водных масс	Наблюдается постоянно в райлоне центральных желобов и Днепровской и Бугской частей	В приплотинных участках формируется холодноводный гиполимнион в теплое время года	Отсутствует из-за турбулентного перемешивания водных масс	Мордухай-Болтовской, 1960; Жадин, Герд, 1961; Цееб и др., 1966
Преобладающие течения	Медленные циркуляционные	В озерных плесах преобладают циркуляционные, ветровые и волновые, в речных стоковые	Стоковые течения преобладают (в Днепре до 3 м/сек)	Жадин, Герд, 1961
		Гидрохимия		
Соленость/минерализация воды	0,2–15‰	Возрастание концентрации растворенных солей, включая кальций в сравнении с незарегулированной рекой	Минерализация вод Днепра до зарегулирования в среднем 287 мг/л (56 мг/л Ca^{++}), в Волге обе величины варьируют	Марковский, 1954; Алекин, 1954; Жадин, Герд, 1961; Былинкина, 2002
Биогены	Высокое содержание	Сравнительно много за счет поступления из дополнительных источников (затопленных почв, лесов и т.д.)	Сравнительно мало, особенно в летнее время	Жадин, Герд, 1961; Цееб и др., 1966
		Прочие характеристики и условия		
Пороги и другие физические барьеры, препятствующие распространению видов вверх по течению	Отсутствуют	Отсутствуют	Были порожистые участки и участки с быстрым течением	Жадин, Герд, 1961
Преобладающие процессы	Аккумуляция терригенного материала	Процессы аккумуляции в нижнем течении и озерных плесах, процессы транзита на речных отрезках	Транзит	Мордухай-Болтовской 1960, 1961; Жадин, Герд, 1961; Цееб и др., 1966

Таблица 14. (окончание).

Параметры	Днепровко-Бугский лиман	Водохранилища	Реки до зарегулирования стока	Источник
Трофический статус водоемов	Эвтрофные условия, с заметным вкладом в автохтонного органического вещества в процессы биотического круговорота	Эвтрофные (Днепровский каскад) и мезотрофные (Волжский каскад) условия, с заметным вкладом в автохтонного вещества	Процессы первичного продуцирования угнетены, биотический круговорот осуществляется по преимуществу за счет органического вещества аллохтонного происхождения	Мордухай-Болтовской 1960, 1961; Жадин, Герд, 1961; Цееб и др., 1966; Яковлев, 2002
Взвешенное вещество	—	Незначительная концентрация	Волга — 100г/м^3 Днепр — 40 г/м^3	Мордухай-Болтовской, 1960; Жадин, Герд, 1961; Алмазов, 1963
Прозрачность	Днепровская часть — 0,9 м, Бугская часть — 3 м	Днепровское водохранилище — 2,8м	Днепр — 0,5–0,9 м	Мордухай-Болтовской, 1960; Жадин, Герд, 1961;
Глубина	В центральных желобах в среднем 10 м, реже 12–16 м, максимум 30 м	Максимум для Горьковского 17 м (среднее по глубине среди водохранилищ Волжского каскада), в Куйбышевском 26 м (одно из наиболее глубоководных в каскаде)	Глубины на несколько метров ниже, чем в водохранилищах	Мордухай-Болтовской, 1960; Жадин, Герд, 1961;
Донные отложения и твердые субстраты	Много твердых субстратов естественного происхождения (главным образом растительные), преобладают мягкие донные отложения	Твердые субстраты растительного происхождения, искусственные твердые субстраты, затопленные субстраты, аккумуляция мягких донных отложений в озеровидных плесах и центральных русловых частях	Поверхность коренного ложа и аллювиальные наносыг	Жадин, Герд, 1961; Майстренко, 1966

Пассивный перенос личинок с течениями (дрифт) — основной механизм вторичного расселения обоих видов дрейссенид и является обычным способом распространения морских беспозвоночных, в жизненном цикле которых имеется планктонная личинка. По мнению М.Я. Кирпиченко (1997), за год личинки *D. polymorpha* могут оседать в 500 км ниже по течению от материнской популяции. Сходные оценки скорости дрифта личинок дрейссены полиморфной (300–500 км в год) приведены для популяций из Северной Америки (Johnston, Padilla, 1996). Экспериментальная имитация дрифта с помощью окрашенных частиц в речной системе Среднего Запада (Padilla et al., 2002) показала, что пополнение популяций *D. polymorpha* напрямую зависит от успеха размножения в популяциях, расположенных выше по течению.

Наблюдаемые различия расселения двух видов пресноводных дрейссен в свете современных представлений о биологической инвазии

Биологическая инвазия характеризуется двумя ключевыми фазами: интродукцией или заносом вида в экоситему-реципиент и его натурализацией. Фазу интеграции в сообщества и экосистемы мы здесь не рассматриваем. Для успеха первой фазы необходимо и достаточно наличие адекватных векторов и устойчивого инвазионного коридора, обуславливающего множественный характер заноса значительного числа особей вида, независимо от того, являются ли эти векторы и коридоры естественными или обусловлены хозяйственной деятельностью человека (Williamson, 1996; Reid, Orlova, 2002). Это положение достаточно хорошо иллюстрируется и регулярными палеоинвазиями *D. rostriformis* в водоемы восточной части Паратетиса, связанными с восстановлением межбассейновых перемычек вследствие трансгрессий (см. табл. 12) и вполне соответствует неоднократной (как минимум, в последнее межледниковье и в настоящее время) экспансии *D. polymorpha* на север европейского континента (Овчинников, 1954; Новский, 1960; Старобогатов, 1994; Старобогатов, Андреева, 1994). Современную инвазию дрейссены полиморфной в бассейны Волги и Балтийского моря в строгом смысле можно считать, скорее, реколонизацией ранее освоенного ареала вида, нежели чем-то новым в его истории. Различия между двумя обсуждаемыми инвазионными событиями в истории *D. polymorpha* (инвазией и палеоинвазией) касаются векторов, источников первичной интродукции и скорости процесса. Векторы в настоящее время представляют комбинацию антропогенных (судоходство, лесосплав и др.) и естественных способов расселения (дрифт), что существенно повышает скорость расширения ареала. Не представляется возможным высказать какие-либо предположения об источниках инвазии на север в межледниковый период. Однако результаты анализа частот пространственного распределения гаплотипов фрагмента митохондриальной ДНК, ответственного за синтез первой субъединицы цитохромоксидазы (CO 1), позволяют указать два возможных источника современного расселения *D. polymorpha* по Волге (May et al., личн. сообщ.). Источником реколонизации верхней и средней Волги с наибольшей вероятностью следует считать днепровский бассейн, тогда как “каспийские” гаплотипы, встречающиеся в популяциях дельты Волги и в северном Каспии, встречены в самой Волге только до Куйбышевского водохранилища (May et al., личн. сообщ.). Интересно отметить, что именно в регионе Самарской Луки до зарегулирования Волги располагались пороги, игравшие роль барьера, ограничивавшего продвижение понто-каспийских видов вверх по течению реки (Буторин, Мордухай-Болтовской, 1978). Очевидно, что и превращение Волги в глубоководный путь за счет подъема уровня воды при создании водохранилищ и древние трансгрессии понто-каспийских морей служили основой для образования коридоров для расселения понто-каспийской фауны вверх по течению рек.

Несмотря на важность долговременных и надежных коридоров инвазий, лишь 1 из 10 видов, попавших через них в экосистему-реципиент, способен там натурализоваться (Williamson, 1996). Пример неодновременности начала инвазии *D. bugensis* и *D. polymorpha*, по-видимому, иллюстрирует это правило. Так, системы каналов, связывающих Днепр с Балтийским бассейном, были открыты для навигации в XIX веке (см. выше), а путь, напрямую соединивший порты северного Причерноморья и Волги через Волго-Донской канал, был сдан в эксплуатацию в 1952 г. Однако никаких свидетельств присутствия дрейссены бугской в Балтийском бассейне нет и поныне, а первые находки ее в Волге сделаны 40 лет спустя после открытия Волго-Донского канала. Трудно предположить, что особи этого вида не перевозились так или иначе из понто-азовского бассейна в волго-каспийский. По литературным данным, не менее 20 видов беспозвоночных-вселенцев, зарегистрированных в Каспийском море, проникли туда через Волго-Донской канал с судоходством (Орлова, 2000), что доказывает высокую эффективность этого коридора. Исследования распространения дрейссены бугской в Северной Америке тоже выявили более медленные темпы ее расселения (Mills et al., 1993; Wilson et al., 1999), несмотря на то, что каких-либо отличий в механизмах распространения обоих видов нет (Wilson et al., 1999).

Можно предположить две основные причины отмеченной неодновременности расселения этих двух родственных понто-каспийских видов. Изучение экологических особенностей лиманных каспийских реликтов в их естественном ареале (Мордухай-Болтовской, 1960) и за его пределами (Карпевич, 1975) подтвердили важность соответствия условий в экосистеме-реципиенте экологическим требованиям вида потенциального вселенца для прохождения второй фазы процесса инвазии — натурализации. К примеру, натурализация *D. bugensis* в Волге произошла только после сооружения каскада водохранилищ, изменившего режим на сходный с таковым в лиманах северного Причерноморья. Хронология инвазии дрейссены бугской в Днепре и наблюдения за распределением вида в Днепровских водохранилищах также показали решающую роль трансформации речных условий в сторону более “эстуарных” в успехе колонизации водоемов этим видом (Журавель, 1950, 1951; Цееб и др., 1966; Плигин, 1979). Важность такой антропогенной трансформации речных экосистем для успеха преднамеренной акклиматизации и стихийного расселения многих понто-каспийских видов становится все более очевидной (Мордухай-Болтовской, 1960; Карпевич, 1975; Буторин, Мордухай-Болтовской, 1978; Николаев, 1979; Яковлев, 2001; Slyn’ko et al., 2002). Кроме изменения гидрологических и гидрохимических условий, при создании водохранилищ происходит разрушение речных сообществ и последующее формирование новых сообществ (Жадин, Герд, 1961). Одним из результатов такой трансформации, длящейся от нескольких лет до нескольких десятилетий (см. выше), является освобождение уже имевшихся экологических ниш, вследствие вымирания реофильных организмов, и возникновение новых, ранее данной экосистеме не свойственных. Как уже было отмечено в разделе 1.1, согласно классической парадигме Ч. Элтона (Elton, 1958), низкое видовое разнообразие сообществ и наличие в экосистеме свободных экологических ниш уже само по себе есть главная предпосылка, делающая экосистему восприимчивой к вселению новых видов.

Вторая причина может лежать в области биотических отношений видов и быть связанной с явлением, которое в англоязычной литературе по биологическим инвазиям получило название “invasion meltdown” (Symberloff, Von Holle, 1999; Ricciardi, MacIsaac, 2000). Натурализовавшись в экосистеме-реципиенте, вид-эдификатор, как правило, создает благоприятные условия для натурализации и других видов, связанных с ним топическими и трофическими взаимоотношениями. Несмотря на то, что оба вида дрейссен занимают сильно, а в ряде случаев полностью перекрывающиеся ниши в экосистеме, отвергнуть эту парадигму применительно к паре *D. polymorpha* — *D. bugensis* пока не представляется возможным.

В прошлом трансформации экосистем в направлении, благоприятном для вселения нео- и мезолимнических видов, в том числе и дрейссенид, происходили под воздействием естественных причин. В частности, в бассейне верхней и средней Волги в периоды межледниковий за счет таяния ледников и подъема уровня Черного и Каспийского морей (трансгрессий) возникали условия, способствовавшие распространению, с одной стороны, понто-каспийской фауны на север Европы, а с другой, — иммиграции так называемых “ледниковых реликтов” с севера в Каспийское море (Мордухай-Болтовской, 1960; Segestråle, 1962; Старобогатов, 1970; Reid, Orlova, 2002). Присутствие многочисленных крупных озер (Углич-Рыбинское, Костромское, Ростовское, Галич-Чухломское) в среднем и верхнем течении Волги 10000–7000 лет назад (Обедиентова, 1977) создавало благоприятные условия для натурализации многих видов, в том числе и понто-каспийского происхождения. Материалы по четвертичной фауне моллюсков на европейской территории бывшего СССР, проанализированные Я.И. Старобогатовым (1970), свидетельствуют о том, что многие виды в то время были распространены столь же широко, благодаря описанным условиям, как и сейчас, в результате расселения при содействии человека (инвазиям). Таким образом, уязвимость или восприимчивость экосистемы потенциального реципиента по отношению к инвазии (независимо от того, есть ли это результат действия естественных или антропогенных факторов) есть одно из необходимых условий успеха инвазии (натурализации) и в настоящее время, и в прошлом.

Принимая во внимание вышесказанное, следовало бы ожидать присутствия в четвертичных отложениях верхней Волги не только остатков *D. polymorpha,* но и *D. bugensis,* для которой условия в крупных ледниковых озерах, вероятно, были бы даже более благоприятны, чем для *D. polymorpha*, из-за сходства экологических характеристик *D. bugensis* с наиболее близкородственной группой — *D. rostriformis*. Находок таких, однако, пока не зарегистрировано.

Для объяснения отсутствия *D. bugensis* в четвертичных отложения северо-запада необходимо обратиться к исторической ретроспективе вида и примерной оценке его возраста. Существует несколько версий о происхождении и возрасте дрейссены бугской, и все они предполагают местом происхождения этого вида черноморский бассейн. Схема Н.И. Андрусова (1897) предполагает, что дивергенция в группе *bugensis-rostriformis* началась в плиоцене и здесь не рассматривается. Две других гипотезы сходятся в том, что вид появился недавно. Первая гипотеза основана на существовании отмеченного еще Н.И. Андрусовым морфологического ряда: *D. rostriformis* (исходная группа) — *D. tschaudae* Andrusov, 1897 (промежуточная группа) — *D. bugensis* (Старобогатов, 1994), давшего основание считать *D. tschaudae* непосредственным предком *D. bugensis*. В этом случае вид возник в Чаудинскую эпоху, и возраст его насчитывает несколько десятков, а то и сотню тысяч лет, что должно было бы выразиться в большем размере дистанции между дрейссеной бугской и дрейссеной клювовидной, чем на рис. 24, и, скорее всего, гарантировало бы находки ископаемых остатков *D. bugensis* за пределами исторической области. Второе предположение исходит из допущения, что *D. bugensis* эволюционировала непосредственно от *D. rostriformis distincta* в конце Новоэвксинского времени (Бабак, 1983). По мнению Е. В. Бабак (1983), предковая форма, каспийская *D. rostriformis distincta,* в очередной раз иммигрировала в черноморскую котловину из каспийской по Кумо-Манычскому соединению в Хвалынское время, тогда как *D. tschaudae* ведет свое происхождение от *D. rostriformis abchasica* Nevesskaya, 1963 — ископаемого эндемика черноморской области и не имеет отношения к дрейссене бугской. В конце Новоэвксинской эпохи из-за осолонения при наступлении второй Средиземноморской фазы эвригалинная каспийская фауна в черноморском бассейне сохранилась в устьях рек (лиманы, возникшие в результате тектонических и климатических событий), а на основной акватории черноморской котловины вымерла. Вероятно, в условиях лиманов и сформировался новый, пресноводный экотип понтодрейссен, ведущий свое присхождение непосредственно от каспийского предка. Генетическое сходство двух ныне живущих понтодрейссен (см. рис. 24) является аргументом в пользу этой точки зрения.

Молекулярные исследования и вышеописанная палеонтологическая версия дают основания предполагать, что дивергенция в группе *rostriformis – bugensis* является событием очень недавним и, возможно, начавшимся в конце последнего ледникового периода, совпавшего со второй катастрофической Средиземноморской фазой в геологической истории черноморского бассейна, т.е. примерно 7500 лет назад (Ryan et al., 1997). Гидрологические и гидрохимические условия в прибрежной зоне и эстуариях бассейна в этот период отличались нестабильностью (Мордухай-Болтовской, 1955, 1960; Ryan et al., 1997; Ballard, 2002; Reid, Orlova, 2002), что способствовало приобретению более широкой толерантности к воздействиям абиотических факторов у *D. bugensis* по сравнению с предковой формой *D. rostriformis*, сближающему *D. bugensis* в отношении к распреснению с *D. polymorpha* (Таблица 13, а также Шкорбатов и др., 1994; Orlova et al., 1998). Несмотря на приобретение способности к обитанию в пресноводных условиях и соответствующую способность преодолевать один из гидрохимических барьеров в своем распространении, эта понтодрейссена сохранила и ряд черт, присущих исходной группе *D. rostriformis*, что выражается в ее способности к размножению при низких температурах. Способность размножаться при низких температурах и сохранять высокую скорость роста в более олиготрофных условиях, по сравнению с *D. polymorpha*, позволила дрейссене бугской колонизировать не только обычные местообитания дрейссены полиморфной, но и освоить участки пресноводных водоемов, не доступные для дрейссен ранее.

Таким образом, при интерпретации наблюдаемых особенностей натурализации близкородственных видов среди причин "внутреннего характера", помимо биологических характеристик инвазионного вида, на наш взгляд, немаловажно проанализировать его происхождение и филогенетические связи внутри более крупной таксономической группы. Необходимость рассмотрения филогении при анализе инвазионных событий согласуется также и с новой концепцией об успехе ювенильных таксонов, предложенной в разделе 1.2. Оценка роли "внешних факторов", таких как геологические и климатические палеособытия, антропогенная трансформация водных экосистем-реципиентов в направлении возрастания их восприимчивости к инвазии того или иного вида, позволяют, по-видимому, выявить не только черты сходства палеоинвазий и инвазий, что само по себе представляет интерес для познания процесса инвазий и прогностических разработок, но и найти объяснения различным темпам антропогенного расселения близкородственных видов при наличии одних и тех же векторов инвазии и кажущемся сходстве их биологии.

2.4. Пресноводные рыбы России за пределами исторических ареалов: обзор типов интродукций и инвазий

Известно, что уже с античных времен люди перевозили рыб из одного места в другое и содержали их в неволе из гастрономических, ритуальных или эстетических соображений. По мере роста хозяйственной деятельности и технического прогресса росло влияние человека на водные системы и рыбные сообщества. Для России этот период можно ограничить последними 300 годами, начиная со времени постройки первых каналов, соединивших разные речные бассейны, и первых переселений рыб с утилитарными целями. Пик "созидательной" активности пришелся на последнее столетие. Создание плотин, водохранилищ, водозаборов, каналов, осушение водно-болотных угодий и прочие преобразования кардинальным образом изменили гидрографические характеристики водоемов. Это, естественно, вызвало перераспределение видов в рыбных сообществах в соответствии с новым характером биотопов и появлением связей между изолированными ранее бассейнами. В России соединенными оказались бассейны Северного Ледовитого океана, Каспийского, Черного (с Азовским) и Балтийского морей. Упрощенную схему перераспределения стока рек европейской части России можно найти в книге В.И. Козлова (1993).

Зарегулирование стока многих рек и антропогенное загрязнение явились основными причинами трансформации гидрологических параметров водоемов, в частности солености, содержания кислорода, количества и состава других растворенных веществ, влияющих на различные стороны жизнедеятельности рыб. Численность многих видов резко упала, они исчезли из ряда областей своих естественных ареалов. Другие виды, напротив, расширили свои ареалы за счет проникновения в новые водоемы и/или освоения новых биотопов. Кроме того, активно осуществлялись перевозки рыб с целью акклиматизации. Так, в СССР в 1961–1971 гг. проводилось до 400 перевозок рыб в год, а число водоемов, куда завозился рыбопосадочный материал, доходило до 370 (Бердичевский и др., 1968; Карпевич, 1975, 1998 и др.).

Таким образом, можно говорить о явлении "расширения ареала" или "расселении" отдельных видов рыб в последние три сотни лет как следствии прямой или опосредованной деятельности человека в отличие от эволюционных или биогеографических преобразований, имеющих гораздо более крупный временной масштаб. Однако в ряде случаев можно наблюдать современные изменения ареалов, вызванные причинами, для которых не удается определить антропогенный характер. Далее такие причины условно названы "естественными". В частности, к естественным причинам можно отнести локальные кратковременные потепления климата, вызывающие естественное расширение (или изменение конфигурации) ареала. Иногда такое явление называют "пульсацией" ареала.

Кроме изменения ареала, не менее значимой для оценки состояния вида может быть информация об изменениях численности вида в ареале в целом или отдельных его частях. Эта характеристика, которую можно назвать "плотность насыщения ареала", в ряде случаев играет решающую роль при анализе процессов динамики ареала определенного вида рыб и вскрытии причин такого явления. Увеличение численности вида в приобретенном ареале является одним из наиболее значимых критериев успеха его инвазии.

Естественные и антропогенные факторы могут оказывать влияние на характеристики ареала вида одновременно или последовательно.

Проиллюстрируем основные понятия и категории, связанные с явлением расширения ареалов пресноводных рыб на территории России, на отдельных примерах.

Термин "пресноводные виды" мы относим к следующим группам видов: 1) первично пресноводным, 2) диадромным, 3) морским по происхождению, но образующим пресноводные популяции или закономерно проводящим определенную часть жизненного цикла в пресных водах. По нашим данным, список пресноводных рыб России содержит не менее 380 видов (больше, если будет обоснован видовой статус ряда неописанных форм или таксонов с неясным статусом), принадлежащих к 150 родам, 38 семействам и 14 отрядам. Число родов и семейств может несколько варьировать в зависимости от принимаемой таксономической точки зрения.

Не менее 120 видов найдено вне пределов их исторических ареалов. Естественно, точную цифру дать практически невозможно, поскольку в ряде случаев определение границ ареала, который можно считать историческим, или первичным, затруднительно из-за отсутствия достоверной информации об исходном распространении вида. В целом почти 30% видового списка рыб пресных вод России относится к категориям интродуцированных и инвазионных видов. Полный список таких видов для европейской части России и сопредельных стран приведен в табл. 2 (раздел 1.4.2; см. также Bogutskaya, Naseka, 2002).

Следует также подчеркнуть, что к собственно фауне рыб России не отнесены особи видов, существование которых строго связано с сугубо искусственными контейнерами, т.е. аквариумами разных типов, устройство которых не предполагает прямой связи с открытыми водоемами (как естественного, так и техногенного происхождения). Однако при попадании этих видов в открытые водоемы они формально включаются в состав фауны, т.е. в список таксонов, зарегистрированных в открытых пресноводных водоемах на территории России. "Открытыми" водоемами мы называем все типы водоемов, расположенных вне закрытых помещений, в том числе антропогенного (техногенного) характера, но имеющих прямую связь (неконтролируемое или контролируемое человеком соединение, постоянное или временное) с естественными водоемами.

Наиболее простым разделением адвентивных видов на группы может быть "административное" деление — по расположению региона донора по отношению к границам Российской Федерации. Выделение "**экзотических**", т.е. новых для фауны России видов, показывает, как и насколько изменился ее формальный таксономический состав. Регистрация находок или актов интродукции новых для фауны страны видов необходима для проведения мониторинга возможных инвазий. В литературе многих стран выделение "экзотических" видов широко принято, и им уделяется большое внимание как основному источнику загрязнения аборигенной фауны, более опасному, чем "свои" инвазионные виды, к которым применяется термин "transplant" (Fuller et al., 1999).

Чужеродных видов из других стран, зарегистрированных на территории России, по нашим данным и критически проанализированным данным из литературы, 30 — Polyodontidae: *Polyodon spathula* (Walbaum, 1792); Clupeidae: *Alosa sapidissima* (Wilson, 1811); Cyprinidae: *Aristichthys nobilis* (Richardson, 1845), *Carassius auratus* (Linnaeus, 1758), *Ochetobius elongatus* (Kner, 1867), *Capoeta capoeta* (Güldenstädt, 1773); Catostomidae: *Ictiobus bubalus* (Rafinesque, 1818), *I. cyprinellus* (Valenciennes, 1844), *I. niger* (Rafinesque, 1820); Cobitidae: *Misgurnus anguillicaudatus* (Cantor, 1842), *Paramisgurnus dabryanus* Guichenot, 1872; Ictaluridae: *Ictalurus punctatus* (Rafinesque, 1818); Clariidae: *Clarias gariepinus* (Burchell, 1822); Osmeridae: *Plecoglossus altivelis* Temminck et Schlegel, 1846; Salmonidae: *Salmo ischchan* Kessler, 1877, *Salvelinus fontinalis* (Mitchill, 1814); Oryziidae: *Oryzias sinensis* Chen, Uwa et Chu, 1989; Poeciliidae: *Gambusia holbrooki* Girard, 1859, *Poecilia reticulata* Peters, 1859; Centrarchidae: *Micropterus salmoides* (La Cepede, 1802); Moronidae: *Morone saxatilis* (Walbaum, 1792), Cichlidae: *Oreochromis aureus* (Steindachner, 1864), *O. mossambicus* (Peters, 1852), *O. niloticus* (Linnaeus, 1758), *O. hornorum* (Trewavas, 1966), *Sarotherodon melanotheron* Rüppell, 1852, *Tilapia guineensis* (Günther, 1862), *T. mariae* Boulenger, 1899, *T. zillii* (Gervais, 1848).

Присутствие в водоемах на территории России еще нескольких видов требует подтверждения. Так, нам не известны достоверные данные о находках солнечника *Lepomis gibbosus* (Linnaeus, 1758) (Centrarchidae), широко натурализовавшегося, в частности, в Украине, которого иногда указывают также и для России (Elvira, 2001).

Примером наиболее экзотического вида, требующего искусственного поддержания специфических условий среды и осуществления искусственного размножения, может служить африканский клариевый сом *C. gariepinus*, выращивавшийся с 1993 г. опытно-промышленным рыбоводным цехом Новолипецкого металлургического комбината (Устинов, 1998; Кудерский, 2001). В ряде случаев не исключена возможность попадания экзотических объектов разведения в открытые водоемы и последующая натурализация. Кроме того, многие из перечисленных видов — перспективные объекты тепловодного индустриального рыбоводства. Часть видов встречается на территории России весьма локально или отмечена лишь единичными экземплярами. Так, сельдь-шэд *A. sapidissima*, интродуцированная в Тихий океан с 1861 г. из северо-западной Атлантики и успешно натурализовавшаяся, уже на протяжении полувека единично встречается у берегов северо-восточной Камчатки и в бассейне Анадыря (Световидов, 1952; Черешнев, Жарников, 1989; Шейко, Федоров, 2000). Два вида китайских вьюнов, *M. anguillicaudatus* и *P. dabryanus,* повсеместно намеренно и непреднамеренно интродуцированных в Китае, были недавно зарегистрированы и в российской части бассейна Амура у Хабаровска (Novomodnyy, 2002).

Разделение адвентивных видов можно проводить также по такому критерию, как природа фактора, обусловившего изменение характеристик ареала.

В современных условиях при значительном и практически повсеместном антропогенном влиянии на водоемы и их экосистемы часто достаточно сложно вычленить роль только **естественных** факторов в изменениях особенностей ареалов рыб. Тем не менее, в ряде случаев это может быть выполнено с высокой степенью достоверности.

Синец *Abramis ballerus* (Linnaeus, 1758) распространен в ряде водоемов Южной Карелии — есть в Сямозере и других озерах бассейна р. Шуя, а также отмечен в Архангельской области (бассейн р. Онега). До 1935 г. синец не был обнаружен в Водлозере, и о его возможной встречаемости здесь сообщалось лишь на основе опросных данных (Лукаш, 1939). Однако в дальнейшем синец стал встречаться в отдельных участках Водлозера, и с 1954–1955 гг. происходило постепенное увеличение его численности (Смирнов, 1967). В настоящее время этот вид многочислен и занимает 3–7-е место в общих уловах в водоеме (Петрова, Бабий, 2000). Вероятный рост численности синца как относительно теплолюбивой рыбы у северной границы ареала является, по-видимому, следствием общего изменения климата в сторону потепления в последние несколько десятилетий. Эта же причина может служить объяснением расселения ряда других видов на север в бассейне р. Северная Двина. Так, белоглазка *Abramis sapa* (Pallas, 1814) была впервые отмечена в бассейне Северной Двины в 1960-е гг. (Бознак, 2001, 2003), где встречалась единичными экземплярами (Соловкина, 1975). По данным Новоселова (2000), белоглазка впервые отмечена в р. Вычегда 1971 г., затем появилась в Северной Двине, быстро увеличивая свою численность. В настоящее время она распространилась практически по всей Северной Двине вплоть до дельтовой части реки и участков приустьевого взморья (Новоселов, Студенов, 2000). Жерех *Aspius aspius* (Linnaeus, 1758) также отсутствовал в реках, текущих в Северный Ледовитый океан, однако в последние годы он попал в Северную Двину и распространился в ней до Архангельска (Новоселов, 2000). Красноперка *Scardinius erythrophthalmus* (Linnaeus, 1758) в бассейне Северной Двины впервые отмечена в 1926 г. (Гнедина, Савина, 1930, цит. по: Бознак, 2001), затем найдена в трех озерах среднего течения (Соловкина, 1969а,б, 1975), а также есть данные, что она встречается в реках Вычегда и Вашка (Новоселов, 2000; Бознак, 2003). Существует мнение, что обнаружение красноперки в озерах системы речки Пянды, впадающей в Северную Двину ниже устья р. Вача (Соловкина, 1969а) является свидетельством ее присутствия в бассейне Северной Двины с мезоголоцена, несмотря на похолодание субатлантического периода (Бознак, 2003). В бассейне Северной Двины в 1970-е гг. была впервые отмечена чехонь *Pelecus cultratus* (Linnaeus, 1758) (Бознак, 2001).

Наибольшее количество описанных в литературе случаев изменений ареалов рыб связано с **антропогенными факторами,** влияющими как непосредственно на самих рыб, так и через изменение состояния пресноводных экосистем и гидрографических характеристик водоемов.

Используя такой критерий, как способ проникновения в регион-реципиент, неаборигенный вид может быть охарактеризован либо как “интродуцент”, т.е. вид, привнесенный в новые водные системы благодаря непосредственной акции переноса (интродукции или акклиматизации), проведенной специально или случайно, либо как “самостоятельный вселенец”, т.е. вид, попавший в новые водоемы и биотопы благодаря самостоятельному расселению (причины такого расселения имеют прямо или опосредованно антропогенный характер).

Интродукция — любой непосредственный перенос (перевозка, перемещение), осуществляемый человеком (преднамеренно или непреднамеренно). Применительно к ихтиологическим объектам, формами преднамеренной интродукции в России являются, в основном только: 1) аквакультура (рыбоводство); 2) выпуск объектов аквариумного рыбоводства в естественные водоемы.

К **аквакультуре** в широком смысле относятся коммерческое товарное рыбоводство, спортивное рыбоводство, декоративное рыбоводство, разведение и выпуск рыб с целью санитарного контроля, борьбы с обрастанием, зарастанием и т.п. Близко к понятию аквакультуры стоит термин “акклиматизация”, определяемый как целенаправленное вселение рыб в водоемы или рыбоводные емкости, расположенные за пределами природных ареалов, и содержание или выращивание вселенцев в новых местообитаниях на протяжении ряда поколений.

Акклиматизационные мероприятия преследуют две главные цели: 1) натурализацию, т.е. формирование в новых водоемах (естественных или техногенных) самовоспроизводящихся популяций рыб; 2) товарное рыбоводство, т.е. выращивание товарной рыбы в специализированных рыбоводных сооружениях без естественного воспроизводства вселенцев. Акклиматизационные мероприятия в России выполнялись по обоим указанным направлениям.

Практические работы по акклиматизации рыб во внутренних водоемах России ведутся со второй половины XVIII века. Наибольший размах они приобрели в 70–80-е гг. XX столетия. В 1986–1990 гг. в водоемах бывшего СССР осуществлялось ежегодно 250–300 вселений 30 видов рыб (Александров и др., 1995), значительная часть которых приходилась на водоемы России. В последние годы в России выполняется около 100 перевозок примерно 16 видов рыб (Строганова, Ванюшина, 2000). Достаточно полные данные об акклиматизации рыб во внутренних водоемах страны приведены в сводке Л.А. Кудерского (2001). За прошедший более чем 250-летний период для акклиматизации использовались 58 видов рыб, которые вселялись в многочисленные водоемы от Калининградской области до Сахалина и Камчатки и от Мурманской области до Северного Кавказа и Южной Сибири. Рассмотрим некоторые примеры акклиматизации рыб.

Для **акклиматизации с целью натурализации вселенца** использовалось более 20 видов рыб.

Последствия акклиматизации, рассчитанной на натурализацию рыб в водоемах вселения, проявляются в двух вариантах. Один из них — формирование нового (антропогенного, или приобретенного) участка ареала вдали от существующего естественного. Этот вариант обуславливает возникновение разорванного ареала. Второй вариант — простое расширение ареала в результате вселения вида в водоемы, расположенные вблизи области его естественного распространения.

В первом случае между природным ареалом и образующимся в результате акклиматизации антропогенным участком существует обширный хиатус, не занятый популяциями вселенца. Наглядный пример — акклиматизация горбуши *Oncorhynchus gorbuscha* (Walbaum, 1792) в бассейнах Баренцева и Белого морей (Кудерский и др., 1969). Естественный нерестовый ареал этого проходного вида в России расположен в основном в бассейне дальневосточных морей от Берингова до Японского. С 1956 по 1987 гг. горбуша периодически интродуцировалась в реки Баренцева и Белого морей (Азбелев, 1959; Мишарев, 1960; Азбелев и др., 1962; Галкина, 1965; Суркова, 1996 и мн. др.). В настоящее время горбуша заходит на нерест в реки этих акваторий от Мурманска до рек Печора, Каратаиха и Кара, а также отмечена у берегов Британских островов, Норвегии, Швеции, Исландии и Шпицбергена (Лоенко и др., 2000; Новоселов, 2000 и мн. др.). Между естественным ареалом и новой областью распространения расположены обширные акватории сибирских шельфовых морей. Аналогичный пример — акклиматизация ряпушки-рипуса *Coregonus albula* (Linnaeus, 1758) и сигов рода *Coregonus* в Ириклинском водохранилище (Еременко, Козьмин, 1979; Кудерский, Шимановская, 1995). Естественный ареал акклиматизантов приурочен к бассейну Балтийского моря, в то время как водоем-реципиент относится к бассейну р. Урал. К этому варианту относится также натурализация ряда видов сиговых в озерах Красноярского края (Кудерский, 2001).

Другой пример подобного рода — натурализация гамбузии *G. holbrooki* и медаки *O. sinensis,* завезенных для борьбы с малярийным комаром. Естественный ареал гамбузии* расположен в Северной Америке: водоемы бассейна Атлантического

* *Gambusia affinis* (Baird et Girard, 1853) и *G. holbrooki* стали рассматриваться как отдельные виды сравнительно недавно (Wooten et al., 1988; Rauchenberger, 1989). До этого их обычно считали подвидами одного вида, *G. affinis* и часто не раличали, поэтому сейчас сложно установить, с каким видом имели дело в СССР. По-видимому, в России обитает хольбрукская гамбузия. В Узбекистане отмечали оба вида и возможные гибриды между ними (Аннотированный каталог, 1998). В конкретных случаях для идентификации можно использовать опубликованные определительные таблицы (Rauchenberger, 1989; Page, Burr, 1991).

океана от Нью-Джерси до Флориды и реки Мексиканского залива на запад до южной Алабамы (*G. holbrooki*); бассейн Миссисипи и реки Мексиканского залива до Мексики (*G. affinis*) (Rauchenberger, 1989; Page, Burr, 1991; Fuller et al., 1999). В СССР гамбузия впервые доставлена в 1925 г. из Италии в Абхазию, где быстро расселилась по всем водоемам низменной и предгорной полосы (Барач, 1941). Из Абхазии гамбузию расселили для акклиматизации по всему Кавказу, на Украину и в Среднюю Азию. В бассейне Кубани отмечена в реках Лаба и Ветта, сбросных каналах Краснодарской ТЭЦ, в Краснодарском водохранилище, каналах и прудах низовьев Кубани, единично в самой Кубани (Крыжановский, Троицкий, 1954; Троицкий, Цуникова, 1988; Москул, 1994; наши данные).

Медака* *O. sinensis* была завезена в 1974 г. в Краснодарский край из бассейна р. Или в Казахстане, куда попала из Китая при рыбоводных работах. Она была выпущена в 6 водоемов, 5 из которых располагались в пределах города Краснодара и 1 — в окрестностях Анапы. Медака успешно размножалась в двух водоемах Краснодара (Цуникова, Позняк, 1990), отмечена в р. Анапка (Чихачев, Лужняк, 2001), в 1989 г. обнаружена в рисовых чеках Марьяно-Чербугольской оросительной системы (Цуникова, Позняк, 1990). Авторами данного раздела медака была поймана в июле 2001 г. в водоемах системы р. Кубань у станиц Курганская и Протичка.

Успешная акклиматизация с установлением разорванного ареала наблюдается у черноморско-азовского сингиля *Liza aurata* (Risso, 1810), интродуцированного в Каспийское море, и дальневосточного пиленгаса *Liza lauvergnii* (Eydoux et Souleyet, 1850)**, интродуцированного в черноморско-азовский бассейн. Сингиль был интродуцирован в Каспий в 1931–34 гг. (Карпевич, 1948), где быстро натурализовался, однако многочисленное промысловое стадо сформировалось только в восточной (туркменской) и южной (иранской) частях Каспия. В российском районе моря кефалей нет (Кудерский, 2001). Пиленгас был интродуцирован в Азовское море в 1960-х гг. Натурализовался и широко расселился в Азово-Черноморском бассейне (помимо открытых участков моря, отмечен в большинстве приазовских лиманов, в Краснодарском водохранилище; имеются сведения о его заходах в Кубань и многие реки черноморского побережья Кавказа), а также в средиземноморском бассейне, где достиг Эгейского моря в 1995 г. (Москул, 1994; Starushenko, Kazansky, 1996; Плотников, 2000; Koutrakis, Economidis, 2000; Чихачев, Лужняк, 2001) и уже отмечается в Адриатическом море у побережья Италии. Уловы пиленгаса в Азово-Черноморском бассейне во много раз выше, чем в Приморье (Пьянова и др., 2001). С 1991 г. он акклиматизирован в Пролетарском водохранилище (система Маныча) (Позняк, Жолобова, 2000).

---

* Популяции медаки Японии, Кореи и Китая ранее рассматривались как один вид, *Oryzias latipes* (Temminck et Schlegel, 1846). Недавно (Chen et al., 1989) китайские популяции выделены в отдельный подвид. Ряд авторов придает ему ранг вида (Kim, 1997; Kottelat, 2001; и др.).

** До недавнего времени в литературе этот вид обычно называли *Mugil soiuy* Basilewski, 1855. Синонимия дана в ряде работ (Kottelat, 1997; Thomson, 1997; Eschmeyer, 2003). Предполагают (Чесалина, Чесалин, 2002; Nakabo, 2002 и др.), что пиленгас конспецифичен японскому виду *Liza haematocheila* (Temminck et Schlehel, 1845) (=*Chelon haematocheilus* auctorum).

В случае простого расширения ареала в результате вселения вида в водоемы, расположенные вблизи его естественного распространения, хиатус между обеими частями ареала (естественной и приобретенной) не выражен. Так, корюшка *Osmerus eperlanus* (Linnaeus, 1758) недавно натурализовалась в ряде озер Карелии (Сегозеро, Селецкое, Маслозеро), бассейны которых расположены вблизи исторически населенного этим видом бассейна Онежского озера. В результате акклиматизационных работ лещ *Abramis brama* (Linnaeus, 1758) натурализовался в ряде малых озер и водохранилищ Южного Урала, затем был вселен в озера юга Западной Сибири и Новосибирское водохранилище, озера Хакассии, малые озера Забайкалья (Кудерский, 2001). Аналогичное перемещение границы ареала наблюдается у судака *Sander lucioperca* (Linnaeus, 1758). На севере Европейской части страны он был акклиматизирован во многих озерах Карелии (Сегозеро, Выгозеро, Вядлозеро) и Вологодской области (Кубенское, Воже, Лача), принадлежащих к бассейну Белого моря, где раньше его не было (Кудерский, 1964; Соловкина, 1975; Зуянова, 1989). Из оз. Воже судак проник в оз. Лача и р. Онега. Спустя некоторое время после натурализации в оз. Кубенском, он постепенно начал проникать в р. Сухона и далее в Северную Двину (Новоселов, 2000). В настоящее время он распространился во всем Северодвинском бассейне. На востоке судак был вселен в озера и малые водохранилища Южного Урала, Новосибирское водохранилище и ряд озер юга Западной Сибири и Красноярского края. Из водохранилищ верховий Иртыша он распространился через притоки в р. Иртыш и встречается здесь до впадения в р. Обь. Из Новосибирского водохранилища (река Обь) спустился до низовий Оби и Обской губы, кроме того, поднялся в верхнюю часть Обского бассейна (Кудерский, 1975, 2001). Таким образом, у судака произошло перемещение границы ареала в северном и восточном направлениях, у леща — в восточном.

Практика дает примеры сочетания у одного и того же вида обоих вариантов изменения границ ареалов. У судака, кроме отмеченного перемещения границы ареала к востоку, произошла также натурализация в оз. Ханка (бассейн р. Амур) (Кравцов, Свирский, 1999), откуда он проник в реки Амур и Уссури, распространившись на значительном протяжении последних (Сакович, 1985; Кравцов, Свирский, 1999). Таким образом, появился разрыв в новой части ареала в результате натурализации в бассейне Амура далеко не только за естественной границей, но и за первоначально искусственно созданной областью распространения.

Близки ко второму варианту различные случаи реакклиматизации рыб, выполнявшиеся с целью восстановления исторически утраченных участков природных ареалов. В бассейне Волги неоднократно выполнялись работы по вселению русского осетра *Acipenser gueldenstaedtii* Brandt et Ratzeburg, 1833, севрюги *Acipenser stellatus* Pallas, 1771 и белуги *Huso huso* (Linnaeus, 1758) во вновь появившиеся водохранилища, однако естественный ареал этих проходных видов восстановить не удалось. Реакклиматизация туводной стерляди *Acipenser ruthenus* Linnaeus, 1758 в Кубани имеет, по-видимому, лучшую перспективу (Березовская и др., 1999). Кроме того, в целях расширения ареала и акклиматизации стерлядь выпускалась во многие водоемы европейской и азиатской частей России от бассейна Балтийского моря до Камчатки (Шейко, Федоров, 2000; Кудерский, 2001, мн. др.), в частности в реки Печору (1928–1961 гг.), Мезень (1960–1953 гг.), Онегу (1961–1968 гг.), Шую (1968–1982 гг.). В Печорском бассейне и в р. Онега она натурализовалась (Новоселов, 2000). Интересно отметить, что первой документально подтвержденной интродукцией рыб в России была пересадка сибирской стерляди *A. ruthenus marsiglii* Brandt, Brandt, 1833 в р. Нева, осуществленная в 1763 г. (Карпевич, 1975).

Выше были рассмотрены примеры акклиматизации рыб, выполняемой целенаправленно, как правило, рыбохозяйственными организациями, однако известны случаи, когда переселение рыб из одного водоема в другой осуществлялось местным населением самодеятельно для повышения запасов рыб и эффективности промысла. В границах естественных ареалов рыб такая практика особенно часто наблюдалась в районах с заморными озерами. После очередного замора для восстановления промыслового значения водоема рыбаки завозили рыбу из соседних озер. Подобная стихийная интродукция выполнялась местным населением и за границами естественных ареалов рыб. Так, в 1919 г. окунь был вселен рыбаками в оз. Кенон и оказался в результате в бассейне р. Амур, где ранее отсутствовал (Милановский, 1951). В 1961 г. окунь был выпущен в некоторые пруды в бассейне р. Шилка и к настоящему времени широко расселился в бассейнах рек Шилки и Ингоды (Карасев, 1974; Горлачев и др., 1986).

Следует отметить, что в целом даже при очень интенсивной акклиматизационной деятельности действительная натурализация и вхождение в состав естественных экосистем (независимо от степени влияния на эти экосистемы) наблюдаются для относительно небольшого числа как интродукций, так и видов-интродуцентов. Как правило, интродуценты не находят оптимальных условий для размножения и, прежде всего, нормальных нерестилищ. Из всех видов наиболее широко натурализовались в новых местообитаниях пиленгас, лещ и судак, которые сравнительно широко пластичны в отношении условий для нереста. Что касается экзотических вселенцев, то большинство из них теплолюбивы и не способны натурализоваться в температурных условиях, свойственных водоемам большей части территории России. Для них, как правило, решающее лимитирующее значение имеет температура воды во время нереста и развития икры и личинок.

Акклиматизация с целью товарного выращивания стала проводиться в России уже в XVIII столетии, когда в пруды Петербургской губернии завозился такой южный вид, как карп (одомашненный сазан *Cyprinus carpio* Linnaeus, 1758).

Во второй половине XIX столетия из Западной Европы для товарного выращивания была завезена радужная форель *Parasalmo mikiss irideus* (Gibbons, 1855), затем американская малоротая палия *Salvelinus fontinalis* и другие виды. Однако широкий размах это направление акклиматизации получило лишь во второй половине XX столетия в связи со значительным вниманием, уделявшимся в то время развитию озерного нагульного рыбоводства. С 50-х годов прошлого столетия для товарного выращивания в озера европейской части страны (преимущественно северо-западного региона) завозились такие сибирские виды, как пелядь *Coregonus peled* (Gmelin, 1789), чир *Coregonus nasus* (Pallas, 1776), муксун *Coregonus muksun* (Pallas, 1814), сиг-пыжьян *Coregonus pidschian* (Gmelin, 1789). Для этих же целей и в европейские, и в сибирские озера вселялись карп, белый толстолобик *Hypophthalmichthys molitrix* (Valenciennes, 1844), пестрый толстолобик *Aristichthys nobilis* и другие виды. Перечисленные виды рыб, особенно пелядь, выращивались в озерах в течение ряда десятилетий. В связи с экономическими преобразованиями последнего времени озерное товарное рыбоводство в европейской части страны как направление аквакультуры практически прекратило существование. Были прекращены работы по искусственному получению молоди и зарыблению ею озер. В 20–30-е годы XX столетия приступили к товарному выращиванию ладожской ряпушки-рипуса и европейских сигов в озерах Южного Урала далеко за границами естественных ареалов этих видов. В небольших объемах эта работа продолжается и в настоящее время.

Наряду с акклиматизацией для товарного выращивания в естественных водоемах, примером расширения области распространения акклиматизантов без естественного воспроизводства служит **прудовое рыбоводство**. Оно основано на товарном выращивании ограниченного числа видов рыб, которые являются не только продуктивными, но и теплолюбивыми. В частности, естественный ареал карпа (основного объекта прудового рыбоводства) расположен к югу от 55° с.ш. В связи с этим, на всех территориях к северу от этой параллели, а также на юге Западной Сибири карп оказывается акклиматизантом, присутствие которого обеспечивается только благодаря искусственному воспроизводству. В ряде районов страны (Северный Кавказ, области черноземного и центрального регионов) совместно с карпом выращиваются такие дальневосточные растительноядные рыбы, как белый и пестрый толстолобики и белый амур *Ctenopharyngodon idella* (Valenciennes, 1844). Кроме того, эти виды встречаются и часто многочисленны в тех озерах и водохранилищах, в которые выпускается молодь для нагула на естественной кормовой базе. Для белого толстолобика в ряде рек (Волге, Кубани, Тереке) наблюдались случаи нерестовой миграции и естественного нереста, но икра, по-видимому, погибает из-за отсутствия необходимых условий для ее развития. В 1963–1965 гг. зарегистрировано нормальное развитие молоди белого толстолобика на рисовых полях в бассейне Кубани (Карпевич, 1968). Имеются нуждающиеся в проверке сведения о самовоспроизводящейся популяции в Терском районе Каспийского бассейна (Абдусамадов, 1986). Начиная с 1971 г., в качестве объектов прудового и нагульного рыбоводства стали использовать три вида североамериканских бупффало — малоротого *I. bubalus,* большеротого *I. cyprinellus* и черного *I. niger.* Их завозили во многие прудовые хозяйства европейской части России и водоемы Алтая, Южного Урала, а также выпускали в Куйбышевское, Саратовское, Цимлянское, Краснодарское и другие водохранилища (Ерохина, Виноградов, 1973; Позняк, 1987а; Емтыль, 1997; Евланов и др., 1998 и др.). Натурализации нигде не произошло.

Существенный вклад в антропогенные преобразования ареалов вносит **выращивание товарной рыбы в индустриальных условиях** (садках, бассейнах, лотках и других рыбоводных сооружениях). Индустриальное рыбоводство представлено двумя направлениями: выращиванием товарной рыбы при естественной температуре воды и с использованием подогретых вод. Наиболее старое направление — первое.

До последнего времени главным объектом индустриального выращивания товарной рыбы при естественной температуре воды служила радужная форель. В настоящее время она содержится в отдельных хозяйствах, расположенных мозаично на Северном Кавказе (включая черноморское побережье), в Московской и Ленинградской областях, в Карелии и некоторых других регионах. Американскую малоротую палию на протяжении длительного времени разводили в прудах хозяйства Ропша Ленинградской области, откуда она проникла в связанные с ними ручьи и ключи в верховьях бассейна р. Стрелка. Популяция этого вида здесь немногочисленна, но существует за счет естественного воспроизводства, по крайней мере, с начала 30-х годов XX столетия (Кудерский, 1974, 1984).

В последнее десятилетие в индустриальных условиях при естественной температуре воды выращиваются также сиговые рыбы. В частности, эти работы выполняются в Ленинградской области. Для выращивания привлекаются некоторые виды сибирских сигов (муксун, чир, пелядь), а также европейский сиг (Костюничев, Князева, 2000). Таким образом, муксун, чир и пелядь, исчезнувшие на северо-западе европейской территории страны в связи со сворачиванием озерного нагульного рыбоводства, вновь возвращаются в этот регион, но уже как объекты товарного выращивания в индустриальных условиях.

Своеобразные изменения в естественные ареалы рыб вносит тепловодное направление индустриального рыбоводства. В этом случае товарная рыба выращивается в садках, устанавливаемых в отепленных зонах водоемов охладителей тепловых и атомных электростанций или в бассейнах, лотках и других рыбоводных емкостях, снабжаемых сбросной теплой водой электростанций, промышленных предприятий или специально подогретой водой. Возможно использование естественных геотермальных вод. Содержание на теплых (подогретых) водах значительно расширяет область распространения теплолюбивых рыб к северу, в районы, не пригодные для их обитания при естественной температуре воды. Так, радужная форель выращивалась севернее Полярного круга на сбросных теплых водах Кольской АЭС (оз. Имандра). Карп успешно выращивался в садках в водоеме-охладителе Сургутской ГРЭС (61° с.ш.) в зоне тундры, на теплых водах Киришской ГРЭС (Ленинградская область), Костромской ГРЭС (Костромская область), в рыбхозе Кадуй (Вологодская область) и т.д.

Тепловодное направление индустриального рыбоводства использует для товарного выращивания рыб, обитающих в южных широтах, включая субтропическую зону. Так, северо-американский канальный сомик *Ictalurus punctatus* выращивался в индустриальных тепловодных хозяйствах Краснодарского края, Ростовской, Тульской, Ленинградской, Московской, Калининградской областей, Южного Урала, юга Западной Сибири. В естественных водоемах этот вид встречается в среднем и нижнем течении Кубани, в водоемах на степных реках бассейна Азовского моря и в Краснодарском водохранилище. Отмечен его нерест в сбросном канале Краснодарской ТЭЦ (Кудерский, 1982, 2001; Троицкий, Цуникова, 1988; Москул, 1994; Плотников, 2000). В условиях тепловодного рыбоводства в европейской части России выращиваются ленский (*Acipenser baerii stenorrhynchus* Nikolsky, 1896) и байкальский (*A. baerii baicalensis* Nikolsky, 1896) осетры, которых не удавалось акклиматизировать по схеме натурализации.

В России сравнительно редко отмечены случаи **выпуска объектов аквариумного содержания в естественные водоемы**.

Самым ярким примером этой категории интродукций является обитание гуппи *Poecilia reticulata* на участках сброса подогретых вод и в прудах-отстойниках с теплой водой в городах Москва, Тверь, Ярославль, Рыбинск, Воронеж (Соколов и др., 1994; Васильева, 1999; Делицын, 2001; Яковлев и др., 2001). Распространение наиболее известного инвазионного вида — ротана-головешки *Perccottus glenii* Dybowski, 1877 — в Ленинградской и Московской областях также связано с выпуском этой рыбы из аквариумов в естественные водоемы. Кроме того, инвазии ротана-головешки способствовали многократные непреднамеренные интродукции. Обзор истории инвазии этого вида можно найти на сайте www.zin.ru/animalia/pisces (Богуцкая, Насека, 2002).

Кроме того, выделяют категорию интродуцентов — объектов спортивного рыболовства, однако такого рода интродукции пока не получили в России широкого распространения.

Как и в случае преднамеренной интродукции, **непреднамеренная интродукция**, или случайное преодоление таких барьеров, как расстояние или физическая преграда, происходит при содействии ряда видов хозяйственной деятельности. Во внутренних водоемах основными видами непреднамеренной интродукции рыб оказывается случайная доставка в качестве дополнительного (хотя и нежелательного) компонента при проведении преднамеренных акклиматизационных мероприятий (с рыбами и/или беспозвоночными), при перевозках посадочного материала производственными рыбхозами при обычных рыбоводных работах, с балластными водами. Одним из многочисленных примеров подобной интродукции служит попадание небольшой карповой рыбы, амурского чебачка *Pseudorasbora parva* (Temminck et Schlegel, 1846), в водоемы бывших среднеазиатских республик СССР, европейской части России, а также других стран Европы. В Дунае он был впервые зарегистрирован в 1961 г. в Румынии, затем распространился вверх по течению во многие европейские страны: в 1967 г. достиг венгерского участка Дуная и в 1974 г. был зарегистрирован в Чехословакии. В 1982 г. он был найден в Австрии и немного позже — в Германии и Словении. Помимо Дуная, *P. parva* был обнаружен в Днепре и Днестре, а также зарегистрирован в Скадарском озере, озерах Охрид, Преспа и Алиакмон в Греции. Через Рейнско-Дунайский канал он проник в Западную Европу и распространился от Франции до Польши и Литвы (р. Неман), найден в Англии, Дании, Болгарии, Турции, Иране и даже Алжире. В России амурский чебачок широко распространен в системе Нижнего Дона, в Куме и Тереке и на всем протяжении долинной части бассейна Кубани, отмечен в Азовском море (Позняк, 1988; Емтыль, Плотников, 1989; Подушка, 1999; наши данные).

В водоемах России примеров случайных перевозок потенциально инвазионных видов относительно немного. К ним можно отнести, помимо упомянутых выше инвазий ротана-головешки и амурского чебачка, также распространение в ряде водохранилищ Днепра, Дона, Кубани и Волги звездчатой пуголовки *Benthophilus stellatus* (Sauvage, 1874), пухлощекой рыбы-иглы *Syngnathus abaster* Risso, 1827, некоторых бычков.

В литературе широкое внимание уделяется такому способу преодоления расстояния водными организмами, как перевозка их на кораблях с балластными водами. Во внутренних водоемах России этот путь интродукции рыб также не исключен, учитывая интенсивность судоходства по ряду транспортных магистралей, однако достоверные случаи расселения рыб с балластными водами в пределах России нам не известны.

Расселение, не связанное с интродукцией, естестенное расселение, или **саморасселение,** в большинстве случаев также прямо или косвенно связано с человеческой активностью.

Многочисленны примеры саморасселения рыб в результате разрушения или преодоления географических барьеров, которые обычно представлены водоразделами, а также водопадами или другими преградами, вероятность преодоления которых естественным способом чрезвычайно мала. Основной вид хозяйственной деятельности, способствующий преодолению рыбами таких барьеров, — строительство судоходных, водоснабжающих и оросительных каналов. Так, Волго-Донской канал способствовал проникновению черноморской пухлощекой иглы-рыбы в бассейн Волги, а каспийской кильки *Clupeonella cultriventris caspia* Svetovidov, 1941 — в Цимлянское водохранилище, где она была впервые зарегистрирована весной 1958 г. В дальнейшем килька проникла выше по р. Дон, а также в водохранилища Маныча и Состинские озера (Доманевский и др., 1964; Федоров и др., 1965; Шаронов, 1971; Кудерский, 1969, 1971; Позняк, 1987б; Троицкий, Цуникова, 1988). Широкое расселение рыб отмечается на Северном Кавказе в границах Краснодарского и Ставропольского краев и Ростовской области благодаря строительству ряда протяженных оросительных каналов. В результате этого изменился и расширился видовой состав рыбного населения в бассейнах рек Большой Егорлык, Маныч, Кума и др. (Позняк, 1987а, б; Козлов, 1993). Здесь расселялись как местные пресноводные и солоноватоводные виды, так и акклиматизанты (толстолобики, канальный сомик и др.). После постройки Кумо-Манычского канала терский усач *Barbus ciscaucasicus* Kessler, 1877 проник в Чограйское водохранилище на р. Восточный Маныч (Позняк, 1987а). В р. Большой Егорлык (притоке Западного Маныча в системе Дона) обнаружен кубанский длинноусый пескарь *Romanogobio pentatrichus* Naseka et Bogutskaya, 1998 (Naseka et al., 2001). Возможно, такие рыбы, как чехонь, белоглазка, жерех, щиповка *Cobitis taenia* Linnaeus, 1758 попали в бассейн Северной Двины по судоходным каналам, построенным еще в XIX столетии. По нашему мнению, появление стерляди в Онежском озере в том же столетии связано с вводом в эксплуатацию Мариинской водной системы (сейчас Волго-Балтийский канал). Благодаря этому гидротехническому сооружению стерлядь получила возможность проникать в Онежское озеро из Белого (Кудерский, 1983).

Расселение рыб в результате строительства каналов — глобальная проблема, специально рассматриваемая в биогеографии.

Саморасселение рыб часто наблюдается благодаря изменениям состояния водоемов (в том числе коренным образом) при некоторых видах хозяйственной деятельности. Наиболее радикальным из подобных видов деятельности является гидростроительство, которое во многих случаях преобразует отдельные речные участки таким образом, что они превращаются в водоемы с замедленным стоком — водохранилища. В результате исчезают реофильные виды рыб, но появляются лимнофильные, способные успешно обитать в условиях пониженного водообмена и замедленного течения.

Именно благодаря появлению водохранилищ на участках бывших рек имеют возможность обитать такие лимнофильные виды, как *Clupeonella cultriventris* (оба подвида — и килька, и тюлька *C. cultriventris cultriventris* (Nordmann, 1840), звездчатая пуголовка, пухлощекая рыба-игла, бычки и др. Особенно показательна в этом отношении килька, которая до гидростроительства изредка отмечалась в реках, но не могла образовывать устойчивые популяции из-за гидродинамического режима. Килька* из Волгоградского водохранилища, которое заселила к 1968 г., поднялась в Саратовское и Куйбышевское водохранилища, а из последнего мигрировала дальше по двум направлениям: в водохранилища бассейна Камы и в верхневолжские водохранилища (Рыбинское, Иваньковское, Угличское), где весьма многочисленна (Шаронов, 1971; Евланов и др., 1998; Слынько и др., 2000 и мн. др.). Из Верхней Волги кильке открывается путь к Балтийскому морю (если эту экспансию не ограничит такой фактор, как сравнительно низкая температура воды). Инвазия кильки, о которой существует обширная литература, непосредственно связана с созданием каскада водохранилищ в реках Понто-Каспийского бассейна, где килька заняла свойственную для нее в естественном ареале экологическую нишу пелагического планктофага. При этом не произошло полного вытеснения аборигенов, хотя бы частично сходных по экологии [(чехони, синца, уклеи *Alburnus alburnus* (Linnaeus, 1758)] (Антонов, Козловский, 2001).

Килька и другие указанные выше виды проникли в водохранилища разными путями из эстуарных участков. Не менее важный путь расселения при появлении водохранилищ — распространение рыб из верхних участков преобразованных рек. Так, в Рыбинском водохранилище появились и натурализовались ряпушка *Coregonus albula vessicus* Drjagin, 1932 и снеток — карликовая форма корюшки *Osmerus eperlanus* (Linnaeus, 1758), расселившиеся из расположенного выше по течению р. Шексна оз. Белого (Шаронов, 1971; Кудерский, 1975). Скат отдельных экземпляров этих видов, в особенности снетка, по Волге отмечался и до гидростроительства (Кузнецов, 1951), но в тот период их натурализации препятствовал речной режим. В 1943 г. снеток появился в незадолго до этого (в 1941 г.) образованном Рыбинском водохранилище, обладающем относительно богатым кормовым зоопланктоном и очень слабо выраженным течением, где уже к 1949 г. начал образовывать значительные концентрации (Антипова, 1961). В 1948–1949 гг. он появился в отдельных затонах вблизи Горького, а затем заселил образовавшееся в 1955 г. Горьковское водохранилище (Кузнецов, 1951; Кожевников, 1958). Вскоре снеток был отмечен в верхнем плесе Куйбышевского водохранилища, и к 1959 г. он широко распространился в этом водохранилище вплоть до его нижнего плеса (Шаронов,

---

*Полагают (Шаронов, 1971), что вверх по Волге распространилась не собственно каспийская килька, распространение которой приурочено в основном к эстуариям, а чархальская килька *C. cultriventris tscharchalensis* (Borodin, 1896), которая до образования водохранилищ встречалась в ильменях дельты и в затонах Волги, поднимаясь вверх на 90 км выше Саратова.

1960). В настоящее время он обитает в Верхневолжском, Иваньковском, Угличском, Рыбинском, Горьковском, Чебоксарском, Куйбышевском и Саратовском водохранилищах. В Саратовском водохранилище немногочислен (Слынько и др., 2000). Дальнейшее продвижение снетка к югу затруднено сравнительно высокими температурами воды.

Подобное активное расселение корюшки наблюдалось в бассейне р. Выг. Этот вид в 1953–1955 гг. перевозили икрой из Ладожского озера в Сегозерское водохранилище (Маханькова, 1956), где он успешно прижился и достиг высокой численности (Стефановская-Смирнова, 1961). Затем корюшка спустилась по р. Сегежа в соседнее Выгозерское водохранилище и широко там расселилась (Гуляева, 1964; Кудерский, Гуляева, 1986).

Подобный случай наблюдается в некоторых водохранилищах Ангарского каскада. В них за счет иммиграции из оз. Байкал натурализовался байкальский омуль *Coregonus migratorius* (Georgi, 1775), численность которого в новых местообитаниях достигла промысловых величин (Кудерский, Шимановская, 1995).

Саморасселение рыб после интродукции уже было рассмотрено при анализе результатов изменения ареалов ряда видов в результате акклиматизации или непреднамеренной интродукции. Иногда такое расселение называют "вторичной инвазией" в отличие от первичной инвазии, возникающей из региона, относящегося к естественному ареалу вида. Специфическими примерами вторичной инвазии благодаря антропогенному изменению состояния водоемов могут служить случаи натурализации теплолюбивых видов в водоемах с повышенной (по сравнению с естественной) температурой воды. В Черепетском водохранилище Тульской области (водоем-охладитель одноименной ГРЭС) в отепленной зоне сформировалась самовоспроизводящаяся популяция канального сомика в результате ухода особей из садков рыбхоза. Размножение канального сомика в водоеме при естественной температуре невозможно, и нерест происходил лишь в ограниченной по площади отепленной зоне (Кудерский, 1982). Аналогичное явление наблюдается с гуппи, которая в естественных условиях обитать не может из-за невысоких для нее температур воды, но образует самовоспроизводящиеся популяции на участках водоемов со сбросами подогретых вод. Гибель популяций этих видов неизбежна при изменении режима работы электростанции (например, резкое снижение выработки электроэнергии в зимний период), даже кратковременном прекращении сброса подогретых вод или изменении характера работы очистных сооружений.

Кроме упомянутых примеров интродукции и расселения (инвазии) рыб, имеются случаи появления видов за границами естественных ареалов, причины которых неизвестны. Можно лишь предполагать, что и подобные случаи связаны с антропогенной деятельностью, поскольку имеет место преодоление значительных расстояний между водоемами при отсутствии проходимых для вида водных связей.

Один из таких примеров — появление ладожской корюшки в Сямозере (Карелия). Здесь этот вид отсутствовал и внезапно появился в 1968 г. (Кудерский, 1985; Стерлигова и др., 2002). В последующие годы корюшка в Сямозере стала массовым промысловым объектом. Точная причина переселения корюшки из Ладожского озера в Сямозеро не установлена.

Два особо ярких примера расселения обнаруживаются в фауне Кубани. Для обоих наиболее вероятным водоемом-донором является Дон. Берш *Sander volgensis* (Gmelin, 1789) в бассейне Кубани был впервые зарегистрирован в 1985 г. В настоящее время он встречается как в самой реке, так и в кубанских лиманах и водохранилищах. В Краснодарском и Шапсугском водохранилищах берш стал многочислен с 1995 г. (Москул, 1994; Емтыль, 1997). В Краснодарском водохранилище его численность превышает численность судака — близкого аборигенного вида (Москул, 1999; Никитина, Москул, 1999). Европейский обыкновенный горчак *Rhodeus amarus* (Bloch, 1782) был впервые зарегистрированный в Кубани в 1999 г. и в последующее время был обнаружен в очень многих локальностях бассейна Кубани и в озерах на Сазальницкой косе (Кожара, Позняк, 2001; Емтыль, Иваненко, 2002; Емтыль, Мотрук, 2002; Позняк, Кожара, 2002). По нашим данным горчак многочислен в низовьях Кубани (у п. Коржевский), в р. Пшиш (у п. Хадыженск), в р. Неволька и р. Ходзь (притоки р. Лаба, среднее течение). В бассейне Волги горчак также расселяется в водоемы, где его до середины XX века не регистрировали (Алексеев, Белов,1977).

Интродукции и инвазии значительно изменяют таксономический состав ихтиофаун отдельных речных бассейнов. Списки аборигенных и неаборигенных родов и видов рыб ряда крупных рек на территории России приведены на сайте www.zin.ru/animalia/pisces (Богуцкая, Насека, 2002). Однако очевидно, что формальное перечисление зарегистрированных в конкретной речной системе видов без учета величины области распространения и численности отдельных видов не дает полного представления о современном состоянии ее рыбного населения. Поэтому для анализа рыбного населения отдельных рек мы условно выделили несколько групп видов, различающихся по своему статусу: 1) аборигенные исчезающие, редкие или очень локально распространенные виды; 2) аборигенные сравнительно многочисленные виды, сохраняющие историческую область распространения и распределения по биотопам; 3) исходно аборигенные виды, осуществляющие инвазию в пределах рассматриваемого бассейна; 4) неаборигенные ненатурализовавшиеся и локально натурализовавшиеся малочисленные интродуцированные виды, в том числе объекты рыбоводства; 5) неаборигенные широко натурализовавшиеся интродуцированные виды и объекты рыбоводства, достигающие большой численности. Данные по числу видов по группам для бассейнов Кубани и Волги представлены в табл. 15.

Из данных таблицы следует, что в Кубани зарегистрированы 64 аборигенных вида и 21 неаборигенный (25% общего числа видов). Исключая редкие и исчезающие виды, как аборигенные, так и неаборигенные, т.е. группы 1 и 4 (26% общего числа видов), в Кубани насчитывается 63 сравнительно широко распространенных и многочисленных вида, которые и составляют основу рыбных сообществ этой реки. Из них 76% представлены аборигенными неинвазионными видами и 24% инвазионными видами как неаборигенными, так и аборигенными. В Волге отмечены 73 аборигенных вида при 29 неаборигенных, которые составляют таким образом 28% общего числа видов, что относительно больше, чем в Кубани. Если исключить редкие и исчезающие виды групп 1 и 4 (38 видов, или 37% общего числа видов, т.е.

Таблица 15. Число видов пресноводных рыб по группам* для бассейнов Кубани и Волги.

Бассейн	Общее число видов	Аборигенные виды			Неаборигенные виды	
		Группа 1	Группа 2	Группа 3	Группа 4	Группа 5
Кубань	85	13	48	3	9	12
Волга	102	16	46	11	22	7

Примечание: * — объяснения в тексте.

абсолютно и относительно больше, чем в Кубани), в Волге насчитываются 64 сравнительно широко распространенных и/или многочисленных вида. Из них 72% составляют аборигенные неинвазионные виды и 28% (более одной четверти!) — неаборигенные и аборигенные инвазионные. Эти цифры указывают на значительные изменения, произошедшие в рыбных сообществах и экосистемах рассмотренных рек в целом, при которых драматически сократилась численность и уменьшилась область распространения многих аборигенных видов на фоне инвазии заметно меньшего числа аборигенных видов и увеличении численности интродуцированных чужеродных видов.

2.5. Инвазионные виды рыб в озере Байкал и байкальском регионе

Интродукция новых видов животных в оз. Байкал и водоемы его бассейна проводится с 30-х годов прошлого столетия. Вселение новых видов рыб было обосновано желанием обогащения коренной фауны ценными в промысловом отношении видами и увеличением промысловых уловов. Обоснованием для вселения послужило сложившееся мнение о том, что рыбопродуктивность Байкала крайне низка и составляет всего 3 кг/га, что в 2 раза меньше, чем в Ладожском и Онежском озерах (Кожов, 1947). Повышение рыбопродуктивности озера ученые видели в “реконструкции ихтиофауны”, заключающейся, с одной стороны, во вселении новых, ценных промысловых видов рыб и, с другой стороны, в уменьшении численности непромысловых байкальских эндемичных видов. В качестве новых промысловых видов рекомендовалось вселение рыб-планктофагов (ряпушку и пелядь) и бентофагов (чир, муксун) (Березовский, 1936; Талиев, 1936; Мишарин, 1949; Москаленко, 1978). Для уменьшения численности непромысловых коттоидных рыб предлагалось вселить хищных рыб, например нельму (Москаленко, 1969). Всего для интродукции было рекомендовано около 45 видов рыб, основу которых составляли лососевые, сиговые, осетровые и карповые рыбы, однако интродуцированы были 12 видов рыб: стерлядь, кета, рипус, пелядь, баунтовский сиг, баунтовская ряпушка, белый амур, белый толстолобик, восточный лещ, карп, амурский сазан, амурский сом (Пронин, 1982; Неронов и др., 2002).

Cyprinus carpio Linnaeus, 1758 — амурский сазан

Сазан был первым двидом, интродуципрованным в Байкал и водоемы его бассейна. Первые предложения по его интродукции были изложены К.Н. Пантелеевым (1926) и А.И Березовским (1936). В 1934 г. сотрудниками Сибирского отделения ГосНИОРХ 22 экз. сазана были вселены в оз. Шакша (бассейн Байкала) и 10 экз. — в Посольский мелководный залив (сор) оз. Байкал. В оз. Шакша сазана вселяли еще в 1936 г. и 1938 г. по 200 экз. (Карасев, 1974). В 1937 г. 14 экз. сазана были выпущены в протоку р. Селенга. После этих вселений сазан практически не встречался в водоеме, поэтому в 1944–1945 гг. 1000 производителей этого подвида вновь были выпущены в Посольский сор оз. Байкал. Позднее, в 1953–1954 гг. и 1957–1962 гг. разновозрастные особи сазана были интродуцированы в другие водоемы Восточной Сибири: оз. Котокель — 4000 экз., оз. Большое Еравнинское — 935 экз., оз. Загли-Нур — 210 экз., оз. Торми-Нур — 100 экз., оз. Ордынское — 11 экз., оз. Шучье — 203 экз, оз. Терминор — 100 экз., оз. Кергада — 100 производителей, пруд Алташевский — 242 экз. В 1957 г. в Иркутское водохранилище вселили 330 производителей сазана, в последующие годы — еще около 8000 особей (Мишарин, 1954; Асхаев, 1958, 1961; Тугарина и др., 1972; Мамонтов, 2001). В течение шести лет с 1967 по 1972 г. ежегодно в приустьевые участки р. Баргузйн были выпущены 24370 экз. сазана, в оз. Туло (среднее течение р. Баргузин) — 3108 экз., Чивыркуйский залив оз. Байкал и связанное с ним оз. Рангатуй — 15780 экз. В 1973–1977 гг. в эти районы ежегодно завозили по 5000–7000 экз. (Каницкий, 1972). Всего в Байкал и водоемы его бассейна сазана вселяли около 40 раз (Неронов и др., 2002).

Интродуцированный в водоемы бассейна Байкала сазан совершал значительные миграции, что привело к расширению его искусственного ареала. В Байкале сазан распространился из Посольского сора по восточному побережью озера до Чивыркуйского залива, по западному побережью — до пролива Малое море. В р. Баргузин миграции сазана ограничены руслом реки и водоемами его придаточной системы (Каницкий, 1992). Сазан из р. Селенга, широко распространился в озера ее бассейна: Гусиное, Иргень, Б. Ундугун, Шакша, Арахлей (Асхаев, 1961; Карасев, 1974).

Сазан наиболее быстро растет в мелководных, хорошо прогреваемых водоемах и наиболее медленно — в Посольском соре оз. Байкал. Так, в оз. Гусиное в возрасте 5+ он имел среднюю длину 365 мм и массу 1021 г, в Байкале — 335 мм и 960 г, в р. Баргузин — 412 мм и 1703 г (табл. 16) (Асхаев, 1961; Каницкий, 1992). Наибольший темп роста 47–19% (прирост длины за год жизни) сазаны из оз. Гусиного имели в возрасте 1+ – 4+, затем с наступлением половой зрелости темп роста уменьшался и в возрасте 5+ – 8+ составлял 8–6% абсолютной длины.

В естественном ареале, в районе нижнего и среднего участков Амура, сазан созревает в возрасте 4+, при достижении длины 36–40 см имеет плодовитость от 95 до 185 тыс. икринок (см. табл. 17). И.А. Громов (1979) указывает для сазана репродуктивный возраст от 4 до 24 лет; по мере роста и увеличения массы самок средние значения плодовитости увеличиваются в 14 раз: от 101000 до 1447000 икринок. В пределах одной возрастной группы величина индивидуальной абсолютной плодо-

Таблица 16. Изменение в процессе роста длины (см) и массы (г) амурского сазана в озере Байкал и водоемах его бассейна.

Водоемы	Возраст								Число экз.
	1+	2+	3+	4+	5+	6+	7+	8+	
Посольский сор, оз. Байкал	8,9 / 49	16,7 / 193	26,6 / 365	30,4 / 589	33,5 / 960	36,2 / 1261	38,6 / 1610	43,1 / 2100	154
Оз. Шакша	—	19,0 / 248	28,1 / 452	33,2 / 620	35,8 / 1042	38,8 / 1716	43,4 / 2090	—	162
Оз. Гусиное	10,1 / 52	19,1 / 210	27,3 / 436	33,1 / 604	36,5 / 1021	39,6 / 1612	42,0 / 1910	45,8 / 2360	243

* Числитель — абсолютная длина; знаменатель — масса. Данные Асхаева (1961).

витости колеблется в 5 раз (Громов, 1979). У сазана — порционный нерест. В Амуре он выметывает 3 порции икры: первая порция составляет 71%, вторая — 15%, третья — 14% общего количества икры (Никольский, 1956).

Сазан, интродуцированный в бассейн Байкала, созревает в возрасте 4–5 лет, и при этом имеет меньшие размеры, чем особи из бассейна Амура. Самцы созревают на год быстрее самок. Средняя длина впервые созревающих самок составляет 290 мм, масса 866 г, плодовитость 55800–105500 икринок (табл. 17) (Асхаев, 1961; Егоров, 1985). Нерест сазана в Байкале продолжается с середины июня до конца июля. В мелководных озерах Прибайкалья нерест начинается во второй половине апреля при температуре воды +12°С и заканчивается во второй половине июня в хорошо прогреваемой воде с температурой 16–23°С (Егоров, 1985). В качестве нерестилищ сазан использует участки дельты р. Селенга, протоки и затапливаемые мелководья озер (Соболев, Соболев,. 1979). Нерест происходит в утренние и вечерние часы на глубине 20–70 см. Икра приклеивается на растения, но обычно значительная ее часть оказывается на дне между растениями. Икринки желтого цвета, диаметром 1,8–2,3 мм (в среднем 2 мм). Соотношение полов (самцы:самки) в начале нереста близко 2:1, в конце нереста — 1:1.

Период инкубации икры в Амуре и водоемах бассейна Байкала составляет 5–6 суток. Длина вылупившихся личинок — 6,2 мм.

Таблица 17. Плодовитость (тыс. икринок) амурского сазана из естественного и приобретенного ареалов.

Возраст	Амур			оз. Гусиное		
	Колебания	Средняя плодовитость	n	Колебания	Средняя плодовитость	n
4+	34–199	101	11	55,8–105,5	81,3	36
5+	45–287	161	54	73,0–110,2	96,5	30
6+	35–298	177	60	95,5–120,1	98,6	36
7+	60–521	227	122	93,5–132,5	110,1	30
8+	141–604	300	86	100,5–185,5	160,5	30
9+	169–926	375	54			
10+	195–875	481	31			
11+	221–1301	514	26			

* Данные по Амуру (Громов, 1979), по озеру Гусиному (Асхаев, 1961).

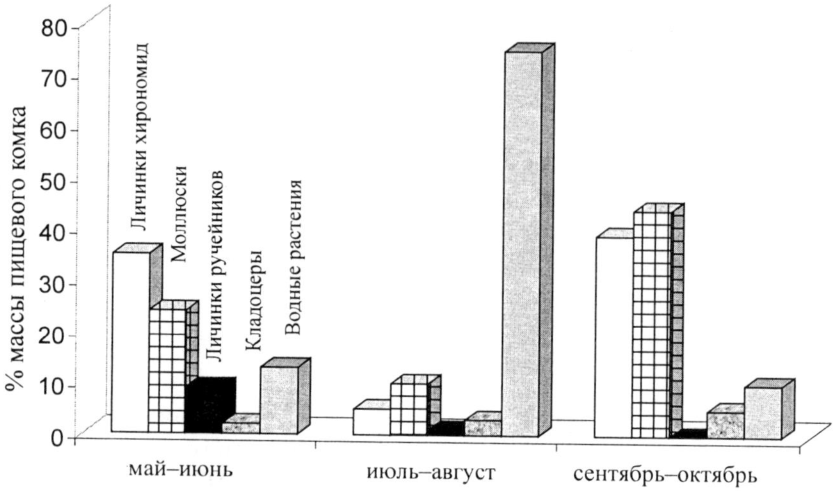

Рис. 26. Состав пищи сазана в различные сезоны (оз. Гусиное).

Интродуцированный в оз. Гусиное сазан активно питается в течение полугода: с начала мая до ноября. Многие исследователи отмечали перерыв в питании сазана в зимнее время года (Никольский, 1956; Асхаев, 1961; Ельцова; 1972; Егоров, 1985).

Молодь сазана в течение летнего периода потребляет в основном ветвистоусых рачков, из которых доминируют (70% массы пищи) виды рода *Daphnia*. Пища рыб старших возрастов (2+ – 8+) представлена 36 компонентами, из которых 27 составляют животные организмы, 9 — растительные. В течение всего периода активного питания животная пища составляет 84–90% массы пищевого комка и представлена в основном личинками хирономид и моллюсками. Растительная пища в годовом рационе сазана занимает около 10% массы, но в июле–августе за счет потребления рыбами семян водяной гречихи может возрастать до 75% (Ельцова, 1972). Из мягкой водной растительности сазан потребляет рдесты и зеленые нитчатые водоросли. В сезонном питании сазана прослеживается изменение доли отдельных пищевых компонентов. Так, в мае и сентябре наибольшую роль в пище сазана играют личинки хирономид (35% и 39%) и моллюски (24% и 44%), а в июле-августе — растительная пища (75%) (рис. 26) (Ельцова, 1972). В Байкале основу питания сазана также составляют хирономиды, гаммариды, моллюски и водная растительность (Асхаев, 1961).

Взрослый сазан имеет сходные пищевые компоненты с серебряным карасем (*Carassius auratus gibelio* (Bloch, 1782) и плотвой (*Rutilus rutilus lacustris* (Pallas, 1814). У сазана и карася зарегистрированы 7 одинаковых компонентов в пище: личинки хирономид, ветвистоусые рачки, моллюски, личинки ручейников, личинки поденок, гаммариды и водная растительность. У сазана и плотвы имеет место только один общий пищевой компонент — водная растительность. С окунем (*Perca fluviatilis* Linnaeus, 1758) у сазана общих пищевых компонентов не обнаружено (Ельцова, 1972), однако окунь потребляет икру сазана и его молодь. Так, в оз. Гусином, из 108 исследованных желудков окуня в 62 содержалась икра сазана, а в 5 — его молодь (Асхаев, 1961).

Основной промысел сазана в оз. Байкал производился в Посольском соре и заливе Провал. Уловы сазана в 1965–1971 гг. колебались от 2,1 до 14,7 т. С 1972 г. по 1977 г. уловы сазана возросли и составили 104,2 т (4% общего вылова частиковых рыб Байкала). В уловах сазан был представлен 15 возрастными группами: от 5+ до 19+ лет, длина рыб варьировала от 320 до 580 мм, но доминировали рыбы размером 440–500 мм (Соболев, Соболева, 1979). Спустя 20 лет уловы сазана уменьшились: в 1996 г. они составили 6,2 т, в 1997 г. — 4,7 т, в 1998 г. — 2,9 т (Демин, 2001). В общем промысле рыб в водоемах Бурятии в настоящее время доля сазана крайне мала и составляет 0,5% (Неронов и др., 2002).

Cyprinus carpio Linnaeus, 1758 — карп

По рекомендации А.Г. Егорова культурные породы карпа (зеркальная и чешуйчатая формы) были вселены в пруды Иркутской области и Бурятии. В 1955–1956 гг. 46 разновозрастных экземпляров карпа были выпущены в оз. Окуневое (бассейн р. Селенга), где в 1958 г. рыбы отнерестились. В 1961 г. из оз. Окуневое несколько половозрелых карпов были перевезены в Бичурские пруды на юге Бурятии (Егоров, 1960). В 1969 г. из этих прудов 30–40 экз. карпов были пересажены в тепловодное озеро в районе пос. Горячинск в Бурятии. В условиях теплых вод (летом 25–38°С) карп хорошо растет и размножается. В процессе эксплуатации этих водоемов карп попал в оз. Байкал (Карасев, 1987). А.И. Демин (2001) отмечал поимки одного экз. карпа в 1964 г. в районе Посольского сора, и еще одного, в 1997 г. — в проливе Малое Море, у оз. Зама.

Abramis brama orientalis Berg, 1949 — восточный лещ

Непосредственно в оз. Байкал восточный лещ не был интродуцирован, он проник в озеро из водоемов его бассейна. Вселение леща в водоемы бассейна Байкала началось в 1954 г. В оз. Гусиное в течение 1954–1972 гг. было выпущено 12600 экз. В это же время лещ в количестве 1600 экз. вселяли в оз. Щучье и Окуневое, а также в Бичерские пруды бассейна р. Селенга. В 1960–1961 гг. 2800 особей леща интродуцировали в оз. Котокель, откуда он впоследствии и попал в оз. Байкал. В течение 1956–1963 гг. 23800 экз. этого вида были выпущены в Иркутское водохранилище и в 1962–1965 гг. 17500 экз. — в Братское водохранилище (Демин, 2001).

Интродуцированный восточный лещ распространен по восточному побережью оз. Байкал, в озерах его бассейна: Гусиное, Окуневое, Котокель, Щучье, в озерах бассейна р. Витим — Б. Еравнинское, Иван, Сосновское, а также в Иркутском и Братском водохранилищах.

Наиболее интенсивный рост леща обнаружен у особей из оз. Котокель (табл. 18). В возрасте 4+ самки леща имели длину 258–302 мм (в среднем 280 мм) и массу 400–668 г (в среднем 534 г), в возрасте 16+ — длину 532–575 мм (в среднем 464 мм) и массу 4735–4820 г (в среднем 4764 г). Самцы были немного крупнее самок. Сходный темп роста имел место у леща, обитающего в Братском водохранилище и оз. Большое Еравнинское (см. табл. 18). Наиболее медленно растет лещ в Иркутском водохранилище, в возрасте 7+ он почти в 3 раза отстает в росте массы тела от леща из оз. Котокель. Средний годовой прирост массы тела у леща из Иркутского водохранилища составил 160 г, из оз. Котокель — 340 г (Купчинский, 1987). Высокий темп роста леща, интродуцированного в водоемы Прибайкалья и Забайкалья, свидетельствует о благоприятных условиях его нагула.

Восточный лещ в условиях водоемов Прибайкалья созревает в возрасте 4–7 лет, самцы созревают раньше, в возрасте 4–5 лет и размером 252–316 мм, самки — позднее, в возрасте 5–7 лет, длиной 272–411 мм. Нерестовое стадо леща из оз. Котокель представлено производителями 12 возрастных групп от 5+ до 16+ лет, в Братском водохранилище возраст производителей колебался от 6+ до 11+ лет, в Иркутском водохранилище — 4+ – 12+ лет. В нерестовом стаде соотношение самцов и самок имеет широкие межгодовые колебания. Так, в оз. Котокель и Братском водохранилище соотношение самок и самцов на нерестилищах в разные годы колебалось от 1:6 до 1:1, но, как правило, доминировали самцы (Купчинский, 1984,1987). Лещ принадлежит к рыбам, имеющим порционный нерест, но интродуцированный в водоемы Прибайкалья, он выметывает икру раз в год, т.е. имеет единовременный нерест. Нерестовый ход леща в оз. Котокель начинается с 20–22 мая при прогреве воды до 6–7°С, в Братском водохранилище — с конца мая–начала июня, Иркутском водохранилище — с 10–20 июня. Нерест происходит в мелководных, хорошо прогреваемых (до 12–16°С) заливах, с наличием подходящего нерестового субстрата, в качестве которого могут служить корневища тростника, осоки, плавучие торфяные островки, корневища затопленных деревьев. Нерестовый период короткий и продолжается от 1 до 8 дней. Нерест происходит в ночные часы, на глубине от 0,25 до 4,5 м (Тугарина и др., 1967; Купчинский, 1987). Абсолютная плодовитость леща в различных водоемах Прибайкалья колеблется от 17700 до 878000 икринок. Наибольшие значения плодовитости имели самки, обитающие в оз. Котокель, наименьшие — одновозрастные самки из Иркутского водохранилища (Купчинский, 1987). Развитие икры при температуре 16–19°С продолжается обычно 5–8 суток, личинки при вылуплении имеют длину 5,0–5,6 мм (в среднем 5,3 мм). За 11 дней они выросли до 7,5 мм.

Лещ образует гибридные формы с плотвой. Гибридная форма имеет морфологические признаки обоих родительских видов: по темпу роста гибридная форма отстает от леща, но опережает плотву. Так, в Иркутском водохранилище в возрасте 4+ лещ имеет среднюю длину 252 мм и массу 313 г; гибридная форма, обитающая там же, имеет длину 153 мм и массу 74 г. Половозрелыми гибридные формы становятся в возрасте 5–7 лет, нерест происходит одновременно с лещом. Пища гибридов состоит из моллюсков — 24–39% (% массы пищи), гаммарид — 6–9%, личинок хирономид — до 20%, макрофитов и детрита — около 50% (Тугарина и др., 1967).

В пище леща в оз. Котокель обнаружены 9 компонентов, однако главными из них являются 3: личинки хирономид, гаммариды и моллюски. В отличие от сазана лещ питается круглый год, но с разной интенсивностью. Наибольшая интенсивность питания приходится на летние месяцы — июль и август, минимальная — в осенне-зимний период; индексы наполнения кишечников уменьшаются в 10 раз. В

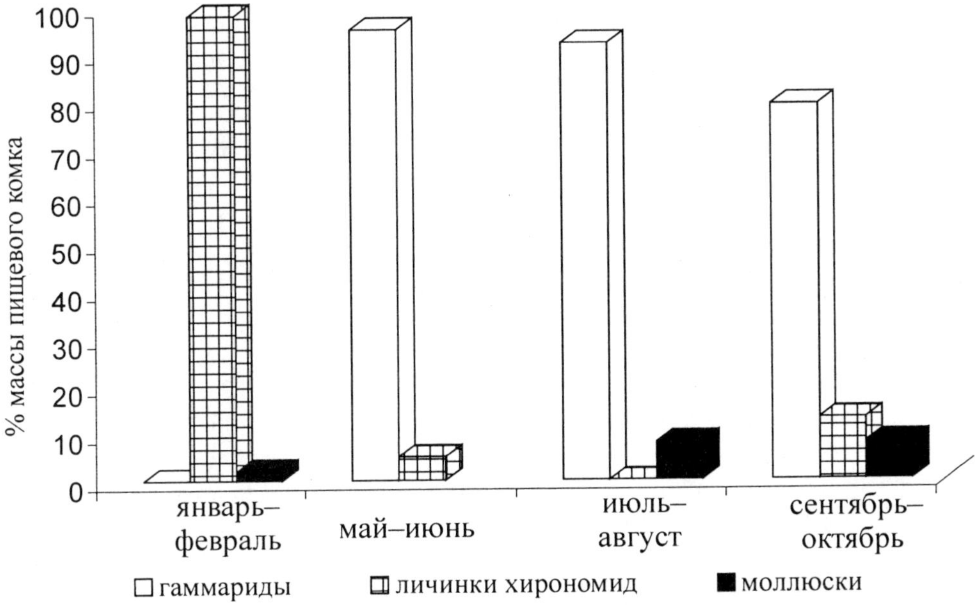

Рис. 27. Состав пищи леща в различные сезоны (оз. Котокель).

сезонном аспекте наблюдается изменение интенсивности питания, а также потребление отдельных групп пищевых организмов. В зимний подледный период в пище леща доминируют личинки хирономид; в остальные сезоны года явное преимущество сохраняется за гаммаридами, потребление которых составило 86–98 % массы пищи (Ельцова, 1972) (рис. 27). В Иркутском водохранилище основными пищевыми компонентами леща возрастом 4+ – 13 + являлись личинки хирономид, гаммариды, макрофиты и детрит. Среди гаммарид преобладали 3 вида: *Gmelinoides verrucosus* (Dybowski, 1874); *G. fasciatus* (Stebbins, 1899) и *E. viridis* (Gerstfeldt, 1874) (Тугарина и др., 1967).

Основу пищевого рациона аборигенных рыб плотвы и окуня, так же как и интродуцированного леща, составляют гаммариды, среди которых доминирует один вид — *Gmelinoides fasciatus* (Ельцова, 1967). Обилие этого вида в водоемах, вероятно, не создает напряженных конкурентных взаимоотношений между лещом и аборигенной ихтиофауной.

Наибольшая численность леща отмечена в озерах Забайкалья: Иван и Большое Еравнинское (бассейн Витима). Вылов леща в оз. Б. Еравнинское в 1974–1977 гг. достигал 208 т (Карасев, 1987). В оз. Байкал лещ встречается единично и промыслового значения не имеет.

Leucaspius delineatus (Heckel, 1843) — обыкновенная верховка

Верховка была случайно завезена из европейской части России в Иркутскую область вместе с посадочным материалом карпа в 50–70-е годы прошлого столетия. В бассейне р. Ангара установлены 2 локальных места обитания этого вида: пруды с. Кунарейка и р. Ангара в черте Иркутска, в районе Областной станции юных натуралистов (Матвеев и др., 2003).

Parasilurus asotus (Linnaeus, 1758) — амурский сом

Непосредственно в оз. Байкал амурский сом не вселяли. В 1932 г. амурский сом в количестве 22 экз. был выпущен в оз. Шакша. В 1938 г. в это же озеро было интродуцировано еще 400 особей сома. Через несколько лет (с 1941 г.) сом широко расселился в бассейне р. Селенга, включая оз. Гусиное. В 1949 г. сом начал встречаться в южной части Байкала, в 1950-х гг. появился в Иркутском, а затем в Братском водохранилищах (Асхаев, 1961; Карасев, 1987; Демин, 2001).

В настоящее время амурский сом встречается в прибрежной зоне оз. Байкал и проливе Малое Море, озерах Гусином, Шакша, Иргень, Арахлей, Цайдамские озера, р. Селенга, р. Баин-Гол, р, Хилок, а также в Иркутском и Братском водохранилищах. В летний период держится на глубинах до 10 м, поздней осенью и зимой — глубже.

Амурский сом растет значительно быстрее, чем сазан и лещ. Сравнение роста сома, интродуцированного в оз. Гусиное и оз. Иргень, с его ростом в р. Онон (бассейн Амура) показало, что наиболее быстро он растет в оз. Гусиное, в возрасте 4+ сом имеет среднюю длину 560 мм и массу 1600 г; особи этого же возраста в р. Онон имеют длину 510 мм и массу 1180 г (Ельцова, 1972; Карасев, 1987). Рост сома в р. Онон сходен с таковым в оз. Иргень (табл. 19).

Сом созревает в 3–4–летнем возрасте. Самки созревают несколько позже самцов, самцы становятся половозрелыми в основном в возрасте 3+, а самки — 4+. Длина впервые созревающих самок составляет 380–430 мм, масса — 350–400 г. Плодовитость колеблется от 8500 до 198000 икринок (Карасев, 1987). Размер икринок у интродуцированного сома составляет 1,6–2,1 мм, у особей из р. Амур — 1,3–2,05 мм (Никольский, 1956). Нерест сома происходит в мелководных пойменных озерах, заливах и протоках рек, начиная с третей декады июня до конца июля при температуре воды 19–24°С. Соотношение самцов и самок на нерестилищах близко 1:1 (Карасев, 1987).

Пища амурского сома в оз. Гусиное включает 7 компонентов. В возрасте 1+ – 8+ основу пищи (70–80% массы) составляют песчаная широколобка (*Leocottus kesslerii* (Dybowski, 1874)) и конская пиявка (*Herpobdella octoculata*) (26–60%) (табл. 20) (Ельцова, 1972). Сезонных изменений в питании сома не прослеживается, наблюдается разная интенсивность питания, максимальная в июле-сентябре, слабая — в мае–июне и октябре, минимальная — в зимнее время.

Сходные пищевые объекты (гаммариды и рыба-песчаная широколобка) сом имеет только с окунем.

В 1950–1970 гг. наблюдались вспышки численности сома в оз. Гусиное и Посольском соре оз. Байкал. В настоящее время сом редко регистрируется в официальной статистике рыболовства, и его вылов в 1995–1998 гг. составил 1,5–8,6 т (Демин, 2001; Неронов и др., 2002).

Perccottus glenii Dybowski, 1877 — ротан-головешка

Ротан не был интродуцирован непосредственно в оз. Байкал, он случайно попал в оз. Гусиное в 1969 г. при вселении туда амурского сазана. В этом озере ротан начал встречаться с 1978 г., а в других водоемах бассейна Селенги — с 1980 г. В оз. Байкал в районе дельты р. Селенга ротан обнаружен в 1985 г. За 15 лет он сумел широко расселиться практически по побережью озера и в Иркутском водохранилище (Litvinov, O'Gorman, 1996; Демин, 2001; Болонев и др., 2002; Неронов и др., 2002).

Ротан распространен в локальных участках прибрежной зоны оз. Байкал: Селенгинском мелководье, заливе Провал, Истокском и Посольском сорах, районе пос. Слюдянка, дельте р. Бугульдейка, бухтах Большие Коты и Песчаная. В районе Селенгинского мелководья пойман нами в донный трал на глубине 75 м. В Прибайкалье ротан присутствует в р. Селенга, оз. Гусиное, Иркутском водохранилище.

Предельный возраст, определенный для ротана из района дельты р. Селенга, — 8+, при этом он имел длину 245 мм и массу около 200 г. Максимальный размер ротана в оз. Байкал сходен с таковыми в р. Амур и составляет 250 мм (Litvinov, O'Gorman, 1996; Скрябин, 1997). В течение жизни ротан растет неравномерно, наибольшие линейные приросты приходятся на возраст 1+ и 3+ (рис. 28).

Около 12% самок ротана созревают в возрасте 1 года и 100% самок — в возрасте 2 года. Плодовитость в возрасте 1+ составляет 880 икринок, в возрасте 7+ — в 42 раза больше, 37000 икринок. В дельте р. Селенга и оз. Байкал ротан в течение лета выметывает две порции икры: в начале июня и первой половине августа. В естественном ареале (бассейне Амура) ротан имеет три генерации. Соотношение самцов и самок в нерестовом стаде близко 1:1 (Litvinov, O'Gorman, 1996; Скрябин, 1970).

В пище ротана, обитающего в различных водоемах Байкальского региона, зарегистрировано около 100 видов кормовых организмов, относящихся к 30 семей-

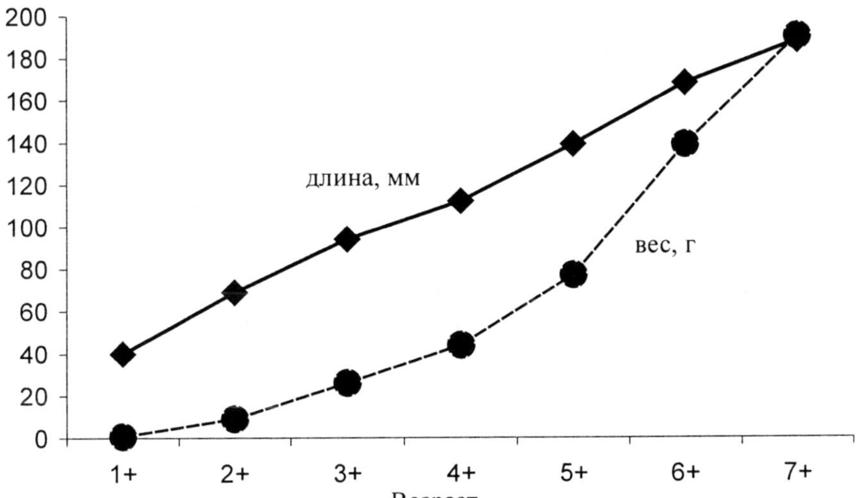

Рис. 28. Рост длины и массы тела у ротана в озере Байкал.

ствам и 57 родам (Болонев и др., 2002). Молодь ротана потребляет в основном зоопланктон, от года до 4-летнего возраста ротан питается бентосными организмами и молодью рыб, а особи ротана старше 4 лет в значительном количестве потребляют молодь карповых рыб (85% массы суточного рациона). Ротан в первый год жизни питается в основном кладоцерами, копеподами и хирономидами, причем в этом возрасте наблюдается сезонная изменчивость в питании. В мае в пище ротана доминируют кладоцеры, в июне–июле — копеподы, августе–сентябре — хирономиды, октябре — молодь и икра осенненерестующих рыб. У ротанов, в возрасте 2+ и старше диета разнообразнее и состоит из личинок хирономид и ручейников, гаммарид, моллюсков, рыбы и икры. Сезонные различия в питании ротанов старших возрастных групп незначительны. Беспозвоночные животные, обнаруженные в пище ротана, доминируют также в питании аборигенных видов рыб. Так, у молоди ельца и плотвы пища состоит в основном из кладоцер, копепод и хирономид, а у карася — на 100% из кладоцер (Litvinov, O'Gorman, 1996), что полностью совпадает с составом пищи у молоди ротана. Сходство пищи ротана (возраст 1+ – 4+) с язем достигает 90%, карасем — 81%, плотвой — 67%, ельцом — 49% (Литвинов, 1993; Пронин и др., 1998).

Вселение ротана внесло изменения в структуру и функционирование прибрежных сообществ в оз. Байкал и водоемах его бассейна. В мелководных протоках р. Селенга и отдельных участках Посольского сора (оз. Байкал) плотность ротана в 1990-е гг. достигала 95 экз./м^2 (Скрябин, 1997). Такая высокая численность и широкий спектр питания ротана оказывают существенное влияние на численность планктона и бентоса в прибрежных биоценозах. Уменьшение численности кормовых организмов привело к появлению пищевой конкуренции между ротаном и карповыми рыбами, и, в конечном итоге, к перестройке биоценозов и доминированию в них одного вида — ротана. В некоторых старицах р. Селенга уловы рыб на 40% состояли из ротана (Литвинов, 1993). Ротан способствует уменьшению численности рыб, потребляя их икру и молодь. Так, если молодь омуля не скатывается в Байкал по руслу р. Селенга, а задерживается в ее дельте, то она в значительной степени выедается ротаном (Литвинов, 1993).

Сам ротан служит пищевым объектом для хищных рыб — щуки и окуня. Пища всех экземпляров щук и окуня, пойманных на Селенгинском мелководье, на 100% состояла из ротана (Демин, 2001). Ротан играет заметную роль и в питании рыбоядных птиц, в большом количестве обитающих в дельте р. Селенга. Начиная с 1987 г., большинство птиц переключилось на потребление ротана как основного пищевого объекта. Обилие ротана и его легкая доступность для птиц привели к увеличению численности серебристой, сизой и озерной чаек, а также серой цапли (Тупицын, 1995; Демин, 2001). Численность ротана в дельте р. Селенга и оз. Гусиное в последние годы несколько сократилась (Болонев, 2002), однако, несмотря на это, ареал ротана в Байкальском регионе продолжает увеличиваться.

Coregonus peled (Gmelin, 1789) — пелядь

Непосредственно в оз. Байкал пелядь не вселяли. Осенью 1968 г. икра пеляди, полученная от производителей из оз. Чандык (Красноярский край), была доставлена для доинкубации на Большереченский рыбоводный завод (оз. Байкал). После инкубации в 1969 г. личинки в количестве 11,64 млн. шт. были выпущены в оз. Щучье (бассейн р. Селенга). В 1969–1970 гг. в это озеро были выпущены 208,5 тыс. сеголеток. В 1970 г. молодь пеляди интродуцирована в Тельманские пруды (бассейн Селенги). После крупных наводнений в 1971 и 1973 гг. и переполнения прудов пелядь попала в р. Селенга, а из нее в оз. Байкал (Карасев, 1974; Мамонтов, 2001). В 1972 г. Ихтиологическая комиссия Минрыбхоза СССР запретила акклиматизационные работы, связанные с разведением пеляди в бассейне оз. Байкал. Кроме водоемов бассейна Байкала пелядь неоднократно вселяли в Иркутское и Братское водохранилища (Карасев, 1974; Мамонтов, 2001; Матвеев и др., 2003).

В настоящее время пелядь единично встречается в районе Селенгинского мелководья и юго-восточного побережья Байкала, оз. Арахлей, а также в Иркутском, Братском водохранилищах и русловой части р. Ангара.

Рост, созревание и плодовитость пеляди в оз. Байкал из-за малой ее численности не изучены. В условиях озер Забайкалья пелядь растет быстро, в возрасте года она имеет длину 169–261 мм (в среднем 208 мм) и массу 135–320 г (в среднем 220 г). Половой зрелости пелядь достигает в возрасте 1+ – 2+. Средняя плодовитость двухлеток составляет 33000 икринок, 3-леток — 57400, 4-леток 98500 икринок. Нерест происходит осенью, в октябре–ноябре, и единично — в начале декабря, на песчаных грунтах.

Основу пищи пеляди в зимнее время составляют представители зоопланктона — кладоцеры и копеподы, в летнее и осеннее время в пище присутствуют представители зоопланктона (кладоцеры, копеподы) и бентоса (личинки хирономид, гаммариды, остракоды) (Карасев, 1987).

После вселения пеляди в оз. Щучье в 1973 г. промвозврат составил всего 0,8 млн. икринок (Неронов и др., 2002). Промысловое значение пелядь имеет только в Братском водохранилище (Матвеев и др., 2003). В озерах Еравно-Харгинской системы (бассейн Лены) численность пеляди поддерживается только за счет рыбоводных работ, так как естественное воспроизводство практически отсутствует.

Coregonus albula (Linnaeus, 1758) — европейская ряпушка — рипус

Рипуса из Ладожского озера было предложено интродуцировать в мелководные озера и пруды в Байкальском регионе с целью "более полного использования зоопланктона". Вселение рипуса в озера Урала оказалось успешным по причине высокой степени выживаемости и адаптации этого вида к новым условиям. В 1955 г. с Волховского рыбоводного завода была доставлена партия оплодотворенной икры, которая доинкубировалась на Большереченском рыбоводном заводе (оз. Байкал). Личинки рипуса выпущенные в оз. Гунда (система Еравнинских озер) погибли. В этом же годы 100 тысяч личинок были интродуцированы в оз. Арахлей. В 1960 г. — 1 млн. личинок, в 1962 г. — 2,21 млн., в 1963 г. — 3,136 млн. личинок были вселены в оз. Б. Еравнинское (Демин, 1967). В 1956–1957 гг. 3,3 млн. личинок рипуса были вселены в озера Щучье и Окуневое (бассейн р. Селенга). В период наводнений в 1971 и 1973 гг. оз. Щучье соединялось протокой с р. Селенга, по которой рипус попал в оз. Байкал (Карасев, 1987). В 1960 г. 500 тыс. личинок с Большереченского рыбоводного завода попали в р. Большая Речка, впадающую в оз. Байкал. Спустя некоторое время отдельные экземпляры рипуса начали попадаться в уловах в Посольском соре и прилегающей к нему части Байкала (Демин, 2001).

Рипус крайне редко встречается в оз. Щучье, а также в районе Южного Байкала, 2 экз. рипуса были выловлены нами в проливе Малое Море.

Интродуцированный в оз. Б. Еравнинское рипус живет до 6 лет и имеет высокий темп роста, в возрасте 2+ он имеет среднюю длину 254 мм и массу 212 г (рис. 29). Скорость роста интродуциованного рипуса в 2–3 раза выше, чем в естественном ареале — Ладожском оз., здесь рипус возрастом 2+ имеет массу всего 67 г (Карасев и др., 1983, 1987). В водоемах Забайкалья рипус питается круглый год с достаточно высокой интенсивностью даже в зимний период. Спектр пищевых объектов сходен у рипуса и пеляди: доминируют копеподы и кладоцеры (55% и 45% массы пищи соответственно), меньшую роль играют молодь гаммарид и фитопланктон.

Рипус, интродуцированный в озера Байкальского региона, нигде не создал высокой численности и не имеет промыслового значения.

Parasalmo mykiss irideus (Gibbons, 1855)* — радужная форель

История интродукции радужной форели в водоемы мира насчитывает более 100 лет (с 1888 г.), форель вселяли в водоемы всех континентов кроме Антарктиды. Радужная форель довольно легко натурализуется и, как правило, отрицательно воздействует на местную ихтиофауну. В 90-е годы прошлого века, в связи с возник-

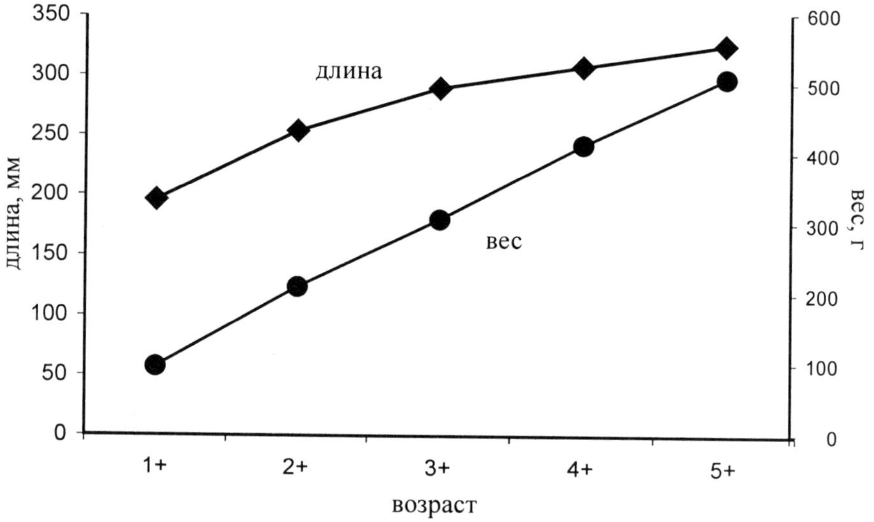

Рис. 29. Рост длины и массы рипуса, интродуцированного в оз. Большое Еравнинское, Забайкалье.

* Принято также отнесение этого вида к р. *Oncorhynchus*.

новением в России предприятий с различной формой собственности, в Иркутской области появились частные рыбоводные хозяйства. Эти хозяйства совершенно бесконтрольно специализировались на разведении и товарном выращивании форели в водоемах бассейна Байкала. В связи с этим, появлялась вероятность случайной интродукции форели в оз. Байкал. В 1991 г. из рыбколхоза им. Ленина Ленинградской области в Бурдугузский рыбоводный цех, расположенный на берегу Иркутского водохранилища, в 30 км от Байкала, было завезено на доинкубацию 300 тыс. икринок радужной форели. Полученные из икры 160 тыс. личинок форели подращивались в бассейнах этого завода, а затем отправлялись в садковое хозяйство ТОО "Форель", находящееся в то время на о. Грановский р. Ангара. В 1992 г. из рыбоводного хозяйства "Ропша" в Бурдугузский рыбоводный цех было снова завезено на доинкубацию 1 млн. икринок форели, из которой получено 650 тыс. личинок. Их также подращивали в бассейнах, вода из которых поступала в Иркутское водохранилище (Широбоков, 1993; Демин, 2001).

Первый экземпляр радужной форели был выловлен 7 июня 1992 г. в Бурдугузском заливе Иркутского водохранилища. Особь имела длину (по Смитту) 163 мм и массу 65 г. Второй экземпляр форели был пойман 22 октября 1992 г. в заливе Грязнуха (в 2 км от места первой поимки) на глубине 8 м. Это был самец длиной 212 мм и массой 140 г. Через месяц, 21 декабря, рыбаки-любители выловили самку форели в районе пос. Большая Речка; рыба имела длину 223 мм и весила 137 г. Все экземпляры были одного возраста (1+) с неполовозрелой икрой на II стадии развития. В пище этих экземпляров были обнаружены личинки и куколки насекомых; гаммариды — *Gmelinoides fasciatus*, *Palasea kessleri* (Dybowski, 1874); личинки хирономид родов *Tanytarsus* и *Sergentia,* остракоды и остатки рыбы — песчаной широколобки (*Leocottus kesslerii)* (Широбоков, 1993). В поселке Бурдугуз в 1991 г. существовало подсобное хозяйство местного лесхоза, в прудах которого также подращивалась молодь радужной форели. В 1992 г. из-за прорыва дамбы молодь в количестве 1500 экз. попала в Иркутское водохранилище. Три года спустя, летом 1995 г., в том же заливе Грязнуха на глубине 2 м были пойманы 2 экз. форели массой по 100 г каждая (Демин, 2001). В 1994–1995 гг. в заливе Уладово Иркутского водохранилища пойманы 3 взрослых экземпляра этого вида, масса которых достигала 1000 г. В 1998 г. в заливе Большой Калей были выловлены еще три неполовозрелых экземпляра форели, масса которых составляла 300 г. Факты поимки форели на протяжении 8 лет свидетельствуют о возможности обитания этого вида в условиях Иркутского водохранилища. В оз. Байкал форель пока не обнаружена, но в случае натурализации этого вида в Иркутском водохранилище попадание ее в Байкал — дело времени.

Ненатурализовавшиеся вселенцы

Sander lucioperca (Linnaeus, 1758) — судак

В 1962 г. судак был привезен из Рыбинского водохранилища и вселен в оз. Щучье (бассейн р. Селенга). В этом же году из Сямозера была доставлена икра судака в количестве 1,2 млн. шт на доинкубацию на Большереченском рыбоводным заводе. Полученные личинки выпущены в оз. Щучье. Осенью 1962 г. 300 экз. рыб, в возрасте 1+ привезли из Жестовского рыбопитомника ВНИИПРХа и интродуцировали в это же озеро. В 1966 г. 510 особей судака, со средней массой 1300 г привезли из водоемов Казахстана и снова выпустили в оз. Щучье. После проведенных мероприятий молодь судака попадалась в сети в 1964 и 1966 гг. Дальнейшая судьба судака неизвестна (Мамонтов, 2001).

Acipenser ruthenus marsiglii Brandt, 1833 — сибирская стерлядь

В 1948 г. сибирская стерлядь в количестве 215 экз. из р. Енисей была привезена на ст. Селенга. Из доставленных рыб только 50 были жизнеспособны, они и были выпущены в одноименную реку. Сведения об интродуцированной стерляди отсутствуют (Мамонтов, 2001).

Ctenopharingodon idella (Valenciennes, 1844) — белый амур

В 1954 г. белый амур в количестве 50 экз. был выпущен в оз. Котокель (бассейн Байкала). Положительные результаты интродукции отсутствуют (Демин, 2001).

Coregonus sardinella Valenciennes, 1848 — сибирская ряпушка

В 1954 г. после инкубации икры на Большереченском рыбоводном заводе (оз. Байкал), личинки сибирской ряпушки, в количестве 0,5 млн. экз. были интродуцированы в оз. Гусиное (Демин, 2001). Сведения о результатах интродукции отсутствуют.

Использование байкальских рыб для интродукции в другие водоемы Сибири

Отдельные виды ценных промысловых рыб оз. Байкал использовали для вселения в водоемы Сибири, Монголии, Японии и европейской части России.

Acipenser baerii baicalensis Nikolsky, 1896 — байкальский осетр

В 70-е годы прошлого века в Японии проводились работы по использованию этого подвида в качестве объекта прудового хозяйства. Результаты неизвестны.

Coregonus lavaretus baicalensis (Dybowski, 1874) — байкальский сиг

В 1956–1958 гг. икра байкальского сига была инкубирована на Большереченском рыбоводном заводе, полученные личинки были выпущены в оз. Арахлей (Читинская область, бассейн Байкала). В 1967 г. выловленный самец в возрасте 9+ имел длину 600 мм, массу 2200 г. Одновозрастные рыбы в оз. Байкал имеют длину 500 мм и массу 1500 г (Карасев, 1987). Сведения о дальнейшей судьбе байкальского сига в Арахлее отсутствуют.

Coregonus migratorius (Georgi, 1775) — байкальский омуль

В 1932 г. была предпринята первая попытка вселения байкальского омуля в оз. Гусиное. С 1951 по 1978 гг. в это озеро ежегодно вселяли от 1 до 91,14 млн. личинок, что составило 1,05 млн. личинок/га. Всего за 27 лет в оз. Гусиное было завезено 412,108 млн. личинок омуля, однако несмотря на такое количество вселенных личинок численность омуля в оз. Гусином невелика. В 1980-е гг. его ловили в количестве 0,1–1,2 т в год (Карасев, 1987). С 1940 по 1972 гг. проинкубированная икра и личинки омуля регулярно завозили в эвтрофные озера Байкальского бассенйа: Загли-Нур, Слюдянские, Арахлей и др. Личинки омуля также вселяли в водохранилища Ангарского каскада и оз. Хубсугул. Наиболее успешной является интродукция омуля в Братское водохранилище, где отмечается его массовый заход на нерест в реки Белая, Иркут, Китой и др. (Матвеев и др., 2003).

Таким образом, более чем за 70 лет, начиная с 1934 г., в оз. Байкал и водоемы его бассейна было интродуцировано 12 видов рыб, относящихся к 9 родам и 6 семействам. Семейства Siluridae и Eleotrididae являются новыми для фауны озера.

До вселения новых видов рыб коренная ихтиофауна оз. Байкал была представлена 56 видами рыб, относящихся к 28 родам и 13 семействам. Фауна рыб делится на три категории: эндемичную байкальскую, сибирско-байкальскую и сибирскую. Эндемичная фауна коттоидных рыб доминирует как по числу видов (59% общего числа), так и по рыбопродуктивности (75%). Пища эндемичных рыб состоит в основном из гаммарид. Сами они, в свою очередь, являются пищевыми объектами для хищных рыб и байкальской нерпы. Промысловые объекты среди эндемичных рыб в настоящее время отсутствуют. К сибирско-байкальской ихтиофауне относятся сиговые и хариусовые рыбы, которые широко распространены в водоемах Сибири. В Байкале эти рыбы образовали подвиды или озерные морфо-экологические формы. Они являются ценными промысловыми рыбами, но биомасса их невелика и составляет 17% от биомассы всех рыб озера. Промысловый вылов колеблется от 3000 до 3500 т. Пища этих рыб состоит из бентосных организмов и коттоидных рыб. Сибирская ихтиофауна состоит из видов карповых, окуневых, щуковых и налимовых рыб, которые обитают в мелководных заливах (сорах) Байкала. Многие из этих рыб являются промысловыми, но биомасса сибирских видов в Байкале мала и составляет всего 8% общей ихтиомассы. Взаимодействие между видами рыб, принадлежащих разным комплексам, сводится в основном к трофическим взаимоотношениям. Взрослые особи рыб, принадлежащие к сибирскому и сибирско-байкальскому комплексам, используют в пищу эндемичных коттоидных рыб в местах совместного обитания. Вместе с тем, основными пищевыми объектами всех видов байкальских рыб являются гаммариды, в результате чего они конкурируют друг с другом из-за пищи. В целом, взаимоотношения между различными комплексами рыб хорошо сбалансированы, так как экосистема озера Байкал формировалась в течение длительного (более 20 млн. лет) периода времени.

Из 12 инвазионных видов в Байкале натурализовалась половина видов, из которых 4 (амурский сазан, восточный лещ, амурский сом и ротан) обитают совместно с рыбами сибирского комплекса, а 2 вида (пелядь и ряпушка) — с рыбами сибирско-байкальского комплекса. В оз. Байкал прибрежная зона с глубинами до 50 м, на которой могут обитать рыбы сибирского комплекса и вселенцы, составляет всего 8% общей площади озера. Геоморфологические и климатические особенности оз. Байкал препятствуют увеличению численности прибрежных видов рыб, в том числе и интродуцированных видов. Вселенцы не оказали большого влияния на экосистему оз. Байкал, так как при низких температурах воды у интродуцированных рыб произошло замедления скорости метаболизма. В сравнении с материнскими водоемами в Байкале они медленнее росли, позднее созревали, имели меньшее число нерестов (иногда всего один) и меньшую плодовитость. Это снижало их конкурентоспособность в борьбе за существование в условиях Байкала. Численность инвазионных видов рыб находится на низком уровне.

Исключение составляет только ротан, численность которого растет, и он осваивает новые районы обитания. Даже в условиях Байкала ротан начинает созревать в годовалом возрасте, за сезон выметывает 2 порции икры и использует в пищу около 100 видов организмов. Ротан не имеет промысловой ценности, поэтому не подвергается воздействию промысла. Эти преимущества даже в таких неблагоприятных условиях позволяют ротану наращивать численность и вытеснять аборигенную фауну рыб. В связи с негативным влиянием ротана на прибрежные биоценозы озера Байкал, ротан рассматривается в качестве биологического загрязнения его экосистемы. Этот факт нашел свое отражение в законе о Байкале. Согласно ст. 6 Федерального закона "Об охране озера Байкал" запрещается "Биологическое загрязнение, связанное с использованием, разведением или акклиматизацией водных биологических объектов, не свойственных экологической системе озера Байкал, в озере Байкал и водных объектах, имеющих постоянную или временную связь с озером Байкал".

2.6. Расселение птиц в Европе: обзор наиболее быстрых экспансий за последние два столетия

Географическое распространение птиц складывалось, как и у всех животных, под влиянием множества факторов, из которых наибольшее значение имели положение первичного очага происхождения отдельных групп видов и путь их эволюции, а в последнее время — весь комплекс антропогенных воздействий на природу. Несмотря на способности быстрого преодоления огромных пространств, расселение птиц в целом по сравнению с другими животными не происходит более быстрыми темпами. Существенное значение в ограничении гнездовых ареалов по отношению к обширности территорий, по которым передвигаются птицы вне периода размножения, имеют, с одной стороны, климатические факторы, с другой — закономерности территориальной дисперсии.

Верность птиц какой-либо территории (что рассматривается многими лишь как отсутствие ясно выраженной дисперсии) приводит к возвращению взрослых птиц в места прежнего размножения ("гнездовая филопатрия"), а молодых птиц — в места, где птица находилась в первый месяц после покидания гнезда, что часто совпадает с районом рождения ("натальная филопатрия"). Верность птиц определенной территории способствует тонкой адаптации к местным условиям. Это ограничивает расселение и облегчает процесс видообразования (Майр, 1968; Грант, 1991), несмотря на отрицательную роль крайнего выражения стенотопности. В то же время расселение птиц путем дисперсии осуществляется в первую очередь молодыми особями. Чаще всего занятие новых для вида территорий происходит по направлениям путей весенних перелетов, при так называемой "пролонгации миграции", с каждой весной все далее от прежней границы ареала.

Классические примеры наиболее быстрого расселения птиц связаны с интродукцией европейских видов на другие континенты — в Америку и Австралию. Обыкновенный скворец *Sturnus vulgaris* Linnaeus, 1758 и домовый воробей *Passer domesticus* (Linnaeus, 1758), завезенные в США в конце XIX века, за 100 лет заселили практически весь североамериканский континент, оказавшись более пластичными и подвижными, чем потенциальные конкуренты-автохтоны. Столь же успешна была интродукция фазана *Phasianus colchicus* Linnaeus, 1758 и серой куропатки *Perdix perdix* (Linnaeus, 1758), хотя многие другие завезенные европейские виды не смогли существовать в Америке. В пределах же самой Европы расселение птиц, хотя и происходило, но далеко не всегда такими быстрыми темпами. Несмотря на уничтожение естественных лесов и возникновение культурных ландшафтов, а также на ежегодное истребление человеком многих миллионов птиц (McCulloch et al., 1992), за последние 200 лет орнитофауна Европы не потеряла ни одного вида или хорошо выраженного подвида. Это связано лишь с тем, что большинство размножающихся в Европе птиц распространены также в Азии и Северной Африке, и потери быстро восстанавливались (Винокуров, 1992).

Поскольку распространение и биология европейских птиц хорошо изучены, а расширение видовых ареалов детально документировано, вся территория Европы представляет собой удобную модель для рассмотрения темпов и направления экспансии разных видов. Нижеследующее — суммирование фактических данных по срокам и территориям процесса расширения европейских ареалов у птиц за последние полтора–два столетия и обсуждение вероятных причин их экспансии по данным разных авторов.

Целесообразно ограничиться 9 видами птиц, расселение которых проходило наиболее быстрыми темпами. Эти виды принадлежат разным систематическим группам и отличаются по своей экологии. Процесс их расселения был достаточно подробно освещен в литературе (Mayr, 1926, 1951; Промптов, 1934; Дементьев, Птушенко, 1940; Timofeeff-Ressovsky, 1940; Välikangas, 1951; Balat, Folk, 1956; Dementiev, 1958; Kumari, 1958; Józefik, 1960; Niethammer, Wolters, 1964; Černy, 1966; Bezzel, 1969; Olsson, 1969; Nowak, 1971, 1975; Bozhko, 1976, 1980; Cramp, 1977, 1985, 1992; Благосклонов, 1978; Murray, 1979; Варшавский, 1981; Носков и др., 1981; Мальчевский, Пукинский, 1983; Носков, Шамов, 1983; Jung, 1983; Wieloch, 1984; Stjernberg, 1985; Кошелев и др., 1987; Кривоносов, 1987; Липсберг и др., 1987; Бузун, Храбрый, 1990; Кривенко и др., 1990; Кошелев, 1991; Cramp, Perrins, 1994a, b; Isenmann, 1994; Кривицкий, 1999; Wallace, 1999). По 3 видам птиц — кольчатой горлице, зеленой пеночке и канареечному вьюрку — приведены неопубликованные данные автора, собранные в Калининградской области.

Лебедь-шипун — *Cygnus olor* (Gmelin, 1789)

За последние 150–200 лет численность и ареал лебедя-шипуна испытывали кардинальные изменения. Естественный ареал этого вида охватывал бассейны Балтийского, Черного и Каспийского морей. Североевропейская часть ареала включала Британские острова и все прибалтийские страны, а южная часть — степные и полупустынные зоны от западного побережья Черного моря, южного Каспия до низовий Аму-Дарьи и оз. Иссык-куль. В других местах в Европе и Азии в диком состоянии его находили чаще всего небольшими изолированными популяциями, а иногда и отдельными гнездящимися парами в дельтах крупных рек.

Человек издавна охотился на шипуна из-за мяса и пуха и разорял гнезда, забирая яйца. Попытки одомашнивания этого вида начались много веков назад. Незначительное количество лебедей, интродуцированных во многие области европейских стран, использовалось в средние века в пищу, а позже, с XVII века,- как декоративные птицы. В XIX веке более или менее значительные по численности поселения шипуна существовали в дельте Днестра, а также в дельтах рек Каспийско-Черноморского региона и в водоемах южных степей и полупустынь. В Прибалтийском регионе дикий шипун к этому времени был почти истреблен. Он никогда не встречался в северных частях современного ареала — в северных степях и в лесостепи. К началу XX века, с увеличением сухости климата, пригодные для обитания шипуна площади сократились, и большинство популяций в Азии и на юге Восточной Европы пришло в состояние глубокой депрессии, которая еще более усиливалась в местах неконтролируемого промысла лебедей. Многие популяции исчезли, и ареал этого вида стал еще более разорванным. Самые заметные поселения оставались лишь в труднодоступных местах дельт Дуная и Днестра.

В конце 1920-х и в 1930-х гг. наметилась тенденция к увеличению численности вида в оставшихся местах гнездования. Процесс восстановления и расселения популяций начался одновременно в самых разных областях и принял характер взрывной экспансии. Основными очагами расселения на территории СССР были низовья дельты Волги и Северное Причерноморье. С конца 1950-х и особенно в 1960-е гг. повсеместно отмечено стремительное продвижение шипуна в северных направлениях. Во многих странах Западной Европы (особенно в Австрии, Польше, Швеции) рост численности птиц шел бурными темпами. В ряде мест шипун, наряду с одиночными гнездами, стал гнездиться колониями, от 50 до 200 пар. Из Мазурского и Поморского поозерья Польши и из Швеции вселенцы распространялись по Восточной Прибалтике и Финляндии.

В Литве первое гнездование отмечено в 1927 г., в Латвии — в 1935 г., в Эстонии — в 1959 г., в Белоруссии — в 1961 г., в Ленинградской обл. — в 1987 г. В 1970-е гг. начала резко увеличиваться численность шипуна в северо-западном Причерноморье, и в 1984–1986 гг. численность причерноморской популяции превысила 20 тыс. птиц (в Одесской области гнездилось около 500 пар). Характер роста численности размножающихся птиц был весьма сходным в разных областях (рис. 30). В эти же годы из низовьев Волги проходило быстрое расселение вида на север, в Саратовскую и Ульяновскую области и в Татарстан. В Татарстане первое гнездо

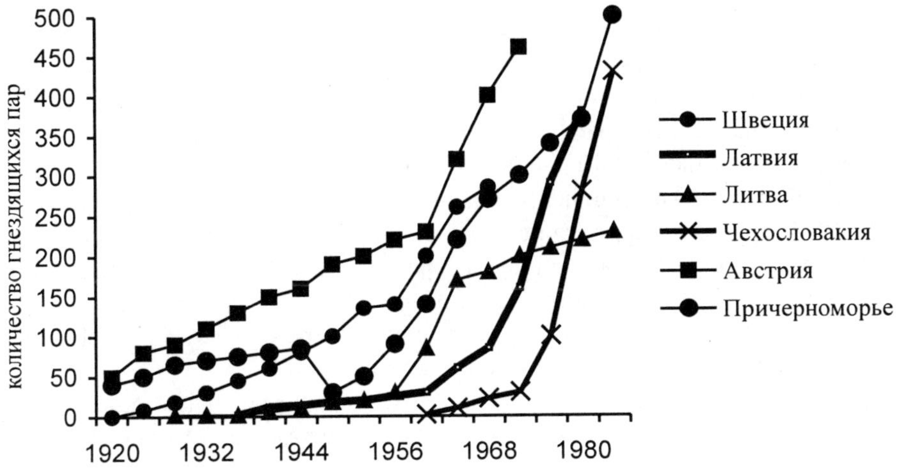

Рис. 30. Рост численности гнездящихся лебедей-шипунов в восточной Европе в 1920–1984 гг. (по данным из: Кошелев, 1991).

зарегистрировано в 1977 г., в Тульской обл. — в 1984 г. Процесс расселения продолжался в 1980-е гг. и в Украине, от очагов в дельтах Дуная и Днестра. По всей территории бывшего СССР число гнездящихся пар только за 10 лет, начиная с 1978 г., возросло с 8 до 22 тыс. пар, а количество неразмножающихся особей (шипуны становятся половозрелыми в возрасте 3–5 лет) — с 43 до 240 тыс.

Причины депрессии популяций лебедя-шипуна, равно как и причины стремительного роста численности и расселения (и в пределы бывшего ареала, и в совершенно новые области), нельзя считать выясненными. Охота на этих птиц была запрещена в Европе после Первой мировой войны, а в СССР — только в 1960-е гг. Многие считают, что немаловажное значение имела повсеместная охрана, а также забота и подкормка зимующих лебедей. Предполагалось также, что на рост популяций повлияли, прежде всего, эвтрофикация многих водоемов и общее потепление климата. Не исключено, что в поддержании численности диких популяций в ряде мест положительную роль сыграл процесс синантропизации этого вида, подпитывавший угасавшие поселения.

Хохлатая чернеть — *Aythya fuligula* (Linnaeus, 1758)

В западную часть Палеарктики хохлатая чернеть проникла из ее предположительного исходного ареала в Сибири. В первой половине XIX века ареал этого вида доходил до северо-западной части Российской империи, Финляндии и северной Швеции. Начиная с этого времени, стали отмечать появление хохлатой чернети в новых областях, преимущественно в юго-западном направлении от границ ареала. До конца XIX века экспансия проходила быстрыми темпами, и вскоре гнездовой ареал этого вида распространился до большей части Швеции, Норвегии, Эстонии, Латвии, Литвы, Белоруссии и Украины. Наряду с этим, возникали также изолированные поселения хохлатой чернети в самых разных областях, от Дании до Британских островов. С начала XX века начинается дальнейшая экспансия, главным образом на территории средней Европы, через Данию, Польшу, Чехословакию, Германию, Нидерланды. Быстро расширялись и прежние изолированные поселения в разных местах Европы. В 1940–1960-х гг. эти утки были обнаружены на гнездовании также в Венгрии, Австрии и Швейцарии; во Франции стали регулярно размножаться с 1964 г., в Бельгии рост численности усилился с 1969 г. Средняя скорость расселения хохлатой чернети, начиная с середины XIX века, составляла ежегодно по 26000 км^2, и к 1970 г. этот вид расселился в Европе на пространстве примерно 3 млн. км^2, что составляет около 20% современного ареала (Nowak, 1971). В конце XX века темп экспансии значительно снизился.

Среди причин быстрого расселения хохлатой чернети называли рост численности в Европе одного из важных компонентов ее пищи — моллюска дрейссены, а также формирование многих рыборазводных прудов, дающих для хохлатой чернети весьма благоприятные биотопы. Занимает она и другие антропогенные биотопы — водохранилища, гравийные карьеры и даже озера в парках. В Норвегии, Швеции и Эстонии благоприятным для этих уток оказался рост численности чаек — сизой (*Larus canus* Linnaeus, 1758) и озерной (*Larus ridibundus* Linnaeus, 1758), в колониях которых она иногда предпочитает гнездиться.

Красноголовый нырок — *Aythya ferina* (Linnaeus, 1758)

В 1850 г. западная часть ареала этого вида доходила до Ладожского озера, восточного побережья Балтийского моря, долин рек Одера и Дуная. С этого времени началось быстрое расселение этих нырков. Первые их изолированные поселения в Нидерландах и в Шотландии были уже в 1820–1840 гг., а в Швеции и Исландии — в 1850-х гг. До конца XIX века красноголовый нырок колонизировал значительную часть Финляндии, острова и восточное побережье Швеции, Данию и Нидерланды. В первые 30 лет XX века происходило дальнейшее увеличение численности и расширение ареала — на севере СССР, в Швеции до северного побережья Ботнического залива, в ряде мест центральной Европы. В 1930-е гг. этот вид впервые отмечен во Франции и в Италии. На Британских островах этот нырок постепенно заселял Англию и Ирландию. С 1945 г. экспансия убыстрилась и ареал расширился на территориях Германии, Бельгии и Франции. В Швейцарии первое гнездование отмечено в 1952 г., в Австрии — в 1957 г. В Италии он стал иногда гнездиться с 1960–1970-х гг., в Испании спорадически встречается во многих местах.

Расселение красноголового нырка проходило путем образования небольших очагов поселений в разных местах, которые потом сливались в единый ареал. Ежегодно ареал увеличивался на 10–15 тыс. км^2 (Nowak, 1971). Непосредственные причины экспансии этого вида остались невыясненными. Некоторые авторы видели причину в климатических изменениях, особенно в высыхании мелководных озер в Азии, другие на первое место ставили антропогенный фактор — рост искусственных водоемов, рыборазводных прудов и разных водохранилищ.

Кольчатая горлица — *Streptopelia decaocto* (Frivaldszky, 1838)

Экспансия кольчатой горлицы в Европе — один из самых эффектных и хорошо документированных примеров в зоогеографии, поскольку расселение проходило в основном по населенным пунктам, и вид оседал прежде всего в городах. В самом начале расселение горлиц имело очень резкий, взрывной характер. Кроме территории Европы, этот вид в то же самое время расширял ареал и в центральной Азии. В Европе (по крайней мере, с XVIII века до конца 1920-х гг.) ареал кольчатой горлицы был сравнительно небольшим и захватывал Болгарию, северную Грецию, восточную Югославию и пограничные районы Румынии и Албании. Возможно, что исконный ареал этого вида находился только в южной Азии, к востоку от Брахмапутры. Ранняя история неизвестна, и не исключено, что и в Китай, и в Турцию, и на Балканы вид был интродуцирован. Для Турции и Балкан это вполне вероятно, поскольку кольчатая горлица всегда была под особым покровительством мусульман и в Оттоманской империи охранялась (за убийство птицы даже сажали в тюрьму). После ухода турок с Балкан численность этой горлицы снизилась, а в некоторых областях птицы почти исчезли, поэтому ее экспансия в другие пространства Европы стала совершенно неожиданным явлением, а скорость расселения поразительной.

Рост численности популяции в 1927 г. из северо-восточной Югославии привел к началу бурной экспансии. В 1930 г. отмечены два случая гнездования в Венгрии, на расстоянии около 500 км к северу от ближайшей границы ареала. В последующие 10 лет вид заселил почти всю Венгрию, особенно ее равнинную часть. Одновременно горлица расселялась на запад, по всей территории Югославии. Отсюда после взрывного роста численности популяций экспансия проходила во многих направлениях. В течение 1937–1945 гг. кольчатая горлица заселила всю Румынию, а на побережье Адриатики дошла до ее южных частей. В 1943 г. зарегистрировано ее первое размножение в Австрии, где потом она распространилась по всей низинной части страны. Горная местность не являлась для кольчатой горлицы существенным препятствием в расселении. В Швейцарии она была найдена размножающейся уже в 1952 г., в Чехословакии впервые была отмечена в 1938 г., а к 1954 г. заселила уже всю Словакию и Чехию. В Польше первое гнездо было найдено в 1943 г., а через 20 лет она гнездилась уже по всей стране. Экспансия на территории Германии началась в 1944 г., и темп ее был более высоким, чем в Польше. В Дании кольчатые горлицы впервые найдены размножающимися в 1948 г. Море, как и горы, не явилось серьезным барьером в их расселении. В Швеции они обнаружены гнездящимися в 1951 г., в Норвегии — в 1955 г., а к 1975 г. ареал продвинулся до севера Швеции. В Финляндии первое размножение зарегистрировано в 1966 г.

Расширение ареала на западе Европы было более быстрым, чем на востоке. В конце 1940-х – середине 1950-х гг. кольчатая горлица стала встречаться на гнездовании в Нидерландах, Бельгии и Люксембурге. В 1952 г. появились ее первые гнезда во Франции, в 1955 г. — в Англии, в 1959 г. — в Ирландии. В 1960-е гг. она быстро распространяется по всем Британским островам, включая Шотландию. В начале 1970-х гг. отмечено ее размножение на Фарерских островах и в 1971 г. — в Исландии. Одновременно с этим шло расширение ареала с северо-востока на юго-запад Франции. В Испании и Португалии первые гнезда найдены в 1974 г., на Корсике — в 1975 г. В Италии в эти годы распространение ограничилось в основном северными частями страны. В Египте первая регистрация этой горлицы была в 1979 г., где она продвинулась до Каира.

В европейскую часть СССР вторжение происходило почти одновременно в разных местах. На западе Украины, в Закарпатье, первые 3 пары кольчатых горлиц появились в Ужгороде в 1944 г., после чего количество птиц непрерывно увеличивалось. Горлицы быстро расселились на восток до Киева (1955 г.) и на юг до Одессы (1957 г.). Молдавия и Украина былы заселены ими за 15 лет (в Полтаве — с 1960 г., в Виннице — с 1961 г., в Черкассах — с 1962 г., в Каменец-Подольском — с 1963 г., в Сумах — с 1967 г., в Харькове — с 1967 г.). Степи, как горы и моря, не явились препятствием на пути продвижения птиц. Первых кольчатых горлиц встретили на улицах Ялты в 1972 г.

В Белоруссии и прибалтийских республиках расселение вида проходило преимущественно в 1950-х – начале 1960-х гг. В Литве первые одиночные птицы появились в 1954 г. возле г. Таураге на западе республики, а в 1959–1960 гг. птицы уже размножались почти во всех литовских городах. Сроки появления в Латвии неизвестны, но в 1980-е гг. горлицы гнездились примерно в 60% всех городов республики. В Калининградской области, на Куршской косе, по данным автора, первая птица была поймана весной 1961 г. В Минске эти птицы были уже в 1962 г., а в Эстонии постоянная их колония существовала еще с 1957 г.

В Тамбове первая гнездящаяся пара отмечена в 1968 г. В Московской, Калужской, Тульской, Рязанской и Воронежской областях кольчатая горлица стала размножаться с самого начала 1970-х гг., в Курске — с 1972 г. На северо-западе России этот вид впервые обнаружили в 1975 г. Появление было одновременным сразу во многих областях и районах, от Пушкинских гор на юге региона до г. Олонец на севере. В Ленинграде, Луге и во многих других местах Ленинградской области в 1976 и 1977 гг. отмечали и одиночных, и парных, гнездящихся птиц, однако в некоторых из этих мест после сильных морозов 1978 г. птиц уже не наблюдали. К 2002 г. в Ленинградской области этот вид отмечали лишь в нескольких местах, в частности в Волосовском р-не (В.М. Храбрый, личн. сообщ.) Самое северное пребывание кольчатой горлицы — окрестности г. Кандалакша на Кольском полуострове, на 75 км севернее Северного полярного круга (Коханов, 1976).

В целом только за 40 лет, с 1931 по 1970 гг., кольчатая горлица расселилась на значительной части Европейского континента, на площади около 3 млн. км^2. Скорость экспансии до 1964 г. составила в среднем почти 75 тыс. км^2 ежегодно, и эти темпы увеличивались (рис. 31). Процесс был полностью естественным и активным. Хотя интродукция и была возможна в некоторых случаях, но взрывной характер экспансии в большинстве европейских регионов не оставляет сомнений в ее естественном происхождении. Процессу расселения способствовала опека и подкормка горлицы человеком в большинстве городов, особенно на Балканах. Роль такой охраны подчеркивается и тем, что в Греции, Италии и южной Франции, где горлицы не только не охраняются, но и могут использоваться в пищу, расселение проходило значительно более медленными темпами, чем в других странах.

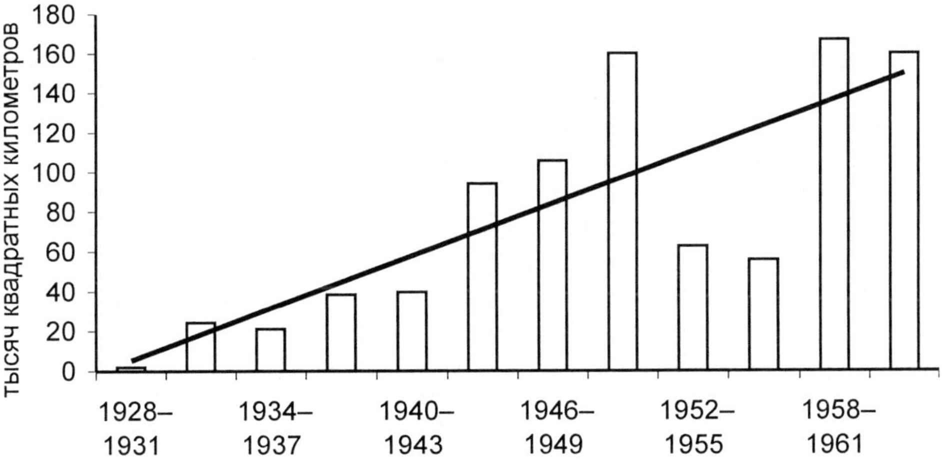

Рис. 31. Темпы экспансии кольчатой горлицы в Европе в 1928–1964 гг. (по данным из: Nowak, 1971).

Способ расселения кольчатой горлицы иногда был обусловлен далекими залетами в новые места обитания, находившиеся весьма далеко от границ ареала, — на несколько сотен километров (так было, например, в Киеве, в Эстонии, в Швеции, на северо-западе России и на Кольском полуострове). Эти островки обитания быстро разрастались, что вскоре приводило к их соединению с границами сомкнутого ареала. Птицы разлетались на большие расстояния еще в год своего рождения. Так, окольцованные в Одессе молодые горлицы были пойманы в Николаеве и Херсоне в том же году. Сначала горлицы оседали в крупных городах, но по мере увеличения численности популяций заселяли и небольшие города, и даже деревни. Поскольку взрослые птицы оседлы, то единственным фактором, ограничивающим дальнейшее заселение новых северных территорий, могли явиться только суровые зимние условия. Подтверждением этому служат примеры появления и последующего исчезновения горлиц в ряде мест северо-запада России.

Пути экспансии кольчатой горлицы пролегали, прежде всего, на равнинных пространствах, особенно вдоль русел крупных рек. С одной стороны, это можно объяснить более теплым микроклиматом речных долин, а с другой стороны, именно возле крупных рек находятся и основные населенные пункты, столь привлекательные для кольчатой горлицы. Тяготение к культурному ландшафту и населенным пунктам настолько велико, что даже пролетая над лесными массивами, птицы приземляются возле человеческого жилья. Так, на полевом стационаре Биологической станции ЗИН на Куршской косе, находящемся в 12 км от ближайшего населенного пункта, автор отмечал кольчатых горлиц в период расселения 1961–1963 гг. вначале только возле строений или на их крышах.

Кольчатая горлица была завезена в континентальную часть Северной Америки, где она появилась в ряде городов. Кроме того, на Багамские о-ва в 1974 г. завезли 50 особей, и через 10 лет численность возросла до 100 тысяч птиц. В 1980-е гг. они проникли на п-ов Флорида.

Причины необыкновенно быстрой экспансии кольчатой горлицы, этого оседлого и теплолюбивого по происхождению вида, в разные регионы Европы, в том числе в области с суровыми зимними условиями, остаются невыясненными. Существует много гипотез, и одна из них связывает стремление к расселению с появлением особей-мутантов в балканской популяции. Их размножение привело к лавинообразному заселению новых территорий (Mayr, 1951). Другая гипотеза объясняет потребность к миграции значительным ростом численности популяции, но численность на Балканах до начала экспансии была низкой и регулировалась хищническим поведением врановых птиц, уничтожавших кладки горлиц. Рост же численности был вызван отлетом части популяции в другие области, где размножение стало более успешным (Nowak, 1971). Из других предположений заслуживают внимания возможное увеличение количества выводков за один сезон в умеренной зоне по сравнению с исходным ареалом и предполагаемое снижение хищничества на гнездах горлиц в связи с какими-то негативными популяционными процессами у врановых птиц. Важно и то обстоятельство, что, являясь в полной мере спутником человека, кольчатая горлица адаптирована к городскому образу жизни не только в отношении своего питания, но и в отношении места для гнездования. Помимо ветвей и дупел деревьев, птицы могут располагать гнездо в любой нише строений, используя не только прутики, но и проволоку, мешковину и т.п.

Массовое вторжение кольчатых горлиц (нового вида) в устоявшиеся экосистемы поселений человека вызвал интерес к этому процессу не только орнитологов, но и эпидемиологов. Появились публикации о возможной негативной эпидемиологической роли горлиц при таких темпах расселения (Греков, 1974; Nowak, 1975). Однако на сегодняшний день, на 73-й год от начала этого самого яркого феномена орнитогеографии XX века, никакой опасности для человека эти птицы не создали.

Сирийский дятел — *Dendrocopos syriacus* (Hemprich et Ehrenberg, 1833)

Исходный ареал сирийского дятла в Передней Азии был весьма невелик и ограничен Сирией, Ираком, Ираном и Турцией. Считают, что этот вид очень молодой и возник не ранее 2 тысяч лет назад на территории современного Ирана.

В Европе сирийский дятел первый раз был отмечен на севере Болгарии в 1890 г., хотя есть основания полагать, что он был там и несколько ранее. С конца XIX века началась экспансия этого вида на другие территории юго-восточной Европы. В Румынии впервые зарегистрирован в 1931 г. на востоке и в 1944 г. на западе страны. В Сербии первую птицу добыли в 1899 г., откуда дятел быстро расселился в северном и западном направлении. В Загребе дятел оказался только в 1953 г. В Венгрии впервые его видели в 1937 г., после чего в последующие 20 лет он заселил всю страну. На востоке Австрии дятла отметили впервые в 1951 г., откуда он расселился к северу по равнинным пространствам. В Чехословакии первых сирийских дятлов обнаружили в восточной Словакии в 1949 г., после чего ареал вида расширился к западу. В Польше размножающихся птиц впервые зарегистрировали в 1978–1980 гг. В Греции он обитает ныне преимущественно на севере.

На территорию СССР, в Закавказье, сирийский дятел проник очень давно и теперь как редкая, но регулярно встречаемая птица обитает в Армении, Азербайджане и восточной Грузии. С запада же первые дятлы расселились через Закарпатье и Молдавию, по-видимому из Румынии. В 1948 г. вид был отмечен в г. Черновцы, в 1957 г. — в Молдавии, в 1960 г. — в Тернополе, в 1967 г. — в Чернигове и в 1969 г. — во Львове.

Информация о новых местах обнаружения сирийского дятла свидетельствует о том, что его ареал не непрерывный, а состоит из отдельных островов обитания. Численность популяций в этих отдельных частях очень разная. В целом сирийский дятел может быть назван немногочисленной, а иногда и редкой птицей. Выбираемые им биотопы — сухие, иногда даже степные, с разреженной растительностью. Этот вид, кроме лиственного редколесья на равнинах и вдоль рек, занимает и культурный ландшафт — сады, парки и придорожные аллеи.

Скорость его расселения в пределах Европы составила в среднем около 12 тыс. $км^2$ ежегодно, но постепенно снижалась. В 1901–1930 гг. на 100 км фронта продвижения в год занимаемая территория ежегодно составляла около 1300 $км^2$, а в следующие 30 лет — только 750 $км^2$ (Nowak, 1971). Относительно причин экспансии сирийского дятла никаких гипотез не выдвинуто. Возможно, что расширение ареала — закономерный процесс, начавшийся одновременно со становлением этого вида при его недавнем возникновении. Как и у других расселяющихся птиц, не менее 80% птиц, занимающих новые территории, — птицы молодые, в возрасте до 1 года.

Зеленая пеночка — *Phylloscopus trochiloides* (Sundevall, 1837)

Расселение западного подвида зеленой пеночки, *Ph. trochiloides viridanus*, в западном направлении началось во второй половине XIX века. В бывшей Олонецкой губернии эта птица была впервые обнаружена в 1871 г. у оз. Лача, на теперешней границе с Карелией. В Псковской области ее отметили в 1902 г. Северо-западная граница этого в основном сибирского вида ограничивалась тогда примерно 28° в.д., и европейская часть его ареала вдавалась узким клином в сторону Балтийского моря, поскольку южная граница его проходила по Белоруссии, Смоленской, Орловской, Воронежской и Пензенской областям. Появление зеленой пеночки в новых местах не всегда означало заселение этих территорий. И в прошлом, и теперь западные и юго-западные границы ареала этого вида очень нестабильны. Проникновение на запад проходило периодически, волнообразно. Основные волны были в 1933–1935 гг., 1954–1955 гг., в 1961, 1967 и в конце 1970-х гг.

В Финляндии эта пеночка впервые загнездилась в 1937 г. Под Петербургом ее отмечали и в 1909 г., но первое гнездование возле Зеленогорска было установлено в 1936 г., а затем в 1943 г. в Колтушах. На востоке Германии поющие самцы отмечались издавна, но строительство гнезда зарегистрировано лишь однажды, в 1935 г. В 1935–1937 гг. много зеленых пеночек было отмечено в Эстонии, хотя первое достоверное гнездование — лишь в 1962 г. Таким образом, первая волна инвазии этого вида, замеченная орнитологами, ознаменовалась и первыми попытками гнездования на новых территориях.

Во время второй волны экспансии, в первой половине 1950-х гг., поющие самцы часто встречались в парках, садах и скверах Ленинграда и его пригородов. В Финляндии пеночка достигла побережья Ботнического залива возле г. Оулу в 1950 г. В Швеции она загнездилась на о. Готланд в 1953 г., где впоследствии ее часто регистрировали (на континенте в Швеции до сих пор редка). На территории Польши первое размножение отмечено в 1958 г., и в наше время она встречается всюду, включая горные местности на юге страны. В Западной Германии первую попытку гнездования наблюдали в 1962 г. в массиве Вестервальд, к югу от Бонна, а на о. Гельголанд — только в 1990 г. В Восточной Пруссии (ныне Калининградская область) на Куршской косе, зеленая пеночка поймана впервые в 1905 г., а затем, несмотря на постоянные наблюдения, не встречалась. Появилась она там только летом 1978 г.: были пойманы сразу 3 птицы, а первое гнездо обнаружено в 1980 г. Ныне гнездится постоянно, но остается редким видом.

В 1960-е гг., во время третьей инвазионной волны, зеленые пеночки в большом количестве отмечались в Латвии, на юге Ленинградской области, во многих местах Карельского перешейка и в южном Приладожье. В начале 1970-х гг. вновь стали отмечаться лишь отдельные поющие самцы, но, начиная с 1974 г. и до конца 1970-х гг., их численность на территории Ленинградской области, особенно в северных районах, увеличилась. В большинстве случаев наблюдались бродячие, быстро передвигающиеся холостые самцы. Залеты зеленых пеночек далеко за пределы ареала — регулярное, почти ежегодное явление. Известны залеты в Украину, в Чехословакию, среднюю Германию и даже в Англию.

Темпы расширения ареала зеленой пеночки составили примерно 10 тыс. км^2 ежегодно. За 70 лет, до середины 1960-х гг., ареал вида увеличился не менее, чем на 650 км^2, что соответствует 5 % современного ареала (Nowak, 1971).

Дубровник — *Emberiza aureola* Pallas, 1773

Несмотря на ряд сомнений в достоверности фактических данных (Дементьев, Птушенко, 1940), из очень многих публикаций следовало, что в начале XIX века гнездовой ареал дубровника еще не заходил на западную часть Уральских гор, т.е. в Европу, тем не менее, отдельные особи в европейскую Россию проникали издавна. Залетные птицы отмечались в 1755 г. в долине Северной Двины, в 1866 г. — в Казанской, и почти тогда же — в Московской губернии, в 1895 г. — в нескольких губерниях центральной России. В середине XIX века его обнаружили в Заонежье, в 1901 г. — в Новгородской и в 1911 г. — в Олонецкой губернии. В 1920 г. он был отмечен на острове в северо-восточной части Ладоги, а через 20 лет — на ее восточном побережье.

В начале XX века дубровник стал распространяться по всей Финляндии и во многих местах гнездиться, но численность его оставалась низкой: в 1950-х гг. — не более 100 пар птиц. На современной территории Ленинградской области, на Карельском перешейке он впервые был отмечен в 1936 г., но впоследствии — только однажды, в 1967 г., предположительно размножающимся. Интенсивная волна экспансии в Ленинградской области наблюдалась в 1960–1965 гг. Проникновение птиц проходило по пойме р. Свирь из Заонежья, по южному Приладожью, до Невской губы. По несколько гнездящихся пар было найдено в разных местах: в 1961–1962 гг. — в районе Лахты, в 1963–1964 гг. — в центральной части поймы р. Свирь и в тех же годах — на южном побережье Невской губы. В последующие годы численность дубровника снижалась, но с 1974 г. — несколько увеличилась. На территории Ладожского орнитологического стационара и его окрестностей в Свирской губе Ладоги в 1968–1980 гг. дубровник гнездился регулярно, в отдельные сезоны — до 30–50 пар. Первое размножение в Норвегии, на границе с Финляндией, отметили в 1967 г. Помимо расширения гнездового ареала, случайные залеты дубровника регистрировались почти во всех европейских странах, а также в Израиле, Иордании и Египте.

Темпы экспансии дубровника были высокими — до 27 тыс. км^2 в год. Только за 100 лет, с 1825 по 1925 г., занятый ареал составил 2,7 млн. км^2, что соответствует примерно 20% современного ареала (Nowak, 1971).

Канареечный вьюрок — *Serinus serinus* (Linnaeus, 1766)

К концу XVIII века ареал канареечного вьюрка охватывал Испанию, Италию, часть Швейцарии и Балканы. Неизвестно, был ли это исходный ареал перед началом экспансии или же промежуточным в ее процессе, тем не менее именно с 1800 г. начинается регистрация расширения ареала этого вида. Пространства к северу от Альп на территории Швейцарии он заселил в первые годы XIX века. В течение всей первой половины XIX века канареечный вьюрок постепенно распространялся по южной Франции, а во второй половине XIX века и начале XX века — в юго-западной и северо-восточной части страны. В г. Метц он загнездился уже в 1826 г., а в предместьях Парижа — только в 1874 г., однако в северную и северо-западную часть Франции он проник только в 1950-е –1960–е гг.

Более интенсивная экспансия происходила в конце XIX – начале XX века. В Люксембурге вьюрок был отмечен в 1865 г., Бельгию он заселил в начале XX века, а в Нидерландах впервые появился в 1923 г. Первое гнездование в южной Англии зарегистрировано в 1967 г., а вскоре он был обнаружен и в Ирландии.

На территории Германии этот вид был впервые отмечен в 1790 г. во Франкфурте-на-Майне. В первой половине XIX века он заселил верхнюю часть долины Рейна. Далее на север, в Вестфалию, вьюрок проник во второй половине XIX – начале XX века (Висбаден — 1866 г., Бонн — 1883 г., Кёльн — 1905 г., Эссен — 1921 г.). Бавария частично была заселена к середине XIX века, но в Мюнхене он появился только в 1905 г. Экспансия в Тюрингию и Верхнюю Саксонию началась в 1860-е — 1880-е гг. В предместья Берлина вьюрок добрался в 1877 г., в Гамбург — в 1915 г., в Росток — в 1923 г.

Австрию канареечный вьюрок заселил в первой половине XIX века, перевалив через Альпы из своего исходного ареала. В Венгрии его распространение вначале ограничивалось только западными и северными частями страны, на востоке же численность его возрастала очень медленно. В Румынии небольшую часть территории вьюрок освоил во второй половине XIX века, а в начале XX века заселил и горную, и низинную часть страны. Чехословакии он достиг в 1850 г. и в Праге впервые отмечен в 1871 г. В южной части Польши вьюрок находился уже в 1849 г., во Вроцлаве — в 1868 г. Остальную часть Польши он занял в течение 50 лет в конце XIX — начале XX века (Варшава — 1976 г., Щецин — 1910 г.). В южной Швеции канареечный вьюрок отмечен до 1939 г. только трижды, а гнездиться стал в 1940-е гг.; в Дании — спорадически с 1948 г., более регулярно — в 1950–1960-е гг. В Норвегии его впервые наблюдали в 1960 и в 1967 гг. В Финляндии первое гнездование (возле Хельсинки) установлено в 1967 г., хотя первые регистрации были уже с 1921 г. В 1980-е гг. количество регистраций в Финляндии уменьшилось до 3–10 в год.

На территориях бывшего СССР первые опубликованные данные о регистрациях канареечного вьюрка относятся, с одной стороны, к Кавказу (залет в Тбилиси в 1896 г.), а с другой стороны, к Украине и Прибалтике. В 1948–1949 гг. единичные гнездящиеся пары обнаружены возле Киева, хотя западную Украину и Молдавию он заселил очень давно. В Карпатах в 1940-е гг. вьюрок был обычной гнездящейся птицей. В Латвии он впервые был отмечен в 1935 г., а первое гнездование — в 1938 г., в Литве же первое размножение было установлено только в 1957 г. На северной части Куршской косы Балтийского моря автором в мае 1959 г. отмечены 8 поющих самцов, а в июле того же года возле г. Нида — молодые птицы.

В Ленинградской области первоначально канареечного вьюрка регистрировали во время весенней миграции. С применением манных птиц удалось установить регулярное появление этого вида: за период 1960–1964 гг. весной были пойманы 30 птиц возле Ст. Петергофа. Появлялись они и в других местах области, а в 1972–1973 гг. на границе Эстонии и Ленинградской области, возле Усть-Нарвы, установлено и гнездование. Первое гнездование в Псковской области, возле г. Печоры, отмечено тоже в 1973 г.

В целом за 170 лет канареечный вьюрок заселил примерно 2,5 млн. км^2, что составляет почти половину его современного ареала. Скорость распространения была очень высокой, особенно во второй половине XIX века. В среднем за год птицы занимали 14300 км^2. Первые регистрации вида чаще всего происходили в пунктах, отстоящих от предыдущих мест регистрации на расстояниях от 100 до 270 км. Это свидетельствует о том, что занятие новых территорий осуществлялось внезапными дальними бросками. Результаты кольцевания гнездящихся птиц и их птенцов показали, что из 80 окольцованных особей 62 птицы в следующие годы обнаружены не далее 10 км от места кольцевания. В то же время 5 особей улетели на 50 км, 7 особей — на 51–100 км, 3 особи — на 101–200 км, и по 1 птице — на 323, 415 и 660 км. Следовательно, лишь примерно 20% популяций составляют особи, которые и осуществляют быструю экспансию вида.

Характер расселения канареечного вьюрка, как и расселение кольчатой горлицы, был полностью естественным процессом, без какого-либо влияния случайных интродукций. Расселение сопровождалось некоторым изменением в привязанности определенным биотопам. От лесных опушек, вырубок и отдельных куртин деревьев на холмах вьюрок перешел к обитанию в типичном культурном ландшафте — в парках, на кладбищах, в садах, в пригородах с разреженной растительностью и плотными колючими изгородями. Некоторые считают, что вьюрок как коренной обитатель Средиземноморья нашел в европейских садах среду обитания, очень похожую на исконную.

Непосредственной причиной массовой экспансии канареечного вьюрка, скорее всего, было первоначальное преодоление зоогеографического барьера — Альпийских гор. Перелетев через Альпы в двух местах — во Францию и в Австрию, птицы попали в оптимальные для них биотопы без каких-либо существенных конкурентов. Однако дальнейшее быстрое расселение в северном направлении, считает Майр (Mayr, 1926), как и в случае с кольчатой горлицей, возможно, объясняется появлением в популяциях особей-мутантов, с новыми признаками стремления к экспансии. Замедление темпов дальнейшего распространения в северном направлении, по-видимому, связано с трудно переносимыми климатическими условиями.

Обыкновенная чечевица — *Carpodacus erythrinus* (Pallas, 1770)

Экспансия обыкновенной чечевицы в западном направлении была замечена почти два столетия назад. Первая стадия расселения происходила с начала XIX века, когда чечевица достигла юго-восточной Финляндии, восточной Германии, Чехословакии и Австрии. В новых местах обитания чечевица долгое время оставалась редким видом. Гнездование в этот период отмечалось лишь изредка. До начала XX века она размножалась спорадически, отдельными парами на юго-востоке Финляндии, на востоке и юго-востоке Польши. В юго-западной части ареала, начиная с последнего десятилетия XVIII и до середины XIX века, количество отдельных наблюдаемых особей чечевиц постепенно росло. Южная граница ареала в этой части Европы тогда проходила по верховьям рек Буга и Днестра, южным склонам Татр, южной Силезии. Однако в следующий период, примерно с 1880 г. по 1930 гг., чечевица исчезает из многих районов, и южная граница ареала поднимается до Померании и Мазурской области.

Новая, вторая волна экспансии чечевицы начинается в 1930-е гг. с пиком в 1960–1970-е гг. На территории Ленинградской области чечевица была обычным видом еще в конце XIX века, но в 1940–1950-е гг. численность ее резко возросла, особенно в пригородных и городских парках. Одновременно увеличилась численность в Финляндии, Карелии и во многих местах европейской части СССР. Гнездовой ареал достигает побережий Белого моря, а в Финляндии — 64° с.ш. В последующие годы численность чечевиц продолжала увеличиваться, а ареал расширяться к северу. В Швеции количество наблюдаемых птиц возросло от 30 в 1959 г. до 1400 в 1974 г. К настоящему времени гнездовой ареал чечевицы в Скандинавии перешел Северный полярный круг, на границе Швеции и Финляндии доходит до 67° с.ш., занимает бóльшую часть Швеции и южную часть Норвегии.

В Польше расширение ареала вначале, с 1900 г., проходило преимущественно вдоль Балтийского побережья, теперь же чечевица размножается на всей территории страны. В восточной Германии чечевица регулярно гнездится с 1968 г., в западной Германии первое размножение было зарегистрировано в Шлезвиг-Гольштейне — в 1982 г., в Нижней Саксонии — в 1985 г., в Вестфалии — в 1986 г., и на о. Гельголанд — в 1987 г. В Чехословакии чечевица стала размножаться с 1959 г., в Австрии — с 1973 г., в Югославии — с 1978 г., в Швейцарии — с 1983 г.

Расширение ареала на запад в большей степени проходило вдоль побережий Балтийского и Северного морей. В Нидерландах первое размножение зарегистрировано в 1987 г., а в Шотландии — в 1982 г. Основная волна вторжения чечевицы на Британские острова началась весной 1992 г. по всему восточному побережью, что привело в том же году к первым случаям гнездования в собственно Англии.

О причинах экспансии чечевицы высказаны разные предположения. Основные из них сводятся к росту численности популяций, вызванному погодными условиями. В годы, предшествовавшие второй волне экспансии, майские и июньские температуры воздуха были значительно выше, чем до этого, и, соответственно, развитие растительности было значительно ускорено. А успешность размножения чечевицы напрямую зависит от скрытного расположения ее довольно заметного гнезда. Раннее развитие листвы обеспечивает лучшую защиту от хищников. Помимо этого, в XX веке произошли существенные ландшафтные изменения в европейской части СССР, в Финляндии и Швеции, способствовавшие повсеместному появлению подходящих для чечевицы биотопов: вырубки и прочистки в сплошных лесных массивах, расширение пригородных поселений человека, вторичное облесение заброшенных земель. Натальная филопатрия у чечевицы выражена в гораздо меньшей степени, чем у других видов птиц, и весеннее оседание молодых птиц в новых районах более вероятно. Высокие температуры воздуха как во время послегнездовой дисперсии, так и во время весенней миграции стимулируют птиц-первогодков к более активному разлету и занятию новых территорий.

Все факторы, которыми пытались объяснить причины наблюдавшихся в Европе экспансий разных видов птиц, можно свести к нескольким группам: а) климатические изменения, б) ландшафтные изменения, в том числе антропогенного характера, в) внутрипопуляционные процессы, приводящие к росту численности или генетическим сдвигам. Кажется разумным допустить, что любое естественное расширение ареала зиждется на демографической основе стабильного превышения рождаемости над смертностью и превышения нормальной плотности популяций. В противном случае было бы возможным сокращение ареала или превращение его из сплошного в ареал кружевного типа. Следовательно, упомянутые факторы могут приводить прежде всего к росту численности популяций и, как следствие, — к расселению вида на новые территории. Для птиц рост численности может определяться повышением продуктивности размножения тремя путями: 1) повышением успешности каждой попытки гнездования, 2) увеличением количества кладок за один сезон гнездования и 3) снижением смертности самостоятельных молодых особей, независимых от родительской опеки. Во всех этих случаях более благоприятные погодные условия могут играть важнейшую роль.

Влияние потенциальных факторов, перечисленных выше в видовых очерках, сведено в табл. 21. Общее потепление климата, по мнению многих исследователей, является важнейшим фактором для соотношения динамики численности популяций и их ареалов. После климата и погодных условий наибольшее воздействие на

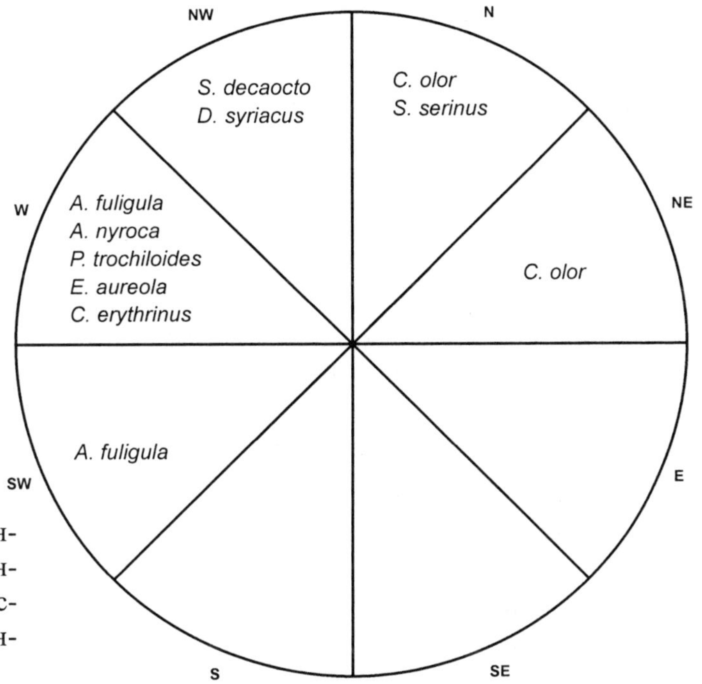

Рис. 32. Преимущественное направление экспансии разных видов за последние 200 лет (по данным разных авторов).

степень и темпы расселения оказывают, по-видимому, ландшафтные изменения. Человеческие поселения и другие антропогенные биотопы оказали, безусловно, положительное влияние на рост численности и расселение, по крайней мере, у 6 видов птиц. Тем не менее, у рассмотренных 9 видов птиц направление экспансии было разным — одни из них распространялись преимущественно в северном направлении, другие же — преимущественно в западном или юго-западном (рис. 32). Вполне возможно, что западные части Европы предоставляли более благоприятные местообитания как регионы с мягким климатом. Теоретически можно представить, что попытки расселения идут в самых разных направлениях, но птицы остаются лишь в подходящих местах, а из других уходят или погибают при резких похолоданиях. С середины XIX века до конца 1930-х гг. в северной Европе зимы были гораздо мягче, чем в предшествовавшие периоды. В результате происходило постепенное увеличение численности и расселение к северу нескольких видов птиц, однако впоследствии, после ряда суровых зим, ареалы их вновь сдвигались к югу (Лэк, 1957).

По данным обзора о расселении птиц северной Европы (Murray, 1979), за последние два столетия у 49 видов, т.е. у 15% орнитофауны, произошли существенные изменения в распространении и численности популяций. Наиболее часто ареалы птиц сдвигались в западном направлении по всей северной Европе, от северо-запада России и Финляндии, через Прибалтику, Швецию, северную Германию к Норвегии, Дании, Нидерландам и на Британские острова. Кажется маловероятным, чтобы на этот длительный процесс могли влиять непродолжительные климатические или погодные изменения, поскольку они, как правило, имеют циклический характер, а поэтому могут лишь частично регулировать явления ежегодной дисперсии. По мнению Д. Лэка (1957), экспансия многих видов к западу связана не с современными изменениями климата, а с постепенным пополнением орнитофауны северо-западной Европы более разнообразными видами, обитающими на севере Сибири, и этот процесс продолжается уже со времени окончания последнего оледенения.

В заключение следует подчеркнуть, что как быстрая экспансия, так и очень медленное расширение ареала у птиц происходит под определяющим влиянием, с одной стороны, климатических изменений, а с другой стороны, — изменений естественных биотопов. Расселение птиц, как и любое изменение ареала, есть следствие демографических процессов и направлено на поиск оптимальных местообитаний для популяций и вида в целом.

2.7. Расширение ареалов палеарктическими рукокрылыми (Chiroptera, Mammalia) как пример инвазии в антропогенных биотопах

Рукокрылых (Chiroptera) отличает низкий темп размножения (1–2 детеныша в год). Таким животным обычно не свойственны резкие колебания численности и способность к инвазиям. Тем удивительнее случаи, когда расширение области обитания имеет у рукокрылых “взрывной” характер: протекает бурно и захватывает большие пространства чуждых для них ландшафтов.

Нетопырь Куля (*Pipistrellus kuhlii* Kuhl, 1817) является характерным обитателем сухих субтропиков северной Африки, Передней Азии и южной Европы. На территории Российской империи, а затем бывшего СССР в конце XIX – начале XX столетия сведения о его обитании ограничивались Закавказьем и южным Крымом, где он считался редким видом. Изолированная находка второй половины XIX века была известна также из Хорезмского оазиса (Хива).

Число сообщений о встречах *P. kuhlii* резко возрасло с 60-х гг. прошлого века, преимущественно с территории Азербайджана, где отмечался быстрый рост его численности: из вида редкого он превратился там в массовый. Первые сведения о находках нетопыря Куля вне пределов его традиционного ареала появились с начала 70-х гг.: сначала из Предкавказья, затем из Калмыкии и южного Заволжья. К концу 80-х гг. нетопырь Куля заселил весь юг Волго-Донского и Волго-Уральского междуречий, достигнув на левобережье Волги Камышина, а на правом берегу — п. Приволжский (Стрелков и др., 1985; Стрелков, Ильин, 1990). В следующее десятилетие вид был найден в Саратове (Завьялов, Шляхтин, 1999), а в самые последние годы обнаружен В.П. Вехником (личн. сообщ.) на Самарской Луке. Еще более северная находка известна из Удмуртии (Ижевск) (Капитонов, Григорьев, 1995), однако пока не рискуем включать ее в ареал вида: более вероятно, что животное было случайно завезено сюда идущим с юга транспортом. В пределах Казахстана *P. kuhlii* достиг к востоку дельты р. Урал, где обнаружен уже более 10 лет назад (Шаймарданов, 2001) (рис. 33).

Если считать исходным плацдармом экспансии нетопыря Куля Кура-Араксинскую низменность в Азербайджане, то примерно за 30 лет вид расширил свой ареал к северу на 1500 км. В Нижнем Поволжье он повсеместно стал массовым и превзошел по численности и широте распространения в регионе аборигенные виды рукокрылых. То же справедливо и для значительных пространств степного Предкавказья.

Не менее впечатляют сведения о расселении нетопыря Куля в сторону Украины. Можно думать, что его источником послужил очаг обитания животных в северо-западном Предкавказье, где к началу 80-х г. они достигли высокой численности. К настоящему времени нетопырь Куля широко расселился по левобережной Украине к северу до Харьковской, Черниговской и Сумской областей, а по отдельным находкам известен и к западу от Днепра (Загороднюк, Негода, 2001). По самым последним данным, этот вид многочислен под Одессой (Форманюк, Панченко, 2003) и обнаружен в Молдавии (Гусева, Бондаренко, 2003). В степных районах, прилегающих к Азовскому побережью, *P. kuhlii* стал массовым видом рукокрылых (Волох, 2002).

Любопытно, что расселение нетопыря Куля происходит и во встречном направлении, со стороны юга центральной Европы. В последние десятилетия этот вид последовательно обнаружен на юге Германии, в Австрии, Венгрии и на востоке Балканского полуострова, где раньше он не встречался. Складывается впечатление, что потоки расселяющихся с запада и с востока животных должны скоро встретиться и сформировать новую северную границу распространения вида на востоке Европы. К какому из них относятся зверьки, найденные под Одессой и в Молдавии, неизвестно.

Расселение нетопыря Куля отмечено и в Средней Азии. В начале 1970-х гг. он впервые найден на крайнем юго-западе Туркмении, в последующие годы здесь происходило быстрое нарастание его численности (Стрелков и др., 1978). В 1993 г. одиночный зверек обнаружен в центральных Каракумах, за 500 км к северо-востоку от места первоначальной находки вида (Стрелков, Сосновцева, 1994). Нынешнее распространение нетопыря в Туркмении остается неизвестным.

Современное распространение нетопыря Куля на территории бывшего СССР и последовательность находок животных в разных частях региона показана на рис. 33.

Быстрое расселение нетопыря Куля к северу изменило представление о ландшафтной приуроченности этого вида. Будучи выходцем из субтропиков, он заселил резко отличные по природным условиям равнины восточной Европы, включая степную зону и южную кромку лесостепи.

Обитание нетопыря Куля четко приурочено к антропогенному ландшафту. Этот синантропичный вид утерял связь с естественными убежищами и обитает исключительно в постройках человека. Особую склонность он проявляет к административным зданиям современной архитектуры, воздвигнутым с широким использованием железобетонных конструкций. Этим нетопырь Куля отличается от большинства других летучих мышей, предпочитающих здания старой постройки.

Для большинства северных рукокрылых критическим периодом является зима: для успешной зимней спячки им необходима умеренно низкая температура выше 0° и высокая относительная влажность. По-видимому, в последней нетопырь Куля не нуждается и потому легко находит себе зимние убежища в укромных частях

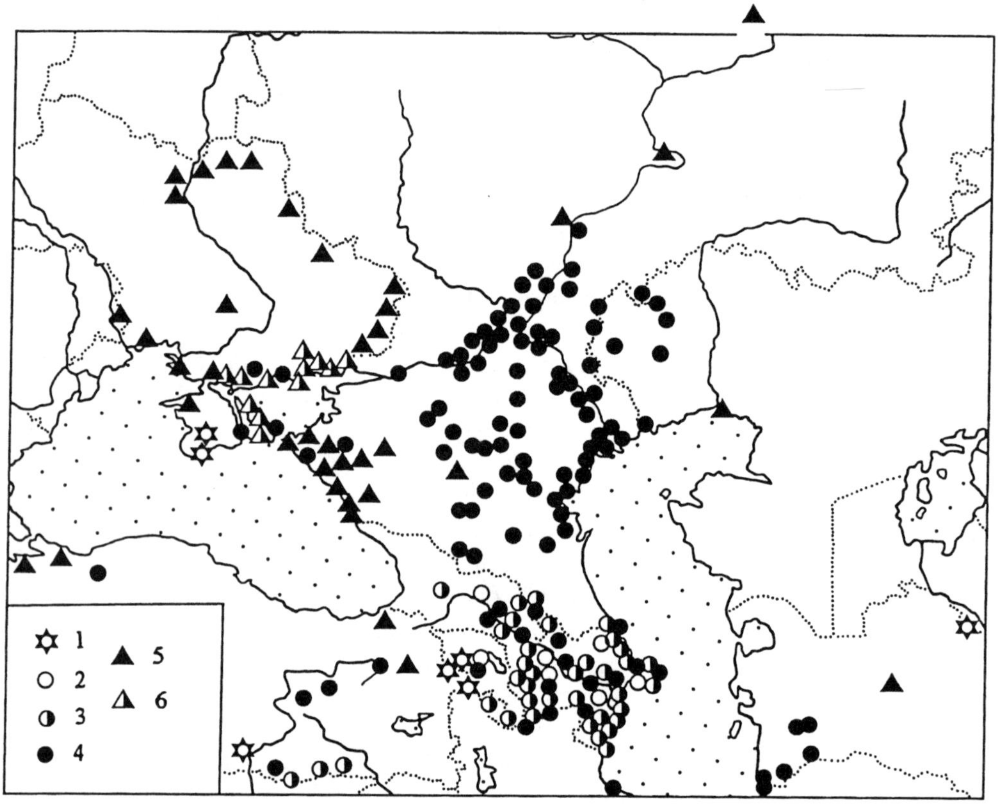

Рис. 33. Места находок *P. kuhlii* на территории бывшего СССР: 1 — 1870–1930 гг.; 2 — 1931–1950 гг.; 3 — 1951–1970 гг.; 4 — 1971–1990 гг.; 5 — 1991–2002 гг.; 6 — находки точно не датированы, предположительно 1985–1995 гг.

построек человека. Центральное отопление, повсеместно используемое в административных и многоэтажных жилых постройках, обеспечивает животным и необходимую температуру зимовки.

Хорошая приспособленность вида к аридным условиям (он не нуждается в регулярном водопое) позволяет животным легко преодолевать безводные пространства и существовать в маловодной местности, хотя наличие водоемов явно улучшает условия его существования. Стациальная приуроченность нетопыря Куля необычайно широка. Его можно найти в затерянных среди песков мелких населенных пунктах и в больших городах, на берегах водоемов и вдали от них, в отсутствие древесной растительности и среди леса в Волго-Ахтубинской пойме. Любопытно, что в ландшафтах, близких по условиям к первичным для этого вида (полупустыни и кромки пустынь в Казахстане и Туркмении), его расселение происходит, по-видимому, медленнее, чем в чужеродных, но гуще населенных человеком северных ландшафтах.

Склонность нетопыря Куля прятаться в разнообразных случайных укрытиях, особенно в конце лета, когда молодые зверьки начинают самостоятельную жизнь, создает возможность пассивного расселения зверьков с помощью транспорта как наземного, так и водного. Не исключено, что на восточный берег Каспийского моря в пределах Туркмении нетопырь Куля был перевезен на судах с Кавказа. В пограничных районах Ирана (северный Хорассан, Мазандаранская низменность) в те годы этот вид отсутствовал или был малочислен, так что маловероятно, что они были источником его расселения.

В условиях Нижнего Поволжья, степного Предкавказья и юга степной Украины нетопырь Куля столкнулся с крайне ненасыщенной фауной рукокрылых — виды, занимающие близкие экологические ниши, здесь отсутствуют. На Кавказе и в Закавказье, а также на юге Европы он обитает рядом с нетопырем-карликом (*Pipistrellus pipistrellus* Schreber, 1774), причем оба вида достигают высокой численности и, по-видимому, не мешают друг другу. В южной Туркмении стации, благоприятные для обитания нетопырей, плотно заселены туркестанской формой нетопыря-карлика (*P. pipistrellus bactrianus* Satunin, 1905–1906). Все известные точки находок нетопыря Куля лежат здесь вне мест распространения второго вида. Существует ли между ними конкуренция или указанный факт случаен, пока не выяснено.

Загадкой остается единственная старая находка нетопыря Куля в Хорезме. Считать ее случайным залетом трудно: слишком далеки ближайшие части ареала вида, легче допустить вековые пульсации их границ. В фазе последней депрессии в Хорезме, возможно, сохранялся реликтовый очаг обитания этого вида. Пульсацией северной границы распространения нетопыря Куля можно объяснить и его старые находки в Крыму, до недавнего времени изолированные от остальной части ареала, в том числе и закавказской. Между тем, Крым — единственное в бывшем СССР место, где найдены субфоссильные его останки, датируемые поздним плейстоценом, — доисторическим голоценом (Векилова, 1971).

“Пусковой механизм” начала стремительной экспансии нетопыря Куля остается неизвестным. По-видимому, им явилось резкое увеличение численности животных в результате орошения Кура-Араксинской низменности после сооружения Мингечаурского гидроузла в Азербайджане в конце 50-х гг. прошлого века. Дальнейшему расселению нетопыря Куля на север, вероятно, способствовал участок Северокавказской железной дороги Кизляр – Астрахань, сооруженный в 1942 г. Частые разъезды и станции должны были помочь животным осваивать малонаселенные и маловодные районы Дагестана, Калмыкии и Астраханской области, частично занятые песками.

Еще ждет своего исследования вопрос, за счет каких половозрастных категорий зверьков происходит активное освоение нетопырем Куля новых территорий. Можно предполагать, что филопатрия, обычно свойственная рукокрылым, должна быть слабо выражена у этого вида.

Поздний кожан (*Eptesicus serotinus* Schreber, 1774) до конца 70-х годов прошлого века был известен лишь на юге европейской России: крайней северо-восточной точкой его распространения считался юг Воронежской области. За последующие десятилетия он обнаружен под Волгоградом, в Саратове, а затем и на юге Среднего Поволжья — в Пензе и на Самарской Луке; последняя находка расположена на 600 км к северо-востоку от известного ранее рубежа (Стрелков, Ильин, 1990; Святковский и др., 1996; Ильин, 2000). К сожалению, точнее датировать начало расселения и его направление трудно в связи с недостаточной изученностью фауны рукокрылых средней России.

Как и предыдущий вид, поздний кожан — типичный синантроп, обитающий в условиях антропогенного ландшафта. В естественных убежищах он не встречается и летом селится исключительно в постройках человека. Вероятно, здесь же он и зимует, так как мало чувствителен к режиму влажности и мирится со сравнительно низкими температурами для зимней спячки.

На правобережье Нижней Волги темноокрашенная номинативная форма позднего кожана (*E. s. serotinus*) столкнулась со светлоокрашенным и более мелким пустынным азиатским его подвидом (*E. s. turcomanus* Eversmann, 1849), весьма здесь многочисленным. Последний явно заселил этот регион с востока, со стороны Казахстана, где он широко распространен. В районе Волгограда и Саратова в колониях поздних кожанов наблюдается большая изменчивость в окраске и величине животных и наличие промежуточных по признакам форм, что может свидетельствовать о зоне гибридизации между представителями разных подвидов (Стрелков, Ильин, 1990). Окончательно прояснить этот вопрос могут лишь молекулярные методы исследования.

Серый ушан (*Plecotus austriacus* Fischer, 1829) интересен тем, что является новоселом в средней Европе. Этот вид сравнительно недавно стали отличать от симпатричного ему бурого ушана (*P. auritus* Linnaeus, 1758). Как выяснилось, среди субфоссильных костных останков летучих мышей, накопившихся в пещерах, встречается только второй вид, аборигенный для лесной зоны Евразии (Hanak, 1966; Horaček, 1975). На равнинах средней и юго-западе восточной Европы серый ушан появился уже в историческое время. Его экспансия в северном и восточном направлениях продолжается. В 80-х годах прошлого столетия северо-восточная граница распространения этого вида проходила по среднему течению Вислы (Стрелков, 1988), ныне она сместилась к среднему течению Буга. Серый ушан появился сейчас на северо-востоке Польши и достиг западных рубежей Белоруссии (Demyancnik, Demyancnik, 1999). Находки последних лет на юге степной Украины и в Крыму (Zagorodniuk, 2001) свидетельствуют о дальнейшем продвижении серого ушана на восток и вдоль побережья Черного моря, где восточнее Одессы находки этого вида не были ранее известны.

В средней Европе серый ушан обитает в условиях антропогенного ландшафта. Первичными естественными убежищами для него были различного рода подземные полости, обычные в горных районах юга Европы и Передней Азии. Вторично он приспособился обитать в сооружениях человека (на чердаках, в куполах церквей, в подвалах, штольнях, подземных ходах и т.п.). Освоив их, животные смогли широко заселить территории, не пригодные прежде для их существования в связи с отсутствием подходящих убежищ.

Все три рассмотренных выше вида первично являются обитателями южных или юго-западных частей субконтинента. Расселяясь в северном направлении, животные попали в районы с иными природными условиями, чем в местах их первичного обитания. Весьма вероятно, что одной из главных причин активного расселения этих видов является потепление климата Европы, однако объяснять расселение только этим обстоятельством (Ильин, 2000) неправомочно. Как было показано, *P. kuhlii* расширяет границы ареала и в Средней Азии, в пределах первично свойственных виду типов ландшафта. Для понимания движущих сил расселения животных нужны более глубокие знания об их требованиях к среде обитания, чем те, которые мы пока имеем.

Возможность успешного расселения всех трех видов обеспечивается их экологической пластичностью и склонностью обитать в условиях мозаичного антропогенного ландшафта. Необходимой связи с лесом у них нет, животные легко мирятся с открытыми пространствами или даже предпочитают последние (*P. kuhlii*). Не менее важна свойственная им синантропность. Способность к гнездостроению у рукокрылых отсутствует, они пользуются только готовыми укрытиями. Из-за особенностей терморегуляции (гетеротермия) летучие мыши очень требовательны к выбору убежищ. Способность находить их в сооружениях человека обеспечила их широким градиентом микроклиматических условий, превосходящим таковой в естественной обстановке. Это значительно облегчило животным освоение новых территорий и увеличило емкость используемых ими угодий.

2.8. Расселение морских донных животных как механизм биологической инвазии

Любой вид, осваивающий новую территорию или акваторию, поневоле оказывается в достаточно специфической ситуации, во многом сходной для любого из них, поэтому, для того чтобы понять механизмы распространения видов-вселенцев, интродуцированы они человеком (неважно, сознательно или случайно) или же распространяются самостоятельно под влиянием условий, не связанных с деятельностью людей, необходимо тщательное изучение механизмов расселения видов вообще. Названная проблема может рассматриваться как один из аспектов общей биогеографии. Исследователи, озабоченные чисто практическими последствиями спонтанных инвазий и неоправданных интродукций, часто об этом забывают. В то же время не вызывает сомнений, что изучение теоретической стороны вопроса столь же необходимо, как и феноменологическое описание процесса и результатов вселения новых видов в устоявшиеся экосистемы.

Вид, расширяющий свой ареал, должен обладать определенным набором свойств, позволяющих занимать новые местообитания. Очевидно, что на этот процесс влияет его эврибионтность, способ размножения, выживаемость молоди и т. п. Кроме того, такому виду приходится преодолевать сопротивление локальной фауны и флоры того региона, который он осваивает, т.е. большое значение имеет его конкурентоспособность. Понятно, что разные виды могут сильно отличаться друг от друга по этим параметрам, поэтому и успех расселения будет для них различным. В целом можно считать, процесс расселения – процесс случайный. Это позволяет подойти к нему с достаточно общих позиций и попытаться проследить освоение обширных пространств крупными таксономическими категориями организмов.

Проблема заселения новых областей отдельными группами живых организмов разработана еще недостаточно. В частности, до сих пор не определены темпы расселения разных групп; неясно, все ли они с одинаковой скоростью заселяли новые места обитания; неизвестно, от чего она зависит и т. п. Одними из первых этой проблемой занялись итальянские исследователи (Piccoli et al., 1986, 1991; Piccoli, 2002), которые исследовали заселение моря Тетис третичными двустворчатыми моллюсками и показали, что этот процесс подчиняется определенным закономерностям. Они проанализировали несколько математических моделей и остановились на одной из них, которая предполагает, что относительное уменьшение числа расселяющися видов пропорционально расстоянию от центра расселения. Модель описывалась дифференциальным уравнением вида

$$\frac{\mathrm{d}S}{S} = -k\mathrm{d}D,$$

где S – число видов, D – расстояние между связанными бассейнами, k – положительный коэффициент.

Проинтегрировав это выражение, мы получаем экспоненциальное уравнение

$$S = Ce^{-kD},$$

где C – постоянная интегрирования. Понятно, что в точке начала расселения (D = 0) аргумент экспоненты обращается в нуль, и тогда C равно числу видов в исходной фауне, что позволяет обозначить его как S_0. Понятно, что D представляет собой расстояние, на котором число расселяющихся видов сокращается пропорционально $1/e$. Что же касается коэффициента k, то он представляет собой логарифм доли числа видов, способных преодолеть некое единичное расстояние. (В размерностях, принятых Г. Пикколи с соавторами, это — 1 тыс. км). Обратив внимание на то, что размерность этого параметра есть расстояние в степени –1, они вводят величину L, обратную k. Следовательно, в окончательном виде дифференциальное уравнение Пикколи-Сартори выглядит следующим образом:

$$\frac{\mathrm{d}S}{S} = -\frac{\mathrm{d}D}{L},$$

Проинтегрировав его, получаем

$$S = S_0 e^{-\frac{D}{L}},$$

Кривая, описываемая таким уравнением, линеаризуется логарифмированием параметра S:

$$\ln S = \ln S_0 - \frac{D}{L},$$

Представив это уравнение в рекуррентной форме и подставляя в него эмпирические данные, мы без труда можем вычислить k, а, следовательно, и L как параметры уравнения линейной регрессии. Так как число видов с увеличением расстояния падает пропорционально $1/e$, то, умножая L на натуральный логарифм какого-нибудь числа, мы узнаем, на каком расстоянии от центра расселения исходная фауна уменьшится в это же число раз. Таким образом, умножив L на ln2, мы получим величину L_S – расстояние, на котором число видов исходной фауны сокращается вдвое:

$$L_{1/2} = \frac{\ln 2}{k} = \ln 2L$$

Следовательно, параметр L_S может служить критерием расселительной способности группы организмов, поэтому в дальнейшем тексте для его обозначения будет употребляться термин *расселительный потенциал.* Поскольку модель экспоненциальна, число видов будет уменьшаться на этой дистанции вдвое независимо от того, с какой конкретно точки мы начнем отсчет расстояния.

Далее Пикколи с соавторами доказывают, что расселение видов представляет собой случайный, а именно, пуассоновский процесс и, следовательно, описывается распределением Пуассона. Это значит, что мы можем оценивать соответствие числа общих с исходной фауной видов в фауне региональной методами вариационной статистики.

Принимая во внимание сказанное, нам представляется интересным проследить расселение донных морских животных на шельфе евразийских морей Северного Ледовитого океана (Gontar, Naumov, 1994; Naumov, Gontar, 1997). Выбор Арктики для этой цели был продиктован следующими соображениями. Известно, что фауна всех морей этого региона достаточно однородна. Это может быть объяснено, с одной стороны, относительно сходными условиями существования (по сравнению с другими акваториями Земли аналогичной протяженности), а с другой , тем обстоятельством, что начало заселения Арктического бассейна всеми группами животных может быть отнесено к одному и тому же времени. Действительно, фауна Арктики (по крайней мере, ее бореальная и бореально-арктическая составляющие) могла проникнуть в Северный Ледовитый океан только в голоцене, после того как северный шельф Евразии освободился от ледникового режима и там установились близкие к современным климатические условия. Таким образом, для поставленной цели Арктика представляет собой удобную модель в первую очередь потому, что в известной степени лишена широтной климатической зональности. Кроме того, в силу географических особенностей Полярного бассейна он мог заселяться только из двух источников: Атлантики и Пацифики, причем пути расселения атлантических и тихоокеанских видов относительно несложно проследить.

Для изучения расселения морских животных на шельфе арктических морей Евразии были использованы наши собственные данные, сведения, имеющиеся в литературе, и коллекции Зоологического института РАН. Сведения о распространении губок были получены из трудов В.М. Колтуна (1959, 1966, 1967), гидроидных полипов — Д.В. Наумова (1960), бокоплавов — Е.Ф. Гурьяновой (1951), кумовых раков — Н.Б. Ломакиной, двустворчатых моллюсков — В.В. Федякова и А.Д.Наумова (1989), мшанок — В.И. Гонтарь и Н.В. Денисенко (1989). Данные по иглокожим были любезно предоставлены А.В. Смирновым.

Во всех случаях мы рассматривали только виды атлантического происхождения, так как тихоокеанские формы представлены в евразийской Арктике столь малым числом видов, что провести их анализ не представляется возможным. По той же причине такие группы, как Porifera или Echinodermata, пришлось рассматривать без разделения на таксоны более низкого ранга, что, строго говоря, было бы корректнее. Арктические виды заселяли Северный Ледовитый океан в гораздо более раннее время, и проследить пути их расселения уже почти не удается, поэтому анализ был ограничен бореальными и бореально-арктическими формами, заселявшими Северный Ледовитый океан приблизительно в одно время.

Как было сказано выше, с математической точки зрения выбор исходной точки расселения не имеет значения для использовавшейся модели, поэтому он должен быть обоснован биогеографическими соображениями. Ранее при анализе биогеографического состава фауны двустворчатых моллюсков (Федяков, Наумов, 1987; Fedyakov, Naumov, 1989) было показано, что Баренцево море представляет собой переходную область от Атлантики к Арктике. Так как для некоторых других групп донных организмов результаты биогеографического районирования оказались сходными (Гурьянова, 1951; Gontar, Denisenko, 1989), мы условно приняли за исходную точку расселения видов в Арктике западную границу Баренцева моря. Вид, встречающийся восточнее западной границы Карского, считался общим для обоих морей. По этому же принципу выделяли общие виды и для последующих морей – Лаптевых, Восточно-Сибирского и Чукотского. В ряде групп бореальная и бореально-арктическая фауна атлантического происхождения проникает также в море Бофорта и в воды Канадского арктического архипелага; в таких случаях эти акватории включали в анализ. Рассматривали только виды с неразрывным ареалом, исключения делались лишь в тех случаях, когда разрыв в ареале не превышал одного моря, и его можно было объяснить слабой изученностью акватории. Циркумполярные виды не рассматривались.

Снижение числа видов по мере удаления от источника расселения аппроксимировали функцией Пикколи-Сартори. Коэффициенты S_0 и L рассчитывали по эмпирическим данным с помощью метода наименьших квадратов для линеаризованного уравнения, представленного в рекуррентной форме. Полученные величины использовали для построения теоретического распределения. Соответствие последнего эмпирическим данным проверяли с помощью критерия Колмогорова-Смирнова. Нулевая гипотеза отвергалась на 95%-ном уровне вероятности. При принятом нами способе представления данных расселительный потенциал, так же как и в работе Пикколи с соавторами, выражается в тысячах километров.

Для всех изученных групп донных животных различия между эмпирическими данными и теоретическим распределением (рис. 34) оказались статистически недостаточно значимыми, и на принятом уровне вероятности нет оснований для того, чтобы отвергнуть нулевую гипотезу.

Полученные результаты (табл. 22) позволяют разделить изученные таксоны донных морских организмов на две группы. В первую из них входят Echinodermata, Crustacea (в особенности Cumacea), Gastropoda и метагенетические Hydrozoa, обладающие относительно высоким расселительным потенциалом (в среднем 1,63 тыс. км). У остальных животных, обитающих на шельфе арктических морей, этот потенциал существенно ниже и в среднем составляет 0,995 тыс. км.

К первой из них относятся подвижные организмы, многие из которых обладают пелагической стадией развития или в виде планктонных личинок, или в виде

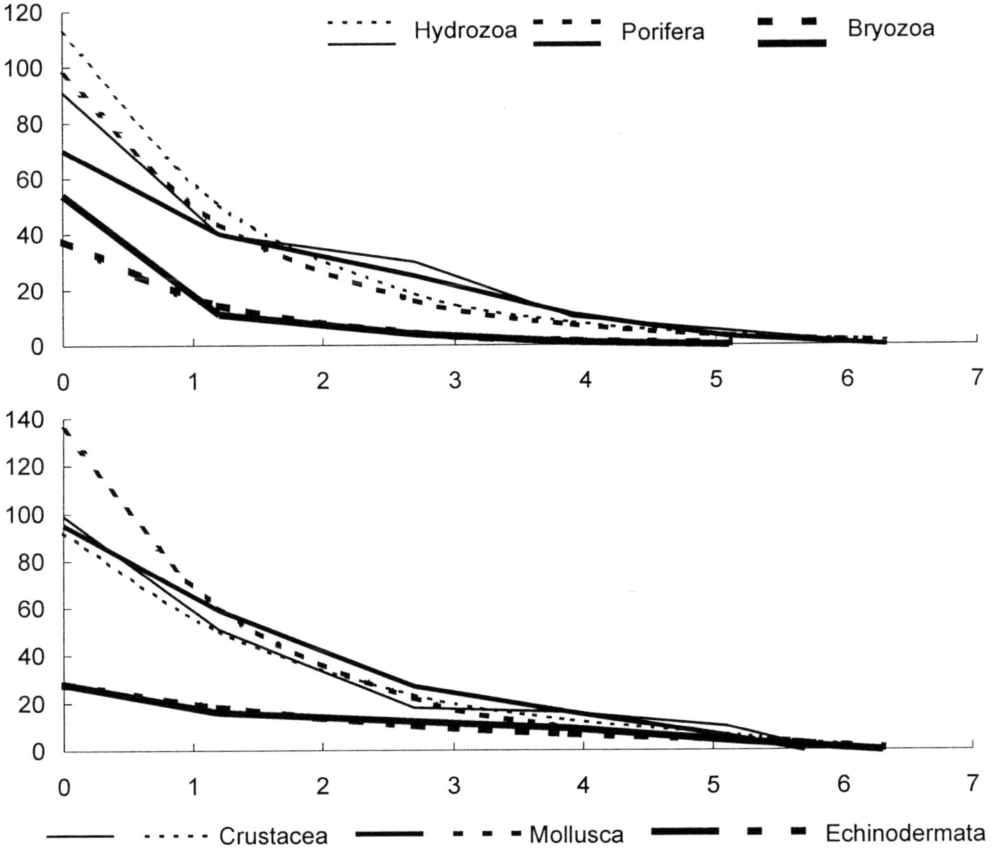

Рис. 34. Снижение числа видов в зависимости от расстояния от центра расселения для различных групп морских донных животных на шельфе арктических морей. По оси абсцисс — расстояние, тыс. км, по оси ординат — число видов. Сплошные линии — фактические данные, пунктирные линии — теоретические кривые.

сводноплавающего медузоидного поколения. Во второй группе преобладают сидячие и малоподвижные организмы. Исключение составляют только бокоплавы, но и они лишены пелагических личинок. Впрочем, для них характерен наивысший расселительный потенциал в этой группе таксонов. Можно предположить, что ракообразные, будучи одной из весьма пластичных групп, по сравнению с другими животными обладают более высокой способностью к расселению. Не исключено, что это связано с их высокой подвижностью.

Данные по сидячим и по вагильным животным показали, что расселительные потенциалы этих жизненных форм достоверно различаются. Найдены достоверные отличия и между гидроидными полипами, лишенными пелагической стадии и обладающими медузоидным поколением (см. табл. 22). Таким образом, можно пред-

Таблица 22. Число бореальных и бореально-арктических видов атлантического происхождения в Белом море и их количество, предсказанное математической моделью. Статистически достоверный дефицит видов отмечен звездочкой.

Группа	Исходная фауна	Белое море		Значение критерия χ^2	Дефицит видов, %	Расселительный потенциал, тыс. км
		Встречено	Ожидается			
Все группы	437	221	333,44	37,92	*33,56	1,018 ± 0,084
Сидячие организмы	219	105	159,46	18,60	*34,15	0,883 ± 0,114
Porifera	95	38	65,97	11,86	*42,40	1,037 ± 0,117
Hydrozoa	70	48	57,03	1,43	15,83	1,039 ± 0,111
Hydrozoa с гетерогонией	33	24	24,69	0,02	2,80	1,303 ± 0,107
Hydrozoa без гетерогонии	37	24	29,27	0,95	18,02	1,059 ± 0,183
Bryozoa	54	19	19,87	0,04	4,39	0,860 ± 0,116
Вагильные организмы	222	116	172,57	18,54	*32,78	1,160 ± 0,087
Crustacea	99	60	61,36	0,03	2,22	1,365 ± 0,124
Amphipoda	80	51	47,92	0,20	–6,44	1,092 ± 0,125
Cumacea	19	9	15,04	2,43	40,16	2,228 ± 0,188
Mollusca	95	48	78,90	12,10	*39,16	1,027 ± 0,130
Bivalvia	61	17	38,50	12,01	*55,84	0,899 ± 0,084
Gastropoda	34	31	34,90	0,44	11,16	1,355 ± 0,234
Echinodermata	28	8	20,96	8,01	*61,83	1,899 ± 0,145

Критическое значение χ^2 равно 3,84 (1 степень свободы)

полагать, что как жизненная форма, так и наличие в жизненном цикле пелагической стадии оказывают влияние на расселительные потенциалы видов.

Полученные результаты свидетельствуют, что из рассмотренных групп животных наибольшими инвазионными способностями обладают метагенетические кишечнополостные, брюхоногие моллюски, ракообразные и иглокожие (см. табл. 22). Именно их и следует в первую очередь рассматривать как потенциальных вселенцев в новые регионы. Помимо высокой эврибионтности, виды, способные стать инвазионными, должны обладать и высокой конкурентоспособностью, которая позволила бы им успешно конкурировать с коренными обитателями осваиваемых водоемов.

Итак, уменьшение числа видов вдоль основного пути расселения на шельфе арктических морей удовлетворительно описывается функцией Пикколи-Сартори. Однако представляет интерес и другая задача: проверка гипотезы о том, что при отклонении от этого пути продолжают действовать те же законы, что и на основной магистрали. Моря Северного Ледовитого океана представляют удобную модель для решения и этой задачи. Таким отклонением от главного пути расселения донных животных на евразийском шельфе оказывается Белое море. Зная удаленность его от нашего условного центра расселения и число обитающих в нем видов того или иного таксона, удовлетворяющих описанным выше условиям, можно вычислить по построенной нами теоретической функции, сколько видов интересующей нас группы донных организмов мы можем ожидать при условии, что их вселению в Белое море ничто не препятствует.

Оценка различий между наблюдаемым и теоретически вычисленным числом видов методом χ^2 показывает, что на 95%-ном уровне вероятности в Белом море разнообразие бокоплавов, гидроидных полипов и мшанок статистически не отличимо от предсказанного (см. табл. 22). Не выявлены различия и между эмпирическим и теоретическим числом видов кумовых ракообразных. Однако относительно этого таксона следует воздержаться от сколько-нибудь определенных выводов: в столь малочисленной группе находка одного-двух видов может радикально изменить ситуацию как для Белого моря, так и для всей Арктики. Что же касается прочих групп (губок, двустворчатых моллюсков и иглокожих), то они представлены в Белом море достоверно меньшим количеством видов, чем это предсказывает теория. Следовательно, существуют некие механизмы, препятствующие обмену фаунами между Баренцевым и Белым морями, по крайней мере в пределах некоторых таксонов. Таким образом, мы получаем статистическое доказательство известному утверждению К.М. Дерюгина (1928) об отрицательных чертах фауны Белого моря. Действительно, в ряде таксономических групп наблюдаемое число видов достоверно ниже теоретически ожидаемого. Недостающую часть видов, выраженную в процентах от рассчитанной по уравнению Пикколи-Сартори, назовем дефицитом видов изучаемого водоема. Любопытно, что одновременно получает подтверждение и мнение А.Е. Анцулевича (1991), весьма убедительно показавшего на материале по Hydrozoa, что обеднение беломорской фауны по сравнению с баренцевоморской весьма незначительно и не может быть использовано для доказательства фаунистического своеобразия этого водоема. В самом деле, в этой группе не наблюдается достоверного дефицита видов (см. табл. 22).

Нельзя не отметить, что отрицательные черты беломорской фауны в тех группах, где они обнаружены, очень весомы. В этом водоеме встречается вдвое меньше бореальных и бореально-арктических видов этих групп, чем могло бы быть, если бы их расселению ничто не препятствовало. В фаунистическом отношении Белое море изучено во всяком случае не хуже других северных морей, следовательно, этот факт может объясняться только природными причинами. Скорее всего, следует согласиться с мнением К.М. Дерюгина об изолирующей роли жесткого гидродинамического режима Горла.

Этот естественный барьер легко преодолевают вагильные формы, лишенные пелагических личинок. Таковы бокоплавы и, возможно, кумовые раки. Достаточно реофильными для того, чтобы выдерживать суровые условия пролива, соединяющего Белое и Баренцево моря, оказываются и сидячие организмы, такие как мшанки и гидроиды, фауна которых наиболее богата и разнообразна там, где имеются сильные течения и подходящие грунты. Интересно при этом отметить, что не все сессильные формы оказываются достаточно приспособленными к своеобразным гидродинамическим условиям Горла. Так, губки представлены в Белом море лишь половиной возможных видов. То же относится и к малоподвижным двустворкам и иглокожим, обладающим в большинстве случаев пелагической личинкой. Эти группы представлены в Белом море приблизительно 60% ожидаемых видов.

Таким образом, инвазия фауны Полярного бассейна в нарождавшееся в начале голоцена Белое море шла различными темпами для разных групп бентоса. Препятствия на пути расселения ряда групп были представлены абиотическими факторами, так как биотическое сопротивление, с одной стороны, отсутствовало, а, с другой стороны, новую акваторию осваивала уже устоявшаяся фауна, в которой биотические отношения были сформированы. Инвазия новых видов в современных условиях отличается от процесса заселения Белого моря в начале голоцена тем, что современным вселенцам приходится преодолевать биотическое сопротивление локальной фауны.

Итак, уже сейчас можно с достаточной степенью уверенности предполагать, что расселительный потенциал донных морских животных зависит от преобладающего в той или иной таксономической группе способа размножения. Не исключено, что определенное влияние может оказывать также их жизненная форма.

Предположение о том, что виды с высокими инвазионными потенциями можно встретить среди подвижных форм (в первую очередь ракообразных, брюхоногих моллюсков и иглокожих, или сидячих, но обладающих пелагической расселительной стадией, подобно метагенетическим кишечнополостным), может считаться достаточно вероятным.

Весьма полезным приложением математической модели Пикколи-Сартори может оказаться возможность проверки соответствия локальных фаун отдельных водоемов теоретически предсказанным.

2.9. Причины и тенденции антропогенного расселения эстуарных организмов

Нестабильность, широкий диапазон колебаний и пространственная неоднородность физико-химических условий в устьевых районах рек определяют общие черты эстуарной фауны — эвригалинность, эвритермность, преобладание детритофагии и *r*-стратегии жизненных циклов. Эти особенности эстуарной фауны делают многих ее представителей конкурентноспособными при инвазиях в другие водоемы, в том числе и неэстуарные.

Повышению значения эстуариев в качестве доноров и реципиентов антропогенного переселения видов способствует то обстоятельство, что именно через устья рек, где обычно располагаются крупнейшие порты, осуществляются основные транспортные потоки.

На эти общие положения налагается местная специфика соответствующих эстуарных экосистем, определяемая историей их биоты и физико-химическими особенностями. Рассмотрим вынесенную в заголовок главы проблему на примере двух эстуарных комплексов — понто-каспийского лиманно-реликтового и физиологически-пресноводного морского происхождения.

Краткий физико-географический очерк эстуарных районов

Значительное число видов–вселенцев беспозвоночных в крупных континентальных водоемах, крупных реках и прибрежных зонах морей Европы произошло из эстуарных районов (см. раздел 1.4). В составе вселенцев эстуарного происхождения преобладают понто-каспийские виды, однако значение видов из других эстуарных и прибрежных районов, в том числе и из юго-восточной Азии, тоже довольно велико.

Эстуарии и лагуны привлекают внимание исследователей необычными (в сравнении с пресноводными и морскими экосистемами) абиотическими условиями и, как следствие, составом фауны и структурой сообществ, особенно в зоне смешения морских и пресных вод.

Лиманы северного Причерноморья

Несмотря на имеющиеся значительные различия в морфологии, гидрологии и гидрохимии, все крупные реки северного Причерноморья (Дунай, Днестр, Днепр с Бугом, Дон и Кубань) обладают протяженными эстуариями лиманного типа (Днепровско-Бугский, Днестровский лиманы, Таганрогский залив — длина 145 км) или дельтами, в состав которых входят многочисленные водоемы лагунного типа. В лиманах и лагунах, соединенных с морем, формируется стабильный градиент соленостных зон, от пресноводной до мезогалинной, может наблюдаться вертикальная температурная и соленостная стратификация водных масс. На основном протяжении лиманов и дельт кислородные условия благоприятны для существования оксифильной фауны. В этих водоемах, в большинстве своем мелководных, формируется широкая зона прибрежной растительности, служащая субстратом или убежищем для многих видов животных. Мягкие грунты представлены песками, в разной степени заиленными, и илами (в центральных желобах), т.е. достаточно гетерогенны.

Фауна отдельных районов северного Причерноморья существенно различается из-за географической разобщенности эстуарных систем. Это дало основание разделить регион по фауне моллюсков (Старобогатов, 1970) на две провинции — Западно-черноморскую лиманную и Таганрогскую, однако основу фауны обеих провинций составляют мезо- и неолимнические виды, относимые к понто-каспийскому лиманно-реликтовому комплексу. Этот комплекс в Понто-Азове насчитывал 96 видов беспозвоночных, по преимуществу донных, представленных главным образом видами моллюсков (11), ракообразных (72) и полихет (2) (Мордухай-Болтовской, 1960). Три четверти этих видов идентичны таковым в каспийском “автохтонном” комплексе, остальные являются подвидами и географическими расами каспийских “автохтонов”. Ряд понто-каспийских лиманных реликтов (23 вида) обычен также и в среднем течении рек Азово-Черноморского и Каспийского бассейнов (Мордухай-Болтовской, 1960), обитая там в совершенно пресноводных условиях. Предположительно, предковые формы этого комплекса понто-каспийской фауны иммигрировали в Черноморскую котловину из Хвалынского бассейна (Каспийская котловина) по Кумо-Манычскому соединению в верхнечетвертичное время перед последним оледенением (Мордухай-Болтовской, 1960). Часть видов дала эндемичные группы, в том числе и подвидового ранга (см. раздел 2.3), уже непосредственно в черноморских лиманах, возраст которых насчитывает не более 10–5 тыс. лет. Видообразование в эстуарном регионе северного Причерноморья проходило не только в условиях гидрологической нестабильности, свойственной второй Средиземноморской фазе в геологической истории Эвксинской котловины, но и на фоне резких климатических изменений (Мордухай-Болтовской, 1960; Ballard, 2002), что предопределило эврибионтный характер сформировавшейся фауны (Reid, Orlova, 2002).

Палеолимнические и вторичноводные организмы также широко представлены, особенно в распресненных районах эстуариев (Марковский, 1952, 1954, 1955; Мордухай-Болтовской, 1960). Различия в галопатии понто-каспаийских свободноживущих циклопообразных копепод в Каспийском и Азово-Черноморском бассейнах были недавно отмечены В.И. Монченко (2003), выделившим в последнем группу видов, обитающих только в устьевых районах.

Эстуарии рек юго-восточной Азии на примере Южного Приморья

Взаимодействие приэкваториальных воздушных масс с северными приводит к формированию в субтропической зоне восточной и юго-восточной Азии частых циклонов, континентальных и морских (тайфунов). На российское Приморье смещается около 26% всех зарождающихся тайфунов. Тайфун, даже прошедший стороной, вызывает резкое и значительное усиление стока рек Южного Приморья, что не может не сказаться на соленостном режиме в эстуариях. В таких случаях устойчиво наблюдавшийся в устье типичной для региона р. Гладкая (бухта Экспедиции, залив Посьет, Японское море) градиент солености от 17–20‰ до пресной воды нарушался, а зона смешения морских и пресных вод перемещалась далеко в море (Комендантов, 1984, 1986). Также неоднократно здесь регистрировали поток пресной воды от дна до поверхности в течение 5–8 дней, а в 1983 г. — более 10. Задолго до усиления речного стока имеет место эффект подпирания реки и вторжение языка соленой воды довольно высоко вверх по течению. В результате суммирования действия приливов и нагонов может происходить значительное повышение уровня воды и изменение солености в эстуарии. Специфической особенностью эстуариев Приморья следует считать резкие и непериодические колебания солености, причем и максимальные, и минимальные значения наблюдаются до 10 дней и более. Как следствие этих колебаний отмечается пространственное непостоянство основных соленостных зон — пресноводной, олигогалинной (1–5‰), α-хорогалинной, или критической (5–8‰), мезогалинной (8–22‰) и β-хорогалинной (22–26‰) в эти периоды.

Своеобразным является и температурный режим. В жаркие летние месяцы (июль–август) мы неоднократно наблюдали прогрев вод в малопроточной мелководной части эстуария р. Гладкая до +30°С. До такой же температуры прогревались и поверхностные слои воды в море. В зимний период температуры вод в эстуарии близки к нулю. Кроме того, для эстуарных местообитаний характерны резкие изменения температуры, связанные с их мелководностью, с одной стороны, а с другой, с тем, что даже незначительный дождь вызывает усиление стока и вытеснение прогретой воды холодной. Самыми жаркими месяцами в этом районе являются июль и август, среднемесячная температура воздуха в это время колеблется между +20°С и +25°С (Комендантов, 1986) при размахе колебаний суточных температур от +10°С до + 34°С.

Такой характер сезонной смены гидрологического и гидрохимического режимов эстуариев в условиях Южного Приморья делает их наиболее показательными с точки зрения адаптации донных беспозвоночных к меняющимся условиям среды. Основу фауны эстуариев этого района составляют эврибионтные виды, главным образом детритофаги (в том числе и сестонофаги) и хищники. Ряд видов имеет высокую плодовитость и специфические репродуктивные адаптации, что позволяет им существовать в виде самоподдерживающихся популяций в крайне изменчивых условиях эстуариев (Комендантов, Ежова, 1990; Orlova, Komendantov, 1997). В изученных шести эстуариях Южного Приморья (устьевые районы рек, впадающих в залив Посьет) донный макробентос представлен главным образом первичноводными морскими и солоноватоводными животными, среди которых моллюсков — 36, ракообразных — 22, полихет — 28, остальных — 16 видов.

Помимо того, что в описанных выше эстуарных районах в составе донной фауны беспозвоночных преобладают эврибионтные виды моллюсков, ракообразных и полихет, можно отметить еще одну немаловажную особенность, их сближающую. В обоих, столь удаленных друг от друга эстуарных районах донные сообщества, особенно в хорогалинных зонах, характеризуются ярко выраженным доминированием отдельных видов, определяющих условия существования для других членов биоценоза, что дает основание отнести их к числу эдификаторов. В эстуариях Южного Приморья это — сообщества, образованные двустворчатыми моллюсками *Corbicula japonica* Prime, 1864, *Laternula limicola* (Reeve, 1863), *Potamocorbula amurensis* (Schrenck, 1861), *Ruditapes philippinarum* (Adams et Reeve, 1848). В лиманах северного Причерноморья ведущими формами также являются двустворчатые моллюски — дрейссены и монодакны, и лишь в отдельных зонах прибрежий основу сообществ составляют ракообразные (гаммариды) (Марковский, 1952, 1955; Мордухай-Болтовской, 1960). По классификации А.А. Протасова (2002), предлагающего использовать для оценки разнообразия сообществ "Möbius-Petersen"-градиент, такие сообщества следует относить к сообществам такназваемого "М-полюса", где средообразующую роль играет вид-эдификатор, определяющий структурно-функциональные особенности сообщества, тогда как сама внешняя среда относительно нестабильна. В таких сообществах популяции видов-эдификаторов модифицируют среду для других видовых популяций и образуют систему тесных консортивных связей. Это предположение вполне согласуется с нестабильностью и градиентностью условий в эстуариях (в том числе и лиманах), прибрежных зонах морей (устричные и мидиевые банки), техногенно трансформированных экосистемах (водохранилища и водоемы-охладители), где обнаруживаются подобные донные сообщества, сформированные главным образом организмами-обрастателями и массовыми зарывающимися формами донных беспозвоночных (сестонофагов) как в пределах их исторического ареала, так и в водоемах-реципиентах.

Понто-каспийский лиманно-реликтовый комплекс

Начиная с середины 1980-х гг., в Европе и Северной Америке отмечена общая тенденция к возрастанию числа понто-каспийских вселенцев в водные экосистемы. С 70-х гг. прошлого столетия виды этого комплекса стали играть заметную роль в экосистемах волжских водохранилищ (Slynko et al., 2002). Возросло их значение в фауне солоноватоводного Балтийского моря (Leppäkoski et al., 2002) и крупных судоходных рек центральной и западной Европы (Bij de Vaate et al., 2002). В Великих Американских озерах понто-каспийские вселенцы составляют 70% от общего числа зарегистрированных с 1980-х гг. чужеродных видов (Ricciardi, MacIsaac, 2000).

Как упоминалось, фауна Понто-Каспия состоит из одних и тех же или очень близких таксонов в Каспийском бассейне и Понто-Азове, что свидетельствует о прежних недавних соединениях Каспийского и Азово-Черноморского бассейнов и об очень близком родстве двух понто-каспийских фаунистических комплексов (каспийского автохтонного и лиманно-реликтового). Однако здесь существует пока необъясненный парадокс, который заключается в том, что одни и те же виды понто-каспийской фауны и в Каспийском море ("автохтонный" комплекс), с одной стороны, и в Азово-Черноморском (лиманно-реликтовый комплекс) бассейне, с другой стороны, существенно различаются по отношению к солености. Более того, если во всех водоемах морская и пресноводная фауны разделяются барьером критической солености около 5–8‰ и характеризуются высочайшей степенью эндемизма вплоть до уровня классов и типов, то формально единая в видовом отношении понто-каспийская фауна в Каспийском море существует в основном при соленостях выше критической, а в Азово-Черноморском бассейне — ниже критической (Хлебович, 1974) или в зоне критической солености (Мордухай-Болтовской, 1960). Объяснение этих отличий в пространственном распределении лиманных видов неодинаковым составом солей в каспийском и азово-черноморском бассейнах (В.Н. Беклемишев, 1922; Мордухай-Болтовской,1960) не может быть принято, поскольку состав солей не влияет на галопатию в этих морях других фаунистических комплексов — средиземноморских пресноводных и истинно морских (Хлебович, 1974).

К частным проявлениям этого парадокса соленостных отношений видов понто-каспийского комплекса со средой можно отнести несоответствия характеристик, полученных в разных местах и в разное время для формально одного и того же морфологического вида. Так, по данным Л.П. Максимовой (1964), личинки *Monodacna colorata* Eichwald, 1829 не могут развиваться в пресной воде. Позже поселения этого вида были обнаружены в Киевском водохранилище Днепра и Куйбышевском водохранилище Волги, т.е. в совершенно пресной воде.

Очевидно, к выяснению причин парадоксальной дивергенции каспийской и азово-черноморской фаун каспийского типа по отношению к солености можно попытаться подойти через анализ внутривидовой изменчивости. В этом отношении показательны данные Пора и Кэрэушу (Pora, Cărăuşu,1939) , показавших существование в Черном море физиологических рас *Pontogammarus maeoticus* (Sowinsky, 1894) — морской, размножающейся не ниже 5‰, и пресноводной дунайской, размножающейся не выше этой солености. Такая внутривидовая дифференциация может быть объяснена через выработку в условиях нестабильной среды (например, во время протекания второй Средиземноморской фазы в истории Эвксинской котловины) наследственных триад — одной формы с широкой нормой реакции, способной пересекать критическую соленость, и двух относительно стеногалинных форм, соответствующих преимущественно морской и преимущественно пресноводной расам (Хлебович, 1999; Khlebovich, Abramova, 2000). Прогрессивным моментом здесь можно считать появление двух альтернативных наследственных программ, переключаемых средой при пересечении организмами критической солености. Выпадение одной из альтернативных программ приводит к образованию стеногалинных форм — преимущественно морской или преимущественно пресноводной.

Возвращаясь к проблеме различного отношения к солености представителей понто-каспийской фауны в разных бассейнах, мы предполагаем, что в основе его лежит относительная легкость образования у этих организмов наследственных триад по галопатии и разное направление отбора с преимущественным выпадением пресноводной программы у каспийских (“автохтонов”) и “морской” — у азово-черноморских эстуарных форм (лиманно-реликтовый комплекс). Правомерен и исторический подход к причинам такого парадокса, примененный к анализу сходства и различий двух близкородственных таксонов подрода *Pontodreissena* (см. раздел 2.3), один из которых условно может быть отнесен к каспийским “автохтонам” (*Dreissena rostriformis* (Deshayes, 1838), а другой (*Dreissena bugensis* Andrusov, 1897, или *D. rostriformis bugensis*) — к лиманному реликтовому комплексу.

Из изложенного следует логический вывод о том, что понто-каспийская фауна неравноценна в качестве источника потенциальных вселенцев. Собственно каспийская “автохтонная” фауна в основном может поставить “рекрутов” в опресненные морские заливы или Балтийское море, однако этот путь вселения маловероятен, так как по “пути следования” из Каспия в Балтику этим организмам требуется солоноватая вода. Вселенцев в пресноводные водоемы — реки, озера, водохранилища — с большей вероятностью поставляли и, очевидно, будут поставлять главным образом азово-черноморские формы соответствующих видов. Процесс их транспортировки легко представить не только с технической водой речного транспорта, но и с обрастаниями корпуса. Инвазионные виды могут далее быстро завоевывать новый бассейн за счет естественных механизмов расселения, особенно если они имеют в своем жизненном цикле пелагическую личинку, что характерно для нео- и мезолимнических форм.

И действительно, пока еще немногие молекулярно-генетические исследования понто-каспийских инвазионных видов — *Cercoipagis pengoi* (Ostroumov, 1891) (Cristesku et al., 2001) и *Dreissena polymorpha* (Pallas, 1771) (May et al., личн. сообщ.) — показали, что колонизация этими видами водоемов за пределами исторического ареала (и в Европе, и в Северной Америке), происходила за счет популяций, обитающих в черноморском бассейне, а не из Каспия, как можно было бы предположить хотя бы для водоемов Волжского бассейна. Каспийские гаплотипы CO1 гена митохондриальной ДНК *D. polymorpha* обнаружены в волжских популяциях только до Самарской Луки, тогда как популяциии этого вида на верхней Волге (так же, как популяции центральной и западной Европы и Северной Америки) демонстрируют генетическое сходство с днепровскими популяциями (May et al., личн. сообщ.). Кроме того, рекруты для преднамеренных интродукций кормовых беспозвоночных в водохранилища крупных рек бывшего СССР (Карпевич, 1975) тоже брались исключительно из черноморского бассейна, что было оправдано их галопатией.

Надо отметить, что наследственные триады по галопатии — одна форма с широкой нормой реакции, способная пересекать барьер критической солености при наличии включаемых средой альтернативных программ; одна — преимущественно пресноводная, не пересекающая барьер на пути в сторону моря, и одна морская, не пересекающая барьер на пути к пресной воде (у двух последних утрачена альтернативная наследственная программа), — очевидно, довольно широко распространены среди еще одной группы эстуарного происхождения. Речь идет о так называемых ледниковых реликтах (Khlebovich, Abramova, 2000), широко расселившихся в прошлом из арктического бассейна в континентальные водоемы Европы (например, Каспийское море) и Северной Америки (Segestråle, 1962). Для них, в частности, также приводятся противоречивые описания соленостных условий жизненных циклов (Khlebovich, Abramova, 2000). В качестве примера напомним ситуацию с хорошо известным морским тараканом *Saduria entomon* (Linnaeus, 1758), который в Балтике обычно не размножается при соленостях ниже критической, но имеет постоянно живущие в пресной воде популяции в озерах Ладожское и Веттерн.

Однако нам не известен ни один вид из группы ледниковых реликтов, который бы в историческое время демонстрировал инвазию. Причину этого мы усматриваем в стенотермности ледниковых реликтов, их приуроченности к холодным, насыщенным кислородом водам. Соответствующих этим требованиям водоемов на напряженных транспортных путях (например, Волго-Балтийского инвазионного коридора) практически нет, поэтому в комплекс биологических особенностей, формирующих способность к инвазии черноморских популяций понто-каспийских видов, наряду со всеми упомянутыми причинами, мы включаем также их высокую эвритермность.

Нужно отметить также синэкологическую составляющую способности к инвазии азово-черноморских видов понто-каспийского комплекса. Как уже упоминалось, для лиманов азово-черноморского региона характерны донные сообщества, сформированные одним-двумя видами-эдификаторами. Отмеченное для Великих Американских озер (Ricciardi, MacIsaac, 2000) и Балтийского моря (Leppäkoski, 2002) явление, обозначенное как "invasion meltdown" и определенное нами как явление сопряженной инвазии (см. "Словарь терминов"), может быть связано с историческим сосуществованием этих видов с видом-эдификатором в водоеме-доноре. В Великих Американских озерах и в Балтике в роли такого эдификатора выступают виды рода *Dreyssena*: *D. polymorpha* и *D. bugensis*. Еще один интересный пример касается сопряженности *Monodacna colorata* (монодакны цветной) и *Benthophilus stellatus* (Sauvage, 1874) (звездчатой пуголовки) как в историческом ареале (на что указывает Ф.Д. Мордухай-Болтовской (1960), так и в Волжском каскаде (регион-реципиент), где рыбы *Benthophilus* sp. были пойманы в 2001 г. лишь на тех участках Куйбышевского водохранилища (неопубл. данные М.И. Орловой), где существуют постоянные поселения *Monodacna colorata*, створки которых, по-видимому, используются звездчатыми пуголовками как нерестовый субстрат.

Физиологически пресноводные виды морского происхождения из эстуариев Южного Приморья

При анализе изменений соленостных отношений организмов со средой в онтогенезе была выделена группа животных морского происхождения, которые во взрослом состоянии, в силу развитой гиперосмотической регуляции, могут неограниченно долго жить в совершенно пресной воде, но для оплодотворения и личиночного развития которых непременно требуется вода соленостью выше критических значений — 5–8‰. Таким видам было дано название "физиологически пресноводные" (Хлебович,1974) . Из видов этой категории в европейских водах были отмечены немногие — полихета *Hediste diversicolor* (O.F. Müller, 1776) и китайский краб *Eriocheir sinensis* Milne-Edwards, 1854. В последние годы к ним добавилась полихета северо-американского происхождения *Marenzelleria viridis* (Verrill, 1873) (Norkko, Bonsdorff, 1995). В то же время в нашей стране, в Южном Приморье, фауна эстуариев едва ли не целиком состоит из физиологически пресноводных видов морского происхождения, и причина этого, очевидно, кроется в особенностях муссонного климата Приморья (Хлебович, Комендантов, 1985; Khlebovich, 1996).

Виды этой категории могут неограниченно долго жить в совершенно пресной воде, нуждаясь в соленой воде только в короткий период размножения и личиночного развития. Иногда для этого даже сдвигаются сроки размножения. Так, в условиях постоянной солености выше критических 5‰ полихеты *Hediste diversicolor* размножаются в Вислинском заливе (около г. Балтийска Калининградской области), как и в большинстве регионов Европы, в апреле–мае, а в северной части находящегося в том же регионе Куршского залива, в которую соленые воды заходят только с осенними нагонами, — именно осенью (Хлебович,1996б). Очевидно, только так может размножаться в Куршском заливе и новый вселенец — физиологически пресноводный вид *Marenzelleria viridis.*

Так как физиологически пресноводные виды приобрели гипертоническую осморегуляцию на стадии взрослого организма, они этим как бы уже наполовину решили проблему приобретения полной пресноводности. Чтобы решить эту проблему до конца, им нужно приобрести соответствующие репродуктивные адаптации. Полное завоевания пресных вод представляется, таким образом, двухступенчатым процессом, а формирование физиологически пресноводных видов морского происхождения — его первой ступенью. Весь набор физиологических и репродуктивных адаптаций отмечен у широко распространенных в районах юго-восточной Азии с муссонным климатом видов двустворчатых моллюсков рода *Corbicula* — одной из наиболее интересных групп, населяющих берега Индовестпацифики. Повышенный интерес именно к изучению рода *Corbicula* обусловлен его проникновением вглубь континентов в отличие от других родов семейства (Старобогатов, 1970). Для *Corbicula japonica* Prime, 1864 из изученных эстуариев Южного Приморья характерна широкая фенотипическая пластичность, позволяющая ей населять различные по гидрологии и солености эстуарии, где она образует ряд физиологических соленостных рас, от эвригалинных солоноватоводных до полностью пресноводных (Орлова, 1990). Неудивительно, что именно этот род поставил в водную фауну Северной Америки одного из самых опасных вселенцев (*Corbicula* spp.) из юго-восточной Азии, приносящего ежегодно большой экономический ущерб электростанциям (из-за закупорки водоводов) (Pimentel, 2000; McMahon, 2002).

Что касается других видов, доминирующих в донных сообществах эстуариев муссонного климата, таких как *Laternula limicola, Ruditapes philippinarum, Potamocorbula amurensis* (Schrenck, 1861)*, Musculista senchousia* Benson, 1842 (Bivalvia), *Batillaria* spp. (Gastropoda), то, не будучи физиологически пресноводными, но имея широкую эвригалинность и обладая рядом репродуктивных адаптаций к обитанию в нестабильных соленостных и гидрологических условиях, эти виды оказались способны натурализоваться в солоноватых водах Европы и Северной Америки (Quaile, 1941; Chew, 1990; Cohen, Carlton, 1998; Byers, 1999; Mortensen, Oivind, 2000).

Выводы

1) донорами наиболее опасных вселенцев в пресноводные экосистемы оказываются представители эстуарных фаун;

2) дивергенцию понто-каспийской фауны на каспийскую и азово-черноморскую по принципу галопатии можно объяснить относительной легкостью образования у этих видов наследственных триад с последующими различиями в направлении отбора в разных бассейнах;

3) из представителей понто-каспийского комплекса лиманных реликтов потенциальными вселенцами в пресноводные водоемы могут быть почти исключительно азово-черноморские формы;

4) источником инвазионных видов являются также эстуарные районы муссонного климата, где основу сообществ составляют физиологически пресноводные виды морского происхождения.

2.10. Колонизация Белого моря различными видами в голоцене: естественная и антропогенная составляющие

Белое море — относительно небольшой внутренний морской водоем, соединяющийся с Северным Ледовитым океаном через Воронку и мелководный (глубина около 40 м) и узкий (ширина около 60 км) пролив, называемый Горлом. Площадь моря — около 90 тыс. км^2, объем — 5,5 тыс. км^3, средняя глубина — 60 м, а максимальная — 343 м (Бабков, Голиков, 1984). Средняя температура воды на поверхности в летнее время держится на уровне 9–12°С, зимой она опускается ниже 0°. Глубинные массы воды круглогодично охлаждены до отрицательных температур (около –1,4°С). Зимой (с ноября по май) прибрежные районы и внутренние части заливов покрыты льдом. Центр моря обычно свободен от сплошного льда и заполнен плавающими льдинами. Соленость поверхностных вод в летнее время удерживается на уровне 24‰ в прибрежных зонах и 26‰ — в открытом море. Весной из-за таяния льда и снега и большого поступления пресных вод с суши соленость воды на поверхности резко снижается. В зимнее время поверхностные воды имеют соленость около 27–28‰. На глубине соленость воды стабильна (29–30‰) в течение всего года. Сезонные флуктуации температуры и солености имеют место в поверхностных слоях воды (глубина менее 100 м). Структура водных масс моря в значительной степени зависит от гидрологических процессов в Горле. Глубинные массы формируются в зимнее время, а поверхностные воды — летом (Тимонов, 1950).

Центральная котловина Белого моря заполнена илами. В Онежском заливе среди донных отложений доминируют пески. В Кандалакшском и западной части Онежского залива преобладают скалистые берега, образованные выходами кристаллических пород; береговая линия сильно изрезана, имеется множество островов. Для восточной части Онежского залива, а также для Двинского и Мезенского, наоборот, характерны песчаные и гравийно-галечные пляжи; их береговая линия слабо изрезана, а острова единичны.

Белое море — относительно молодой водоем, что позволяет с достаточной надежностью изучать ход его заселения, которое по сути дела представляет собой естественную биологическую инвазию. Таким образом, оно может служить модельным объектом, на котором удобно проследить основные черты этого важнейшего фаунистического процесса.

Начальные этапы заселения Белого моря морскими донными организмами

Белое море образовалось около 10 тысяч лет тому назад, в конце периода последнего оледенения Арктики, когда на местах древних депрессий нынешних Онежского и Двинского заливов стали возникать подпружные ледниковые озера (Квасов, 1975). В дальнейшем, в процессе прогрессирующего разрушения Скандинавско-Кольского ледникового щита и освобождения ото льда Горла во время пребореальной климатической фазы, началось постепенное осолонение беломорских вод (Квасов, 1975). В этот период по системе эстуариев и подпружных озер в акваторию Белого моря, по-видимому, проник комплекс эстуарных ракообразных — ледниковых реликтов [*Saduria entomon* (Linnaeus), *Pontoporeia affinis* Lindstrøm, 1855*, Mysis relicta* Lovén, 1842*, Gammaracanthus lacustris* (Sabine, 1821) и др.]. Виды этого комплекса частично сохранились до настоящего времени в предустьевых пространствах ряда рек и прибрежных озерах. К ним близко примыкает арктический эстуарный моллюск *Portlandia aestuariorum* (Mossewitsch, 1928), проникший в Белое море через Горло приблизительно в то же самое время (Невесский и др., 1977). Отдельные указания на обнаружение живых экземпляров этого моллюска в эстуарии Северной Двины до сих пор не получили подтверждения.

Собственно говоря, относительно надежно проследить процесс заселения Белого моря макробентосными формами можно только на материале двустворчатых моллюсков, так как остальные группы представлены в его отложениях крайне скудно. Что же касается двустворок, то они в субфоссильном состоянии представлены 20 видами, что составляет половину их современной беломорской фауны.

Истинно морские — арктический (*Portlandia arctica* (Gray, 1824) и бореальный атлантический (*Mytilus edulis* Linnaeus, 1758) — виды относятся к числу первых, обнаруживаемых среди ископаемых останков многоклеточных бентосных организмов в донных отложениях Белого моря. Они проникли сюда в начале бореальной климатической фазы (Невесский и др., 1977). Несколько позже появляется *Yoldia amygdalea hyperborea* Torell, 1859, а в конце этой фазы мы находим уже *Hiatella arctica* (Linnaeus, 1767) и *Macoma balthica* (Linnaeus, 1758) (Наумов и др., 1987).

Особенно интенсивная инвазия бореальных и бореально-арктических видов проходила во время атлантической климатической фазы, когда Белое море освоили *Nuculana pernula* (Müller, 1779), *Chlamys islandicus* (Müller, 1776), *Heteranomia squamula* (Linnaeus, 1758), *Elliptica elliptica* (Brown, 1827), *Tridonta borealis* Schumacher, 1817, *Nicania montagui* (Dillwyn, 1817), *Serripes groenlandicus* (Bruguière, 1789) и *Arctica islandica* (Linnaeus, 1767) (Наумов и др., 1987). Во время суббореальной климатической фазы наблюдается резкое снижение интенсивности заселения Белого моря двустворчатыми моллюсками, что, возможно, было связано с наступившим похолоданием, которое вызвало угнетение малакофауны на всей акватории (Невесский и др., 1977). Тем не менее, и в этот период мы встречаем в отложениях два новых вида: *Musculus laevigatus* (Gray, 1824) и *M. niger* (Gray, 1824) (Наумов и др., 1987).

Наконец, в отложениях современной нам субатлантической климатической фазы появляются еще 4 вида: *Leionucula belottii* (Adams, 1856), *Modiolus modiolus* (Linnaeus, 1758), *Dacridium vitreum* (Müller, 1842) и *Ciliatocardium ciliatum* (Fabricius, 1780) (Наумов и др., 1987).

Динамика процесса заселения Белого моря двустворчатыми моллюсками приведена на рис. 35. Видно, что наибольшая интенсивность инвазии его новыми видами приходится на атлантическую климатическую фазу (7–6 тыс. лет назад), отвечающую так называемому климатическому оптимуму. Если считать, что в течение всего голоцена в субфоссильном состоянии сохранялась одинаковая доля видов, то получается, что к этому времени малакофауна Белого моря сформировалась на 75%. Надо полагать, что и другие группы вселялись в Белое море сходным образом, так что с известной осторожностью можно предполагать, что за первые 4–5 тысячелетий существования Белого моря как морского водоема его общий фаунистический облик сформировался на три четверти. Это означает, что процесс его освоения все новыми и новыми формами продолжался и все остальное время, однако с несколько меньшей интенсивностью, чем в начале.

Скорее всего, процесс инвазии замедлился, по крайней мере, по двум причинам. Во-первых, проникновение большинства организмов из Баренцева моря затруднено из-за своеобразного гидрологического режима Горла, препятствующего обмену фаунами (Дерюгин, 1928; Наумов, Федяков, 1991; раздел 2.8, наст. сб.). Во-

Рис. 35. Динамика заселения Белого моря двустворчатыми моллюсками. По оси абсцисс — время, тыс. лет. назад; по оси ординат — число видов.

вторых, надо полагать, что вновь проникающим видам становится все труднее и труднее преодолевать конкуренцию со стороны давно и прочно натурализовавшихся форм, образующих устоявшиеся сообщества.

Однако это не означает, что отдельные виды не пополняют фаунистический состав Белого моря. Этот процесс продолжается и в наше время под воздействием как естественных, так и антропогенных причин, хотя оценить его гораздо труднее из-за относительной кратковременности соответствующих научных наблюдений.

Пополнение фауны Белого моря в современных условиях

За последнее время фауна Белого моря пополнилась рядом видов, причем одни из них проникли сюда в силу чисто естественных причин, а другие прямо или косвенно — в результате антропогенного влияния на природу. Последних можно разделить на тех, которые расселяются в результате развития судоходства (инвазия), и на тех, которые сознательно внесены человеком (интродукция). Рассмотрим эти виды.

К числу недавних вселенцев некоторые авторы относят крупного **многощетинкового кольчеца** *Allita virens* (M. Sars, 1835) (syn. *Nereis virens),* впервые зарегистрированного в Белом море в конце 30-х гг. прошлого века (Сластников, 1939; Анненкова, Паленичко, 1947). Многие считают, что его появление произошло относительно недавно и обусловлено общим климатическим потеплением (Зенкевич, 1947; Милейковский, 1961). В то же время необходимо отметить, что крупные морские черви, причинявшие различные неприятности беломорским мореплавателям и рыбакам, упоминаются в повести о Варлааме Керетском, составленной в конце XVI – начале XVII в. (Бернштам, 1983). По данным того же автора устные предания о морских червях, помимо поморов, существуют у всех народов, так или иначе связанных с Белым морем: у карел, саамов и норвежцев. Все это дает основания считать, что *A. virens* вселился в Белое море значительно раньше 30-х гг. XX столетия. А.Д. Наумов и В.В. Федяков (1993) выдвинули предположение, что названный вид просто долго оставался необнаруженным из-за несовпадения времени размножения этого червя, когда можно наблюдать его массовое всплытие к поверхности, и сроков, в которых проводились научные исследования в конце позапрошлого и начале прошлого столетий.

Вопрос о времени вселения этого вида в Белое море остается открытым и вряд ли будет решен окончательно, так как его останки в субфоссильном состоянии не сохраняются в донных отложениях. Так или иначе, полихеты этого вида в настоящее время полностью натурализовались в Белом море, войдя в состав биоценозов бентоса и установив устойчивые взаимоотношения с другими элементами экосистем моря. Необходимо сказать, что каково бы ни было время инвазии этого вида в Белое море, процесс этот со всей очевидностью не был вызван антропогенными причинами.

Вселение новых видов в Белое море продолжается, хотя ни для одного из тех организмов, о которых ниже пойдет речь, оно не завершено, и мы не можем считать их устойчивыми элементами фауны моря, подобными *A. virens.*

Китайский краб *Eriocheir sinensis* (Milne-Edwards, 1854) был впервые описан в прибрежных районах Желтого моря. Это относительно некрупное ракообразное с шириной карапакса порядка 50–80 мм легко отличается от близких видов по опушенным клешням самцов, благодаря чему данный вид и получил название *мохнорукого*. Взрослые крабы характеризуются значительной эврибионтностью. Они легко переносят существенные изменения температуры и солености внешней среды и могут, кроме того, довольно долго обходиться без воды, совершая сухопутные переходы из одних рек или ручьев в другие.

E. sinensis — катадромный вид. Молодые особи, не достигшие половой зрелости, обитают в реках. После полового созревания крабы спускаются вниз по течению рек в предустьевые пространства, где при солености не ниже 26‰ (Karppinen, Kairasuo, 1960) происходит их размножение. Затем взрослые особи погибают.

Китайский мохнорукий краб очень плодовит. Взрослая самка способна отложить, прикрепив к плеоподам, до 1 млн. икринок (Бирштейн, Заренков, 1988). Эмбриональное и личиночное развитие происходит в море. Личинки (мегалопы) старшего возраста и/или молодые крабы возвращаются обратно в реки, поднимаясь вверх по течению на многие сотни (в отдельных случаях до 1400) километров. Обитая бульшую часть жизни в пресных водоемах, преимущественно в реках со спокойным течением, крабы выкапывают норы в песчаных берегах (до нескольких десятков на 1м^2), ускоряя тем самым их эрозию, разрушая плотины и портя оросительные каналы. Они питаются животной пищей, часто поедая попавшую в сети рыбу, чем наносят ощутимый ущерб рыболовству.

Широкое расселение этого вида практически по всему миру, несомненно, связано с деятельностью человека. Первые находки в Европе относятся к 1912 г., когда он был обнаружен в эстуариях некоторых рек Германии (Schnakenbeck,1924; Peters, 1933). Большинство исследователей склоняется к мысли о том, что крабы были завезены сюда вместе с балластными водами морских судов, осуществлявших рейсы между азиатскими и европейскими странами. Возможно также, что они были перевезены вместе с другими организмами, обрастающими корпуса судов. Такую возможность подтверждают, в частности, случаи обнаружения мелких особей этого вида в пустых домиках балянусов на подводной части судов (Marquard, 1926).

После множественных завозов в Европу *E. sinensis* образовал устойчивую самовоспроизводящуюся популяцию и стал распространяться дальше, быстро наращивая численность и расширяя ареал. Уже в начале 1930-х гг. в реках Германии ежегодно вылавливалось около 10 млн. крабов (Зенкевич, 1963). Активно мигрируя по рекам и каналам, китайский краб проник в эстуарные районы Северного моря и через Кильский канал — в Балтийское море. В 1920–30-х гг. он был обнаружен в реках и озерах балтийского побережья Германии, в Нидерландах, Дании, восточной части Балтийского моря вплоть до Ботнического и Финского заливов (Boettger, 1933; Haahtela, 1963; Jansson,1994b).

Первые находки *E. sinensis* в Северной Америке относятся к 1965 г., когда он был обнаружен в р. Детройт (Gruner et al., 1993). На 1973 г. приходятся его первые поимки в Великих озерах (Nepszy, Leach, 1973). В 1995 г. в заливе Сан-Франциско в один креветочный трал было поймано более 200 шт. китайских мохноруких крабов. Во впадающих в этот залив реках число нор крабов достигало 34 шт. на 1 $м^2$ (Halat, Resh, 1996).

До сих пор не установлено, как китайский краб проник в Америку. Он мог быть привезен сюда из Европы. Возможно также, что его завезли из Китая и/или других частей Азии.

Успеху вселенца способствует совпадение климатических и соленостных условий в новых местах обитания с таковыми на их родине. Наиболее благоприятны для них в этом отношении районы Северного моря, где, кроме того, оказалась свободной и соответствующая экологическая ниша в эстуариях. Широко распространившись в Балтике, китайский мохнорукий краб, тем не менее, пока не образовал устойчивых популяций в реках Швеции и Финляндии, по-видимому, из-за свойственных им слишком бурных течений (Haahtela, 1963). Эти регионы являются лишь зонами выселения, т.е. в них не происходит размножения крабов.

Расселение крабов на восток продолжается. В последнее десятилетие единичные экземпляры *E. sinensis* были пойманы уже во внутренних водах северо-запада России (Бергер и др., 1999; Berger, Naumov, 2002). Так, в 1992 г. взрослый краб был пойман в рыболовную сеть в районе Пухтинских островов в Онежском озере. В середине 1990-х гг. краб обнаружен в р. Вуокса. Старший научный сотрудник Севрыбвода Н.П. Бушуева передала нам на определение 2 экз. крабов этого вида из эстуария р. Северная Двина, пойманных рыболовными сетями. По ее сведениям, крабы регулярно попадаются в рыболовные сети на акватории Архангельска, на расстоянии 20–40 км от устья. В 2002 г. сотрудниками Института биологии внутренних вод РАН на Шекснинском плесе Рыбинского водохранилища был пойман в

Таблица 23. Данные о крабах *Eriocheir sinensis*, пойманных на северо-западе России.

Место обнаружения	Дата и размеры (ширина/длина) карапакса, мм	Место хранения
Дельта Северной Двины	1998; 77/72 07.06. 2002; 59/55	Зоологический институт РАН
Шекснинский плес Рыбинского водохранилища	12.07.2002; 58/55	Зоологический институт РАН
Пухтинские о-ва Онежского озера	28.12.1992 66/62	Петрозаводский Педагогический Университет
р. Вуокса	90-е гг. XX в. 55/52	Кафедра зоологии беспозвоночных СПбГУ

По устному сообщению Н.П. Бушуевой, в дельте Северной Двины вылавливают крабов с шириной карапакса до 140 мм.

рыболовную сеть краб, переданный в Зоологический институт РАН (табл. 23). Все эти животные были самцами.

Говорить что-либо о той роли, которую крабы этого вида играют в экосистемах Белого моря и рек беломорского бассейна, пока не приходится, поскольку нет соответствующих данных. Однако, судя по приведенным материалам, этот вид находится в состоянии биологического прогресса (Северцов, 1925), о чем свидетельствуют его быстрое расселение и вспышки численности отдельных популяций. Поскольку в новых местах обитания его экологическая ниша не занята и конкуренты отсутствуют, весьма вероятно, что расселение китайского мохнорукого краба на этом не остановится. В ближайшее время он может стать элементом фауны сначала Белого, а затем и других северных морей, в частности Баренцева и Норвежского. Кроме того, уже сейчас вполне вероятны случаи его обнаружения не только в Северной Двине, но и в других реках беломорского бассейна, в первую очередь в р. Выг, вытекающей из Онежского озера, в котором *E. sinensis* уже зарегистрирован.

В последнее время много говорят о возможности вселения в Белое море **дальневосточного крабоида** *Paralithodes camtschatica* (Tilesius, 1815), прочно натурализовавшегося в результате интродукции в Баренцевом море. Достоверных сведений о нахождении его во внутренних частях Белого моря до сих пор нет.

На Дальнем Востоке зимой крабоид уходит на глубины до 250 м, однако держится в основном на глубинах около 100 м. Летом ловится на глубине около 75 м, но может подниматься и на глубины до 15 м во время весенних нерестовых миграций (Иванов, Стрелков, 1949). Этот эвритермный вид легко переносит колебания температуры от –2 до +18°С, однако предпочитает температуры от +2 до +7. В исходном ареале обитает только при солености 32–35‰, хотя в эксперименте выдерживает ее снижение до 20‰, но в этом случае у самок наблюдаются аномалии в развитии вынашиваемой ими икры (Иванов, 1955).

Учитывая приведенные выше экологические особенности камчатского крабоида, ожидать его натурализации во внутренних частях Белого моря не приходится, хотя отдельные заходы, по-видимому, возможны. Освоение Воронки, где он уже обнаружен (Petryashov et. al., 2002), представляется более вероятным.

Горбуша *Oncorhynchus gorbuscha* (Walbaum, 1789) — представитель тихоокеанских лососей. Она интродуцирована в Белое море искусственно. Интенсивно распространяясь в ряде северных морей, она встречается в настоящее время на довольно большом пространстве, от бассейнов рек Обь и Енисей на востоке до Шотландии и Исландии — на западе.

Завоз икры горбуши с дальнего Востока был начат в 1957 г. Икринки, находившиеся на стадии пигментации глаз, были перевезены самолетом и размещены на инкубацию на беломорских рыбоводных заводах. Молодь выпустили в беломорские реки. Несмотря на повторные завозы икры, в течение ряда лет возврат производителей был минимален, по-видимому, из-за массовой гибели выпускавшейся молоди.

Начиная с 1960 г., возврат горбуши в реки Белого и Баренцева морей резко увеличился. Наибольшее количество производителей, вернувшихся в реки на нерест, было зарегистрировано в 1960, 1965, 1971, 1973, 1975 и 1977 гг. При этом за год было выловлено от 77 до 262 тысяч рыб (115–400 т в год). Реальное количество, если учитывать браконьерский лов, было, по-видимому, в 1,5–2 раза больше (Яковенко, 1995).

В период 1960–1970-х гг. доли искусственного (рыбозаводского) и естественного воспроизводства горбуши были различны. Естественное воспроизводство было эффективным только в 1967, 1975 и частично в 1973 гг.

Резкие колебания численности популяции горбуши и низкая эффективность ее естественного воспроизводства были обусловлены тем, что условия в реках бассейнов Белого и Баренцева морей не совсем подходили для воспроизводства горбуши. При позднем нересте ранние морозы приводили к тому, что икра не успевала набрать необходимое для развития количество градусодней и погибала. Только эмбрионы из наиболее ранних кладок могли выжить в такой ситуации. В 1979 г. завоз икры был прекращен, и численность популяций начала быстро падать, что лишний раз подтвердило низкую эффективность естественного воспроизводства и отсутствие натурализации горбуши, завозимая икра которой собиралась в южной части ее дальневосточного ареала, на о. Сахалин.

В 1984 г. на Онежском рыбоводном заводе было проинкубировано 1×10^6 икринок горбуши, собранных в Охотском море, т.е. гораздо севернее, чем это делалось в предыдущие годы. К сожалению, это была единичная попытка. Тем не менее, начиная с 1987 г. численность возврата горбуши в реки беломорского бассейна начала резко возрастать, что свидетельствовало о более эффективном естественном воспроизводстве и начале ее натурализации. Уловы резко возросли, достигнув в Белом море 525 т в 1995 г. и 958 т — в 1997 г. (Алимов и др., 1998б). Если ситуация не изменится, то горбуша вскоре выйдет на первое место по уловам среди промысловых беломорских рыб.

К сожалению, исследования горбуши в бассейнах Белого и Баренцева морей до сих пор весьма фрагментарны. По имеющимся сведениям, заход производителей в реки происходит в июне–октябре. Идущие на нерест рыбы представлены двухгодовиками, проведшими в море более года. Их гонады имеют обычно 3–4-ю стадии зрелости. Изредка встречаются рыбы с 5-ой стадией зрелости гонад. Нерест происходит в августе–сентябре при температуре воды в реках от +13,0 до +9,5°С. Средняя плодовитость составляет $1{,}5–2{,}0\times10^3$ икринок у одной самки (максимально – 3,3 × 10^3 икринок), что гораздо выше, чем на Дальнем Востоке (Неклюдов, 1992). Соотношение полов близко к равновесному, но изменяется в разные периоды нерестовых миграций производителей. Самки обычно доминируют в начале, а самцы — в конце хода.

Рыбы, заходящие на нерест в реки европейского севера России, в том числе и Белого моря, имеют большие размеры, чем особи этого вида из бассейнов дальневосточных морей. Средняя длина тела варьирует от 33 до 61 см. Средний вес колеблется в разных реках и в разные годы от 1,1 до 2,2 кг. При этом некоторые особи достигают веса 3,3 кг. Горбуша из рек Белого и Баренцева морей не отличается по своим меристическим признакам от дальневосточных особей и полностью подходит под соответствующее таксономическое описание (Берг, 1948). Беломорские рыбы отличаются от дальневосточных только числом пилорических придатков (Неклюдов, 1992).

Нерест происходит так же, как и у других лососевых рыб. Самки выкапывают гнезда глубиной от 0,2 до 1,0 м, расположенные в нижнем течении рек. Икринки численностью от нескольких дюжин до 1–2 тысяч откладываются на глубину 15–35 см. После нереста производители погибают.

Покатная миграция ювенильных особей горбуши в беломорских реках начинается в июне-июле, во время полярного дня. По сравнению с реками Дальнего Востока личинки беломорской горбуши больше времени находятся в нерестовых буграх и покидают их на более поздних стадиях развития. Переход на активное питание планктонными организмами начинается вскоре после выхода из нерестовых бугров. Какое-то время основу рациона мальков горбуши составляют личинки Chironomidae, а затем — воздушные насекомые.

К сожалению, мы не располагаем достаточными данными для того, чтобы говорить об окончательной натурализации этого вида на Белом море и оценить роль этого вселенца в соответствующих экосистемах. Особенно важно знать, каковы взаимоотношения горбуши с популяциями семги. По этому поводу существуют диаметрально противоположные точки зрения, однако ни одна из них до сих пор не подтверждена достаточным фактическим материалом.

Микижа, называемая также **стальноголовым лососем** (проходная форма) и **радужной форелью** (речная форма) [(*Oncorhynchus mykiss* (Walbaum, 1792), syn. *Salmo gairdnerii* Richardson, 1836)], была распространена в северной части Тихого океана, реках Северной Америки и у побережья Камчатки. Ее интродукция в бассейны Северной Америки и Европы началась в конце XIX столетия. Во второй части прошлого века она была завезена в Австралию, Новую Зеландию, Южную Америку и Азию, став там одним из объектов культивирования.

Начиная с 1980 г., стальноголового лосося стали разводить в бассейнах Белого и Баренцева морей. В 1983 г. сотрудники ПИНРО получили обнадеживающие результаты по его культивированию в морских садках в Палкиной губе Кандалакшского залива Белого моря (Воробьева и др., 1985). В 1986 г. сходные эксперименты были проведены и в Кемском районе Карелии. За 120 суток выращивания в морских садках в летне-осенний период рыбы достигли товарного веса 350–400 г.

В 1988–1996 гг. культивирование радужной форели в морских садках осуществлялось и в других частях Белого моря: в Унской губе, Сухом море (Двинский залив) и в районе Соловецкого архипелага (Онежский залив) (Кулида и др., 1998). В качестве посадочного материала была взята молодь весом 60–100 г, выращенная на Онежском и Солзенском рыбзаводах. Были использованы финские и отечественные гранулируемые корма. Условия выращивания различались прежде всего по температуре. Длительность культивирования варьировала от 75 до 120 дней. Полученное в результате приращение веса рыб колебалось от 161 до 2800% от начального веса. Попытки садкового выращивания микижи были предприняты и в различных частях губы Чупа Кандалакшского залива в 90-х годах прошлого века. Лучшие результаты были получены в 1995–1997 гг. норвежскими (Akvaplan-niva, Tromsø) и российскими ихтиологами (Петрозаводский университет). Садки располагались в Кривозерской бухте. Выращивание проводилось в летне-осенний период 1996 г. по норвежской технологии с использованием гранулированных кормов фирмы "Nor Aqua". Посадочным материалом служила 200-граммовая молодь, выращенная в Карелии. Полученные результаты превзошли самые оптимистические ожидания. Средний вес выращенных рыб в конце выращивания был равен 1350 г, что в два раза превосходило ожидаемые результаты. Смертность рыб и их зараженность паразитами были очень низкими. Наблюдались лишь отдельные случаи заражения *Diplostomum spathaceum* (Rudolphi, 1819) (Digenea), локализовавшихся в глазах, что приводило к слепоте рыб (В.Г. Кулачкова, неопубл. данные).

Подводя итоги, можно сделать вывод, что выращивание стальноголового лосося в морских садках в Белом море весьма перспективно и можно ожидать его дальнейшей интенсификации в будущем. При использующейся технологии культивирования весьма часты случаи, когда отдельные особи убегают из садков и начинают вести свободный образ жизни в море, приходя на нерест в различные реки. Для Белого моря естественные популяции пока не описаны, хотя известны неопубликованные сведения, полученные от местных рыбаков, о неоднократных случаях поимки половозрелой радужной форели. Таких рыб часто вылавливали и в реках Восточного Мурмана (Муравейко и др., 2000). Очевидно, что процесс натурализации этого вида в Белом и Баренцевом морях происходит в настоящее время. Чем он завершится, покажет будущее.

2.11. Воздействие видов-вселенцев на биоразнообразие Каспийского моря

Воздействие видов-вселенцев на биологическое разнообразие Каспийского моря можно подразделить на хроническое (долговременное) и острое (кратковременное). Острое воздействие проявляется в течение нескольких первых лет сразу же после вселения нового вида в Каспий. Именно в эти годы его негативное или позитивное воздействие на экосистему, как правило, проявляется наиболее ярко. В дальнейшем экосистема как бы приспосабливается к вселенцу, и его отрицательное или положительное влияние ослабевает, а воздействие на биоразнообразие переходит в хроническую (долговременную) форму.

Всех современных обитателей Каспия можно назвать (с определенными оговорками) "вселенцами". Вопрос в том, когда эти вселенцы проникли в данный ги-

Рис. 36. Паратетис в раннем олигоцене (по: Rögl, 1998).

гантский континентальный водоем? Некоторые из них завоевали Каспийское море так давно, что сегодня справедливо считаются полноправными аборигенами.

Ныне живущих гидробионтов Каспия можно разделить на четыре группы. Первая группа — это самые древние вселенцы. Исследователи называют их "каспийскими автохтонными организмами". Их предки жили 30–20 млн. лет назад и являлись потомками обитателей Паратетиса. Так как Паратетис был гигантским северным заливом древнего океана Тетис, то его гидробионты произошли от пришельцев из Тетиса (рис. 36). Таким образом, каспийских автохтонных обитателей можно считать потомками древних океанических организмов из ныне не существующего океана Тетис, именно поэтому автохтонных каспийских гидробионтов часто называют "живыми ископаемыми".

Вторая группа — это арктические вселенцы, или гляциальные реликты. Предки этих организмов попали в Каспий 1,5–1,0 млн. лет назад, во время таяния гигантского ледникового щита, покрывавшего практически всю Европу и Арктику, а также окраины Балтийского и Белого морей. Вместе с талыми ледниковыми водами северные виды добрались до древнего Каспия. Существует несколько точек зрения, каким путем эти организмы проделали этот путь. В фундаментальной монографии Л.А. Зенкевича (1963) проблема подробно рассмотрена. В настоящее время ряд исследователей (Grosswald, 1980; Dawson, 1992) рассматривает еще один возможный путь проникновения гляциальных реликтов в Каспий (рис. 37). По мнению этих ученых, в поздневалдайское время произошел "сверхпотоп" ("superflood"). Уровень древнего Каспийского моря тогда поднялся на 2–3 м выше уровня Миро-

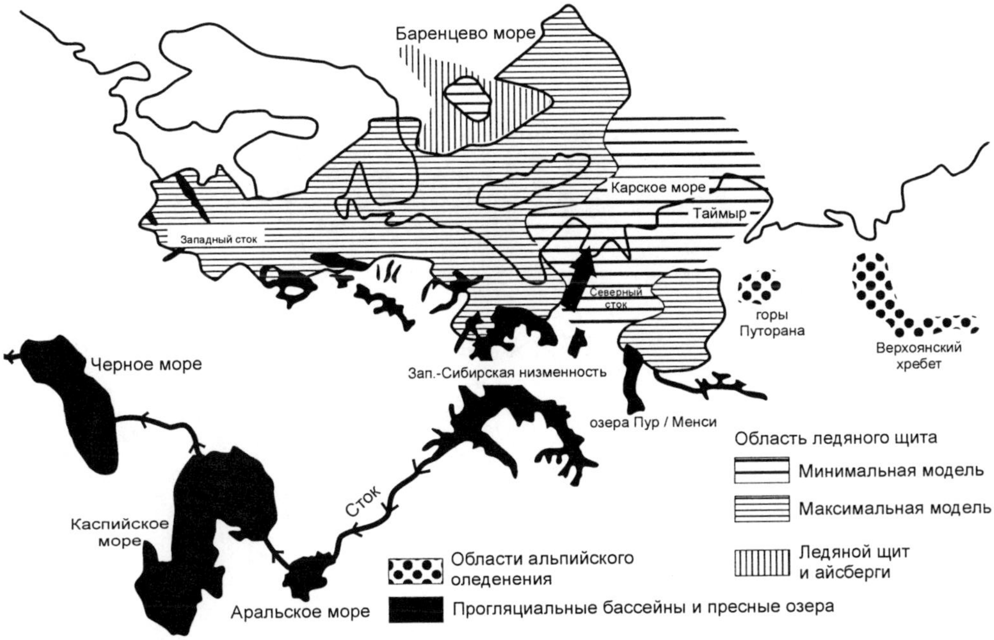

Рис. 37. Поздне-Валдайское оледенение на территории бывшего СССР (по: Dawson, 1992).

вого океана (Lamb, 1977), и воды стекали в Азово-Черноморскую котловину. Сам же древний Каспий принимал сток талых вод из Аральской котловины, которая, в свою очередь, питалась водами большого окололедникового озера, существовавшего в Западно-Сибирской низменности.

Третья группа — это пришельцы из Черного и Средиземного морей, их называют "атлантическими вселенцами". Самые древние из них попали в Каспий 50 тыс. лет назад в Хвалынское время, когда воды древнего Каспия по Манычской ложбине соединялись с водами древнего Азово-Черноморского водоема. Тогда в Каспий естественным путем попали 4 вида растений и животных из родов *Zostera*, *Cardium*, *Fabricia*, *Bowerbankia* и 3 рода рыб (Зенкевич, 1963). Ряд исследователей (Федорович, 1952; Федоров, 1957, 1983, 1980; Старобогатов, 1994) отрицает естественное заселение Каспия этими видами, так как, по их мнению, в Манычской ложбине всегда было сильное течение, направленное только в сторону от Каспия. Они предполагают, что проникновение этих видов было связанно с деятельностью древнего человека. Если справедлива эта точка зрения, то 50 тыс. лет назад деятельность человека впервые способствовала проникновению инвазионных видов в Каспий.

В XX веке в Каспии произошло лавинное увеличение численности пришельцев из Черного и Средиземного морей (табл. 24). Их проникновение было связано с деятельностью человека. В 1920-х гг. в Каспий случайно проникли 4 вида: водоросль *Rhizosolenia calcar-avis* M. Schultze, двустворчатый моллюск *Mytilaster lineatus* Gmelin, 1791 и 2 вида креветок — *Palaemon squilla* (Linnaeus, 1758) и *P. adspersus* Rathke, 1837. Как эти виды проникли в Каспий, сейчас точно неизвестно. Одни

Таблица 24. Недавние вселенцы в Каспийском море

Виды	Экол. группа	Происхож-дение	Натурали-зация	Регион-донор	Путь вселения	Годы
Coelenterata						
Blackfordia virginica Mayer, 1910	БО	СА	+	Ч-Аз	С	1956
Bougaenvillia megas Kinne, 1896	БО	СА	+	Ч-Аз	С	1956
Moerisia maeotica Ostroumov, 1896	БО	Ч	+	Ч-Аз	С	1950-е?
Aurelia aurita Linnaeus, 1758	Пл	Ч	+?	Ч-Аз	С	1999
Ctenophora						
Mnemiopsis leidyi A. Agassiz, 1865	Пл	СА	+	Ч-Аз	С	1999
Beroe ovata Bruguiere, 1789	Пл	Na	+?	Ч-Аз	С	2000
Turbellaria						
Pentacelum caspium Beklemishev	Б	Сред	?	?	?	1940-е?
Trematoda						
Apophallus muehlingi Jagerskiold	П	Ч	+	Ч-Аз	Х+	1980–90-е?
Plagiorchis entamiatis Shulz, 1931	П	?	+	?	Х+	1960-е
Rossicotrema donicum Skrjabin et Lindtrop, 1919	П	Ч	+	Ч-Аз	Х+	1980–90-е?
Nicolla scriabini Iwanitzky, 1928	П	Ч	+	Ч-Аз	Х+	1980–90-е?
Haploporus longicollum Wlassenko, 1931	П	Ч	+	Ч	А+	1930-е
Saccocoelium obessum Fischthal et Kuntz, 1963	П	Ч	+	Ч	А+	1930-е
Haplosplanchnus pachyma Eysenhardt, 1829	П	Ч	+	Ч	А+	1930-е
Polychaeta						
Hediste diversicolor (Müller, 1776)	Б	Бор?	+	Аз	А	1940
Ficopotamus enigmaticus (Fauvel, 1923)	Б	Сред	+	Ч-Аз	С	1960
Fabricia stellaris (Müller, 1774) (= *F. sabella*)	Б	Сред				Хвалынское время
Mollusca						
Mytilaster lineatus (Gmelin, 1791)	БО	Сред	+	Ч	ЖД	1920-е
Dreissena bugensis Andrusov, 1897	БО	Аз-Ч	+	Ч-Аз	С	1994
Abra ovata (Philippi, 1893)	Б	Сред	+	Аз	А	1940-е
Monodacna colorata (Eichwald, 1829)	Б	Ч	+		С	1950-е
Hypanis colorata (Eichwald, 1829)	Б	Сред				1959
Cerastoderma rhomboides Lamarck	Б	Сред				Хвалынское время
C. isthmicum Isse, 1869l	Б	Сред				Хвалынское время
Lithogliphus naticoides C. Pfeiffer, 1828	Б	Аз-Ч	+	Ч-Аз	С	1971
Tenellia adspersa Nordmann, 1844	БО	Сред	+(?)	Ч-Аз	С	1989
Crustacea (Cirripedia)						
Balanus improvisus Darwin, 1854	БО	СА	+	Ч-Аз	С	1955

Таблица 24. (продолжение).

Виды	Экол. группа	Происхож-дение	Натурали-зация	Регион-донор	Путь вселения	Годы
B. eburneus Gould, 1841	БО	СА	+	Ч-Аз	С	1950-е
Crustacea (Cladocera)						
Penilia avirostris Dana, 1849	Пл	Ч	+(?)	Ч-Аз	С?	?
Pleopis polyphemoides Leukart, 1859	Пл	Ч	+	Ч-Аз	С	1957
Podon intermedius Lilljeborg, 1853	Пл	Сред	+	Ч-Аз	С	1985
Moina mongolica Daday, 1901	Пл	К	+?	Каз?	Эоловый перенос	2000?
Crustacea (Copepoda)						
Acartia clausi Giesbrecht, 1889	Пл	СА	+	Ч-Аз	С	1981
A. tonsa Dana, 1848	Пл	СА	+?	Ч-Аз	С	2000
Calanipeda aquaedulcis Kritchagin, 1873	Пл	Сред				1968
Crustacea (Amphipoda)						
Corophium volutator (Pallas, 1866)	Н-Б	Ч	+	Ч-Аз	?	1950–60-е
Crustacea (Decapoda)						
Palaemon elegans Rathke, 1837	Н-Б	Сред	+	Ч	А+	1930-е
P. adspersus Rathke, 1837	Н-Б	Сред	+	Ч	А+	1930-е
Rhitropanopeus harrisi tridentata Maitland, 1874	Б	СА	+	Ч-Аз	С	1950-е
Bryozoa						
Lophopodella carteri (Hyatt, 1866)	Б, БО	Инд-Афр	+	?	??	1960-е
Conopeum seurati (Canu, 1828)	БО	Сред	+	Ч-Аз	С	1958
Membranipora crustulenta (Pallas, 1766)	БО	Сред	+	Ч-Аз	С	1950-е
Bowerbankia imbricata (Adams, 1798)	БО	Сред				1959
Kamptozoa						
Barentsia benedeni Foetinger, 1886	БО	Сред	+	Ч-Аз	С	1962
Pisces						
Platichthys flesus luscus Pallas, 1814	Н		–	Ч	А	1902, 1930-е
Knipowitschia caucasica (Berg, 1916)	Н	Сред	+			Хвалынское время
Singnatus abaster caspius Eichwald, 1831	Н	Сред	+			Хвалынское время
Atherina boyeri caspia Eichwald, 1831	Н	Сред	+			Хвалынское время
Scomber scombrus Linnaeus, 1758	Н		–	Ч	А	1902
Engraulis encrasicolus (Linnaeus, 1758)	Н		–	Ч	А	1933–34
Mullus barbatus (Linnaeus, 1758)	Н		–	Ч	А	1933–34
Scophthalmus maeoticus (Pallas, 1814)	Н		–	Ч	А	1930
Liza aurata (Risso, 1810)	Н		+	Ч	А	1930–34

Таблица 24. (окончание).

Виды	Экол. группа	Происхож-дение	Натурали-зация	Регион-донор	Путь вселения	Годы
Liza lauvergnii (Eydoux et Souleyet, 1850)	Н		–	Ч	А	1966, 1979
Liza saliens (Risso, 1810)	Н		+	Ч	А	1930–34
Ctenopharyngodon idella (Valenciennes, 1844)	Н		+	Кт	А	1955–56; 1964–77
Hypophthalmichtys molitrix (Valenciennes, 1844)	Н		+	Кт	А	1964–77
Aristichthys nobilis (Richardson, 1836)	Н		+	Кт	А	1964–77
Oncorhyncus keta (Walbaum, 1792)	Н		+	Ох	А	1962–66
Oncorhyncus gorbuscha (Walbaum, 1792)	Н		–	Ох	А	1964
Salmo gairdnerii Richardson, 1836	Н		–	?	А	1975–78
Oncorhynchus kisutch (Walbaum, 1792)	Н		–	?	А	1975–78
Morone saxatilis (Walbaum, 1792)	Н		?	США	А	1972
Stenodus leucichthys nelma (Pallas, 1773)	Н		–	Обь	А	1965

Б — бентос; Пл — планктон; БО — биообрастатель; П — паразит; Н — нектон; Н-Б — нектобентос; С — судоходство; Х+ — перенос паразита с хозяином; А+ — попутно при акклиматизации; А — акклиматизация; ЖД — по железной дороге; Ч-Аз — Черное и Азовское моря; Тих — Тихий океан; Ох — Охотское море; СА — Северная Америка; Сред — Средиземное море; Инд-Афр — Индия-Африка, Кт — Китай, Каз — Казахстан, К — континентальные водоемы, Бор — бореальный.

исследователи предполагают, что их завезли купцы, которые перевозили свои небольшие деревянные лодки на телегах из Азовского моря в Каспийское. Именно в этих лодках, где могла оставаться азовская вода, а также, возможно, в садках с живой рыбой эти 4 вида и завезли в Каспий. Другие же считают, что они могли попасть в этот водоем в Гражданскую войну. Тогда, вскоре после 1917 г., военные катера транспортировались по железной дороге из Черноморского бассейна в Каспийский.

В первые годы после вселения в Каспий эти вселенцы достигли высокой численности и потеснили каспийских аборигенов. Так, например, водоросль *R. calcar-avis* уже в 1936 г. дала биомассу в несколько миллионов тонн и составила свыше 65% всей массы планктона. В дальнейшем, после “биологического взрыва”, этот вид водорослей сократил свою численность, и воздействие на биоразнообразие Каспия из острого перешло в хроническое. Кратковременная вспышка численности и последующее ее падение наблюдалась и для двустворчатого моллюска *M. lineatus*, а также и для 2 видов креветок. Позднее в Каспий человек специально вселил 5 видов животных: 2 вида кефали, 1 вид камбалы, 1 вид многощетинкового червя — *Hediste diversicolor* Müller, 1776 и 1 вид двустворчатого моллюска — *Abra ovata* (Philippi, 1893). Эти животные успешно прижились и, дав первоначальную вспышку численности, вышли на ее стабильный уровень, став неотъемлемой частью экосистемы Каспия.

В середине XX века, после завершения строительства Волго-Донского судоходного канала, в Каспий проникла новая большая порция вселенцев. Одни из них попали с балластными водами судов, другие — прикрепившись к их днищу. Так, например, с балластными водами мог попасть планктонный рачок *Pleopis polyphemoides* (Leukart, 1859), медуза *Blackfordia virginica* Mayer, 1910, четыре водоросли (*Ceramium diaphanum* (Lightfoot) Roth, *C. tenuissimum* (Lyngb.) J.Ag., *Ectocarpus confervoides* f. *fluviatilis* (Roth), *Polysiphonia variegata* (Agardh) Zanardini и крабик *Rhithropanopeus harrisi* Maitland, 1874. На днищах судов вместе с обрастаниями, очевидно, проникли морские желуди (*Balanus impovisus* Darwin, 1854 и *B. eburneus* Gould, 1841) и мшанка *Membranipora crustulenta* (Pallas, 1766). Из всех этих видов только морские желуди дали заметную вспышку численности, у остальных вселенцев она была слабо выражена.

Проникновение атлантических пришельцев в Каспий через Волго-Донской канал продолжается и сейчас (см. табл. 24). Здесь мы упомянем только два вида планктонных рачков — *Calanipeda aquaedulcis* Kritchagin, 1873 и *Acartia clausi* Giesbrecht, 1889 и гребневика *Mnemiopsis leidyi* A. Agassiz, 1865, которые проникли в Каспийское море с балластными водами судов в конце XX века. Первые два вида можно считать примером положительного вселения, так как они активно потребляются планктоноядными рыбами и повышают кормовую ценность каспийского зоопланктона. Что касается гребневика, то этот вид является ярким примером негативного воздействия на биологическое разнообразие Каспия. Этот вселенец активно выедает зоопланктон и обрекает на бескормицу планктоноядных рыб. Существует мнение, что гребневик может обречь каспийских килек на голод и вымирание (Аладин, Плотников, 2000; Ivanov et al., 2000; Kideys, 2002; Шиганова и др., 2003). Наблюдающееся в настоящее время резкое снижение численности кильки может отразить-

Рис. 38. Акватория Каспийского моря.

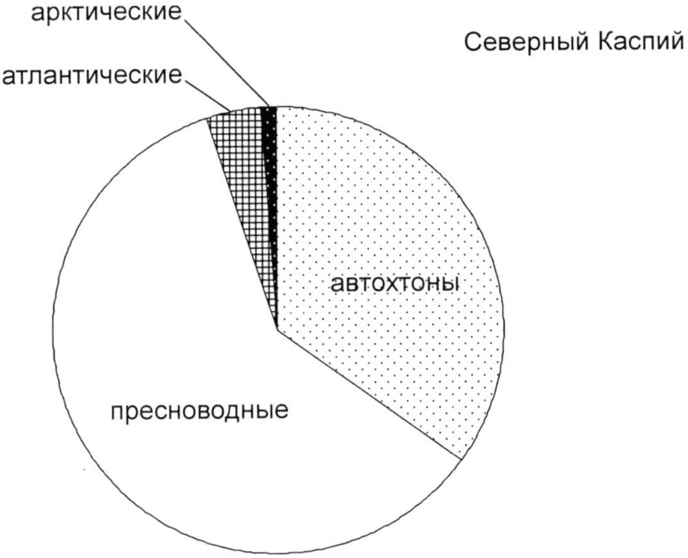

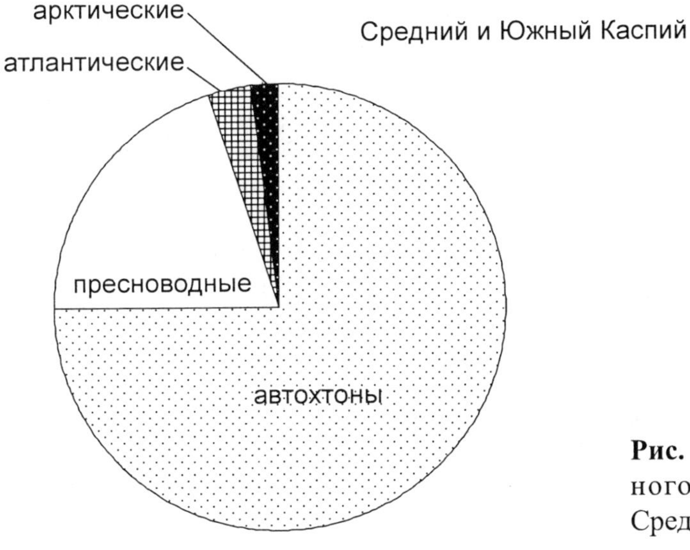

Рис. 39. Состав фауны Северного Каспия и Южного и Среднего Каспия.

ся на каспийском тюлене и белуге. Эти два крупных хищника используют кильку в качестве объекта питания и могут пострадать из-за отсутствия корма.

Четвертая группа — это вселенцы из пресных вод. Как и предыдущие пришельцы, они проникали в Каспий неоднократно, и их можно подразделить на недавних и древних. К самым древним можно отнести каспийских брюхоногих моллюсков, которых следует считать выходцами из пресных вод плиоцена. Их проникновение в древний Каспий могло произойти приблизительно 2–5 млн. лет назад, когда он наиболее опреснялся. Только так можно объяснить их родственные связи с байкальскими моллюсками. Весьма вероятно, что и каспийский многощетинковый червь *Manayunkia caspia* также проник в Каспий из плиоценовых пресных вод несколько миллионов лет тому назад. От более поздних пресноводных вселенцев произошли и каспийские карповые рыбы. Скорее всего, они вселились в период недавней послеледниковой трансгрессии, когда море активно подпитывалось водами рек. Проникновение пресноводных вселенцев в древний Каспий могло быть и в Хазарскую трансгрессию 400 тыс. лет назад, и в Хвалынскую — 50 тыс. лет назад, и Новокаспийскую — 5 тыс. лет назад. Не вызывает сомнения, что проникновение пресноводных вселенцев в Каспий продолжается и по сей день, однако, так как эти виды трудно поддаются учету, то их просто не замечают. О справедливости нашего предположения свидетельствуют работы Ю.С. Чуйкова (1995), которому в дельте Волги и прилегающей к ней акватории северного Каспия удалось обнаружить много новых микроскопических пресноводных вселенцев, относящихся к коловраткам, ветвистоусым и веслоногим ракообразным. Раньше на этих недавних пресноводных вселенцев в распресненном Каспии никто не обращал внимания.

Рассмотренные выше четыре основные группы каспийских гидробионтов в разных акваториях Каспия (рис. 38) представлены по-разному (рис. 39). Так, в Среднем и Южном Каспии около 75% составляют каспийские автохтонные организмы, 20% приходится на пресноводных вселенцев, около 3% — на атлантических и около 2% — на арктических вселенцев. В северном Каспии соотношение другое: здесь доминируют пресноводные вселенцы. Доля пресноводных достигает 60%, далее следуют каспийские автохтонные организмы, на долю которых приходится более 35%, и затем атлантические вселенцы — около 4%; на долю же арктических вселенцев приходится менее 1% в силу его мелководности и отсутствия глубинных холодных вод.

В заливе Кара-Богаз-Гол рассмотренных выше видов вообще нет, здесь живут только галофильные организмы. Они представляют собой еще одну группу вселенцев в Каспий, которые произошли от космополитных форм аридных зон нашей планеты. Все эти солелюбивые организмы имеют покоящиеся стадии, которые могут выдерживать высушивание, промораживание и многие другие неблагоприятные воздействия (Макрушин, 1985). Покоящиеся стадии бывают в виде латентных яиц, спор, семян и цист. Попав в соленую воду, они вновь дают жизнь. Эти покоящиеся стадии, как правило, очень небольших размеров и легко разносятся ветром вместе с пылью, а также перелетными птицами. Многие цисты сохраняют жизнеспособность в течение десятков и даже сотен лет. Таким образом, когда в начале 1980-х гг. залив Кара-Богаз-Гол практически исчез, на его высохшем дне сохранились покоящиеся стадии солелюбивых организмов, которые ожили после повторного заполнения высохшего залива каспийской водой. Следует отметить, что высохший залив Кара-Богаз-Гол с 1982 по 1992 гг. был источником множества пылевых бурь. Во время этих бурь, бывший залив становился центром распространения цист солелюбивых организмов, которые вместе с ветром разлетались по всей планете. Именно по этой причине всех солелюбивых организмов считают космополитными формами. Таким образом, многие из галофильных бактерий, водорослей и ракообразных, которые сегодня живут в заливе Кара-Богаз-Гол, практически не отличимы от обитателей соленых озер Америки, Европы, Азии, Африки и Австралии. Важно также отметить, что эти солелюбивые организмы являются одними из самых древних обитателей Земли и все они практически не изменялись на протяжении многих сотен миллионов лет. Ряд исследователей (Clegg et al., 1997; Lee, 2001) даже предполагает, что покоящиеся стадии некоторых галофильных бактерий, сохраняя жизнеспособность, могут в метеоритах путешествовать между планетами.

Теперь попытаемся оценить роль вселенцев в экосистеме Каспийского моря и их влияние на его биологическое разнообразие. На наш взгляд, неправы те ученые, которые склонны драматизировать последствия вселения в Каспий чужеродных видов. Как было показано выше, современный Каспий сам практически полностью состоит из вселенцев, которые и формируют его богатое биоразнообразие. Однако ошибаются и те, кто считают, что Каспий может быть открыт всем экзотическим видам, которые проникают в него. Не вызывает сомнения, что против такого вселенца, как гребневик, надо активно бороться. Исследователям Каспия необходимо сформировать сбалансированный и дифференцированный подход к проблеме вселенцев в Каспии.

Нам представляется бесспорным тот факт, что самых древних вселенцев в Каспийское море (так называемых "каспийских автохтонных организмов") надо всячески защищать от всех неблагоприятных воздействий, включая таковое от недавних пришельцев в Каспий. Именно каспийская автохтонная фауна и флора — главное богатство данного гигантского континентального водоема. Эти живые ископаемые имеют не только важное биологическое, экологическое и генетическое значение, но и хозяйственное. По мнению ряда исследователей (Dumont, 1998; Аладин, Плотников, 2000; Зонн, 2000), ценность биологических ресурсов Каспия намного выше ценности его нефтегазовых запасов. Подчеркнем еще раз, что среди рыбных богатств самыми ценными являются каспийские автохтонные рыбы, в первую очередь осетровые.

Можно положительно оценить последствия целенаправленной интродукции в Каспий некоторых беспозвоночных животных. Вселение многощетинкового червя нереиса и двустворчатого моллюска абры было выполнено по обоснованным рекомендациям (Карпевич, 1975) и значительно повысило кормовую ценность донных сообществ Каспия. Возможно, существуют и новые перспективные вселенцы для этого водоема. Так, например, катастрофическое развитие гребневика *M. leidyi* может быть сдержано другим гребневиком, *Beroe ovata* Bruguiere, 1789. На наш взгляд, вселение еще одного гребневика в Каспий настоятельно необходимо для восстановления нарушенного баланса в экосистеме этого водоема.

Следует отметить, что, выполняя поиск новых объектов для вселения в Каспий, надо опираться на крупномасштабные научные исследования и воздерживаться от поспешности. На наш взгляд, не правы те, кто требует полностью прекратить интродукцию полезных видов в Каспий. Не надо бояться новых целенаправленных интродукций, как, например, гребневика *B. ovata*, о чем будет сказано ниже. Мы абсолютно уверены, что успешная биоманипуляция экосистемой этого водоема возможна только при опоре на долговременные и хорошо финансируемые исследования высококвалифицированных ученых.

Оказался полезным для хозяйственной деятельности человека и ряд случайных вселенцев. Многие микроскопические ракообразные повысили кормовую ценность планктона Каспия, а креветки — бентоса. Большое количество случайных вселенцев не оказало заметного воздействия на биоразнообразие этого водоема, однако некоторые из них (такие, как морские желуди и двустворчатые моллюски митилястер), безусловно, сыграли свою отрицательную роль с точки зрения человека. Упомянутые выше организмы из-за толстых раковин несъедобны для рыб и являются типичными представителями некормового бентоса. Кроме этого, эти вселенцы могут поселяться на днищах судов и на сваях портовых сооружений и морских нефтегазовых платформ. При этом они сильно замедляют движение судов и медленно разрушают портовые и нефтегазовые сооружения. Однако поселения балянусов и митилястера служат убежищем и субстратом для многих организмов мейобентоса, что способствует увеличению биоразнообразия донных сообществ.

Необходимо срочно разработать комплекс мер для защиты биологического разнообразия Каспия и его экосистемы от самого недавнего экзотического вселенца — гребневика *M. leidyi*. Он — самый опасный гость Каспийского моря. Проникнув в начале 1980-х гг. в Черное море, он нанес его рыбным запасам непоправимый ущерб (Воловик, 2000). Уже к концу 1980-х гг. общая масса гребневика в Черном море достигла миллиарда тонн. Этот быстро размножающийся вселенец активно поедает не только зоопланктонные организмы, но и плавающую в толще воды икру и мелких личинок рыб. Позднее через Керченский пролив гребневик проник и в Азовское море, где также нанес ущерб рыбному промыслу. Мы должны попытаться не допустить повторения в Каспийском море трагедии Черного и Азовского морей. Для этого мы предлагаем установить постоянное наблюдение за его распространением в Каспии. На наш взгляд, также абсолютно необходимо ввести в бассейне Каспийского моря жесткий контроль за балластными водами, чтобы не допустить постоянной подпитки экосистемы моря чужеродными видами. Отметим, что некоторые исследователи уже наблюдали *B. ovata* в Каспии. Очевидно, проникновение его с балластными водами уже началось, однако данный путь случайного проникновения гребневика берое вряд ли сможет обеспечить его натурализацию и быстрое расселение по акватории Каспийского моря. Нам представляется, что необходим специальный комплекс мер, направленных на искусственное вселение *B. ovata* в Каспий. Только в таком случае будут достигнуты его быстрая натурализация и широкое распространение по всей акватории этого гигантского континентального водоема. Только в этом случае человеку удастся быстро остановить экспансию гребневика *M. leidyi* на Каспии и предотвратить катастрофический ущерб всей его экосистеме.

Продолжается проникновение в Каспий новых организмов, которые, по-видимому, еще не успели натурализоваться, но, возможно, скоро войдут в список его обитателей. Обращает на себя внимание спорадическое присутствие в каспийском планктоне медузы *Aurelia aurita* (Linnaeus, 1758), веслоного рачка *Acartia tonsa* Dana, 1848, ветвистоусых рачков *Penilia avirostris* Dana, 1849 и *Moina mongolica* Daday, 1901. Будущие исследования должны показать, насколько быстро эти организмы завоюют новый для себя водоем и все ли из них выдержат новые абиотические условия и конкуренцию с аборигенными видами. Именно для этого необходим мониторинг биоразнообразия Каспийского моря, без него устойчивая эксплуатация биоресурсов данного уникального водоема просто невозможна.

Глава 3. Роль чужеродных видов в сообществах и экосистемах-реципиентах и модели инвазионного процесса

3.1. Влияние чужеродных видов на функционирование водных экосистем

Вселение новых видов в экологические системы — широко распространенный естественный процесс, происходивший во все геологические эпохи существования жизни и особенно интенсивно протекающий в голоцене (Vermeij, 1991). Однако, как это часто происходит, хозяйственная деятельность человека значительно усиливает масштабы и интенсивность этого природного явления, вызывая в экосистемах массу нежелательных последствий как с точки зрения поддержания их нормальной жизнедеятельности (например, сохранения их биологического разнообразия), так и с точки зрения хозяйственной деятельности человека. В случае отрицательного воздействия (с точки зрения человека) вида-вселенца на экосистему или на хозяйственную деятельность можно говорить о так называемом "биологическом загрязнении" экосистем, под которым понимается вселение и развитие популяций чужеродных видов организмов, преднамеренно или непреднамеренно занесенных человеком в природные экосистемы. Для большинства стран число инвазий, зарегистрированных на их территориях, составляет от 100 до 10000 чужеродных видов (Lodge, 1993), однако многие исследователи считают, что это только надводная часть айсберга и число незарегистрированных вселений гораздо больше.

Проблема видов-вселенцев, или "биологического загрязнения" водоемов, за последние два десятилетия выдвинулась в число наиболее важных проблем окружающей среды, которая по своей значимости и масштабам вызываемых в водоемах изменений во многих случаях значительно превосходит такие "традиционные" и сравнительно хорошо изученные формы антропогенного воздействия, как, например, органическое загрязнение. Это связано с рядом специфических свойств этой формы антропогенного воздействия (табл. 25).

Прежде всего, "биологическое загрязнение" — это **самовоспроизводимая** форма воздействия на экологические системы. Большинство других форм антропогенного воздействия поддерживается за счет хозяйственной или другой жизнедеятельности человека. При прекращении или снижении интенсивности антропогенного воздействия экосистема, как правило, более или менее быстро возвращается в исходное "естественное" состояние. В отличие от них вид-вселенец (ВВ), однажды попавший в экологическую систему, будет существовать в ней до тех пор, пока условия его существования коренным образом не изменятся. Таким изменением может быть выход за рамки интервала толерантности по отношению к тому или иному фактору среды, что и происходит, например, при избирательной инвазии в антропогенные экосистемы (см. о расселении сорняка амброзии по агроценозам, раз-

Таблица 25. Свойства воздействий видов-вселенцев (ВВ) на экологические системы.

Свойства воздействий видов вселенцев	Характеристика воздействия
Самовоспроизводимость	Воздействие «самовоспроизводится» неограниченно долго при сохранении условий для воспроизводства популяций ВВ
Самоусиление	Воздействие усиливается по мере развития популяций ВВ
Инвариантность	Масштабы вызываемых изменений не зависят от расстояния от места воздействия
Многосторонность	Во многих случаях воздействия ВВ затрагивают различные аспекты функционирования экосистем. Один и тот же вид в разных системах часто оказывает разные воздействия
Непредсказуемость	Как правило, невозможно предсказать результат воздействия конкретной инвазии на конкретную экосистему
Практическая неустранимость	Возникающие «отрицательные» воздействия ВВ практически неустранимы, т.к. существующие методы борьбы с последствиями «биологического загрязнения» экосистем как малоэффективна

дел 3.7). При отсутствии существенных изменений среды в подавляющем большинстве случаев для популяции ВВ совершенно безразлично, сохраняется ли поток иммигрантов из других экологических систем.

Второе важное свойство “биологического загрязнения”, также значительно отличающее его от других форм антропогенного воздействия, — это способность к **самоусилению,** которая реализуется в ходе протекания разных этапов инвазионного процесса (занос, натурализация, вторичное распространение) (см. раздел 1.1). Как правило, первоначально (при интродукции, заносе) вселяется относительно небольшое число особей определенного вида, неспособное оказать сколько-нибудь значительное воздействие на экосистему водоема. Затем, по прошествии некоторого времени, в ходе натурализации происходит вспышка численности этого вида; он начинает расширять новый ареал (вторично, с помощью естественных механизмов расселения) и оказывать давление на другие компоненты экосистемы. Такой сценарий хорошо описан для целого ряда примеров экспансии видов-вселенцев в экосистемы различных водоемов (Kideys, 2002; Zettler et al., 2002).

Следующее важное свойство “биологического загрязнения” — это его **инвариантность**. Для большинства описанных форм антропогенного загрязнения сила воздействия обратно пропорциональна удаленности от источника загрязнения. Напротив, при “биологическом загрязнении” масштабы вызываемых изменений никак не связаны с расстоянием от места воздействия. Благодаря способности к самоусилению наибольшие отрицательные эффекты могут наблюдаться за сотни километров от места первоначального вселения вида. Например, вселение и распространение двустворчатого моллюска *Dreissena polymorpha* (Pallas, 1771) в бассейне Великих североамериканских озер привело к отрицательному воздействию на популяции большинства аборигенных видов двустворчатых моллюсков (Strayer, 1999; Ojaveer et al., 2002).

Как правило, воздействие видов-вселенцев затрагивает различные аспекты функционирования экосистем. В зависимости от условий один и тот же вид в разных системах может вызывать разные изменения в экосистемах, что определяет **многосторонность и непредсказуемость** воздействия.

И наконец, важная и весьма неприятная особенность “биологического загрязнения” — это его **практическая неустранимость** (см. табл. 25). Существующие методы борьбы с последствиями “биологического загрязнения” экосистем, как правило, малоэффективны. Вероятность исчезновения натурализовавшегося в экосистеме вида-вселенца крайне низка, и, соответственно, возникающие “отрицательные” воздействия видов-вселенцев на экосистемы практически неустранимы. Единственный достаточно эффективный способ снижения степени воздействия вида-вселенца на экосистему — это вселение другого вида-вселенца, способного регулировать численность первого (например, хищника или паразита) (см. разделы 1.2. и 3.7). Такая практика во многих случаях оказалась успешной для наземных экологических систем, поскольку во многих случаях длительная коэволюция растений и насекомых привела к резко выраженной избирательности питания последних, когда определенный вид насекомых питается строго определенным видом растений. Однако для водных экологических систем такие биологические методы борьбы практически неприменимы из-за широко распространенного в них явления всеядности (Polis et al., 1989; Голубков, 2000а).

Даже из краткого обзора свойств “биологического загрязнения” становится очевидным серьезность возможных экологических последствий этого явления и важность изучения последствий его воздействия на экологические системы водоемов. Кроме того, само по себе вселение чужеродных видов в новые для них экосистемы представляет собой крупномасштабные эксперименты, позволяющие в природных условиях исследовать механизмы функционирования экологических систем, такие как конкуренция и хищничество, сложность и стабильность, значение ключевых видов в экосистеме и т.д. Проблема видов-вселенцев также тесно связана с другими глобальными экологическими проблемами: изменениями климата, ухудшением состояния окружающей среды, сокращением биологического разнообразия и вселения трансгенных организмов (Lodge, 1993).

В настоящее время для описания антропогенного воздейстья на экосистемы водоемов и диагностики вызываемого им экологического стресса используется целый набор структурных и функциональных характеристик экосистем. К ним относятся изменения функциональных показателей экосистем, их пространственной структуры, круговорота веществ в экосистеме, изменения в структуре сообществ и, наконец, изменения в направлении развития (сукцессии) экосистемы (Schindler, 1990).

Первичная продукция водоема и круговорот биогенных элементов

Имеющиеся данные показывают, что чужеродные виды организмов в ряде случаев могут значительно влиять на первичную продукцию водоемов, определяющую продуктивность водных экосистем. При этом возможны как прямые, так и непрямые воздействия. Например, виды, относящиеся к сестонофагам, способны отфильтровывать значительные количества воды и потреблять взвешенный в толще воды фитопланктон, тем самым, снижая первичную продукцию водоема. В этом отношении наиболее хорошо изучены двустворчатые моллюски-фильтраторы *Dreissena polymorpha*. В течение XX столетия эти моллюски понто-каспийского происхождения широко распространились по водоемам сначала восточной и затем западной Европы и в 80-х годах XX века с балластными водами судов были занесены в Северную Америку (раздел 2.3).

Представители рода *Dreissena* — единственная группа пресноводных моллюсков, способных прикрепляться к твердому субстрату и образовывать многочисленные плотные поселения, как это делают многие морские моллюски, например мидии. Они имеют планктонную личинку и способны разноситься течениями на большие расстояния, размножаясь как в пресных, так и в солоноватых водах. Эти два обстоятельства, а также наличие инвазионных коридоров (Orlova, 2002), по-видимому, обеспечили дрейссене полиморфной высокую инвазионную активность, сделав ее наиболее известным пресноводным видом-вселенцем северного полушария (Karatayev et al., 2002).

Благодаря высокой плотности поселений, фильтрационной активности и способности отфильтровывать широкий спектр пищевых частиц от 0,4 до 750 мкм (Ten Winkel, Davids, 1982; Михеев и др., 1994; Roditi et al., 1996), дрейссена способна значительно снижать первичную продукцию водоемов (Каратаев, Бурлакова, 1995; Fahnenstiel et al., 1995; Caraco et al, 1997). Это даже дало основание считать этот вид одним из наиболее перспективных организмови — фильтраторов при проведении биоманипуляций с пищевыми цепями в экосистемах для борьбы с эвтрофированием озер (Reeder, de Vaate, 1990).

В некоторых случаях результаты вселения чужеродных видов были весьма впечатляющими. Например, вселение дрейссены в оз. Лукомское в Белоруссии привело к четырехкратному снижению первичной продукции планктона (Каратаев, Бурлакова, 1995). Развитие популяций этого вида моллюсков в западной части оз. Эри и заливе Сагино оз. Гурон в Северной Америки снизило концентрацию хлорофилла “a” и, соответственно, первичную продукцию планктона на 60% (MacIsaac, 1996; Strayer, 1999). Развитие популяции дрейссены в оз. Нарочь способствовало деэвтрофикации этого крупнейшего озера Белоруссии, произошедшей в 1990 гг. (Остапеня, 2000).

Способностью оказывать заметное влияние на первичную продукцию планктона, по-видимому, обладают и многие другие виды-веселенцы, относящиеся к трофической группировке фильтраторов, например *Corophium curvispinum* Sars, 1835 (Crustacea), *Corbicula* spp. (Bivalvia) (Van den Brink et al., 1993; Hakenkamp, Palmer, 1999).

Вселенцы также способны оказывать отрицательное влияние на биомассу и продукцию органического вещества донными продуцентам, к которым относится, например, высшая водная растительность. Так, вселение высших раков *Orconectes rusticus* в американские озера на севере штата Висконсин привело к значительному снижению плотности и продуктивности высшей водной растительности (Olsen et al., 1991). Вселение и развитие в восточной части Финского залива популяции байкальской амфиподы *Gmelinoides fasciatus* (Stebbing, 1899) в 2000–2002 гг. способствовало снижению исключительно высоких биомасс нитчатых водорослей, вызывавших сильное вторичное загрязнение воды в этом районе (Berezina, Panov, 2003; Golubkov et al., 2003b).

Возможные непрямые воздействия на первичную продукцию водоема, приводящие к снижению продуктивности фитопланктона и увеличению продуктивности высшей водной растительности, были продемонстрированы нидерландскими исследователями на примере дрейссены (Reeder, Vaate, 1990). Они показали, что пресс дрейссены на фитопланктон увеличивает прозрачность воды в водоеме, что, в свою очередь, способствует развитию высшей водной растительности. Противоположный эффект, по-видимому, должен наблюдаться при выедании вселенцами макрофитов, как это происходило, например, в североамериканских озерах (Olsen et al., 1991), так как сокращение площади, занимаемой в озерах высшей водной растительностью, стимулирует развитие фитопланктона (Scheffer, 1990).

Рассмотренные прямые и непрямые воздействия вселенцев консументов 1 порядка на продуктивность водной растительности относятся к нисходящим (“top-down”) по трофической цепи воздействиям на продуктивность экологических систем. Однако возможны и разнообразные непрямые восходящие (“bottom-up”) воздействия видов вселенцев на первичную продукцию водоемов, например, через круговорот биогенных элементов.

Один из наиболее показательных примеров — непрямое воздействие североамериканской полихеты *Marenzelleria* cf. *viridis* (Verrill, 1873) на первичную продукцию эстуариев Балтики. Этот вид вселился в прибрежные воды южной части Балтийского моря в начале 80-х годов XX века и за последующие 15 лет быстро распространился практически по всем его эстуариям (Zettler et al., 2002). В середине 90-х годов XX века он был обнаружен в северной Балтике: в Ботническом заливе и в российской части Финского залива (Maximov, Panov, 2002). В некоторых эстуариях южной Балтики биомасса меренцелярии достигает 200 г/м^2 (Zettler et al., 2002).

Одна из биологических особенностей этого вида донных организмов — способность проникать в донные отложения на глубину до 30 см. При плотности поселений в сотни и тысячи экземпляров на одном квадратном метре они создают интенсивную биотурбацию донных отложений, вызывая ирригацию и вентиляцию их глубоких слоев, что приводит к увеличению в них скорости деструкции органического вещества, выделению в воду значительных количеств биогенных веществ (Chechko, Ezhova, 1999) и стимулирует первичную продукцию фитопланктона. Развитие популяций этого вида-вселенца создает значительную угрозу эвтрофикации и вторичного загрязнения и без того испытывающих значительную антропогенную нагрузку прибрежных солоноватоводных районов Балтийского моря, включая и российский сектор восточной части Финского залива (Panov et al., 2002; Golubkov et al., 2003a). Таким образом, высокая плотность популяции маренцеллерии препятствует захоронению биогенных элементов в донных отложениях и тем самым значительно увеличивает интенсивность их круговорота, вовлекая в него все больше биогенных элементов. Это, в свою очередь, стимулирует первичную продукцию и может привести ко вторичному загрязнению водоема.

В других случаях функционирование популяции вида-вселенца может замедлять интенсивность круговорота биогенов и тем способствовать снижению первичной продукции водоема. Так, исследования влияния *Dreissena polymorpha* на круговорот фосфора в озерах Канады показало, что при высоких плотностях поселения этого вида происходит разрыв функциональной связи между содержанием фосфора и хлорофилла "а" в толще воды, предсказываемое моделью Диллона-Риглера, а также снижение содержания общего фосфора и хлорофилла "*а*" в воде (Mellina et al., 1995). При этом основной механизм замедления круговорота фосфора и снижения его концентрации в воде — связывание значительных количеств этого биогенного элемента в биомассе моллюсков. Однако возможно также некоторое снижение его содержания в толще воды за счет осаждения на дно значительного количества фекалий и псевдофекалий. Например, исследования популяции дрейссены в восточной части Финского залива показали, что на участке акватории площадью 17 км^2, где наблюдались высокие биомассы этого моллюска, за сутки происходит осаждение до 15 т (или 1,13 г/м^2) органического вещества сестона (Golubkov et al., 2003; Orlova et al., 2003). Одновременно за счет экскреции в воду выделяется около 100 мгР/м^2 (Golubkov et al., 2003b, Orlova et al., 2004). Большая часть выделяемого фосфора, по-видимому, может использоваться нитчатыми водорослями перифитона, достигающими в северном прибрежье Финского залива биомассы 1,5 кг/м^2.

Таким образом, в ряде случаев вселение чужеродных видов оказывает значительное влияние на первичную продукцию водоема. При этом, в зависимости от вида воздействия, продуктивность экологической системы может как увеличиваться, так и уменьшаться. Наиболее сильные изменения в первичной продукции водоема наблюдаются в том случае, если в процессе жизнедеятельности вид влияет на интенсивность круговорота биогенных элементов: осаждение их на дно водоема или, напротив, их выделение из донных отложений. В последнем случае это может привести к многократному возрастанию внутренней биогенной нагрузки и последующей эвтрофикации водоема.

"Экосистемные инженеры" и пространственная структура экосистем

Согласно концепции Джонса, Лаутона и Шачака (Jones et al., 1997), виды организмов, которые способны прямо или косвенно контролировать доступность ресурсов среды обитания для других видов и вызывать изменения в биотических и абиотических параметрах экологических систем, могут рассматриваться как *"экосистемные инженеры"*. К экосистемной инженерии организмов относятся вызываемые ими модификации физических параметров, количества доступных ресурсов и создание ими новых местообитаний. Вызывают такие изменения виды-эдификаторы, которых немало среди вселенцев (разделы 1.4, 2.9).

К важнейшим элементам возможного воздействия видов вселенцев на функционирование экосистемы, делающих их настоящими *"экосистемными инженерами"*, относится пространственное перераспределение масштабов и интенсивности продукционно-деструкционых процессов в водоеме, например между планктонной и донной подсистемами или между литоралью и открытой частью водоема. Так, вселение моллюска-фильтратора *D. polymorpha* в оз. Нарочь в Белоруссии привело к значительному увеличению прозрачности воды с 5 до 6 м (Остапеня, 2000). Это, в свою очередь, вызвало расширение зоны литорали и увеличение площади зарастания этого озера высшей водной растительностью и значительно увеличило роль макрофитов и связанных с ними водорослей перифитона в биотическом балансе его экосистемы.

Очевидно, что аналогичный эффект могут вызывать и другие вселенцы- фильтраторы, такие как, например, рачки-бокоплавы *Corophium curvispinum*. Напротив, виды-вселенцы, способные активно потреблять высшую водную растительность, вызывают сокращение площади литорали. Так, одно из отрицательных последствий вселения в водоемы Европы целого ряда видов высших ракообразных — их негативное воздействие на биологическое разнообразие и биомассу высшей водной растительности и связанных с нею сообществ гидробионтов (Westman, 2002).

Интенсивность связей между пелагической и донной подсистемой (benthic-pelagic coupling) также относится к важной характеристике пространственной организации экологических систем. Многие виды вселенцев-эдификаторов, относящиеся к донным фильтраторам (такие, как *D. polymorpha, Corbicula* ssp., *C. curvispinum),* активно влияют на этот процесс. Они осаждают на дно значительные количества органического вещества, которые заметно увеличивают содержание органических веществ в донных отложениях и регенерируют биогенные элементы, в дальнейшем используемые как донными, так и планктонными автотрофами (Hakenkamp, Palmer, 1999; Karatayev et al., 2002; Golubkov et al., 2003b; Orlova et al., 2004). Так, исследования популяции дрейссены в восточной части Финского залива показали, что скорость регенерации фосфора этими моллюсками у северного побережья примерно на порядок величин превышает внешнюю биогенную нагрузку и, следовательно, может быть одной из причин интенсивной эвтрофикации и вторичного загрязнения водорослями перифитона прибрежной зоны Финского залива (Golubkov et al., 2003b). Не менее важна роль в усилении связей между пелагической и донной подсистемой североамериканской полихеты *Marenzelleria* cf. *viridis*, способствующей выделению в воду биогенных веществ, захороненных в донных отложениях.

И, наконец, виды-вселенцы могут оказывать прямое воздействие на пространственную организацию экологических систем, создавая новые биотопы во вновь заселенных ими местообитаниях. Например, поселения дрейссены создают трехмерные биотопы, заселяемые амфиподами, пиявками, водными клещами и другими донными организмами (Ricciardi et al., 1997; Karatayev et al., 2002; Ojaveer et al., 2002)

Воздействие на структуру потоков энергии и сукцессию экосистем водоемов

Виды-вселенцы могут активно влиять на интенсивность и направление потока энергии в экосистеме. Во многих случаях это приводит к нежелательным и даже тяжелым последствиям для хозяйственной деятельности человека. Наглядный пример — вселение из западной Атлантики в Черное море гребневика *Mnemiopsis leidyi* A. Agassiz, 1865. Этот вид появился в Черном море в начале 80-х годов XX века и в 1989 г. дал массовую вспышку численности. Его биомасса в тот год у северного побережья достигала 2 кг/м^2, а его общая биомасса в Черном море приблизилась к 800 млн. т (Виноградов и др., 1989).

Мнемиопсис относится к активным планктофагам, выедающим мезозоопланктон. В результате его массового развития резко упала концентрация приповерхностного мезопланктона. Поедая икру и личинок пелагических рыб и конкурируя с ними за пищу, мнемиопсис подорвал запасы хамсы, тюльки, ставриды и других пелагических рыб, резко снизив их промысел (Виноградов и др., 1989; Kideys, 2002). Как следствие, пострадали и представители высших трофических уровней — хищные рыбы и дельфины, основными объектами питания которых были хамса и шпроты (Шиганова и др., 2003). Такие же катастрофические последствия для рыбного промысла можно ожидать и в Каспийском море, где мнемиопсис впервые был найден в 1999 г. (Ivanov et al., 2000).

Вселение мнемиопсиса изменило направление потока энергии в планктоне экологической системы Черного моря. Вместо трофической цепи "зоопланктон – рыбы-планктофаги", поток энергии направился по другой цепи: "зоопланктон – мнемиопсис". Очевидно, что с точки зрения хозяйственной деятельности человека трофическая цепь мнемиопсиса является тупиковой. При этом трофическая цепь, ведущая к рыбам, оказалась в Черном море резко редуцированной, что привело к значительному хозяйственному ущербу. Только проникновение в 1997 г. из Средиземного моря и последующее развитие в Черном море другого гребневика — *Beroe ovata* Brugière, 1789, активно выедающего мнемиопсиса, значительно снизило биомассу последнего и восстановило значение трофической цепи "зоопланктон — рыбы", что, в свою очередь, способствовало возрастанию плотности популяций мезопланктона и планктоноядных рыб (Виноградов и др., 2000; Шиганова и др., 2003), при этом заметно увеличилась численность и других местных видов планктофагов, например медузы *Aurelia aurita* (Linnaeus, 1758).

Таким образом, вселение мнемиопсиса в Черное море привело к разрушению сложившейся в процессе эволюции трофической структуры его экосистемы. Только появление нового **ключевого хищника** *B. ovata* позволило стабилизировать ситуацию и более или менее восстановить структуру экосистемы. Следует напомнить, что к ключевым относятся хищники, преимущественно потребляющие более успешных конкурентов и предотвращающие конкурентное вытеснение менее успешных. В результате функционирования популяций ключевых хищников сохраняется высокое биологическое разнообразие и стабилизируется поток энергии в экосистеме (Paine, 1966).

Потребитель считается "сильным видом" ("strong interactor") в сообществе, если его изъятие (исчезновение) из состава биоценоза приводит к значительным изменениям структуры сообщества (например, исчезновению других видов из его состава) (Paine, 1980). "Сильные виды" являются определяющими (ключевыми) для состава сообщества. "Ключевой хищник" ("key-stone predator") предотвращает монополизацию ресурсов одним или немногими видами организмов и тем самым способствует поддержанию относительно высокого видового разнообразия и стабилизирует поток энергии в сообществе животных. Ключевые хищники являются необходимым условием поддержания разнообразной и разветвленной трофической сети в экосистеме. В процессе развития сообщества и в результате процессов коэволюции и коадаптации внутри сообществ происходит формирование системы ключевых хищников, которые предотвращают конкурентное исключение одних видов другими и поддерживают устойчивость состава сообществ. Вселение нового вида приводит к нарушению сложившихся биотических взаимоотношений внутри сообщества, изменению структуры трофических связей и, как следствие, структуры потоков энергии в экосистеме. Это, в свою очередь, может привести к значительному хозяйственному ущербу, так как поток энергии может направиться в "тупиковую", с точки зрения человека, пищевую цепь. Только появление дополнительного ключевого хищника может вернуть сообществу утраченное равновесие.

В этом отношении очень показателен пример динамики сообщества зообентоса в р. Рейн, в Германии, произошедшей в результате вселения нескольких видов донных животных. В этой реке после исключительно сильного её загрязнения токсическими и органическими веществами в период с 1960 по 1975 гг. наблюдались три последовательных сукцессионных фазы развития сообществ зообентоса, в котором активное участие принимали виды-вселенцы (Haas et al., 2002). С 1970 по 1986 гг. сообщество зообентоса находилось на ранней стадии восстановления и имело очень низкое видовое разнообразие. В этот период произошло вселение в Рейн *D. polymorpha*, которая, благодаря своей пелагической личинке, успешно пережила катастрофический сброс токсикантов в 1986 г. в местообитаниях, расположенных выше точки сброса, и вновь быстро расселилась по реке. Затем в 1987 и 1988 гг. в Рейн вселился рачок *Corophium curvispinum*, который, благодаря более успешной конкуренции за субстрат, начал быстро вытеснять дрейссену из её местообитаний в нижнем и среднем Рейне (Haas et al., 2002). Ситуация опять изменилась начиная с 1996 г., когда в Рейн вселился следующий понто-каспийский вселенец: крупная амфипода *Dikerogammarus villosus* (Sowinsky, 1894), которая стала выполнять роль ключевого хищника, успешно выедая *C. curvispinum.* Она быстро снизила плотность его популяции и тем способствовала восстановлению численности популяции дрейссены. Важно отметить, что на фоне всех этих событий в Рейн в 1997–1998 гг. вселились еще три понтокаспийских вселенца, однако один из немногочисленных местных видов, переживших период сильного загрязнения в верховьях реки, — *Gammarus tigrinus* Sexton, 1939 — исчез из состава сообщества (Haas et al., 2002). Таким образом, появление ключевого хищника стабилизировало поток энергии в сообществах зообентоса Рейна и способствовало восстановлению разнообразного сообщества зообентоса.

Из приведенного примера видно, что вселение чужеродных видов в экосистему Рейна особенно интенсивно протекало в период восстановления сообщества после прекращения интенсивного химического и органического загрязнения, что вполне закономерно. Согласно современным представлениям, экогенетическая сукцессия состоит из двух основных этапов: 1) колонизации биотопа "ранними" видами и 2) последующих вторичных изменений состава сообщества, состоящих в замещении "ранних" видов "поздними" (Connell, Slatyer, 1977). Например, развитие сообществ донных животных в пресных водах начинается с заселения субстрата "ранними" видами, способными к быстрому расселению и обладающими высокой мгновенной удельной скоростью увеличения численности популяции (Голубков, 1997, 2000б), такими как, например, *D. polymorpha.*

При колонизации "ранними видами" биотопов, свободных от других животных, т.е. на ранней стадии сукцессии сообществ, биотические взаимоотношения между видами играют второстепенную роль. Это связано с тем, что плотность организмов в начале процесса заселения слишком низка, чтобы вызвать значительную межвидовую конкуренцию за ресурсы среды. В этих условиях вселение нового вида наиболее вероятно. По мере развития сообществ напряженность биотических связей между его членами постепенно возрастает (MacArthur, Wilson, 1967), что делает более сложным вселение новых видов. К ведущим факторам, оказывающим влияние на состав сообществ беспозвоночных животных на средней и поздней стадиях сукцессии, можно отнести межвидовую конкуренцию и пресс позвоночных хищников, прежде всего рыб.

Таким образом, на более ранней стадии развития экосистемы более вероятно вселение чужеродных видов. С этим, по-видимому, связано широко распространенное мнение, что вселенцы в основном относятся к разряду ранних иммигрантов, приуроченных преимущественно к ранним стадиям развития сообществ и экосистем (Lodge, 1993).

Известно, что антропогенный стресс (например, эвтрофикация водоемов) приводит к деградации зрелых экосистем водоемов и возвращению их на более ранние стадии развития (Schindler, 1990). С ослаблением антропогенного стресса и началом процессов восстановления (сукцессии) сообществ вселение чужеродных видов организмов становится наиболее вероятным. Этим, возможно, отчасти объясняется возрастание числа инвазий в конце XX века в Северной Америке и Европе, когда после принятия жестких мер по защите окружающей среды (или спада производства, как в России) наблюдалось некоторое улучшение условий окружающей среды в экосистемах. Другими факторами, ответственными за увеличение числа вселений чужеродных видов, безусловно, являются возрастание количества грузоперевозок и крупномасштабная трансформация водных экосистем (разделы 1.1, 2.3, 2.9) и отдельных сообществ (раздел 2.2). Природные феномены глобального характера, приводящие к изменению среды обитания сообществ организмов и разрушению климаксных экосистем (как, например, глобальное изменение климата) также должны увеличивать вероятность вселения новых чужеродных видов.

Следует отметить, что вселение чужеродного вида, хотя и с меньшей вероятностью, все-таки возможно и на стадии зрелого сообщества, однако в этом случае, как правило, вселяются или представители верхних трофических уровней (top-predator), или всеядные консументы (Moyle, Light, 1996).

В отличие от большинства других типов антропогенного воздействия, которые тормозят ход экологической сукцессии, вселение новых видов может или не оказывать влияния на сукцессионный процесс, или ускорять или тормозить процесс развития экосистемы. В первом и, по-видимому, наиболее распространенном случае вид вселяется в экосистему, не оказывая заметного влияния на её функционирование. Во втором случае видовое разнообразие сообществ может даже возрасти, так как случаи полного вытеснения пришельцами аборигенных видов сравнительно редки (Moyle, Light, 1996; Ojaveer et al., 2002). Однако необходимо помнить, что при этом вселение нового вида может полностью реконструировать пищевые цепи или привести к созданию новых пищевых цепей и новых биотопов в водоеме. При этом такая реконструкция не всегда выгодна человеку, так как в некоторых случаях может нанести прямой вред его хозяйственной деятельности (как, например, при вселении гребневика *M. leidyi* в Черное море).

Наконец третий, наиболее нежелательный вариант воздействия вида вселенца на экологическую систему — торможение сукцессионных процессов и возвращение экологической системы на более ранние стадии развития. Этот вариант воздействия на экосистему был реализован, например, при вселении североамериканской полихеты *Marenzelleria* cf. *viridis* в эстуарии Балтийского и Северного морей. Как уже упоминалось, благодаря своей способности к биотурбации донных отложений, этот вид стимулирует процесс эвтрофикации в эстуариях, который, как известно (Odum, 1969; Schindler, 1990), вызывает возвращение экосистемы на более ранние стадии развития и, следовательно, повышение отношения скоростей продукции к деструкции органических веществ (P/R) в экосистеме. Такой же сценарий, по-видимому, реализуется при вселении в водоемы консументов, потребляющих макрофиты (например, высших раков), так как сокращение биомассы макрофитов стимулирует продукцию фитопланктона.

На основе анализа опубликованных материалов можно констатировать, что первый и второй варианты воздействия видов-вселенцев на сукцессию экологических систем связаны с так называемым “нисходящим” (“top-down”) контролем, при котором влияния распространяются вниз по трофической пирамиде, а третий вариант — с “восходящим” (“bottom-up”) контролем, при котором влияния распространяются вверх по трофической пирамиде.

Таким образом, вселение новых видов в экологические системы — широко распространенный естественный процесс, происходивший во все геологические эпохи существования жизни и, благодаря глобализации хозяйственной деятельности человека, особенно интенсивно протекающий в современный период. Хотя достаточно часто вселение новых видов несущественно для функционирования экосистем, в ряде случаев виды-вселенцы оказывают существенное влияние на их функциональные характеристики, ускоряя или замедляя развитие экологических систем. К наиболее неблагоприятным, с точки зрения человека, последствиям вселения новых видов можно отнести ускорение круговорота биогенных элементов, которое обычно приводит к эвтрофикации водоема. В ближайшие годы следует ожидать расширения масштабов этого феномена благодаря усилению воздействия человека на природные экосистемы, находящиеся на терминальной стадии своего развития.

3.2. Причины, особенности и последствия распространения чужеродных видов амфипод в водных экосистемах Европы

Скорость распространения видов — составляющая его способности к расселению и скорости воспроизводства в новых условиях. В последнее время в Европе наблюдается увеличение скорости расселения видов беспозвоночных (в том числе, амфипод) разного происхождения, приводящее к изменению видового разнообразия различных водоемов (Leppäkoski et al., 2002). Только за последние 10 лет в фауне Польши прибавились 5 видов амфипод (Jazdzewski et al., 2002).

Для отдельных эврибионтных видов амфипод, способных к активным миграциям в водоемах на значительные расстояния и быстрому воспроизводству, скорость распространения в разных направлениях высока. К наиболее недавним (за последние 100 лет) вселенцам в прибрежные части Балтийского моря и эстуарии рек России и прилегающих стран относятся 9 видов подотряда Gammaridea (табл. 26). Среди них 6 видов [*Gmelinoides fasciatus* (Stebbing, 1899), *Pontogammarus robustoides* (Sars, 1894), *Obesogammarus crassus* (Sars, 1894), *Chaetogammarus ischnus* (Stebbing, 1898), *Chaetogammarus warpachowskyi* (Sars, 1894), *Chelicorophium curvispinum* (Sars, 1895)] распространены в водных системах Ленинградской и Калининградской областей. Другие 2 вида [*Dikerogammarus haemobaphes* (Eichwald, 1841)

Таблица 26. Чужеродные виды амфипод подотряда Gammaridea в бассейне Балтийского моря на территории России и сопредельных стран (по Leppäkoski, Olenin, 2000; Bij de Vaate et al., 2002; Arbaciauskas, 2002; Berezina, Panov, 2003).

№	Видовое название	Исторический ареал	Распространение в Балтийском море и его бассейне	Год первого обнаружения в регионе	Вектор первичной интродукции
1	*Gmelinoides fasciatus* (Stebbing, 1899)	Байкальская область	Финский залив	1996	Намеренные интродукции
2	*Pontogammarus robustoides* (Sars, 1894)	Понто-Каспийский регион	Финский, Куршский, Вислинский заливы	1999, 1963, 1997	Намеренные интродукции
3	*Obesogammarus crassus* (Sars, 1894)	Понто-Каспийский регион	Куршский, Вислинский заливы	1963	Намеренные интродукции
4	*Chelicorophium curvispinum* (Sars, 1895)	Понто-Каспийский регион	Куршский, Вислинский заливы	1924 1920±	Создание каналов
5	*Chaetogammarus ischnus* (Stebbing, 1899)	Понто-Каспийский регион	Куршский, Вислинский заливы	1928	Создание каналов
6	*Chaetogammarus warpachowskyi* (Sars, 1894)	Понто-Каспийский регион	Куршский, залив	1963	Намеренные интродукции
7	*Dikerogammarus haemobaphes* (Eichwald, 1841)	Понто-Каспийский регион	Вислинский залив	1997	Создание каналов
8	*Gammarus tigrinus* Sexton, 1939	Северо-Американское побережье	Щецинская лагуна, Вислинский залив	1994 1998	Судоходство намеренные интродукции
9	*Gammarus roeselii* Gervais, 1835	Балканский Регион	Нижняя часть р. Одер, р. Висла	1959 1975	Случайная интродукция, создание каналов

и *Gammarus tigrinus* Sexton, 1939] находятся в стадии активного расселения и могут в ближайшее время проникнуть в эти области из водоемов соседних регионов (центральной России, Польши, Литвы). Наибольшее количество видов среди вселенцев амфипод, как и для многих других групп беспозвоночных в водоемах России (см. раздел 1.4), — виды Понто-Каспийского фаунистического комплекса.

Так же, как и для многих групп водных и наземных организмов, для амфипод главную роль в расселении играли факторы, ассоциированные с деятельностью человека. Эти факторы в разных случаях могли действовать синергично, аддитивно или антагонистически друг с другом или естественными процессами. Одним из важнейших факторов, способствующих проникновению в новые водные экосистемы многих видов амфипод, стало механическое устранение человеком естественных барьеров между разными водными бассейнами. Активно расселяющиеся виды амфипод проникли в Балтийский бассейн из Азово-Черноморского и Каспийского бассейнов после создания человеком каналов и дренажных систем. Выделяют пять водных путей, которые стали своеобразными водными коридорами (или инвазионными коридорами, см. “Словарь терминов”) для проникновения видов из Понто-Каспийского бассейна в Балтийское море (Bij de Vaate et al., 2002). Четыре из этих коридоров проходят по территории Европы и России и представляют сеть канальных и речных систем. Основную роль в распространении амфипод в бассейн Балтийского моря сыграли (и продолжают играть) Волго-Донской, Волго-Балтийский, Днепровско-Неманский и Дунайско-Рейнский водные пути (Jazdzewski, 1980; Орлова и др., 1999; Bij de Vaate et al., 2002; Slynko et al., 2002). Так, создание канала Огиньского, соединившего реки Днепр и Неман, способствовало распространению и появлению в начале XX века сначала в р. Неман, а затем в Куршском заливе Балтийского моря *C. curvispinum*, а в р. Висла и Вислинском заливе — *C. ischnus*. Расселению вида балканского происхождения *Gammarus roeselii* Gervais, 1835 в Европе способствовало создание в 1845 г. канала Людвига, соединившего бассейны рек Рейна и Дунай (Karaman, Pinkster, 1977; Jazdzewski, 1980). Также через канал, связавший реки Майн и Дунай, из верхнего участка р. Дунай проникли в р. Рейн *C. curvispinum*, *Obesogammarus obesus* (Sars, 1894), *Dikerogammarus villosus* (Sowinsky, 1894), *D. haemobaphes* и другие чужеродные виды (Jazdzewski, Konopacka, 1993; Van der Velde et al., 2000; Bij de Vaate et al., 2002). Через каналы, связывающие реки Рейн и Одер, эти виды в дальнейшем могли проникать в реки бассейна Балтийского моря. По Волго-Балтийскому каналу могло произойти проникновение из бассейна Верхней Волги *G. fasciatus* в Онежское озеро (Panov, Berezina, 2002; Березина, Панов, 2003).

По мнению некоторых авторов (Dukes, Mooney, 1999; Slyn’ko et al., 2002), наряду с созданием канально-речных сетей, расселению некоторых водных животных (в том числе теплолюбивых видов из бассейна южных рек Понто-Каспийского и Средиземного морей в более северные водоемы) могли способствовать климатические изменения, выразившиеся в потеплении. По данным Хаутона (Houghton et al., 1996; цит. по Dukes, Mooney, 1999), в XX веке температура земной атмосферы в среднем возросла на 1–3,5°C по сравнению с прошлым столетием, что выразилось в более теплых зимах северных широт.

Другой возможной причиной ускорения процесса расселения считают увеличение минерализации воды (и изменение соотношения основных ионов) в водных системах в результате увеличения количества загрязняющих веществ и других воздействий антропогенного характера на водные системы, соединяющие Балтийский и Понто-Каспийский бассейны (Van der Velde et al., 2000; Jazdzewski et al., 2002). Для системы р. Рейн показано, что значительное ухудшение качества воды в конце XX века в результате сбросов богатых органическими веществами стоков разных производств привело к увеличению уровня первичной продукции, эвтрофированию, возрастанию минерализации, содержания аммония и тяжелых металлов. Произошли изменения ионного состава речной воды, главным образом в результате сброса натрийсодержащих отходов и “термального загрязнения”. В период развития этих процессов из донных сообществ исчезли многие пресноводные виды организмов, а их ниши заселили более устойчивые к разного рода загрязнителям и предпочитающие высокую минерализацию воды эстуарные виды ракообразных (Van der Velde et al., 2000).

В процессе распространения видов амфипод по водным сетям важную роль играли естественные процессы. По данным Мордухай-Болтовского (1960), биомасса рода *Chelicorophium* вместе с кумовыми ракообразными в биостоке р. Дон составляла около 9 т за лето. Особенно возрастает количество сносимых амфипод в период паводка. В р. Волга в этот период сносились *Obesogammarus sarsi* (Sowinsky, 1898), *D. haemobaphes*, *P. obesus*, *C. curvispinum* со скоростью более 3000 экз./с или 4,6 г/с (Ляхов, 1961).

Способность амфипод к миграциям также играет большую роль в их расселении. Миграции характерны для многих видов амфипод как в пресноводных, так и морских экосистемах. Они совершаются в вертикальном и горизонтальном направлениях и носят циклический (суточные и сезонные) или ациклический характер (Дедю, 1980). Среди амфипод, совершающих вертикальные ночные миграции в оз. Байкал, в числе доминирующего вида отмечали *G. fasciatus*. Около 30% от общей численности популяции (в том числе, самцы — 43, самки — 45 и молодь — 12%) совершали ночные вертикальные миграции к поверхности и возвращались на дно с увеличением освещенности (Бессолицына, 2002). Согласно миграционной теории (Бирштейн, 1935; Мордухай-Болтовской, 1960), миграции вверх по течению северных рек Каспийского и Азово-Черноморского бассейнов играли основную роль в расселении амфипод на север. Амфиподы *C. ischnus, D. haemobaphes, D. villosus, O. obesus* иногда поднимались по р. Волга на 2000–4000 км (Ляхов, 1958; Мордухай-Болтовской, 1960; Дедю, 1980). Так, *O. obesus* за относительно короткий промежуток времени с 1958 по 1972 гг. расширил свой ареал вверх по течению р. Волга на 500 км (Шахматова, Антонов, 1988). Возможно, миграции будут способствовать расселению в разные части Балтийского моря уже проникших чужеродных видов амфипод. Так, во время горизонтальных перемещений скорость реликтовых амфипод *Monoporeia affinis* (Lindström, 1855), являющихся одним из наиболее важных представителей донных сообществ Балтийского моря, достигает 3–4 см/с (Lindstrom, 1992).

Иногда крупные виды амфипод переносят прикрепляющихся к ним беспозвоночных, способствуя таким образом их расселению. Известны случаи, когда особи

D. villosus, мигрируя на значительные расстояния вверх по рекам Понто-Каспийского бассейна, переносили осевшую на теле амфиподы молодь моллюска *Dreissena* sp. (Cărăusu, 1943; Дедю, 1963).

Миграции амфипод играют существенную роль не только в расселении, но и в питании, размножении, защите от неблагоприятных условий и хищников (Дедю, 1967, 1980; Иоффе, Максимова, 1968; Грезе, 1977; Lindstrom, 1992; Бессолицына, 2002). Способность к горизонтальным ациклическим миграциям повышает возможность сохранения популяций при воздействии неблагоприятных факторов (гипоксия, загрязнение, массовое цветение фитопланктона, гидродинамические явления и др.).

Создание искусственных водоемов (прудов и водохранилищ) также могло способствовать как локальной, так и масштабной дисперсии эврибионтных видов амфипод. Так, после образования Днепропетровского водохранилища ранее единичные в реке *P. robustoides*, *D. haemobaphes* распространились по всей акватории, став массовыми в прибрежной зарослевой зоне (Мордухай-Болтовской, 1960). В Дубоссарском водохранилище отмечалось увеличение плотности популяций амфипод, обитавших на бывшем участке реки, в 2 раза и более, и благодаря активному размножению и продвижению вверх по рекам, выходу таких видов, как *C. curvispinum*, *C. ischnus*, *D. villosus,* за пределы Понто-Каспийского бассейна (Дедю, 1967).

Сооружение водохранилищ сопровождалось изменением в реке комплекса факторов (гидродинамических, гидрохимических, трофических, топических, температурных (см. табл. 14 в разделе 2.3), что в ряде речных бассейнов России привело к снижению видового богатства амфипод. Например, в 1920-х гг. граница ареала *D. haemobaphes* в Волге проходила у Ярославля (Бенинг, 1924), а в 1951–1972 гг. — ниже Н. Новгорода (Ляхов, 1958; Шахматова, Антонов, 1988). Такое сокращение ареала могло быть связано с ухудшением условий обитания в реке или вымиранием реофильных видов амфипод в период становления Горьковского водохранилища. Кроме того, плотина, перегородившая русло реки, могла ограничивать распространение отдельных видов; при этом выше по течению реки поселения амфипод, как правило, сохранялись. Таким образом, создавался мозаичный ареал некоторых видов (Мордухай-Болтовской, 1960; Жадин, 1964). В настоящее время *D. haemobaphes* снова поднимается выше по течению р. Волга и в 1995–97 гг. был обнаружен в верхней речной части Горьковского водохранилища и в Волге выше Ярославля (Баканов, 2002, 2003). Другие находки — в 1993 г. в верхнем участке р. Москва (Львова и др., 1996), в 1995 г. в Волге выше места соединения ее каналом с р. Москва и далее в 1997 г. ниже по течению близ Рыбинского водохранилища (А.И. Баканов, личн. сообщ.) — также свидетельствуют об активном расширении границ ареала этим видом.

Создание водохранилищ и связанные с этим изменения (появление свободных ниш, отсутствие течения и эвтрофирование) оказались благоприятными для некоторых видов амфипод и привели к росту численности их популяций. Так, интродуцированный в 1960-х гг. в Горьковское водохранилище чужеродный вид *G. fasciatus* расселился в разных биотопах, заменив ранее обычных в реке *O. obesus* и *D. haemobaphes* (Мордухай-Болтовской, Чиркова, 1971; Мордухай-Болтовской, Дзюбан, 1976), оттуда проник в другие Волжские водохранилища (Бородич, 1979; Щербина и др., 1997). До зарегулирования р. Ангара значение *G. fasciatus* в реке было сравнимо со значением других видов байкальских гаммарид (10–45 видов). В созданных на р. Ангара водохранилищах фауна амфипод обеднела. Из донных сообществ исчезли доминировавшие в реке *Eulimnogammarus verrucosus* (Gerstfeldt, 1874) и *E. viridis* (Dybowsky, 1858), а *G. fasciatus* стал массовым, заселив огромные площади до глубин 5–10 м на всех типах донных отложений (Ербаева и др., 2002).

Случайным интродукциям разных видов ракообразных способствовало также развитие судоходства. Из Канады в Шотландию в 1950-х гг. вместе с ввозимыми лесоматериалами (Warwick, 1959) были занесены североамериканские амфиподы *Crangonyx pseudogracilis* Bousfield, 1958 и широко распространились в водных системах, вытеснив *Gammarus pulex* (Linnaeus, 1758) (Maitland, Adams, 2001). Часто в новые местообитания чужеродные виды попадали при сбросе балластных вод судов или из осадков балластных камер (Carlton, 1989; Ruiz et al., 2000). Считается, что с балластными водами судов были занесены в Великобританию североамериканские *C. pseudogracilis* (Crawford, 1937) и *G. tigrinus* (Hynes, 1955). Известен такой же случай трансатлантического переноса из Европы в Великие американские озера олигогалинной амфиподы *C. ischnus* (Witt et al., 1997). Следующими кандидатами на переселение из водоемов Европы в экосистемы других континентов в скором времени могут стать активно расселяющиеся *D. villosus* (Dick, Platvoet, 2001) и *C. curvispinum* (Van der Velde et al., 2000).

Перенос амфипод вместе с балластными водами судов возможен благодаря их высокой толерантности к факторам среды, прежде всего солености. Амфиподы Понто-Каспийского комплекса характеризуются высокой эвригалинностью: взрослые особи выдерживают колебания солености от 0,1 до 20‰ (Романова, 1959; Мордухай-Болтовской, 1960). Несколько менее устойчивы к повышению солености байкальские амфиподы *G. fasciatus*, способные долго жить в воде соленостью не выше 7–8‰ (Березина и др., 2001; Berezina, Panov, 2004). Рачки *G. tigrinus* встречаются у побережья Северной Америки при солености от 1 до 25‰ (Bousfield, 1973). В настоящее время в связи с интенсификацией судоходства риск проникновения в бассейн Балтийского моря разных чужеродных организмов, в том числе амфипод, возрастает.

Случайный занос некоторых чужеродных видов амфипод происходил и при бракеражных акклиматизациях вместе с водными растениями или беспозвоночными. Вероятно, при переносе водных растений произошло заселение в водоемы Европы южного вида балканского происхождения *G. roeseli* (Jazdzewski, Roux, 1988), который затем по водной сети проник в реки Польши. Байкальская амфипода *G. fasciatus* была случайно занесена в Псковско-Чудское озеро при преднамеренной интродукции *Gammarus lacustris* Sars, 1863 из водоемов Сибири в 1970-х гг. (Timm, Timm, 1993; Panov, Berezina, 2002).

Преднамеренные интродукции привели к изменению ареалов многих видов амфипод. Самые грандиозные работы по интродукции амфипод, относящихся к разным фаунистическим комплексам, проводили в России в 1950–1970-х гг. Более 30 видов амфипод Понто-Каспийского комплекса, 3 вида байкальского происхождения и 2 реликтовых вида были использованы в период массовых перевозок на территории европейской части бывшего Советского Союза (Гордеев, 1954; Пирожников, Иоффе, 1974; Карпевич, 1975; Jazdzewski, 1980; Задоенко и др., 1985; Сущеня и др., 1986). В этот же период только 4 вида (*Gammaracanthus lacustris* (Sabine, 1821), *G. tigrinus, G. pulex, Pallasea quadrispinosa* Sars, 1867) были интродуцированы в водоемах западноевропейских стран (Jazdzewski, 1980; Furst, 1981). Популярные в Советском Союзе во второй половине прошлого века массовые перевозки амфипод даже неизвестных видов (Карпевич, Локшина, 1965а, 1965б, 1967; Карпевич, Луконина, 1968, 1970, 1972) часто не были документированы, что затрудняет выявление возможного вектора инвазии. Например, до сих пор неясно, каким способом был занесен в Финский залив *P. robustoides*. Известно, что рачки этого вида из Каунасского водохранилища были использованы для интродукции в водоемы Ленинградской области (Гасюнас, 1972; Лазаускене и др., 1995), однако сведения о результатах их акклиматизации в доступной литературе отсутствуют.

Для многих видов амфипод такой резкий перенос без акклимации из одних климато-географических условий в другие не закончился натурализацией. Например, неудачными были вселения из водоемов бассейна р. Ангара *Micruropus possolskii* Sowinsky, 1915 в водохранилища Волжского бассейна и Сибири (Иоффе, 1968; Волков, Потина, 1977; Задоенко и др., 1985), *Gammarus lacustris* — в Псковско-Чудское озеро (Timm, Timm, 1993; Panov et al., 2000), *P. robustoides* — в Симферопольское, Каховское и другие водохранилища (Мордухай-Болтовской, 1960). Процессы переселения некоторых видов амфипод внутри одного региона — *Gammarus lacustris* в озера Урала и Сибири (Дексбах, 1952; Бекман, 1954; Сафронов, 1993), реликтовых амфипод (*Gammaracanthus lacustris* и *P. quadrispinosa*) в 40% подвергшихся интродукции озер Швеции (Fürst, 1981; Hill et al., 1990), также не завершились натурализацией. Причины неудач кроются в несоответствии характеристик водоема (гидрологических, гидрохимических, трофических, топических) и экологических потребностей вида, особенно в случаях интродукции стенобионтных видов. Тем не менее, случаи удачной интродукции стенобионтных *P. quadrispinosa* и *Gammaracanthus lacustris* в Швеции (Hill et al., 1990) и *M. affinis* в России (Грезе, 1958) говорят о том, что консерватизм реликтов относителен и они могут расширять свои экологические ниши, внедряясь в уже существующие трофические цепи (Сущеня и др., 1986).

Переселение амфипод сопровождалось морфо-физиологическими адаптациями видов. При интродукциях из южных рек и лиманов амфипод Понто-Каспийского комплекса в центр и север Европы у большинства видов (*C. warpachowskyi, P. robustoides, O. obesus, O. crassus, D. villosus*) в новых пресноводных условиях отмечались некоторые морфологические отклонения от типичных форм, описанных из анцестральных ареалов (Мордухай-Болтовской, 1960; Дедю, 1967). Морфологическая изменчивость наблюдалась у *G. fasciatus* после интродукции из озер Сибири в водохранилища Волжского региона (Мордухай-Болтовской, Чиркова, 1971). Существенные различия в размерах тела, степени развития щетинок, строении периоподов, базиоподитов, уроподов и тельсона найдены у представителей этого вида в водоемах внутри одной области (Механикова, 2000), что говорит о возможной генетической неоднородности вида и его высоком внутривидовом разнообразии.

Изменениям в новых условиях подвергаются и размножение, и питание, и другие жизненные процессы. Например, для развития яиц *G. fasciatus* необходима сумма температур 200–250°С, а для достижения половой зрелости — 1000–1250°С (Бекман, 1962; Нилова, 1976; Березина и др., 2001). Если в холодноводных условиях оз. Байкал жизненный цикл *G. fasciatus* продолжается 2–3 года с выметом первой кладки через 17–18 месяцев от рождения (Бекман, Базикалова, 1951; Бекман, 1962), то в водоемах-реципиентах с более высокой температурой воды (северо-западный район, центральная Россия) цикл становится одногодичным, и требуется примерно 50–70 дней (при +18°С) для достижения половозрелости первой генерации (Скальская, 1996; Panov, Berezina, 2002). Также, если в прикаспийских водоемах в питании *P. robustoides* преобладает растительная пища (Брискина, 1952), то в условиях олигогалинных эстуариев Балтийского моря возрастает доля животной пищи (Berezina, Panov, 2003).

Кроме того, в новых условиях может происходить смена биотопов, занимаемых особями вселившегося вида. Так, обитающие в глубоководных биотопах рек Понто-Каспийского бассейна амфиподы *D. haemobaphes, D. villosus, O. obesus* (Мордухай-Болтовской, 1960; Дедю, 1980) в условиях водохранилищ и эстуариев тяготеют в летний период к мелководной зоне, где, кроме высокого насыщения кислородом, создаются благоприятные трофические и термические условия. При этом во время штормов и других неблагоприятных явлений амфиподы мигрируют в более глубокие места.

В водоемах анцестрального ареала популяция *G. fasciatus* концентрируется в основном на глубинах 0,5–1,5 м, а на глубинах свыше 3 м его численность низка (Бекман, 1962). В водоемах бассейна Верхней Волги *G. fasciatus* встречается с достаточно высокой плотностью и на больших глубинах (3–10 м), как в речной части Горьковского водохранилища (Перова, Щербина, 2002), на подводных частях судоходных буев (Скальская, 2002), в устьях малых рек. При этом особенно высокого обилия (до 25 г/м^2) они достигают на глубине 6 м в биоценозе моллюска *Dreissena* spp. (Ривьер, Щербина, 2001), создающего благоприятные трофические и топические условия для амфипод и других донных животных (Boots et al., 1996; Karatayev et al., 1997; Березина, 1999). Также *G. fasciatus* в массе был обнаружен на глубине 6 м в устье р. Нева в июле 2002 г. (В.Е. Панов, личн. сообщ.).

Какими же характеристиками определяется способность к успешной инвазии у рассмотренных видов амфипод? Чужеродные виды амфипод, которые по характеристикам близки к видам-оппортунистам, или r-стратегам, значительно увеличивают свою численность за короткий период времени и могут становиться доминирующими видами в водоеме-реципиенте. Такие виды, как правило, характеризуются коротким жизненным циклом и коротким временем для производства одной генерации, высокой плодовитостью, быстрым ростом и ранним созреванием, преобладанием самок в период размножения, высокой генетической вариабельностью, широкими пищевыми спектрами, эврибионтностью, а также высокой устойчивостью к загрязнителям и способностью заселять безжизненные после загрязнения и других неблагоприятных воздействий пространства (Dennert, 1974; Дедю, 1980; Van den Brink et al., 1993; Human, Gordon, 1996; Dick et al., 1999; Holdich et al., 1999; Lee, Bell, 1999; Berezina, Panov, 2003, см. также предыдущий раздел — часть, посвященную "ранним" видам в сукцессии водоемов).

Ярким примером, обладающим большинством из названных характеристик, среди активно расселяющихся в водоемах России видов является байкальская амфипода *G. fasciatus*. Особенности ее биологии способствуют адаптации и быстрому наращиванию численности в новых условиях. Размножение этих рачков в условиях эстуария р. Нева и озер Балтийского бассейна начинается уже при +4–5°C в марте–апреле, даже подо льдом. При температуре воды +14–15°C копуляция и откладка яиц в выводковые сумки длится 1–2 сут, период развития зародышей — 11–15 сут, вымет молоди — 15–18 сут (Нилова, 1976). После созревания самки каждой генерации откладывают последовательно до 3 пометов, производя при благоприятных условиях до 8–10 пометов за сезон. Максимальная плодовитость *G. fasciatus*, отмечаемая во многих водоемах-реципиентах, достигает 34–36, редко 45–46 яиц (Бекман, 1962; Вершинин, 1967; Механикова, 1977, 1981; Саватеева, 1985; Скальская, 1996; Березина, 2004). Быстрому наращиванию численности способствует и образование так называемых "гаремов", когда в период размножения в популяции преобладают самки. Преобладание самок *G. fasciatus* над самцами отмечали в водохранилищах Сибири (Вершинин, 1967), в зарослях макрофитов Рыбинского водохранилища (Скальская, 1996), в Онежском озере (Березина, Панов, 2003), в зоне зарослей в Невской губе и др. При высоких летних температурах воды отмечается раннее созревание и размножение этой амфиподы при длине тела, близкой к размеру ювенильных особей (1,2–3,0 мм). В Невской губе при температуре воды +27°C (июль 2001 г.) обнаружены самки *G. fasciatus* с оплодотворенными яйцами (3–4 шт.) при длине тела 3,4 мм. Так же в конце лета при высокой температуре воды у самок байкальских бокоплавов в литорали Большого Посольского сора (оз. Байкал) отмечали раннее развитие и откладку яиц (3–5 шт.) при размерах тела 3,5 мм (Бекман, 1962).

Всеядность *G. fasciatus* способствует выживанию и размножению даже в обедненных трофических условиях. Эти амфиподы питаются детритом, наилком, нитчатыми и диатомовыми водорослями, высшими водными растениями и мелкими животными, а также разлагающимся органическим веществом.

Этот вид пресноводного происхождения расселился в разнотипных водоемах — от олиготрофных с очень низким уровнем минерализации (Онежское озеро) до олигогалинных (эстуарий р. Нева). Он обитает в водоемах с колебаниями температуры летом +7–32°C, зимой — +0,2–3,4°C (Бекман, 1962) и заселяет самые разные биотопы: илистые, песчаные, каменистые, древесные субстраты, заросли тростника, элеохариса, рогоза, рдеста, нителлы. По некоторым данным (Камалтынов, 2001), *G. fasciatus* способен длительно переживать отсутствие воды, зарываясь во влажный песок, что может способствовать сохранению его популяций в литорали эстуариев или крупных озер при колебании уровня воды.

G. fasciatus выносит значительное эвтрофирование и устойчив к ряду загрязнителей. Он менее чувствителен к токсичному действию калия в воде по сравнению с изоподами *Asellus aquaticus* (Linnaeus, 1758) и моллюсками *Bithynia tentaculata* (Linnaeus, 1758), *Planorbis planorbis* (Linnaeus, 1758), *Sphaerium* sp., *Dreissena* sp. Этот вид толерантен к среде с содержанием калия 0,3–200 мг/л, а LC_{50}(240 ч) — 400–500 мг/л. По данным А.В. Макрушина (1998), LC_{50} (240 ч) для *Dreissena* sp.

составляет 57 мг/л, а для *Unio* sp. и *Anodonta* sp. — 170 мг/л. Также показано, что *G. fasciatus* переносит в 5 раз большие концентрации нефтепродуктов в среде, чем амфиподы *Hyalella azteca* (Saussure, 1858), и в 20 раз большие, чем хирономиды (Томилина, 2000). *G. fasciatus* способен одним из первых колонизовать биотопы, загрязненные промышленными стоками (Скальская, 1993; Панов, 1994). Некоторые другие виды амфипод, относимые к инвазионным (например, *G. tigrinus, C. curvispinum*), также часто вселяются и развивают высокую численность в экосистемах, подверженных антропогенному загрязнению (Van den Brink et al., 1993; Lee, Bell, 1999).

Основные естественные барьеры для формирования устойчивых популяций *G. fasciatus* в новых местообитаниях возникают при низких значения pH (Нилова, 1976; Березина, 2001) и солености воды более 2‰ (Березина и др., 2001), которые препятствуют завершению овогенеза. Также неблагоприятно для них низкое (0,47–2 мг/л) содержание кислорода (Бекман, Базикалова, 1951).

Важно, что даже при летальных дозах лимитирующих факторов инвазионные виды иногда могут выживать из-за выносливости. Так, оксифильные виды *D. villosus, C. ischnus*, критическим для которых является содержание кислорода в воде 1–1,5 мг/л, при асфиксии (0,1–0,3 мг/л) становились неподвижными, но при переводе через час в воду с нормальным содержанием кислорода возвращались к жизнедеятельности (Мордухай-Болтовской, 1960). Также особи *G. fasciatus* впадали в оцепенение при солености 18–20% или при воздействии очень высоких концентраций KNO_3 (> 500 мг/л), но при переносе через несколько часов в обычные условия выживали. Показано, что при содержании в воде Na^+ менее 10–15 мг/л *P. robustoides* долго не живет и не способен в таких условиях успешно размножаться (Berezina, Panov, 2003), однако в течение недели взрослые особи этого вида благополучно жили даже в дистиллированной воде.

При попадании вида с такими характеристиками в условия, где отсутствует естественное ограничение его вагильности и нет хищников, паразитов и конкуренции, создается идеальная ситуация для роста численности популяции по классической схеме. Сначала рост численности (или биомассы) во времени происходит незаметно и медленно — фаза положительного ускорения, затем становится быстрым — логарифмическая фаза, что может приводить к популяционному взрыву — “эксплозивная” стратегия (от explosive — взрывной). При отсутствии ограничений со стороны условий среды такой рост численности может продолжаться неограниченно долго. Как правило, в природе на определенном этапе наращивания численности видом возникает лимитирование теми или иными факторами среды. Это приводит к замедлению роста численности (или биомассы), достижению верхнего предела и дальнейшему поддержанию этих показателей примерно на одном постоянном уровне — фаза стабилизации (Одум, 1975). Для большинства видов амфипод характерен именно такой вид наращивания численности в новых местообитаниях (рис. 40). При незначительном лимитировании факторами среды вид долгое время может оставаться доминирующим по численности, продукции и роли в трофических цепях. Вселение другого чужеродного вида со сходной жизненной стратегией является мощным фактором, который может привести к нарушению стабильного состояния популяции первого вселенца и резкого снижения его численности (рис.

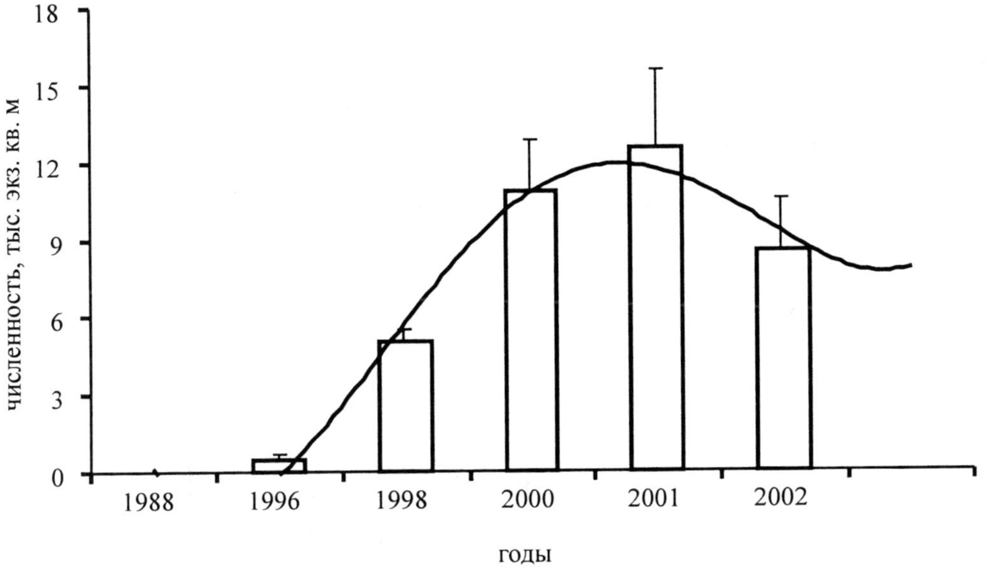

Рис. 40. Нарастание среднелетней численности *Gmelinoides fasciatus* в зоне зарослей тростника в северной части Невской губы.

41). При этом в дальнейшем может происходить стабилизация численности обоих видов на уровне, когда их совместное существование возможно.

Степень эврибионтности определяет интервал времени, необходимый чужеродному виду для привыкания к новым условиям. Наращивание численности определяется уровнем репродукции, особенностями популяционной динамики и взаимодействием с аборигенными видами. После достижения такого значения численности (биомассы), при которой натурализовавшийся чужеродный вид начинает играть заметную роль в водной экосистеме, определяющее значение для сообществ организмов приобретает его тип питания и трофические связи с другими видами.

Становится ли в новых условиях успешно натурализовавшийся вид “вредоносным” (или биологическим загрязнителем), т.е. оказывающим угнетающее (или деструктивное) воздействие на экосистему и приводящим к ее необратимым изменениям, зависит прежде всего от свойств вида и типа экосистемы, точнее, ее уязвимости.

До сих пор нет общепринятых критериев для оценки степени ущерба, скорости распространения и размера популяции, необходимых для того, чтобы чужеродный вид можно было бы считать “биозагрязнителем” (см. раздел 1.2), однако ясно, что даже небольшого количества особей, обладающих слабой генетической вариабельностью и низкой численностью в условиях анцестрального ареала, может быть достаточно для генерации сильного ущерба в экосистеме-реципиенте, если в новых условиях такой вид характеризуется высокой скоростью размножения и расселения (Mack et al., 2000). По мнению Ч. Элтона (Elton, 1958), любое вселение нового вида, даже если оно не сопровождается вспышкой численности, приводит к нарушению равновесия популяций аборигенных видов.

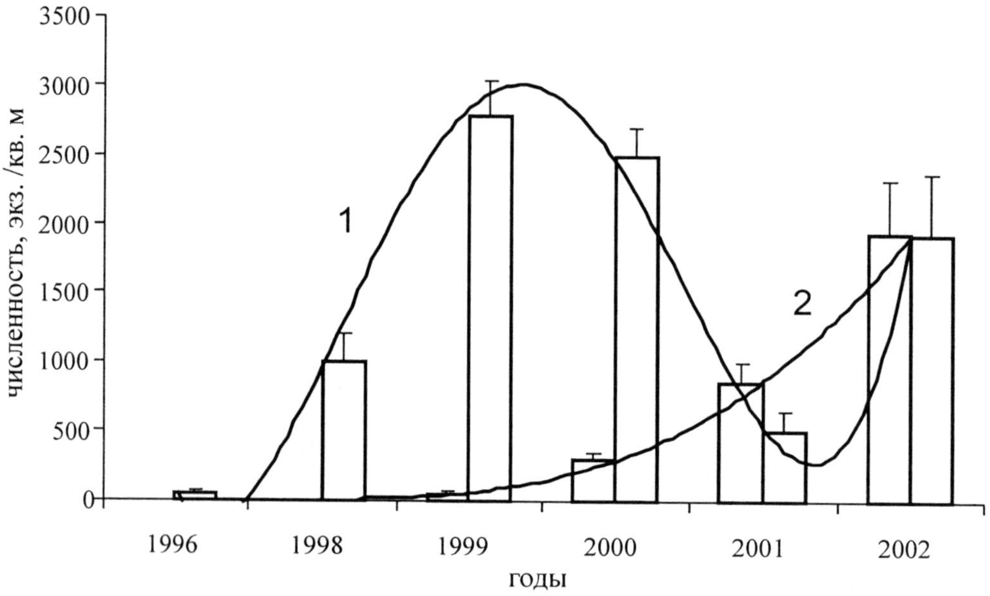

Рис. 41. Изменение динамики роста численности байкальских амфипод *Gmelinoides fasciatus* (1) при вселении понтокаспийских амфипод *Pontogammarus robustoides* (2) на каменистой литорали в южной части Невской губы.

Несмотря на возрастание количества активно расселяющихся в Европе чужеродных видов амфипод, не все из них выступают в роли "биозагрязнителей". Согласно упомянутому выше в разделе 1.1. правилу, сформулированному М. Вильямсоном (Williamson, 1996; Williamson, Fitter, 1996a,b), только около 10% (а для водных — 5–20%) натурализовавшихся видов в новых условиях могут развить достаточную численность, для того чтобы представлять угрозу биологическому разнообразию или нарушать стабильность экосистем. Например, из 19 видов чужеродных ракообразных, зарегистрированных в р. Рейн, только 2 вида (*G. tigrinus* и *C. curvispinum*) достигли высокой численности и оказывают заметное влияние на другие виды (Van der Velde et al., 2000).

Вселение некоторых чужеродных видов, а затем их натурализация могут привести к дестабилизации видовой структуры сообществ путем угнетения или уничтожения аборигенных видов, главным образом в результате модификации местообитаний, хищничества вселенцев или их конкуренции с аборигенными видами за пищевые ресурсы. Сила воздействия "биозагрязнителей" на сообщества водоема-реципиента зависит как от свойств чужеродного вида, так и от степени уязвимости экосистемы, которая возрастает в нарушенных (или перестроенных) человеком биоценозах (Elton, 1958; Simberloff, 1981; Lozon, MacIsaac, 1997).

Механизмы воздействия чужеродных амфипод на водные сообщества слабо изучены. Рассмотрим некоторые закономерности взаимодействия чужеродных амфипод и аборигенных беспозвоночных. При взаимодействии чужеродных и аборигенных видов со сходными жизненными стратегиями проявляется действие принципа конкурентного исключения, либо происходит дифференциация ниш или экологическое разобщение. Явления экологического разобщения характерны для олигогалинных и пресноводных амфипод в пределах каспийско-азово-черноморского бассейна (Бенинг, 1924; Мартынов, 1932; Мордухай-Болтовской, 1960; Дедю, 1967). В этих случаях вытесненным будет оказываться тот вид, который находится в условиях, близких к границе его толерантности к тому или иному фактору, т.е. амфиподы пресноводного комплекса переселятся в верхние участки рек. Эту закономерность иллюстрирует и пример взаимодействий солоноватоводного *G. tigrinus* и пресноводного *G. pulex*, когда вытеснение первого вида вторым происходило в пресных водах с низкой минерализацией, а второго вида первым — в олигогалинных и пресных водах с высокой минерализацией (Dick, Platvoet, 1996; Van der Velde et al., 2000).

Чужеродные виды, взаимодействуя с аборигенными видами, могут способствовать значительному снижению численности или исчезновению популяций аборигенных видов, обладающих таким типом жизненной стратегии, когда колебания численности происходят у нижней границы существования вида. Особо четко этот эффект наблюдается, если аборигенный вид находится в условиях лимитирования какими-то другими факторами среды. Например, во всех случаях (в Невской губе, озерах Ладожском, Онежском, Псковско-Чудском, Новосибирском водохранилище и многих водоемах Восточной Сибири) при совместном обитании *G. lacustris* и *G. fasciatus* отмечалось значительное снижение численности или исчезновение первого вида (Сафронов, 1993; Панов, 1994; Panov et al., 2000; Березина, Панов, 2003; Berezina, Panov, 2004). Скорее всего, в данном случае в основе взаимодействия было конкурентное исключение видов. *G. fasciatus* имеет короткий жизненный цикл и высокую плодовитость, что позволяет ему в короткий срок достигать больших численностей во всех биотопах. В отличие от него репродуктивный потенциал *G. lacustris* (с более длинным жизненным циклом) в несколько раз ниже. Кроме того, показано, что *G. lacustris* значительно менее устойчив к волнениям воды и другим динамическим явлениям (Бекман, 1954), что ограничивает его распространение в открытой литорали крупных озер и эстуариев. Например, после вселения *G. fasciatus* в 1980-х гг. в Ладожское озеро и его дальнейшего массового развития, *G. lacustris* в 2000 г. встречался только на каменистых субстратах в затишных бухтах в разных районах озера, имея низкую численность.

Ясно выраженное вытеснение одного вида другим отмечали в случае сосуществования *Gammarus fasciatus* Say, 1818 и *Gammarus pulex*, *G. pulex* и *G. lacustris*, *Gammarus duebeni* Lilijeborg, 1851 и *Gammarus salinus* Spooner, 1947 (Hynes, 1954; Kinne, 1954). Амфипода *G. pulex*, интродуцированная в 1950-х гг. в водоемы Ирландии, во многих местообитаниях вытеснила аборигенного бокоплава *G. duebeni*. При этом в отдельных водоемах (р. Лаган) потребовалось всего 2 года, чтобы популяции чужеродного *G. pulex*, достигнув высокой численности, полностью заменили популяции *G. duebeni* (Dick et al., 1994). Интересно, что в первой половине XX века местный *G. pulex* исчез из пресных водоемов Ирландии, а его нишу занял *G. duebeni*, и преднамеренные интродукции *G. pulex* проводили для восстановления исчезнувшей популяции этих рачков (Elton, 1958).

Амфиподы относятся к всеядным организмам. При этом пищевые преферендумы у всех видов разные и зависят от источников пищи в экосистеме. Многие виды способны хищничать. Несколько представителей семейства Corophiidae, в том числе *C. curvispinum*, относятся к фильтраторам-седиментаторам. Наиболее выраженными хищниками являются крупные виды *D. villosus* и *P. robustoides* (самцы длиной до 30 мм). В экспериментальных условиях показано, что особи *D. villosus* активно нападают на *Asellus*, *Gammarus duebeni*, на личинок поденок, хирономид и даже жуков; при этом их экологические рационы значительно превышают физиологические (Dick et al., 2002). Изотопный анализ ($ß^{15}N$) показал, что *D. villosus* занимают тот же трофический уровень, что и бентоядные рыбы (Marguillier, 1998). Особи *P. robustoides* переходят к хищничеству уже в молодом возрасте (при длине тела 6–7 мм), нападая на хирономид и олигохет, часто превышающих хищников по размерам. Менее агрессивным хищником можно назвать *G. fasciatus*, для которого характерна слабая пищевая избирательность, а потребление пищи ограничено в основном величиной заглатываемых частиц (Березина, 2004). В кишечниках амфипод *G. fasciatus*, отлавливаемых в природе, всегда основную массу составляют растительная пища и детрит. Крупные особи (> 7 мм) часто потребляют и более калорийную животную пищу — мелких ракообразных, коловраток, олигохет, личинок насекомых. В опытах при отсутствии растительного корма рачки *G. fasciatus* поедали собственную молодь, водяных осликов, мелких личинок поденок, хирономид.

Вытеснение чужеродными амфиподами аборигенных в ряде случаев происходит в результате уничтожения аборигенного вида (Dick et al., 1999). В экспериментах по изучению межвидовых взаимодействий *G. duebeni* и *G. pulex* показано, что хищничество чаще является причиной вытеснения первого вида вторым, чем конкуренция за пищевые ресурсы (Dick, Platvoet, 1996). Оба вида амфипод являются хищниками и способны нападать на линяющих особей другого вида. При этом выявлены различия в хищном поведении и физиологии взаимодействующих видов. Самцы *G. pulex* по поведению более активны и чаще нападают на линяющих самок *G. duebeni*. Кроме того, в период линьки *G. duebeni* для затвердевания экзоскелета требуется на несколько часов больше, чем *G. pulex*. Эти свойства делают *G. pulex* более успешным хищником и при численностях, превышающих *G. duebeni*, приводят к исчезновению из сообществ последнего.

Так, вселение хищного *D. villosus* в водоемы в Голландии способствовало сначала снижению численности *G. duebeni*, а затем исчезновению этого вида. Кроме того, в некоторых озерах *D. villosus*, нападая на представителей другого вида, *G. tigrinus*, вселившегося раньше, значительно снизил его численность (Dick, Platvoet, 2001).

В прибрежной зоне эстуария р. Нева отмечено значительное снижение численности *G. fasciatus* в местах совместного обитания его с вселившимся позже *P. robustoides*. В экспериментах нами показано, что уровень хищничества *P. robustoides* по отношению к *G. fasciatus* значительно выше, чем *G. fasciatus* к *P. robustoides*. Это связано с тем, что атаки более крупного *P. robustoides на G. fasciatus* происходят непрерывно, в то время как крупные самцы (длиной до 11–13 мм) *G. fasciatus* способны нападать только на линяющих особей *P. robustoides* с длиной тела 5–7 мм (Berezina, Panov, 2003).

При высоких численностях чужеродные амфиподы способны регулировать развитие водных растений. Так, в оз. Дуся (Литва) *P. robustoides*, достигнув высокой биомассы (до 122,4 г/м^2) на 5-й год после их интродукции, фактически уничтожили всю кладофору, переселились в заросли хары и тем самым способствовали самоочищению водоема (Гасюнас, 1975). В каменистой литорали эстуария р. Нева в настоящее время отмечено сильное развитие нитчатых водорослей р. *Cladophora*. Это приводит к эвтрофированию прибрежной зоны и загрязнению побережья скоплениями гниющих водорослей (Panov et al., 2002). Возможно, так же, как в оз. Дуся, недавно вселившиеся амфиподы *P. robustoides* и *G. fasciatus* после формирования популяций с высокой биомассой будут способствовать снижению биомасс этих водорослей или даже их локальному исчезновению и тем самым самоочищению побережья (Alimov et al., 2003; Berezina, Panov, 2003).

Развивая огромные численности в прибрежных экосистемах эстуариев Балтийского моря, чужеродные амфиподы способствуют переработке и захоронению органических веществ. Это зависит от интенсивности их питания. Величина суточных рационов амфипод сильно варьирует и зависит от температуры воды, вида пищи, возраста и массы особей и их физиологического состояния (Грезе, 1977). При +20°С и питании растительной и животной пищей рационы *G. fasciatus* и *P. robustoides* составляли 20–130% от индивидуальной массы (Berezina, Panov, 2003b). При интенсивном питании фекалии амфипод содержат непереваренные растительные и животные частицы, которые служат прекрасной питательной средой для развития бактерий. По нашим наблюдениям и литературным данным (Сущеня, 1975; Грезе, 1977), фекалии амфипод поедаются многими детритоядными беспозвоночными: олигохетами, личинками насекомых, молодью амфипод и изопод. Так же, по-видимому, важную роль играют амфиподы в переносе биогенов из донных отложений в толщу воды, мигрируя между донной и пелагической зонами. Показано, что одна взрослая особь *G. lacustris* за час переносит из грунта в толщу воды до $18{,}1 \times 10^{-9}$ гР/л·ч, возвращая при этом до $2{,}3 \times 10^{-9}$ гР/л·ч в период питания зоопланктоном (Wilheim et al., 1999).

Амфиподы, вселяясь в нарушенные или бедные видами сообщества, способствуют увеличению кормовой базы рыб. Амфиподами *G. fasciatus* охотно питаются многие рыбы — елец, окунь, сиг, плотва, лещ и др. По данным О.И. Мицкевич (1981), *G. fasciatus* играет значительную роль в питании бентоядных рыб литорали оз. Отрадного (Ленинградская обл.). В пищевом комке леща (11,8–15,8 см) и плотвы (11,5–13,0 см) эти амфиподы составляли 8,2–10% от его массы: они питаются в основном молодью амфипод размером 1,7–3,0 мм. В питании окуня *G. fasciatus* имеет ведущее значение, составляя в среднем 65% от массы пищевого комка.

Чужеродные амфиподы могут привносить в экосистемы паразитов рыб, птиц и млекопитающих, будучи промежуточными хозяевами паразитов. Амфиподы *G. fasciatus* — переносчики нескольких видов скребней р. *Acanthocephala* (Балданова, Пронин, 2001). Также при исчезновении аборигенных видов амфипод чужеродные могут стать промежуточными хозяевами их паразитов. Например, известно, что *G. lacustris* переносит возбудителей полиморфоза уток — скребней рода *Polymorphus* (Сидоров, 1963). Вероятно, что при замещении *G. lacustris* во многих водоемах Северо-Запада видом *G. fasciatus*, жизненный цикл паразита будет нарушен, либо чужеродный вид будет использоваться как промежуточный хозяин.

Таким образом, основные факторы, способствующие увеличению скорости расселения амфипод, имеют, как правило, антропогенную природу или связаны с ней. Устранение человеком географических барьеров и разрушение (или перестройка) природных местообитаний будут и дальше способствовать инвазиям амфипод в новые экосистемы. Любые нарушения, снижающие устойчивость экосистем, будут способствовать успешной натурализации чужеродных видов и вытеснению аборигенных видов. Последствия вселения амфипод, относящихся к видам-биозагрязнителям, слабо изучены и требуют дальнейших оценок. В целом их воздействия на экосистему-реципиент носят необратимый характер и могут приводить к нарушению ее стабильности, снижению видового разнообразия и упрощению сообществ водных организмов.

3.3. Взаимоотношения между видом-вселенцем *Dreissena polymorpha* и микрозоопланктоном в прибрежных водах эстуария реки Невы (Финский залив Балтийского моря)

Эстуарии и прибрежные лагуны Балтийского моря в большинстве своем представлены сложными экосистемами, характеризующимися значительным естественным разнообразием флоры и фауны. Более того, в этих прибрежных водах благодаря большой вариабельности гидрологических, гидрохимических и биологических параметров нередко создаются благоприятные условия для натурализации чужеродных организмов планктона и бентоса, обладающих широкой экологической пластичностью (Leppäkoski et al., 2002; Telesh, 2004).

Эстуарий р. Нева представляет собой один из наиболее сильно эвтрофированных районов на востоке Балтийского моря, который постоянно подвергается интенсивному антропогенному воздействию, в том числе загрязнению неочищенными или частично очищенными сточными водами Санкт-Петербурга и его окрестностей. Серьезную проблему в настоящее время представляет также "биологическое загрязнение" водоема видами-вселенцами, нередко попадающими туда с балластными водами судов (Орлова и др., 1999; Panov et al., 1999). Формирование и успешное развитие в прибрежных водах эстуария Невы самоподдерживающихся популяций видов-вселенцев можно рассматривать как одно из проявлений и/или результатов антропогенной нагрузки на водоем, приводящей к изменению его биологического разнообразия, модификации трофических цепей и, как следствие, изменению функциональных характеристик экосистемы эстуария.

Сообщество зоопланктона представляет собой важный компонент в экосистеме эстуария р. Нева, на его долю приходится около 40% от общей деструкции органического вещества (Golubkov et al., 2003). "Биологическое загрязнение" водоема чужеродными видами способно отрицательно повлиять на структуру и функционирование сообщества зоопланктона в эстуарии. Например, недавнее (1995 г.) вселение в этот регион хищных ветвистоусых ракообразных понто-каспийского происхождения *Cercopagis pengoi* (Ostroumov, 1891) уже привело к тенденции сокращения плотности популяций аборигенных видов ветвистоусых ракообразных-фильтраторов в результате выедания этих рачков церкопагисом в периоды его массового развития (Телеш и др., 2001). Расчеты показали, что в случае сохранения этой тенденции постоянная популяция *C. pengoi* может способствовать нарушению трофических связей и структуры потоков вещества и энергии, а также изменению трофического статуса и качества воды в водоеме (Телеш и др., 2001; Telesh, Ojaveer, 2002).

Среди других понто-каспийских вселенцев в восточную часть Финского залива, которые способны оказать заметное воздействие на качество воды в прибрежных участках экосистемы, следует упомянуть двустворчатого моллюска-обрастателя *Dreissena polymorpha* (Pallas, 1771). Общеизвестно, что, имея в жизненном цикле планктонную личинку, этот вид способен успешно колонизировать значительные акватории водоемов-реципиентов (Овчинников, 1954; Mills et al., 1993; Старобогатов, 1994). Будучи эдификатором и одним из наиболее активных пресноводных фильтраторов (Алимов, 1981), этот вселенец способен привести к существенным перестройкам структуры не только донных, но и планктонных сообществ (Старобогатов, 1994; MacIsaak, 1996; Karatayev et al., 1997).

Проблема вселения организмов в новые места обитания в Балтийском море и взаимоотношения между аборигенными и чужеродными видами планктонных животных в эстуарии р. Нева изучаются в последние годы весьма интенсивно (Krylov et al., 1999; Алимов и др., 2000; Науменко, 2000; Науменко, Полунина, 2000; Телеш и др., 2000; Литвинчук и др., 2001; Телеш и др., 2001; Leppäkoski et al., 2002; Telesh, Ojaveer, 2002). Однако до настоящего времени эти исследования не ставили целью изучение взаимосвязи между истинно планктонными аборигенными организмами и бентосными видами-вселенцами, имеющими планктонную личиночную стадию в жизненном цикле. Известно, что меропланктонные личинки бентосных животных способны достигать высоких концентраций в планктоне в течение значительной части вегетационного сезона (до полутора месяцев, согласно MacIsaac et al., 1991) и использовать общие с зоопланктоном пищевые ресурсы (MacIsaac et al., 1992; Vanderploeg et al., 1996).

В последние годы, характеризующиеся высокими количественными показателями дрейссены в экосистеме эстуария р. Нева (Orlova, Panov, в печати), возникла необходимость оценить взаимоотношения этих бентосных животных и их пелагических личинок с планктонными организмами, а также определить степень их воздействия на обеспеченность пищей нехищного зоопланктона в восточной части Финского залива. Известно, что пелагические личиночные стадии (велигеры и поствелигеры) *D. polymorpha* питаются планктонными водорослями размером 1–12,75 мкм (Gliwicz, 1969; Sprung, 1989; MacIsaac et al., 1992; Vanderploeg et al., 1996). Указанные размеры пищевых частиц велигеров и поствелигеров дрейссены полностью совпадают с размерным спектром пищевых объектов нехищного микрозоопланктона (коловраток): 1–12 мкм, иногда до 18 мкм (Pourriot, 1977). Кроме того, известно, что размер пищевых частиц, отфильтровываемых взрослыми моллюсками, находится в пределах от 1–3 мкм до 500 мкм в зависимости от размера особи (Михеев, 1994), или даже от 0,7 мкм (Sprung, Rose, 1988) до 750 мкм (Ten Winkel, Davids, 1982).

Это позволяет дрейссене потреблять широкий спектр организмов микрозоопланктона, включая собственных велигеров (Шевцова и др., 1986; MacIsaac et al., 1991; Михеев, 1994; Karatayev et al., 1997). Следовательно, нельзя исключить и непосредственное влияние донной популяции дрейссены на обеспеченность пищей зоопланктона.

Таким образом, между дрейссеной и микрозоопланктоном вероятно существует одновременно два типа отношений: 1) конкуренция за пищу и 2) непосредственное потребление моллюсками коловраток, т.е. хищничество. На этом основании нами была выдвинута гипотеза о существовании конкурентных трофических взаимоотношений между микрозоопланктоном и меропланктонными личинками бентосного вида-вселенца *D. polymorpha* в период его массового развития в эстуарии р. Нева с одной стороны, а также о непосредственном (хищничество) и опосредованном (конкуренция) влиянии на микрозоопланктон донной популяции дрейссены с другой стороны.

Цель данной работы, направленной на разработку методов для проверки указанной выше гипотезы, состояла в сравнительном анализе пространственного распределения планктонных коловраток, меропланктонных личинок дрейссены и взрослых моллюсков в прибрежных водах восточной части Финского залива. Кроме того, предполагалось оценить фильтрационную активность микрозоопланктона и взрослых особей *D. polymorpha* и роль этих организмов в процессе самоочищения воды в литорали эстуария р. Нева.

Исследования проводили в восточной части Финского залива (ВЧФЗ) в течение вегетационных сезонов 2000, 2001 и 2002 гг. на 4 основных трансектах, расположенных вдоль 17-километрового отрезка каменистой и песчаной литорали Курортного района с координатами 60°09′32″– 60°11′37″ N и 29°38′34″– 29°54′89″ E. Станции отбора планктонных и донных проб были выбраны в районах населенных пунктов Репино, Зеленогорск (трансекта 7) и Ушково, на глубинах 1,5, 3 и 5 м. Пробы планктона и бентоса брали одновременно.

Пробы микрозоопланктона собирали осадочным методом: 1 л воды с каждого обследованного горизонта фиксировали 4% формалином и отстаивали в лаборатории в течение 2 недель; затем отсифонивали воду, а осевший на дно сосуда планктон изучали под микроскопом по стандартной методике (подробнее см.: Telesh, 1995). Пробы просматривали и просчитывали тотально. Всего за исследованный период было обработано 39 осадочных проб микрозоопланктона. Этот метод сбора материала, позволяющий наиболее достоверно оценить численность коловраток в планктоне (Телеш, 1986), в данном исследовании был впервые применен для описания микрозоопланктона литорали ВЧФЗ.

По результатам обработки проб микрозоопланктона определяли видовой состав, численность и биомассу каждого вида коловраток, численность и биомассу личинок дрейссены, анализировали их вертикальное и пространственное (горизонтальное) распределение в пределах исследованных акваторий.

Количественные пробы донных поселений *D. polymorpha* для подсчета численности и биомассы отбирали легководолазным способом, с использованием рамки 25 × 25 см в трех повторностях.

Фильтрационную активность микрозоопланктона и моллюсков оценивали расчетным методом, используя имеющиеся в литературе данные. Скорость фильтрации массовых видов коловраток была принята равной 0,0024–0,0069 мл/экз./час (Telesh et al., 1995), личинок *D. polymorpha* — 0,010–0,018 мл/экз./час (MacIsaac et al., 1992). Фильтрацию взрослых особей *D. polymorpha* расчитывали по уравнению $F=85,5\pm0,54W^{0,605\pm0,066}$ (Алимов, 1981), где F — скорость фильтрации (мл/экз./час), W — сырая масса тела моллюска со створками, выраженная в граммах.

В ходе данного исследования в прибрежных водах ВЧФЗ было обнаружено более 50 видов планктонных коловраток. В среднем от 10 до 15 видов коловраток (максимально 23 вида) было зарегистрировано в каждой пробе объемом 1 л. В комплекс доминантов входили широко распространенные виды из родов *Keratella (K. cochlearis* Gosse, 1851*, K. quadrata* O.F. Müller, 1786.*)*, *Polyarthra (P. vulgaris* Carlin, 1943*, P. dolichoptera* Idelson, 1925*)* и *Synchaeta (S. stylata* Wierzejski, 1893*, S. pectinata* Ehrenberg, 1832*)*. Эти же виды обычно встречаются в массовом количестве также и в открытых водах центральной части эстуария р. Нева (Телеш, 1987; Telesh, 1995; Telesh et al., 1999). Два вида коловраток (*Notholca foliacea* (Ehrenberg, 1838) и *Testudinella patina* (Hermann, 1783) были впервые зарегистрированы в водах этого региона.

Общая численность и биомасса коловраток варьировали в пределах 7–3773 экз./л и 0,004–1,14 мг/л, соответственно. Вертикальное распределение коловраток было неоднородным. Однако средние величины численности коловраток в водной толще и в придонном слое воды на разных станциях были очень близки: 1184 и 1127 экз./л, соответственно.

В ходе исследований в полевой сезон 2000 года личинки дрейссены в пробах осадочного планктона были обнаружены единично. В июле 2001 г. численность личинок дрейссены колебалась в пределах 1–108 экз./л, а в июле 2002 г. — в пределах 1–8 экз./л. Численность донной популяции *D. polymorpha* на обследованной акватории по данным за июль 2001 и 2002 г. варьировала от 5 до 2805 экз./м^2, биомасса — 7,31–1954,0 г/м^2 .

Расчеты показали, что в прибрежных районах ВЧФЗ коловратки предпочтительно концентрировались в поверхностных слоях воды, а личинки дрейссены были более многочисленны в придонных водах (рис. 42). Кроме того, биомасса коловраток в придонном слое воды отрицательно коррелировала (R^2=0,67, n=15) с биомассой взрослых особей *D. polymorpha*, собранных одновременно на тех же станциях, что и планктон (рис. 43).

Рассчитанные величины суточной скорости фильтрации велигеров и донных популяций дрейссены и седиментации коловраток приведены в табл. 27. Расчеты сделаны по данным наблюдений, выполненных в июле 2001 и 2002 гг. на постоянных станциях вдоль трансекты № 7 в районе г. Зеленогорск. Результаты этих расчетов показали, что, судя по объемам профильтрованной воды, фильтрационная (седиментационная) активность коловраток в столбе воды в прибрежных мелководьях ВЧФЗ может быть сопоставима с фильтрационной деятельностью донной части популяции дрейссены (табл. 27). Велигеры дрейссены, имеющие значительно более высокие, чем у коловраток, скорости фильтрации воды, ввиду своей малочисленности в период наших наблюдений пропускали через себя лишь небольшую долю (не выше 0,6%) от общего объема профильтрованной воды, тогда как вклад коловраток в общую фильтрацию колебался от 1,8 до 97% (рис. 44). Общие величи-

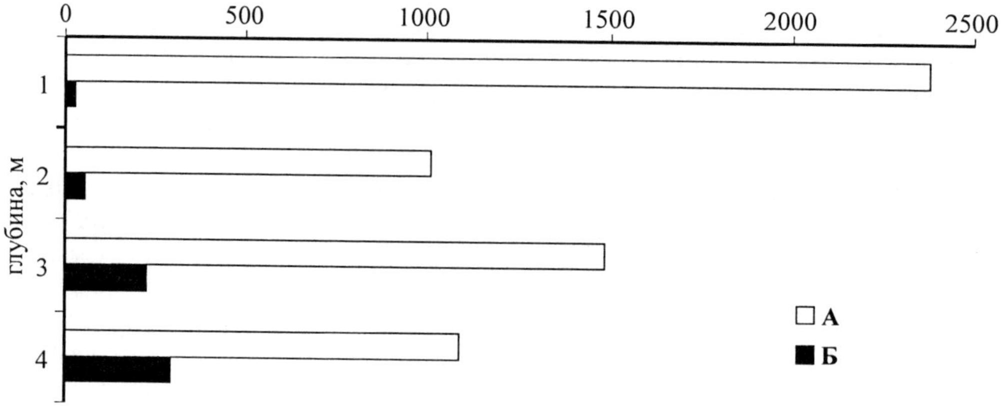

Рис. 42. Численность коловраток (А, экз./л) и меропланктонных личинок *D. polymorpha* (Б, ×10 экз./л) на станциях разной глубины в литорали восточной части Финского залива (данные за 2001 и 2002 гг.).

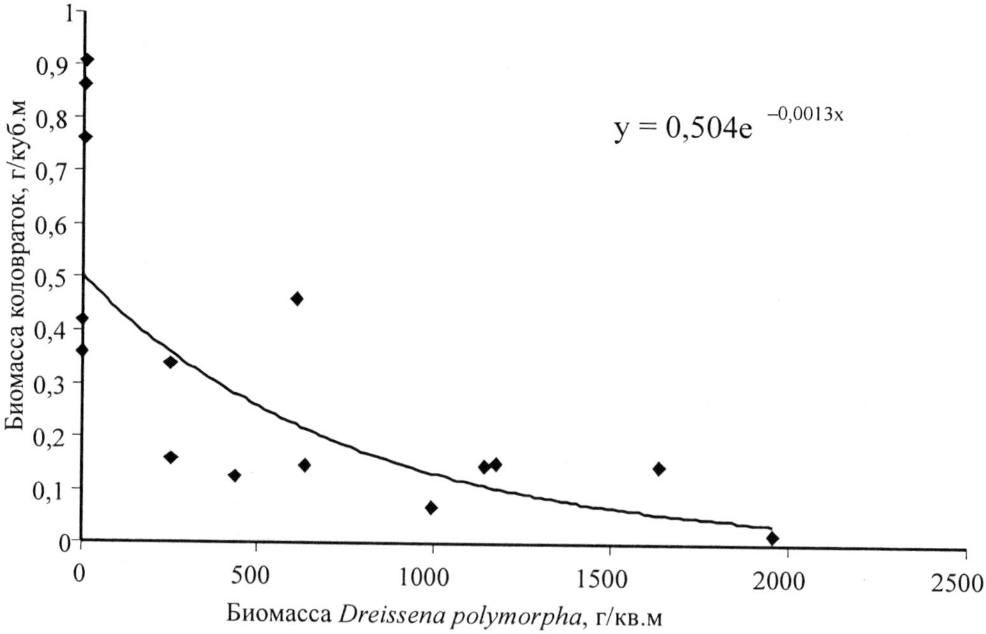

Рис. 43. Соотношение биомассы коловраток в придонном слое воды и биомассы моллюсков *D. polymorpha* в литорали восточной части Финского залива (данные за 2000–2002 гг.).

Таблица 27. Средние суточные величины скорости фильтрации воды (л/м²/сут.) взрослыми моллюсками *D. polymorpha*, планктонными личинками (велигерами) дрейссены и планктонными коловратками в литорали восточной части Финского залива.

Год	Станция (глубина, м)	Моллюски	Велигеры	Коловратки	Суммарная фильтрация
2001	7 (3)	1137,00	12,10	188,14	1337,24
2001	7 (5)	1736,00	0	32,48	1768,48
2002	7 (1,5)	7,89	2,02	371,14	381,05
2002	7 (3)	915,47	6,05	573,85	1495,37
2002	7 (5)	765,00	10,08	919,02	1694,10
Среднее	7 (1,5–5,0)	912,27	6,05	416,93	1335,25

ны суточной фильтрации дрейссены и микрозоопланктона (до 1768,48 л/м²/сут.) весьма высоки и свидетельствуют об интенсивном процессе самоочищения воды в прибрежных районах ВЧФЗ.

Большое количество видов коловраток (более 50), зарегистрированных в ходе данного исследования, свидетельствует о наличии благоприятных условий для существования этих организмов микрозоопланктона, главным образом седиментаторов, в прибрежных водах ВЧФЗ. Сходство видового состава прибрежных и пелагических комплексов коловраток в данном водоеме объясняется его мелководностью и активным между литоральной зоной и центральной акваторией (Телеш, 1987). Существенно различающаяся численность коловраток на разных станциях в эстуарии Невы не вызывает удивления ввиду высокой динамичности гидрологического режима этого водоема. Предыдущими исследованиями было установлено, что неоднородность распределения планктонных организмов в литоральной зоне эстуария

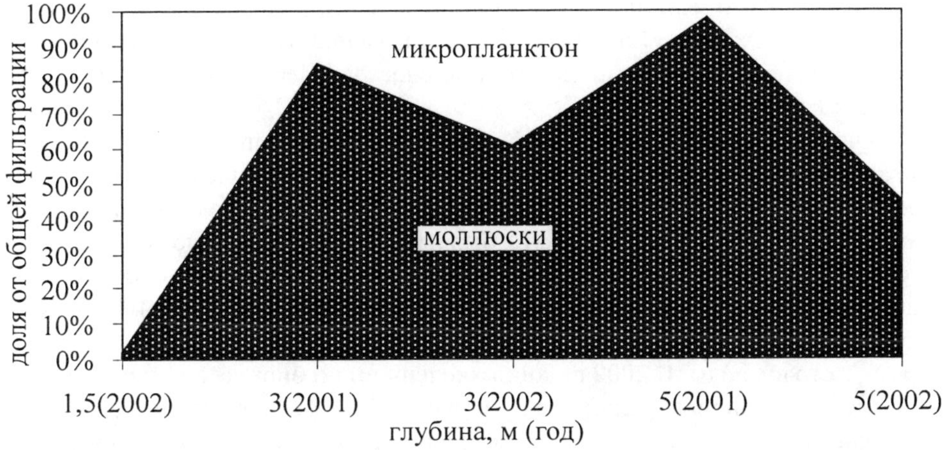

Рис. 44. Соотношение (%) средних суточных скоростей фильтрации воды взрослыми моллюсками *D. polymorpha* и микрозоопланктоном (коловратками и велигерами дрейссены) на разной глубине (1,5, 3 и 5 м) трансекты № 7 в ВЧФЗ (по данным за июль 2001 и 2002 гг.)

Невы в значительной степени определяется нестабильностью водного режима, который во многом зависит от ветровых течений и сгонно-нагонных перемещений водных масс (Преображенский и др., 1987).

Тем не менее, анализ вертикального распределения микрозоопланктона в литорали на глубинах до 5 м выявил определенные соотношения между его компонентами. В частности, обнаружена тенденция к разделению глубин обитания между планктонными коловратками, концентрирующимися преимущественно в поверхностных водах, и личинками дрейссены, предпочитающими придонные слои воды (рис. 43). Однако из-за недостаточного для статистического анализа количества материала и малых концентраций личинок дрейссены в осадочных пробах говорить о достоверности обнаруженных различий преждевременно. В то же время, учитывая сходство в размерах тела (200–250 мкм), образе жизни (планктонный) и размерах потребляемых пищевых частиц (1–12 мкм), полученные результаты могут свидетельствовать о существовании трофических конкурентных взаимодействий между микрозоопланктоном (коловратками) и двустворчатыми моллюсками *D. polymorpha* на личиночной стадии.

Достоверная (R^2=0,67, n=15) обратная связь между биомассой коловраток в придонных слоях воды и биомассой взрослых моллюсков *D. polymorpha* (рис. 43) может быть объяснена как конкурентным вытеснением коловраток дрейссеной, так и непосредственной элиминацией этих мелких планктонных организмов моллюсками в процессе фильтрации. В пользу последней версии свидетельствует то, что входное отверстие сифона дрейссены позволяет им поглощать частицы размером 80–450 мкм (Михеев, 1967), и даже 750 мкм (Ten Winkel, Davids, 1982), т.е. более крупные, чем коловратки (< 250 мкм). Кроме того, экспериментально установлено, что коловратки не способны противостоять токам воды, создаваемым сифонами дрейссены при фильтрации (MacIsaac et al., 1991). Неоднократно было показано, что вследствие этого мелкий зоопланктон, и чаще всего коловратки *K. quadrata, P. vulgaris, Euchlanis dilatata* Ehrenberg, 1832, а также простейшие, личинки циклопов и велигеры дрейссены служат пищей этих моллюсков (Шевцова и др., 1986; MacIsaac et al., 1991; Fanslow et al., 1995).

Расчетные величины скорости фильтрации и их сравнительный анализ дают возможность предположить, что имеется определенное влияние (конкурентное или непосредственно за счет выедания) на планктонных коловраток со стороны популяции дрейссены. Особенно ярко это было продемонстрировано в 2001 г., когда численность и биомасса донной части популяции этих моллюсков достигала наивысших показаний за период исследования (2805 экз./м^2, 1954,0 г/м^2). В июле 2001 г. скорость фильтрации дрейссены в 6,0–53,4 раза превышала седиментацию коловраток в столбе воды. В 2002 г., когда численность и биомасса популяции дрейссены заметно снизились, роль микрозоопланктона в фильтрации и седиментации на отдельных станциях, напротив, существенно возросла (до 929 л/м^2/сут.). Вклад коловраток в этой ситуации составил 97% от общего объема воды, профильтрованной коловратками, велигерами и донной частью популяции дрейссены за сутки.

На основании полученных данных пока невозможно сделать достаточно определенных выводов о конкурентных отношениях между коловратками и планктонными личинками дрейссены в прибрежных водах эстуария Невы. Однако нельзя и полностью исключить возможности таких взаимоотношений, особенно в августе-сентябре (т.е. в ожидаемый период пика нереста и последующего выхода в планктон личинок) в теплые годы, благоприятные для личиночного развития дрейссены и пополнения ее популяции молодью. Обычно численность личинок в теплый период года в водоемах умеренной зоны (например, в Учинском водохранилище) составляет порядка 400000 экз./м^3 (Львова и др., 1994). Если предположить такую численность велигеров в прибрежных районах эстуария Невы, то вклад личинок дрейссены в общий объем отфильтрованной воды составит 201–672 л/м^2/сут, что вполне сопоставимо с величиной 371–919 л/м^2/сут, т.е. с фильтрационной (седиментационной) активностью планктонных коловраток. В этом случае (а также при еще более высоких численностях личинок дрейссены в планктоне), вероятно, можно говорить о наличии конкурентных отношений мезозоопланктона как с планктонной, так и с донной частью популяции дрейссены в прибрежных водах эстуария Невы. В целом высокие значения скорости фильтрации микрозоопланктона и донной части популяции вида-вселенца *D. polymorpha* указывают на интенсивно протекающий процесс самоочищения воды в литорали ВЧФЗ.

Полученные результаты носят предварительный характер, однако, они убедительно свидетельствуют о важности обсуждаемой проблемы и необходимости ее более детального изучения с помощью экспериментальных методов и последующего математического моделирования. Дальнейшее исследование трофических взаимоотношений между организмами-фильтраторами планктона и бентоса, в том числе видами-вселенцами в мелководных участках эстуария Невы, позволит получить данные, необходимые как для количественной оценки роли чужеродных видов в сообществах и их воздействия на качество воды и естественное биологическое разнообразие в водоемах-реципиентах, так и для понимания общих закономерностей функционирования эстуарных экосистем.

3.4. Роль чужеродных видов животных в экосистеме Аральского моря

В последние годы в научной и популярной литературе широко обсуждается проблема экологического кризиса на Аральском море. При этом, как правило, обращается внимание лишь на последствия антропогенного высыхания и осолонения этого водоема и практически ничего не говорится о роли в его экосистеме видов-вселенцев (Keyser, Aladin, 1991; Micklin, 1991; Williams, Aladin, 1991). Постараемся заполнить этот пробел.

Аральское море — гигантский (66000 км^2 в 1960 г.) континентальный водоем, расположенный в бессточной котловине. Это относительно молодой водоем, который возник в самом начале голоцена как терминальный водоем реки Сырдарьи (рис. 45). В ледниковый период (плейстоцен) на месте современного Арала воды не было, а были лишь отдельные небольшие гипергалинные соры и болота. После заполнения Аральской котловины в начале голоцена его фауна и флора стали формироваться из

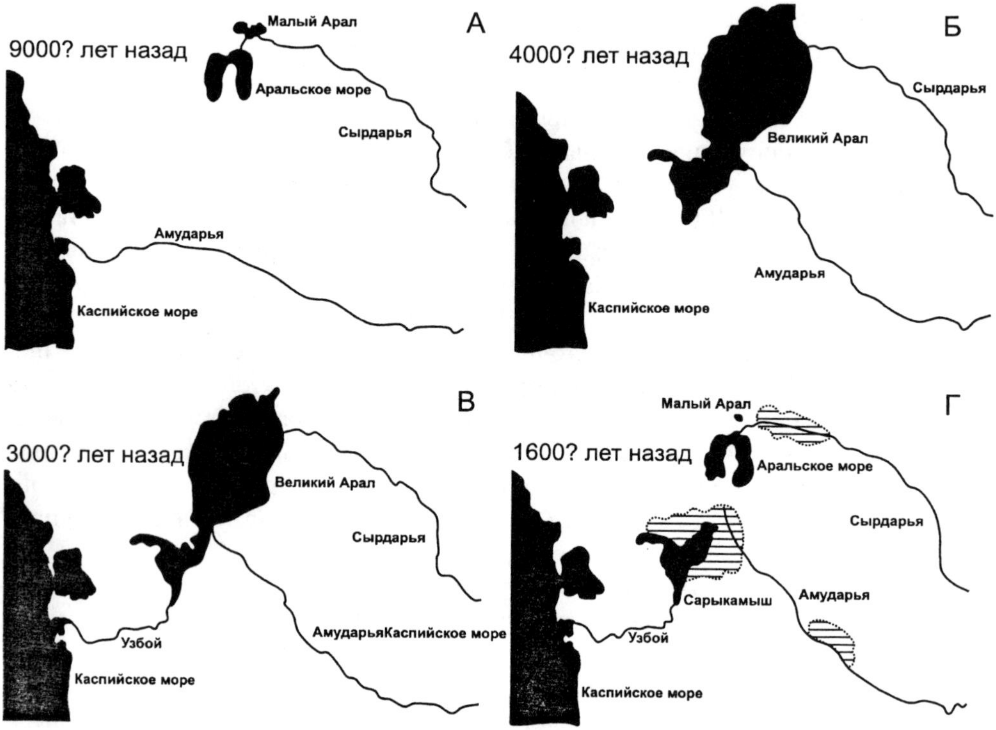

Рис. 45. Раннеголоценовая и позднеголоценовая палеогидрографические сети Центральной Азии и Казахстана: А — Паскевичевская фаза; Б — фаза Великого Арала; В — фаза первого естественного стока по Узбою в Каспий; Г — фаза первого антропогенного высыхания. Заштрихованные участки показывают области орошения.

пресноводных вселенцев, пришедших со стоком Сырдарьи, а позднее и Амударьи, которая изменила направление своего течения и вместо Каспия стала впадать в Аральское море (рис. 46). Обитатели водоемов, существовавших на месте Арала в периоды трансгрессий древнего Каспия в доледниковый период, когда Арал был всего лишь заливом Акчагыльского или Апшеронского морей (рис. 46), полностью погибли, когда трансгрессии сменились регрессиями, и каспийские воды покинули аральскую котловину, оставив ее сухой. Таким образом, в начале голоцена фауна Арала имела преимущественно пресноводное происхождение, и лишь в дальнейшем в ней стали появляться вселенцы из Каспия и других осолоненных водоемов Средней Азии.

Основная масса древних вселенцев из Каспийского моря в Аральское, по-видимому, проникла в него по Узбою примерно 5000 лет назад, когда сток древних Амударьи и Сырдарьи переполнил Великий Арал. Под Великим Аралом понимают гигантский водоем, который объединял в себе котловины Арала и Сарыкамыша, и уровень которого превышал 58–60 м (рис. 46). Когда Великий Арал переполнился, его воды начали стекать в сторону Каспия в районе к юго-западу от Сарыкамышс-

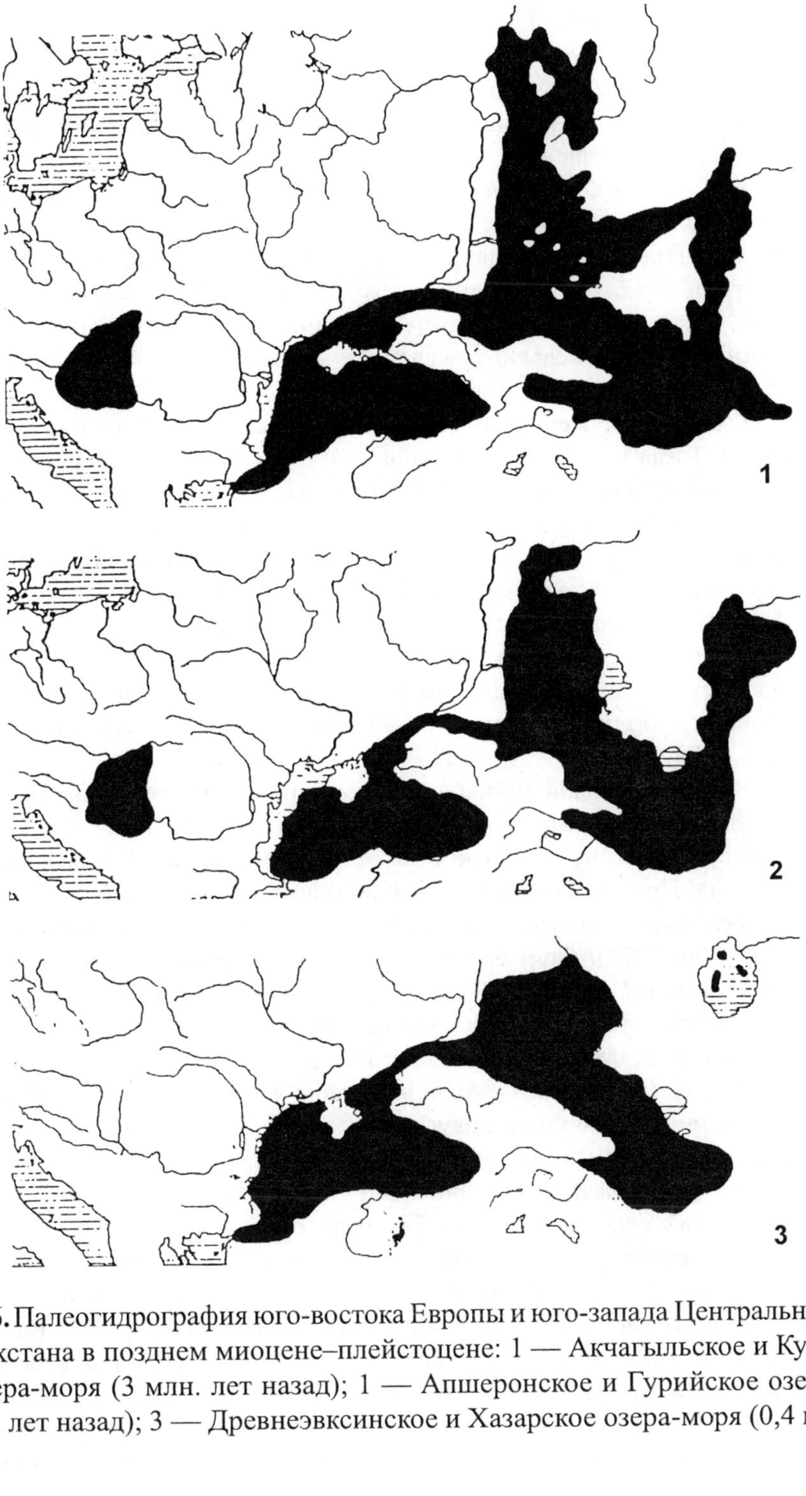

Рис. 46. Палеогидрография юго-востока Европы и юго-запада Центральной Азии и Казахстана в позднем миоцене–плейстоцене: 1 — Акчагыльское и Куяльницкое озера-моря (3 млн. лет назад); 1 — Апшеронское и Гурийское озера-моря (2 млн. лет назад); 3 — Древнеэвксинское и Хазарское озера-моря (0,4 млн. лет назад).

кой впадины, которая в то время входила в акваторию Великого Арала (рис. 45). Очевидно, именно тогда по Узбою пришли в Арал предки современного аральского шипа и других аральских рыб, родственных каспийским рыбам, а также, возможно, и некоторые другие каспийские гидробионты, способные преодолеть течение, существовавшее в Узбое.

В начале 60-х гг. XX века начались как результат хозяйственной деятельности высыхание и осолонение Аральского моря. К этому времени в нем обитало несколько десятков видов рыб и более 100 видов свободноживущих беспозвоночных животных. Среди них были и недавние вселенцы, привнесенные в экосистему озера человеком. В книге А.Ф. Карпевич (Карпевич, 1975) приведен полный список аральских рыб без учета недавних вселенцев, а ниже в табл. 28 — аналогичный список для аральских свободноживущих беспозвоночных.

Первые вселения чужеродных видов в Арал были проведены в конце 20-х гг. прошлого века. Тогда из Каспийского моря в Арал вселялись каспийская сельдь и севрюга. Результаты вселения нельзя считать успешными, т.к. каспийская сельдь и севрюга в Арале не прижились (Карпевич, 1975). Кроме этого, с севрюги на аборигенного аральского шипа перешли паразиты икры кишечнополостное *Polypodium hydriforme* Ussov, 1885 и жабр моногенетический сосальщик *Nitzschia sturionis* (Abilgaard, 1794), вызвавшие сильнейшую эпизоотию. До вселения севрюги аральский шип не подвергался данным паразитарным заболеваниям, так как их возбудители в Арале отсутствовали (Догель, Быховский, 1934; Догель, Лутта, 1937). Таким образом, первый опыт интродукции в Арал чужеродных видов можно считать крайне неудачным.

После Второй Мировой войны в середине прошлого века попытки вселения чужеродных видов в Арал продолжились. Главным обоснованием этих мероприятий стали рассуждения, что в экосистеме озера мало планктофагов, а также рыб осетровых пород. При этом считалось, что вселение новых потребителей зоопланктона и бентоса сможет повысить рыбопродуктивность водоема (Карпевич, 1947, 1948, 1953, 1960б, 1975). Опираясь на эти суждения, в 1948–1963 гг. из Каспия вновь вселяли севрюгу, а в 1958 г. из реки Урал — шипа. Вновь интродукция осетровых не увенчалась успехом. Оба вида не прижились. Лишь в 1958 г. севрюга единично встретилась в уловах (Карпевич, 1975).

В эти же годы (1954–1956) в Арал из Каспия вселяли два вида кефалей. Вселение этих рыб также закончилось неудачей (Карпевич, 1975). Более успешно прошли вселение (1954–1959) и акклиматизация балтийской салаки. Этот экзотический для Арала планктофаг, привезенный из Балтийского моря, здесь прижился. Однако и в данном случае не обошлось без значительных негативных последствий. Начиная с 1957 г. салака стала встречаться в уловах в большом количестве, и резко возросла нагрузка на зоопланктон. Ранее он существовал в Арале не испытывая пресса рыб-планктофагов, которые полностью отсутствовали в нем. Из-за этого после вселения планктоноядных рыб средняя летняя биомасса зоопланктона снизилась более чем в 10 раз — со 160 до 10–15 мг/м^3 (Яблонская, Луконина, 1962; Карпевич, 1975; Кортунова, 1975). Кроме этого, из-за выедания вселенными рыбами-планктофагами полностью исчезли такие крупные зоопланктонные организмы

Таблица 28. Список видов свободноживущих беспозвоночных Аральского моря.

Coelenterata

1. *Protohydra leuckarti* Greef, 1970

Turbellaria

1. *Mecynostomum agile* (Beklemischev, 1927)
2. *Macrostomum hystricinum* Beklemischev, 1927
3. *M. minimum* (Luther, 1947)
4. *Promonotus orientalis* Beklemischev, 1927
5. *Kirgisella forcipata* Beklemischev, 1927
6. *Gieysztoria bergi* (Beklemischev, 1927)
7. *Byrsophlebs geniculata* Beklemischev, 1927
8. *Beklemischeviella contorta* (Beklemischev, 1927)
9. *Phonorhynchoides flagellatus* Beklemischev, 1927
10. *Gyratrix hermaphroditus* Ehrenberg, 1831
11. *Pontaralia relicta* (Beklemischev, 1927)
12. *Placorhynchus octaculeatus* ssp.

Nematodes

1. *Adoncolaimus aralensis* Filipjev, 1923

Rotatoria

1. *Eosphora ehrenbergi* Weber, 1918
2. *Trichocerca (Diurella) heterodactyla* Tschugunoff, 1921
3. *T. (D.) similis* (Wierzejski, 1893)
4. *T. (D.) porcellus* (Gosse, 1851)
5. *T. (s. str.) elongata* (Gosse, 1896)
6. *T. (s. str.) pusilla* (Lauterborn, 1898)
7. *T. (s. str.) longiseta* (Schrank, 1802)
8. *T. (s. str.) caspica* Tschugunoff, 1921
9. *Synchaeta stylata* Wierzejski, 1893
10. *S. vorax* Rousselet, 1902
11. *S. tremula* (Müller, 1786)
12. *S. pectinata* Ehrenberg, 1832
13. *Polyarthra euryptera* Wierzejski, 1891
14. *P. luminosa* Kutikova, 1962
15. *P. vulgaris* Carlin, 1943
16. *P. longiremis* Carlin, 1943
17. *Lindia torulosa* Dujardin, 1841
18. *Encentrum limicola* Otto, 1963
19. *Asplanchna priodonta* Gosse, 1850
20. *A. girodi* Guerne, 1888
21. *Brachionus angularis* Gosse, 1851
22. *B. calyciflorus* Pallas, 1776
23. *B. quadridentatus* Hermann, 1783
24. *B. plicatilis* Müller, 1786
25. *B. rubens* Ehrenberg, 1838
26. *B. urceus* (Linnaeus, 1758)
27. *Platyias quadricornis* (Ehrenberg, 1832)
28. *P. palustris* (Müller, 1786)
29. *Keratella cochlearis* (Gosse, 1851)
30. *K. tropica* (Apstein, 1907)
31. *K. quadrata* (Müller, 1786)
32. *K. valga* (Ehrenberg, 1834)
33. *Notholca squamula* (Müller, 1786)
34. *N. acuminata* (Ehrenberg, 1832)
36. *Kellicottia longispina* (Kellicott, 1879)
37. *Euchlanis dilatata* Ehrenberg, 1832
38. *E. triquerta* Ehrenberg, 1838
39. *Trichotria pocillum* (Müller, 1776)
40. *T. tetractis* (Ehrenberg, 1830)
41. *Mytilina ventralis* (Ehrenberg, 1832)
42. *Lecane (Lecane) luna* (Müller, 1776)
43. *L. (L.) ungulata* (Gosse, 1887)
44. *L. (Monostyla) lamellata* (Daday, 1893)
45. *L. (M.) stenroosi* (Meissner, 1908)
46. *L. (M.) bulla* (Gosse, 1851)
47. *L. (M.) lunaris* (Ehrenberg, 1832)
48. *Colurella obtusa* (Gosse, 1886)
49. *C. adriatica* Ehrenberg, 1831
50. *C. uncinata* (Müller, 1773)
51. *C. colurus* (Ehrenberg, 1830)
52. *Hexarthra fennica* (Levander, 1892)
53. *H. oxyuris* (Zernov, 1903)
54. *H. mira* (Hudson, 1871)
55. *Testudinella patina* (Hermann, 1783)
56. *T. bidentata* (Ternetz, 1892)
57. *Filinia longiseta* (Ehrenberg, 1834)
58. *Collotheca mutabilis* (Hudson, 1885)

Olligochaeta

1. *Aeolosoma hemprichi* Ehrenberg, 1828
2. *Nais elingius* Müller, 1773
3. *N. communis* Piguet, 1906
4. *Paranais simplex* Hrabe, 1936
5. *Amphichaeta sannio* Kallstenius, 1892
6. *Chaetogaster* sp.
7. *Limnodrilus helveticus* Piguet, 1923
8. *Potamothrix bavaricus* (Oeschmann, 1913)
9. *Psammorhyctides albicola* (Michaelsen, 1901)
10. *Lumbriculus lineatus* (Müller, 1771)

Cladocera

1. *Diaphanosoma brachyurum* Lievin, 1848
2. *Chydorus sphaericus* (O. F. Müller, 1785)
3. *Alona rectangula* G. Sars, 1861
4. *Bosmina longirostris* (O. F. Müller, 1785)
5. *Daphnia longispina* (O. F. Müller, 1776)
6. *Ceriodaphnia reticulata* (Jurine, 1820)
7. *C. cornuta* G. Sars, 1885
8. *C. pulchella* G. Sars, 1862
9. *Moina mongolica* Daday, 1901
10. *M. micrura* Kurz, 1874
11. *Podonevadne camptonyx* (G. Sars, 1897)
12. *P. angusta* (G. Sars, 1897)
13. *Evadne anonyx* G. Sars, 1897
14. *Cercopagis pengoi aralensis* M.-Boltovskoi, 1971

Copepoda

1. *Phyllodiaptomus blanci* (Guerne et Richard, 1896)
2. *Arctodiaptomus salinus* (Daday, 1885)
3. *Halicyclops rotundipes aralensis* Borutzky, 1971
4. *Cyclops vicinus* Uljanin, 1875
5. *Acanthocyclops viridis* (Jurine, 1820)
6. *Mesocyclops leuckarti* (Claus, 1857)
7. *Thermocyclops crassus* (Fischer, 1853)

Таблица 28. (окончание).

Harpacticoida

1. *Halectinosoma abrau* (Kritchagin, 1873)
2. *Schizopera aralensis* Borutzky, 1971
3. *S. jugurtha* (Blanchard et Richard, 1891)
4. *S. reducta* Borutzky, 1971
5. *Nitocra lacustris* (Schmankewitsch, 1875)
6. *N. hibernica* (Brady, 1880)
7. *Mesochra aestuarii* Gurney, 1921
8. *Onychocamptus mohammed* (Blanchard et Richard, 1891)
9. *Cletocamptus retrogressus* Schmankewitsch, 1875
10. *C. confluens* (Schmeil, 1894)
11. *Limnocletodes behningi* Borutzky, 1926
12. *Nannopus palustris* Brady, 1880
13. *Enchydrosoma birstein* Borutzky, 1971
14. *Leptocaris brevicornis* (Van Douwe, 1905)
15. *Paraleptastacus spinicauda* Noodt, 1954

Ostracoda

1. *Darwinula stevensoni* (Brady et Robertson, 1870)
2. *Candona marchica* Hartwig, 1899
3. *Cyclicypris laevis* (O. F. Müller, 1776)
4. *Plesiocypris newtoni* (Brady et Robertson, 1870)
5. *Cyprideis torosa* (Jones, 1850)
6. *Amnicythere cymbula* (Livental, 1929)
7. *Tyrrenicythere amnicola donetziensis* (Dubowsky, 1926)
8. *Limnocythere* (*Limnocythere*) *dubiosa* Daday, 1903
9. *L.* (*L.*) *inopinata* (Baird, 1850)
10. *L.* (*Galolimnocythere*) *aralensis* Schornikov, 1973
11. *L.* (*Loxocaspia*) *immodulata* (Stepanaitys, 1958)

Malacostraca

1. *Dikerogammarus aralensis* (Uljanin, 1875)

Hydracarina

1. *Eylais rimosa* Piersig, 1899
2. *Hydriphantes s. str. crassipalpis* Könike, 1914
3. *H.* (*Polyhydriphantes*) *flexuosus* (Köenike, 1885)
4. *Hydrodroma despiciens* (O. Müller)
5. *Limnesia undulata* (O. F. Müller)
6. *Arrenurus s. str. tricuspidator* (O. F. Müller)
7. *Copidognathus (s. str.) oxianus* Viets, 1928

Bivalvia

1. *D. polymorpha aralensis* (Andrusov, 1897)
2. *D. p. obtusicarinata* (Andrusov, 1897)
3. *D. caspia caspia* Eichwald, 1829
4. *D. c. pallasi* (Andrusov, 1897)
5. *Cerastoderma rhomboides rhomboides* (Lamarck)
6. *C. isthmicum* Issel, 1869
7. *H. vitrea bergi* Starobogatov, 1971
8. *H. minima sidorovi* Starobogatov, 1971
9. *H. m. minima* (Ostroumoff, 1907)

Gastropoda

1. *Theodoxus pallasi* Lindholm, 1924
2. *Caspiohydrobia conica* (Logvinenko et Starobogatov, 1968)
3. *C. husainovae* Starobogatov, 1971

как *Arctodiaptomus salinus* (Daday, 1885) и *Moina mongolica* Daday, 1901. Снижение численности и биомассы зоопланктона моментально сказалось на численности салаки, которая также резко упала (Кортунова, Луконина, 1970).

При проведении упомянутых выше интродукций попутно с плановыми вселенцами были занесены и другие рыбы, а также беспозвоночные, вселение которых не предполагалось. Случайно были вселены многие непромысловые рыбы. Так, попутно завезли 6 видов бычков, из которых 3 вида успешно натурализовались. Следует также отметить случайное вселение атерины и рыбы-иглы, которые быстро размножились и распространились по всей акватории Арала. При акклиматизации рыб-планктофагов в Арал случайно занесли и два вида креветок — *Palaemon elegans* Rathke, 1837 и *P. adspersus* Rathke, 1837, из которых один вид (*P. elegans*) успешно акклиматизировался (Карпевич, 1975). Натурализовавшийся вид креветки вступил в конкурентные отношения с аборигенным видом бокоплавов *Dikerogammarus aralensis* (Uljanin, 1875) и постепенно полностью вытеснил его из донных сообществ (Андреева, 1989; Aladin, Potts, 1992). Таким образом, до начала антропогенного высыхания и осолонения Аральского моря его экосистема подверглась серьезным перестройкам из-за плановых и случайных интродукций.

В эти же годы (1958–1960) был выполнен комплекс акклиматизаций рыб и беспозвоночных в дельтовые районы Сырдарьи и Амударьи. Так, из р. Дон вселили

4 вида мизид — *Paramysis baeri* (Czernyavsky, 1882), *P. lacustris* (Czernyavsky, 1882), *P. intermedia* (Czernyavsky, 1882), *P. ullskyi* (Czernyavsky, 1882), из которых два вида (*P. lacustris, P. intermedia*) к 1961 г. быстро достигли высокой численности, один вид (*P. baeri*) не смог акклиматизироваться, а другой (*P. ullskyi*) натурализовался, но остался малочисленным (Карпевич, 1975). Из рыб специально были акклиматизированы 3 вида пресноводных рыб китайского комплекса: белый амур, белый и пестрый толстолобики. Попутно с этими видами рыб в дельты рек случайно вселили еще 2 вида рыб этого комплекса: черного амура и змееголова. Все 5 видов, за исключением пестрого толстолобика, успешно натурализовались и вошли в число промысловых видов (Карпевич, 1975). Следует отметить, что все натурализовавшиеся китайские рыбы и мизиды вышли за пределы дельт рек и широко распространились по их эстуариям, проникая в акваторию даже самого Арала на многие километры от устий Сырдарьи и Амударьи. Сравнивая последствия акклиматизации в дельтовые районы с таковыми в Арал, следует отметить, что первые прошли более успешно и с меньшими негативными последствиями, чем вторые. Однако и в данном случае за счет новых вселенцев не произошло значительного увеличения вылова промысловых рыб, а также резкого роста кормовых ресурсов.

Таким образом, к 1961 г. экосистема Арала и его придельтовых и дельтовых участков сильно перестроилась за счет плановых и случайных вселенцев. Хотя и произошло увеличение биоразнообразия водоема на 14 видов рыб и 4 вида беспозвоночных, лишь немногие из указанных видов оказались промысловыми или важными в кормовом отношении. Многие виды рыб были вселены случайно и лишь увеличили нагрузку на пищевую цепь, не принеся пользы рыбному хозяйству. Обещанного роста вылова товарной рыбы и повышения кормовой ценности сообществ беспозвоночных практически не произошло. При этом из-за выедания вселенными рыбами или конкуренции с вселенными беспозвоночными полностью исчезли 2 аборигенных зоопланктонных вида — *M. mongolica* и *A. salinus* и 1 аборигенный вид зообентоса — *D. aralensis*. Таким образом, весь комплекс проведенных акклиматизационных мероприятий, осуществленных на Арале и в дельтах его рек в период с 1927 по 1961 г., можно считать не оправдавшим ожиданий, а в ряде случаев даже вредным. Когда в 1988 г. после начала перестройки была проведена научно-публицистическая экспедиция "Арал–88", ее участники также негативно оценили последствия преднамеренных и случайных акклиматизаций, выполненных на Аральском море в вышеуказанный период (Селюнин, 1989).

С 1961 г. началась вызванная хозяйственной деятельностью человека регрессия Арала. С этого момента водный баланс озера стал только отрицательным, за исключением 1968 г., который был необычайно многоводным (рис. 47). Лишь в этот год суммарное количество речного стока и осадков превысило испарение с поверхности водоема (Аральское море..., 1990). Столь быстрые антропогенное высыхание и осолонение Аральского моря поставили задачу вселения в него эвригалинных видов, способных выдержать неуклонное осолонение аральских вод.

В начале 1960-х гг. из Азовского моря вселили полихету *Hediste diversicolor* Müller, 1776 и двустворчатого моллюска *Abra ovata* (Philippi, 1893). Первый вид стал встречаться в большом количестве, начиная с 1963 г., а второй — с 1967 г. В середине 60-х гг. вселили еще двустворчатого моллюска *Monodacna colorata* (Eichwald, 1839). Однако эта попытка, в отличие от двух предыдущих, не увенчалась успехом (Карпевич, 1975). В середине, в конце 1960-х и в начале 70-х гг. были предприняты попытки вселения и планктонных организмов. Для акклиматизации были выбраны два вида эвригалинных копепод — *Calanipeda aquaedulcis* Kritchagin, 1873 и *Heterocope caspia*. Первый вид успешно прижился и с 1970 г. стал массово встречаться в планктоне по всему Аральскому морю (Казахбаев, 1974; Андреев, 1978), фактически заменив прежнего доминанта *A. salinus*, съеденного балтийской салакой. Что же касается второго вселенного рачка, то ему не удалось натурализоваться. При проведении акклиматизации планктонных копепод в воды Арала случайно занесли и личинок голландского крабика *Rhithropanopeus harrisii tridentata* Maitland, 1874. Начиная с 1976 г. он широко распространился по южной акватории Аральского моря (Андреев, Андреева, 1988), однако по ряду причин, которые будут рассмотрены, он не смог завоевать его северную акваторию — так называемый Малый Арал.

Акклиматизацию эвригалинных планктонных и бентосных видов можно считать примером продуманной и успешной интродукции. Вселенные эвригалинные виды смогли сохранить кормовую ценность планктона и бентоса в условиях антропогенного осолонения Арала. Позитивная роль эвригалинных вселенцев стала особенно заметной начиная с начала и середины 1970-х гг., когда соленость аральских вод превысила 12–14 г/л, и началась массовая гибель пресноводных и солоноватоводных видов планктона и бентоса. Рост солености также негативно сказался и на ихтиофауне. Особенно чувствительными оказались ранние стадии развития пресноводных рыб, доминировавших в Арале. Выживаемость личинок и молоди этих рыб стала резко снижаться уже при повышении солености на 1–2 г/л против исходной аральской солености 8–10 г/л. Все пресноводные аральские рыбы и беспозвоночные существовали на пределе своей потенциальной соленостной толерантности, и именно поэтому их гибель произошла столь быстро (Карпевич, 1975; Аладин, Котов, 1989; Плотников и др., 1991). В течение всего лишь одного десятилетия с момента начала антропогенного осолонения погибло более 50–70% свободноживущих аральских беспозвоночных и рыб. В этих экстремальных условиях вселение эвригалинных беспозвоночных оказалось очень своевременным, а также возникла идея вселения эвригалинных промысловых рыб. В конце 1970-х гг. из Азовского моря была привезена для акклиматизации камбала глосса. С 1981 г. этот экзотический для Арала вид промысловых рыб стал встречаться в уловах повсеместно (Лим, Маркова, 1981). Следует отметить, что к этому году из 20 аборигенных видов рыб в Арале осталась только эвригалинная колюшка. Все остальные аборигенные рыбы погибли полностью из-за осолонения, и лишь некоторые из них сохранились в дельте или дельтовых водоемах Амударьи и Сырдарьи. Успешная акклиматизация камбалы позволила сохранить рыбный промысел на Арале в условиях его антропогенного усыхания и осолонения. Следует также отметить, что к началу 1980-х гг. в Арале кроме камбалы и колюшки выжили случайно вселенные атерина, а также 2–3 вида бычков. Продолжала существовать и балтийская салака, которая, однако, не была многочисленной и не образовывала промысловых скоплений.

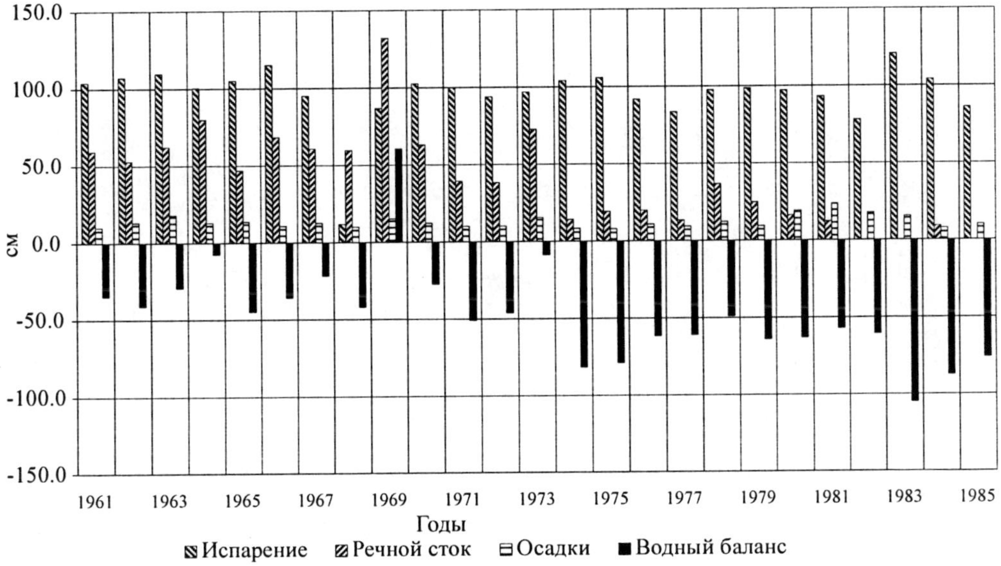

Рис. 47. Водный баланс Аральского моря в 1961–1985 гг.

В конце 1970-х – начале 80-х гг. была предпринята последняя попытка акклиматизации осетровых в Арале. Теперь вселялся русский осетр (Лим, Маркова, 1981). Однако эта попытка не могла быть успешной, так как соленость в Арале к этому времени достигла уже 18–20 г/л, что было слишком высоко для этого вида. Кроме этого, уже отсутствовала возможность естественной миграции проходных рыб в реки для нереста, так как дельты Амударьи и Сырдарьи к этому времени сильно обмелели.

В середине 1980-х гг. продолжались попытки вселения эвригалинных беспозвоночных в Арал. Так, из Азовского моря пытались вселить два вида двустворчатых моллюсков — *Mytilus galloprovincialis* Lamarck, 1819 и *Mya arenaria* Linnaeus, 1758. Обе интродукции не увенчались успехом. В первом случае — по причине отсутствия в Арале твердых субстратов, необходимых мидиям для прикрепления. Второй же вид был выпущен на мелководьях, которые полностью обсохли в течение нескольких месяцев после вселения моллюсков из-за непрекращающегося высыхания водоема. Если бы с учетом быстрого образования новой полосы осушки второй вид двустворчатых моллюсков был бы выпущен не на мелководье, то можно было бы надеяться на успех интродукции *M. arenaria*. В эти же годы вселяли и планктонную копеподу *Acartia clausi* Giesbrecht, 1889, которая также не смогла натурализоваться в Арале. Причиной, по-видимому, стало не только недостаточное число вселенных особей, но и занятость экологической ниши ранее вселенной *C. aquaedulcis*.

К концу 1980-х гг. закончилась история плановых и попутных акклиматизаций в Аральском море (табл. 29). С этого момента наступило время интродукций, не связанных с деятельностью человека.

С 1989 г. Арал перестал существовать как единый водоем. Он разделился на два независимых озера (рис. 48), которые стали эволюционировать в двух разных

Таблица 29. Виды-вселенцы в Аральском море

№	Таксон	Источник	Год вселения	Год первого обнаружения	Статус после вселения	Статус в 1990-е годы	Экологический статус	Путь вселения	Эффект
	Pisces								
1	*Alosa caspia* (Eichwald, 1838)	Каспий	1929–1932	–	–	–	Н	намеренно	0
2	*Acipenser stellatus* Pallas, 1771	Каспий	1927–1934/ 1948–1963	1958	–	–	Н	намеренно	0
3	*Acipenser nudiventris derjavini* Borzenko, 1950	р. Урал	1958	–	–	–	Н	намеренно	–
4	*Acipenser gueldenstaedtii* Brandt et Ratzeburg, 1833	?	1978–1980	1981	редкий	–	Н	намеренно	0
5	*Clupea harengus membras* (Linnaeus, 1758)	Балтийское море	1954–1959	1957	редкий	?	Н	намеренно	+
6	*Liza auratus* (Risso, 1810)	Каспий	1954–1956	–	–	–	Н	намеренно	0
7	*Liza saliens* (Risso, 1810)	Каспий	1954–1956	–	–	–	Н	намеренно	0
8	*Ctenopharyngodon idella* (Valenciennes, 1844)	Китай	1960–1961	1963	промысловый	–	Н	Намеренно	+
9	*Hypophtalmichthys molitrix* (Valenciennes, 1844)	Китай	1960–1961	1963	промысловый	–	Н	намеренно	+
10	*Aristichtys nobilis* (Richardson, 1845)	Китай	1960–1961	?	редкий	–	Н	намеренно	+
11	*Platichthys flesus* (Linnaeus, 1758)	Азовское море	1979–1987	1981	промысловый	промысловый	Н	намеренно I	+
12	*Mylopharyngodon piceus* (Richardson, 1846)	Китай	1960–1961	1963	промысловый	–	Н	попутно	0
13	*Syngnatus abaster caspius* Eichwald, 1831	Каспий	1954–1956	?	редкий	–	Н	попутно	–
14	*Atherina boyeri caspia* Eichwald, 1831	Каспий	1954–1956	1959	многочисленный	редкий	Н	попутно	–
15	*Knipowitschia caucasica* (Berg 1916)	Каспий	1954–1956	1958	многочисленный	?	Н	попутно	–
16	*Neogobius fluviatilis* (Pallas, 1814)	Каспий	1954–1956	1958	многочисленный	?	Н	попутно	–
17	*Neogobius melanostomus* (Pallas, 1814)	Каспий	1954–1956	1959	многочисленный	–	Н	Попутно	–
18	*Neogobius syrman* (Nordmann, 1840)	Каспий	1954–1956	1959	редкий	–	Н	попутно	–
19	*Proterorhinus marmoratus* (Pallas, 1814)	Каспий	1954–1966	1959	редкий	?	Н	попутно	–
20	*Neogobius kessleri* (Günter, 1861)	Каспий	1954–1956	1959	редкий	–	Н	попутно	–
21	*Ophicephalus(Channa) argus* Cantor, 1842	Каракумский канал	1960s	1965	промысловый	промысловый в дельтах	Н	попутно	+
	Monogenea								
22	*Nitzschia sturionis* (Abilgaard, 1794)	Каспий	1927–1934	?	многочисленный	–	Пар	попутно	–
	Coelenterata								
23	*Polipodium hydriforme* Ussov, 1885	Каспий	1927–1934	?	многочисленный	–	Пар	попутно	–
	Mysidacea								
24	*Paramysis baeri* (Czerniavsky, 1882)	р. Дон	1958–1960	–	?	–	Н/Б	намеренноI	0
25	*Paramysis lacustris* (Czerniavsky, 1882)	р. Дон	1958–1960	1961	многочисленный	в дельтах	Н/Б	намеренно	+

Таблица 29. (окончание).

№	Таксон	Источник	Год вселения	Год первого обнаружения	Статус после вселения	Статус в 1990-е годы	Экологический статус	Путь вселения	Эффект
26	*Paramysis intermedia* (Czerniavsky, 1882)	р. Дон	1958–1960	1961	многочисленный	–	Н/Б	намеренно	+
27	*Paramysis ullskyi* (Czerniavsky, 1882)	р. Дон	1958–1960	1963	редкий	–	Н/Б	случайно	+
28	*Limnomysis benedeni* (Czerniavsky, 1882)	?	?	1975	редкий	–	Н/Б	случайно	+
	Decapoda								
29	*Palaemon elegans* Rathke, 1837	Каспий	1954–1966	1957	многочисленный	многочисленный	Н/Б	попутно	?
30	*P. adspersus* Rathke, 1837	Каспий	1954–1966	–	?	–	Н/Б	Попутно	?
31	*Rhithropanopeus harrisii tridentata* (Maitland, 1874)	Азовское море	1965, 1966,	1976	многочисленный	многочисленный	Б	попутно	+
	Copepoda								
32	*Calanipeda aquaedulcis* Kritschagin, 1873	Азовское море	1965, 1966/ 1970	1970	многочисленный	многочисленный	П	намеренно	+
33	*Heterocope caspia* Sars, 1897	?	1971	–	–	–	П	намеренно	0
34	*Acartia clausi* Giesbrecht, 1889	?	1985, 1986	–	–	–	П	намеренно	0
	Polychaeta								
35	*Hediste diversicolor* Müller, 1776	Азовское море	1960–1961	1963	многочисленный	многочисленный	Б	Намеренно	+
	Bivalvia								
36	*Abra ovata* (Philippi, 1893)	Азовское море	1960, 1961, 1963	1967	многочисленный	многочисленный	Б	намеренно	+
37	*Monodacna colorata* (Eichwald, 1839)	?	1964,1965	–	–	–	Б	намеренно	0
38	*Mytilus galloprovincialis* Lamarck, 1819	Азовское море	1984–1986	–	–	–	Б	намеренно	0
39	*Mya arenaria* Linnaeus, 1758	Азовское море	1984–1986	–	–	–	Б	намеренно	0

Путь вселения: ни — намеренно, си — случайно, би — попутно при плановом вселении
Экологический статус: Н — нектон, Б — бентос, Н/Б — нектобентос, П — планктон
Эффект: – — отрицательный, + — положительный, 0 — нет, ? — неизвестно

Рис. 48. Аральское море в 2000 г.

направлениях. Расположенное на севере Малое Аральское море, которое питается стоком Сырдарьи, стало переполняться вследствие положительного водного баланса. Зеркало этого озера невелико, и с его поверхности испаряется меньше воды, чем поступает со стоком Сырдарьи, атмосферными осадками и грунтовыми водами. Что же касается расположенного на юге Большого Аральского моря, то его водный баланс остался отрицательным, и с его огромной поверхности продолжает испаряться значительно больше воды, чем поступает с незначительным остаточным стоком Амударьи, атмосферными осадками и грунтовыми водами (Aladin, Plotnikov, Potts, 1995). Резкие различия гидрологических режимов этих двух новоявленных озер обусловили и их различное будущее. Малый Арал стабилизировал свой уровень и соленость, а Большой Арал продолжает быстро усыхать и осолоняться.

К моменту разделения Арала на два сестринских водоема соленость в них была около 28–30 г/л. Уровень того и другого озера был на отметке около +40 м выше уровня Мирового океана (Aladin et al., 1995; Aladin, 1995). Сходными были их фауна и флора. Однако очень быстро между водоемами стали возникать биологические различия вследствие отличия гидрологических режимов. В 1961 г. к моменту начала антропогенного высыхания и осолонения Арал был солоноватоводным водоемом со средней соленостью 8–10 г/л, и его уровень стоял на отметке около +53 м (Зенкевич, 1963). Экосистема характеризовалась низкими биоразнообразием и продуктивностью. По мере осолонения и падения уровня биоразнообразие и продуктивность еще больше снизились, а экосистема озера из солоноватоводной трансформировалась в мезогалинную, в которой доминировали выжившие аборигенные и интродуцированные эвригалинные и морские виды рыб и беспозвоночных (Плотников и др., 1991).

На момент разделения Арала на два озера в нем обитало только 7 видов рыб, 10 массовых видов зоопланктонных организмов и 11 массовых видов бентосных. В планктоне и бентосе были отмечены несколько видов простейших. К этому времени экосистема Аральского моря уже пережила как минимум 3 кризисных периода (Плотников и др., 1991).

Первый кризисный период пришелся на 1957–1960 гг., и был связан с появлением в экосистеме озера плановых и попутных акклиматизантов.

Второй кризисный период относился к 1971–1976 гг., когда соленость аральских вод превысила 12–14 г/л. В это время погибли солоноватоводные виды пресноводного происхождения. Одновременно с их гибелью сложились благоприятные биотические и абиотические условия для развития морских (средиземноморско-атлантических) вселенцев, привнесенных в Арал человеком в XX веке, а также попавших сюда ранее в период существования стока по Узбою. Кроме этого, продолжали нормально существовать аборигенные эвригалинные виды каспийского происхождения (Плотников и др., 1991), появившиеся в Арале в начале голоцена, когда он имел связь с Каспием. Возможно, некоторые из этих ранних каспийских вселенцев попали в Арал около 5000 лет назад не без помощи древнего человека, племена которого странствовали по берегам Узбоя и могли занести отдельные виды из Каспия в Арал. Существует мнение, что именно так, с помощью древнего человека, из Каспия в Арал попал средиземноморско-атлантический вид двустворчатых моллюсков *Cerastoderma isthmicum* Issel, 1869 (Федоров, 1983). Помимо пассивного переноса древним человеком, путешествовавшим вдоль Узбоя, отдельные каспийские гидробионты, способные преодолеть течение, по-видимому, могли самостоятельно проникнуть в Арал по руслу Узбоя. Активно плавающие рыбы и беспозвоночные, а также птицы, могли занести на себе или в своих желудках покоящиеся стадии и ряда других каспийских гидробионтов, которые здесь в последствии натурализовались.

Третий кризис наступил в 1986 г., когда соленость превысила 23–25 г/л, и продолжался до разделения Арала на две части в 1989 г. В эти годы погибли солоноватоводные виды каспийского происхождения, и в Арале, разделенном на две части, остались только морские, эвригалинные и галофильные формы гидробионтов (Плотников и др., 1991). Рассмотрим подробно, какие же виды обитали в обеих частях Арала после его разделения.

В зоопланктоне было обнаружено 11 видов (коловраток — 5, ветвистоусых — 1, веслоногих — 5). Среди коловраток присутствовало пять эвригалинных широко распространенных видов: *Synchaeta vorax* Rousselet, 1902, *S. cecilia*, *Notholca acuminata* (Ehrenberg, 1832), *N. squamula* (Müller, 1786), *Brachionus plicatilis* Müller, 1786. Из ветвистоусых на пределе своей соленостной толерантности выжил только один каспийский эвригалинный вид Onychopoda — *Podonevadne camptonyx* (G. Sars, 1897). Среди копепод доминировало два эвригалинных вида: *C. aquaedulcis* и *Halicyclops rotundipes aralensis* Borutzky, 1971, а также 3 вида Harpacticoida. Кроме перечисленных видов, в планктоне были отмечены личинки донных беспозвоночных и инфузории, преимущественно Tintininae. Таким образом, в зоопланктоне Арала на момент разделения был один недавний вселенец (*Calanipeda aquaedulcis*), один древний вселенец (*P. camptonyx*) и 9 эвригалинных видов, часть которых широко распространена в регионе, а другую часть можно отнести к аборигенам. Как видно из приведенных данных, в зоопланктоне доля недавних вселенцев достигала 9%.

В зообентосе сохранилось 8 видов (двустворчатых моллюсков — 2, брюхоногих — 2, многощетинковых червей — 1, ракушковых ракообразных — 1, десятиногих раков — 2). Из двустворчатых моллюсков было 2 вида: недавний вселенец *A. ovata* и древний вселенец *Cerastoderma isthmicum*. Среди брюхоногих моллюсков встречалось 2 широко эвригалинных вида рода *Caspiohydrobia*. Многощетинковые черви были представлены вселенным эвригалинным видом *Hediste diversicolor*. Из ракушковых ракообразных выжил только один эвригалинный вид *Cyprideis torosa*. Десятиногие раки были представлены двумя случайными вселенцами — креветкой *Palaemon elegans* и голландским крабиком *Rithropanopeus harrisii tridentata*. Кроме перечисленных видов в бентосе были отмечены и некоторые протисты. Таким образом, в зообентосе Арала на момент разделения было 4 недавних вселенца (*A. ovata*, *H. diversicolor*, *P. elegans* и *R. harrisii tridentata*), один древний вселенец (*C. isthmicum*) и 3 эвригалинных вида, часть которых широко распространена в регионе, а другую часть можно отнести к аборигенам. Как видно из приведенных данных, в зообентосе доля недавних вселенцев достигла 50%.

Следует отметить, что голландский крабик начиная с 1976 г. в массе встречался только в южной акватории Арала. Это произошло потому, что его личинки (zola) были случайно занесены только в Большой Арал. Так как личинки разносятся течениями, то и завоевание аральских вод крабиком шло медленно и строго следовало схеме течений. Согласно ей, Малый Арал, как правило, не получал вод из Большого Арала, и именно поэтому личинки крабика не успели проникнуть на север до момента разделения Аральского моря в 1989 г. Таким образом, после разделения озера Малый Арал унаследовал в бентосе на 1 вид меньше, чем Большой Арал.

Также необходимо отметить, что ряд авторов (Старобогатов, Андреева, 1981) указывает для Аральского моря не 2, а более 20 видов брюхоногих моллюсков рода *Caspiohydrobia*. Это связано с тем, что они выделяют в роду существенно большее количество видов, что мы не считаем обоснованным. Использование новых молекулярных методов может в скором времени частично разрешить эту проблему, и более точно представлять, сколько же видов *Caspiohydrobia* обитает в Арале.

В ихтиофауне на момент разделения выжило 7 видов рыб. Из аборигенных видов осталась только девятииглая колюшка. Из специально вселенных рыб сохранились 2 вида: балтийская салака и камбала глосса. Из случайно вселенных рыб — атерина и 3 вида бычков — песочник, бубырь и кругляк. Таким образом, доля недавних вселенцев в ихтиофауне достигла 86%.

Как было отмечено выше, судьбы Малого и Большого Арала после разделения прежде единого водоема оказались различными. Кратко опишем историю их развития. Начнем с истории Малого Арала.

После разделения в 1989 г. уровень Малого Аральского моря стабилизировался на отметке +40 м и стал постепенно повышаться вследствие положительного водного баланса (Aladin, 1995; Aladin et al., 1995). В результате этого воды Малого моря стали стекать с севера на юг в Большой Арал. Этот сток происходил не по всей поверхности бывшего дна пролива Берга, а только в зоне его центральной части, где прежде производились дноуглубительные работы. Эти работы были начаты в 1980-х гг., когда уровень воды в проливе Берга снизился настолько, что суда стали задевать дно и даже садиться на мель. Именно в эти годы здесь был проложен судоходный канал с севера на юг. Уже в конце весны – начале лета 1989 г. вода по нему начала медленно стекать из Малого Арала в Большой. Этот сток возник вследствие того, что Большой Арал продолжал мелеть, и его отметка неуклонно опускалась ниже +40 м. К весне 1992 г., вследствие увеличения гидрологического уклона, сток резко усилился, достигнув значения порядка 100 $м^3$/сек через поперечное сечение сформировавшегося русла. Высокая скорость стока была связана с тем, что уровень Большого Арала к тому времени опустился до отметки +37,1 м, и перепад высот между соседними озерами достиг 3 м. Сильный поток воды размывал дно, и возникла реальная угроза практически полного спуска вод Малого Арала в Большой (Aladin et al., 1995). Для предотвращения этой угрозы в июле-августе 1992 г. образовавшийся проток между Большим и Малым Аралом был перекрыт, и сток был прекращен. В последующие годы плотина в проливе Берга неоднократно частично разрушалась паводком и вновь восстанавливалась человеком. Наличие плотины позволило к апрелю 1999 г. поднять уровень Малого Аральского моря до отметки +42,8 м, а также снизить среднюю соленость с 29,2 г/л (на момент разделения) до 18,2 г/л. К сожалению, в конце апреля 1999 г. плотина полностью разрушилась из-за подъема уровня воды в Малом Арале. Вследствие этого спустя 7 лет уровень вновь вернулся на отметку +40 м. В настоящее время работы по восстановлению плотины еще не начаты, и воды Малого Арала продолжают стекать на юг. Следует отметить, что теперь они не достигают Большого Арала, а теряются в солончаках и песках. В настоящее время Большой Арал усох настолько, что его современная береговая линия находится вдали от современного Малого Арала (рис. 48).

Подъем уровня Малого Аральского моря и снижение солености в нем благоприятно сказались на его биоте. В этой части разделившегося Арала даже началось увеличение биоразнообразия. После постройки плотины в 1992 г. уровень стал повышаться, и вновь оказался залитым водой залив Большой Сары-Чеганак. Начались реабилитационные процессы и в самой дельте Сырдарьи. Здесь с новой силой начали восстанавливаться заросли тростника (*Phragmites australis* (Cav.) Trin. ex

Steud), формируя привычную среду обитания для гидробионтов и околоводных животных (Aladin, 1995; Aladin et al., 1995). Увеличение глубин в дельте, связанное с подъемом уровня Малого моря, позволило аборигенным и интродуцированным пресноводным рыбам вновь, как и прежде, временно выходить на нагул в эстуарий Сырдарьи. Пик таких нагулов пришелся на конец 90-х гг., когда накануне разрушения плотины уровень малого Арала превысил отметку +42 м. Нагулу сырдарьинских рыб в Малом Арале способствовало и снижение средней солености до величин порядка 18 г/л. Следует отметить, что до строительства плотины в проливе Берга эстуарий р. Сырдарья был выражен очень слабо, и зона смешения речных и аральских вод практически отсутствовала, так как все пресные воды тут же затягивались в проток между Большим и Малым Аралом и стекали на юг. Таким образом, опресненная вода сразу покидала Малый Арал. После постройки плотины распресненные воды стали удерживаться в акватории Малого моря, и его средняя соленость за период существования дамбы снизилась на 11 г/л.

Несмотря на столь существенное снижение солености, которое позволило сырдарьинским рыбам приходить в Малый Арал на нагул, число видов рыб, постоянно живущих собственно в северной акватории, осталось прежним и составляет 7 видов, как это было на момент разделения озера. Из них промысловое значение имеет только камбала глосса. Некоторые сырдарьинские виды рыб (например, судак), несмотря на то, что теперь они могут осуществлять нагул по значительной части акватории Малого Арала, выходя за пределы эстуария Сырдарьи, еще не могут считаться обитателями Малого Аральского моря, как это было до начала его антропогенного осолонения. Дело в том, что соленость Малого Арала еще высока для воспроизводства этих рыб.

Повышение уровня и снижение солености положительно сказались не только на ихтиофауне Малого Арала, но и на его зоопланктоне и зообентосе.

Так, в зоопланктоне вновь появились 2 вида ветвистоусых ракообразных: *Moina mongolica* и *Evadne anonyx* G. Sars, 1897, ранее здесь обитавшие, а численность *Podonevadne camptonyx* увеличилась. Появление *E. anonyx* можно объяснить особенностями жизненного цикла. Ветвистоусые ракообразные семейства Podonidae, к которому относится и *E. anonyx*, имеют латентные (покоящиеся) яйца, тонущие в воде и способные переживать неблагоприятные условия в течение нескольких лет на стадии диапаузирующих эмбрионов. *E. anonyx* до разделения Арала на две части наблюдали последний раз в северной акватории летом 1988 г., когда соленость в ней превысила 25 г/л. После этого данный вид ветвистоусых ракообразных не наблюдался в планктоне несколько лет. Однако в 1993 г., когда соленость в Малом море вновь опустилась ниже 25 г/л, *E. anonyx* по-видимому вылупились из покоящихся яиц, сохранившихся на дне моря, и представители данного вида вновь вошли в состав планктона.

Что касается появления в Малом Арале *M. mongolica*, то и в данном случае это было связано с покоящимися стадиями этих рачков. Однако следует отметить, что латентные яйца данного вида не тонут и не сохраняются на дне, как в случае с таковыми *E. anonyx*. Однако они могут сохраняться в выбросах на прибрежной полосе. Кроме этого, латентные яйца *M. mongolica* способны выдерживать высушивание и промораживание, сохраняя жизнеспособность несколько лет и даже десятилетий (Макрушин, 1985). Очевидно, что покоящиеся яйца *M. mongolica* были занесены в Малый Арал ветром из близлежащих соленых озер во время пыльно-солевых бурь. По-видимому, *M. mongolica* еще не стала постоянным компонентом зоопланктона современного изолированного Малого Аральского моря, как это было до выедания ее салакой в конце 1950-х – начале 60-х гг. Ранее *M. mongolica* присутствовала в летнем планктоне Аральского моря постоянно (с весны до осени), а в прибрежных выбросах всегда находились ее латентные яйца. Этот планктонный рачок был распространен по всему Аралу: от опресненных эстуариев до осолоненных култуков, так как является широко эвригалинным и выдерживает солености от пресной воды до 97 г/л (Суханова, 1971). В настоящее время *M. mongolica* в Малом Аральском море наблюдается спорадически, и в прибрежных выбросах не удается обнаружить ее латентные яйца. Очевидно, весенние пыльно-солевые бури заносят латентные яйца, из которых позднее и вылупляются рачки. Дав вспышку благодаря партеногенетическому размножению, они выедаются салакой и атериной, не успев оставить покоящихся яиц. Следующей весной ситуация повторяется, так как в окружающих Малый Арал соленых озерах, где нет рыб, *M. mongolica* встречается повсеместно и продуцирует большое количество латентных яиц. По этой причине мы считаем, что *M. mongolica* еще не стала постоянным компонентом зоопланктона Малого Арала. Поэтому биоразнообразие зоопланктона увеличилось только на один вид, достигнув 12 видов. Таким образом, в современном Малом Аральском море обитает 1 недавний вселенец (*C. aquaedulcis*), 2 древних вселенца (*P. camptonyx*, *E. anonyx*) и 9 эвригалинных видов, часть которых широко распространена в регионе, а другую часть можно отнести к аборигенам. Как видно из приведенных данных, в зоопланктоне доля недавних вселенцев снизилась до 8%.

В зообентосе также появились новые виды. В Малом Арале к выжившему ракушковому рачку *Cyprinides torosa* добавилось еще два вида ракушковых рачков — *Eucypris inflata* и *Heterocypris salina* (Brady, 1868). Они никогда ранее в Аральском море не встречались и были впервые обнаружены в 1995 г. в заливе Большой Сары-Чеганак, который после постройки плотины вновь заполнился водой. Проникновение обоих видов ракушковых рачков, как и в случае с *M. mongolica*, очевидно, связано с распространением покоящихся стадий этих беспозвоночных с пыльно-солевыми бурями. У этих двух эвригалинных ракушковых ракообразных есть покоящиеся стадии, которые выдерживают промораживание и высушивание и легко переносятся ветром. Следует отметить, что частота пыльно-солевых бурь в Аральском регионе после начала антропогенного высыхания Арала, увеличилась. По данным метеорологов в районе Малого Арала в середине 1960-х гг. наблюдалось порядка 60 пыльных бурь ежегодно, а к середине 1980-х гг. их число увеличилось почти вдвое (Аральское море..., 1990). Учитывая, что эти бури не только частые, но и сильные, можно сделать вывод, что эоловый перенос становится важным фактором распространения жизни и спонтанной интродукции новых видов в водоемы Приаралья.

В конце 1990-х гг., когда средняя соленость Малого моря снизилась до 18 г/л, в его бентосе вновь появились личинки комаров семейства Chironomidae. До начала антропогенного высыхания и осолонения Арала несколько видов хирономид были одним из важнейших компонентов кормового зообентоса. Теперь, спустя более чем 30 лет, нами вновь были обнаружены личинки, относящиеся к виду *Chironomus halophilus* Packard, 1873 (Аладин и др., 2002). Однако не исключено, что в ближайшем будущем в Малом Арале могут появиться личинки и других хирономид, так как в придельтовых водоемах Сырдарьи, а также и других осолоненных водоемах Приаралья, обитает большое число хирономид, взрослые стадии которых могут активно (перелет) или пассивно (эоловый перенос) достигнуть акватории Малого моря и отложить там яйца. Возвращение в Малый Арал личинок хирономид (естественная реинтродукция) чрезвычайно хороший и обнадеживающий признак увеличения кормовой ценности его бентоса. Следует отметить, что снижение солености более чем на 10 г/л за весь период существования плотины в проливе Берга, положительно сказалось и на других представителях зообентоса Малого Арала. Все они не только выжили, но и увеличили свои численность и биомассу, несмотря на активное выедание камбалой и бычками, что свидетельствует о повышении продуктивности донных сообществ.

Таким образом, в зообентосе современного Малого Арала число видов увеличилось до 10. Выжили 3 недавних вселенца (*A. ovata*, *N. diversicolor* и *P. elegans*), один древний вселенец (*C. isthmicum*) и 3 эвригалинных вида, а также появились еще 2 новых вида ракушковых ракообразных (*E. inflata* и *H. salina*), и произошла естественная реинтродукция *C. halophilus*. В результате доля недавних вселенцев в зообентосе увеличилась, достигнув 60%.

Разрушение плотины в конце апреля 1999 г. восстановило проточность Малого Аральского моря. Вновь практически высох залив Большой Сарычеганак. Обмелели проливы, связывающие заливы Шевченко и Бутакова с Малым Аралом. Однако, как это было в начале 1990-х гг., угрозы поворота Сырдарьи в Большой Арал сейчас нет, так как в настоящее время Сырдарья с конца 90-х гг. по искусственному руслу впадает в Малый Арал значительно севернее своего прежнего естественного устья. Между тем, скорейшее восстановление плотины в проливе Берга крайне необходимо. Это позволит не только сохранить биоразнообразие и продуктивность данного водоема на достигнутом к настоящему времени уровне, но и увеличить их.

Уровень Большого Аральского моря неуклонно снижается вследствие отрицательного водного баланса, и его воды быстро осолоняются (Aladin et al., 2002). Все это неблагоприятно сказалось на биоте. В этой части разделившегося Арала продолжается снижение биоразнообразия. После постройки плотины в проливе Берга в 1992 г. уровень Большого моря стал снижаться несколько быстрее, так как сюда перестала стекать вода из Малого моря. Однако удержание воды на севере не вызвало катастрофически быстрого ускорения процесса высыхания. Как свидетельствуют сравнительные измерения уровней Большого и Малого Арала, полученные с помощью спутников за последние годы, ускорение снижения уровня из-за постройки плотины было очень незначительным.

Рост солености воды в Большом Арале привел к гибели практически всех морских и эвригалинных видов рыб и беспозвоночных, за исключением галофильных. Из 7 видов рыб, унаследованных при разделении Арала, к осени 2002 г., по-видимому, не осталось ни одного вида, так как соленость вод превысила 70 г/л. Не исключена возможность, что в заливах Тще-Бас и Чернышова, а также в районе мыса Актумсык, где наблюдается повышенный выход опресненных грунтовых вод, взрослые камбалы будут переживать еще несколько лет. Однако можно сказать с уверенностью, что естественное воспроизводство всех видов рыб в Большом Арале уже прекратилось.

Из 11 видов зоопланктонных организмов сохранилась только широко эвригалинная коловратка *Brachionus plicatilis* Müller, 1768. Однако зоопланктон Большого Аральского моря пополнился тремя галофильными видами. Благодаря эоловому переносу сюда были занесены латентные яйца ветвистоусого рачка *M. mongolica* и жаброногого ракообразного *Artemia salina* (Linnaeus, 1758), а также цисты инфузории *Fabrea salina* Henneguy, 1890. Таким образом, в зоопланктоне Большого Арала осталось 4 вида. Следует отметить, что в Большом море, в отличие от Малого, *M. mongolica* стала постоянным компонентом летнего зоопланктона, но пока еще не успела расселиться по всей его акватории. *A. salina* тоже пока еще только завоевывает акваторию Большого Арала. Однако в некоторых районах она уже достигает высокой численности. Не вызывает сомнения, что Большой Арал станет еще одним важным центром добычи яиц артемии, которые являются ценным продуктом для нужд аквакультуры.

Таким образом, в зоопланктоне современного Большого Аральского моря обитает 4 эвригалинных вида, которые широко распространены в регионе. *B. plicatilis* и реинтродуцированную *M. mongolica* нельзя отнести к вселенцам, так как они до начала антропогенного высыхания и осолонения всегда обитали в Арале, что же касается *A. salina* и *F. salina*, то их с полным правом можно считать вселенцами. Доля недавних вселенцев в зоопланктоне к настоящему времени достигла 50%.

Из 8 видов зообентоса сохранились только 2 вида широко эвригалинных брюхоногих моллюсков рода *Caspiohydrobia* и один эвригалинный вид ракушковых ракообразных *C. torosa*. Все остальные обитатели дна, унаследованные при разделении Арала, такие как двустворчатые моллюски, полихеты и десятиногие раки, уже погибли из-за осолонения или находятся на грани исчезновения. Также как и в случае с зоопланктоном, зообентос Большого Арала благодаря эоловому переносу пополнился новыми галофильными вселенцами. В бентосе появился эвригалинный ракушковый рачок *E. inflata* и галофильные простейшие. Кроме этого, в бентосе Большого Арала появились личинки галофильных хирономид. Таким образом, благодаря новым вселенцам число доминирующих организмов в бентосе Большого Арала составило 6 видов.

Особо надо отметить состояние бентоса в заливах Тще-Бас и Чернышова. Здесь его биоразнообразие выше. Как уже отмечалось ранее, на дне этих заливов, а также в районе мыса Актумсык, происходит выклинивание грунтовых вод из-под расположенных поблизости чинков (обрывов) плато Устюрт (Ш. Раджабов, Н. Тахиров, личн. сообщ.). Выход на дне этих заливов опресненных вод создает бентосу на этих участках более благоприятные соленостные условия для выживания, чем в других районах Большого Арала. О справедливости этого предположения свидетельствуют наши данные, полученные в полевых условиях в августе-сентябре 2002 г. В этих заливах были обнаружены не только широко эвригалинные виды *Caspiohydrobia*, Chironomidae и эвригалинный ракушковый рачок *C. torosa*, но и некоторые недавние (*A. ovata*) вселенцы. Так, в заливе Тще-Бас, где соленость была несколько ниже (69 г/л), чем в заливе Чернышова (70 г/л), были встречены взрослые *A. ovata*. Кроме этого, здесь же была встречена молодь *A. ovata*, что свидетельствует о продолжении воспроизводства этих моллюсков. Однако *H. diversicolor* ни на одной станции обнаружен не был. В более осолоненном заливе Чернышова двустворчатые моллюски отсутствовали полностью, но был обнаружен *H. diversicolor*.

Как видно из приведенных выше данных, после разделения Арала на две части его южная часть быстро трансформировалась из мезогалинного водоема в гипергалинный. Соответственно изменилось и биоразнообразие Большого Арала, в котором стали доминировать типичные обитатели гипергалинных водоемов, а подавляющее большинство его прежних обитателей, включая рыб, погибло из-за осолонения. В фитопланктоне современного Большого Арала начинает доминировать галофильная водоросль *Dunaliella salina* (Teod.), которая становится основным доминирующим автотрофным организмом сформировавшегося гипергалинного водоема. Эта водоросль также попала в Большой Арал с ветром из соседних гипергалинных водоемов. Как и в случае с Малым Аралом, экосистема Большого Арала в настоящее время, в основном, пополняется за счет эолового переноса покоящихся стадий гидробионтов из других водоемов Приаралья.

Резкое падение уровня Большого Арала фактически уничтожило дельту Амударьи. В отличие от дельты Сырдарьи, где после постройки плотины в проливе Берга начались естественные реабилитационные процессы, дельта Амударьи продолжает быстро деградировать. Кроме того, дельтовые водоемы Сырдарьи расположены близко от Малого Арала и имеют регулярную подпитку речной водой, а таковые Амударьи находятся на значительном удалении от Большого Арала и лишены регулярного поступления речных вод. Таким образом, экологическая обстановка на юге Арала более сложная, чем на севере.

Говоря о будущем Малого и Большого Аралов, следует отметить, что на Малом Аральском море после постройки в проливе Берга новой плотины с водопропускными устройствами уровень будет повышаться, а соленость снижаться. Все эти гидрологические изменения, очевидно, будут сопровождаться ростом биоразнообразия и продуктивности данного мезогалинного водоема. По-видимому, будет наблюдаться и естественная миграция эвригалинных видов со стоком речных вод из искусственных и естественных водоемов, расположенных в низовьях и дельте Сырдарьи. Может оказаться целесообразным и ускорение этого естественного процесса за счет переселения некоторых видов кормовых беспозвоночных и рыб из сырдарьинских озер Камыслыбас, Жаланашколь, Тущибас и др. непосредственно в Малый Арал. Многие из аборигенных и интродуцированных видов, погибнув в Арале, выжили в придельтовых водоемах и после восстановления плотины могут быть возвращены в Малое море усилиями человека. Следует подчеркнуть, что данные мероприятия будут успешными только после снижения средней солености в Малом Аральском море до уровня ниже 14 г/л. Реинтродукция при более высокой солености не имеет смысла.

Будущее Большого Арала весьма печально. В ближайшие несколько лет его акватория неизбежно разделится как минимум на 3 части. Обособятся залив Тще-Бас на севере, глубоководный водоем на западе и мелководный водоем на востоке

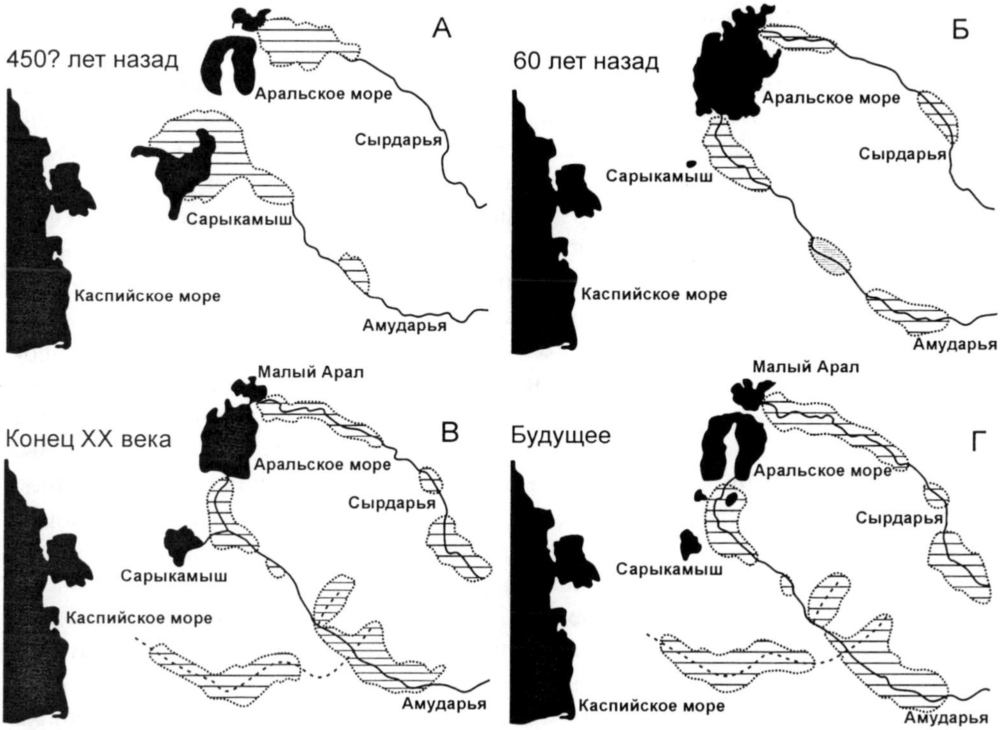

Рис. 49. Средневековая, середины XX века, современная и возможная будущая гидрографические сети Центральной Азии и Казахстана: А — фаза средневекового антропогенного высыхания; Б — фаза современного Арала до антропогенного высыхания; В — фаза последнего антропогенного высыхания; Г — фаза стабилизации Арала в будущем. Заштрихованные участки — области орошения.

(рис. 49, г). Последний водоем может полностью высохнуть к 2010 г. или даже раньше. Отделившийся залив Тще-Бас будет медленно осолоняться, так как по оценкам гидрогеологов в его районе, возможно, есть достаточное количество грунтовых вод, поступление которых способно замедлить быстрый рост солености. Некоторые авторы (Раджабов, Тахиров, личн. сообщ.) даже предполагают возможность его временного очень незначительного распреснения за счет изоляции от остальной акватории Большого Арала и увеличения роли подземного стока в водном балансе этого залива. Однако, рано или поздно, и залив Тще-Бас все равно начнет осолоняться, так как даже слабоминерализованные грунтовые воды в условиях аридного климата и отсутствия проточности не могут долго поддерживать распреснение.

Глубоководный водоем на западе, очевидно, будет существовать самое длительное время, так как он содержит наибольший объем воды и, как залив Тще-Бас, имеет некоторую подпитку грунтовыми водами, поступающими с плато Устюрт. Во всяком случае, такое поступление подземных вод обнаружено в районе мыса Актумсык. Весьма вероятно, что аналогичная подпитка имеет место и в других местах по западному обрывистому побережью Большого Арала.

Во всех этих трех водоемах до достижения ими солености 200–300 г/л будут обитать только эвригалинные галофильные виды, число которых будет сокращаться с ростом солености. При превышении соленостью 300–350 г/л в воде останутся только бактерии. Никакие интродукции в Большой Арал не нужны. Все способные жить в нем гидробионты или уже в нем есть, или легко могут попасть в остаточные водоемы Большого Арала естественным образом в виде покоящихся стадий за счет эолового переноса или вместе с перелетными птицами. Хорошо известно, что фламинго, кормящиеся зоопланктоном гипергалинных озер, на своем оперении часто переносят цисты эвригалинных гидробионтов.

Восстановление и реабилитация Большого Арала практически невозможны. Теоретически это может произойти только в случае подачи в него большого количества амударьинской воды. К сожалению, такой воды в настоящее время нет, так как все страны бассейна Амударьи продолжают разбирать на орошение практически весь ее сток, и в Большой Арал поступает небольшое количество возвратных вод. Подобные изъятия Амударьинской воды на полив в ближайшие годы очевидно даже увеличатся, так как восстановление мирной жизни в Афганистане предполагает восстановление и дальнейшее развитие орошаемого земледелия в этой стране.

Заинтересованность в восстановлении Большого Аральского моря снижается не только по причине отсутствия воды в Амударье, но и в связи с обнаружением в этом регионе значительных запасов нефти и газа. Общеизвестно, что добывать минеральные ресурсы легче и дешевле с высохшего дна, чем с морской платформы. Приход на Арал нефтедобывающих компаний, обещающих большие прибыли Казахстану и Узбекистану, снижает заинтересованность этих стран в восстановлении и реабилитации Большого Арала. Не предусмотрено воды для Большого Арала и в реанимируемом проекте переброски стока реки Обь в Среднюю Азию и Казахстан.

В заключение отметим, что к сложностям реконструкции Большого Арала добавляются и некоторые политические моменты. Этот водоем в настоящее время принадлежит двум государствам, и выработка согласованной позиции по его дальнейшей судьбе требует определенного времени, которого у Большого Арала уже не осталось. К счастью, по сравнению с Большим Аралом, на Малом Арале, который полностью находится под юрисдикцией одного государства (Казахстан), ситуация не столь безнадежна, и видится реальная перспектива его реконструкции и реабилитации. Мы надеемся, что плотина в проливе Берга будет восстановлена, Малый Арал увеличится в размерах и не только сохранит, но и увеличит свое биоразнообразие благодаря естественной и, возможно, плановой реинтродукции рыб и беспозвоночных из придельтовых водоемов Сырдарьи. Если эти планы осуществятся, то в отдаленном будущем Малый Арал может стать водоемом-донором для Большого Арала, если вдруг найдется речная вода для его наполнения. О том, что Большой Арал может когда-нибудь возродиться, свидетельствует его средневековое высыхание (рис. 49). В XV–XVI веках Большой Арал из-за орошения высыхал также как сейчас, однако к XIX веку он вернулся с отметки +30 м к отметке +53 м. Будем надеяться, что последующие поколения смогут любоваться не только Малым, но и Большим Аралом.

3.5. Бычки Neogobiinae (Teleostei: Gobiidae) в экосистемах Евразии и североамериканских Великих озер

Роды, для видов которых уже известны случаи инвазии, часто содержат и другие потенциально инвазионные виды. Часто инвазии близкородственных и экологически сходных видов начинаются из областей, дающих большое число иммигрантов, таких как эстуарные районы Понто-Каспийского бассейна. Этому явлению посвящена обширная литература, которая, в частности, рассматривается в разделах 1.1, 2.3 и 2.9.

Масштабное гидростроительство во второй половине XX века привело к нарушению изоляции и перестройке взаимосвязей между реками Азово-Черноморского, Каспийского, Балтийского и других морских бассейнов, а также появлению на них крупных искусственных водоёмов с замедленным водообменом и сравнительно обширными мелководьями. Для некоторых видов Gobiidae, бычковых, условия обитания в водохранилищах оказались подходящими и даже более благоприятными по сравнению с исходными. Это послужило причиной для расширения ареала и наращивания численности отдельных эврибионтных видов в новых водоёмах (Пинчук и др., 1985; Гавлена, 1970, 1973, 1977; Москул, 1994; Danilkiewicz, 1998; Schadt, 2000; Аладин и др., 2001) наряду со случайным переселением их при проведении работ по акклиматизации различных гидробионтов (Хусаинова, 1958; Дорошев, 1964; Аманов, 1980) и переносом икры и молоди с балластными водами и на днищах судов (Шаронов, 1971; Москалькова, 1996; Антонов, Козловский, 2001). В последнее время возрос интерес к этой группе рыб и их роли в ихтиоценозах пресноводных водоёмов. Это связано с недостаточной изученностью фауны и биологии многих видов бычковых как в естественном, так и в новоприобретённом ареале, и отмечаемым в ряде случаев негативным влиянием адвентивных бычков на нативную фауну, в частности, в Северной Америке (Джуд, 2001).

Идеальным объектом исследования межконтинентальной инвазии являются два вида бычков: бычок-кругляк, *Neogobius melanostomus* (Pallas, 1814), и бычок-цуцик, *Proterorhinus marmoratus* (Pallas, 1814). Оба эти вида попали в Великие озера в 1990 г., когда были впервые зарегистрированы в реке Сент-Клер (Crossman et al., 1992; Jude et al., 1992; Mills et al., 1993). Кругляк натурализовался и расселился чрезвычайно широко, а область распространения цуцика сравнительно ограничена. Существует целый ряд работ, в которых анализируется причина более успешной инвазии бычка-кругляка (Dougherty et al., 1996; Dubs, Corkum, 1996; Charlebois et al., 1997), в том числе, отдельный раздел тома 27 журнала Journal of Great Lakes Research (2001), многие статьи из которого цитируются ниже.

Традиционно считалось, что бычки проникли в Северную Америку с балластными водами из Европы. Так, в качестве региона-донора для бычка-кругляка назывались Черное или Каспийское моря, а также Гданьский залив Балтийского моря (Jude et al., 1992; Charlebois et al., 1997). В специальном генетическом исследовании область-донор как для Великих Американских озер, так и для Балтийского моря, была ограничена Черным морем, причем было показано, что интродукция была многочисленной и не испытала на себе эффекта генетического "горлышка бутылки" (Dillon, Stepien, 2001). В пределах североамериканских водоемов кругляк расселялся как самостоятельно, так и благодаря вторичным интродукциям (Jude, 1997, 2001; Dillon, Stepien, 2001).

Прежде чем сделать сравнительный обзор этих двух видов бычков и близких им видов, обладающих, как мы предполагаем, сравнительно высоким "инвазионным" потенциалом, в естественном ареале, а также в области инвазии, мы кратко охарактеризуем таксономическую группу, к которой они относятся, и филогенетические связи входящих в нее родов и видов. Это важно для понимания причин успеха инвазии как расселения динамично эволюирующего филогенетически молодого таксона с одной стороны, и как экспансии группы видов, обладающих сравнительно высокой экологической валентностью, с другой.

Семейство Gobiidae, к которому относятся *N. melanostomus* и *P. marmoratus*, является одним из самых больших семейств позвоночных животных, включающему около 2000 видов, распространенных всесветно. Наибольшее число видов приурочено к прибрежным тропическим водам, представленным, в основном, морскими формами. Сравнительно большое число видов приурочено к солоноватым водам (с соленостью до 12–13 ‰), а обитание в пресных водах характерно для небольшого числа видов. В Европе бычковые наиболее многочисленны в бассейнах Средиземного, Черного, Азовского и Каспийского морей. Бычковые — преимущественно придонные рыбы небольших размеров (общая длина тела до 350–360 мм у самого крупного представителя европейской (и мировой) фауны *Mesogobius batrachocephalus* (Pallas, 1814). Отличительной особенностью бычковых является наличие двух спинных плавников, положение брюшных плавников под основанием грудных и, обычно, наличие присасывательного диска, образованного слившимися брюшными плавниками и передней поперечной мембраной.

Кроме случайно и изредка заходящих в реки *Gobius cobitis* Pallas, 1814, *G. niger* Linnaeus, 1758, *Zosterisessor ophiocephalus* (Pallas, 1814) и ряда видов рода *Pomatoschistus,* среди европейских видов семейства в пресных водах более или менее постоянно отмечаются представители родов *Benthophilus, Knipowitschia, Benthophiloides, Caspiosoma, Hyrcanogobius* (возможно, синоним *Knipowitschia*), *Pomatoschistus, Padogobius, Economidichthys, Proterorhinus, Neogobius* и *Mesogobius.* Последние три рода и называются, собственно, "бычками". Эта группа отличается от видов рода *Gobius* отсутствием плавательного пузыря и обычной перепонкой грудного плавника, включающей все лучи (в том числе и верхние, которые обычно свободны у *Gobius*). *Proterorhinus* характеризуется удлиненной в виде трубочки передней ноздрей, крупной чешуей, а также рядом особенностей строения осевого скелета и сейсмосенсорной системы (Ahnelt, Duchkowitsch, 2001, 2003). Два другие рода имеют обыкновенную переднюю ноздрю и сравнительно мелкую чешую (49–74 чешуй в боковом ряду у *Neogobius* и 72–85 у *Mesogobius*). Кроме того, *Neogobius* отличается от *Mesogobius* наличием 6–7 вертикальных рядов генипор в подглазничной области (против 8–10 у последнего) и обыкновенно очешуенным затылком (голый у *Mesogobius).* Полагают (Miller, 2003), что *Neogobius* парафилетичен и при разработке систематических отношений всего комплекса относимых к нему видов может быть переоценен таксономический статус и объем как этого рода, так и *Eichwaldiella* (типовой вид *Gobius caspius* Eichwald, 1831), *Babka* (типовой вид *Gobius gymnotrachelus* Kessler, 1857), *Apollonia* (типовой вид *Gobius melanostomus* Pallas, 1814), *Chasar* (типовой вид *Gobius bathybius* Kessler, 1877) и *Ponticola* (типовой вид *Gobius ratan* Nordmann, 1840).

Еще А.И. Амброз (1956), в связи с распространением бычков в черноморском бассейне подчеркивал принципиально различные исторические и экологические корни *Gobius* — типично морских сравнительно поздних мигрантов из Средиземного моря и *Neogobius* — эвригалинных, преимущественно эстуарно-речных сарматских реликтов. Сравнительно недавно остеологическими исследованиями (Simonovic et al.,1996; Simonovic, 1999) было показано, что клада *Gobius-Zosterisessor* представляет собой сестринскую группу *Neogobius* s.l. (подсемейству Neogobiinae). Следует отметить, что некоторые авторы вообще не считают Neogobiinae близкородственными Gobiinae. Пецольд (Pezold, 1993) относит *Neogobius* s.l. к большому подсемейству Gobionellinae, которое включает у этого автора более 50 родов преимущественно пресноводных бычковых.

Палеогеографическими, морфологическими и генетическими данными обоснована гипотеза о дивергенции *Gobius* и Neogobiinae (*Proterorhinus* и *Neogobius*) 10–12 млн. лет назад в среднем миоцене благодаря изоляции Паратетиса от средиземноморской части Тетиса (Steininger, Rogl, 1984; Miller, 1990; McKay, Miller, 1991; Rogl, 1998; Simonovic, 1999; Dillon, Stepien, 2001). В течение миоцена, 5–7 млн. лет назад, возникли основные горные цепи в Европе, что способствовало превращению Паратетиса в сеть солоноватоводных озер. Соленость Паратетиса (современные Черное, Азовское, Каспийское и Аральское моря) постепенно понижалась вследствие стока многочисленных рек, затем снова увеличилась благодаря восстановлению связи с океаном (3–5 млн. лет назад в течение раннего плиоцена) и впоследствии опять понизилась, местами вплоть до пресной воды (1,5–3 млн. лет назад в течение среднего плиоцена) (Zaitsev, Mamaev, 1997; Reid, Orlova, 2002). Эти изменения солености и взаимосвязи водоемов — дериватов Паратетиса, по-видимому, и вызвали диверсификацию родов Neogobiinae. Так, калибровки с помощью "молекулярных часов" позволяют предположить время дивергенции *Proterorhinus* и *Neogobius* как поздний миоцен — ранний плиоцен (5,2±1,0 млн. лет) (Dillon, Stepien, 2001).

К подсемейству Neogobiinae sensu Simonovic, 1999 относятся следующие 18–20 видов (приведен исторический ареал):

Proterorhinus Smitt, 1899:

**P. marmoratus* (Pallas, 1814) — солоноватоводный и пресноводный; прибрежье, эстуарии, лиманы, озера, водохранилища, крупные и небольшие реки вплоть до верховий; бассейны Черного, Азовского, Каспийского и Эгейского морей.

Neogobius Iljin, 1927:

N. bathybius (Kessler, 1877) — плохо известный вид, в пресные воды, не входит; Каспийское море.

N. caspius (Eichwald, 1831) — повсеместно в Каспийском море, в пресную воду не входит.

N. constructor (Nordmann, 1840) — преимущественно пресноводный; Кубань и реки черноморского побережья Кавказа; географическое распространение и таксономические отношения с *N. rhodioni* недостаточно ясны; ранее часто считался подвидом (или синонимом) *Neogobius platyrostris* (Pallas, 1814).

N. cephalargoides Pinchuk, 1976 — преимущественно морской, также солоноватоводный; Черное и Азовское моря.

N. cyrius (Kessler, 1874) — речной; ареал, по-видимому, ограничен бассейном Куры, что требует подтверждения; ранее считался синонимом *Neogobius platyrostris* (Пинчук, 1977).

N. eurycephalus (Kessler, 1874) — преимущественно солоноватоводный; изредка в лиманах и устьях рек; Черное и Азовское моря; отмечен в Краснодарском водохранилище и впадающих в него реках (Москул, 1994), что требует проверки.

**N. fluviatilis* (Pallas, 1814) — морской, солоноватоводный и пресноводный; в прибрежных водах, лиманах, лагунах, эстуариях, дельтовых озерах, сравнительно крупных реках; Черное и Азовское моря; в Каспийском море подвид *N. fluviatilis pallasi* (Berg, 1916), возможно являющийся отдельным видом.

**N. gorlap* (Berg, 1949) — солоноватоводный и пресноводный; в прибрежных водах, лиманах, лагунах, эстуариях, дельтовых озерах, сравнительно крупных реках; бассейн Каспийского моря.

**N. gymnotrachelus* (Kessler, 1857) — солоноватоводный и пресноводный; в прибрежных водах, лиманах, лагунах, эстуариях, дельтовых озерах, в реках, как крупных, так и небольших, с выраженным течением; бассейн Черного и Азовского морей (преимущественно в пресных водах); в Каспийском море подвид или отдельный вид, *Neogobius macrophthalmus* (Kessler, 1857) (преимущественно морской).

**N. kessleri* (Günther, 1861) — солоноватоводный и пресноводный; в прибрежных водах, лиманах, лагунах, эстуариях, дельтовых озерах, сравнительно крупных реках; бассейн Черного моря.

**N. melanostomus* (Pallas, 1814) — в историческом ареале преимущественно солоноватоводный; Черное и Азовское моря; в Каспийском море подвид *N. melanostomus affinis* (Eichwald, 1831), возможно являющийся отдельным видом; *N. cephalarges* (Pallas, 1814) из северо-западной части Черного моря и впадающих туда рек (солоноватоводный и пресноводный), вероятно, синоним *Neogobius melanostomus*.

N. platyrostris (Pallas, 1814) — морской, изредка в солоноватых водах; Черное море.

N. ratan (Nordmann, 1840) — морской, возможно, изредка солоноватоводный; Черное и Азовское моря; в Каспийском море подвид *N. ratan goebelii* (Kessler, 1874), возможно, являющийся отдельным видом.

N. rhodioni Vasilieva et Vasiliev, 1994 — исключительно пресноводный; реки Черноморского побережья Кавказа; распространение и таксономические отношения с *N. constructor* недостаточно ясны.

**N. syrman* (Nordmann, 1840) — морской и солоноватоводный, изредка пресноводный; прибрежье, эстуарии, лиманы, устья и низовья крупных рек; Черное и Азовское моря; в Каспийском море подвид *N. syrman eurystomus* (Kessler, 1877), возможно являющийся отдельным видом.

Mesogobius Bleeker, 1874:

M. batrachocephalus (Pallas, 1814) — солоноватоводный; Черное и Азовское моря с эстуариями, нижний Южный Буг и пресноводные озера в низовьях Дуная в Румынии;

M. nonultimus (Iljin, 1936) — солоноватоводный, данных о нахождении в пресных водах нет; Каспийское море; ранее обычно считался подвидом *M. batrachocephalus*.

M. nigronotatus (Kessler, 1877) — плохо известный вид, в пресные воды, по-видимому, не входит; Каспийское море.

Как видно, многие из перечисленных Понто-Каспийских видов Neogobiinae обитают в воде сравнительно широкого спектра солености, что доказывает их экологическую пластичность и делает их реально и потенциально инвазионными видами (Charlebois et al., 1997; Ahnelt et al., 1998). Такие виды отмечены в списке знаком "*". Рассмотрим подробнее их ареалы, некоторые размерно-возрастные характеристики и особенности образа жизни. Эти данные заимствованы из литературы и собственных сборов и наблюдений авторов в период экспедиционных работ 1998–2003 гг.

***Proterorhinus marmoratus*, бычок-цуцик** — широко распространенный бычок, встречающийся у побережий Черного, Азовского и Каспийского морей, во впадающих в них реках, лиманах, прибрежных озерах, а также в озерах бассейна Мраморного моря и реках Марица и Струма северной части Эгейского моря. Был интродуцирован в Аральское море (Баймов, 1961, 1966 и др.), откуда исчез в связи с осолонением. Отмечается расширение ареала бычка-цуцика вверх по Волге (Козловская, 1997; Евланов и др., 1998; и др.) и Днепру (Пинчук и др., 1985). Обнаружен в Майне (бассейн Рейна), куда проник через канал из Дуная (Schadt, 2000). Через систему каналов оросительно-обводнительной системы проник и заселил ряд внутренних ранее изолированных водоёмов северо-западного Прикаспия (Позняк, 1987а, б). В Северной Америке область распространения цуцика ограничена рекой Сент-Клер, одноименным озером, рекой Детройт и несколькими их притоками, северо-западной частью озера Эри, западной частью озера Верхнее, а также небольшой бессточной речкой (Running Creek) в штате Онтарио и отдельными локальностями вдоль северного и южного побережий западной части озера Эри (Charlebois et al., 2001; Dillon, Stepien, 2001; Jude, 2001; Vanderploeg et al., 2002; http://nas.er.usgs.gov/fishes/images/pr_marmo.gif).

В естественном ареале этот вид многочислен в лиманах и устьях рек, а также в водоемах — спутниках основного русла реки и опресненных прибрежных участках. Кроме того, поднимается высоко по рекам (Белинг, 1923; Пинчук и др., 1985; Емтыль и др., 1992, 1993; Денщик, 1994). В целом, цуцик предпочитает зарослевые биотопы (Егерман, 1926; Чугунова, 1946; Казанчеев, 1981; Троицкий, Цуникова, 1988; Евланов и др., 1998). Среди рассматриваемых видов это единственный пример строгой привязанности к зарослям мягких макрофитов. Эта особенность объясняет то, что цуцик, как правило, приурочен к прибрежной мелководной зоне. В открытой же части водоемов он практически не отмечается. Это одинаково характерно как для морей, так и для рек, озёр и водохранилищ. То, что цуцик выше, чем другие виды бычков, способен подниматься по малым водотокам объясняется не тем, что он реофилен, а тем, что он способен осваивать в речках характерные для него биотопы, пусть и совсем небольшие (заросшие заливчики, запруды и т.п.). Такой вывод сделан, в частности, на основании наших данных по качественному и количественному составу бычковых от устьев к верховьям малых рек Волгоградской области (Иловля, Хопёр, Чир, Медведица, Арчеда). Так, в Арчеде (ширина 4–10 м, глубина на перекатах 0,3–0,8 м, на редких заиленных плёсах глубина до 1,5–2 м, плотное дно — пески, песчаники, глины и др.,) цуцик был обнаружен только на перекате в куртинах водной растительности, где скорость течения составляла 0,5–1 м/с. В среднем течении Днепра до зарегулирования распределение вида было следующим: 80,1% экземпляров было поймано в заливах, 11,1% — в обособленных старицах, 4,4% — в устьях притоков и только по 2,2% — в русле реки и боковых притоков (Белінг, 1933). В низовье Дуная уловы цуцика распределялись следующим образом: 47,27% приходилось на большие заливы куты дельты, 20,00 % — на устья, 13,45% — на заливы, 9,09% — на предустьевые мели, 8,00% — на ерики и 2,19% — на небольшие заливы (Ляшенко, 1952). Приуроченность к зарослям макрофитов сохраняется у цуцика и в области инвазии в Северной Америке (Vanderploeg et al., 2002). Примером нетипичного местообитания могут служить отдельные кавказские реки (Бзыбь, Белая и др.), характеризующиеся сильным течением и валунным дном, где особи цуцика прячутся под камнями и никак не связаны с зарослями макрофитов (Пинчук, 1969).

Цуцик ведет малоподвижный донный образ жизни, держится преимущественно у берегов (Азизова, 1962; Ульман, 1970). Предпочитает воду сравнительно низкой солености вплоть до пресной. Однако, по-видимому, может переносить и повышенную соленость: личинок и мальков вылавливали в юго-восточной части Северного Каспия и в Мертвом Култуке при солености 24–31‰ (Казакова, 1951), в Чёрном море единично отмечался при солености 18‰ (Виноградов, Ткачева, 1950).

Численность цуцика во всех областях ареала сравнительна мала. Так, в уловах бычковых в Днепровско-Бугском лимане он составлял 0,95% их общего количества экземпляров вылавливавшихся бычков (Билько, 1965). В районе Карадага он занимал по численности особей одно из последних мест (Виноградов, Ткачева, 1950). В среднем течении Днепра в разных участках количество экземпляров бычка-цуцика составляло в среднем от 0,2 до 2,5 % общего числа рыб (Смирнов, 1986). Цуцик представляет собой пример распространения, когда ареал большой, а численность по ареалу, в силу стенотопности, невелика.

Цуцик относится к сравнительно мелким бычкам. В черноморском бассейне он достигает длины 90–120 мм (Ильин, 1927; Slastenenko, 1939; Виноградов, 1948а, б; Дренски, 1951; Бурнашев и др., 1955; Световидов, 1964; Георгиев, 1966; Замбриборщ, 1968), как исключение, в Березанском лимане, 160 мм (Пинчук и др., 1985). В Каспийском море цуцик, по-видимому мельче, до 66–89 мм (Азизова, 1969; Рагимов, 1986). В Волгоградском водохранилище максимальная зарегистрированная длина — 65 мм (Болдырев, 2002). Продолжительность жизни 1,5–2 года (Рагимов, 1966; Шамов, 1981 и др.), реже больше (Азизова, 1969). Только для цуцика из р. Прут указан максимальный возраст 4 года (Казанчеев, 1981; Долгий, 1993). Данные по соотношению полов указывают на преобладание самцов во всех возрастных группах (Ульман, 1970) или на соотношение полов близкое к равному (Смирнов, 1986) или на некоторое преобладание самок (Савваитова, 1959). Такие различия указывают на существование разнополых группировок цуцика в разные периоды жизненного цикла, которые, возможно, неодинаково облавливались в отдельных исследованиях.

Цуцик становится половозрелым на втором году жизни (в возрасте 1+) при длине 45–50 мм (Георгиев, 1966). По нашим данным, в бассейне Волги может созревать в возрасте одного года при достижении длины 29 мм, сходные данные имеются и для вод Болгарии (Георгиев и др., 1960).

Период нереста во всех регионах ареала сильно растянут. Так, в Черном море, в низовьях Дона, Кубани, в дельте Волги и в Среднем Каспии цуцик нерестится с апреля по август (Виноградов, 1948а, б, 1949; Коблицкая, 1966, 1981; Георгиев и др., 1960; Рагимов, 1986). Нерест начинается при температуре воды около 10°С и проходит массово при 15–21°С (Ульман, 1970; Смирнов, 1986) в прибрежной зоне на глубине 0,2–3 м на песчаном и песчано-каменистом дне. Икра откладывается в пустые створки раковин (мидий, устриц), на нижнюю поверхность камней, подводные растения и любые другие предметы (Савваитова, 1959; Георгиев и др., 1960; Янковский, 1966; Виноградов, 1973; Пинчук, 1974). Полагают, что каждая самка выметывает 200–800 икринок, максимум 1081–1222 икринок в двух — трех порциях (Савваитова, 1959; Георгиев и др., 1960; Ульман, 1970; Эланидзе, 1983; Смирнов, 1986; Рагимов, Кулиев, 1988; Емтыль, 1997). С этим согласуются и наши данные. Так, в Волгоградском водохранилище при трёхкратном нересте абсолютная плодовитость самок длиной 29–51 мм составлет 340–1170 икринок. При температуре 18–21°С эмбриональное развитие длится не менее 8 суток (Калинина, 1976).

Молодь питается зоопланктоном, а взрослые, главным образом, донными беспозвоночными (мелкими ракообразными и моллюсками, червями, личинками насекомых), в пище также отмечены остатки рыб, водная растительность, взрослые насекомые и детрит (Андрияшев, Арнольди, 1945; Ульман, 1970; Троицкий, Цуникова, 1988; Долгий, 1993). В Каспийском море преобладают (98%) ракообразные (Шорыгин, 1939; Степанова, 1985).

Ярко выраженная стенотопность цуцика по сравнению с другими видами бычков, возможно, является причиной относительно меньшего успеха его инвазии (если критериями успеха в данном случае считать большую численность и обширную область инвазии) в водоемах Северной Америке. Кроме того, по сравнению с другим понто-каспийским инвазионным бычком, кругляком, он имеет меньшие размеры тела (в Северной Америке максимальная длина 110 мм против 250 мм у кругляка) и менее агрессивное поведение самцов в период охраны кладки (Jude et al., 1995). Кроме того, он сохраняет питание преимущественно мелкими водными насекомыми и придонным зоопланктоном, которые потребляются и многими другими рыбами, тогда как кругляк потребляет в основном дрейссену (*D. polymorpha*), в отношении которой имеется не много конкурентов (Jude et al., 1995; Jude, 1997; French, Jude, 2001; Vanderploeg et al., 2002). В отличие от кругляка, бычок-цуцик в новом ареале обладает гораздо меньшим генетическим разнообразием, что, возможно, указывает на то, что первичная интродукция была сравнительно малочисленной и популяция испытала “эффект основателя”. Предполагают, что это также может быть причиной относительно меньшего успеха инвазии цуцика (Dillon, Stepien, 2001).

***Neogobius fluviatilis*, бычок-песочник,** очень широко распространен в бассейнах Черного, Азовского и Каспийского морей, а также в бассейне Мраморного моря, обитая в распресненной прибрежной зоне моря, в заливах и эстуариях, дельтовых озерах и реках. Во многих реках, например, в Днепре и Доне, естественно распространен очень высоко по течению (Крыжановский, Троицкий, 1954; Полтавчук, 1976; Емтыль и др., 1992, 1993; Денщик, 1994; Гулюгин, 2001). Песочник был интродуцирован в Аральское море, где в 60-х годах прошлого столетия широко распространился (Баймов, 1961, 1966; Маркова, 1962; Дорошев, 1964), но исчез в связи с осолонением водоема. После постройки плотин на Волге этот вид впервые отмечен сначала (1975 г.) в Волгоградском водохранилище, затем (в 1982 г.) в Саратовском (Козловская, 1997; Евланов и др., 1998). С 1997 г. его зарегистрируют в Западном Буге (бассейн Балтийского моря), куда он проник через Днепровско-Бугский канал (Danilkiewicz, 1998: Гулюгин, Куницкий, 1999; Гулюгин, 2001). Отмечают продвижение песочника вверх по Дунаю (Ahnelt et al., 1998). Через систему каналов оросительно-обводнительной системы проник в ряд ранее изолированных водоёмов северо-западного Прикаспия (Позняк, 1984, 1987а, 1990; и др.).

В море предпочитает опреснённые (до 13 ‰) участки. Зиму проводит в отдалении от берегов, весной одновременно с кругляком подходит к берегам для нереста. Держится у берегов, обычно на глубинах до 5 м, в мелких заливах, заливчиках с большим количеством растений и детрита, омываемых течениями. Как правило, придерживается мягких грунтов, преимущественно песчаных и песчано-илистых (Чугунова, 1946; Азизова, 1962; Георгиев, 1966; Ульман, 1970). Часто особи песочника, особенно сеголетки, зарываются в песок, выставляя лишь глаза и рыло.

Песочник — наиболее эвригалинный вид среди всех бычков. Обитая, в основном, в водоемах с соленостью от 0 до 10–13‰, изредка 20,5 (в кубанских лиманах), он может переносить и заметно более высокую соленость. В Каспийском море отмечен при солёности до 46‰ (южная часть залива Кайдак) (Световидов, 1937; Ильин, 1938; Расс, 1939). Верхняя граница солености для выживания икры при температуре воды 27°С — 29‰ (Халдинова, 1951). Как и все бычки, песочник избегает мутной воды (Троицкий, Цуникова, 1983).

В Северном Каспии песочник — наиболее распространенный вид бычков. Особенно много его против западных рукавов дельты Волги, а также в Приуральском районе и некоторых районах западного побережья Среднего и Южного Каспия (Рагимов, 1966; Рагимов, 1981). Этот вид заметно более реофилен, чем кругляк, поэтому повсеместно в ареале обычен в реках.

Песочник — сравнительно крупный бычок. Его максимальная длина достигает 200 мм и максимальная масса 100 г, но обычно в пресных водах, соответственно, не более 100–160 мм и 20–30 г. Темп роста в разных популяциях существенно различается, завися, в первую очередь, от кормовой базы водоема (Трифонов, 1955; Билько, 1965; Баймов, 1966; Троицкий, Цуникова, 1983). В целом, рост происходит несколько быстрее, чем у кругляка (Трифонов, 1955).

Самцы крупнее самок, длина которых обычно не более 135–140 мм (Ильин, 1927; Трифонов, 1955; Баймов, 1966; Георгиев, 1966; Рагимов, 1966). Продолжительность жизни до 5 лет (Ульман, 1970; Казанчеев, 1981; Емтыль, 1997), обычно 3–4 года. В Азовском море и кубанских лиманах преобладают особи двухлетнего возраста (Трифонов, 1955; Азизова, 1969; Троицкий, Цуникова, 1988), в Северном Каспии — трехлетнего (Шамов, 1981). Самцы преобладают во всех возрастных группах (Ульман, 1970). Половая зрелость наступает в возрасте 1+ (на втором году жизни) при длине самки от 32 мм, самца от 40 мм (Ильин, 1949; Шамов, 1981;Троицкий, Цуникова, 1983; Долгий, 1993; Емтыль, 1997).

Данные по плодовитости в литературе весьма варьируют, что, возможно, объясняется разными методиками подсчета икринок. Указывают абсолютную плодовитость 121–2800 икринок, в среднем 348–1410 (Родионова, 1937; Ильин, 1949; Трифонов, 1955; Савваитова, 1959; Рагимов, 1966; Баймов, 1966; Билько, 1968а, 1968б; Калинина, 1976; Эланидзе, 1983; Троицкий, Цуникова, 1983)

Песочник размножается как в пресной, так и в сильно осолоненной воде. Так, развивающаяся икра, личинки и мальки были найдены в авандельте Волги, в районе острова Тюленьего, на подходах к Мертвому Култуку (Казакова, 1951; Коблицкая, 1966, 1981). Нерест в большинстве водоемов растянут с апреля по сентябрь. Разгар в мае–июне при температуре воды 13–20°С (Родионова, 1937; Виноградов, 1948а, 1948б, 1949; Ильин, 1949; Трифонов, 1955; Георгиев, 1966; Билько, 1968а). В Аральском море нерест наблюдался при более высоких температурах — 15–27°С. Глубина в зоне нерестилищ 0,3–2 м, изредка более. Нерестилища в море находятся в узкой опресненной прибрежной зоне с песчаным дном и россыпями небольших камней (Трифонов, 1955; Виноградов, 1973). Крупные удлиненные икринки откладываются обычно на некрупные камни в прибрежной полосе. Камни обычно более мелкие, чем на нерестилищах кругляка. В том случае, когда нет камней, икра откладывается на любые твердые предметы, расположенные на каменистом или твердом песчаном дне: на сваи мостов и шлюзов, отмершую растительность, створки мидий и т.п. В Молочном лимане Азовского моря отмечены нерестилища на ракушечнике, ракушечном песке и даже на илистом дне (Янковский, 1966).

Икрометание порционное. Самка за сезон выметывает 2–3 порции икры, возможно, больше. Самец участвует в нересте с несколькими самками. Количество икры в кладках весьма варьирует, от 150 до 2600, и даже до 6000 штук (Билько, 1968а; Ульман, 1970). Самец устраивает гнездо в виде норки под камнями или другими упомянутыми предметами, а самка, заходя в гнездо, приклеивает икру на потолок в виде однослойной лепешки. В одно гнездо могут отложить икру до 4 самок. Кладка всегда охраняется самцом. Есть данные, что песочник-самец охраняет кладку более активно, нежели кругляк (Білько, 1971). Он нападает на всех "врагов", приближающихся к гнезду, от которого его трудно отогнать. Самец возвращается к гнезду даже после того, как его на некоторое время удерживали под водой далеко от гнезда. Интересно, что песочник активно ищет и узнает "свой" камень с кладкой икры, даже если камень перенести на расстояние до 1,5 м. Если при передвижениях камня, например, в прибойной зоне или в эксперименте, он располагается на новом месте кладкой вниз, то песочник начинает активно рыть новую ямку под кладкой, чтобы ее не раздавило и она омывалась водой (Білько, 1971). Продолжительность инкубации достигает 14—16 дней. Молодь выклевывается при длине 6,5–7,8 мм, держится на дне и сразу переходит на активное питание (Дмитриева, 1966, 1968). В водоёмах Белоруссии на развитие икры требуется 322–380 градусодней (Гулюгин, 2001).

Песочник — типичный эврифаг с весьма широким и изменчивым спектром питания, который включает, в первую очередь, ракообразных (бокоплавов, мизид, кумовых), червей, личинки хирономид, моллюсков и рыбу (Киналев, 1937; Андрияшев, Арнольди, 1945; Ильин, 1949; Шорыгин, 1952; Цихон-Луканина, 1959; Brnrrescu, 1957; Таранавський, 1960; Таран, 1964; Страутман, 1972; Троицкий, Цуникова, 1983). В разных водоемах, в зависимости от относительного обилия кормовых организмов, могут преобладать моллюски (*Monodacna*, *Syndesmya*), личинки хирономид, черви (*Hediste*), зоопланктон или рыба (Родионова, 1937; Шорыгин, 1939; Азизова, Алигаджиев, 1964; Баймов, 1966, 1970; Рагимов, 1966; Ульман, 1970; Петрусенко, Смирнов, 1984; Стритинская, Степанова, 2000; Гулюгин, 2001). Наибольшая степень сходства пищевых спектров, 69,3%, наблюдается у песочника и гонца (Страутман, 1973).

Филогенетически песочник наиболее близкий к кругляку вид, обладающий также рядом сходных экологических особенностей. Так, многопорционность и продолжительность нерестового периода свойственна песочнику в той же степени, что и кругляку. Однако, за исключением периода пика численности кругляка в Азовском море, во всех водоемах, где совместно присутствуют эти виды, песочник сравнительно более многочислен. Вероятная причина этого в том, что песочник менее требователен к наличию в качестве нерестового каменистого или ракушечного субстрата и легче переключается на мелкую гальку, плотный песок, глину, корни растений. Кроме того, у разных популяций песочника в сравнении со строгим моллюскофагом кругляком при близком качественном составе объектов питания с последним часто происходит смена доминирующих компонентов — от ракообразных до рыбы, при достаточно высоком уровне потребления других объектов (личинки насекомых, черви и др.). В гораздо большей степени, чем кругляку, песочнику свойственно обитание в водоемах с выраженным течением. В целом, на наш взгляд, песочник обладает наиболее выраженным инвазионным потенциалом среди всех проанализированных бычков.

***Neogobius gorlap*, каспийский бычок-головач**, распространен повсеместно в Каспийском море, низовьях Волги до Астрахани, мелких речках Дагестана, Азербайджана и Северного Ирана, в Куре до Мингечаура, озерах Нижнего Терека, оз. Ясхан, низовьях Урала. В Северном Каспии бычок-головач сравнительно редок, как и вблизи западных и восточных берегов Среднего и Южного Каспия, где, за исключением Апшеронского района, его сравнительно мало. В середине 1950-х гг. этот вид был случайно интродуцирован в Аральское море, но массового распространения не получил (Дорошев, 1964). За пределами естественного ареала в бассейне Каспийского моря головач был впервые обнаружен в 1977 г. в Волгоградском водохранилище (Гавлена, 1977). В 1982 г. был отмечен в Саратовском водохранилище (Козловская, 1997) и выше (Слынько и др., 2000). Попал через Волго-Донской канал в Цимлянское водохранилище, в котором уже к 1972 г. был широко распространен (Болдырев, 2002). Возможно именно этот вид, неверно определённый как кавказский речной бычок, был отмечен в 1957 г. в бассейне Северского Донца в Нижнем Дону (Троицкий, 1961). В результате экспедиционных работ 2002 г. было выявлено, что в настоящее время каспийский головач широко распространился вниз от Цимлянского водохранилища. Он был найден в Северском Донце, в Дону у станицы Кочетковской и у г. Семикаракорска, в Аксае и в дельте.

Предпочитаемые биотопы известны недостаточно. Есть сведения, что каспийский бычок-головач обитает на каменистых и ракушечно-песчаных грунтах олигогалинной и мезогалинной зоны, часто зарывается под камни (Чугунова, 1946; Азизова, 1962; Рагимов, 1976). В море держится в береговой части, обычно до 5–7-метровой изобаты, глубже 10–15 м встречается редко (Рагимов, 1976, 1977, 2001).

Самый крупный из волжских бычков, достигает длины 220–250 мм и массы 200 г (Гаибова, 1952; Рагимов, 1966). Продолжительность жизни до 3 лет.

По аналогии с близким видом *N. kessleri* можно предположить, что самки достигают половой зрелости при длине 50–55 мм, самцы — при 55–60 мм на втором и третьем году жизни.

Нерест в апреле–июле на каменисто-галечных грунтах прибрежной зоны моря или в протоках и на полоях в дельтах рек. Плодовитость до 16000, в среднем 1300–6900 икринок (Азизова, 1962; Рагимов, 1968, 2001). Икра откладывается не более чем двумя порциями на различные предметы, находящиеся на дне (камни, раковины моллюсков), а также в углубления и норки. Нерестится, возможно, не более 2 раз в жизни. Достоверных данных о том, как происходит нерест и охраняется кладка, нет.

Каспийский бычок головач питается преимущественно рыбой, в том числе и бычками, в меньшей степени ракообразными и моллюсками (Гаибова, 1952; Рагимов, 1966; Гаибова, Рагимов, 1970).

Недостаточные данные не позволяют в полной мере оценить особенности образа жизни этого вида, но факт быстрого расширения его ареала в бассейне Волги и Дона позволяет констатировать наличие определенного инвазионного потенциала при расселении в пресноводных водоемах, в том числе, с выраженным течением. Это связано, возможно, прежде всего, со сравнительно крупными размерами и хищным питанием.

***Neogobius gymnotrachelus*, бычок-гонец**. Каспийский бычок-гонец, *N. gymnotrachelus macrophthalmus*, населяет олигогалинную и мезогалинную зоны моря, в реках отсутствует. Этот бычок — типичный обитатель авандельты Волги. В условиях повышения уровня моря в 80-е годы XX века стал встречаться единичными экземплярами и в нижней зоне, а также выше по Волге в верховьях дельты (Кублицкая и др., 1991). Азовско-черноморский гонец, *N. gymnotrachelus gymnotrachelus*, обитает преимущественно в опресненных лиманах, прибрежных озерах и реках бассейна Черного и Азовского морей. Традиционно считается, что гонец населял преимущественно низовья рек, а в последние годы поднимается выше, заселяя реки и водохранилища: Днепр до Белоруссии, Днестр с притоками, Дунай до Бухареста и выше, Камчию, реки Турции, Риони. В случае многих речных систем различить естественный ареал и область инвазии затруднительно из-за отсутствия достоверных данных об историческом распространении гонца. Хорошо документировано продвижение гонца по Дунаю (Hegedis et al., 1991; Kautman, 2001) и появление его в Верхнем Дунае у Вены (2000 км от устья) (Ahnelt et al., 2001). С 1996 г. он зарегистрирован в Висле, куда проник по каналу из Днепра (Danilkiewicz, 1996). В бассейне Дона черноморско-азовский гонец отмечался в Нижнем Дону (Троицкий, Цуникова, 1988), у станицы Аксайской (Сыроватский, 1946), хуторов Шмат и Арпачин (наши данные), и в бассейне Северского Донца (Солодовников, 1924; Короткий, Харитонова, 1958). В Цимлянском водохранилище, как и *N. gorlap*, гонец зарегистрирован с 1972 г. (Дронов и др., 1972), и через Волго-Донской судоходный канал проник в волжский бассейн, где отмечен в Волгоградском водохранилище (Болдырев, 2002). Велика вероятность присутствия в Волге ниже Волгоградской ГЭС именно черноморско-азовского, а не каспийского, гонца.

Гонец обитает главным образом в пресных водах, но проникает и в смежные солоноватоводные участки моря и лиманы, причем только в сильно опресненные. В Азово-Черноморском бассейне населяет пресноводную и олигогалинную зону (от 0–0,5 до 1,5–2,0, редко до 3,0–5,0‰) (Амброз, 1956; Смирнов, 1986). Однако зафиксирован случай поимки молодого экземпляра гонца при солености 15,5‰ (Ильин, 1927).

Гонец обычно держится на небольшой глубине — 2–5 м, однако в море встречался на глубине до 16 м, в частности около Тендровской косы (Зубович, 1925; Ильин, 1927).

Гонец предпочитает нетвердые грунты, обычно держится на илистых грунтах, на иле с ракушечником, на илисто-песчаных, реже песчаных грунтах, иногда встречается на песчано-каменистом грунте или среди водорослевых зарослей (Ильин, 1927; Георгиев, 1966; Калинина, 1976; Смирнов, 1986). Приуроченность к илисто-ракушечниковым грунтам обусловливает обитание на относительно глубоких (2–4 м) прирусловых участках. Предпочитает умеренное течение (менее 1 м/с) и чистую прозрачную воду (Смирнов, 1986).

Относительная численность гонца небольшая. Так, в лиманах северо-западной части Чёрного моря среди бычковых она составляет от 2,6 до 14% (Смирнов, 1986; Пинчук, 1968), в Нижнем Дону — 0,14%, в Цимлянском и Волгоградском водохранилищах, соответственно, 3,4 и 0,8% (Болдырев, 2002; наши данные) общей численности рыб.

Гонец — бычок среднего размера, его максимальная длина до 150–160 мм (Ильин, 1927; Дренски, 1951). Каспийский подвид может достигать 260 мм, но обычно средние размеры 7–13 см (Казанчеев, 1981). Шамов (1981) полагает, что основная масса рыб живет только полтора года. По данным Ульмана (1970), доживает до 4–5 лет. Самцы преобладают во всех возрастных группах (Ульман, 1970). Половой зрелости достигает на втором году жизни при длине 7–13 см.

Нерестовый период в черноморско-азовском бассейне с начала апреля по июнь, возможно, несколько дольше (Зубович, 1925; Бурнашев и др., 1955; Георгиев, 1966; Ульман, 1970).

Нерест происходит в широком диапазоне температур, от 6,0 до 22°С (Зубович, 1925; Ульман, 1970). Места нереста находятся в прибрежном мелководье на песчаном, илисто-песчаном твердом или илистом дне с россыпями камней, крупного ракушечника или зарослями макрофитов. Нерестовым субстратом служит нижняя или боковая поверхность камней или же внутренняя гладкая поверхность пустых раковин двустворчатых моллюсков. Под ними самец устраивает свое "гнездо". Изредка икра откладывается на растительность (Бурнашев и др., 1955). Икра откладывается на потолок или стенки "гнезда", устроенного под упомянутыми предметами или же прямо в створки моллюсков (Георгиев, 1966). Абсолютная плодовитость самок длиной 30–110 мм изменяется от 153 до 1046 икринок (Пинчук, 1968; Ульман, 1970; Рагимов, 1986; Смирнов, 1986). Абсолютная плодовитость самки из Азовского моря длиной 130 мм и массой 32 г составила 1,5–2,0 тыс. икринок (Зубович, 1925). Икра откладывается двумя или тремя порциями с интервалом до трех недель (Ульман, 1970).

Гонец — типичный бентофаг-эврифаг. Он потребляет моллюсков, разнообразных ракообразных, полихет, личинок и куколок насекомых, икру и молодь рыб, статобласты Bryozoa, детрит, причем соотношение компонентов в пище может существенно варьировать в зависимости от возраста и пола, сезона года, и экологических особенностей водоема (Ульман, 1970; Страутман, 1972; Петрусенко, Смирнов, 1984; Bănărescu, 1957; наши данные).

Строгая приуроченность к илисто-ракушечниковым грунтам, умеренная реофильность и эврифагия делают инвазию гонца наиболее вероятной в крупных равнинных реках, что и доказывается его быстрым расселением в Висле.

***N. kessleri*, бычок-головач**, распространенный в бассейне северо-западной части Черного моря, за пределами естественного ареала отмечен в верховьях Дуная в Австрии с 1994 года, в Германии с 1999, и в Словении с 2000 (Zweimüller et al., 1996, 2000; Ahnelt et al., 1998; Wiesner et al., 2000). Есть указания, что в 1980-е годы этот вид появился в трех верхнеднепровских водохранилищах (Плигин, 1989).

Черноморский головач населяет пресные воды и олигогалинную зону моря с соленостью воды от 0 до 1,5–2,0 (изредка до 3,0)‰ Основные местообитания этого вида — низовья рек, эстуарии, в меньшей мере более высокие по течению участки рек, водоемы-спутники основного русла низовьев рек, речные (проточные) лиманы. В море этот вид выходит за пределы лиманов только спорадически (Смирнов, 1986). Миграции у него не отмечены. Известно лишь, что для нереста головач выходит на мелководья с россыпями камней, а для зимовки откочевывает в более глубокие участки с нетвердым дном.

Головач является сравнительно реофильной рыбой и часто встречается в реках с довольно заметным течением, не избегая при этом участков с большой мутностью воды (Смирнов, 1986), чем отличается от других бычков. Например, в низовье Дуная он реже отмечался около берега, чем на фарватере при скорости течения до 1 м/с (Bănărescu, 1964). В дельте Дуная чаще всего встречался в речных устьях, несколько реже в ериках и небольших заливах, значительно реже на предустьевых мелях, однако не встречался в больших заливах — кутах и поймах (Ляшенко, 1952).

По одним данным, головач держится на каменистых (Световидов, 1964), по другим — на илистых и глинистых и лишь изредка на песчаных прибрежных грунтах (Bănărescu, 1964). В дельте Днестра головач держится среди негустых тростниковых зарослей, а в Днестровском лимане — на плотных грунтах (Страутман, 1972) .

Относительная численность головача на фоне других видов бычков небольшая. Так, в Днепровско-Бугском лимане в промысловых уловах он шел за кругляком, песочником, кнутом, ширманом, составляя 1,7% общей численности бычков (Павлов, 1964).

Наибольшая длина тела головача 180–220 мм (Ильин, 1927; Берг, 1949; Дренски, 1951; Георгиев, 1966; Stastenenko, 1939). Продолжительность жизни, по-видимому, до 4–5 лет. Самцы преобладают во всех возрастных группах (Ульман, 1970). Головач становится половозрелым на втором году жизни при достижении длины 80–90 мм, обычные размеры производителей 120–200 мм (Бурнашев и др., 1955; Bănărescu, 1964; Замбриборщ, 1968; Калинина, 1976).

Нерест в апреле–мае. Места нереста находятся в прибрежном мелководье с умеренно уплотненным каменистым или песчаным грунтом с примесью ракушечника. Нерестовым субстратом служит нижняя поверхность камня или других твердых предметов, а также гладкая поверхность пустых раковин двустворчатых моллюсков (Калинина, 1976). Для этого вида бычков указывают единовременный нерест (Ульман, 1970). Диапазон нерестовых температур 13–18°С (Ульман, 1970). Есть указания, что икра также откладывается на плотный каменистый или песчаный грунт (Бурнашев и др., 1955). Плодовитость составляет 150–1500 икринок (Калинина, 1976). Данных об охране гнезда самцами в литературе нет.

Питается преимущественно мелкими рыбами (преимущественно видами семейства бычковых), а также икрой рыб, моллюсками, ракообразными, личинками насекомых, червями (Borcea, 1934; Бурнашев и др., 1955; Bănărescu, 1957; Страутман, 1972, 1973). При явно выраженном хищничестве, может полностью переходить на другие объекты. Так, в Каховском водохранилище в пище преобладают мизиды (Ульман, 1970). Кроме того, ракообразные играют наибольшую роль в питании особей длиной 90–110 мм.

Отмечают (Смирнов, 1986) изменчивость характера питания головача по сезонам года. Весной главным компонентом пищи являются рыбы (мелкие бычки), менее значимым — ракообразные и моллюски. Летом происходит полный переход на питание рыбой, значение которой достигает 96,8% по частоте встречаемости и 92,7% по массе. Осенью значение рыбы несколько снижается (до 88 и 84% соответственно), а ракообразных — несколько повышается.

Степень сходства пищевых спектров головача и ширмана весьма значительна — 82,6% (Страутман, 1973). Оба эти вида могут быть отнесены к категории крупных хищных бычков, но головач в гораздо большей степени приурочен к пресной воде и рекам.

***N. melanostomus*, бычок-кругляк,** был широко распространен в бассейнах Черного, Азовского и Каспийского морей, но выше низовий рек обычно не поднимался. Наряду с другими видами бычков в конце 1950-х годов был случайно завезен в Аральское море в ходе акклиматизации кефалей из Каспия, где и прижился, но в отличие от бубыря и песочника, массового развития в Арале с соленостью 10–14‰, не получил (Коновалов, 1959; Маркова, 1962; Дорошев, 1964). В числе немногих видов аральской ихтиофауны этот бычок выжил в сохранившейся к концу 1980-х гг. сильно осолоненной части Арала (Москалькова, 1996), однако к настоящему времени там уже не встречается. Раньше этот вид в Волге выше Сарепты (Кесслер, 1874) не поднимался. В 1968 г. он был отмечен в Куйбышевском водохранилище (Гавлена, 1970, 1971; Шаронов, 1971), Саратовском (Гавлена, 1971), затем появился в других водохранилищах Волжского каскада вверх до Рыбинского (Яковлев и др., 2001). Кругляк также расширил свой ареал по течению Днепра, Днестра, Южного Буга. В середине 1980-х гг. он появился в Москве-реке и в настоящее время успешно размножается в черте города (Цепкин и др., 1992; Соколов и др., 1994). С балластными водами кругляк попал в Гданьский залив Балтийского моря (впервые обнаружен в 1990 г. у Хельской косы), где широко расселился (Skora, Stolarski, 1993; Skora, 1996; Skora, Rzeznik, 2001). Стал обычен в России у берегов Калининградской области. Предполагают, что следует ожидать его распространения и в пресноводные водоемы, прежде всего, в реки, впадающие в Вислинский залив (Тылик, 2003). Кругляк натурализовался и расселился чрезвычайно широко во всех пяти Североамериканских Великих озерах и некоторых их притоках, а также в ряде рек штатов Мичиган и Онтарио и в Чикагском канале (Chicago Sanitary and Shipping Canal) в направлении реки Миссисипи (Jude et al., 1992; Charlebois et al., 1997; Charlebois et al., 2001; http://nas.er.usgs.gov/fishes/images/goby_map.gif). В целом, он стал наиболее многочисленной придонной рыбой Великих озер (Jude, 1997, 2001).

Кругляк — донный вид, предпочитающий солоноватоводные прибрежные участки моря с ракушечно-песчаными грунтами и глубинами от 3–5 м до 10–15 м, но обитает также в реках, водохранилищах и озерах (Гудимович, 1946; Майский, 1951, 1960 и др.; Трифонов, 1955; Ульман, 1970). В Азовском море в период нагула распределение кругляка совпадало с распределением его главных кормовых объектов — моллюсков *(Mytilaster, Abra),* червей (*Hediste*) и др. (Костюченко, 1955, 1958, 1960, 1964). Зимой он держится вдали от берегов. В средней части Азовского моря встречался редко (Гудимович, 1946; Майский, 1951; Трифонов, 1955), но после зарегулирования стока Дона появился и в центральных, наиболее глубоких частях моря (Костюченко, 1955, 1969).

Предпочитает твердые грунты — ракушечник, камни, гальку, но обитает и на ракушечно-песчаном и песчаном дне, редко отмечался и на илистом (Расс, 1949; Азизова, 1962; Сказкина, 1966; Рагимов, 1968, 1981). В Каспийском море кругляка также отмечали в зарослях зостеры (Чугунова, 1946; Ильин, 1949). Обычен в водоемах, где на дне есть техногенные насыпи камней. На участках с быстрым течением и чисто песчаным дном или, наоборот, с сильно заиленным дном кругляк не встречается (Бабенко, 1961; Бабенко, Полищук, 1964; Волков, 1971). Приуроченность к грунтам была детально изучена для кругляка в Великих озерах (Ray, Corcum, 2001). Было показано, что взрослые особи доминируют на каменистом субстрате, тогда как ювенильные особи более многочисленны на песчаном грунте. Возможно, взрослые бычки вытесняют молодых из предпочитаемых биотопов, что служит одним из механизмов расселения в новые местообитания.

В период пика численности в Азовском море кругляк был распространен в биоценозах слабоилистых и твердых грунтов с благоприятным газовым режимом. В состав этих биоценозов входят кормовые для кругляка моллюски *Cardium*, *Corbulomya*, *Mytilaster*. Кругляк был наиболее широко распространен в периоды, когда площади, занятые биоценозами *Cardium* и биоценозы твердых грунтов достигали максимальной величины (Костюченко, 1969). Важно также наличие моллюсков *Cerastoderma lamarcki* Reeve, 1844; *Abra ovata* (Philippi, 1893); *Hydrobia salinasii* (Arada et Calcara, 1843), которые имеют мелкие размеры и доступны для кругляка как корм. Между продуктивностью моллюсков размерами до 8 мм, которыми питается кругляк, и его численностью в Азовском море найдена прямая пропорциональная зависимость с коэффициентом корреляции 0,81 (Некрасова, Ковтун, 1976). Основной причиной резкого снижения численности бычков вообще, и кругляка в частности, в Азовском море в последней четверти прошлого века считалось сокращение нерестовых площадей из-за заиления грунтов (Михайлов, 2001 и др.), а также повышение солености. Показано (Кольвах, 1998), что нерестовые площади кругляка имели максимальные размеры (располагались практически по всему морю) до 1965 г., когда соленость моря не превышала 10–12‰, и сократились при повышении солености до 13,5‰ в 1971–76 гг. (основные нерестовые концентрации кругляка отмечались лишь в узкой прибрежной зоне северо-восточного района моря и в западной части Таганрогского залива) (Костюченко, 1964; Ковтун, 1978). В настоящее время при возросшем речном стоке и, соответственно, уменьшении прощади заиленных грунтов и понижении солености, численность кругляка в Азовском море снова возрастает.

Еще до начала бурной инвазии кругляка было показано (Расс, 1939), что кругляк выдерживает изменение солености от 0 до 40,5‰. В Мраморном море этот вид найден на участках с соленостью воды до 24‰ (Калинина, 1976), а в некоторых сильно осолоненных лиманах — до 37‰ (Ращеперин, 1967). Но обычно в Черном море он встречается при солености воды не выше 18‰ (Виноградов, Ткачева, 1950), в Азовском — до 13–14‰ (Зенкевич, 1963). Возможно, распространение кругляка являет собой пример известного факта заселения солоноватоводной эстуарной фауной соленых и пересоленых водоемов, что связано с особенностями осморегуляции (см. обзор: Хлебович, 1962). В целом, в естественном ареале кругляк тяготеет к умеренно солоноватым водам морей и эстуариев и только в незначительной мере к пресным текучим водам. Было экспериментально установлено, что эмбриональное развитие этого вида протекает нормально при солености от 4,2 до 19,5‰ (Меньшикова, 1954). В наибольшем количестве кругляк представлен лишь в опресненных речными водами частях моря, где образует наиболее массовые популяции из всех видов семейства бычковых. Так, в Днепровско-Бугском лимане в 1962 г. кругляк составлял почти половину всех вылавливавшихся бычковых (Билько, 1965). В южной части Азовского моря в годы его заметного опреснения относительное количество кругляка превышало 3 тыс. экз. на 1 га площади моря (Ильин, 1949).

Кругляк предпочитает те участки моря, где содержание кислорода составляет не менее 60% (Сказкина, 1966). Величина пороговой концентрации кислорода низкая, 0,3 до 0,9 мл/л, т.е. приблизительно такой же величины, как и у пресноводных рыб из стоячих или слабопроточных водоемов, живущих в условиях дефицита кислорода (Сказкина, 1964). Кроме того, у него довольно высокая способность к кожному дыханию — от общего дыхания оно составляет в среднем 13% (от 4,4 до 23%) (Шульман и др., 1957).

Кругляк является практически эвритермным видом. Диапазон температур воды, при которых он обитает, имеет пределы от –1°С до +30°С, хотя при температуре ниже +6°С он становится малоактивным (Ильин, 1949; Ращеперин, 1967; Калинина,1976).

В море кругляк, по сравнению с другими бычками, совершает более протяженные миграции и способен обитать на значительных глубинах. Во время нереста он держится у берега на глубине 0,2–0,5 м, к зиме мигрирует на глубину 10–20 м в Черном и Азовском морях (Ильин, 1949; Георгиев, 1966; Костюченко, 1969) и до 60–70 м и более в Каспийском (Рагимов, 1991). Напротив, для кругляка из Великих озер была показана высокая степень оседлости. Отдельные особи имеют собственные участки, средняя величина которых, 5±1,2 м^2, была определена специальными наблюдениями в естественных местообитаниях в Великих озерах (Ray, Corcum, 2001).

Кругляк — крупный бычок. Его максимальная длина 250 мм и масса 180 г (данные для Черного моря) (Берг, 1949). Для кругляка Каспийского моря указывают длину до 200 мм и массу 100 г (Рагимов, 1966). В Азовском море максимальная длина 132–200 мм (Трифонов, 1955; Тарнавський, 1960; Костюченко, 1964). Самки в среднем мельче самцов.

Темп роста весьма варьирует в зависимости от водоема и условий среды. Так, в Азовском море средняя длина кругляка в возрасте 3+ в 50-е гг. прошлого века была 126 мм (Трифонов, 1955), в период с 1971 по 1980 год — 123 мм, в период с 1981 по 1987 год — 100 мм, а в период с 1988 по 1991 гг. — 97 мм (Кольвах, 1998). В Каховском водохранилище особи в возрасте 3+ имели длину 140 мм (Ульман, 1970). В Каспийском море популяции Северного и Среднего Каспия существенно различаются не только темпом роста, но и возрастом полового созревания и количеством возрастных групп. Так, средний размер кругляка в Северном Каспии в возрасте 1+ — 60,4 мм, 2+ — 83,0 мм, а в Среднем, соответственно, 95,7 и 129,4 мм. Это дало основания считать бычка-кругляка, обитающего в различных районах Каспийского моря, за отдельные экологические расы (Азизова, 1962, 1969).

Максимальный возраст, указываемый разными исследователями для кругляка Каспийского моря, существенно варьирует: 2+ (Чугунова, 1946; Шамов, 1981), 4+ (Гаибова, 1952), 5+ (Азизова, 1969); для кругляка Азовского моря — 3+ (Трифонов, 1955), 4+ и редко 5+ (Костюченко, 1961). Для кругляка из Москва-реки указывают 4+ (Цепкин и др., 1992).

Половой зрелости часть самок достигает на втором году жизни, большая часть самок и самцы — на третьем (Трифонов, 1949, 1955; Костюченко, 1961, 1964). Имеются данные, что некоторые особи могут созревать в конце первого года жизни (в возрасте 9–11 месяцев) при длине 55–60 мм (Майский, 1938; Трифонов, 1955; Ращеперин,1967).

Нерестится с апреля по август в Азовском море и до сентября в Каспийском море при диапазоне температур 10–30°С (Ильин, 1949; Гаибова, 1952). Нерест в Москва-реке начинается в начале июня (Цепкин и др., 1992). Размножение характеризуется асинхронным типом вителлогенеза и многопорционным икрометанием (до 5–6 порций за сезон с перерывом в 17–20 дней) (Ращеперин, 1967; Куликова, Фандеева, 1975). Растянутость нереста обеспечивается не только этими особенностями, но и разными сроками вступления в нерест разновозрастных и разноразмерных самок, что позволяет молоди лучше использовать кормовые ресурсы водоема.

Нерестилища кругляка в море и в речных лиманах размещаются в прибрежной полосе бухт и заливов с умеренным прибоем на отмелях с глубиной 0,2–3 м (редко до 6–8 м) на твердом грунте с достаточным количеством мелких и крупных камней или других отдельных предметов на дне (Москвин, 1940; Меньшикова, 1954; Костюченко, 1958; Майский,1960; Световидов, 1964; Билько, 1965, 1968б; Ращеперин, 1967; Калинина, 1976; Виноградов, 1973). В Азовском море нерестилища кругляка находятся в основном около северо- и юго-западных берегов в 3–5-километровой полосе и частью в открытом море на отмелях (Ильин, 1949; Ращеперин, 1967), причем в районе северо-западного побережья Керченского пролива нерестилища размещаются на каменистых россыпях и скалистых выступах, а в северо-западной части Азовского моря — на ракушечнике, ракушечниковом песке и даже на илистом дне. В Молочном лимане, где дно преимущественно илистое, кругляк скапливается для нереста главным образом около берега, на узких участках, покрытых песком (Янковский, 1966). Нерестилища пресноводных популяций кругляка находятся в реках и водохранилищах на участках, обеспечивающих наличие нерестового субстрата. В пределах естественного ареала нерестилища кругляка известны в Среднем Днестре (Kessler, 1857; Сластененко, 1929), Днепре (Бабенко, Полищук, 1964), а также в низовьях этих и других рек Черноморского бассейна (Калинина, 1976). Нерестовым субстратом кругляку служат разные небольшие твердые предметы с более или менее уплощенной нижней поверхностью. Чаще это камни разного размера, спаянный ракушечник, иногда толстые стебли растений, просто расщелины скалистых выступов дна, а при недостатке естественного нерестового субстрата битая черепица, кирпич, консервные банки, куски металлических и деревянных конструкций.

После постройки гнезда самец начинает "исполнять нерестовые песни". Вначале эти звуки напоминают слабое кваканье, которое позже переходит в резкие звуки — скрипение или верещание. Самки подплывают к гнезду и собираются перед входом в него. Движение к гнезду начинается через 2–3 минуты после начала "пения", которое слышимо на расстоянии до 4–5 метров. Перед входом в гнездо свою готовность к нересту самка подтверждает коротким сигналом ("писком") (Щербуха, 1987). В одно гнездо икра откладывается несколькими самками и в течение всего периода развития охраняется самцом, который движением грудных плавников освежает в нем воду и отгоняет других рыб (Ильин, 1949; Георгиев, 1966). В процессе охраны кладки икры самец становится все более агрессивным в защите гнезда и прилегающей к нему территории. Каждый движущийся предмет, который приближается к гнезду на расстояние 15–20 см, вызывает у него комплексную оборонительную реакцию. Сначала самец принимает угрожающую позу с демонстрацией пугающей окраски своих плавников и необычной формы головы с раздутыми жаберными крышками и издает угрожающие звуки низкого тона, похожие на рычание. При дальнейшем приближении постороннего объекта самец выскакивает из гнезда и, захватив в рот гальку или ил, выплевывает их в пришельца. Если последний не отступает сразу, самец стремительно бросается на него. Молодь крабов, мелких рыб, ракообразных и других животных небольших размеров он просто глотает и снова возвращается к гнезду. На приближение крупных объектов самец отвечает частыми выпадами, ударами рылом и хвостом. При этом его не останавливают значительные размеры объектов, которыми могут быть и большая рыба (судак, бычок-кнут и пр.) и даже человек-аквалангист. Только если объект перестает приближаться или удаляется, у самца вслед за этим исчезает оборонительная реакция. Очень активно самец реагирует на приближение других самцов своего вида. Воздействие оборонительных средств самца особенно эффективно, когда они используются в комплексе (звук и поза угрозы, движение и укус). Угрожающий звук самца воспринимается на расстоянии до 1,0–1,5 м. Это способствует более рациональному размещению гнезд на нерестилище, не допускающему их чрезмерной сгущенности, вредной для сохранения популяции в целом (Протасов, 1965; Протасов и др., 1965; Ращеперин, 1967; Смирнов, 1986).

Большей эффективностью охраны гнезд кругляком, в сравнении с песочником, можно объяснить то, что, по наблюдению Г.П. Трифонова (1955), на основных нерестилищах последнего кладки икры кругляка обычны. На основных же нерестилищах кругляка песочник никогда не отмечается.

В Азовском море при наличии необходимого комплекса условий число порций икры за сезон достигает 5–6. Интервалы между порциями в начале сезона размножения составляют 25–28 дней, в середине и конце 14–17 дней. Количество икринок в порции у самок длиной 85–90 мм 500–660 штук (Куликова, Фандеева, 1975), у самок длиной 83–116 мм — 930–1756 (Ращеперин, 1967), у самок длиной 100–110 мм — 1293–1742 (в среднем 1670) (Ткаченко, 1980). По другим данным, количество порций при естественном нересте не превышает трех, но может достигать шести в созданных искусственно благоприятных условиях (Михман, 1963; Ковтун, 1977, 1978). Созревание очередной порции икры зависит от условий жизни самки и, прежде всего, от обеспеченности пищей в преднерестовый и нерестовый период, а также длительности вегетационного периода (Ковтун, 1977, 1978; Ткаченко, 1980). Для Великих озер имеются сведения о трехкратном нересте самок и том, что самец нерестится раз в жизни при достижении крупных размеров и возраста около трех лет, не питается при охране гнезда и, возможно, затем погибает (Charlebois et al, 1997; MacInnis, Corcum, 2000).

Индивидуальную плодовитость кругляка расчётным методом установить весьма трудно, так как у рыб с непрерывным типом созревания в формировании индивидуальной плодовитости участвуют резервные ооциты в течение всего нерестового периода (Овен, 1976). Большинство работ, содержащих данные по плодовитости кругляка и других видов бычков (Родионова, 1937; Москвин, 1940; Гудимович, 1946; Виноградов, 1948а, 1948б, 1949; Ильин, 1949; Виноградов, Ткачёва, 1950; Гаибова, 1952; Бурнашев и др., 1955; Трифонов, 1955; Михман, 1963; Костюченко, 1964; Рагимов, 1966, 1968; Билько, 1968а; Ульман, 1970; Ковтун, 1977; Казанчеев, 1981), этого не учитывают.

Инкубационный период длится при температуре воды 19–26°С 14–20 суток; при 15–18°С — 12–14 суток (Калинина, 1976). На следующий день после выупления мальки кругляка ловят науплиусов и циклопов. Опытным путем установлено, что при отсутствии корма вылупившиеся мальки могут обходиться без пищи около 20 суток, после чего, начав питаться, сохраняют свою жизнеспособность (Битюкова и др., 1980). Уже при длине 7–11 мм мальки кругляка поедают не только планктон, но и мелкий бентос (Рейх, 1969).

У бычка-кругляка четко выражена бентофагия. Спектр поедаемых кормовых организмов широк и изменяется с ростом рыбы. Он включает в себя планктонные, нектобентосные и бентосные организмы. Основную пищу мальков длиной от 15–30 мм, как и взрослых рыб, составляют моллюски (Андрияшев, Арнольди, 1945; Ильин, 1949; Костюченко, 1955, 1960), причем кругляк может поедать и прикрепленные формы организмов: моллюсков (мидий и митилястеров) и усоногих ракообразных (балянусов), откусывая их от субстрата. Может дробить большие, до 1,6 см в диаметре, раковины кардиума. У кругляка заметно увеличены челюстные зубы внешнего края, которые служат для отрывания моллюсков от субстрата, а большие верхне- и нижнеглоточные кости, несущие видоизмененные глоточные зубы, в комплексе с сильно развитыми соответствующими мышцами служат для раздавливания твердых раковин (Богачик, 1958, 1967; Лус, 1963; Богачик, Ремез, 1970; Янковский, 1970). При доминировании моллюсков в пище кругляка в разных водоемах (Шорыгин, 1939; Андрияшев, Арнольди, 1945; Гаибова, 1952; Кривошеева, 1959; Костюченко, 1960, 1964; Тарнавський, 1960; Канева-Абаджиева, Маринов, 1963; Азизова, Алигаджиев, 1964; Рагимов, 1966, 1991; Ульман, 1970; Страутман, 1972 ; Смирнов и др., 1970; Смирнов, 1986; Кольвах, 1998; Стритинская, Степанова, 2000), в тех случаях, когда биомасса моллюсков в определенном регионе невелика, может активно питаться ракообразными, личинками насекомых, червями, икрой, мелкой рыбой, а также водной растительностью (Гаибова, 1952; Рейх, 1969; Страутман, 1972; Цепкин и др., 1992; Евланов и др., 1998).

Полагают, что успех инвазии кругляка определен тем, что в новом ареале он способен обитать в широком диапазоне условий окружающей среды и местообитаний, отличается разнообразным спектром питания, включающем дрейссенид, большими размерами по сравнению с другими видами-бентофагами, агрессивным поведением, способностью многократно нереститься в течении всего теплого сезона, эффективной заботе о потомстве со стороны самцов, а также высоким генетическим разнообразием (Dougherty et al., 1996; Charlebois et al., 1997; MacInnis, Corkum, 2000; Dillon, Stepien, 2001, Jude, 2001; Vanderploeg et al., 2002). Как и в естественном ареале, в бассейне Великих озер самка может откладывать икру в течение весны и лета каждые 20 дней, самцы кругляка в нерестовый период очень агрессивны, активно ищут самок и охраняют гнездо с оплодотворенной икрой и личинками до их активного самостоятельного расселения (Jude, 1997, 2001). На каменистых грунтах в Великих озерах кругляк может достигать огромной численности — 19–40 экз. на 1 м^2 (Vanderploeg et al., 2002).

Влияние кругляка на аборигенные экосистемы Северной Америки считают весьма значительным и результаты инвазии в целом оценивают как исключительно негативные. Для понимания процесса расширения инвазии и разработки мер по ее регулированию предложен список из 41 направления исследований, включающий изучение особенностей роста, размножения и других особенностей образа жизни, популяционной динамики, филогении и таксономии, аспекты воздействия на сообщества и экосистемы и т.д. (Charlebois et al., 2001). Было обнаружено, что кругляк негативно воздействует на аборигенного *Cottus bairdi* Girar, 1850 в озере Мичиган, поскольку является активным конкурентом в отношении сходных ресурсов окружающей среды (пищи, нерестовых площадей, мест для укрытия) (Janssen, Jude, 1996, 2001). Показано значительное совпадение пищевого спектра кругляка и более мелких бентосных рыб в реке Сент-Клер, а также потребление им икры, молоди и даже взрослых особей аборигенных рыб (French, Jude, 2001). Показано, что кругляк потребляет икру озерного осетра, икру и молодь лососевых и других местных рыб (French, Jude, 2001; Jude, 2001; Goddard, Gaden, 2002). Расселение кругляка из каменистых прибрежий и притоков озер Мичиган и Гурон в направлении больших глубин (до 50 м) открытой части озера повлекло за собой совпадение области его распространения с ареалами двух аборигенных видов подкаменщиков (*Cottus cognatus* Richardson, 1836 и *Myoxocephalus thompsonii* Girard, 1851) (Jude, 2001; Vanderploeg et al., 2002). Предполагают негативное влияние кругляка на нерест этих рыб из-за конкуренции за сходные нерестовые субстраты, успешную конкуренцию в отношении ограниченных пищевых ресурсов бентоса — *Diporeia* spp., которая составляет основу рациона подкаменщиков (Nalepa et al., 1998; Janssen, Jude, 2001; Vanderploeg et al., 2002), а также активное вытеснение подкаменщиков из укрытий (Dubs, Corkum, 1996). Кроме того, потребляя дрейссену, которая накапливает токсичные вещества и бактерии ботулизма типа Е, кругляк стал причиной загрязнения токсичными веществами птиц и других рыб — объектов спортивного рыболовства, которые питаются кругляком, а также повышения их смертности, вызванной ботулизмом (Goddard, Gaden, 2002).

Кругляк представляет собой пример сопряженной инвазии, “invasional meltdown” (Ricciardi, 2001). Дрейссена способствует натурализации и расселению кругляка, обеспечивая основной пищевой ресурс для крупных особей и создавая биотоп для мелких беспозвоночных, таких как амфиподы, которые служат основной пищей молоди кругляка (French, Jude, 2001). Экспериментально показано, что кругляк проявляет сильное предпочтение в отношении дрейссены в присутствии аборигенных видов моллюсков (Ghedotti et al., 1995). Экспериментами и полевыми наблюдениями также доказано изменение пищевых цепей в донных сообществах и их состава в прибрежной зоне озер под влиянием дрейссены и бычка-кругляка (Jude, DeBoe, 1996; Kuhns, Berg, 1999).

В Балтийском море кругляк также может вступать в острые конкурентные отношения с местными солоноватоводными и пресноводными бентофагами, в частности, с бельдюгой *Zoarces viviparus* (Linnaeus, 1758), на почве потребления одних и тех же видов ракообразных и моллюсков (Тылик, 2003).

***N. syrman*, бычок-ширман**, распространен в прибрежье, опресненных лиманах, пресноводных озерах и низовьях рек бассейнов Черного и Каспийского морей, а также повсеместно в Азовском море (Чугунова, 1946; Световидов, 1964; Шапошникова, 1964; Рагимов, 1968, 1981). В середине 1950-х гг. был случайно интродуцирован в Аральское море, но массового распространения не получил (Дорошев, 1964) и исчез при осолонении. Верхняя граница распространения в Нижнем Дону, по-видимому, достаточно устойчива. Так, И.Я. Сыроватским (1946) ширман отмечался у ст. Аксайской, нами же в нескольких километрах выше — у урочища Камилица. Было опубликовано о нахождении этого вида в Верхнем Дунае (Zweimuller et al., 2000), но позже материал был переопределен как *N. gymnotrachelus* (Ahnelt et al., 2001). В 1979 г. экземпляр ширмана был пойман около фарватера Днепра у Херсона (Пинчук и др., 1985). Авторы полагают, что бычок-ширман расширил свой ареал в сторону Днепра в связи с осолонением Днепровского лимана. Есть нуждающееся в проверке указание на нахождение ширмана в Краснодарском водохранилище (Москул, 1994).

Ширман — солоноватоводный донный вид, который заходит в опресненные и пресные воды. Он населяет преимущественно участки моря с соленостью воды от 2–3 до 10–11‰, а участков с соленостью выше 12–13‰ избегает. Осолонение лиманов вследствие сокращения речного стока может способствовать приближению ареала ширмана к речным устьям (Калинина, 1976; Пинчук и др., 1985). В Черном море ширман живет у берегов, на глубине до 10 м, и предпочитает биоценоз кардиевого ракушечника, но также обычен на каменистых, песчаных и песчано-илистых грунтах (Георгиев, 1966). В Азовском море концентрировано встречается в центральных районах моря на мягких илах, где часто наблюдаются заморные явления. Однако ширман выдерживает падение кислорода в воде до 0,4 мг/л благодаря сильно развитому кожному дыханию (до 35% общего) (Шульман и др., 1957). В Каспийском море ширман обитает исключительно на мягких грунтах, не избегая илистых (Чугунова, 1946; Азизова, 1962).

В Азовском море нагул происходит в зоне ракушечника на глубине от 4–5 до 8–9 м на расстоянии до 20 км от берега. При этом ширман рассредоточивается по разным частям моря, держась очень небольшими стаями, а то и единично. Во время нагула он распределяется ближе к центральным участкам моря и этим отличается от кругляка, который нагуливается ближе к прибрежным участкам (Смирнов, 1986).

Широко распространен и сравнительно многочислен в Азовском море, где стабильно занимает второе по численности место среди видов Neogobiinae после кругляка (Трифонов, 1955; Майский, 1960; наши данные). В Днестровском лимане ширман был весьма многочислен, составляя до 84 % от количества прочих бычков (Виноградов, 1968), однако обычно он более редок в прибрежных и эстуарных районах (Тарнавський, 1960; Билько, 1965).

Ширман — самый крупный из рассматриваемых здесь видов. Максимальная длина 287 мм и масса 290 г (Рагимов, 1966). Эти данные относятся к ширману из Южной части Каспийского моря, где особи этого вида в целом крупнее, чем в Северном Каспии (Гаибова, 1952; Азизова, 1969; Казанчеев, 1981). В Азовском море наибольшие размеры самцов в уловах составляли 140—145 мм, самок 130–135 мм (Трифонов, 1955).

Половой зрелости ширман достигает, по-видимому, на втором (самки) и третьем (самцы) году жизни (Ильин, 1949), или же, как это отмечено, например, для Азовского моря, и самки, и самцы на втором году жизни (Трифонов, 1955). Иногда самки созревают в годовалом возрасте при длине 85–110 мм (Михман, 1963). По некоторым данным, возможно созревание и самцов в годовалом возрасте (Майский, 1953). Минимальная длина тела половозрелых особей 60 мм (Трифонов, 1955).

Ширман и каспийский головач отличаются самым ранним нерестом среди рассматриваемых видов бычков. Икрометание в Южном Каспии происходит с марта до начала июня, в Черном море — с апреля (с марта у болгарского побережья) до конца мая–июня (Ильин, 1949; Трифонов, 1949, 1955; Световидов, 1964; Георгиев, 1966; Билько, 1968б; Троицкий, Цуникова, 1988; Рагимов, 2001). Есть сведения, что нерест продолжается в Молочном лимане до июля (Тарнавський, 1960), а в бассейне Кубани до августа (Емтыль, 1997). Нерест начинается при температуре воды около 10°С, более интенсивно проходит при 12, заканчивается при 20–21° (Майский, 1960).

К нерестовому субстрату ширман нетребователен, и в местах его нереста характер грунтов достаточно разнообразен. В районе северо-западного побережья Керченского пролива отмечаются каменистые россыпи и скалистые образования, в северо-западной части Азовского моря и Молочном лимане — ракушечное, ракушечно-песчаное, часто заиленное дно. На нерестилище перед нерестом первыми приходят самцы и, как правило, каждый устраивает “гнездо”, выкапывая для этого под или между камнями углубление размером от 5–10 до 20–25 см (Билько, 1968б). Клейкая икра откладывается на нижнюю поверхность лежащих на дне твердых предметов, чаще камней, но также и случайных — кусков кирпича, черепицы, дерева, толстых стеблей растений, даже консервных банок и т.п. (Янковский, 1966; Калинина, 1976; Смирнов, 1986). Самец охраняет гнездо (Трифонов, 1955).

Нерест ширмана в Южном Каспии 2–3-х порционный (Рагимов, 2001), в Азово-Черноморском бассейне — обычно единовременный, вторая порция икры вызревает у немногих самок, поэтому нерестовый период довольно кратковременен (Трифонов, 1955; Билько, 1968б). В Чёрном море у болгарского побережья для ширмана указывают две порции (Георгиев, 1966). Плодовитость 348—4350, в среднем 820 (Трифонов, 1955) — 2390 (Билько, 1968а) икринок. В Среднем Каспии самки длиной 140–220 мм имели 3120–12040 икринок (Рагимов, 1968).

Развитие икры длится не менее двух недель. Из оболочки вылупляется хорошо развитая молодь длиной 7,1–7,3 мм с желточным мешком и сразу ведет донный образ жизни.

В пище мальков преобладают Harpacticoida, *Cercopagis,* Mysidae (Трифонов, 1955). Взрослые особи ширмана — типичные хищники-ихтиофаги: тюлька, хамса, бычки и другие рыбы составляют до 98% массы пищевого комка; из нерыбных объектов встречаются ракообразные (крабы, изоподы) и моллюски (Ильин, 1949; Гаибова, 1952; Тарнавський, 1960; Рагимов, 1966, 1991; Гаибова, Рагимов, 1970; Страутман, 1972; Казанчеев, 1981; Троицкий, Цуникова, 1988; Bănărescu, 1957). Степень сходства пищевых спектров головача и ширмана в северо-западной части Чёрного моря составляет 82,6% (Страутман, 1973).

В сравнении с песочником и кругляком, ширман менее экологически пластичен. Он явно приурочен к водоемам лиманного и эстуарного типа, тяготеет к более глубоководным биотопам с илистым дном, с чем, вероятно, и связана его приспособленность к дефициту кислорода в воде. Этот вид не демонстрирует заметное постепенное расширение ареала, но возможность его натурализации в новых регионах не исключена, поскольку уже наблюдалась его натурализация в Аральском море.

Как видно из приведенных описаний, по крайней мере, пять видов (за исключением *N. syrman* и *N. kessleri*) уже значительно увеличили свой ареал как путем естественного расселения благодаря появлению каналов и созданию водохранилищ, так и благодаря изменениям условий среды (прежде всего уменьшению скорости течения во многих реках со всеми вытекающими отсюда последствиями). В ряде случаев (например, появление *N. kessleri, N. melanostomus* и *N. gymnotrachelus* в Верхнем Дунае) не исключен такой вектор, как перенос судами (Ahnelt et al., 1998; Kautman, 2001). Существует мнение, что все Neogobiinae являются потенциально успешными вселенцами в водоемы Северной Америки (Charlebois et al., 1997, Ricciardi, Rasmussen, 1998). Делается даже предположение, что помимо упомянутых двух видов в Северной Америке уже имеются другие виды бычков, выявление которых пока затруднено лишь сложностями идентификации (C. Stepien, личн. сообщ.; R. Ruffing, личн. сообщ.).

3.6. Интродуцированные млекопитающие в России: экологический и экономический эффект

В классе млекопитающих (Mammalia) естественных, не связанных непосредственно с человеком или его деятельностью, завоеваний новых территорий, расширяющих ареалы видов, сравнительно не много. Они связаны или со стихийными бедствиями (пожары на больших площадях, наводнения), или с масштабными эмиграциями, когда часть мигрантов, выжив, осваивает новую территорию за пределами видового ареала. К такого рода инвазиям относится заселение обыкновенной белкой (*Sciurus vulgaris* Linnaeus, 1758*)* в двадцатых годах прошлого столетия Камчатки, расширение области обитания леммингами (р. *Lemmus*) и спрингбоками (*Antidorcas marsupialis* Zimmermann, 1780). Заяц-русак (*Lepus europaeus* Pallas, 1778) за 100 лет (1825–1923) увеличил территорию своего распространения в пределах России к северу и востоку на 2000 км^2, продвинув северную границу ареала до Карелии, левобережья Камы и г. Перми, а на восток почти до г. Омска (Груздев, 1974). Причем продвижение было неравномерным, оно оказалось особенно успешным в годы высокой численности. Естественная инвазия осуществлялась, в основном, по экологическим желобам (канализированно), значительно реже — фронтом. Ниже мы остановимся и на заселении русаком новых регионов в результате акклиматизационных мероприятий.

Намного быстрее внедрение чужеродных видов происходит под действием антропогенных факторов, в результате как сознательной интродукции млекопитающих человеком, так и его хозяйственной деятельности. Развитие коммуникаций привело к случайным завозам зверей в новые для них области, как это имело (и имеет) место с расселением практически по всей планете представителей различных видов мышей и крыс. В частности, появление и распространение черной крысы в европейской части России связано с известным путем “ из варяг в греки”.

В порт Санкт-Петербурга с грузом попадают самые разнообразные виды зверей из разных стран и регионов. Естественно, что единичные экзотические формы становятся достоянием зоопарков или частных коллекций, но виды, обычные для фаунистических комплексов других регионов нашей страны и отсутствующие на Северо-Западе, вполне могут со временем войти в состав териокомплексов Ленинградской области. Своего рода накопителем особей может стать территория порта, откуда при благоприятном сочетании условий начнется расселение их в природные биотопы. В последние годы сотрудники портовой противочумной станции (И.В. Горбунова, личн. сообщ.) неоднократно добывали в подвальных помещениях обыкновенную белозубку (*Crocidura leucodon* Hermann, 1780), естественный ареал которой в пределах нашей страны ограничен лесостепной и степной зонами.

Помимо развития транспортной сети инвазии чужеродных видов способствует и изменение коренных ландшафтов в связи с хозяйственной деятельностью человека. Обширные площади вырубок и сельскохозяйственных полей, выступая своего рода экологическими желобами, позволили значительно продвинуться к северу на европейском Северо-Западе России уже упомянутому зайцу-русаку и кабану (*Sus scrofa* Linnaeus, 1758*)*, европейской косуле (*Capreolus capreolus* Linnaeus, 1758*)*, встречи с которыми еще 50 лет тому назад в этом регионе были большой редкостью (Новиков и др., 1970). Лимитирующим фактором в расселении этих животных служат суровые зимы с высоким снежным покровом и, соответственно, трудности в добывании корма, а также высокая численность волков, что придает пульсирующий характер расселению и осваиванию новых территорий, однако этот процесс, скорее всего, необратим. Существует еще один основной путь случайного проникновения чужеродных видов зверей в сформировавшиеся фаунистические комплексы. Речь идет о зверофермах, с которых периодически убегают их обитатели. В России это американская норка (*Mustela vison* Schreber*,* 1777), американская (канадская) серебристо-черная лисица (*Vulpes vulpes fulva* Desmarest, 1820) — подвид обыкновенной лисицы *Vulpes vulpes* Linnaeus, 1758*,* канадский бобр (*Castor canadensis* Kuhl, 1820). Не следует забывать еще об одном варианте внедрения представителей дикой фауны в несвойственные им местообитания, результатом которого является полная или частичная синантропизация диких форм млекопитающих. В антропогенных ландшафтах многие виды находят прекрасные защитные и кормовые условия и в ряде случаев явно предпочитают их естественным. Так, в Копенгагене в городских подвалах нередко обитают барсуки (*Meles meles* Linnaeus, 1758) и обыкновенные лисицы, на газонах крупных городов Северной Америки селятся лесные сурки (*Marmota monax* Linnaeus, 1758), там же на деревьях находят себе убежища серые белки (*Sciurus carolinensis* Gmelin, 1788). Проведенное авторами в 2002–2003 гг. исследование фауны млекопитающих Санкт-Петербурга показало, что в городской черте постоянно обитает более 25 видов зверей, три (рысь *Felis lynx* Linnaeus, 1758, лось *Alces alces* Linnaeus, 1758, и кабан) — периодически заходят и держатся в городе по несколько дней. Серые крысы (*Rattus norvegicus* Berkenhout, 1769), летом нередко живущие большими колониями в пригородных парках, на побережье Финского залива, на холодное время года обычно переселяются в жилые постройки и складские помещения.

Далеко не всем интродуцентам удается полностью освоить чужие для них места. По мнению Ч. Элтона (1960), особенно успешно адаптируются к новым условиям евразийские и североамериканские виды. Именно их в первую очередь человек использовал при целенаправленной акклиматизации, чаще всего, для обогащения местной фауны пушно-промысловыми формами или внедрения специализированных хищников с целью ведения биологической борьбы с нежелательными компонентами местного биоценоза. В любом случае возможны непредсказуемые и опасные последствия непродуманного вселения чужеродных видов. Достаточно вспомнить известный просчет с внедрением в Вест-Индию для борьбы со змеями обыкновенного мангуста (*Herpestes edwardsi* Geoffroy, 1818), который вскоре стал настоящим бичом аборигенной фауны и чуть было полностью не уничтожил редких кубинских грызунов рода хутий (*Capromys*).

Одним из первых не только неудачных, но и приведших к экологической катастрофе экспериментов по интродукции чужеродных форм был завоз португальцами в 1513 г. на остров Святой Елены коз, которые быстро размножились в тысячные стада. Некогда зеленый, лесистый остров за полвека превратился в безжизненный ландшафт с голыми склонами гор и участками пустыни. Исчезла почти вся аборигенная фауна. Позднее сюда завезли и новые растения, и другие виды животных, но прежний облик острова восстановить не удалось, вся природа его изменилась в корне (Элтон,1960)

Целенаправленные и, казалось бы, продуманные опыты по интродукции млекопитающих у нас в стране и за рубежом были начаты в XIX веке. В XX столетии, особенно в его 20-х–30-х годах, в бывшем Советском Союзе происходил настоящий акклиматизационный бум, спад которого наметился в конце семидесятых. Во всем мире в этот период проводилась акклиматизация не менее чем 200 видов млекопитающих, преимущественно из числа так называемых охотничье промысловых форм (Новиков,1979; Саблина, 1979). Ч. Элтон (1960) утверждал, что невозможно с точностью учесть, сколько видов на самом деле подвергалось сознательной интродукции, и что “ ...в результате ее биологический мир станет не сложнее, а обеднеет, и вместо шести фаунистических областей будет существовать единый фаунистически обедненный мир”. Вселениям чаще всего подвергались антропогенные ландшафты. Некоторые виды, попав в новые условия, наносили человеку существенный ущерб, разрушая ирригационные сооружения (ондатра *Ondatra zibethica* Linnaeus, 1766 в Англии и Шотландии), объедая деревья и кустарники в садово-парковых хозяйствах (заяц-русак в Подмосковье), обедняя пастбища (кролики *Oryctolagus cuniculus* Linnaeus, 1758 в Австралии), уничтожая урожай фруктовых садов и виноградников (белка-телеутка *Sciurus vulgaris exalbidus* Pallas, 1778 в Крыму) и так далее. Все мероприятия, связанные с переселением зверей, дорогостоящи, а эффект очень часто оказывается противоположным задуманному. Один из авторов этой главы в 1953 г. был свидетелем кампании по расселению западно-сибирского подвида обыкновенной белки (уже упоминавшейся белки-телеутки, отличающейся относительно крупными размерами и пышным серо-голубым мехом). Она — эндемик своеобразных ленточных боров, протянувшихся узкими, разделенными степными участками, полосами от Новосибирска к Барнаулу. Стремясь увеличить ареал ценного подвида, телеутку интродуцировали в лесную зону Крыма и Северного Кавказа. В результате этой непродуманной акции уже через несколько лет мех зверька потерял свои товарные качества, став грубым и редким, а сама белка, переключившись на питание виноградом, нанесла существенный вред виноградникам (Воинственский и др., 1963). Финалом этой акклиматизации стало уничтожение вселенца.

В общей сложности на территории бывшего СССР было выпущено с целью акклиматизации более 470 тыс. экз. млекопитающих, принадлежащих к 47 видам (табл. 30), из них 11 — представители североамериканской, южноамериканской и средиземноморской фауны (ондатра, нутрия, шиншилла, канадский бобр, дикий кролик, американская норка, скунс, канадская лисица, енот-полоскун, европейский муфлон, лань). Большинство из этих видов или не прижились, или были истреблены хищниками и браконьерами (Лавров, 1946; Колосов и др., 1961; Саблина, 1979). Некоторые, подобно белке-телеутке, оказали в новых условиях пагубное действие на растительные комплексы (пятнистый олень в Мордовском и Хоперском заповедниках, ондатра на большей части нового ареала) или аборигенные виды животных (американская норка, канадский бобр) (Филонов, 1977; Туманов, 1986; Москалев, Туманов и др., 1991). Мы намеренно не внесли в таблицу такие виды, как гуанако (*Lama guanicoe* Müller, 1776), лама-глама (*L. quanicoe glama* Linnaeus, 1758), некоторых африканских антилоп, которые были завезены еще в позапрошлом веке в Аскания-Нова, прижились в этом зоопарке под открытым небом, давали приплод и вполне освоились в нашем климате. Этот вариант интродукции в литературе нередко представляется в качестве успешной акклиматизации (Треус, 1968; Треус, Лобанов, 1976). Ничуть не умаляя заслуг сотрудников Аскании-Нова, мы все-таки считаем, что говорить в этом случае об акклиматизации столь же условно, как и о содержании ряда экзотических млекопитающих в сугубо искусственных условиях современных зоопарков, где звери, имея доступ к убежищам и корму, круглый год содержатся в открытых помещениях и выгулах.

Для того чтобы оценить абсурдность и степень неудачи указанных акклиматизационных мероприятий, достаточно сказать, что, из более чем 40 видов-переселенцев, успешно освоили новые для них территории не более 3–4, при этом все они в той или иной мере нанесли существенный ущерб местной фауне. При составлении плана внедрения чужеродных форм необходимо прогнозировать не только предполагаемую выгоду от использования нового вида, но и возможное значение его для всего биоценоза. В случае благоприятного сочетания “стартовых” условий акклиматизация приводит к резкому повышению численности интродуцента, что далеко не всегда входило в первоначальные планы. Прекрасным примером этого следует считать историю с внедрением ондатры в Евразию.

Интродукцию **ондатры** за пределы ее естественного ареала долгое время рассматривали как вариант во всех отношениях удачной акклиматизации чужеродного вида. История ее расселения в Западной Европе началась в 1905 г. с выпуска в Чехословакии (в 7 км юго-западнее Праги) 5 особей, которых содержал один землевладелец (Hoffmann, 1958). В очаге выпуска ондатра размножилась, расселилась и очень скоро превратилась в серьезного вредителя сельскохозяйственных культур и гидротехнических сооружений, что в свою очередь повлекло за собой разработку мер по ее уничтожению. История распространения ондатры по территории Запад-

Таблица 30. Акклиматизация и реакклиматизация млекопитающих в СССР (по Марину (1956), Павлову с соавторами (1973, 1974), Бибикову (1989); латинские названия приводятся по Павлинову и Россолимо (1991), для рода *Ovis* — по Гептнеру (1961).

Вид	Год первого выпуска	Количество выпущенных особей (экз.)
Крот *Talpa europaea* Linnaeus,1758	1940	367
Выхухоль *Desmana moschata* Linnaeus, 1758	1929	9 788
Заяц-русак *Lepus europaeus* Pallas, 1778	1929	20 013
Заяц-беляк *Lepus timidus* Linnaeus, 1758	1946	5 338
Кролик *Oryctolagus cuniculus* Linnaeus, 1758 *	1929	10 340
Белка обыкновенная (подвиды: белка-телеутка *Sciurus vulgaris exalbidus* Pallas, 1778, алтайская белка, *S.vulgaris altaicus* Serebrennicov, 1928	1927	11 339
Сурок Мензбира *Marmota menzbieri* Kashkarov, 1925	1956	162
Байбак *Marmota bobak* Мьller, 1776	1934	133
Серый сурок *Marmota baibacina* Kastschenko, 1899	1936	378
Черношапочный сурок *Marmota camtchatica* Pallas, 1811	1954	87
Обыкновенный бобр *Castor fiber* Linnaeus, 1758	1934	12 387
Канадский бобр *Castor canadensis* Kuhl, 1820*	1933	7
Суслик-песчаник Spermophyllus fulvus Lichtenstein, 1823	1934	6 683
Ондатра *Ondatra zibethica* Linnaeus, 1766*	1928	299 687
Нутрия *Myocastor coypus* Molina, 1782*	1930	6 270
Шиншилла *Chinchilla laniger* Molina, 1782*	1964	211
Енотовидная собака *Nyctereutes procyonoides* Gray, 1834	1929	8 651
Песец командорский *Alopex lagopus berengianus* Merriam, 1902	1926	407
Корсак *Vulpes corsac* Linnaeus, 1768	1930	5
Лисица канадская *Vulpes vulpes fulva* Desmarest, 1820 *	1929	129
Бурый медведь *Ursus arctos* Linnaeus, 1758	1950	25
Енот-полоскун *Procyon lotor* Linnaeus, 1758*	1936	1 241
Каменная куница *Martes foina* Erxleben, 1777	1936	59
Лесная куница *Martes martes* Linnaeus, 1758	1962	10
Соболь *Martes zibellina* Linnaeus, 1758	1928	19 340
Колонок *Mustela sibirica* Pallas, 1773	1937	54
Степной хорек *Mustela eversmanni* Lesson, 1827	1940	179
Американская норка *Mustela vison* Schreber, 1777*	1933	20 451
Полосатый скунс *Mephitis mephitis* Schreber, 1776	1929	163
Калан *Enchydra lutris* Linnaeus, 1758	1937	13
Кабан *Sus scrofa* Linnaeus, 1758	1929	3 178
Кабарга *Moschus moschiferus* Linnaeus, 1758	1954	11
Пятнистый олень *Cervus nippon* Temminck, 1838	1933	2 393
Благородный олень *Cervus elaphus* Linnaeus, 1758	1918	2 949
Марал алтайский *Cervus elaphus sibiricus* Severtzov, 1873	1937	900
Асканийский гибридный олень *Cervus elaphus* sp.	1928	192
Бухарский олень *Cervus elaphus bactrianus* Lidekker, 1900	1961	12
Лань *Cervus dama* Linnaeus, 1758*	1932	124
Косуля *Capreolus capreolus* Linnaeus, 1758	1929	2 172
Лось *Alces alces* Linnaes, 1758	1954	105
Северный олень *Rangifer tarandus* Linnaeus, 1758	1928	133
Европейский муфлон *Ovis ammon musion* Pallas, 1766*	19131	13

* — зарубежные виды

ной Европы и ее печальные последствия не остановила отечественных преобразователей природы, и с 1927 г. началась повсеместная акклиматизация этого вида (Лавров, 1946; Чапский, 1957; Альтшуль, 1963б). В общей сложности на территории бывшего СССР было выпущено и расселено по всей стране около 300 тысяч животных, заселивших в целом по нашей стране 100 республик, областей и краев (Альтшуль, 1963б). В результате интродукции ондатры, территория ее обитания в Евразии оказалась значительно больше ее исторического ареала в Северной Америке (Кулик, 1979). Нет сомнения, что на определенном этапе экономический эффект от столь широкого расселения этого грызуна был значителен из-за большого спроса на его мех (Ширяев, 1989а, 1989б). Рекордное количество заготовленных шкурок в нашей стране в целом приходится на 1956 г. — 6 млн. (Лавров, 1957). В последующие годы и вплоть до настоящего времени численность самого грызуна и доля его в заготовках пушнины снижается и практическая выгода от интродукции ондатры становится все более низкой. К тому же, в ряде мест она оказалась переносчиком омской геморрагической лихорадки, туляремии, паратифа, сальмонеллеза и кокцидиозов (Лавров, 1957; Страутман, 1963; Кулик, 1979). В ряде районов велика ее роль в разрушении плотин и дамб, нарушении ирригационных систем на рисовых полях (Абашкин, 1963; Саблина, 1979). Помимо сказанного, следует отметить и отрицательное влияние ее на биоценозы в новых местах обитания. Кормодобывающая деятельность ондатры причиняет заметный вред зарослям тростника и рогоза, что подрывает кормовую базу самого грызуна, ухудшает условия обитания водоплавающих и болотных птиц. Показательно, что уничтожение или замещение видов водно-болотной растительности, что сопровождает существование ондатры на территории Евразии, не имеет места в Северной Америке, благодаря сбалансированности ее жизнедеятельности с естественной динамикой растительности водно-болотных водоемов (Новиков, 1979).

Другим чужеродным видом, акклиматизация которого увенчалась успехом, но дала нежелательные последствия, следует считать **американскую (канадскую) норку**. Этот представитель семейства Mustelidae отличается от близкого европейского вида (мы не говорим о таксономических морфологических различиях) большими размерами, более темным, густым и блестящим мехом, значительной эврибионтностью и эврифагией (Туманов, 1970; Рябов и др., 1991). Впервые в нашу страну ее завезли в 1923 г. и первоначально разводили только в зверосовхозах, где появились и цветовые вариации шкурок, что значительно повысило интерес к зверьку. С этого времени началась инвазия канадской норки в природные териокомплексы, сначала — в результате побегов ее из клеток, позднее — благодаря специальным выпускам (Лавров, 1946). Собственно интродукция в природные биотопы началась в 1923 г., когда 3140 зверьков (Лавров, 1946) или 10500 — по другим данным (Колосов и др., 1961) расселили в 19 областях, краях и республиках.

Наибольшего размаха это мероприятие достигло в период с 1934 по 1940 гг., но и тогда систематические наблюдения за этим видом в новых условиях велись нерегулярно, что, в конечном счете, привело к негативным последствиям в связи с дальнейшим продолжением работ. Наилучшие результаты, по мнению А.М. Колосова и др. (1961), были получены в горных районах Дальнего Востока и в горах

Сибири (Алтайский край). Вместе с тем и в этом регионе не все было благополучно. В частности, Г. Сабанский (1958) считает, что опыт акклиматизации американской норки в Красноярском крае нельзя назвать удачным. В равнинной тайге молодняк гибнет весной во время паводков, зимой — в связи с промерзанием медленно текущих водоемов, кроме того, этот хищник стал вытеснять и уничтожать ондатру, выпущенную здесь в водоемы в 1930-х годах. В Европейской части СССР первый опыт акклиматизации американской норки (из зверосовхозов) был проведен в 1932 г. в Воронежской области, когда 20 экземпляров ее поселили в Бобровом заповеднике. Однако никаких наблюдений в дальнейшем не проводилось. Затем в 1934 г. и 1940 г. 178 и 63 зверька, соответственно, выпустили в Татарии и в 1935 г. — 12 в Башкирии. В дальнейшем, долгое время акклиматизация американской норки в Европейской части СССР успеха не имела. Уже в 1951 г. В.В. Скалон (1950) убедительно доказывал нерентабельность ее акклиматизации в связи с ущербом промысловой фауне, который она наносит уничтожением ондатры, многих видов водоплавающих и болотных птиц, а также конкуренцией ее с соболем в Восточной Сибири. Успешная интродукция этого агрессивного вселенца в настоящее время стала причиной обеднения аборигенной фауны многих европейских регионов. Так, по сведениям С. Палтанавичюса (2000), канадская норка в Литве стала не только причиной исчезновения в последние 15 лет европейской норки, но и уничтожения ондатры, многочисленных колоний озерных чаек, снижения численности уток и лысух. И таких примеров можно привести много. В.Г. Гептнер (1967) еще в конце 60-х гг. XX в., т.е. почти через 30 лет после первого выпуска в природу этого вида, говорил о повсеместном вытеснении аборигенной европейской норки, что должно было насторожить сторонников ее повсеместного расселения. В настоящее время американская норка прочно вошла в состав териофауны России и может служить примером акклиматизации относительно успешной в экономическом плане, но нежелательной по своим последствиям для аборигенной фауны (Терновский, Туманов, 1973; Туманов, 1978; Саблина, 1979; Туманов и др., 1984). Учитывая ценность ее как пушно-мехового вида, по-видимому, следует ограничиться только клеточным разведение ее в зверосовхозах.

Нутрия, или болотный бобр, еще один чужеродный вид, происхождением своим обязанный Южной Америке, по инициативе Б.М. Житкова доставленный в 1930 г. в СССР для клеточного разведения и дальнейшей акклиматизации в природе. Племенной материал был разного происхождения (Аргентина, звероводческие фермы Англии и Германии), выпуск же осуществлялся в Краснодарском крае, Дагестане, Абхазии, республиках Закавказья, Казахстане и Туркмении. Несмотря на то что интродукция продолжалась до 1942 г. и в общей сложности было выпущено 1107 животных, существенного результата тогда получено не было (Колосов, Лавров и др., 1961). Большинство зверей по разным причинам погибли в первые же годы существования. Исключением может служить лишь Азербайджан, где животные прижились при условии сочетания клеточного содержания с полувольным выпасом в летнее время (Верещагин, 1946). В свое время была сделана попытка использовать в рыбоводческих хозяйствах кормодобывающую деятельность нутрий для снижения плотности зарослей водных растений в водоемах. Кроме того, выпас грызунов повышал кормность водоемов для рыб за счет обогащения планктона. Вместе с тем животные вносили в воду большое количество органических веществ, что ухудшало ее гидрохимический состав (Бойцов, 1950; Барабаш-Никифоров и др., 1952). Единственным положительным моментом завоза зверей из-за рубежа было налаженное клеточное разведение, которое эффективно и в настоящее время.

Неудачной оказалась попытка акклиматизации еще одного американского грызуна — **шиншиллы**, разводимой во многих странах на зверофермах. В период с 1964 по 1970 гг. пробовали расселить этого зверька, обладающего очень ценным мехом, на Западном и Восточном Памире. В общей сложности было выпущено 211 экземпляров; положительного результата не получено: все животные погибли от хищников и браконьеров (Соколов, 1977).

Из интродуцированных чужеродных форм, тоже американских, имеющих у себя на родине важное промысловое значение, следует упомянуть енота-полоскуна, полосатого скунса и серебристо-черную лисицу. В 1929 г. была расселена небольшая партия **енотов-полоскунов** клеточного разведения, которые несколько лет содержались в Ташкентском зоопарке и в звероводческих хозяйствах, где дали потомство (Лавров, 1946). Именно эти животные в 1936 г. были выпущены в ореховолесной массив в Киргизии (22 экз.) и в Приморье (7 экз.), а в 1941 г. — в Азербайджане (21 экз.). На Дальнем Востоке выпуск оказался неудачным и все животные погибли. Впоследствии опыты с акклиматизацией енота-полоскуна повторялись вплоть до 1966 г. (Шулятьев, 1991). Попытки расселить енота-полоскуна в Средней Азии потерпели неудачу. В Восточном Закавказье и на южном склоне Главного Кавказского хребта интродукция прошла успешно. Отсюда енотов ежегодно отлавливали и выпускали на территории Предкавказья, Белоруссии, Казахстана и Приморского Края. **Полосатого скунса** пытались акклиматизировать неоднократно. Идея разведения скунса в России впервые была высказана О.В. Маркграфом (цит. по: Саблина, 1979), однако попали они в нашу страну лишь в 1929 г., и первое время их содержали и разводили в клетках в зверосовхозах. Первый выпуск в природу датируется 1933 г. Опыты по акклиматизации этого вида продолжались до 1936 г., за весь период с 1933 по 1936 гг. было выпущено 230 особей в Украине, Дагестане, Азербайджане, Киргизии, в Воронежской области и в Приморском крае. Все попытки были неудачными. Полудомашние зверьки оказались неспособными к самостоятельному существованию в непривычных для них условиях. Последние встречи скунсов в районах акклиматизации относятся к 1941 г. (Лавров, 1946). В.Е. Соколов (1979) главную причину неудачной акклиматизации видел в предварительном удалении анальных желез, едкий и зловонный секрет которых служит зверьку главной защитой. С этим предположением трудно согласиться полностью, так как у выводков, родившихся на воле, анальные железы, естественно, никто не удалял. Поскольку специальных стационарных наблюдений в местах выпусков не проводилось, то причины неудачной интродукции этого вида остались невыясненными.

Опыты с акклиматизацией **американской серебристо-черной лисицы** оказались неудачными с самого начала. Эксперимент в целом занял период с 1929 по 1940 гг. Серебристо-черных лисиц выпускали в надежде на улучшение товарных качеств меха рыжей лисицы. Область интродукции была велика, от Туркмении до

Карелии, и от Воронежской области до Камчатки. Судьбой вселенцев никто не интересовался. Звери были из зверохозяйств, изнеженные клеточным содержанием, полуручные и доверчивые. Они быстро стали жертвами браконьеров. На этом расселение их и закончилось (Лавров, 1946).

Из представителей Средиземноморской фауны в нашей стране акклиматизации подвергались дикий кролик, европейский муфлон, лань.

Первые 14 **диких кроликов** были завезены в конце XIX веке из Швейцарии и Австрии на юг Европейской части России (Лавров, 1946; Гизенко, Шевченко, 1973). Позднее они выпускались в самых разных регионах нашей страны, вплоть до Сибири, но по-настоящему прижились лишь на юге Украины — в Херсонской, Николаевской и Одесской областях и на островах Каспийского моря. В Украине они стали обычным охотничьим видом для местного населения (Павлов, Шулятьев и др., 1984). Первые неудачи с акклиматизацией кроликов были связаны с непродуманно выбранными местами выпуска в отношении климата, характера почвы, изобилия хищников. Кроме того, это были, в основном, домашние или полудомашние изнеженные и очень доверчивые зверьки. Многие погибли от эпизоотий, пернатых и наземных хищников и браконьеров. Повторные выпуски производились в 1949, а затем и в 1961–1973 гг. в Украине и в 1979 г. в Узбекистане. По мнению М.П. Павлова с соавторами (1984), успех акклиматизации дикого кролика в нашей стране зависит от факторов, сдерживающих его размножение, а соответственно — и прирост численности. Эти же исследователи убеждены, что акклиматизация дикого кролика на юге нашей страны (Краснодарский край), в Украине и в некоторых странах Средней Азии вполне перспективна и должна продолжаться. Насколько это безопасно для аборигенных териокомплексов, покажет время.

Что же касается **лани** и **европейского муфлона**, то их чаще интродуцировали для паркового содержания или для организованных охотхозяйств. История их акклиматизации имеет много общего, ибо началась в 1914 г., и до 1941 г. с переменным успехом, в зависимости от исторической ситуации, звери существовали в охотничьих заказниках (лани — в Беловежской пуще, а муфлоны — на горных лугах Крыма и в Аскания-Нова). В период с 1917 по 1920 гг. поголовье и тех, и других было почти полностью уничтожено, но к 1941 г. в Крыму насчитывалось 500 муфлонов, а в Беловежской пуще — 33 лани (Шостак,1990; Лобанов, 1988). В настоящее время в Белоруссии, по мнению С. Шостака, лань отсутствует, и тот же автор предлагает возобновить заселение белорусских лесов, лесопарков и даже городских рекреационных зон этим красивым животным. Поскольку в природе у этого вида много врагов (в том числе и браконьеры), то существовать звери смогут лишь под покровительством человека. Относительно европейского муфлона можно сказать, что численность его практически стабильна и в течение последних тридцати лет составляет 300 особей (Колосов и др., 1961; Федосенко, 1997). Учитывая, что в Крыму не существует аборигенных форм баранов, расселение европейского муфлона в этом регионе вполне оправдано.

Кроме интродукции иноземных видов (или подвидов), периодически расселялись или переселялись в другие районы представители аборигенных для нашей страны форм. Эти мероприятия рассматривались как обогащение местных фаунистических комплексов новыми видами, преимущественно, охотничье-промысловых зверей. Список таких переселенцев достаточно велик (табл. 30), но по-настоящему освоить новые места обитания и органично войти в состав аборигенных териокомплексов смогла лишь енотовидная собака, в какой-то степени — белки алатайская и телеутка, в некоторых регионах — пятнистый олень. Говоря о положительном результате акклиматизации, мы имеем в виду не экономический, а биологический (экологический эффект), т.е. адаптацию вида к новым для него условиям на новой территории за пределами исторического ареала.

Енотовидная собака (иногда ее называют "уссурийским енотом") в нашей стране прежде имела ограниченный ареал на Дальнем Востоке. Акклиматизация ее началась в 1928 г. выпуском в новые районы, первоначально это были острова в Японском море, в 1929 г. 20 енотовидных собак вывезли на о-в Аскольд в Приморье, а через 3 года там было обнаружено 350 экземпляров этого вида (Юдин, 1977). Существует предположение, что еще раньше зверей выпускали там японцы (другой подвид), во всяком случае и на острове Монерон, расположенном на 50 км южнее мыса Корильон Сахалина, следы хищника отмечались еще до 1928 г. (Лавров, 1971). Возможно, животные проникали сюда в суровые зимы по льду из Японии с строва Хоккайдо (Юдин, 1977). В последующие годы опыты перенесли на материк. С 1934 г. начинается широкое расселение этого вида практически по всей территории нашей страны. В довоенный период было выпущено около 3200 особей в 40 областях, краях и республиках Советского Союза, а к концу 1950-х гг. их количество возросло до 9000 в 76 аналогичных административных единицах. О масштабах экспансии этого вида на юг и запад можно судить по следующим показателям, приводимым В.Г. Юдиным (1977): в 1935 г. енотовидная собака проникает из Ленинградской области в Финляндию, в 1945 г — из Финляндии в Швецию, в 1955 г. ее отмечают в Польше и Северной Моравии, в 1956 г — в Румынии, в 1961 г. — в Венгрии. Разумеется все эти годы имело место не только естественное расселение зверя, но и вселение его в отдельные регионы человеком. В настоящее время благодаря повсеместной интродукции и высоким адаптивным возможностям енотовидная собака расширила свой ареал от Кореи, Японии, Маньчжурии и Дальнего Востока до Адриатики. Как и у ондатры территория современного обитания вида уже значительно превосходит площадь его естественного ареала (Насимович, 1985).

Надо сказать, что независимо от явной неоднородности природных условий в различных районах выпуска, енотовидная собака практически всюду прижилась и, несмотря на периодические снижения численности, поголовье ее постепенно растет (Долбик, 1952; Попов, 1956). Расселение енотовидной собаки шло так называемым фронтом и по экологическим желобам, образованию которых способствовало появление больших площадей вырубок, лесосек, заболоченных участков. Благодаря очень высокой экологической пластичности и практически всеядности (Морозов, 1951; Юдин,1972), хищник легко адаптировался в новых условиях и был способен к нормальному размножению уже в первые годы после выпуска. Вторая биологическая особенность вида — это широкие кочевки, как в границах участка обитания, так и за его пределами. Это позволяет животным расселяться в разных направлениях, осваивая новые территории. В ряде районов енотовидная собака проявляет склонность к синантропизации, животные часто концентрируются вблизи населенных пунктов, посещая помойки, пищевые свалки, животноводческие комплексы, где всегда имеются всякого рода отходы. И, наконец, суровые зимы с низкими температурами и бескормицей ей позволяет перенести зимний сон — способность уходить от воздействия неблагоприятных условий на 2–3 критических месяца. Таким образом, на первый взгляд не возникает никаких проблем с акклиматизацией этого вида, в определенные годы дающего достаточно высокий выход пушнины. Максимум заготовок шкурок в местах акклиматизации — 66,8 тысяч — пришелся на 1960 г., минимум — 31,5 тысяч — на 1970 г. (Колосов и др., 1971). Интерес заготовителей к промысловым видам диктуется спросом на пушнину на внешнем и внутреннем рынке и это определяет уровень промысла и в свою очередь както регулирует численность пушных зверей. Как и в случае с ондатрой, и американской норкой кажущийся успех акклиматизации сопровождается и негативными явлениями, в некоторых районах ставящих под сомнение целесообразность дальнейших работ по интродукции этого вида. Как показали наблюдения над акклиматизированными животными, "уссурийский енот" служит хранителем и переносчиком таких заболеваний как бешенство, чума плотоядных, пироплазмоз, зудневая чесотка (Обтемперанский, 1958; Воронов, 1972; Данилов и др. 1979). Кроме того, она совершенно нежелательный компонент водно-болотных биоценозов, охотничьих хозяйств, заказников и орнитологических заповедников, так как по данным Корнеева (1954), в отдельных местах уничтожает до 90% выводков водоплавающих птиц. Все эти отрицательные (для человека) стороны биологии енотовидной собаки проявляются в годы ее высокой численности, при низкой же плотности населения заметного отрицательного воздействия на аборигенные териокомплексы она не оказывает (Москалев и др., 1986).

Начиная с 1933 г. началась интродукция **пятнистых оленей**, в самые разные регионы бывшего СССР. Первые интродуценты — 240 зверей — были выходцами из Приморья, то есть из своих исконных мест обитания. При условии зимней подкормки и охраны от браконьеров и волков, этот олень мог существовать и на территории Европейского Северо-Запада нашей страны, не боясь морозов до –42 градусов. Их акклиматизировали в основном в заповедниках и охотничьих хозяйствах, некоторая часть вывезенных из Приморья животных была размещена в Аскании-Нова, откуда впоследствии расселялась в другие регионы. Одной из характерных черт пятнистого оленя служит его эврифагия. В пищевой рацион животного, населяющего широколиственные леса Приморья, входит более 125 видов растений, в том числе водоросли и грибы (Гептнер, 1967). Это позволяет ему легко переходить с одного вида корма на другой, ведя оседлый образ жизни и заселяя самые разнообразные стации (Фадеев, 1984). В результате широкомасштабного расселения пятнистый олень легко адаптировался в весьма разнообразных климатических условиях, но всюду под защитой человека. Вместе с тем его успешная интродукция в некоторых регионах оказалась пагубной для ряда компонентов сложившейся аборигенной экосистемы. Пятнистые олени были завезены в семь заповедников. Прижились они только в двух: Хоперском и Мордовском, где численность их за немногим более чем 30 лет возросла по сравнению с исходной почти в сто раз (Филонов,

1977). Результаты не замедлили сказаться. Вследствие вытаптывания травяного покрова, скусывания концевых побегов веточек начал погибать подлесок и стало прекращаться лесовозобновление. А за этим неизбежно последовало истребление части поголовья в свое время интродуцированных животных. Таким образом, пропадает весь смысл акклиматизации и, по мнению К.П. Филонова (1977), расселение пятнистых оленей в западной части нашей страны нерентабельно и бесперспективно. Справедливости ради надо сказать, что, в целом, в ряде регионов пятнистые олени органично вошли в местные биоценозы (Украина, Молдавия, Армения, Литва), но численность их росла медленно и так и не достигла оптимального уровня (Фадеев, 1984).

Разные виды оленей постоянно привлекали внимание сторонников акклиматизации. Во-первых, это прекрасный объект спортивной охоты, который относительно просто разводить в лесоохотничьих хозяйствах, во-вторых, они способны украсить любой национальный парк, заповедник, городской лесопарк. Стремление расселить оленей любой ценой приводило к тому, что маралов из Сибири внедряли в биоценозы Украины, Белоруссии, Прибалтики, сибирскую косулю запускали в охотхозяйства Подмосковья и других районов европейской части бывшего СССР (Колосов и др., 1961). К сожалению, на второе место отступал вопрос, а что останется через десяток лет от самого парка, населенного крупными копытными, основу питания которым составляют вегетативные части молодых деревьев и кустарников, веточный корм.

Показательна история попыток расширить ареал **калана,** внедрив часть дальневосточной популяции в Баренцево море. Первая попытка, предпринятая в середине 1930-х гг., окончилась полной неудачей. Все (21 экз.) каланы погибли в пути; второй раз 9 зверей были отправлены к тому же месту назначения в 1937 г. На этот раз животных довезли, но 7 пали в первые же дни, а двух оставшихся в живых самцов поместили в специально оборудованную клетку. В 1940 г. один ушел из нее и жил в районе Муромской губы до 1942 г., а в 1944 г. его случайно убили. Судьба второго зверя неизвестна (Парамонов, 1958). В 1958 г. в районе о. Монерон выпустили еще 7 каланов, причем пять сразу же уплыли в открытое море и больше их никто не встречал, а двое держались возле острова до 1961 г. Мероприятие оказалось неудачным, поскольку именно в этом районе образуется ледовый припай, препятствующий выходу на сушу и, кроме того, мало подводных камней, водорослей и каменных островков, где звери могли бы отдыхать и пережидать непогоду. Несмотря на эти явные неудачи, опыт сочли достойным повторения, и было принято решение заселить берег Мурмана каланами, поскольку ожидался значительный экономический эффект. В данном случае урон от непродуманной интродукции был нанесен непосредственно самому виду, а не экосистеме, которая должна была стать ареной его жизни. С.В. Мараков (1958), один из крупнейших специалистов по калану, резко отрицательно относился к перемещению этих редких зверей в западные акватории, справедливо считая, что для сохранения вида надо не переселять животных в новые места, а восстанавливать их прежний ареал.

В настоящее время направленная интродукция чужеродных видов практически не проводится. Все расселения животных связаны, скорее, с восстановлением сокращенного ареала. Инвазии зверей, связанные с расширением транспортных сетей, большого притока чужеродных форм не дадут, поскольку трудно предположить ситуацию, при которой сразу "приедет" большая группа разнополых и разновозрастных зверей, способная обеспечить виду в новых условиях выживаемость и репродуктивный успех.

Интродукция чужеродных видов млекопитающих коснулась и территории Северо-Запада России. В настоящее время можно говорить о четырех видах зверей, внедрившихся в природные комплексы региона. Это ондатра, канадский бобр, американская норка, енотовидная собака. Следует упомянуть и пятнистого оленя, существующего ныне лишь на территории Кургальского полуострова (в охотничьем заказнике), численность которого не превышает 25 экземпляров. На примере Ленинградской области попытаемся показать, как происходила интродукция чужеродных видов зверей на территории европейского Северо-Запада России и к каким последствиям это привело. Предлагаемый раздел написан на основании многолетних наблюдений авторов и литературных источников, посвященных охотничье-промысловой фауне региона (Морозов, 1947, 1975; Альтшуль, 1955, 1956, 1963а,б; Данилов, Туманов, 1970; Новиков, Айрапетьянц и др., 1970; Шаповалов, 1977; Туманов, 1978, 1986; Айрапетьянц и др., 1987; Москалев, 1989).

Интродукция **ондатры** в Ленинградской области началась с 1938 г., когда на озера бывшего Ефимовского района выпустили 198 зверьков. Второй этап работ по акклиматизации этого грызуна охватил период с 1945 г и включительно по 1960 г, когда в 12 районах было выпущено еще 2208 особей. Кроме того, надо учитывать, что в Финляндии начали расселять ондатру еще в 1919 г. и отдельные зверьки проникали в окрестности Ленинграда еще в 1936 г. (Верещагин, 1956). Ко времени присоединения к бывшему Советскому Союзу Карельского перешейка он был практически сплошь заселен этим грызуном (Artimo, 1960). При этом среди зверьков оказалось много так называемых "черных", характеризующихся темной, почти черной окраской и густым нежным мехом, значительно превосходящим по качеству мех бурой ондатры (Когтева, 1963).

Благодаря способности расселяться весной и осенью не только по водным путям, но и по водоразделам, она распространилась из мест первоначальной интродукции по всей области и прочно вошла в состав аборигенной фауны, став одним из массовых видов пушных зверей. О темпе заселения ондатрой водных угодий можно судить по тому, что в 1945 г. она занимала 136, в 1948 — 165, в 1951 — 195, в 1956 — 309 тыс. га. Рост ее численности в разных районах шел неравномерно. В Волховском, Выборгском, Приозерском, Кингисеппском и Лодейнопольском районах было сосредоточено 90% всей популяции. Нибольшая плотность населения (до 150 экз. на 1 км^2) наблюдалась на водоемах, расположенных вдоль юго-восточного побережья Ладожского озера и к югу от него, а также на Нарвском водохранилище. В восточных и юго-восточных районах области (Тихвинский, Бокситогорский) плотность популяции составляла всего 8 экз./км^2. Последнее объясняется тем, что кормовая база на озерах указанных районов для этого грызуна явно недостаточна (Новиков, Айрапетьянц и др.,1970).

За прошедшие с момента выпуска ондатры на Северо-Западе России 65 лет картина распространения и обилия ее заметно изменилась. Благополучие ондатры на водоемах определяется состоянием кормовой базы. Основу питания ондатры составляет тростник, хвощ, осока, рогоз, кувшинка, кубышка, рдест, камыш и некоторые другие виды водно-болотной растительности. Сгрызенные растения она использует крайне нерационально, съедая у большинства из них ничтожно малую часть. При этом зверек обладает необыкновенной прожорливостью, уничтожает массу растений и наносит огромный ущерб их зарослям, тем больший, что в наших широтах водная растительность вегетирует сравнительно медленно и оказывается не в состоянии восполнить потери зеленой массы, вызванные деятельностью нового для данного биоценоза вида грызуна. Вследствие нарушения природного баланса кормность водоемов снижается, причем порой до такой степени, что они становятся совершенно непригодными для дальнейшего существования ондатры. Как и в других регионах евразийской части современного ареала, на Северо-Западе численность ондатры в последнее время обнаруживает явную тенденцию к уменьшению. Причиной этого служит высокий репродуктивный потенциал при снижении кормности угодий, на которых обитает грызун. Покидая обедненные кормом угодья, ондатра в ряде случаев не может преодолеть многих сухопутных преград и гибнет, особенно в засушливые годы, влекущие за собой обмеление водоемов, пригодных для ее существования. Подобная картина наблюдается не только в восточных и северо-восточных районах области, где водоемы вообще малокормные, но даже на побережье Ладожского озера, на озерах Приозерского района, где плотность населения ондатры всегда была велика. Мы стали свидетелями процессов, происходящих на Раковых озерах (Приозерский район) под влиянием деятельности этого грызуна. Некогда глубокие и заросшие по берегам тростником и рогозом озера были заселены ондатрой, просуществовавшей там достаточно длительное время и служившей объектом интенсивного промысла. Пока шел регулярный отлов зверьков, еще существовал какой-то баланс между плотностью населения грызунов и выедаемой ими растительностью. Снижение интереса к добыче ондатры дало ей возможность на первых порах значительно увеличить свою численность за счет интенсивности размножения. Учитывая манеру кормодобывания и реализации кормовых видов растений, озера заполнялись неиспользованными зверьком частями растений, дно заиливалось, водоем мелел, берега интенсивно заболачивались. Происходила сукцессия водной растительности, когда ее развитие и отмирание влечет за собой чрезмерное разрастание телореза, вытесняющего ценные кормовые растения ондатры и последняя, как правило, исчезает с такого озера. При этом наносится ущерб не только самому грызуну, но в результате его деятельности изменяется и ландшафт, от чего страдают и другие его обитатели: водоплавающие и болотные птицы, многие виды рыб.

Канадские бобры (в общей сложности 7 экз.) впервые появились в Советском Союзе в 1933–1934 гг. из Польши. Их завезли в Воронежскую область, где они образовали первые колонии (Марин, 1953). Следующее появление этих зверей в нашей стране относится к концу 50-х годов прошлого столетия, когда на Карельском перешейке в пограничных районах с Финляндией были обнаружены 3 семьи канадских бобров. Это были иммигранты из Финляндии, куда они были интродуцированы в 1935–1937 гг. из Северной Америки (Заикин, 1959; Дежкин, 1961). Здесь мы имеем дело с классическим примером непреднамеренной интродукции вида в "чужой" для него регион, когда само внедрение было спровоцировано человеком. На Карельском перешейке бобры впервые были встречены в 1958 г. в Залесском и Бродинском лесничествах Выборгского района, где в 10–15 км от государственной границы появились три семьи и построили плотины. Звери иммигрировали по системе Вуоксы и другим рекам и расселились по озерам Большое и Малое Межгорное, Бобровое, Малое Памятное, реке Дымовке и ее притокам и по другим водоемам. Сперва это были лишь локальные поселения с небольшим числом обитателей и закрепление зверей на новой территории, а тем более расселение было проблематичным. Одновременно, по сведениям охотоведов, канадских бобров наблюдали и на побережье Финского залива. Правда, полной уверенности в том, что все поселения в этом районе принадлежат именно канадскому виду, в те времена не было, поскольку визуально формы мало различимы. Вместе с тем, следы деятельности канадского вида, его строительная деятельность очень специфичны и четко отличаются от таковых его европейского родственника. Самой характерной чертой служит интенсивное мечение территории кучками помета, обильно политые выделениями брюшной железы с характерным резким запахом (так называемая бобровая струя). Кроме того, его хатки, отличаются большими размерами, а плотины обязательно включают в себя укрепляющие их камни. Сооружения обыкновенного, или речного, бобра меньшего размера и построены только из древесного материала.

Наличие в соседней Финляндии бобровых ферм не исключает очередных инвазий канадского бобра на нашу территорию. Мех этого вида более темный, по качеству более привлекателен для пушных заготовок и браконьерского промысла. Можно ожидать и организации частных бобровых ферм, с которых рано или поздно звери будут убегать и включаться в природные биотопы. Процесс внедрения американского вида в аборигенные биоценозы скорее всего необратим. За минувшие годы канадский бобр расселился по всему Карельскому перешейку, этому способствовали начавшиеся в 1968 г. выпуски животных, отловленных в северной части Выборгского района. В общей сложности было расселено около 150 зверей (Москалев, 1989). Таким образом, вполне возможно повторение истории с распространением в нашей области американской норки и ее негативной роли в исчезновении аборигенного вида — европейской или русской норки. На реабилитацию речного бобра — исконного обитателя нашего региона в свое время было потрачено много сил и средств, но все эти усилия могут быть сведены на нет из-за вытеснения его с Карельского перешейка более крупным и конкурентноспособным американским видом. Работы по пространственной изоляции этих видов в Ленинградской области были начаты почти сорок лет назад, но значимого результата они пока не дали (Туманов, и др., 1986). С конца прошлого века канадских бобров начали отлавливать для расселения в восточных регионах нашей страны: в 1975 г. 45 зверей были переселены в Хабаровский край, а в 1976 г. 51 — в Амурскую область, где природно-климатические условия близки к канадским (Шаповалов, 1977).

Пятьдесят экземпляров **американской норки** было выпущено в Приозерском районе Ленинградской области в 1958 г., то есть уже после того, как целесообразность ее дальнейшей акклиматизации на территории Советского Союза ставилась под сомнение. Тем более что соответствующие экологические ниши уже были заняты и освоены с исторических времен близким и менее пластичным видом. За эту недальновидность мы сейчас расплачиваемся в полной мере, практически потеряв аборигенную форму (Туманов, 1970; Туманов, Зверев, 1986; Терновский, Туманов, 1986; Айрапетьянц, Фокин, 2002). Успех интродукции на Карельском перешейке был, вероятно, в немалой мере обеспечен непрерывным пополнением популяции за счет зверьков, убегавших из зверосовхозов, как это произошло в Скандинавии и Карелии (Данилов, 1969). В связи со сказанным отметим, что в Ленинградской области в 60–70-х гг. прошлого века насчитывалось 11 норковых ферм, в том числе 5 — в Выборгском, 2 — в Приозерском и по одной — в Волховском, Ломоносовском, Гатчинском и Лужском районах. Не случайно именно к Карельскому перешейку в начале 70-ч гг. относилось подавляющее большинство достоверных находок американской норки, причем из года в год число их нарастало. Так, в Выборгском районе американская норка к началу 1970 г. была уже отмечена на озерах Глубоком. Охотничьем, Большом и Малом Раковых, Кирилловском, Нахимовском, Вуоксе и впадающих в последнее речках, в окрестностях поселка Житково, Климово, Гранитное, Красносельское, Мичуринское и др. В Приозерском районе обитание норки тоже приурочено к системе озер и рек бассейна Вуоксы. Во Всеволожском этого зверька добывали на р.Мойре, р.Ройке, озерах Лемболовском и Хэппиярви с вытекающими из последнего ручьями, а также на станции Проба. Интересно, что в поселке Климово Выборгского района попадались голубые норки, явно сбежавшие из звероферм. По данным М.П. Альтшуля и др. (1970), в конце шестидесятых годов зверьки, убежавшие из Гатчинского зверосовхоза, появились на р. Ящере. Американские норки в это время начали добываться в Подпорожском районе, куда проникли, вероятно, из Карелии. Относительно свободным от американского пришельца оставались Тосненский, Тихвинский и Бокситогорские районы. Исследуя в описываемый период эти районы и, используя на учетах рабочих лаек, мы обнаруживали только европейский вид.

В настоящее время в Ленинградской области, как, скорее всего, и на всем Северо-Западе практически обитает только американская норка. Даже в Бокситогорском районе, где аборигенный вид отмечался нами еще три года назад, он уже не встречается. Этому способствовало, кроме высокой пластичности, несравненно более крупные размеры интродуцированного вида и, следовательно, большая физическая сила. Так, взрослые самцы американской норки достигают массы более одного килограмма, тогда как у европейской норки их масса не превышает 800 г. Некоторые особенности образа жизни и поведения американского вида позволяют ему не только успешно конкурировать, но и вытеснять аборигенную форму. В отличие от европейской норки, американская предпочитает селиться на озерах и более крупных лесных речках, хотя нередко встречается и на ручьях. На озерах летом зверьки занимают, прежде всего, острова, а затем побережья водоемов, где устраиваются в ондатровых хатках или роют норы. Нередко они поселяются в заброшенных жилищах бобров. Норки ведут одиночные образ жизни и обычно селятся на значительном расстоянии друг от друга. В летние месяцы (при учете с лайкой) на 10 км пути на лесных ручьях встречается в среднем не более 1 экз., по берегам рек и озер — до 3 экз. Такая картина распределения, скорее всего, связана с попыткой избежать конкуренции в угодьях с неодинаковой кормовой базой. В зимние месяцы норки концентрируются вокруг полыней или незамерзающих участков реки, иногда для этого они совершают незначительные по расстоянию откочевки, однако очень далеко от летнего участка обитания не отходят. Естественно, что заход на такие территории для европейской норки закрыт и ей приходится (или приходилось) довольствоваться менее "комфортными" стациями, что лишний раз подчеркивает ее неконкурентноспособность. Спектр кормов, используемых американской норкой, более богат и разнообразен, чем у европейской, что позволяет ей меньше зависеть от ситуаций с объектами питания. Она способна охотиться на таких довольно крупных животных, как ондатра, которую съедает за 3–4 дня, не выходя при этом из убежища и не подвергая себя лишней опасности. В убежищах американской норки находили остатки тетерева, серой вороны, кряковой утки, щуки, окуня и т.п. (Новиков и др., 1970).

Промысел американской норки на Северо-западе в настоящее время носит нерегулярный, любительский характер, хотя еще 20 лет тому назад удельный вес пушнины данного вида занимал одно из ведущих мест в заготовках. Причем особенно ценились шкурки зверьков, добытых промыслом, а не содержавшихся на зверофермах. Несмотря на более высокую экономическую ценность американский норки, нельзя забывать о ее негативной роли в сохранении биоразнообразия отечественной фауны. Выходом из создавшейся ситуации с европейской норкой в нашем регионе может быть изъятие чужеродного конкурирующего вида из териокомплексов региона, разведение американской норки только на зверофермах, исключение возможности ее проникновения в местообитания европейского вида, запрет интродукции американской норки внутри ареала европейской.

Как уже отмечалось выше, в Европейской части СССР **енотовидную собаку** выпускали неоднократно; не избежал этой участи и Европейский Северо-Запад. В Ленинградской и Новгородской областях начало интродукции енотовидной собаки было положено в 1936 г. (Насимович, 1985). Первых 50 вселенцев завезли в бывший Ефимовский (ныне Бокситогорский) район, где и выпустили в соответствующие стации. Повторный выпуск (82 экз.) осуществили в Приозерском районе в 1953 г. Из этих двух точек, а также из Старорусского района Новгородской области (выпуск 1935 г.) зверь самостоятельно расселился по всей области и, кроме того, проник в Карелию и Финляндию. К 1970 г., по данным Западного отделения ВНИИОЗ, в области насчитывалось около 3000 енотовидных собак (Альтшуль и др., 1970) Больше всего их было в то время в западных районах и к югу от Ленинграда, где плотность популяции достигала 10 экз. на 10000 га. На востоке области зверь был малочислен и даже редок. Енотовидная собака очень интенсивно завоевывала новые территории, и уже в восьмидесятых годах мы ее часто наблюдали в Волховском и Киришском районах, а также на заболоченных участках и поймах рек в Бокситогорском. В настоящее время она обычна практически на всей территории Северо-Запада.

К наиболее типичным местам обитания вида на Северо-Западе принадлежат угодья вблизи водоемов с зарослями ивняка, тростника и мелколиственными перелесками, кочковатые осоковые и моховые болота, влажные лиственные и смешанные леса. Обычна она и на вырубках, особенно там, где есть небольшие мочажинки. Убежищем енотовидной собаке в нашем регионе служат старые барсучьи и лисьи городки, значительно реже зверь роет себе нору самостоятельно, на дневной отдых она может устроиться под выворотнем или кучей валежника. Кормовой рацион енотовидной собаки очень разнообразен и включает как животные, так и растительные объекты. В голодные годы зверь не брезгует падалью и даже пометом копытных. В.Г. Юдин (1972, 1977) очень точно охарактеризовал вид, как "полифаг-собиратель". В то же время, как справедливо полагают многие исследователи (Попов, 1956; Геллер, 1959; Юдин, 1972, 1977), ведущая роль в пищевом спектре принадлежит мышевидным грызунам, в частности полевкам. Вероятно, нет такого мелкого или среднего кормового объекта, который бы не использовался ею в пищу. Зимой по следам мы восстановили картину, как зверь выкопал из-под снега двух ежей, устроившихся на зимовку на крохотном островке Финского залива, и съел, оставив только колючие спинки. Именно всеядность позволила виду широко расселиться, освоив самые разнообразные стации. Охотоведы и работники спортивных охотничьих хозяйств обвиняют енотовидную собаку в истреблении водоплавающей дичи, кладок и птенцов и считают недопустимым обитание ее в охотничьих хозяйствах (Насимович, 1985). Наши наблюдения над поведением этого зверя во время охот на водоплавающую дичь в значительной мере согласуются с указанным мнением. Положительный опыт подсказывает хищнику, что выстрелы, раздающиеся вечерами в одном и том же месте, связаны с появлением вблизи водоема подранков или битой птицы. Заслышав их, енотовидные собаки начинают таиться в прибрежных зарослях, отслеживая падение уток и передвижения охотников. Как только последние покидают место охоты, на смену им появляются звери и начинают активно искать добычу. По едва заметному колыханию тростника или камыша можно определить местоположение четвероногого добытчика. При всей своей всеядности енотовидная собака не пропустит птичьей кладки, так что, на охотничьих базах, в заказниках и заповедниках ей все-таки не место. Высокая плодовитость (в выводке может быть до 18–19 щенков), как и большой вклад в заботу о потомстве родительской парой (енотовидная собака — моногам) также способствует выживаемости вида на новых территориях.

Вопрос о роли енотовидной собаки в биоценозах Европейского Северо-Запада до сих пор не имеет однозначного решения. Зимний мех зверя, пышный и нарядный, в заготовках пушнины в Ленинградской области составлял обычно около 10%, его качество выше, чем во многих других областях страны и на пушных аукционах он пользовался спросом (Новиков и др., 1970; Морозов, 1978). Были годы (с середины 1960-х до середины 1980-х гг.), когда капризы моды обесценивали шкурки этого хищника, и тогда он объявлялся главным врагом водоплавающей птицы и за его добычу полагалась премия. Егери отчитывались за каждого уничтоженного зверя предъявлением отрезанного хвоста. Затем снова возрос спрос на шкурки енотовидной собаки, и ее роль как истребителя пернатых объектов охоты отошла на второй план. Более существенно ее значение для человека, как переносчика саркоптоза (зудневой чесотки), вовлечение в эпизоотии чумы плотоядных и бешенства (Морозов, 1951; Обтемперанский, 1958; Воронов, 1970). С каких позиций мы не рассматривали бы енотовидную собаку, надо помнить, что она уже вошла в состав териокомплексов Европейского Северо-Запада, стала звеном в цепи биоценотических отношений, и исключать ее из этой цепи так же нецелесообразно, как и в свое время расселять по всей территории нашей страны, нарушая тем самым стабильность сложившихся экосистем.

Ранее мы уже говорили об истории интродукции пятнистого оленя в новые для него ландшафты на территории нашей страны и о том, какие проблемы возникали. Ареал пятнистого оленя приурочен к областям с довольно теплым и влажным климатом, безморозными зимами и обильной кормовой базой в течение всего года. Природная обстановка Ленинградской области характеризуется весьма холодными зимами, частыми гололедами, исчезновением зеленой растительности, то есть прямо противоположными характеристиками. Трудно представить себе существование представителя юго-восточного фаунистического комплекса в климатических условиях Российского Северо-Запада без помощи и поддержки человека. Корректно ли в полной мере назвать попытку вселения пятнистого оленя в наш регион настоящей акклиматизацией? Нам кажется, что финал этого мероприятия можно было прогнозировать уже на первоначальном этапе, не затрачивая значительных средств.

В Ленинградскую область **пятнистых оленей** завезли в 1958 г. из заповедника Аскания-Нова. После месячного содержания в загоне 10 животных были выпущены на Карельском перешейке на территории Сосновского лесо-охотничьего хозяйства. Весной 1959 г. к ним присоединили еще одну партию, состоявшую из 4 молодых самок и взрослого самца, доставленных из Москвы с ВДНХ .Олени не стремились покинуть территорию хозяйства и только 2 самца из первой группы ушли за ее пределы на расстояние до 50 км. Летом животные держались в зарослях тростника по побережью Ладожского озера, здесь они находили корм и убежище, высокий тростник скрывал взрослых оленей. Детеныши здесь же отлеживались и прятались в ожидании возвращения самок с кормежки Звери бродили по побережью, часто заходили в примыкающие к побережью невысокие сосняки, которые перемежались с зеленными лужайками покрытыми богатой травяной растительностью. По своему поведению олени напоминали домашних животных, полностью зависящих от человека. Зимой они перебирались поближе к усадьбе хозяйства, где размещались кормушки и животных постоянно прикармливали. Олени не боялись людей, брали из рук корм, заходили в поселок, выпрашивали подачки. Таких животных нельзя было выпускать в лес, так как доверчивость могла стоить им жизни, в то же время животные, потерявшие страх перед человеком становятся не только назойливыми, но и опасными, поскольку часто ведут себя неадэкватно ситуации, в которую попали. В искусственной популяции, созданной человеком, была нарушена половозрастная структура стада, характерная для природного сообщества. К 1962 г. поголовье пятнистого оленя выросло до 38 голов, рекордное количество оленей — 1100 на территории Сосновского хозяйства обитало в 1967 г., к 1990 г. их осталось 170 (Москалев, 1989). Численность копытных регулировалась выборочным и лицензионным отстрелом, кроме того, время от времени олени погибали от хищников (волков, рысей) и ... кабанов, которые сначала подъедали остатки после разделки охотниками туш, а затем сами стали нападать на оленей. Известны случаи гибели во время перехода по тонкому льду озера. Кроме того, по непонятной причине начался падеж животных от истощения. После того, как статус хозяйства понизился, и охрана животных стала менее действенной, численность оленей уменьшилась, что было вызвано также появлением волков и регулярного браконьерства. К концу прошлого столетия в хозяйстве оленей не осталось. К этому времени из уцелевших "сосновских" пятнистых оленей сформировалось небольшое стадо на Курголовском полуострове в Кургальском заказнике, и в Кургальском охотхозяйстве. В настоящее время там не более 25 животных, которые летом добывают себе корм самостоятельно, а в снежный период находятся полностью на иждивении человека.

Таким образом, опыт Сосновского хозяйства показал, что пятнистые олени могут существовать в неблагоприятных для них климатических условиях Ленинградской области только при постоянной защите от хищников и браконьеров и обильной подкормке в течение всей зимы. Поэтому новые попытки интродукции данного вида в нашей области нецелесообразны.

Список зверей, которых внедряли на территорию современной Ленинградской области будет неполным, если не упомянуть о совсем нелепом мероприятии — попытке акклиматизировать в условиях нашего региона **выхухоль**. Этот исконно российский вид, обитает в природе лишь в бассейнах Волги, Дона и Урала, нигде за пределами бывшего СССР она не встречается. Начиная с начала прошлого века, численность этого ценного пушного зверька катастрофически сокращается. Для восстановления и расширения ареала выхухоли, начиная с 1929 г. проводились работы по ее расселению. За период с 1929 по 1990 зверьков выпускали на новые для них территории 165 раз (около 10 тыс. особей), но только 10 из них оказались удачными, то есть очаги сохранились до настоящего времени и численность вселенцев не сокращается (Ханин, Иванов, 1990). Основным требованием вида к местообитанию служит наличие непромерзаемого водоемов с пригодными для норения берегами и богатой кормовой базой. В 1929 г. 38 экземпляров выхухоли было выпущено в двух районах Ленинградской области (38 экз.)*. Первой партией была заселена р. Малая Кормяная (бассейн оз. Ильмень). Длина этой речки 7 км, ширина 6–10 м, глубина — от 0,75 до 2 м, течение тихое (Лавров, 1946). Гидрофильная флора в ней представлена богато, в водоеме много беспозвоночных — объектов питания зверька (моллюски, водяные жуки, пиявки). В берегах были устроены искусственные норы, чтобы на первых порах животные были обеспечены убежищами. Через 10 дней после выпуска выхухоли речка покрылась льдом и на этом этапе наблюдения за ходом акклиматизации этого ценного представителя отечественной фауны на р. Малая Кормяная закончились. Вторая небольшая партия (7 экз.) была выпущена в р. Черная (Старорусский район) поздней осенью, когда ото льда был свободен лишь фарватер реки. Через 2 дня при потеплении лед разошелся и осмотр искусственных нор показал, что в некоторых из них находились выхухоли. Больше никаких наблюдений, как и в первом случае, не производилось, и судьба этого мероприятия, как и самих животных неизвестна.

Во время массовой интродукции млекопитающих в пределы Ленинградской области, ее территория включала в себя отдельные районы современных Новгородской и Псковской областей.

В настоящее время положение с териологическими комплексами Ленинградской области, как и всего Северо-Запада Европейской части России таково, что многие аборигенные виды требуют внимания и охраны, как малочисленные или уязвимые. 12 из них уже внесены в Красную Книгу природы Ленинградской области (Айрапетьянц, Фокин, 2002). В связи с этим необходимо продумать организацию реабилитационных, а не акклиматизационных мероприятий, тем более что польза от последних весьма сомнительна.

3.7. Интродукция амброзиевого листоеда *Zygogramma suturalis* (Coleoptera, Chrysomelidae) как модель инвазионного процесса

Независимо от обстоятельств случайной или преднамеренной интродукции, каждый вид, попадающий в новые условия, имеет перед собой два основных препятствия: новый климат и новые экосистемы.

Возможность адаптации заносных видов насекомых к новым климатическим условиям, определяемая совокупностью довольно простых реакций на относительно немногочисленные абиотические факторы среды, легко поддается лабораторному исследованию и более или менее точному прогнозированию (Саулич, 1999). Взаимоотношения вида-вселенца с представителями автохтонной фауны и флоры из-за своей многочисленности и сложности гораздо менее доступны лабораторным исследованиям, а данные, полученные в естественных условиях — по тем же причинам — нередко весьма трудны для интерпретации.

В подобных случаях внимание поневоле обращается к поиску наиболее простых примеров, “модельных видов”, исследование которых может привести к выявлению и формулировке ряда закономерностей, применимых и к более сложным ситуациям. Рассмотрим, например, результаты интродукции амброзиевого полосатого листоеда, *Zygogramma suturalis* (Fabricius, 1775) (Coleoptera, Chrysomelidae) для борьбы с злостным сорняком — амброзией (*Ambrosia artemisiifolia* Linnaeus, 1753). Система “листоед-амброзия”, кажется, близка к “идеально простой” модели для исследований: листоед не питается ничем, кроме амброзии, а амброзия не поедается практически никем, кроме листоеда.

Амброзиевый листоед был интродуцирован О.В.Ковалевым (Ковалев, 1968, 1971; Ковалев, Медведев, 1983) из Канады и США. Первый выпуск (1500 особей) был осуществлен в окрестностях Ставрополя в 1978, уже к 1981 г. численность популяции листоеда достигла значительных размеров, а в 1983 г. фитофаг практически уничтожил амброзию на опытном участке и начал расселяться по окрестным полям (Ковалев и др., 1983). Этот начальный период интродукции носил характер “экологического взрыва”: более чем 30-кратное ежегодное увеличение численности и достижение сверхвысоких плотностей популяции: до 100 млн. особей на площади 1 км^2 и до 5000 особей/м^2 в локальных скоплениях (Ковалев, 1989а). В ряде случаев наблюдалась “уединенная популяционная волна” — движущаяся зона сверхвысокой плотности популяции (Ковалев, Вечернин, 1986а, 1989; Резник и др., 1986), именно тогда листоед уничтожал амброзию полностью и в кратчайшие сроки, действуя с наибольшей эффективностью.

Через 10 лет после интродукции, когда в ближайших окрестностях места выпуска система “листоед — амброзия” пришла в относительно равновесное состояние, были проведены крупномасштабные полевые учеты плотностей популяции сорняка и фитофага (Резник и др., 1990; Reznik et al., 1994). В 1988–1989 гг. были исследованы все поля в радиусе 10–12 км от места первоначального выпуска амброзиевого листоеда (Шпаковский и Изобильненский р-ны Ставропольского края). Всего учеты проведены на 666 полях в 1988 г. и на 675 полях в 1989 г. (некоторые поля были разделены в ходе весенней вспашки 1989 года) общей площадью около 250 км^2. Кроме того, в 1991 и 1994 годах на той же территории были проведены выборочные учеты (65 и 126 полей, соответственно). Обследование проводили в июле, сразу после завершения массового выхода имаго первого поколения.

Для каждого поля определяли среднюю плотность популяции сорняка и фитофага, тип агроценоза и некоторые другие параметры. Плотности популяции оценивали в баллах от 0 до 5. Часть полей после глазомерной оценки исследовали по принятой ранее методике точного подсчета жуков и взвешивания амброзии в пределах учетной площадки (0,1 м^2), что позволило построить шкалу перехода от глазомерных оценок к количественным (Резник, 1989; Резник и др., 1990; Reznik et al., 1994). Для статистической обработки были использованы округленные средние значения, соответствующие каждому баллу.

В среднем по обследованной территории фитомасса амброзии составила около 100 г/м^2 — чрезвычайно высокая засоренность, несмотря на то что в район обследования входили относительно благополучные в этом отношении хозяйства (Оськин, 1988). Средняя плотность популяции амброзиевого листоеда составила около 0,2 жука/м^2. Следует, конечно, учитывать, что эти средние величины основаны на глазомерных оценках, погрешность которых может достигать 50%.

Плотности популяции амброзиевого листоеда на разных полях значительно различались. Более чем на половине полей учетчикам за стандартное время обследования (15–45 минут, в зависимости от размера поля) не удалось обнаружить ни одного жука. Однако примерно на 2% полей плотность популяции амброзиевого листоеда составила 5 и более жуков на м^2 (табл. 31). Как и следовало ожидать, больше жуков было обнаружено на полях, сильнее засоренных амброзией. Взаимосвязь между абсолютными плотностями популяции сорняка и фитофага очевидна (Табл. 32), статистическая обработка подтвердила весьма высокую достоверность: $\chi^2 = 215$ в 1988 г. и $\chi^2 = 281$ в 1989 г (оба $p<0,0001$).

Корреляционный анализ совокупных данных за 1988–1989 гг. также показал, что плотность популяции фитофага линейно коррелирует с обилием кормового растения, эта корреляция достоверна, хотя весьма слаба ($r=0,14$, $n=1341$, $p<0,001$). Относительная (на единицу веса амброзии) плотность популяции листоеда, напротив, оказалась практически независимой от обилия кормового растения ($r= -0,04$).

Возвращаясь к табл. 31 заметим, что, хотя в пределах каждого года абсолютная плотность популяции листоеда, равная 3 баллам по глазомерной оценке (около 5 жуков на м^2) наблюдалась на некотором числе полей, сопоставление данных за

Таблица 31. Число полей с разными сочетаниями плотностей популяции амброзиевого листоеда, наблюдавшихся в 1988 и 1989 гг. Здесь и в дальнейшем приведены округленные средние плотности популяции, соответствующие баллам глазомерной шкалы, пустые клетки таблицы означают отсутствие полей с соответствующими плотностями популяций.

Число полей с разными плотностями популяции листоеда (жуков/м^2)

Плотность популяции листоеда в 1988 г.	Плотность популяции листоеда в 1989 г.					Итого в 1988 г.
	0	**0,2**	**1**	**5**	**60**	
0	225	112	12	6		355
0,2	140	88	31	6	1	266
1	12	18	3	3		36
5	3	5				8
60			1			1
Итого в 1989 г.	380	223	47	15	1	666

эти же два года показало, что поля, где такая плотность наблюдалась бы два года подряд, отсутствуют.

Конечно, зависимость между плотностями популяции амброзиевого листоеда, наблюдавшимися на одном и том же поле в 1988 и 1989 гг. существует, но она очень слаба, хотя и вполне достоверна ($r=0,17$, $n=666$, $p<0,001$). Из табл. 31 видно, что в 1989 г. листоед не был обнаружен на 15 из тех 45 полей, где он был относительно обилен (не менее 1 жука на м^2) в 1988 г. Значительно реже, но наблюдалась и обратная картина: относительно высокая плотность популяции листоеда там, где в прошлом году его вовсе не удалось найти.

Корреляция между плотностями популяции листоеда, наблюдающимися на одном и том же поле на протяжении двух лет, чрезвычайно важна. Дело в том, что для роста плотности популяции листоеда до уровня, обеспечивающего подавление амброзии, даже при самых благоприятных условиях экспериментальных участков требуется 3–4 года (Ковалев и др., 1983; Есипенко, 1997). В условиях севооборота, судя по результатам наших учетов (табл. 31), условия, относительно благоприятные для размножения амброзиевого листоеда, существуют на одном и том же поле не более 1–2 лет подряд. После этого одно из регулярно проводящихся агромероприятий (вспашка, уборка урожая, обработка ядохимикатами) приводит к резкому снижению плотности популяции фитофага.

Негативное влияние севооборота подтверждается и сравнением данных по разным типам агроценозов. Из рис. 50 видно, что амброзией в разной степени засорены все культуры. Листоед тоже может присутствовать во всех агроценозах, однако в посевах многолетних кормовых трав плотность его популяции значительно выше. Что же касается остальных агроценозов, то средние величины плотностей популяции амброзии и листоеда коррелируют между собой ($r=0,53$, $n=16$, $p<0,05$) практически независимо от выращиваемой культуры.

Более высокая плотность популяции амброзиевого листоеда на полях с многолетними кормовыми культурами (рис. 50), вероятно, объясняется тем, что эти поля

Таблица 32. Число полей с разными сочетаниями плотностей популяции амброзии и амброзиевого листоеда, наблюдавшихся в 1988–1994 гг. Жирной чертой обведены поля с плотностью популяции листоеда большей 50 жуков/кг амброзии (по: Reznik, 1996).

Число полей с разными плотностями популяции листоеда

Плотность популяции амброзии (г / м²)	Плотность популяции листоеда (жуков / м²): 0	0,2	1	5	60	Итого
0	148					148
12	441	169	3			613
60	173	206	29	2	1	411
300	80	135	46	19		280
600	12	44	17	4	1	78
1500			1	1		2
Итого	854	554	96	26	2	1532

на протяжении нескольких лет не распахиваются и не обрабатываются ядохимикатами. Известно также, что практически все успехи биологического метода борьбы с сорными растениями достигнуты в стабильных биоценозах, причем по мере снижения стабильности уменьшается вероятность успешной интродукции (Hall, Ehler, 1979; Julien, 1989; Harris, 1991). По одной из общепринятых шкал (Hall, Ehler, 1979), многолетние кормовые травы могут рассматриваться как "промежуточные", а остальные (подверженные севообороту) агроценозы — как "нестабильные" местообитания.

Итак, крупномасштабные учеты 1988–1989 гг. показали, что севооборот практически не дает амброзиевому листоеду шансов накопить высокую плотность популяции. Судя по всей совокупности данных (сильная позитивная корреляция между плотностями популяции сорняка и фитофага, слабая корреляция между плотностями популяции листоеда текущего и прошлого года и др.), именно растение является ведущим звеном во взаимоотношениях листоед — амброзия. Эта довольно широко распространенная (Myers, 1980; Crawley, 1989) ситуация не благоприятствует биометоду.

Приходится констатировать, что, вопреки ранним оптимистичным прогнозам (Ковалев, Медведев, 1983; Ковалев и др., 1983) и некоторым более поздним публикациям (Ковалев, 1989; Sapunov, Kovalev, 1989; Harris, 1991; Есипенко, 1997; Половинкина, Ярошенко, 1999), в агроценозах, подверженных севообороту, фитофаг практически не влияет на произрастание кормового растения. К сожалению, после 1994 г. учеты нами не проводились, но, судя по литературным данным, равновесие системы "листоед–амброзия" остается примерно на том же уровне. Для Ставропольского края А.А. Оськин (2002) указывает плотность популяции амброзиевого листоеда до 6 особей/м². В Краснодарском крае, по данным О.А. Половинкиной и В.Я. Ярошенко (1999), максимальная плотность популяции первой генерации амброзиевого листоеда равна 50–70 жуков/м², что примерно соответствует нашим данным 1988–1989 гг.

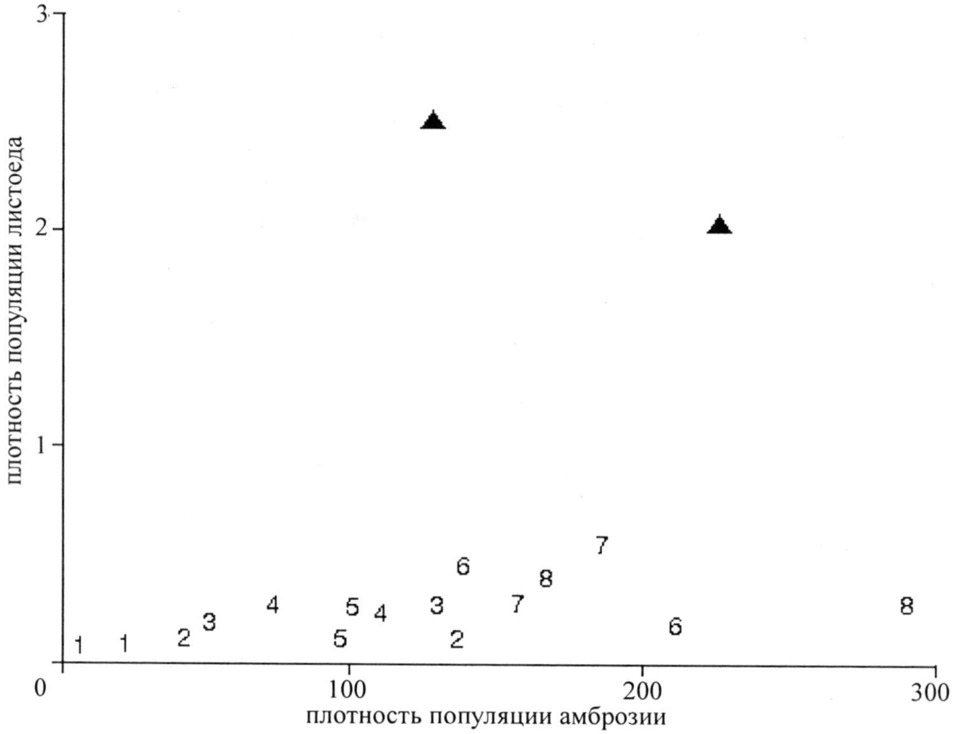

Рис. 50. Средние плотности популяции амброзии (г/м^2) и амброзиевого листоеда (жуков/м^2) в разных типах агроценозов. Типы агроценозов (однолетние культуры обозначены цифрами): 1 — недавно распаханные поля (пар), 2 — стерня злаков, 3 — сенокосы, 4 — гречиха, кукуруза, сорго, 5 — однолетние кормовые травы, 6 — пшеница, ячмень, овес и т.п., 7 — картофель и овощи, 8 — подсолнечник. Треугольниками обозначены многолетние кормовые травы. Каждый тип агроценоза представлен двумя точками: результатами учетов 1988 и 1989 гг. (по: Reznik et al., 1994).

Однако на отдельных полях, особенно на специально выделенных экспериментальных участках (Ковалев, Медведев, 1983; Ковалев и др., 1983; Ковалев, Вечернин, 1986а, 1989; Резник и др., 1986; Есипенко, 1997), амброзиевый листоед, несомненно, способен значительно подавить и даже полностью уничтожить кормовое растение.

После интродукции амброзиевого листоеда в СССР этот фитофаг был завезен для борьбы с амброзией в Югославию, Китай и Австралию. Первые статьи, посвященные этим проектам, носили весьма оптимистический характер (Igrč, 1987; Wan, Wang, 1990; Julien, 1992; Igrč et al., 1995), но, к сожалению, с 1995 г. публикации на эту тему практически прекратились. Имеющиеся данные (Julien, Griffiths, 1998) позволяют предполагать такую же низкую эффективность подавления амброзии, которая была отмечена нами в Ставропольском крае.

Для теории биологического метода борьбы с насекомыми-вредителями и сорняками анализ неудач так же важен, как и обобщение сведений об успешных проектах (Harris, 1973; Goeden, 1983; Schroeder, Goeden, 1986; Julien, 1989, 1992; Goeden, 1993; McFadyen, 1998). Судя по результатам наших исследований, основной причиной, по которой интродукция амброзиевого листоеда, несмотря на успешную акклиматизацию и быстрое распространение фитофага, не привела к заметному снижению засоренности амброзией, является то, что амброзия в наших условиях засоряет преимущественно агроценозы, подверженные севообороту. В естественном травостое она постепенно вытесняется другими растениями (Марьюшкина, 1986; Оськин, 1988; Ковалев и др., 1989). Как уже упоминалось, практически все успешные программы биологической борьбы с сорняками были проведены в стабильных ценозах (пустоши, пастбища, пресноводные водоемы и т.п.). Даже весьма относительной стабильности посевов многолетних кормовых трав (регулярное скашивание без распашки в течение 2–3 лет) оказалось достаточно для резкого роста плотности популяции амброзиевого листоеда (рис. 50).

Теоретически можно предположить существование двух типов полезных (или вредных) организмов, устойчивых к севообороту и, соответственно, двух типов агентов биометода, пригодных к борьбе с сорняками в условиях нестабильных агроценозов. По аналогии с классификацией, использованной для насекомых-энтомофагов (Murdoch et al., 1985), стратегию, применяемую первым типом организмов, можно назвать "найти и уничтожить" ("search and destroy"), а вторую стратегию — "затаиться и ждать" ("lying in wait"). Конечно, кроме способности к реализации этих стратегий, потенциальные агенты биометода также должны быть относительно устойчивы к вспашке, уборке урожая, регулярным химическим обработкам и т.п., но такая устойчивость в разной степени свойственна многим насекомым и фитопатогенным грибам.

Агент биоконтроля, действующий по принципу "найти и уничтожить", должен иметь относительно высокую скорость расселения и хорошо развитую способность к поиску корма. Пример вредителя, применяющего эту стратегию — колорадский картофельный жук, *Leptinotarsa decemlineata* Say, 1824. Известно, что колорадский жук легко может перелетать с одного поля на другое, и эта способность признается одним из важнейших факторов, определяющих динамику его популяции. Однако даже при этих способностях расстояния в 400–500 м между местом зимовки жука и местом посадки картофеля достаточно для того, чтобы значительно снизить ранне-летнюю поврежденность (Weisz et al., 1994; Follet et al., 1996). Что же касается амброзиевого листоеда, то у него основным способом расселения является передвижение по поверхности (Резник, Ковалев, 1989). Вероятно, именно по этой причине колорадский картофельный жук оказался гораздо более приспособленным к выживанию в условиях севооборота, чем амброзиевый листоед.

Заметим, что способность насекомых-паразитоидов к активному поиску хозяев традиционно рассматривалась как важный компонент их эффективности, особенно при применении в условиях нестабильных агроценозов (см. обзоры: Murdoch et al., 1985; Sheehan, 1986; Corbett, Plant, 1993). Тем не менее, до наших публикаций (Резник, 1989; Reznik et al., 1994; Reznik, 1996) это качество не включалось в набор свойств, которыми должен обладать фитофаг, пригодный для интродукции с целью биологического подавления заносных сорных растений (Harris, Zwölfer, 1968; Harris, 1973, Goeden, 1983; Hokkanen, Pimentel, 1984; Lawton, 1985; Harris, 1991; Wapshere, 1992). Вероятно, бросающееся в глаза обилие инвазионных сорняков создает впечатление, что у питающихся ими фитофагов проблемы поиска корма попросту не существует. Впрочем, практически одновременно и некоторые другие авторы (Dennill, 1990; Sankaran, 1990; Donnelly, 1991; McEvoy et al., 1993), анализируя успехи борьбы с сорняками с помощью насекомых или грибов, упоминали о способности к быстрому расселению как об одной из предпосылок высокой эффективности.

Что же касается агентов биометода второго типа (стратегия "затаиться и ждать"), то они более или менее постоянно присутствуют на достаточно обширной территории, уничтожая сорняк и пережидая длительные периоды до его нового возможного появления. На это насекомые — агенты биологической борьбы с сорняками не способны, так как строгая специфичность питания является обязательной предпосылкой их применения. Однако некоторые фитопатогенные грибы, возможно, окажутся способными сохраняться в почве в течение достаточно длительного времени, уничтожая проростки сорняков по мере их появления.

Ясно, что вышеизложенные результаты, относящиеся к насекомому, интродуцированному для биологической борьбы с заносным сорным растением, применимы и для прогноза последствий расселения любого другого вида-вселенца. Поэтому представляется целесообразным кратко сформулировать их в более общей форме.

Несмотря на наличие ряда предпосылок для массового размножения амброзиевого листоеда (обилие ресурсов для питания, отсутствие специфических паразитов и хищников) динамика его численности лишь на первых порах напоминала "экологический взрыв". Равновесное состояние характеризуется относительно низкой плотностью популяции фитофага. Вероятная причина — такая, казалось бы, второстепенная деталь, как способ поиска кормового растения. Прогноз динамики численности вида-интродуцента, сделанный на основании результатов лабораторных и относительно крупномасштабных полевых опытов (размер опытного участка составлял около 10 га), не оправдался при распространении процесса "инвазии" на значительно большие площади. Несмотря на бросающееся в глаза локальное обилие вида-вселенца (см. раздел 1.3), в целом его влияние на плотность популяции кормового растения весьма мало.

Глава 4. Значение открытых информационных систем и баз данных по чужеродным видам

Создание открытых информационных систем и баз данных по чужеродным видам необходимо для решения проблемы вселения вредных чужеродных видов (Панов, 2002). В данном разделе нами проводится краткий обзор наиболее значимых в настоящее время открытых источников информации (рис. 51), в первую очередь касающихся водных чужеродных видов Европейской части России и прилегающих стран Европы. Сделанный нами ранее обзор европейских источников информации по водным чужеродным видам в сети Интернет (Лобанов и др. 2001) является неполным и в значительной мере устарел. Недавно сделан обзор открытых баз данных за пределами Европы (Gollasch, 2002).

Недавним решением 6-й Конференции Сторон Конвенции о биологическом разнообразии (Convention on Biological Diversity, CBD) (Решение VI/23, 7–19 апреля 2002 г., Гаага) были утверждены "Руководящие принципы по предотвращению интродукций и уменьшению воздействий чужеродных видов, которые угрожают экосистемам, местообитаниям или видам". Этот документ служит всем правительствам и организациям руководством к созданию эффективных стратегий по снижению распространения и воздействий чужеродных видов. Одним из основных рекомендованных руководящих принципов является приоритетность превентивных мер, направленных на снижение риска вселения таких видов (Руководящий принцип 2). Среди других рекомендованных мер является поддержка государствами научных исследований и мониторинга чужеродных видов, а также создание открытых информационных ресурсов по проблеме и экологическое образование населения (Secretariat of the Convention on Biological Diversity, 2002).

Важным руководящим принципом является обмен информацией по проблеме (Руководящий принцип 8). В соответствии с этим принципом, государства должны поддерживать разработку баз данных для анализа и распространения информации о чужеродных видах, создающих угрозу экосистемам, естественным местам обитания и видам, в целях использования ее в рамках осуществления любых видов деятельности по предотвращению интродукций чужеродных видов, и смягчению их последствий. Такая информация должна включать в себя данные о распространении, таксономии и экологии чужеродных видов, а также о мерах регулирования, когда они имеются в наличии. Широкому распространению данной информации, а также национальных, региональных и международных руководящих принципов, процедур и рекомендаций, должны способствовать информационные системы в сети Интернет.

Следует отметить также, что Решение VI/23 призывает Стороны-участники, правительства и соответствующие организации поддерживать и проводить исследования и оценки: характеристик чужеродных видов и восприимчивости экосистем и мест обитания к инвазиям этих видов; воздействие чужеродных видов на биоразнообразие; анализ значения различных векторов для интродукций чужеродных видов; социально-экономические последствия инвазий; создание методов кон-

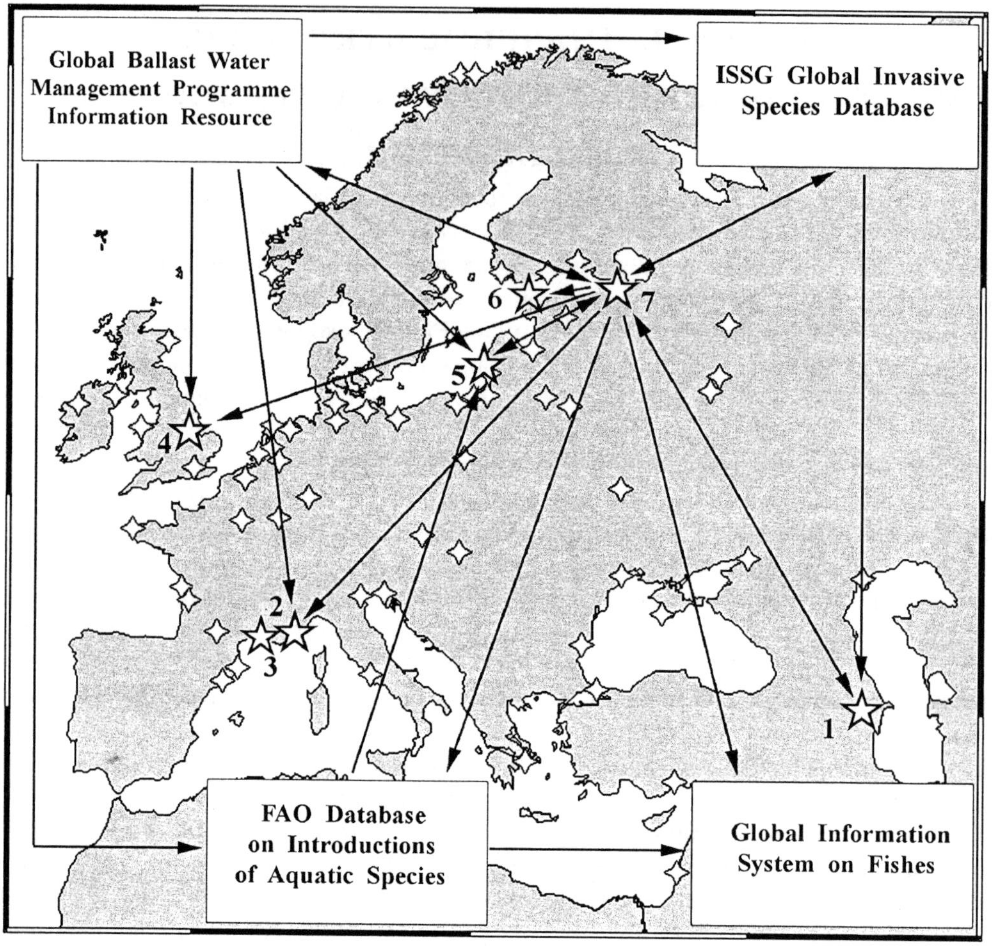

Рис. 51. Расположение основных открытых в Интернет национальных и региональных информационных ресурсов по водным чужеродным видам в Европе и связи между ними и глобальными источниками информации. 1 — База данных по биоразнообразию Каспийского моря, 2 — Атлас экзотических видов CIESM, 3 — сайт *Caulerpa taxifolia*, 4 — Перечень чужеродных морских видов в водах Британии, 5 — База данных по чужеродным видам Балтийского моря, 6 — Морские чужеродные виды Эстонии, 7 — Региональный центр по биологическим инвазиям. Звездочками отмечены расположение организаций, входящих в Европейскую научную сеть по водным чужеродным видам (ERNAIS).

троля и уничтожения вредных чужеродных видов; стоимости и выгод от использования биологического контроля; способов увеличить возможности экосистем к сопротивлению или восстановлению от инвазий чужеродных видов (пункт 24). Наконец, 6-й Конференцией Сторон CBD было принято решение о том (пункт 25 Решения VI/23), что механизм посредничества (Clearing-house mechanism, распространение информации через Интернет) будет использован для усиления научного и технического сотрудничества по темам, перечисленным в п. 24 выше. При этом от Сторон-участников CBD, стран и соответствующих организаций требуется внести вклад в создание и поддержание глобальной информационной сети, в целях: обеспечить эффективное международное сотрудничество и обмен опытом; предоставить информацию для эффективного анализа риска странами; предоставить информацию по потенциальным путям вселения чужеродных видов; предоставить поддержку для управленческих усилий, в особенности для технической поддержки мер быстрого реагирования (Decision VI/23, 2002).

Глобальная программа по вредным чужеродным видам (Global Invasive Species Programme, GISP) была создана в 1997 г. для выработки глобальной стратегии по чужеродным видам и содействия выполнения статьи 8 (h) международной Конвенции по биологическому разнообразию (GISP, 1999). На первом этапе этой программы (1997–2000), при поддержке Глобального Экологического Фонда (GEF), Экологической Программы Развития ООН (UNEP), была создана база данных по чужеродным видам, включающая описания 100 наиболее вредных видов (ISSG Global Invasive Species Database, 2001), а также разработано руководство по предупреждению вселения чужеродных видов, включающее в себя рекомендации по разработке национальных стратегий по чужеродным видам (Wittenberg, Cock, 2001). На втором этапе работы GISP предполагается проведение работы по помощи странам и регионам в разработке национальных и региональных стратегий по чужеродным видам. В настоящее время одним из важнейших направлений деятельности GISP является создание глобальной информационной сети по чужеродным видам.

В мае 2001 г. по инициативе GISP была организована международная рабочая встреча по управлению чужеродными видами в регионе Балтийского моря и Северных стран, с участием научной общественности и представителей природоохранных государственных органов стран Балтийского региона и Северных стран, включая Российскую Федерацию. По результатам этой встречи была принята "Копенгагенская Декларация", в которой в частности указывалось, что страны-участники встречи рассматривают существование вредных чужеродных видов как угрозу биоразнообразию, и эти виды могут вызывать негативные необратимые и непредсказуемые экологические и экономические последствия и болезни у людей, животных и растений. Как продолжение усилий GISP по поддержке международного сотрудничества по проблеме в регионе Балтийского моря и Северных стран, а также по созданию глобальной информационной сети по чужеродным видам, в мае 2002 г. в Таллинне, Эстония, было организовано специальное рабочее совещание по созданию региональной информационной сети по чужеродным видам. Задачей совещания было обсуждение технических и организационных деталей по связи имеющихся в регионе баз данных по чужеродным видам и включения их в глобальную информационную сеть. В отчете по результатам совещания было рекомендовано развивать региональную информационную сеть по чужеродным видам на основе уже существующих в сети Интернет информационных ресурсов. Обсуждалась, в частности, проблема Балтийской базы данных по чужеродным видам, которая поддерживается на сервере Клайпедского университета, Литва (Baltic Sea Alien Species

Database, 2001), и связанной с ней информационной системой Регионального центра по биологическим инвазиям, которая поддерживается на портале Зоологического института РАН в Санкт-Петербурге (Report of the Workshop, 2002).

Всемирным Союзом Охраны Природы (The World Conservation Union, IUCN) в рамках Комиссии по выживанию видов (SSC) образована рабочая группа экспертов по вредным чужеродным видам (Invasive Species Specialist Group, 2001). Основная задача этой международной группы экспертов — проведение консультаций по угрозам, связанным с этими видами, а также по методам их контроля или уничтожения. Эксперты группы также принимали активное участие в подготовке Глобальной базы данных по чужеродным видам в рамках GISP (ISSG Global Invasive Species Database, 2001). Следует отметить, что в рамках GISP в 2001 г. была образована специальная Рабочая группа по управлению глобальной информацией по чужеродным видам, в целях координации международных усилий по созданию глобальной информационной сети по проблеме (см. выше). В феврале 2002 г. эксперты этой группы приняли участие в совместном рабочем совещании Конвенции о биологическом разнообразии и GISP, где были разработаны основные принципы создания глобальной информационной сети по чужеродным видам (Report of the Joint Convention, 2002).

В настоящее время активно работает также ряд специализированных тематических международных рабочих групп, занимающихся проблемами инвазий водных видов. В 1998 г. Международной ассоциацией теоретической и прикладной лимнологии (International Association of Theoretical and Applied Limnology, SIL) была образована Рабочая группа по водным чужеродным видам (WGAIS). Создание международной информационной системы по водным чужеродным видам является одной из основных задач этой международной группы экспертов. Эта тематическая группа SIL тесно сотрудничает с другими тематическими международными группами в области биологических инвазий, в частности, с Региональной консультативной группой по чужеродным видам Каспийской экологической программы, а также с образованной в 1994 г. Рабочей группой по чужеродным эстуарным и морским организмам (Working Group on Non-indigenous Estuarine and Marine Organisms, WG NEMO) Международной организации Балтийских морских биологов (Baltic Marine Biologists, BMB). По совместной инициативе SIL WGAIS и BMB WG NEMO в 2001 г. была образована Европейская научная сеть экспертов по водным чужеродным видам (European Research Network on Aquatic Invasive Species, ERNAIS).

Основные задачи ERNAIS включают: содействие международному сотрудничеству в области исследований, обмену информацией и управленческих решений по водным биологическим инвазиям в Европе и во всем мире, развитие открытой в Интернет информационной системы по водным чужеродным видам как части Глобальной информационной сети по чужеродным видам, а также создание сети по обмену информацией в области изучения балластных вод судов. Потенциальная роль ERNAIS как части создающейся Глобальной информационной сети была подтверждена во время организованного GISP в мае 2002 г. в Эстонии международного рабочего совещания по созданию региональной информационной сети по чужеродным видам в регионе Балтийского моря и Северных стран (Report of the Workshop, 2002). К началу июля 2003 г. в открытой в сети Интернет базе данных ERNAIS находилась информация о 95 экспертах по водным чужеродным видам из 26 стран (Regional Biological Invasions Center, 2001d).

Среди глобальных открытых информационных ресурсов, созданных в рамках крупных международных программ, следует выделить Глобальную Базу данных по чужеродным видам, Базу данных Продовольственной и сельскохозяйственной организации ООН по интродукциям водных видов, Глобальную информационную систему по рыбам, и информационную систему Глобальной программы по управлению балластными водами.

Глобальная база данных по чужеродным видам (Global Invasive Species Database, GISD, http://www.issg.org/database/) была создана экспертами Группы специалистов по чужеродным видам (Invasive Species Specialist Group, ISSG) Комиссии по выживанию видов (Species Survival Commission, SSC) Международного Союза Охраны Природы (IUCN), в рамках глобальной инициативы по чужеродным видам, возглавляемой GISP (GISP 1999). GISD предоставляет глобальную информацию по чужеродным видам для всех заинтересованных лиц и государственных организаций. База данных затрагивает чужеродные виды, угрожающие биоразнообразию и охватывает все таксономические группы от микроорганизмов до животных и растений. Информация по отдельным видам предоставляется экспертами всех стран мира и включает данные по биологии видов, их распространению, ссылки на источники информации, данные об авторах и иллюстрации (ISSG Global Invasive Species Database). В настоящее время база данных включает описания для 100 наиболее вредных чужеродных видов ("World's Worst Invasive Alien Species"). Для пользователей из Европы представляет интерес то, что в базе данных имеются описания как чужеродных видов европейского происхождения (церкопагис *Cercopagis pengoi* (Ostroumov, 1891), дрейссена *Dreissena polymorpha* (Pallas, 1771), зеленый краб *Carcinus maenas* (Linnaeus, 1758), обыкновенный карп *Cyprinus carpio* Linnaeus, 1758, кумжа *Salmo trutta* Linnaeus, 1758), так и вредных водных видов, намеренно или случайно занесенных с других континентов во внутренние и прибрежные воды Европы (тихоокеанская водоросль-убийца *Caulerpa taxifolia* (Vahl) C. Ag., японская бурая водоросль *Undaria pinnatifida* (Harvey), атлантический гребневик-мнемиопсис *Mnemiopsis leidyi* A. Agassiz, 1865, китайский мохнаторукий краб *Eriocheir sinensis* (Milne-Edwards, 1854), гамбузия *Gambusia affinis* (Baird et Girard, 1853), американский большеротый окунь *Micropterus salmoides* (La Cepede, 1802), тиляпия *Oreochromis mossambicus* (Peters, 1852). Описания имеют ссылки на другие источники информации по этим видам в сети Интернет, в частности, имеющиеся в Базе данных по чужеродным видам Балтийского моря, Базы данных по биоразнообразию Каспийского моря, и Информационной системе Регионального центра по биологическим инвазиям.

База данных Продовольственной и сельскохозяйственной организации ООН (Food and Agriculture Organization of the United Nations, FAO) по случайным заносам и интродукциям водных видов (Database on Introductions of Aquatic Species, DIAS, http://www.fao.org/waicent/faoinfo/fishery/statist/fisoft/dias/index.htm) в настоящее время насчитывает около 3150 регистраций пресноводных и морских рыб и представителей других таксонов. База данных включает регистрации видов, интродуцированных или перемещенных из одной страны в другую. Случайные интродукции (в частности с балластными водами судов) освещены значительно менее полно, и информация по этому виду интродукций заносится в базу данных только в случае значительного воздействия со стороны чужеродного вида на рыбное хозяйство или окружающую среду (например, в случае занесения гребневика мнемиопсиса в Черное море). В настоящее время DIAS развивается в тесной связи с другим важным открытым источником информации по интродукциям рыб, глобальной информационной системой по рыбам (FishBase, http://www.fishbase.org). Эта информационная система представляет собой один из наиболее крупных и развитых источников информации в сети Интернет по пресноводным и морским рыбам, и содержит информацию о практически всех известных видах рыб (более 25 тысяч видов). Реляционная база данных FishBase содержит информацию по видам рыб, чужеродным для европейских вод (амурские ротан *Perccottus glenii* Dybowski, 1877, чебачок *Pseudorasbora parva* (Temminck et Schlegel, 1846) и другие). Видовые описания включают обширную информацию о распространении рыб, морфологии, биологии, о литературе и источниках информации в сети Интернет (Froese, Pauly, 2002). Однако в этой базе данных фактически отсутствует детальная информация о распространении этих видов в европейских водоемах, истории их расселения и воздействиях на окружающую среду.

Информационная система Глобальной программы по управлению балластными водами (Global Ballast Water Management Programme, GloBallast, http://globallast.imo.org) представляет собой важный источник информации по чужеродным морским организмам и методам снижения риска их распространения судами. Информационная система GloBallast включает детальную информацию и гиперссылки на другие источники информации в сети Интернет по законодательству в области контроля чужеродных видов, по технологиям обработки балластных вод судов, а также включает обзор и ссылки на другие основные открытые источники информации в национальных, региональных и глобальных базах данных и информационных системах по водным чужеродным видам (GloBallast, 2002).

Наиболее важными информационными ресурсами по водным чужеродным видам регионального уровня в Европе являются Атлас экзотических видов Международной комиссии по исследованию Средиземного моря, База данных по биоразнообразию Каспийского моря, База данных по чужеродным видам Балтийского моря и Информационная система Регионального центра по биологическим инвазиям.

Атлас экзотических видов Международной комиссии по исследованию Средиземного моря (International Commission for the Scientific Exploration of the Mediterranean Sea, CIESM, http://www.ciesm.org/atlas/index.html) включает детальные описания 125 видов моллюсков, 55 видов ракообразных и 91 вида рыб, чужеродных для Средиземного моря. Список видов включает ряд вредных чужеродных видов (тихоокеанская гастропода *Rapana venosa* (Valenciennes, 1846), атлантические крабы *Rhithropanopeus harrisi* (Gould, 1841) и *Callinectes sapidus* Rathbun, 1896, китайский мохнаторукий краб *Eriocheir sinensis*). Индивидуальные описания видов включают фотографии, диагнозы видов, информацию о биологии, публикациях и карты распространения (CIESM, 2001).

Демонстрационная версия Базы данных по биоразнообразию Каспийского моря (БДБКМ, http://www.caspianenvironment.org/biodb/) разработана в рамках Каспийской экологической программы ООН в 2001–2002 гг. и состоит из русскоязычной и англоязычной версий. В настоящее время БДБКМ включает описания 36 видов, включая 6 чужеродных для экосистемы Каспийского моря видов (Caspian Sea Biodiversity Database, 2002). Среди этих чужеродных видов 3 случайно занесенных зоопланктонных организма (средиземноморская диатомовая водоросль *Rhizosolenia calcar-avis* (Schultze, 1858), атлантическая копепода *Acartia tonsa* Dana, 1848, атлантический гребневик мнемиопсис *Mnemiopsis leidyi*), и 3 намеренно интродуцированных вида (двустворчатый моллюск *Abra ovata* (Philippi, 1893) и 2 вида рыб, атлантическо-средиземноморская *Liza aurata* (Risso, 1810) и средиземноморская *Liza saliens* (Risso, 1810). Кроме того, эта база данных включает описания 2 местных видов, которые считаются вредными чужеродными видами за пределами понто-каспийского региона: кладоцеры церкопагиса *Centropages pengoi* и бычка-кругляка *Neogobius melanostomus* (Pallas, 1814). Описания базы данных включают информацию о систематике видов, их распространению и биологии, и иллюстрированы изображениями организмов. Описания церкопагиса и мнемиопсиса в базе данных содержат гиперссылки на описания этих видов в информационной системе Регионального центра по биологическим инвазиям (см. ниже).

База данных в сети Интернет по водным чужеродным видам Балтийского моря (поддерживается на сервере Клайпедского университета, Литва, Baltic Sea Alien Species Database, BSASD, http://www.ku.lt/nemo/mainnemo.htm) в настоящее время включает список из более чем 100 видов, считающихся чужеродными для Балтийского моря. Для всех видов в BSASD имеется краткая информация о годе первой находки в Балтике, о происхождении, о векторах интродукции, о наносимом экологическом и экономическом вреде, а также об основных публикациях. Поисковая система BSASD позволяет делать различные запросы о чужеродных видах, при этом появляющийся в соответствии с запросом список видов имеет гиперссылки на индивидуальные более подробные описания видов (Baltic Sea Alien Species Database, 2002; Olenin et al., 2002), имеющиеся в частности для таких видов как церкопагис и бычок-кругляк. Некоторые видоспецифичные описания напрямую связаны гиперссылками с описаниями видов в информационной системе Регионального центра по биологическим инвазиям.

Информационная система Регионального центра по биологическим инвазиям (Regional Biological Invasions Center, RBIC, http://www.zin.ru/projects/invasions/), поддерживаемая сервером Зоологического института РАН в Санкт-Петербурге, в настоящее время фактически представляет собой Интернет-портал, имеющий гиперссылки на основные имеющиеся в сети Интернет информационные ресурсы по водным чужеродным видам, а также на ряд международных сайтов, посвященных различным аспектам проблемы биологических инвазий в целом (Regional Biological Invasions Center, 2001a). Кроме этого, на портале RBIC поддерживаются тематические англоязычные информационные сайты, также имеющие международное значение, в том числе сайт проекта Географическая информационная система (ГИС) "INVADER". Концепция ГИС "INVADER" как международной базы данных по водным чужеродным видам в сети Интернет была впервые представлена в 2000 г. в виде выставленной на сайте проекта демонстрационной версии программы, работающей при установке на персональном компьютере (ПК-версия) (Панов и др., 2000). В 2003 г. впервые была разработана работающая в режиме “on-line” версия программы. Эта версия позволяет пользователю Интернет получать интерактивные карты распределения для 7 наиболее важных для региона Балтийского моря чужеродных видов (Regional Biological Invasions Center 2001b). Другим имеющим региональное значение сайтом, поддерживаемым порталом RBIC, является Иллюстрированная база данных водных чужеродных видов Европы. В настоящее время в Иллюстрированной базе данных представлены информационные системы для нескольких важнейших водных чужеродных видов Европы, разработанные экспертами ERNAIS. В частности, информационные системы разработаны для таких видов как гребневик-мнемиопсис, моллюск дрейссена, кладоцеры церкопагис и битотрефес (*Bythotrephes longimanus* Leydig, 1860), амфипода гмелиноидес (*Gmelinoides fasciatus* Stebbing, 1899). Информационные системы содержат описания систематики видов, их инвазионных историй, биологии, воздействий на окружающую среду, содержат детальные карты распределения этих организмов, полученные с помощью ПК-версии ГИС “INVADER”. Описания видов связаны с другими источниками информации в сети Интернет по этим видам гиперссылками, в частности, с базой данных по чужеродным видам Балтийского моря, базой данных по биоразнообразию Каспийского моря и глобальной базой данных по чужеродным видам (Regional Biological Invasions Center, 2001c). Портал RBIC поддерживает сайты некоторых тематических международных рабочих групп и инициатив, включая упоминавшуюся выше Европейскую научную сеть по водным чужеродным видам (ERNAIS), а также Консультативную группу по чужеродным видам Каспийской экологической программы и Рабочую группу Международной ассоциации теоретической и прикладной лимнологии (SIL) по водным чужеродным видам (Regional Biological Invasions Center, 2001d). Таким образом, в настоящее время RBIC фактически выполняет функцию регионального информационного узла развивающейся глобальной информационной сети по чужеродным видам.

В настоящее время открытые национальные информационные ресурсы по водным чужеродным видам в Европе ограничены сравнительно небольшим числом тематических сайтов в Интернет, поддерживаемых серверами научных учреждений Великобритании, Эстонии, Франции и России.

Национальный сайт “Перечень чужеродных морских видов в водах Британии” (Directory of Non-native Marine Species in British Waters, http://www.jncc.gov.uk/marine/non_native/) представляет собой один из наиболее крупных источников информации о водных чужеродных видах в европейских прибрежных водах, включающий описания 53 видов. Текстовые описания содержат данные по систематике видов, их происхождении, времени и способу интродукции, скорости распространения, краткое описание современного распространения, воздействию на окружающую среду и методы контроля. Перечень чужеродных видов включает такие организмы как японские бурая водоросль *Sargassum muticum* (Yendo) Fensholt, 1955 и устрица *Crassostrea gigas* (Thunberg, 1793), азиатская паразитическая нематода

Anguillicola crassus Kuwahara, Niimi & Hagaki, 1974, китайский мохнаторукий краб, атлантические полихета *Marenzelleria viridis* (Verrill, 1873), моллюск *Mya arenaria* Linnaeus, 1758 и краб *Rhithropanopeus harrisi*, новозеландский моллюск *Potamopyrgus antipodarum* (Gray, 1843) (Directory of Non-native Marine Species in British Waters).

Кроме того, еще одним полезным национальным источником информации является сайт Британского Музея Естественной Истории (Natural History Museum), посвященный китайскому мохнаторукому крабу (The Chinese Mitten Crab, http://www.nhm.ac.uk/zoology/crab/) Этот сайт содержит полезную информацию о систематике этого вида, описание его жизненного цикла, распространение в Северной Америке, Европе и Великобритании, информацию о воздействии этого вида на окружающую среду (The Natural History Museum, 2002).

Сайт Эстонского морского института "Морские чужеродные виды Эстонии" (Marine Alien Species of Estonia, http://www.sea.ee/Sektorid/merebioloogia/eesti/Marine_Alien_Species_of_Estonia.htm) содержит стандартные описания 12 чужеродных для эстонских прибрежных вод видов. Описания включают информацию об определении видов, их естественном ареале, инвазионной истории в Балтийском море, распространении в эстонских водах, динамике популяции, воздействии на окружающую среду и причиняемому экономическому ущербу, список источников информации. Чужеродные виды разделены на 3 подгруппы: планктон (3 вида, включая понто-каспийскую кладоцеру *Cercopagis pengoi*), донные беспозвоночные (6 видов, включая понто-каспийского моллюска *Dreissena polymorpha*, новозеландскую гастроподу *Potamopyrgus antipodarum*, китайского мохнаторукого краба, атлантическую полихету *Marenzellaria viridis*) и рыб (4 вида, включая понто-каспийского бычка-кругляка *Neogobius melanostomus*) (Marine Alien Species of Estonia).

Одним их наиболее развитых европейских национальных сайтов по водным чужеродным видам является информационная система по тихоокеанской "водоросли-убийце" *Caulerpa taxifolia* Университета Ниццы-Софии-Антиполиса (Франция) (*Caulerpa* On-line, http://www.caulerpa.org). Эта информационная система содержит данные о воздействии на прибрежные сообщества Средиземного моря этого вредного водного растения, фотографии и интерактивные карты распространения.

Национальные российские тематические информационные ресурсы в сети Интернет к середине 2003 г. были ограничены двумя обслуживаемыми сервером Зоологического института РАН информационными системами. Информационная система "Чужеродные виды Северо-Запада России и сопредельных регионов" представляет собой русскоязычную часть портала РЦБИ, созданную в 2003 г при поддержке ФЦНТП "Исследования и разработки по приоритетным направлениям развития науки и техники" на 2002–2006 гг. Эта информационная система включает информацию о биологических инвазиях как в водных, так и в наземных экосистемах Северо-Запада России (Панов и др., 2003). Сайт "Пресноводные рыбы России" (http://www.zin.ru/Animalia/Pisces/) содержит обзор о расширении ареалов рыб в водоемах России и подробную информационную систему по амурскому ротану-головешке *Perccottus glenii* (Богуцкая, Насека, 2002). Помимо этих двух основных открытых источников информации о водных чужеродных видах, ограниченная информация о находках некоторых чужеродных водных беспозвоночных имеется также в информационной системе "Экология пресных вод России и сопредельных стран" (http://ecograde.bio.msu.ru, Булгаков и др., 2002) и в информационной системе и базе данных "Круглоротые и рыбы пресных вод России" (http://www.sevin.ru/vertebrates/).

В настоящее время значительная часть информации о чужеродных видах России сосредоточена в ряде ведомственных баз данных, большая часть которых разработана без учета международных требований о неограниченном доступе к информации по этим видам посредством сети Интернет. Таким образом, эта информация недоступна широкому кругу потенциальных пользователей. К национальным информационным ресурсам ограниченного доступа относятся база данных Института биологии внутренних вод "Инвазии в пресных водах" (Баканов, 2002), база данных ВНИИ карантина растений "Инвазионные виды в Северной Евразии" (Масляков, 2001), и база данных по адвентивным видам растений Института географии РАН (Морозова, 2002). Национальные информационные ресурсы по чужеродным видам, доступ к которым возможен через Интернет, фактически ограничены упомянутыми выше разработками, поддерживаемыми на сервере Зоологического института РАН (Богуцкая, Насека, 2002; Панов и др., 2003), что совершенно недостаточно, учитывая остроту проблемы для России (Алимов и др., 2001; Ижевский, 2002). Следует также отметить, что данные мониторинга чужеродных видов, проводимого в том или ином виде различными организациями, практически недоступны для использования, или становятся доступными со значительной задержкой (в случае их опубликования в открытой печати), что фактически делает невозможным своевременное принятие мер по контролю и уничтожению этих видов, а также предупреждение других стран об опасности расселения этих видов, как это предусматривается международным законодательством.

Очевидно, что для информационного обеспечения решения существующих научных и практических задач необходимо создание открытой национальной информационной системы по чужеродным видам. Такая информационная система должна быть создана с учетом международных рекомендаций и стандартов, что будет способствовать ее эффективному включению в создающуюся глобальную информационную систему по чужеродным видам.

По нашему мнению, национальная информационная система должна представлять собой сеть открытых совместимых баз данных, доступ пользователей к которым может осуществляться через Интернет как напрямую, так и через центральный национальный Интернет-портал. Современные информационные технологии позволяют в полной мере выполнить эту задачу, однако требуется решение ряда организационных проблем. В первую очередь необходимо выполнение условия совместимости баз данных, поддерживаемых различными заинтересованными научными организациями. Это условие может быть выполнено при разработке единой структуры баз данных, учитывающей специфику наземных и водных экосистем. Принимая во внимание также значительные различия в методах сбора и анализа информации, а также в методах контроля вредных чужеродных видов в водных и наземных экосистемах, представляется целесообразным создание тематических сетей баз данных (отдельно по чужеродным водным видам, по чужеродным растениям, по чужеродным наземным насекомым и др.), которые могут быть связаны через единый национальный портал или через тематические информационные узлы в сети Интернет.

Предлагаемая концепция создания национальной информационной системы по чужеродным видам позволит эффективно решить такие важные прикладные задачи как создание национальных системы оценки риска новых инвазий и системы раннего предупреждения. Однако следует учитывать, что такие системы "поддержки принятия решений" смогут эффективно работать лишь после решения проблемы своевременного поступления данных мониторинга в национальную информационную сеть, а также проблемы эффективной интеграции национальных информационных ресурсов в глобальную информационную сеть по чужеродным видам.

Словарь терминов

Аборигенный вид (“местный”, “нативный”, “indigenous”, “native”, “autochthonous”) — вид, обитающий в данном регионе в силу естественных причин; член естественной экосистемы, который произошел на данной территории или иммигрировал на данную территорию до неолита.

Агриофит (бот.) — адвентивный вид, который устойчиво самостоятельно возобновляется как в антропогенных и нарушенных, так и в естественных растительных сообществах.

Адвент — см. Чужеродный вид.

Адвентивный вид — см. Чужеродный вид.

Адвентизация (бот.) — возрастание относительного числа и значения заносных видов в локальных сообществах.

Акклиматизант — объект преднамеренной интродукции (плановой акклиматизации).

Акклиматизационные мероприятия — практика акклиматизации.

Акклиматизация (“acclimatization”, “intentional stocking”, “intentional introduction for stocking”) — теория и практика преднамеренного переноса особей вида-акклиматизанта в новый биотоп с целью дальнейшего практического использования самоподдерживающихся или искусственно поддерживаемых человеком популяций этого вида.

Аколютофит (бот.) — адвентивный вид, распространившийся самостоятельно, используя нарушенные и антропогенные местообитания.

Антропофильный вид (бот.) — см. Синантропный вид.

Антропохор (бот.) — вид, иммигрировавший с помощью человека; заносный вид.

Анцестральный ареал — см. Исторический ареал.

Археофит (бот.) — адвентивный вид, являющийся спутником человека с доисторического или раннего исторического времени до начала интенсивных контактов между континентами.

Биологическая инвазия — см. Инвазия.

Биологическое загрязнение (“biological pollution”, “biological contamination”, “nuisance species”) — чужеродные виды, которые угрожают биологическому разнообразию и/или численности аборигенных видов, и/или стабильности экосистем, и/или хозяйственной деятельности человека, а также эксплуатации и охране местных аборигенных растительных или животных ресурсов.

Бракеражная акклиматизация (“contaminant introduction”) — случайный занос в ходе планомерной акклиматизации.

Вектор (“vector”, “modes of introduction” — способ (метод, путь), естественный или антропогенный, осуществления интродукции чужеродного вида в область инвазии.

Восприимчивость к инвазии (“invisibility”, “susceptibility”) — особенности экосистемы или сообщества, способствующие натурализации вида-вселенца.

Вселенец — см. Чужеродный вид.

Гемерофит (бот.) — см. Адвентивный вид.

Диафит (бот., “чуждый адвентик”) — заносный вид, не способный к самовозобновлению на данной территории.

Естественная экосистема (“natural ecosystem”) — экосистема, функционирование которой происходит полностью (или в основном) за счет естественных факторов; экосистема, на состав и функционирование которой прямо не влияет человеческая активность.

Естественный ареал — см. Исторический ареал.

Инвазионный вид (“invasive”) — чужеродный вид в процессе расселения и натурализации; *также* натурализовавшийся чужеродный вид, расширяющий свой ареал.

Инвазионный коридор — транспортный путь (или иная система переноса), который способствует достаточно постоянному, частому и эффективному перемещению организмов из региона-донора в регионы-реципиенты.

Инвазия (“биологическая инвазия”) — расселение вида за пределы исторического ареала после неолита, индуцированное (прямо или косвенно) деятельностью человека.

Интродукция (“вселение”, “перемещение”, “introduction”, “transplantation”, “translocation”, “transfer”) — механическое перемещение особей определенного вида человеком или домашними животными за пределы исторического ареала через барьеры, вероятность естественного преодоления которых этим видом приближается к нулю; частный случай или начальный этап инвазии.

Интродуцент — см. Интродуцированный вид.

Интродуцированный вид (“интродуцент”, “вселенец”, “introduced”, “transferred”, “transplanted”) — вид, привнесенный в новые системы благодаря непосредственной акции переноса человеком, проведенной специально (преднамеренно) или случайно (непреднамеренно).

Искусственная экосистема (“антропогенная экосистема”) — экосистема, структура и функционирование которой полностью и непосредственно зависят от человеческой активности.

Исторический ареал (“естественный ареал”, “первичный ареал”, “анцестральный ареал”, “native range”, “historic range”) — ареал в котором вид был распространен до неолита (второй половины голоцена) условная область распространения вида, где он был зарегистрирован до появления первых сообщений о расселении за ее пределы.

Кенофит (бот.) — см. Неофит.

Колонофит (бот.) — вид, закрепившийся в новых местообитаниях, но не распространяющийся из них.

Криптический вид (“cryptogenic species”, “cryptogen”) — вид, статус которого (аборигенный или чужеродный) установить не представляется возможным; *также* чужеродный вид, распространенный, но не зарегистрированный или не выявленный (“скрытый”, “cryptic species”) в силу субъективных причин (отсутствие соответствующих исследований, сложности идентификации и т.п.).

Ксенофит (бот.) — см. Случайный интродуцент.

Местный вид — см. Аборигенный вид.

Нативный ареал — см. Исторический ареал.

Натурализация ("успешная акклиматизация", "naturalization", "colonization", "establishment", "successful establishment") — образование чужеродным видом устойчивых самовоспроизводящихся популяций в области инвазии.

Неаборигенный вид — см. Чужеродный вид.

Неофит (бот.) — адвентивный вид, расселившийся после начала интенсивных контактов между континентами.

Непреднамеренная интродукция ("случайная интродукция", "unintentional introduction", "accidental release") — случайное, незапланированное, неосознанное человеком перемещение особей определенного вида за пределы исторического ареала.

Новый ареал — см. Область инвазии.

Новоприобретенный ареал — см. Область инвазии.

Область инвазии ("новый ареал", "новоприобретенный ареал", "приобретенный ареал", "non-native range", "invasive range", "region of colonization") — территории и биотопы за пределами исторического ареала, на которых появляется вид вследствие расширения исторического ареала или изменения его конфигурации.

Палеоинвазия — расселение вида в доисторическое время (естественная иммиграция), имеющее ряд аналогий с инвазией: скорость процесса палеоинвазии по геологическим масштабам времени высока, а само событие приурочено к периодам значительных геологических и палеоклиматических изменений, приводящих к исчезновению географических и иных барьеров.

Первичный ареал — см. исторический ареал.

Полуестественная экосистема ("semi-natural ecosystem") — экосистема, на структуру и функционирование которой прямо влияет человеческая активность, но сохраняющая заметную долю естественных компонентов.

Потенциальный ареал ("экологический ареал") — область биосферы, которую конкретный вид мог бы заселить в силу наличия в ней условий, соответствующих экологической валентности вида, при отсутствии географических и/или иных барьеров, ограничивающих его расселительный потенциал.

Преднамеренная интродукция ("intentional introduction", "deliberate release") — перемещение особей определенного вида человеком за пределы исторического ареала с любой осознанной (утилитарной или неутилитарной) целью.

Приобретенный ареал — см. Область инвазии.

Регион-донор ("donor area") — регион в пределах исторического ареала вида, из которого перемещается представитель данного вида.

Регион-реципиент ("recipient area", "target area") — регион за пределами исторического ареала вида, куда перемещается представитель этого вида.

Реинтродукция ("reintroduction") — преднамеренное вселение вида в какую-либо область естественного ареала для восстановления его численности.

Самостоятельное расселение ("естественное расширение ареала", "саморасселение", "самоакклиматизация", "стихийное расселение", "range expansion", "natural range expansion", "immigration") — расселение (обычно изменение реализованного ареала в пределах потенциального ареала вида), не связанное с прямой человеческой активностью и осуществляемое обычно сравнительно медленно при изменении абиотических параметров среды; *также* этап инвазии, осуществляемый без преодоления барьера.

Синантропный вид ("синантроп") — вид, элемент(ы) жизнедеятельности и/или этап(ы) жизненного цикла которого зависят от преднамеренной или непреднамеренной деятельности человека.

Случайный интродуцент ("ксенофит", "unintentionally introduced") — вид, оказавшийся вне исторического ареала благодаря непреднамеренной интродукции; случайно (непреднамеренно) занесенный человеком вид.

Случайный чужеродный вид (бот., "casual alien plants") — чужеродные растения, которые могут существовать и даже изредка давать диаспоры на данной территории, но не могут формировать самоподдерживающиеся популяции, и поэтому их существование зависит от постоянно повторяющегося заноса.

Сопряженная инвазия ("invasion meltdown") — совместное расселение чужеродных экологически взаимосвязанных видов, при котором вселение одного или нескольких видов (как правило, эдификаторов) способствуют успеху натурализации других видов.

Способность к инвазии ("invasiveness") — свойства вида, которые при наличии определенных условий могут обеспечить успех его инвазии.

Трансплант ("transplant") — "свой" чужеродный вид, появившийся в фауне или флоре конкретного региона извне, но в пределах рассматриваемой страны или континента.

Трансформер — инвазионное растение, которое изменяет характер, условия, аспект или природу экосистемы на территории существенной по отношению к общей площади, занимаемой этой экосистемой.

Турбатор — адвентивное сорное растение, образующее плотную растительную группировку в районах интродукции и блокирующее сукцессионный процесс на участках с нарушенным естественным растительным сообществом, в частности, способное к образованию сомкнутого покрова на поверхности водоемов. .

Чужеродный вид ("неаборигенный", "адвентивный", "адвент", "nonindigenous", "alien", "non-native", "allochthonous", "invader") — вид за пределами своего исторического ареала; вид, появившийся в рассматриваемом регионе после неолита.

Экзотический вид ("foreign", "exotic") — чужеродный вид, появившийся в фауне или флоре конкретной страны (континента) из других стран (с других континентов).

Эпекофит (бот.) — вид, которые вписался только в антропогенную растительность и распространяется в антропогенных (искусственных, нарушенных, вторичных) местообитаниях.

Эргазиофигофит (бот.; для животных "escapée", "беглец") — виды, которые намеренно культивировались, а затем были встречены (распространились) вне культурных территорий (вне искусственных местообитаний).

Эргазиофит (бот.) — распространенное культивируемое и культурное растение, которое исчезнет при прекращении его культивирования; *также* сорное растение — спутник культуры.

Эфемерофит (бот.) — адвентивный малочисленный неустойчивый вид, существующий только благодаря случайному заносу диаспор.

Литература

Абашкин С.Я. 1963. О необходимости учета интересов охотничьего хозяйства при реализации проекта обводнения озера Чаны // Акклиматизация животных в СССР. Мат-лы конф. по акклиматизации животных в СССР (10–15 мая 1963, г. Фрунзе). Алма-Ата: изд-во АН КазССР. С.39–40.

Абдусамадов А.С. 1986. Биология белого амура, белого толстолобика и пестрого толстолобика, акклиматизированных в Терском районе Каспийского бассейна // Вопр. ихтиол. Т.26. Вып.3. С.425–433.

Абраменко М.И. 2001. Экологические и биологические закономерности пространственной динамики численности серебряного карася *Carassius auratus gibelio* в Понто-Каспийском регионе // Матишов Г.Г. (отв. редактор). Среда, биота и моделирование экологических процессов в Азовском море. Апатиты: изд. Кольского научного центра РАН. С.152–173.

Авинский В.А. 1999. Сетной зоопланктон водной системы Ладожское озеро – р. Нева – Невская губа – восточная часть Финского залива // Финский залив в условиях антропогенного воздействия. СПб. С.168–181.

Азбелев В.В. 1959. Некоторые вопросы акклиматизации тихоокеанских лососей в реках Кольского полуострова // Научно-технический бюллетень ПИНРО. № 4(8). С.71–75.

Азбелев В.В., Гриню И.Н., Суркова Е.И., Сурков С.С., Яковенко А.А. 1962. Результаты естественного нереста горбуши в реках Кольского полуострова в 1961 г. // Науч.-техн. бюл. ПИНРО. № 4(22). С.37–38.

Азизова Н.А. 1962. Возможности промысла каспийских бычков // Рыбн. хоз-во. № 3. С.14–20.

Азизова Н.А. 1969. Размерно-весовой и возрастной состав некоторых видов бычков в отдельных районах Каспийского моря // Тр. Дагест. гос. пед. ин-та, ест.-геогр. фак. Вып.4. С.108–115.

Азизова Н.А., Алигаджиев Г.А. 1964. О пищевых взаимоотношениях осетровых (Acipenseridae) и бычковых (Gobiidae) в дагестанском районе Каспия // Вопр. ихтиол. Т.4. Вып.3(32). С.562–569.

Айрапетьянц А.Э., Стрелков П.П., Фокин И.М. 1987. Звери. Л.: Лениздат. 143 с.

Айрапетьянц А.Э., Фокин И.М. 2002. Европейская норка // Красная книга природы Ленинградской области. Т.3. Животные. СПб.: Мир и семья. С.446–447.

Аладин Н. В., Котов С. В. 1989. Естественное состояние экосистемы Аральского моря и ее изменение при антропогенном воздействии // Тр. Зоол. ин-та АН СССР. Т.199. С.4–25.

Аладин Н.В., Плотников И.С. 2000. Угроза крупномасштабной экологической катастрофы на Каспийском море (Сравнительный анализ причин и последствий экологических кризисов на Арале и Каспии) // Вестн. Каспия. № 4. С.112–126.

Аладин Н.В., Плотников И.С., Филиппов А.А. 2001. Виды-вселенцы в Аральское море // Американо-российский симпозиум по инвазионным видам. 27–31 августа 2001 г., Борок, Россия. Тез. докл. Ярославль. С.4–7.

Алекин О.А. 1953. Основы гидрохимии Л.: Гидрометеоиздат. 296 с.

Александров А.К., Карпевич А.Ф., Строганова Н.З. 1995. Основные итоги и перспективы акклиматизации гидробионтов в водоемах страны // Результаты работ по акклиматизации водных организмов. СПб.: ГосНИОРХ. С.15–27.

Алексеев А.П., Кулачкова В.Г. 2000. Дальневосточная горбуша в бассейнах Белого и Баренцева морей (второй, “магаданский”, этап акклиматизации) // Матишов Г.Г., Денисов В.В., Чинарина А.Д., Зензеров В.С., Берестовский Е.Г. (ред.). Виды-вселенцы в европейских морях России. Сб. науч. тр. Апатиты: Кольский научный центр РАН. С.249–257.

Алексеев В.Р. 1990. Диапауза у ракообразных: Эколого-физиологические аспекты. М.: Наука. 144 с.

Алексеев С.С., Белов А.В. 1977. Наблюдения над европейским горчаком *Rhodeus sericeus amarus* (Bloch, 1782) в Московской области, в бассейне реки Оки // Бюл. Моск. о-ва испыт. прир. Отд. биол. Т.82. Вып.1. С.59–63.

Алимов А.Ф. 1981. Функциональная экология пресноводных двустворчатых моллюсков. Л.: Наука. 248 с.

Алимов А.Ф., Панов В.Е., Крылов П.И., Телеш И.В., Быченков Д.Е., Зимин В.Л., Максимов А.А.,

Филатова Л.А. 1998а. Проблема антропогенного вселения чужеродных организмов в водоемы бассейна Финского залива // Фролов А.К. (ред.). Экологическая обстановка в Санкт-Петербурге и Ленинградской области в 1997 г. Справочно-аналитический обзор. СПб. С.243–248.

Алимов А.Ф., Алексеев А.П., Кулачкова В.Г. 1998б. Направления и основные исследования по проекту "Белое море" в 1995–1997 гг. // Проблемы изучения, рационального использования и сохранения природных ресурсов Белого моря. СПб.: СПбНЦ РАН. С.5–10.

Алимов А.Ф., Орлова М.И., Панов В.Е. 2000. Последствия интродукции чужеродных видов для водных экосистем и необходимость мероприятий по их предотвращению // Матишов Г.Г., Денисов В.В., Чинарина А.Д., Зензеров В.С., Берестовский Е.Г. (ред.). Виды-вселенцы в европейских морях России. Сб. науч.тр. Апатиты: Кольский Научный центр РАН. С.12–23.

Алимов А.Ф., Орлова М.И., Панов В.Е. 2001. Роль Волго-Балтийского водного пути в формировании солоноватоводной и пресноводной фаун в водных экосистемах Европейской части России // Межд. науч. конф. "Малые реки: современное экологическое состояние, актуальные проблемы". Россия, г. Тольятти, 23–27 апреля 2001 г. С.8–9.

Алимов А.Ф., Панов В.Е., Флоринская Т.М., Емелькина Е.Г. 2002. Охрана водной системы Ладожское озеро – река Нева – Невская губа – восточная часть Финского залива от биологического загрязнения // Мат-лы конф. "Экологическая безопасность Санкт-Петербурга", 23 сентября 2002 г. СПб. С.16–24.

Алмазов А.М. 1962. Гидрохимия низовий рек северного Причерноморья. Киев: изд-во АН УССР. 320 с.

Альтшуль М.П. 1955. Результаты акклиматизации ондатры в Ленинградской области // Тр. Всесоюзн. научн.-иссл. ин-та охотн. промысла. Т.14. С.54–63.

Альтшуль М.П. 1956. Черная ондатра на озере Вялье // Охота и охотничье хоз-во. № 4. С.38–39.

Альтшуль М.П. 1963а. Биология ондатры на Северо-Западе и факторы, определяющие ее численность // Промысл. фауна и охотн. хоз-во Северо-Запада РСФСР. Л. Т.2. С.42–98.

Альтшуль М.П. 1963б. Акклиматизация, распространение и численность ондатры в северо-западных областях РСФСР // Промысл. фауна и охотн. хоз-во Северо-Запада РСФСР. Л. Т.2. С.3–41.

Альтшуль М.П., Иванов П.Д., Когтева Е.З., Морозов В.Ф., Проворов Н.В., Птушкин Ю.В., Русаков О.С., Русакова Н.Н., Туманов И.Л. 1970. Охотничьи звери и их промысел в северо-западных областях СССР. М. 173 с.

Аманов А.А. 1980. Некоторые биологические показатели вселённых и случайно завезённых рыб в водоёмах Узбекистана // Итоги и перспективы акклиматизации рыб и беспозвоночных в водоёмах СССР. Тез. докл. Махачкала. С.10–12.

Амброз А.И. 1956. Рыбы Днепра, Южного Буга и Днепровско-Бугского лимана. Киев: изд-во АН УССР. 407 с.

Андреев Н.И. 1978. Итоги акклиматизации *Calanipeda aquae-dulcis* Kritschagin в Аральском море // Биол. основы рыбн. хоз-ва водоемов Средней Азии и Казахстана. Мат-лы конф. 1978 г. Фрунзе: Илим. С.6–9.

Андреев Н.И., Андреева С.И. 1988. Краб *Rhithropanopeus harrisii tridentatus* (Decapoda, Xanthidae) в Аральском море // Зоол. журн. Т.67. Вып.1. С.135–136.

Андреев Г.Н., Зуева Г.А. 1990. Натурализация интродуцированных растений на Кольском Севере. Апатиты. 121 с.

Андреева С.И. 1989. Макрозообентос Аральского моря в начальный период его осолонения // Тр. Зоол. ин-та АН СССР. Т.199. С.53–82.

Андрияшев А.П., Арнольди Л.В. 1945. О биологии питания некоторых донных рыб Чёрного моря // Журн. общ. биологии. Т.6. № 7. С.53–61.

Андрусов Н.И. 1890. *Dreissena rostriformis* Desh. в реке Буг // Тр. СПб. о-ва естествоиспыт., отд. геол. и минерал. № 6. С.1–2.

Андрусов Н.И. 1897. Ископаемые и живущие Dreissenidae Евразии // Тр. СПб. о-ва естествоиспыт., отд. геол. и минерал. Т.25. С.1–683.

Анненкова Н.П., Паленичко З.Г. 1947. Нахождение бореальной полихеты в Белом море // Природа. № 5. С.64–67.

Аннотированный каталог круглоротых и рыб континентальных вод России. 1998. М.: Наука. 218 с.

Антипова О.П. 1961. Рыбинское водохранилище // Тюрин П.В. (ред.). Водохранилища СССР и их рыбохозяйственное значение / Изв. ГосНИОРХ. Т.50. С.31–50.

Антонов П.И. 1993. О вселении двустворчатого моллюска *Dreissena bugensis* (Andr.) в волжские водохранилища // Экологические проблемы бассейнов крупных рек. Тез. докл. Тольятти. С.52–53.

Антонов П.И., Козловский С.В. 2001. О самопроизвольном расширении ареалов некоторых Понто-Каспийских видов по каскадам водохранилищ // Американо-российский симпозиум по инвазионным видам. 27–31 августа 2001 г., Борок, Россия. Тез. докл. Ярославль. С.18–20.

Анцулевич А.Е. 1991. Об эндемизме беломорской фауны гидроидов и связи между фаунами Белого и Баренцева морей // Бентос Белого моря. Популяции, биоценозы, фауна / Тр. Зоол. ин-та АН СССР. Т.233. С.35–43.

Анцулевич А.Е., Рябова В.Н., Стогов И.А. 1995. Современное состояние зоопланктона Лужской губы Финского залива // Вестн. СПб. ун-та. Сер.3, биол. Вып.3. С.3–9.

Анцулевич А.Е., Старобогатов Я.И. 1990. Первое обнаружение моллюсков отряда Nudibranchia (=Tritoniformes) в Каспийском море // Зоол. журн. Т. 69. Вып.11. С.138–140.

Аральское море. 1990. // Гидрометеорология и гидрохимия морей СССР. Л. Т.7. 196 с.

Арнольди К.В. 1957. О теории ареала в связи с экологией и происхождением видовых популяций // Зоол. журн. Т.36. Вып.11. С.1609–1629.

Астанин Л.П., Саманева Л.И. 1967. Морфология рыбца *Vimba vimba carinata* (Pal.), акклиматизированного в Сенгилеевском водохранилище Ставропольского края // Вопр. ихтиол. Т.7. Вып.3(44). С.446–457.

Асхаев М.Г. 1958. Новые породы рыб в водоемах бассейна Байкала // Рыбы и рыбное хозяйство в бассейне озера Байкал. Иркутск: Иркутское книжное изд-во. С.420–447.

Асхаев М.Г. 1961. Акклиматизация амурского сазана в водоемах бассейна Байкала. Автореф. дис. на соиск. уч. степ. канд. биол.н. Иркутск. 18 с.

Атлас беспозвоночных Каспийского моря. 1968. М.: Пищевая промышленность. 415 с.

Бабак Е.В. 1983. Плиоценовые и четвертичные дрейссениды Эвксинского бассейна. М.: Наука. 104 с.

Бабенко Л.О. 1961. Знахідки бичка-кругляка (*Neogobius melanostomus* Pall.), нового вида в районі Среднього Дніпра біля Канева // Вісн. Київ. ун-ту. Сер. біол. Т.3. Вип.2. С.116–117.

Бабенко Л.О., Поліщук В.В. 1964 До екології бичка-кругляка (*Neogobius melanostomus* Pallas) в районі Среднього Дніпра // Вісн. Київ. ун-ту. Сер. біол. Т.6. Вип.6. С.129–132.

Бабков А.И., Голиков А.Н. 1984. Гидробиокомплексы Белого моря. Л.: Зоол. ин-т АН СССР. 102 с.

Бабушкин А.А. 1999. Распространение и экология *Elodea canadensis* Michx. (*Hydrocharitaceae*) в лесостепных водоемах Тюменской области // Мат-лы науч.-практ. конф., посвящ. 90-летию Енисейской ихтиологической лаборатории. Красноярск. С.101–107.

Базилевская Н.А. 1964. Теория и методы интродукции растений. М.: изд-во МГУ. 131 с.

Баймов У.А. 1961. О видовом составе и численности каспийских видов бычков в Аральском море // Вестн. Каракалпакского филиала АН УзССР. № 3(5). С.11–16.

Баймов У.А. 1966. Материалы к морфобиологической характеристике бычков в Аральском море // Рыбы и гидробиологический режим Южно-аральского бассейна. Ташкент. С.121–147.

Баймов У.А. 1970. Питание бычка-песочника в Аральском море // Вопр. ихтиол. Т.10. Вып.1(60). С.175–178.

Баканов А.И. 2002. База данных "Freshwater invasion" (Инвазии в пресных водах) // Биол. внутр. вод. № 4. С.105.

Баканов А.И. 2003. Современное состояние бентоса Верхней Волги в пределах Ярославской области // Биол. внутр. вод. № 1. С.81–88.

Балданова Д.П., Пронин Н.М. 2001. Гаммариды как промежуточные хозяева скребней (Acanthocephala) // Исследования фауны водоемов Восточной Сибири. Сб. научн. тр. Иркутск: ИрГУ. С.50–54.

Балушкина Е.В., Орлова М.И., Панов В.Е., Умнов А.А. 1999. Гидробиологический мониторинг водной системы Санкт-Петербурга и Ленинградской области // Гос. докл. о состоянии окружающей среды Санкт-Петербурга и Ленинградской области в 1998 г. СПб. Т.2. С.85–98.

Барабаш-Никифоров И.И., Морозов С.В. 1952. Опыт применения нутрий для борьбы с водной растительностью // Зоол. журн. Т.31. Вып.3. С.443–456.

Баранова Л.П., Попов А.Н., Алексеев Г.А. 2001. Питание массовых видов рыб восточной части Финского залива в современных условиях // Тез. докл. 8-го съезда Гидробиол. о-ва РАН. Калининград. Т.1. С.82–83.

Барач Г.П. 1941. Фауна Грузии. Тбилиси: изд-во АН ГрузССР. Т. 1. Рыбы пресных вод. 287 с.

Басова С.Л., Быченков Д.Е., Ковалева В.В., Ланге Е.К., Родионова Н.В. 1997. Гидробиологическая характеристика качества вод в Невской губе и восточной части Финского залива // Экологическая обстановка в Санкт-Петербурге и Ленинградской области в 1996 г.: Справочно-аналитический обзор. СПб: .Гидрометеоиздат. С.67–76.

Беклемишев В.Н. 1922. Новые данные о фауне Аральского моря // Русск. гидробиол. журн. Т.1. Вып.9–10. С.276–289.

Беклемишев В.Н. 1960. Пространственная и функциональная структура популяций // Бюл. Моск. о-ва испыт. прир. Отд. биол. Т.65. Вып.2. С.41–50.

Беклемишев К.В. 1969. Экология и биогеография пелагиали. М.: Наука. 291 с.

Белинг Д.Е. 1923. Некоторые данные по распространению бычка-цуцика *Proterorhinus marmoratus* (Pallas) в реках Черноморско-Азовского бассейна // Русск. гидробиол. журн. Т.2. № 5–7. С.124–125.

Белінг Д.Е. 1933. До аналізу рибонаселення середньоі течіі Дніпра // Журн. біо-зоол. циклу ВУАН. № 4. С.31–36.

Белозеров П.И. 1956. К вопросу о распространении на север Элодеи канадской // Бот. журн. Т.41. № 2. С.262–263.

Бекман М.Ю. 1954. Биология *Gammarus lacustris* Sars прибайкальских водоемов // Тр. Байкальск. лимнол. станц. Т.14. С.263–311.

Бекман М.Ю. 1962. Экология и продукция *Micruropus possolskii* Sow и *Gmelinoides fasciatus* Stebb. // Тр. Лимнол. ин-та Сиб. отд. АН СССР. Т.2. Ч.1. С.141–155.

Бекман М.Ю., Базикалова А.Я. 1951. Биология и продукционные возможности некоторых байкальских и сибирских бокоплавов // Тр. пробл. и тематич. совещ. ЗИН АН СССР. М.-Л.: изд-во АН СССР. Вып.1. С.62–67.

Бенинг А.Л. 1924. К изучению придонной жизни Волги // Моногр. Волжск. биол. станц. Саратовск. о-ва естествоиспыт. Саратов. Т.1. 398 с.

Берг Л.С. 1909. Рыбы бассейна Амура. Записки Императорской Академии наук. Серия 8. Т. 24. N 9. iii–vi+1–270 с.

Берг Л.С. 1948. Рыбы пресных вод СССР и сопредельных стран. М.-Л.: изд-во АН СССР. Ч.1. С.1–466.

Берг Л.С. 1949. Рыбы пресных вод и сопредельных стран. М.-Л.: изд-во АН СССР. Ч.2. С.469–925. Ч.3. С.929–1382.

Бергер В.Я., Брязгин В.Ф., Наумов А.Д. 1999. Китайский мохнорукий краб *Eriocheir sinensis* — новый элемент фауны Восточной Фенноскандии // Биол. основы изучения, освоения и охраны животн. и растит. мира, почв. покрова Вост. Фенноскандии. Петрозаводск. С.260.

Бердичевский Л.С., Карпевич А.Ф., Локшина И.Е. 1968. Итоги и эффективность акклиматизации рыб и беспозвоночных в водоемах СССР за 15 лет // Акклиматизация рыб и беспозвоночных в водоемах СССР. М. С.5–28.

Березина Н.А. 1999. Особенности развития макрозообентоса под влиянием дрейссены в экспериментальных мезокосмах // Журн. общ. биол. Т.60. Вып.2. С.189–198.

Березина Н.А. 2001. Влияние pH среды на пресноводных беспозвоночных в экспериментальных условиях // Экология. № 5. С.343–351.

Березина Н.А. 2004. Сезонная динамика структуры и плодовитость популяции бокоплава *Gmelinoides fasciatus* (Stebbing 1899) (Amphipoda: Crustacea) в зарослевой зоне северной части Невской губы (Финский залив Балтийского моря) // Зоол. журн. (в печати).

Березина Н.А., Панов В.Е. 2003. Вселение байкальской амфиподы *Gmelinoides fasciatus* (Stebbing) в Онежское озеро // Зоол. журн. Т.82. Вып.6. С.731–734.

Березина Н.А., Хлебович В.В., Панов В.Е., Запорожец Н.В. 2001. Соленостная резистентность интродуцированной в бассейн Финского залива (Балтийское море) амфиподы *Gmelinoides fasciatus* (Stebb.) // Докл. РАН. Т.379. № 3. С.414–416.

Березовский А.И. 1936. Рыбное хозяйство Бурят-Монгольской АССР // Проблемы Бурят-Монгольской АССР. М.-Л. Т.2. С.207–224.

Березовская В.И., Савельева Э.А., Чебанов М.С. 1999. Реакклиматизация стерляди (*Acipenser ruthenus* L.) и шипа (*A. nudiventris* Lov.) в бассейне р. Кубань // 2-й межд. симп. "Ресурсосберегающие технологии в аквакультуре". Краснодар. С.16–18.

Бернштам Т.А. 1983. Русская народная культура Поморья в XIX – начале XX в. Л.: Наука. 233 с.

Бессолицына И.А. 2002. Ночные вертикальные миграции бентосных амфипод озера Байкал. Иркутск: ин-т географии СО РАН. 160 с.

Бибиков Д.И. 1989. Сурки. М.: Агропром. 255 с.

Билько В.П. 1965. Рост бычка-песочника в Днепровско-Бугском лимане // Гидробиол. журн. Т.1. № 6. С.56–60.

Билько Б.П. 1968а. Плодовитость промысловых бычковых рыб Днепровско-Бугского лимана // Зоол. журн. Т.47. Вып.7. С.1045–1053.

Билько Б.П. 1968б. Размножение черноморских бычков в Днепровско-Бугском лимане // Вопр. ихтиол. Т.8. Вып.4(51). С.669–678.

Білько В.П. 1971. Статевий диморфизм, шлюбний убір І турбота про потомство у бичків родини Gobiidae // Дніпровсько-Бузький лиман. Киев: Наукова думка. С.379–394.

Бирштейн Я.А. 1935. К вопросу о происхождении морских ракообразных в реках Понто-Каспийского бассейна // Зоол. журн. Т.14. Вып.4. С.749–761.

Бирштейн Я.А., Заренков Н.А. 1988. Отряд десятиногие ракообразные (Decapoda) // Жизнь животных. М.: Просвещение. Т.2. С.388–412.

Бисерова Л.И. 1990. Встречаемость и распределение *Lithoglyphus naticoides* (Gastropoda, Lithoglyphidae) в дельте Волги // Гидробиол. журн. Т.26. № 2. С.98–100.

Бисерова Л.И. 1996. Паразиты моллюска-вселенца *Lithoglyphus naticoides* (C. Pfr.) дельты р. Волги // Межд. совещ. "Проблемы гидробиологии континентальных вод и их малакофауна". Тез. докл. СПб. С.12–13.

Битехтина В.А., Карпенко Г.И. 1980. Шемая // Бойченко В.А., Гайдаш Л.А. (ред.). Ресурсы живой фауны. Ростов-на Дону: изд-во Ростовск. ун-та. Ч.1. Водные животные. С.149–152.

Битюков Э.П., Грезе В.Н., Петровская М.В. 1971. Зоопланктон Финского залива // Изв. ГосНИОРХ. Т.76. С.46–64.

Битюкова Ю.Е., Ткаченко Н.К., Чепурнов А.В. 1980. Толерантность молоди бычка-кругляка (*Neogobius melanostomus* Pallas) к голоданию в искусственных условиях // Экология моря. № 1. С.92–98.

Благосклонов К.Н. 1978. Кольчатая горлица в Европейской части России // Измайлов И.В. (ред.). География и экология наземных позвоночных. Владимир. Вып.3. Птицы. С.3–7.

Бобров А.А., Чемерис Е.В. 2001. Адвентивный вид *Elodea canadensis* Michx. (*Hydrocharitaceae* Juss.) в растительном покрове ручьев и рек Верхнего Поволжья // Американо-российский симпозиум по инвазионным видам. 27–31 августа 2001 г., Борок, Россия. Тез.докл. Ярославль. С.28–30.

Богачик Т.А. 1958. Данные по функциональной морфологии черноморских бычков (сем. Gobiidae). Автореф. дис. на соиск. уч. степ. канд. биол. н. Одесса. 22 с.

Богачик Т.А. 1967. Морфологические адаптации челюстно-глоточного аппарата бычков (Gobiidae) // Вопр. ихтиол. Т.7. Вып.1. С.108–116.

Богачик Т.А., Ремез З.М. 1970. Морфология пищеварительного аппарата бычков и значение его для систематики // Вопросы рыбохозяйственного освоения и санитарно-биологического режима водоёмов Украины. Киев: Наук. думка. Ч.2. С.45–47.

Богуцкая Н.Г. 1998. Leuciscinae // Решетников Ю.С. (ред.) Аннотированный каталог круглоротых и рыб континентальных вод России. М.: Наука. С.54–74.

Богуцкая Н.Г., Насека А.М. 2002. Пресноводные рыбы России. http://www.zin.ru/animalia/pisces

Бознак Э.И. 2001. Зоогеографический анализ ихтиофауны бассейна р. С. Двины // Биоразнообразие Европейского Севера: теоретические основы изучения, социально-правовые аспекты использования и охраны. Тез. докл. Межд. конф. (3–7 сентября г. Петрозаводск). Петрозаводск. С.24–26.

Бознак Э.И. 2003. Ихтиофауна реки Вычегды (морфология, биология, зоогеография) Автореф. дис. на соиск. уч. степ. канд. биол. н. СПб.: ГосНИОРХ. 21 с.

Бойцов Л.В. 1950. Опыт полувольного разведения болотных бобров в рыбоводных хозяйствах // Рыбн. хоз-во. № 1. С.7–12.

Болдырев В.С. 2002 Видовой состав бычков (Gobiidae) в Волгоградском и Цимлянском водохранилищах // Рыбохозяйственные исследования в бассейне Волго-Донского междуречья на современном этапе (к 50-летию Волгоградского отделения ГосНИОРХ). СПб.: ГосНИОРХ. С.98–102.

Болонев Е.М., Пронин Н.М., Дугаров Ж.Д. 2002. Ротан — амурский “завоеватель” в байкальском регионе. Улан-Удэ: изд-во Бурятск. науч. центра СО РАН. 45 с.

Бочанцев В.П. 1969. Род *Salsola*, краткая история его развития и расселения // Бот. журн. Т.54. С.989–1001.

Большагин П.В., Крылов П.И. 2003. Суточные изменения вертикального распределения хищных Cladocera в восточной части Финского залива // Трофические связи в водных сообществах и экосистемах. Борок, 2003. Тез. докл. С.11–12.

Борзенкова И.И. 2003. Эмпирическая палеоклиматология: состояие проблемы и методы исследований // Изменения климата. СПб.: Наука. С.75–92.

Бородич Н.Д. 1979. Байкальский бокоплав *Gmelinoides fasciatus* (Stebbing) (Amphipoda, Gammaridae) в Куйбышевском водохранилище // Зоол. журн. Т.58. Вып.6. С.920–921.

Брискина М.М. 1952. Состав пищи донных беспозвоночных в северной части Каспийского моря // Докл. ВНИРО. Вып.1. С.121–126.

Бузун В.А., Храбрый В.М. 1990. О гнездовании лебедя-шипуна в Ленинградской области // Кошелев А.И. (ред.). Экология и охрана лебедей в СССР. Мат-лы 2-го Всес. совещ. по лебедям СССР, 1988 г., Одесса. Мелитополь. Ч.1. С.83–84.

Булгаков Н.Г., Абакумов В.А., Иванов В.Ю. 2002. Использование данных о биологии, гидрохимии и гидрологии пресных вод России и сопредельных стран при построении компьютерной информационной системы // Изв. РАН. Сер. биол. № 6. С.733–737.

Бурда Р.И. 1991. Антропогенная трансформация флоры. Киев. 168 с.

Бурмакин Е.В. 1963. Акклиматизация пресноводных рыб в СССР // Изв. ГосНИОРХ. Т.53. 317 с.

Бурнашев М.С., Чепурнов В.С., Ракитина Н.П. 1955. Рыбы Дубоссарского водохранилища и вопросы развития рыбного промысла в нём // Уч. зап. Кишинёвск. ун-та. Т.20. С.3–31.

Буторин Н.В., Мордухай-Болтовский Ф.Д. (ред.). 1978. Волга и ее жизнь. Л.: Наука. Ленингр. отд-ние. 348 с.

Быковская Е.М., Полина А.В., Рыжков Л.П. 1980. Опыт выращивания тайменя в КАССР // Итоги и перспективы акклиматизации рыб и беспозвоночных в водоемах СССР, тез. докл. М. С.270–271.

Варшавский С.Н. 1981. Современное расселение и расширение ареала кольчатой горлицей на юго-востоке Европейской части СССР // Бюл. Моск. о-ва испыт. прир. Отд.биол. Т.86. Вып.1. С.27–30.

Васильева Е.Д. 1999. Жизнь животных, природа России, рыбы. М.: АСТ, Астрель. 639 с.

Векилова Е.А. 1971. Каменный век Крыма. Некоторые итоги и проблемы // Окладников А.П. (ред.). Палеолит и неолит СССР. Л.: Наука. Т.6. С.117–161.

Величко А.М. 1986. Опыт получения икры сибирского чукучана на Северо-Западе СССР // Сб. науч. тр. ГосНИОРХ. Вып.247. С.14–17.

Верещагин Н.К. 1946. Акклиматизация нутрий в Азербайджане // Изв. АН Аз. ССР. № 3. С.54–60.

Верещагин Н.К. 1956. Природное расселение ондатры под Ленинградом // Рационализация охотн.

промысла. М.: Заготиздат. Вып.5. С.75–77.

Веригин Б.В. 1956. Змееголов как объект акклиматизации // Рыбн. хоз-во. № 2. С.61–62.

Вернадский В.И. 1926. О размножении организмов и его значении в механизме биосферы // Изв. АН СССР. №12. С.1053–1060.

Вершинин И.В. 1967. Биология и расселение *Gmelinoides fasciatus* Stebb. в условиях Братского водохранилища // Зоол. журн. Т.156. Вып.7. С.1025–1028.

Вечернин В.В., Ковалев О.В. 1988. Новая математическая модель уединенной волны для описания популяционной волны // Биофизика. Т.33. Вып.4. С.653–658.

Винг С.Л. 1995. Реконструкция позднемеловой растительности по остаткам in situ на хребте Биг-Цедер, Вайоминг, США // Межд. симп. "Эволюция экосистем". Тез. М.: Палеонтол. ин-т РАН. С.26.

Виноградов А.К. 1973. Эколого-морфо-биохимические аспекты размножения и развития некоторых черноморских рыб // Мат-лы Всес. симп. по изученности Чёрного и Средиземного морей, использованию и охране их ресурсов. Киев, 1973. Ч.2. С.55–61.

Виноградов В.К., Ерохина Л.В. 1973. Новые формы и новые объекты промышленного рыбоводства // Тр. ВНИПРХ. Т. 21. С.3–6.

Виноградов К.А. 1948а. Про стан нерестовищ, про личинок та про мальків риб у Чорному морі біля Карадагу // Доп. АН УРСР. Відд. біол. наук. № 5. С.57–61.

Виноградов К.А. 1948б. О сроках икрометания, о личинках и о мальках рыб в Чёрном море у Карадага // Докл. АН УССР. Т.1. С.18–26.

Виноградов К.А. 1949. Список рыб Чёрного моря, встречающихся в районе Карадагской биологической станции, с замечаниями об их биологии и экологии // Тр. Карадагск. биол. ст. Вып.7. С.76–106.

Виноградов К.А. (ред.). 1968. Экологическая биогеография контактных зон моря. Киев: Наукова думка. 160 с.

Виноградов К.А., Ткачёва К.С. 1950. Материалы по плодовитости рыб Чёрного моря // Тр. Карадагск. биол. ст. Вып.9. С.3–63.

Виноградов М.Е., Шишкина Э.А., Мусаева Э.И., Сорокин Ю.П. 1989. Новый вселенец в Черное море — гребневик *Mnemiopsis leidi* (A. Agassiz) (Ctenophora: Lobata) // Океанология. Т.29. Вып.2. С.220–224.

Виноградов М.Е., Шишкина Э.А., Анохина Л.Л., Востоков С.В., Лукашова Т.А. 2000. Массовое развитие гребневика *Beroe ovata* Eschscholtz у северо-восточного побережья Черного моря // Океанология. Т.40. Вып.1. С.52–59.

Винокуров А.А. 1992. Редкие и исчезающие животные. Птицы. М.: Высшая школа. 446 с.

Водяницкий В.А. (ред.) 1968. Определитель фауны беспозвоночных Черного и Азовского морей. Киев: Наукова думка. Т.1. Простейшие, губки, кишечнополостные, черви, щупальцевые. 520 с.

Воинственский М.А., Кистяковский А.Б., Пархоменко В.В., Салганский А.А., Сокур И.Т. 1963. Итоги и перспективы акклиматизации охотничье-промысловых животных на Украине // Акклиматизация животных в СССР. Мат-лы конф. по акклиматизации животных в СССР (10–15 мая 1963, г. Фрунзе). Алма-Ата: изд-во АН КазССР. С.70–75.

Волков А.Н. 1971. Видовой состав и урожайность молоди рыб в зоне сооружаемого Каневского водохранилища // Рыбн. хоз-во. Вып.12. С.101–107.

Волков В.В., Потина И.И. 1977. Распространение, размеры и плодовитость *Gmelinoides fasciatus* (Stebbing), акклиматизированного в Горьковском водохранилище // Рыбохозяйств. изучение внутр. водоемов. Л. Т.21. С.18–21.

Воловик С.П. 2000. Биология *Mnemiopsis leidyi*. Ростов-на Дону: изд-во ВНИРО. 300 с.

Волох А.М. 2002. Особенности формирования приазовской части ареала средиземноморского нетопыря *Pipistrellus kuhlii* // Вест. зоол. Т.36. Вып.1. С.101–104.

Вольвич Л.И. 1978. Понто-каспийские Polyphemidae в Веселовском и Пролетарском водохранилищах // Гидробиол. журн. Т.14. №5. С.24–25.

Воробьева Н.К., Рождественская А.Д., Сорокин А.Л. 1985. Перспективы выращивания форели и кижуча в садках на Белом море // Проблемы изучения, рационального использования и сохранения природных ресурсов Белого моря. Архангельск. С.211.

Воронов А.Г. 1963. Биогеография. М.: изд-во МГУ. 338 с.

Воронов Г.А. 1972. Некоторые итоги опыта акклиматизации енотовидной собаки на Сахалине // Зоологические проблемы Сибири. Новосибирск. С.9–14.

Вьюкова Н.А. 1984. К характеристике адвентивных растений Липецкой области // Состояние и перспективы исследования флоры Средней полосы Европейской части СССР. М.: Моск. о-во испыт. прир. С.73–74.

Гавлена Ф.К. 1970. Каспийский бычок-кругляк *Neogobius melanostomus affinis* (Eichwald) — новый элемент ихтиофауны Средней Волги // Биол. внутр. вод. Информ. бюл. № 6. С.44–46.

Гавлена Ф.К. 1971. Ихтиофауна р. Сок и её притоков // Дзюбан Н.А. (ред.) Волга-1. Проблемы изучения и рационального использования биологических ресурсов водоёмов. Мат-лы 1-й конф. по изуч. водоемов бассейна Волги. Куйбышев: Куйбышевск. кн. изд-во. С.224–261.

Гавлена Ф.К. 1973. Звёзчатая пуголовка в Куйбышевском водохранилище // Вопр. ихтиол. Т.13. Вып.1(78). С.174–175.

Гавлена Ф.К. 1977. Бычок-головач *Neogobius kessleri* (Günther) в Волгоградском водохранилище // Вопр. ихтиол. Т.17. Вып.2(103). С.359–360.

Гаибова Р.А. 1952. Бычки Шихово-Карадагского района Каспийского моря // Тр. ин-та зоологии АН АзССР. Т.15. С.53–101.

Гаибова Р.А., Рагимов Д.Б. 1970. К вопросу питания бычков западного побережья Среднего и Южного Каспия // Изв. АН АзССР, сер. биол. н. № 4. С.58–63.

Галкина Л.А. (отв. ред.). 1965. Акклиматизация дальневосточных лососей в бассейнах Баренцева и Белого морей. Л.: Наука. Ленинградск. отд-ние. Вып. 9(13). 112 с.

Гамалей Ю.В., 2002. Экологическая дифференциация двудольных. 1. Деревья и травы // Усп. соврем. биол. Т.122. № 1. С.55–72.

Гасюнас И.И. 1972. Обогащение кормовой базы рыб водоемов Литвы акклиматизированными ракообразными Каспийского комплекса // Вирбицкас Ю. (ред.). Вопросы разведения рыб и ракообразных в водоемах Литвы. Вильнюс. С.57–68.

Гасюнас И.И. 1975. Peracarida оз. Дуся (Бас. Балтийского моря) // Гидробиол. журн. Т.11. № 1. С.46–50.

Геллер М.Х. 1959. Биология уссурийского енота (*Nyctereutes procyonoides*), акклиматизированного на Северо-Западе Европейской части СССР // Тр. НИИ сел.-хоз-ва Крайнего Севера. Т. 9. С.21–27.

Гельтман Д.В. 1990. Некоторые вопросы филогении видов подсекции *Urtica* рода *Urtica* (Urticaceae) // Бот. журн. Т.75. № 6. С.840–845.

Георгиев Ж.М. 1966. Видов състав и характеристика на попчетата (Gobiidae, Pisces) в България // Изв. н.-и. ин-та рибно стопанство и океаногр. Т.7. С.159–227.

Георгиев Ж.М., Александрова К.Л., Николов Д.К. 1960. Наблюдения върху размножаванието на рибите по българското черноморско крайбрежие // Изв. Зоол. ин-т Бълг. акад. наук. Т.9. С.255–292.

Гептнер В.Г. 1963. Каковы же пути обогащения фауны? // Охота и охотничье хоз-во. № 2. С.21–26.

Гептнер В.Г., Насимович А.А., Банников А.Г. 1961. Млекопитающие Советского Союза. Т.1. Парнокопытные и непарнокопытные. М.: Высшая школа. 776 с.

Гептнер В.Г., Наумов Н.П., Юргенсон П.Б., Слудский А,А., Чиркова А.Ф., Банников А.Г. 1967. Млекопитающие Советского Союза. Т.2. Морские коровы и хищные. М.: Высшая школа. 1003 с.

Гизенко А.И., Шевченко Л.С. 1973. Дикий кролик в Причерноморье Украины // Развитие охотничьего хозяйства Украинской ССР. Киев. С.164–166.

Гиляров А.М. 1996. Мнимые и действительные проблемы биоразнообразия // Усп. соврем. биол. Т.16. № 4. С.493–506.

Гламазда В.В. 1971. О нахождении *Cercopagis pengoi* (Ostr.) в Цимлянском водохранилище // Гидробиол. журн. Т.7. № 4. С.70–71.

Головкова Г.А. 1983. Сравнительный анализ биологических особенностей сибирских сигов-пыжьянов при выращивании в новых условиях // Биологические и рыбохозяйственные исследования водоемов Прибалтики. Псков. Т.2. С.68–70.

Голубков С.М. 1997. Динамика пищевых цепей и сукцессия сообществ донных животных в пресных водах // Биол. внутр. вод. № 1. С.41–52.

Голубков С.М. 2000а. Функциональная экология личинок амфибиотических насекомых // Тр. Зоол. ин-та РАН. Т.284. 294 с.

Голубков С.М. 2000б. Роль хищничества в эволюции животных: влияние рыб на структуру таксоценоза и эволюцию водных насекомых // Усп. соврем. биол. Т.120. № 5. С.441–451.

Голубовский М.Д. 2000. Век генетики: эволюция идей и понятий. СПб.: Борей Арт. 262 с.

Гордеев О.Н. 1954. Введение в озера Карело-Финской СССЗ кормовых для рыб ракообразных // Мат-лы совещ. по пробл. повышения рыбопродуктивности внутр. водоемов Карело-Финской ССР, созванного Карело-Финским Филиалом АН СССР и Карело-Финским отд. ВНИОРХ, 11–12 марта 1953. Петрозаводск. С.152–161.

Горлачев В.П., Валов А.М., Путинцев Н.А. 1986. О расширении ареала обыкновенного окуня // 5-й съезд Гидробиол. о-ва, тез. докл. Куйбышев. Ч.2. С.43–44.

Городков К.Б. 1985. Трехмерная климатическая модель потенциального ареала и некоторые ее свойства. I // Энтомол. обозр. Т.64. № 2. С.295–310.

Городков К.Б. 1990а. Динамика ареала: общий подход. I // Энтомол. обозр. Т.69. № 2. С.287–306.

Городков К.Б. 1990б. Динамика ареала: общий подход. II // Энтомол. обозр. Т.69. № 4. С.791–809.

Городков К.Б. 1997. Динамика ареала: общий подход. III. Динамика ареала под воздействием биотических факторов // Энтомол. обозр. Т.76. № 1. С.86–110.

Грант В. 1991. Эволюционный процесс. Критический обзор эволюционной теории. М.: Мир. 488 с.

Гребельный С.Д. 1993. Остановка рекомбинации наследствен. СПб.: Гидрометеоиздат. С.10–11.

Грезе В.Н. 1958. Реликтовые мизида (*Mysis oculata* v. *relicta*) и понтопорея (*Pontoporeia affinis*) как объекты акклиматизации // Зоол. журн. Т.37. Вып.10. С.1449–1461.

Грезе И.И. 1977. Амфиподы Черного моря и их биология. Киев: Наукова думка. 156 с.

Греков В.С. 1974. О возможной эпидемиологической роли кольчатой горлицы в связи с расширением ареала // Мат-лы 6-й Всес. орнитол. конф., М. Т.2. С.221–222.

Гримм О.А. 1905. Обзор деятельности Никольского рыбоводного завода за 50 лет его существования // Из Никольского рыбоводного завода. СПб. № 10. С.1–34.

Груздев В.В. 1974. Экология зайца-русака. М.: изд-во МГУ. 161 с.

Гудимович П.К. 1946. Состояние промысла бычка в Азовском море // Рыбн. хоз-во. № 8. С.16–19.

Гулюгин С.Ю. 2001. Эколого-биологическая характеристика бычка-песочника рек Белоруси. Автореф. дис. на соиск. уч. степ. канд. биол. н. Калининград. 20 с.

Гулюгин С.Ю., Куницкий Д.Ф. 1999. Новые данные по расширению ареала бычков рода *Neogobius*: песочника *N. fluviatilis*, кругляка *N. melanostomus*, гонца *N. gymnotrachelus* // Тез. межд. науч.-техн. конф. КГТУ. Калининград. Ч.1. С.9.

Гуляева А.М. 1964. Сырьевые рыбные ресурсы современного Выгозера // Тез. докл. 11-й науч. конф. по изучению внутрен. водоемов Прибалтики. Петрозаводск. С.27–28.

Гурьянова Е.Ф. 1946. Индивидуальная и возрастная изменчивость морского таракана и ее значение в эволюции рода *Mesidothea* // Тр. Зоол. ин-та АН СССР. Т.8. Вып.1. С.105–144

Гурьянова Е.Ф. 1951. Бокоплавы морей СССР и сопредельных вод (Amphipoda — Gammaridea) // Определители по фауне СССР, издав. Зоол. ин-том АН СССР. М.-Л.: изд-во АН СССР. Вып. 41. 1032 с.

Гусев Г.В. 1981. Естественные враги колорадского жука. Энтомофаги // Колорадский картофельный жук, *Leptinotarsa decemlineata* Say. М.: Наука. С.262–298.

Гусев Ю.Д. 1964. Натурализация американских растений в бассейне Финского залива // Бот. журн. Т.49. № 9. С.1262–1271.

Гусева Т.Г., Бондаренко А.М. 2003. Средиземноморский нетопырь — новый вид териофауны Молдавии // Орлов В.И. (отв. ред.). Териофауна России и сопредельных территорий. Мат-лы межд. совещ. М. С.102.

Гусейнов М.К., Зайко В.А. 1989. Эколого-биологические характеристики дрейссен Каспийского моря // Саидов Ю.С. (ред.). Биол. ресурсы Каспийского моря. Махачкала. С.14–23.

Гусынская С.Л., Жданова Г.А. 1978. Распространение северных и лиманно-каспийских планктонных ракообразных в днепровских водохранилищах // Гидробиол. журн. Т.14. № 6. С.25–27.

Данилов П.И. 1969. Питание куньих в Карелии // Уч. зап. Петрозаводск. гос. ун-та. С.177–185.

Данилов П.И., Туманов И.Л. 1976. Экология европейской и американской норок на Северо-Западе СССР // Экология птиц и млекопитающих Северо-Запада СССР. Петрозаводск. С.118–146.

Данилов П.И., Русаков О.С., Туманов И.Л. 1979. Хищные звери Северо-Запада СССР. Л.: Наука. 161 с.

Данилов-Данильян В.И. (пред. гл. редкол.). 2001. Красная книга Российской Федерации: Животные. М.: АСТ, Астрель. 863 с.

Де Бах П. 1968. Биологическая борьба с вредными насекомыми и сорняками. М.: Колос. 616 с.

Дгебуадзе Ю.Ю. 2002. Проблемы инвазий чужеродных организмов // Экологическая безопасность и инвазии чужеродных организмов. Сб. мат-лов круглого стола Всеросс. конф. по экологической безопасности (4–5 июня 2002). М. С.11–14.

Дедю И.И. 1963. О роли амфипод в географическом распространении дрейссены // Изв. АН Молд. ССР. Вып.5. Сер. Зоол. С.64–65.

Дедю И.И. 1967. Амфиподы и мизиды бассейнов рек Днестра и Прута. М.: Наука. 172 с.

Дедю И.И. 1980. Амфиподы пресных и солоноватых вод Юго-Запада СССР. Кишинев: Штиинца. 224 с.

Дежкин В.В. 1961. Современное распространение бобра в Евразии // Зоол. журн. Т.40. Вып.1. С.106–116.

Дексбах Н.К. 1952. Мормыш (*Gammarus lacustris*) в водоемах среднего Урала и Зауралья (распространение, экология, использование) // Тр. Всес. гидробиол. о-ва. Вып.4. С.187–199.

Дексбах Н.К. 1956. Шестидесятилетие акклиматизации элодеи канадской на Среднем Урале и в Зауралье // Тр. Томск. гос. ун-та. Т.142. С.77–82.

Дексбах Н.К. 1965. Распространение элодеи канадской (*Elodea canadensis* Rich. et Michx.) на Урале и в Западной Сибири и ее хозяйственное значение // География и динамика растительного покрова. Мат-лы по изуч. флоры и растительности Урала. Вып.2 /Тр. ин-та биологии. Свердловск. Вып.42. С.107–112.

Делицын В.В. 2001. Новый список ихтиофауны водоемов бассейна реки Дон (Воронежская область) // Простаков Н.И. (отв. ред.). Ихтиологические и рыбохозяйственные исследования на реках и водохранилищах. Воронеж: Воронежск. гос. ун-т. С.20–26.

Делямуре С.Л. 1964. Природа Крыма. Рыбы пресных водоемов. Симферополь: Крым. 69 с.

Дементьев Г.П., Птушенко Е.С. 1940. Расселение и географическое распространение дубровника *Emberiza aureola* Pallas // Бюл. Моск. о-ва испыт. прир. Отд.биол. Т.49. Вып.3–4. С.115–122.

Демин А.И. 1967. К вопросу об акклиматизации новых видов рыб в Еравнинских озерах (Бурятская АССР) // Изв. Биол.-Геогр. Ин-та при Ирк. Ун-те. Т. 20. С.181–191.

Демин А.И. 1972. Состояние сырьевых запасов и перспективы рыбохозяйственного использования Еравнинских озер // Рыбохозяйств. освоение вод Вост. Сибири. Иркутск. С.168–174.

Демин А.И. 2001. Интродукция новых видов флоры и фауны в бассейн озера Байкал: последствия и уроки // Волна. № 3. С.10–24.

Денщик В.А. 1994. Фауна рыб среднего течения Северского Донца. Киев: Ин-т зоологии НАН Украины. 40 с.

Дерюгин К.М. 1928. Фауна Белого моря и условия ее существования // Исследования морей СССР. Л.: изд-во ГГИ. Вып. 7–8. 511 с.

Джуд Д. Дж. 2001 Аспекты воздействия, барьеры и контроль за обитанием черноротого бычка и бычка-цуцика в Великих Озёрах // Американо-российский симпозиум по инвазионным видам. 27–31 августа 2001 г., Борок, Россия. Тез. докл. Ярославль. С.73–74.

Дзыбов Д.С. 1989. Фитоценотический метод борьбы с амброзией полыннолистной — *Ambrosia artemisiifolia* L. /// Ковалев О.В., Белокобыльский С.А. (ред.) Теоретические основы биологической борьбы с амброзией. Тр. Зоол. ин-та АН СССР. Л.: Наука. Т. 189. С. 227–229.

Дмитриева Е.Н. 1966. Поведение и строение самцов бычков-песочников во время нереста // Вопросы ихтиологии. Т.6. Вып.4. С.685–696.

Дмитриева Е.Н. 1968. Морфо-биологический анализ бычка-песочника в течение эмбрионального периода развития // Морфо-экологические исследования рыб. М.: Наука. С.90–113.
Доброхотова К.В. 1939. О распространении элодеи — *Elodea canadensis* (L.) C. Rich. и ее появление в дельте Волги // Науч.-метод. зап. М.: изд. Гл. упр. по заповедникам, зоопаркам, зоосадам. Вып.7. С.263–265.
Догель В.А., Быховский Б.Е. 1934. Фауна паразитов рыб Аральского моря // Паразитол. сб. Зоол. ин-та АН СССР. Т.4. С.241–346.
Догель В.А., Лутта А.С. 1937. О гибели шипа на Арале в 1936 году // Рыбн. хоз-во. № 12. С.26–27.
Долбик М.С. 1952. Уссурийский енот (*Nyctereutes procyonoides* Grayu) в Белоруссии // Сб. науч. тр. ин-та Биологии АН БССР. Минск. Вып 3. С.10–20.
Долгий В.Н. 1993. Ихтиофауна бассейнов Днестра и Прута. Кишинёв: Штиинца. 319 с.
Дольник В.Р. 1975. Миграционное состояние птиц. М.: Наука. 398 с.
Доманевский Л.Н., Дронов В.Г., Ткачева Н.С. 1964. Пелагические рыбы Цимлянского водохранилища // Изв. ГосНИОРХ. Т.57. С.161–167.
Дорошев С.И. 1964. О результатах акклиматизационных работ на Аральском море // Тр. молодых учёных Всесоюзн. н.-и. ин-та морск. рыбн. хоз-ва и океанографии (ВНИРО). С.90–94.
Дорошев С.И. 1970. Биологические особенности икры, личинок и молоди полосатого окуня *Morone saxatilis* (Mitchill) в связи с проблемой его акклиматизации в СССР // Вопр. ихтиол. Т.10. Вып.2(61). С.341–359.
Дорошин Г.Я. 1959. Каспийский кутум в Азовском море // Рыбн. хоз-во. № 6. С.31–32.
Дренски П. 1951. Рибите въ България. София: Изд. Бълг. акад. наук. 270 с.
Дронов В.Г., Хмелёва З.П., Верзин Ю.Н. 1972. Характеристика водозаборных сооружений и рыбозащитных устройств на Цимлянском водохранилище и на Нижней Волге (в пределах Волгоградской области). Отчёт. Фонды Волгоградского отделения ГосНИОРХ. 180 с.
Дыга А.К., Золотарева В.И. 1976. Биология *Dreissena bigensis* Andrusov Запорожского водохранилища и ее роль в самоочищении воды // Тез. докл. 3-го съезда Всес. гидробиол. о-ва. С.237–239.
Евланов И.А., Козловский С.В., Антонов П.И. 1998. Кадастр рыб Самарской области. Тольятти: Институт экологии Волжского бассейна. 222 с.
Егерман Ф.Ф. 1926. Материалы по ихтиофауне Кучурганского лимана (бассейна р. Днестра) по сборам 1922–1925 гг. // Тр. Всеукраинск. гос. черноморско-азовской науч.-промысл. опытн. стан. Т.2. Вып.1. С.1–92.
Егоров А.Г. 1960. Акклиматизация зеркального и чешуйчатого карпа в водоемах Иркутской области и Бурятской АССР // Вопр. ихтиол. Вып.14. С.156–159.
Егоров А.Г. 1985. Рыбы водоемов юга Восточной Сибири. Иркутск: изд-во Иркутск. ун-та. 361 с.
Ельцова В.Н. 1972. Питание акклиматизированных и туводных рыб и их пищевые взаимоотношения в водоемах Забайкалья. Автореф. дис. на соиск. уч. степ. канд. биол. н. Иркутск. 24 с.
Емтыль М.Х. 1997. Рыбы Краснодарского края и Республики Адыгея: справ. пособие. Краснодар: Кубанск. гос. ун-т. 157 с.
Емтыль М.Х., Иваненко А.М. 2002. Рыбы юго-запада России: учебное пособие. Краснодар: Кубанский гос. ун-т. 340 с.
Емтыль М.Х., Мотрук Е.В. 2002. Горчак обыкновенный (*Rhodeus sericeus amarus*) в бассейне реки Кубани // Актуальные вопросы экологии и охраны природы экосистем южных регионов России и сопредельных территорий. Краснодар: Кубанск. гос. ун-т. С.145–147.
Емтыль М.Х., Плотников Г.К. 1989. Новый вид в ихтиофауне реки Кубани // Экол. проблемы Ставропольского края и сопредельных территорий. Тез. докл. краевой науч.-практ. конф. Ставрополь. С.122.
Емтыль М.Х., Плотников Г.Х., Лохман Ю.В., Агеев П.А. 1993. Предварительные данные по ихтиофауне левобережных притоков реки Кубань // Сб. мат-лов межреспубл. науч.-практ. конф. “Актуальные вопросы экологии и охраны природы предгорных экосистем”. Краснодар. Ч.1. С.96–100.
Емтыль М.Х., Плотников Г.Х., Скрипник Д.С. 1992. Современное состояние ихтиофауны малых

рек Краснодарского края // Актуальные вопросы экологии и охраны природы экосистем малых рек. Сб. мат-лов межреспубл. науч.-практ. конф. Краснодар. Ч.1. С.92–95.

Ербаева Э.А., Сафронов Г.П., Кищук Т.И. 2002. Фауна донных беспозвоночных Братского водохранилища // Биол. внутр. вод. № 1. С.15–22.

Еременко А.Р., Козьмин Ю.А. 1979. Опыт акклиматизации и выращивания сиговых рыб в Ириклинском водохранилище // Сб. науч. тр. Уральск. отд-ния ГосНИОРХ. Вып.10. С.42–47.

Ерохина Л.В., Виноградов В.К. 1973. Новые объекты рыбоводства // Тез. к науч. конф. по рыбоводству на внутр. водоемах Сев. Кавказа. Краснодар. С.23–28.

Есипенко Л.П. 1997. Роль амброзиевого листоеда *Zygogramma suturalis* (Coleoptera, Chrysomelidae) в подавлении амброзии полыннолистной в Приморском крае // Чтения памяти А.И.Куренцова. Владивосток: Дальнаука. Вып.7. С.135–142.

Жадин В.И. 1964. Высшие раки р. Оки по сборам 1959 г. // Загрязнение и самоочищение реки Оки. /Тр. Зоол. ин-та. АН СССР. Т.32. М.: Наука. С.149–154.

Жадин В.И., Герд С.В. 1961. Реки, озера и водохранилища СССР, их фауна и флора. М.: Учпедгиз. 599 с.

Жданов В.М., Ершов Ф.И. 1988. Укрощение строптивых: рассказы о вирусах и вирусологии. М. 160 с.

Житков Б.М. 1934. Акклиматизация животных. М.: Биомедгиз. 111 с.

Журавель П.А. 1934. Некоторые заметки по изменениям в фауне порожистой части Днепра в связи со строительством Днепрогэса // Природа. Вып.8. С.50–56.

Журавель П.А. 1950. К проблеме обогащения кормовых ресурсов водохранилищ юго-востока Украины // Зоол. журн. Т.29. Вып.2. С.128–139.

Журавель П.А. 1951. О *Dreissena bugensis* (Mollusca) из системы Днепра и ее недавнем появлении в Днепровском водохранилище // Зоол. журн. Т.30. Вып.2. С.186–188.

Журавель П.А. 1963. Перспективы использования для акклиматизации в озерах и водохранилищах СССР лиманно-азовских промысловых рыб и высших лиманных ракообразных // Акклиматизация животных в СССР. Мат-лы конф. по акклиматизации животных в СССР (10–15 мая 1963, г. Фрунзе). Алма-Ата: изд-во АН КазССР. С.250–252.

Журавель П.А. 1967а. О распространении *Dreissena bugensis* в искусственных водоемах // Гидробиол. журн. Т.3. Вып.2. С.87–90.

Журавель П.А. 1967б. Образование новых очагов лиманно-каспийского комплекса в водоемах различных климатических зон СССР // Зоол. журн. Т.46. Вып.8. С.1152–1162.

Завьялов Е.В., Шляхтин Г.В. 1999. Динамика северной границы ареала средиземноморского нетопыря в европейской части России // 6-й съезд Териол. о-ва РАН, тез. докл. М. С.92.

Загороднюк І., Негода В. 2001. Нетопыри: *Pipistrellus* та *Hypsugo* — Міграційний статус кажанів в Україні // Novitates Theriologicae. Київ. Т.6. С.65–72.

Задоенко И.Н., Лейс О.А., Григорьев В.Ф. 1985. Результаты и перспективы акклиматизации байкальских гаммарид в водоемах СССР// Сб. научн. тр. ГосНИОРХ. Вып.232. С.30–34.

Заикин А. 1959. В Ленинградской области // Охота и охотничье хоз-во. № 6. С.23.

Зайцев В.Ф., Сугоняев Е.С. 1999. Вклад академической зоологической науки в защиту растений — итоги и перспективы // Вестн. защ. раст. Т.1. С.74–82.

Замбриборщ Ф.С. 1968. К систематике бычков Чёрного и Азовского морей (краткий определитель) // Вестн. зоол. № 1. С.37–44.

Зевина Г.Б. 1979. Вселенцы и аутовселенцы в Каспийское море // Комплексные исследования Каспийского моря. Вып.6. С.108–119.

Зенкевич Л.А. 1947. Фауна и биологическая продуктивность моря. М.: Сов. наука. Т.2. С.139–166.

Зенкевич Л.А. 1956. Моря СССР, их фауна и флора. 2-е изд. М.: Учпедгиз. 424 с.

Зенкевич Л.А. 1963. Биология морей СССР. М.: изд-во АН СССР. 739 с.

Зозуля С.С. 1977. Особенности первой генерации *Bythotrephes*, развившейся из покоящихся яиц // Биол. внутр. вод. Инф. бюл. № 33. С.34–38.

Зонн И.С. 2000. Триста лет на Каспии (Хронология основных исторических событий XVIII–XX веков). М. 72 с.

Зубаков В.А. 1990. Глобальные климатические события неогена. Л.: Гидрометеоиздат. 223 с.

Зубович П.О. 1925. К вопросу о черноморских бычках (Gobiidae) 1. *Mesogoibus gymnotrachelus* (Kessleri) *Otchakovinus* subspecies nova // Тр. Всеукраинск. гос. черноморско-азовской науч.-промысл. опытн. стан. Т.1. Вып.1. С.189–202.

Зубович П.О. 1926. К вопросу о черноморских бычках (Gobiidae) 2. Ротан и Сурман // Тр. Всеукраинск. гос. черноморско-азовской науч.-промысл. опытн. стан. Т.2. Вып.1. С.95–104..

Зуянова О.В. 1989. Результаты пробной интродукции судака в озеро Воже // Сб. науч. тр. ГосНИОРХ. № 293. С.80–83.

Иванов А.В. 1955. Промысловые водные беспозвоночные. М.: Сов. наука. 353 с.

Иванов А.В., Стрелков А.А. 1949. Промысловые беспозвоночные дальневосточных морей. Владивосток: Приморск. краевое изд-во. 103 с.

Иванов П.Д. 1970. Пятнистый олень // Охотничьи звери и их промысел. М.: Лесная промышленность. С.150–152.

Ивойлов А.А. 1986. Классификация и номенклатура тиляпий трибы Tilapiini (Cichlidae) — новых объектов рыбоводства на теплых водах в СССР // Вопр. ихтиол. Т.26. Вып.3. С.355–366.

Ивойлов А.А. 1988. Модельные группировки тиляпий и анализ их размножения в связи с проблемой полициклического выращивания в установках с замкнутым циклом водообеспечения. Автореф. дис. на соиск. уч. степ. канд. биол. н. Л.: ЛГУ. 18 с.

Игнатов М.С. 1989. Об особенностях расселения адвентивных растений // Проблемы изучения адвентивной флоры СССР. М.: Моск. о-во испыт. прир. С.15–17.

Ижевский С.С. 1988. Итоги интродукции в СССР энтомофагов вредных растительноядных насекомых // Энтомол. Обозр. Т. 67. Вып. 3. С. 449–456.

Ижевский С.С. (ред.). 2002. Экологическая безопасность и инвазии чужеродных организмов. Сб. мат-лов Круглого стола в рамках Всеросс. конф. по экол. безопасности (4–5 июня 2002 г.). М.: МСОП — Всемирный союз охраны природы, Представительство для России и СНГ. С.22–40.

Ильин Б.С. 1927. Бычки северо-западного района черноморского бассейна // Тр. Гос. ихтиол. опыт. ст., Херсон. Т.3. Вып.1. С.91–100.

Ильин Б.С. 1938. Бычки (Gobiidae) по материалам экспедиции Академии наук СССР в Мёртвый Култук и Кайдак // Тр. Комисс. по компл. изуч. Касп. моря (Касп.) и Совета по изучению производ. сил (СОПС). Вып.2. С.111–131.

Ильин Б.С. 1949. Gobiidae // Промысловые рыбы СССР. М.: Пищепромиздат. С.641–653.

Ильин В.Ю. 2000. Динамика ареалов трех видов рукокрылых на крайнем юго-востоке Европы // Plecotus et al. Т.3. С.43–49.

Ильина Л.В., Невесская Л.А., Парамонова И.А. 1976. Закономерности развития моллюсков в опресненных бассейнах Евразии. Поздний Миоцен-Ранний Эоцен. М.: Наука. 200 с.

Ильминских Н.Г. 1982. Анализ городской флоры (на примере флоры города Казани). Автореф. дис. на соиск. уч. степ. канд. биол. н. Л. 23 с.

Ильминских Н.Г. 1993. Флорогенез в условиях урбанизированной среды (Вятско-Камский край). Автореф. дисс. на соиск. уч. степ. д. биол. н. СПб.: СПбГУ. 36 с.

Иоганзен Б.Г. 1963. Научные основы акклиматизации животных // Акклиматизация животных в СССР. Мат-лы конф. по акклиматизации животных в СССР (10–15 мая 1963, г. Фрунзе). Алма-Ата: изд-во АН Каз ССР. С.9–19.

Иоганзен Б.Г., Петкевич А.Н. (ред.). 1972. Акклиматизация и разведение ценных рыб в естественных водоемах и водохранилищах Сибири и Урала. Свердловск: обл. изд-во. 283 с.

Иоффе Ц.И. 1968. Обзор выполненных работ по акклиматизации кормовых беспозвоночных для рыб в водохранилищах // Изв. ГосНИОРХ. Т.67. С.7–29.

Иоффе Ц.И. 1972. Теоретические предпосылки, результаты и перспективы акклиматизации кормовых объектов для рыб в пресноводных водоемах // Изв. ГосНИОРХ. Т.71. С.21–33.

Иоффе Ц.И., Максимова Л.П. 1968. Биология некоторых ракообразных, перспективных для акклиматизации в водохранилищах // Изв. ГосНИОРХ. Т.67. С.87–104.

Ишбирдина Л.М., Ишбирдин А.Р. 1993. Динамика флоры г. Уфы за 60–80 лет // Бот. журн. Т.78. № 3. С.1–10.

Казакова И.И. 1951. Молодь бычков Северного Каспия // Тр. ВНИРО. Т.18. С.66–98.

Казанчеев Е.Н. 1981. Рыбы Каспийского моря. М. 168 с.

Казахбаев С. К. 1974. Калянипеда в южной части Аральского моря // Гидробиол. журн. Т.10. Вып.1. С.89–91.

Калинина Э.М. 1976. Размножение и развитие азово-черноморских бычков. Киев: Наукова думка. 120 с.

Калягин Л.Ф., Калягина Н.Ф. 1986. Численность и ихтиомасса окуня, плотвы и пеляди в оз. Щучьем // Исследование взаимосвязи кормовой базы и рыбопродуктивности на примере озер Забайкалья. Л.: Наука. С.154–163.

Камалтынов Р.М. 2001. Гл.8. Амфиподы (Amphipoda: Gammaroidea) // Аннотированный список фауны озера Байкал и его водосборного бассейна. Новосибирск: Наука. Т.1. Озеро Байкал. Ч.3. Кн.1. С.572–831.

Камелин Р.В., Гельтман Д.В., Соколова И.В. 2001. Североамериканский заносный элемент во флоре России и необходимость сравнительного изучения видов-вселенцев в России и Северной Америке // Американо-российский симпозиум по инвазионным видам. 27–31 августа 2001 г., Борок, Россия. Тез. докл. Ярославль. С.81–83.

Камышев Н.С. 1959. К классификации антропохоров // Бот. журн. Т.44. № 11. С.1613–1616.

Камышев Н.С. 1961. Основы географии растений. Воронеж. 191 с.

Канева-Абаджиева В., Маринов Т. 1963. Храна на някои видове от сем. Gobiidae пред бъгаския черноморски бряг // Изв. на центр. науч. институт по рибовъ. и риб. Т.3. С.149–171.

Каницкий С.В. 1992. Структура нерестового стада и особенности нереста амурского сазана *Cyprinus carpio haematopterus* в бассейне р. Баргузин // Вопр. ихтиол. Т.32. № 5. С.189–193.

Капитонов В.И., Григорьев Д.К. 1995. Материалы к фауне и экологии рукокрылых Удмуртии // Вестн. Удмурск. ун-та. Ижевск. Т.3. С.70–81.

Капица С.П. 1999. Сколько людей жило, живет и будет жить на земле. Очерк теории роста человечества. М. (электронная версия).

Карасев Г.Л. 1974. Реконструкция фауны рыб в водоемах Забайкалья // Вопр. ихтиол. Т.14. Вып. 2. С.191–210.

Карасев Г.Л. 1987. Рыбы Забайкалья. Новосибирск: Наука, Сибирск. отд-ние. 294 с.

Карасев Г.Л., Демин А.И., Егоров А.Г. 1983. Рыбы Еравно-Харгинских озер. Иркутск: изд-во Иркутск. ун-та. 274 с.

Карасева Е.М. 2000. Первое обнаружение *Cercopagis pengoi* (Ostroumov, 1891) в открытой части юго-восточной Балтики // Виды-вселенцы в европейских морях России. Тез. докл. науч. семинара (Мурманск, 27–28 января 2000). Мурманск. С. 48–49.

Каратаев А.Ю., Бурлакова Л.Е. 1995. Роль дрейссены в озерной экосистеме // Экология. Т.26. № 3. С.207–211.

Каратаев А.Ю., Ляхнович В.П., Афанасьев С.А., Бурлакова Л.Е., Закутский В.П., Ляхов С.М., Мирошниченко М.П., Мороз Т.Г., Некрасова М.Я., Нечваленко С.П., Скальская И.А., Харченко Т.Г., Протасов А.А. 1994 . Место вида в биоценозах // Старобогатов Я.И. (ред.). 1994. Дрейссена, *Dreissena polymoprha* (Pall.) (Bivalvia, Dreissenidae). Систематика, экология и практическое значение. М.: Наука. С.180–205.

Карпевич А.Ф. 1947. Предпосылки к акклиматизации новых форм в Аральском море // Докл. ВНИРО. № 6. С.13–17.

Карпевич А.Ф. 1948. Итоги и перспективы работ по акклиматизации рыб и беспозвоночных в СССР // Зоол. журн. Т.27. Вып.6. С.469–480.

Карпевич А.Ф. 1953. Отношение двустворчатых моллюсков Сев. Каспия и Арала к изменению солености среды. Автореф. дисс. на соиск. уч. степ. канд. биол. н. МГУ. 20 с.

Карпевич А.Ф. 1960а. Теоретические предпосылки к акклиматизации водных организмов // Тр. ВНИРО. Т.43. Вып.1. С.9–30.

Карпевич А. Ф. 1960б. Обоснование акклиматизации водных организмов в Аральском море // Тр. ВНИРО. Т.43. Вып.1. С.76–115.

Карпевич А.Ф. 1968. Итоги и перспективы работ по акклиматизации рыб и беспозвоночных в южных морях СССР // Карпевич А.Ф. (ред.). Акклиматизация рыб и беспозвоночных в водоемах СССР. М: Наука. С.50–67.

Карпевич А.Ф. 1975. Теория и практика акклиматизации водных организмов. М.: Наука. 431 с.

Карпевич А.Ф. 1998. Избранные труды: В 2-х т. Т. 2: Акклиматизация гидробионтов и научные основы аквакультуры. Памятники исторической мысли. М.: ВНИРО. 870 с.

Карпевич А.Ф., Агапов В.С., Магомедов Г.М. 1991. Акклиматизация и культивирование лососевых рыб-интродуцентов. М.: ВНИРО. 208 с.

Карпевич А.Ф., Бокова Е.Н. 1963. Пересадка рыб и водных беспозвоночных, проведенная в СССР за 1960–1961 гг. // Вопр. ихтиол. Т.3. Вып.2(27). С.366–395.

Карпевич А.Ф., Локшина И.Е. 1965а. Пересадка рыб и водных беспозвоночных в 1962 г. // Вопр. ихтиол. Т.5. Вып.1. С.178–197.

Карпевич А.Ф., Локшина И. Е. 1965б. Пересадка рыб и водных беспозвоночных в 1962 г. // Вопр. ихтиол. Т.5. Вып.4. С.698–713.

Карпевич А.Ф., Локшина И.Е. 1967. Пересадка рыб и водных беспозвоночных в 1964 г. // Вопр. ихтиол. Т.7. Вып.6. С.1105–1118.

Карпевич А.Ф., Луконина Н.К. 1968. Пересадка рыб и водных беспозвоночных в 1965 г. // Вопр. ихтиол. Т.8. Вып.6. с.1063–1079.

Карпевич А.F., Луконина Н.К. 1970. Пересадка рыб и водных беспозвоночных в 1966 г. // Вопр. ихтиол. Т.10. Вып.3. С.559–576.

Карпевич А.Ф., Луконина Н.К. 1972. Пересадка рыб и водных беспозвоночных в 1968 г. // Вопр. ихтиол. Т.12. Вып.2. С.364–380.

Квасов Д.Д. 1975. Позднечетвертичная история крупных озер и внутренних морей Восточной Европы. Л.: Наука. 1975. 278 с.

Кеннеди К. 1978. Экологическая паразитология. М.: Мир. 230 с.

Кесслер К.Ф. 1874. Описание рыб, принадлежащих к семействам, общим Чёрному и Каспийскому морям // Тр. СПб. о-ва естествоиспыт. Т.5. С.26–29.

Киналев Н.М. 1937. Питание бычков в Северном Каспии // Зоол. журн. Т.16. Вып.4. С.755–771.

Кирпиченко М.Я. 1997. Проблема численности в гидробиологии. Тольятти: Ин-т биол. Волжск. басс. РАН. 86 с.

Клер О. 1902. К вопросу о распространении *Elodea canadensis* в России // Тр. Бот. сада Юрьевск. ун-та. Т.3. С.181–182.

Коблицкая А.Ф. 1966. Определитель молоди рыб авандельты Волги. М.: Наука. 166 с.

Коблицкая А.Ф. 1981. Определитель молоди пресноводных рыб. М.: Легкая и пищевая промышленность. 208 с.

Коблицкая А.Ф., Кизина Л.П., Алентьева Л.Е. 1991. Рыбы // Кривоносова Г.А., Русокова Г.В. (ред.). Астраханский заповедник. М.: Агропромиздат. 191 с.

Ковалев О.В. 1968. Биологическая борьба с сорняками и ее перспективы в СССР // Тр. ВНИИЗР. Т.31. С.415–430.

Ковалев О.В. 1971. Фитофаги амброзии (*Ambrosia* L.) в Северной Америке и их использование в биологической борьбе с этими сорняками в СССР // Зоол. журн. Т.50. Вып.2. С.199–209.

Ковалев О.В. 1989а. Расселение адвентивных растений трибы амброзиевых в Евразии и разработка биологической борьбы с сорняками рода *Ambrosia* L. (Ambrosieae, Asteraceae) // Ковалев О.В., Белокобыльский С.А. (ред.). Теоретические основы биологической борьбы с амброзией / Тр. Зоол. ин-та АН СССР. Л.: Наука. Т.189. С.7–23.

Ковалев О.В. 1989б. Микроэволюционные процессы в популяции амброзиевого листоеда *Zygogramma suturalis* F. (Coleoptera, Chrysomelidae), интродуцированного из Северной Америки в СССР // Ковалев О.В., Белокобыльский С.А. (ред.). Теоретические основы биологической борьбы с амброзией / Тр. Зоол. ин-та АН СССР. Л.: Наука. Т.189. С.139–165.

Ковалев О.В. 1991. Акклиматизация американских фитофагов в СССР для биологической борьбы с амброзиями и новый биологический феномен — уединенные популяционные волны // 12-

й Межд. симп. по энтомофауне Средней Европы. Киев. С.114–117.

Ковалев О.В. 1994. Универсальная модель эволюции биосферы и эволюции сознания // Энтомол. обозр. Т.73. Вып.4. С.753–776.

Ковалев О.В. 1995а. Ограничение закона необратимости эволюции (закона Долло) на примере происхождения трибы Ambrosieae (Asteraceae) // Бот. журн. Т.80. Вып.1. С.56–69

Ковалев О.В. 1995б. Универсальная модель эволюции биосферы и эволюции сознания // Межд. симп. "Эволюция экосистем". Тез. М.: Палеонтол. ин-т РАН. С.59–60.

Ковалев О.В. 1998. Членистоногие-олигофаги как индикаторы первичных ареалов анцестральных родовых группировок растений // Пробл. энтомологии в России. Сб. науч. тр. 11-го съезда Русск. энтомол. о-ва. СПб.: Зоол. ин-т РАН. Ч.1. С.194–195.

Ковалев О.В. 2000. Эволюция C_4-синдрома фотосинтеза у цветковых растений // Бот. журн. Т.85. Вып.11. С.7–20.

Ковалев О.В. 2002. Формирование солитоноподобных волн при инвазиях организмов и в эволюции биосферы // Конф. "Проблемы вида и видообразование" / Сб. "Эволюционная биология". Томск. Т.2. С.65–81.

Ковалев О.В., Вечернин В.В. 1986а. Описание нового волнового процесса в популяциях на примере интродукции и расселения амброзиевого листоеда *Zygogramma suturalis* F. (Coleoptera, Chrysomelidae) // Энтомол. обозр. Т.65. Вып.1. С.21–38.

Ковалев О.В., Вечернин В.В. 1986б. Описание уединенной популяционной волны // Докл. АН СССР. Т.291. № 2. С.491–495.

Ковалев О.В., Вечернин В.В. 1989. Обнаружение и описание явления образования уединенной популяционной волны интродуцированных насекомых // Ковалев О.В., Белокобыльский С.А. (ред.). Теоретические основы биологической борьбы с амброзией / Тр. Зоол. ин-та АН СССР. Л.: Наука. Т. 189. С.105–120

Ковалев О.В., Жилин С.Г. 1998. Позднемиоценовая миграция аридных экосистем из Азии в Африку и формирование биоты ранних Hominidae // Пробл. ботаники на рубеже XX–XXI веков. Тез. докл. 2-го (10-го) съезда Русск. ботан. об-ва. СПб. Ч.2. С.234–235.

Ковалев О.В., Медведев Л.Н. 1983. Теоретические основы интродукции амброзиевых листоедов рода *Zygogramma* Chevr. (Coleoptera, Chrysomelidae) в СССР для биологической борьбы с амброзией // Энтомол. обозр. Т.62. Вып.1. С.17–32.

Ковалев О.В., Присный А.В. 1989. Сравнительная оценка патогенов и энтомофагов у листоедов рода *Zygogramma* Chevr. и колорадского жука *Leptinotarsa* decemlineata Say (Coleoptera, Chrysomelidae) в Старом и Новом Свете // Ковалев О.В., Белокобыльский С.А. (ред.). Теоретические основы биологической борьбы с амброзией / Тр. Зоол. ин-та АН СССР. Л.: Наука. Т.189. С.81–104.

Ковалев О.В., Резник С.Я., Черкашин В.Н. 1983. Особенности методики применения листоедов рода *Zygogramma* Chevr. (Coleoptera, Chrysomelidae) в биологической борьбе с амброзиями (*Ambrosia artemisiifolia* L., *A. psilostachya* D.C.) // Энтомол. обозр. Т.62. Вып.2. С.402–408.

Ковалев О.В., Сивушкова В.Х., Якутина М.А. 1989. Влияние амброзиевого листоеда на динамику растительности на залежах // Ковалев О.В., Белокобыльский С.А. (ред.). Теоретические основы биологической борьбы с амброзией / Тр. Зоол. ин-та АН СССР. Л.: Наука. Т.189. С.200–211.

Ковтун И.Ф. 1977. О плодовитости бычка-кругляка Азовского моря *Gobius melanostomus* Pall. Азовского моря // Вопр. ихтиол. Т.17. Вып.4. С.642–649.

Ковтун И.Ф. 1978. Значение соотношения полов в нерестовой популяции бычка-кругляка *Neogobius melanostomus* (Pallas) для воспроизводства его поколений в Азовском море // Вопр. ихтиол. Т.19. Вып.1. С.176–178.

Когтева Е.З. 1963. Сравнительная оценка товарных свойств волосяного покрова бурой и черной ондатры // Промысловая фауна и охотничье хозяйство Северо-Запада РСФСР. Л. № 2. С.272–276.

Кожара А.В., Позняк В.Г. 2001. Горчак *Rhodeus sericeus amarus* (Bloch) (Pisces, Cyprinidae) в бассейне реки Кубань // Американо-российский симпозиум по инвазионным видам. Борок, 27–31 августа 2001 г. Тез. докл. Ярославль. С.96–97.

Кожевников Г.П. 1958. Снеток в Горьковском водохранилище // Науч.-техн. бюл. ВНИОРХ. № 6–7. С.111–112.
Кожова О.М., Паутова В.Н., Тимофеева С.С. 1985. Элодея канадская в оз. Байкал // Гидробиол. журн. Т.20. № 1. С.82–84.
Козлов В.И. 1977. Ирригация и рыба. Ставрополь: Ставропольское изд-во. 90 с.
Козлов В.И. 1993. Экологическое прогнозирование ихтиофауны пресных вод (на примере Понто-Каспийского региона). М.: ВНИРО. 252 с.
Козловская С.И. 1997. Бычки в Саратовском водохранилище // Вопр. ихтиол. Т.37. Вып.3. С.20.
Козловский С.В. 2001. Рыбы. Самара: Самарский Дом печати. 224 с.
Колосов А.М., Лавров Н.П., Наумов С.П. 1961. Биология промысловых зверей и птиц. М.: Высшая школа. 380 с.
Колтун В.М. 1959. Кремнероговые губки северных и дальневосточных морей СССР (отряд Cornacuspongia) // Определители по фауне СССР, издав. Зоол. ин-том АН СССР. Л.: изд-во АН СССР. Вып.67. 236 с.
Колтун В.М. 1966. Четырехлучевые губки северных дальневосточных морей СССР (отряд Tetraxinida) // Определители по фауне СССР, издав. Зоол. ин-том АН СССР. М.-Л.: Наука. Вып.90. 112 с.
Колтун В.М. 1967. Стеклянные и шестилучевые губки северных и дальневосточных морей СССР (класс Hylospongia) // Определители по фауне СССР, издав. Зоол. ин-том АН СССР. Л.: Наука. Вып.94. 122 с.
Кольвах С.А. 1998 Биостатистическая характеристика азовских бычков в современный период // Сб. науч. трудов АзНИИРХ (1996–1997). С.167–171.
Коновалов П.М. 1959. О неудачном опыте акклиматизации кефали // Рыбн. хоз-во. №3. С.20–22.
Комендантов А.Ю. 1984. Осморегуляторные способности *Corbicula japonica* (Bivalvia, Corbiculidae) в воде различной солености // Зоол.журн. Т.63. Вып.5. С.769–771.
Комендантов А.Ю. 1986. Соленостные реакции эстуарных полихет и двустворчатых моллюсков Южного Приморья. Автореф. дис. на соиск. уч. степ. канд. юиол. н. Л. 21 с.
Коппел Х., Мертинс Д. 1980. Биологическое подавление вредных насекомых. М.: Мир. 427 с.
Комендантов А.Ю., Ежова Е.Е. 1990. Влияние солености среды на размножение и развитие *Lycastopsis augeneri* Okuda (Polychaeta, Nereidae) // Тр. Зоол. ин-та АН СССР. Т.218. С.129–137.
Корнеев А.П. 1954. Енотовидная собака на Украине // Тр. Зоол. муз. Киевск. гос. ун-та. № 4. С.5–18.
Короткий И.И., Харитонова Н.Н. 1958. Современное состояние рыбного хозяйства реки Сев.Донец и перспективы его развития // Тр. УкрНИИРХ. С.231–249.
Кортунова Т.А. 1975. Об изменениях в зоопланктоне Аральского моря в 1959–1968 гг. // Зоол. журн. Т.54. Вып.5. С.657–669.
Кортунова Т.А., Луконина Н.К. 1970. Количественная характеристика зоопланктона Аральского моря // Рыбные ресурсы водоемов Казахстана и их использование. Алма-Ата. Вып.6. С.52–60.
Косова А.А. 1991. Свободноживущие беспозвоночные // Русаков Г.В., Конечный А.Г., Косова А.А. (ред.). Астраханский заповедник. М.: Агропроиздат. С.49–66.
Костюничев В.В., Князева Л.М. 2000. Индустриальное товарное рыбоводство // Современное состояние рыбн. хоз-ва на внутр. водоемах России. СПб.: ГосНИОРХ. С.114–123.
Костюченко В.А. 1955. Распределение бычка-кругляка в Азовском море в связи с распределением его кормовой базы // Тр. АзчерНИРО. Вып.16. С.157–165.
Костюченко В.А. 1958. Состояние запасов бычка-кругляка // Аннот. работ ВНИРО за 1956 г. № 1. С.14–15.
Костюченко В.А. 1960. Питание бычка-кругляка и использование им кормовой базы Азовского моря // Тр. АзНИИРХ. Т. 1. Вып.1. С.341–360.
Костюченко В.А. 1961. Возраст и темп роста бычка-кругляка (*Neogobius melanostomus* (Pallas)) в Азовском море // Тр. АзчерНИРО. Вып.19. С.49–60.
Костюченко В.А. 1964. Биология и динамика численности бычка-кругляка (*Neogobius melanostomus* (Pallas)) Азовского моря. Автореф. дис. на соиск. уч. степ. канд. биол. н. Днепропетровск:

Днепропетровск. гос. ун-т. 19 с.

Костюченко В.А. 1969. Закономерности распределения и миграций бычка-кругляка в Азовском море // Тр. АзчерНИРО. Вып.26. С.14–29.

Коханов В.Д. 1976. Певцы зимнего леса. Мурманск: Мурманск. книжн. изд-во. 69 с.

Кохненко С.В. 1958. Биология и распространение угря. Минск: изд-во АН БССР. 132 с.

Кошелев А.И. 1991. Опыт организации и проведения помощи зимующим водоплавающим птицам в Одесской области (операция “Лебедь”) // Корзюков А.И. (ред.). Редкие птицы Причерноморья. Киев-Одесса: Лыбидь. С.232–252.

Кошелев А.И., Корзюков А.И., Валяев Н.А., Жмуд М.Е. 1987. Лебедь-шипун в северо-западном Причерноморье // Орнитология. Вып.22. С.51–67.

Кошелев Б.В., Рябов И.Н., Зимин В.Л. 1986. Ихтиологические исследования Копорской губы Финского залива в 1979–1980 гг. // Экологические аспекты исследований водоемов-охладителей АЭС: Мат-лы совещ., март 1983. М. С.43–53.

Красовская Н.В. 1992. Особенности динамики численности салаки в Вислинском заливе // Экологические рыбохозяйственные исследования в Вислинском заливе Балтийского моря. Калининград. С.121–150.

Кравцов М.В., Свирский В.Г. 1999. Распространение и распределение судака (*Stizostedion lucioperca*) в оз. Ханка // Биомониторинг и рациональное использование морских и пресноводных гидробионтов. Владивосток. С.54–55.

Кривенко В.Г., Анзигитова Н.В., Кузнецов Е.А. 1990. Динамика численности лебедя-шипуна в СССР как следствие изменчивости климата // Кошелев А.И. (ред.). Экология и охрана лебедей в СССР (Мат-лы 2-го Всес. совещ. по лебедям СССР, 1988 г., Одесса). Мелитополь. Ч.1. С.11–13.

Кривицкий К.А. 1999. Еще о феномене кольчатой горлицы // Беркут. Т.8. Вып.1. С.54–56.

Кривоносов Г.А. 1987. Лебедь-шипун в СССР (итоги двух всесоюзных учетов численности в местах гнездовий и линьки) // Сыроечковский Е.В. (ред.). Экология и миграции лебедей в СССР. М.: Наука. С.5–10.

Кривошеева Р.А. 1959. Материалы к изучению питания бычков Тигульского лимана // Тр. Одесск. ун-та. Т.146. №4. С.125–127.

Круглова В.М. 1963. Результаты акклиматизации мизид в Манычских водохранилищах за 12 лет // Акклиматизация животных в СССР. Мат-лы конф. по акклиматизации животных в СССР (10–15 мая 1963, г. Фрунзе). Алма-Ата: изд-во АН КазССР. С.255–257.

Крыжановский С.Г., Троицкий С.К. 1954. Материалы об ихтиофауне рек Черноморского побережья (в пределах Краснодарского края) // Вопр. ихтиол. Вып.2. С.144–150.

Крылов П.И. 1984. Роль хищного зоопланктона в экосистеме озера (на примере озера Щучье, Бурятская АССР). Автореф. дис. на соиск. уч. степ. канд. биол. н. Л.: ЗИН АН СССР. 25 с.

Крылов П.И. 1989. Питание пресноводного хищного зоопланктона // Итоги науки и техники. Сер. Общая экология. Биоценология. Гидробиология. Т.7. М.: ВИНИТИ. 145 с.

Крылов П.И., Большагин П.В., Быченков Д.Е., Думнич Н.В., Науменко Е.Н., Панов В.Е., Полунина Ю.Ю. 2001а. Многолетние изменения сообществ и особенности биологии хищных кладоцер, определяющие успех их инвазий // Американо-российский симпозиум по инвазионным видам. Борок, 27–31 августа 2001 г. Тез. докл. Ярославль. С.102–104.

Крылов П.И., Большагин П.В., Быченков Д.Е., Панов В.Е., Думнич Н.В., Науменко Е.Н., Полунина Ю.Ю. 2001б. Изменения структуры водных сообществ как условие и возможная причина успешной натурализации чужеродных видов зоопланктона // Тез. докл. 8-го съезда Гидробиол. о-ва РАН. Калининград, 16–23 сентября 2001. Калининград. Т.1. С.18–19.

Кудерский Л.А. 1964. Условия существования и перспективы расселения судака водоемов Карелии // Рыбн. хоз-во Карелии. Вып.8. С.154–209.

Кудерский Л.А. 1967. Случаи саморасселения и аутоакклиматизации корюшки // Тр. Карельск. отд-ния ГосНИОРХ. Т.5. Вып 1. С.310–314.

Кудерский Л.А. 1969. О саморасселении некоторых видов рыб // Рыбохозяйств. изучение внутр. водоемов. Сб.2. С.11–14.

Кудерский Л.А. 1971. Еще о саморасселении рыб // Рыбохозяйств. изучение внутр. водоемов. Сб.6. С.21–25.

Кудерский Л.А. 1974. О рыбных ресурсах водохранилищ Волжско-Камского каскада // Изв. ГосНИОРХ. Т.95. С.92–102.

Кудерский Л.А. 1975. О саморасселение рыб во внутренних водоемах // Изв. ГосНИОРХ. Т.103. С.58–64.

Кудерский Л.А. 1982. Самоакклиматизация американского канального сомика в Черепетском водохранилище // Сб. науч. тр. ГосНИОРХ. Вып.187. С.219–232.

Кудерский Л.А. 1983. Осетровые рыбы в бассейнах Онежского и Ладожского озер // Сб. науч. тр. ГосНИОРХ. Вып.205. С.128–149.

Кудерский Л.А. 1984. Американская палия в ручьях Ленинградской области // Сб. науч. тр. ГосНИОРХ. Вып.220. С.97–117.

Кудерский Л.А. 1985. Ладожская корюшка в Сямозере // Сб.науч. тр. ГосНИОРХ. Вып 237. С.108–124.

Кудерский Л.А. 1991. Рыбы в опасности: некоторые последствия хозяйственной деятельности на внутренних водоемах // Сб. науч. тр. ГосНИОРХ. Вып.310. С.45–64.

Кудерский Л.А. 1993. Влияние антропогенных факторов на экосистему Балтийского моря // Экол. сост. рыбохоз. водоемов бассейна Балтийского моря (в пределах Финского залива). Тез. докл. СПб, 14–16 апреля 1993 г. СПб. С.34–36.

Кудерский Л.А. 1996. Состояние рыбного населения восточной части Финского залива // Экологическое состояние водоемов и водотоков бассейна реки Невы. СПб.: СПб. науч. центр РАН. С.147–154.

Кудерский Л.А. 1999. Рыбное хозяйство внутренних водоемов: индустриальное рыбоводство. Москва // Рыбн. хоз-во, сер. “ Аквакультура”: обзорн. инф. М.: ВНИЭРХ. Вып.1. 54 с.

Кудерский Л.А. 2001. Акклиматизация рыб в водоемах России: состояние и пути развития // Вопр. рыболовства. Т.2. № 1(5). С.6–85.

Кудерский Л.А., Бакштанский Э.Л., Леонтович Д.П., Петренко Л.А., Шуркус Э.Д. 1969. Работы по акклиматизации дальневосточных лососей в бассейнах Баренцева и Белого морей // Тр. Карельск. отд-ния ГосНИОРХ. Т.5. Вып.2. С.34–69.

Кудерский Л.А., Гуляева А.М. 1986. Изменчивость корюшки при акклиматизации в водохранилищах Карелии // Сб. науч. тр. ГосНИОРХ. Вып.242. С.100–108.

Кудерский Л.А., Печников А.С., Волошенко Б.Б. 2002. Сибирский чукучан *Catostomus catostomus rostratus* в водоемах Ленинградской области // Вопр. ихтиол. Т.42. Вып.3. С.421–424.

Кудерский Л.А., Сонин В.П. 1968. Обогащение ихтиофауны внутренних водоемов Карелии // Акклиматизация рыб и беспозвоночных в водоемах СССР. М.: Наука. С.123–133.

Кудерский Л.А., Шимановская Л.Н. 1995. Акклиматизация рыб: уловы 1986–1990 гг. // Рыбн. хоз-во: серия “Аквакультура”: обзорн. инф. М.: ВНИЭРХ. Вып.2. 52 с.

Кузнецов Н.В. 1951. О нахождении корюшки (*Osmerus eperlanus eperlanus*) в реке Волге в районе города Горького // Тр. Карело-Финск. отд-ния ВНИОРХ. Т.3. С.413–416.

Кулида С.В., Зеленков В.М., Ермаков С.В., Тимофеев В.И. 1998. Культивировние смолтов форели в солоноватых водах в Белом море // Проблемы изучения, рационального использования и сохранения природных ресурсов Белого моря. СПб. С.208–210.

Кулик И.Л. 1979. *Ondatra zibethica* Linnaeus1758 — ондатра // Медицинская териология. М.: Наука. С.149–158.

Куликова Н.И., Фандеева В.Н. 1975. О порционности икрометания азовского бычка-кругляка (*Gobius melanostomus* Pallas) // Тр. ВНИРО. Т.96. С.18–27.

Купчинский Б.С. 1984. Эколого-морфологическая характеристика леща *Abramis brama orientalis* Berg (Cyprinidae) озера Котокель (Забайкалье) // Вопр. ихтиол. Т.24. Вып.4. С.580–586.

Купчинский Б.С. 1987. Лещ водоемов Байкало-Ангарского бассейна. Иркутск: изд-во Иркутск. ун-та. 143 с.

Курашова Е.К., Абдуллаева Н.М. 1984. *Acartia clausi* (Calanoida, Acartiidae) в Каспийском море // Зоол. журн. Т.63. Вып.3. С.931–933.

Курашова Е.К., Тиненкова Д.Х., Елизаренко М.М. 1992. *Podon intermedius* (Cladocera, Podonidae) в Каспийском море // Зоол. журн. Т.71. Вып.3. С.135–137.

Кусакин О.Г., Дроздов А.Л. 1994. Филема органического мира. Часть 1: Пролегомены к построению филемы. СПб.: Наука. 272 с.

Кусакин О.Г., Дроздов А.Л. 1997. Филема органического мира. Часть 2: Prokaryota, Eukaryota. СПб.: Наука. 381 с.

Кучин И.В. 1915. Озерные хозяйства Пермской губернии // Тр. совещ. по рыбоводству. Ч.2. Вып.2. С.147–167.

Кэрролл Р. 1993. Палеонтология и эволюция позвоночных. / Пер. с англ. М.: Мир: Т.2. 283 с.; Т.3. 312 с.

Лавров Н.П. 1946. Акклиматизация и реакклиматизация пушных зверей в СССР. М.: Заготиздат. 219 с.

Лавров Н.П. 1957. Акклиматизация ондатры в СССР. М. 62 с.

Лавров Н.П. 1971. Итоги интродукции енотовидной собаки (*Nyctereutes procyonoides* Gray) в отдельные области СССР // Уч. зап. Моск. гос. заочн. пед. ин-та. Вып.29. С.7–12.

Лазаускене Л.А., Вайнотис Г.И., Разиньков А.Ю. 1995. Результаты акклиматизации беспозвоночных в Балтийском регионе // Кудерский Л.А. (ред.). Результаты работ по акклиматизации водных организмов. СПб. С.167–178.

Лапин П.И. 1972. О терминах, применяемых в исследованиях по интродукции и акклиматизации растений // Бюл. Гл. Бот. сада АН СССР. Вып.83. С.10–18.

Левин Б.А. 2001. Находка украинской миноги *Eudontomyzon mariae* (Petromyzontidae) в Волжском бассейне // Вопр. ихтиол. Т.41. Вып.6. С.849–850.

Лим Р.М., Маркова Е.А. 1981. Результаты вселения осетровых и камбалы-глоссы в Аральское море // Рыбн. хоз-во. № 9. С.25–26.

Липсберг Ю.К., Недзинскас В.С., Ренно О.Я. 1987. Численность и размещение лебедя-шипуна на гнездовье в республиках Прибалтики // Сыроечковский Е.В. (ред.). Экология и миграции лебедей в СССР. М.: Наука. С.28–30.

Литвинов А.Г. 1993. Экология ротана-головешки (*Perccottus glehni* Dyb.) в бассейне оз. Байкал и его влияние на промысловых рыб: Автореф. дис. на соиск. уч. степ. канд. биол. н. СПб.: ГосНИОРХ. 25 с.

Литвинов А.С. 2000. Энерго- и массообмен в водохранилищах волжского каскада. Ярославль: изд-во Ярославск. ун-та. 129 с.

Литвинчук Л.Ф. 2002. Систематика и распространение ветвистоусых ракообразных семейства Cercopagidae (Crustacea, Cladocera) на северо-западе России. Автореф. дисс. на соиск. уч. степ. канд. биол. н. СПб.: Зоол. ин-т РАН. 22 с.

Литвинчук Л.Ф., Ривьер И.К., Панов В.Е. 2001. Динамика численности, структура популяции и плодовитость черноморско-каспийского ветвистоусого ракообразного *Cercopagis pengoi* (Ostroumov, 1891) (Polyphemoidea, Cercopagidae) в восточной части Финского залива Балтийского моря // Биол. внутр. вод. № 1. С.57–62.

Лобанов А.Л., Панов В.Е., Дианов М.Б. 2001. Источники информации по инвазивным видам на ИНТЕРНЕТ в Европе // Американо-российский симпозиум по инвазионным видам. Борок, Россия. 27–31 августа 2001 г. Тез. докл. Ярославль. С.119–120.

Лобанов Н. 1988. Европейский муфлон // Охота и охотничье хоз-во. № 12. С.10–11.

Логвиненко Б.М. 1965. Влияние вселенца *Mytilaster lineatus* на фауну каспийских моллюсков. Автореф. дисс. на соиск. уч. степ. канд. биол. н. М.: МГУ. 21 с.

Лоенко А.А., Берестовский Е.Г., Лысенко Л.Ф., Неклюдов М.Н. 2000. Горбуша в реках Кольского полуострова // Матишов Г.Г., Денисов В.В., Чинарина А.Д., Зензеров В.С., Берестовский Е.Г. (ред.) Виды-вселенцы в европейских морях России. Сб. науч. тр. Апатиты: Кольский науч. центр РАН. С.258–269.

Ломакина Н.Б. 1958. Кумовые раки (Cumacea) морей СССР // Определители по фауне СССР, издав. Зоол. ин-том АН СССР. М.-Л.: изд-во АН СССР. Вып.66. 302 с.

Лубянов И.П. 1963. Итоги реконструкции донной фауны среднего Днепра и Днепропетровского водохранилища // Акклиматизация животных в СССР. Мат-лы конф. по акклиматизации

животных в СССР (10–15 мая 1963, г. Фрунзе). Алма-Ата: изд-во АН КазССР. С.257–259.
Лукаш Б.С. 1939. Рекогносцировочное рыбохозяйственное исследование Водлозера // Рыбн. хоз-во Карелии. Вып.5. С.121–148.
Лукашев Д.В. 2002. Современное состояние популяций дрейссены в водоеме-охладителе Чернобыльской АЭС // Гидробиол. журн. Т.37. № 3. С.40–45.
Лукин А.А. 1998. Интродукция радужной форели *Parasalmo mikiss* в озеро Имандра (Кольский полуостров) // Вопр. ихтиол. Т.38. Вып.4. С.485–491.
Лус В.Я. 1963. Питание бычков Азовского моря // Тр. ин-та океанол. АН СССР. Т.12. С.96–127.
Львова А.А. Старобогатов Я.И. 1982. Новый вид дрейссены (Bivalvia, Dreissenida) из Охридского озера // Зоол. журн. Т.61. Вып.11. С.1749–1751.
Львова А.А., Макарова Г.Е., Каратаев А.Ю., Кирпиченко М.Я. 1994. Планктонные личинки // Старобогатов Я.И. (ред.) Дрейссена, *Dreissena polymoprha* (Pall.) (Bivalvia, Dreissenidae). Систематика, экология и практическое значение. М.: Наука. С.149–156.
Львова А.А., Палий А. В., Соколова Н. Ю. 1996. Понто-каспийские вселенцы в реке Москве и в черте г. Москвы // Зоол. журн. Т.75. Вып.8. С.1273–1274.
Лэк Д. 1957. Численность животных и ее регуляция в природе. М.: Иностр. литер. 404 с.
Ляхов С.М. 1958. О границах распространения каспийских бокоплавов в Волге к началу ее гидротехнической реконструкции // Науч. докл. высш. шк. Биол. н. № 3. С.16–19.
Ляхов С.М. 1961. Бентосток в Волге у Куйбышева до зарегулирования ее стока // Тр. Всес. гидробиол. о-ва. Т.11. С.150–161.
Ляхнович В.П., Каратаев А.Ю., Ляхов С.М., Андреев Н.И., Андреева С.И,. Афанасьев С.А., Дыга А.К., Закутский В.П., Золотарева В.И., Львова А.А., Некрасова М.Я., Осадчих В.Ф., Плигин Ю.В., Протасов А.А., Тищиков Г.М. 1994. Условия обитания // Старобогатов Я.И. (ред.) Дрейссена, *Dreissena polymoprha* (Pall.) (Bivalvia, Dreissenidae). Систематика, экология и практическое значение. М.: Наука. С.109–119.
Ляшенко А.Ф. 1952. Риби пониззя Дунаю та їх промислове значення // Пр. Ін-ту гідробіології АН УРСР. № 27. С.28–65.
Майр Э. 1968. Зоологический вид и эволюция. М.: Мир. 597 с.
Майский В.Н. 1938. Распределение молоди рыб в Азовском море и его значение для регулирования рыболовства, учёта урожая молоди и прогноза рыбной продукции // Тр. АзчерНИРО. Вып.11. С.183–212.
Майский В.Н. 1951. Материалы по распределению и численности рыб в Азовском море // Тр. АзчерНИРО. Вып.15. С.3–16.
Майский В.Н. 1953. О типах нерестовых популяций рыб // Зоол. журн. Т.32. Вып.5. С.920–922.
Майский В.Н. 1960. Питание бычка-кругляка и использование им кормовой базы Азовского моря // Тр. АЗНИИРХ. Т.1. Вып.1. С.361–400.
Майстренко С.Г., Неронов Ю.В. 2001. Элодея канадская в бассейне озера Байкал: распространение и последствия вселения // Американо-российский симпозиум по инвазионным видам. 27–31 августа 2001 г., Борок, Россия: Тез.докл. Ярославль. С.130–132.
Майтулина Ю.К. 1980. Внутривидовая изменчивость некоторых растений, интродуцированных из Сев. Америки. Автореф. дисс. на соиск. уч. степ. канд. биол. н. М. 29 с.
Макрушин А.В. 1985. Ангидробиоз первичноводных беспозвоночных: Сохранение жизнеспособности в высушенном состоянии. Л.: Наука. 104 с.
Макрушин А.В. 1998. Опыт биоиндикации загрязнения пресных вод по результатам гистопатологического обследования печени моллюсков // Биол. внутр. вод. № 3. С.90–94.
Максимова Л.П. 1964. Выживание и размножение *Monodacna colorata* (Eichw.) v. *tanaisiana* Mil. в воде различной солености // Экология беспозвоночных южных морей. М. С.61–79.
Малеев В.П. 1933. Теоретические основы акклиматизации. Л.: Сельхозгиз. 160 с.
Мальчевский А.С., Пукинский Ю.Б. 1983. Птицы Ленинградской области и сопредельных территорий. Л.: изд-во ЛГУ. Т.1. 480 с.; Т.2. 504 с.
Мамонтов А.М. 2001. Акклиматизация рыб в Байкале // Тр. каф. зоол. позвон. Т.1. Иркутск: изд-во

Иркутск. гос. ун-та. С.224–231.

Маненкова Г.М., Резанова Г.С. 1979. Результаты выращивания сеголеток сибирского сига-пыжьяна в водоемах Ленинградской области // Современное состояние и перспективы использования новых видов рыб в рыбоводстве. Л.: ГосНИОРХ. С.18–19.

Мараков С. 1958. Калан // Охота и охотничье хоз-во. № 12. С.28–30

Марин С.Н. 1953. Колония канадских бобров (*Castor canadensis* Kuhl.) в СССР // Зоол. журн. Т.35. Вып.7. С.1064–1071.

Маркевич О.П., Короткий Й.І. 1954. Визначник прісноводних риб УРСР. Киев: Рад. школа. 238 с.

Марков А.В., Наймарк Е.Б. 1998. Количественные закономерности макроэволюции. Опыт применения системного подхода к анализу развития надвидовых таксонов // Тр. Палеонтол. ин-та РАН. Т.273. М.: Геос. 318 с.

Маркова Е.Л. 1962. Некоторые данные о распространении новых каспийских вселенцев в Аральское море // Бюл. Моск. о-ва испыт. прир. Отд. биол. Т.67. № 5. С.130–132.

Марковский Ю.М. 1953. Фауна беспозвоночных низовьев рек Украины, условия ее существования и пути использования. Часть 1. Водоемы дельты Днестра и Днестровский лиман. Киев: изд-во АН УССР. 196 с.

Марковский Ю.М. 1954. Фауна беспозвоночных низовьев рек Украины. Часть 2. Днепровско-Бугский лиман. Киев: изд-во АН УССР. 208 с.

Марковский Ю.М. 1955. Фауна беспозвоночных низовьев рек Украины, условия ее существования и пути использования. Часть 3. Водоемы Килийской дельты Дуная. Киев: изд-во АН УССР. 280 с.

Мартынов А.В. 1932. К познанию пресноводной фауны Черноморского побережья Кавказа. I. Amphipoda // Тр. Зоол. ин-та АН СССР. Т.1. С.73–98.

Марьюшкина В.Я. 1986. Амброзия полыннолистная и основы биологической борьбы с ней. Киев: Наукова думка. 119 с.

Марьюшкина В.Я., Ковалев О.В., Козеко В.Г., Каюткина Т.М. 1989. Моделирование влияния *Zygogramma suturalis* F. на скорость прохождения залежной сукцессии в зоне сплошного распространения *Ambrosia artemisiifolia* L. // Докл. АН УССР, сер. Б (геол., хим., биол. н.) Т.9. С.70–72.

Масляков В.Ю. 2001. База данных “Инвазионные виды в Северной Евразии”: предварительный анализ // Американо-Российский симп. по инвазионным видам. Борок, Россия. 27–31 августа 2001 г. Тез. докл. Ярославль. С.135–137.

Матвеев В.И. 1964. Цветение *Elodea canadensis* Rich. в водоемах Среднего Поволжья // Бот. журн. Т.49. № 5. С.743–744.

Матвеев А.Н., Книжин И.Б., Самусенок В.П., Богданов Б.Э. 2004. Аннотированный список круглоротых (Cyclostomata) и рыб (Pisces) водоемов бассейна озера Байкал и реки Ангары. Аннотированный список фауны озера Байкал и его водосборного бассейна. Т.2. Новосибирск: изд-во Наука, Сибирск. отд-ние (в печати).

Матишов Г.Г., Лебедева Н.В., Фуштей Т.В., Бердников С.В., Чинарина А.Д., Ивакина Ю.И. (ред.). 2003. Эволюция морских экосистем под влиянием вселенцев и искусственной смертности фауны. Тез. докл. межд. конф. (г. Азов 15–18 июня 2003 г.). Ростов-на-Дону. 158 с.

Маханькова С.П. 1956. Перевозка оплодотворенной икры ладожской корюшки // Рыбн. промыш. Вып.14. С.26–27.

Меньшикова Л.А. 1954. Эмбриональное и постэмбриональное развитие бычка-кругляка в воде с различной солёностью // Тр. Одесск. ун-та. Вып.3. С.67–75.

Механикова И.В. 1977. Размерно-весовая характеристика *Gmelinoides fasciatus* Stebb. залива Одисса Братского водохранилища // Биол. исследования водоемов Вост. Сибири. Иркутск: Иркутск. гос. ун-т. С.109–114.

Механикова И.В. 1982. Жизненный цикл *Gmelinoides fasciatus* Братского водохранилища // Тез. докл. Всес. науч. конф. “Проблемы экологии Прибайкалья”. Ч.3. Мониторинг сообществ водных животных. Иркутск. С.9.

Механикова И.В. 2000. Морфо-экологические адаптации байкальского бокоплава *Gmelinoides fasciatus* к условиям существования в водоемах различного типа // Исследования водных экосистем Вост. Сибири / Тр. Биол.-почв. ф-та. Иркутск: изд-во ИрГУ. Вып.3. С.104-114.

Милановский Ю.Е. 1951. Обыкновенный окунь (*Perca fluviatilis* L.) в бассейне р. Амура // Тр. Амурской ихтиол экспед 1946–1949 гг. М. Т.2. С.251–256.

Милейковский С.А. 1961. Полихета *Nereis virens* Sars в Кольском заливе // Зоол.журн. Т.40. Вып.9. С.1421–1423.

Миндер И.Ф. 1981. Этология колорадского жука. Питание и пищевая избирательность // Колорадский картофельный жук, *Leptinotarsa decemlineata* Say. М.: Наука. С.98–114.

Миркин Б.М., Наумова Л.Г. 2001. Адвентивизация растительности: инвазивные виды и инвазибельность сообществ // Усп. соврем. биол. Т.121. № 6. С.550–562.

Миркин Б.М., Наумова Л.Г. 2002. Адвентизация растительности в призме идей современной экологии // Журн. общ. биол. Т.63. Вып.6. С.500–508.

Миркин Б.М., Наумова Л.Г., Саломещ А.И. 2001. Современная наука о растительности. М. 264 с.

Михайлов В.А. 2001. Состояние запасов и промысел бычков в Азовском море в современный период // Мат-лы межд. конф. “Проблемы сохранения экосистем и рационального использования биоресурсов Азово-Черноморского бассейна”. Ростов-на-Дону. С.143–144.

Михеев В.П. 1994. Избирательность питания дрейссены // Старобогатов Я.И. (ред.) Дрейссена, *Dreissena polymoprha* (Pall.) (Bivalvia, Dreissenidae). Систематика, экология и практическое значение. М.: Наука. С.126–129.

Михман А.С. 1963. О плодовитости азовских бычков — кругляка и сирмана // Труды АзНИИРХ. Вып.6. С.105–109.

Мицкевич О.И. 1981. Потребление акклиматизированных гаммарид рыбами в оз. Отрадном // Сб. научн. тр. Вып.173. С.71–76.

Мишарев Ю.Я. 1960. Акклиматизация рыб и беспозвоночных животных с 1948 по 1958 г. // Тр. Всес. НИИ морского рыбного хоз-ва и океаногр. (ВНИРО). Т.43. Вып.1. С.66–75.

Мишарин К.И. 1949. Промысел и воспроизводство рыбы на Байкале. Иркутск. 52 с.

Мишарин К.И. 1954. Итоги и очередные задачи по воспроизводству рыбных запасов в Бурят-Монгольской АССР // Мат-лы научн. конф. по изуч. производ. сил Бурят-Монгольской АССР. Улан-Удэ. С.311–326.

Мишин Г.М., Грибовская И.Ф. 1969. Экология канадской элодеи (*Elodea canadensis* Rich.) в водоемах Среднего Урала // Науч. докл. высш. шк. Сер. биол. н. № 8. С.72–78.

Мовчан Ю.В., Смірнов А.І. 1981. Фауна України. Т.8. Риби. Вип.2. Коропови. Ч.1. Плітка, ялець, гольян, краснопірка, амур, білизна, верховка, лин, чебачок амурський, підуст, пічкур, марена. Київ: Наукова думка. 425 с.

Мовчан Ю.В., Смірнов А.І. 1983. Фауна України. Т.8. Риби. Вип.2. Коропови. Ч.2. Шемая, верховодка, бистрянка, плоскирка, абрамис, рибець, чехоня, гірчак, карась, короп, гіпофтальміхтис, аристихтис. Київ: Наукова думка. 360 с.

Мовчан Ю.В. 1988. Фауна Украины. Т.8. Рыбы. Вып.3. Вьюновые, сомовые, икталуровые, пресноводные угри, конгеровые, саргановые, тресковые, колюшковые, игловые, гамбузиевые, зеусовые, сфиреновые, кефалевые, атериновые, ошибневые. Киев: Наукова думка. 365 с.

Монаков А.В. 1998. Питание пресноводных беспозвоночных. М. 321 с.

Монченко В.И. 1995. Гарпактикоиды (Copepoda, Harpacticoida) Днепра (итоги фаунистических исследований) // Гидробиол. журн. Т.31. Вып.5. С.33–37.

Монченко В.И. 2003. Свободноживущие циклопообразные копеподы Понто-Каспийского бассейна. Киев: Наукова думка. 350 с.

Мордухай-Болтовской Ф.Д. 1955. К вопросу о формировании бентоса в крупных водохранилищах // Зоол. журн. Т.34. Вып.5. С.550–556.

Мордухай-Болтовской Ф.Д. 1960. Каспийская фауна в Азово-Черноморском бассейне. М.-Л.: изд-во АН СССР. 287 с.

Мордухай-Болтовской Ф.Д. 1965. Каспийские полифемиды в водохранилищах Дона и Днепра // Тр. Инст. биол. внутр. вод АН СССР. Вып.8(11). С.37–43.

Мордухай-Болтовской Ф.Д., Галинский В.Л. 1974. О дальнейшем распространении каспийских полифемоидей по водохранилищам понтокаспийских рек // Биол. внутр. вод. Инф. бюл. № 21. С.40–44.

Мордухай-Болтовской Ф.Д., Дзюбан Н.А. 1976. Изменения в составе и распределении фауны Волги в результате антропогенных воздействий // Биологические и продукционные процессы в бассейне Волги. Л.: Наука. С.67–82.

Мордухай-Болтовской Ф.Д., Ривьер И.К. 1987. Хищные ветвистоусые Podonidae, Polyphemidae, Cercopagidae и Leptodoridae фауны мира. Л.: Наука. 182 с.

Мордухай-Болтовской Ф.Д., Чиркова Э.Н. 1971. О распространении байкальского бокоплава *Gmelinoides fasciatus* (Stebbing) в Горьковском водохранилище // Биол. внутр. вод. Инф. бюл. № 9. Л.: Наука. С.38–42.

Морозов В.Ф. 1947. Результаты акклиматизации енотовидной собаки (*Nyctereutes procyonoides* Gray) в Ленинградской и Новгородской областях // Тр. ВНИИ охотничьего промысла. Т.8. С.42–49.

Морозов В.Ф. 1951. Уссурийский енот. М.: Заготиздат. 30 с.

Морозов В.Ф. 1978. Результаты акклиматизации, промысел и численность енотовидной собаки на Северо-Западе СССР // Акклиматизация охотничьих животных в СССР. Минск. С.12–15.

Морозова О.В. 2002. База данных по адвентивным видам растений (Alien Plant Species) // Ижевский С.С. (ред.). Экол. безопасность и инвазии чужеродных организмов. Сб. мат-лов Круглого стола в рамках Всеросс. конф. по экол. безопасности (4–5 июня 2002 г.) М.: МСОП – Всемирный союз охраны природы, Представительство для России и СНГ. С.83–94.

Москалев В.А. 1989. Акклиматизация охотничьих животных в Ленинградской области // Наша охота. Л.: Лениздат С.201–210.

Москалев В., Туманов И., Никаноров А. 1991. Расселение пушных зверей // Охота и охотничье хоз-во. № 11. С.18 –20.

Москаленко Б.К. 1969. Биологическая продуктивность пелагиали Байкала // Вопр. рыбн. хоз-ва Вост. Сибири. Иркутск. С.4–13.

Москаленко Б.К., Мамонтов А.М., Пастухов В.Д. и др. 1978. Рыбные ресурсы и их использование // Проблемы Байкала. Новосибирск: изд-во Наука, Сибирск. отде-ние. С.229–239.

Москалькова К.И. 1996. Экологические и морфо-физиологические предпосылки к расширению ареала у бычка-кругляка *Neogobius melanostomus* в условиях антропогенного загрязнения водоёмов // Вопр. ихтиол. Т.36. № 5. С.615–621.

Москвин Б.С. 1940. Наблюдения над размножением некоторых видов рыб из сем. Gobiidae, Blenniidae и Gobiesocidae в Чёрном море // Тр. Новороссийск. биол. станц. Т.2. Вып.3. С.123–132.

Москул Г.А. 1994. Рыбохозяйственное освоение Краснодарского водохранилища. СПб.: ГосНИОРХ, КрасНИИРХ. 136 с.

Москул Н.Г. 1999. О воспроизводстве берша в водохранилищах бассейна Кубани // 2-й межд. симп. “Ресурсосберегающие технологии в аквакультуре”. Краснодар. С.154.

Москул Н.Г. 2001. Берш — новый вид для водоемов бассейна Кубани // Актуальные вопросы экологии и охраны природы экосистем южным регионов России и сопредельных территорий. Мат-лы 14-й межреспубл. научно-прак. конф. Краснодар. 17 апреля 2001 г. С.137–138.

Муравейко В.М., Шпарковский И.А., Чинарина А.Д., Александров Д.И. 2000. Стальноголовый лосось в реках Восточного Мурмана // Матишов Г.Г., Денисов В.В., Чинарина А.Д., Зензеров В.С., Берестовский Е.Г. (ред.). Виды-вселенцы в европейских морях России. Сб. науч. тр. Апатиты: Кольский науч. центр РАН. С.269–272.

Нагалевский В.Я. (отв. ред.). 1994. Красная книга Краснодарского края. Краснодар: Краснодарск. кн. изд-во. 285 с.

Насимович А.А. 1985. Енотовидная собака // Песец. Лисица. Енотовидная собака. М.: Наука. С.116–145.

Науменко Е.Н. 2000. Динамика численности вселенца *Acartia tonsa* Dana в Вислинском заливе Балтийского моря // Матишов Г.Г., Денисов В.В., Чинарина А.Д., Зензеров В.С., Берестовский Е.Г. (ред.). Виды-вселенцы в европейских морях России. Сб. науч. тр. Аппатиты: Кольский науч. центр РАН. С.113–121.

13 — 10565

Науменко Е.Н., Полунина Ю.Ю. 2000. *Cercopagis pengoi* (Ostroumov, 1891) (Crustacea, Cladocera) — новый вселенец в Вислинский залив Балтийского моря // Матишов Г.Г., Денисов В.В., Чинарина А.Д., Зензеров В.С., Берестовский Е.Г. (ред.). Виды-вселенцы в европейских морях России. Сб. науч. тр. Аппатиты: Кольский науч. центр РАН. С.121–129.

Наумов Д.В. 1960. Гидроиды и гидромедузы морских, солоноватоводных и пресноводных бассейнов СССР // Определители, по фауне СССР, издав. Зоол. ин-том АН СССР. М.-Л.: изд-во АН СССР. Вып.70. 626 с.

Наумов А.Д., Скарлато О.А., Федяков В.В. 1987. Класс Bivalvia. Моллюски Белого моря // Определители по фауне СССР, издав. Зоол. ин-том АН СССР. Л.: Наука. Вып.151. С.205–257.

Наумов А.Д., Федяков В.В. 1991. Особенности гидрологического режима северной части Белого моря // Бентос Белого моря. Популяции, биоценозы, фауна / Тр. Зоол. ин-та АН СССР. Т.233. С.13–30.

Наумов А.Д., Федяков В.В. 1993. Вечно живое Белое море. СПб.: изд-во СПбГДТЮ. 336 с.

Невесская Л.А. 1965. Позднечетвертичные двустворчатые моллюски Черного моря, их систематика и экология // Тр. Палеонтол. ин-та АН СССР. Т.105. 390 с.

Невесский Е.Н., Медведев В.С., Калиненко В.В. 1977. Белое море. Седиментогенез и история развития в голоцене. М.: Наука. 236 с.

Неклюдов М.Н. 1992. Некоторые результаты акклиматизации горбуши на Европейском Севере // Проблемы изучения, рационального использования и сохранения природных ресурсов Белого моря. Петрозаводск. С.237–239.

Некрасова М.Я., Ковтун И.Ф. 1976. Колебания численности бычка-кругляка *Gobius melanostomus* Pallas по годам в связи с естественными изменениями его кормовой базы в Азовском море // Вопр. ихтиол. Т.16. Вып.2. С.372–376.

Неронов В.М., Лущекина А.А. 2001. Чужеродные виды и сохранение биологического разнообразия // Усп. соврем. биол. Т.121. № 1. С.121–128.

Неронов Ю.В., Пронин Н.М., Соколов А.В. 2002. Рыбы и рыбное хозяйство Бурятии. Улан-Удэ: изд-во Бурят. науч. центра СО РАН. 44 с.

Никитина Н.К., Москул Н.Г. 1999. Численность и запасы берша Краснодарского и Шапсугского водохранилищ // 2-й межд. симп. "Ресурсосберегающие технологии в аквакультуре". Краснодар. С.156–157.

Николаев И.И. 1951. О новых вселенцах в фауне и флоре Северного моря и Балтики из отдаленных районов // Зоол. журн. Т.30. Вып.6. С.556–561.

Николаев И.И. 1963. Новые вселенцы в фауне и флоре Северного моря и Балтики // Зоол. журн. Т.42. Вып.1. С.20–27.

Николаев И.И. 1974. О факторах и направлениях неконтролируемого антропогенного расселения водной фауны и флоры // Изв. Всес. геогр. о-ва. Т.1. С.42–49.

Николаев И.И. 1979. Последствия непредвиденного антропогенного расселения водной фауны и флоры // Смирнов Н.Н. (ред.). Экологическое прогнозирование. М.: Наука. С.76–93.

Николаев И.И. 1985. Некоторые аспекты экологии стихийного расселения гидробионтов // Тр. ГосНИОРХ. Вып.323. С.81–89.

Никольский Г.В. 1956. Рыбы бассейна Амура. М.: изд-во АН СССР. 551 с.

Нилова О.И. 1976. Некоторые черты экологии и биологии *Gmelinoides fasciatus* Stebb., акклиматизированного в озере Отрадное Ленинградской области // Изв. ГосНИОРХ. Т.110. С.10–15.

Новиков В.С., Щербаков А.В. (ред.). 2003. Проблемы изучения адвентивной и синантропной флоры в регионах СНГ. Мат-лы науч. конф. Тула 2003. М., Тула: Ботанический сад МГУ, Гриф и К°. 135 с.

Новиков Г.А., Айрапетьянц А.Э., Пукинский Ю.Б., Стрелков П.П, Тимофеева Е.К. 1970. Звери Ленинградской области. Л.: изд-во ЛГУ. 359 с.

Новиков Г.А. 1979. Основы общей экологии и охраны природы. Л.: изд-во ЛГУ. 350 с

Новоселов А.П. 2000. Современное состояние рыбной части сообщества в водоемах Европейского Северо-Востока Росиии. Автореф. дис. на соиск. уч. степ. д. биол. н. М.: ВНИПРХ. 50 с.

Новоселов А.П., Студенов И.И. 2000. Состав ихтиофауны эстуарной зоны р. Северной Двины (Двинский залив Белого моря) // Вопр. рыболовства. Т.1. № 2–3. С.75–77.

Новоселов А.П., Студенов И.И. 2002. О появлении белоглазки *Abramis sapa* и жереха *Aspius aspius* в бассейне Северной Двины // Вопр. ихтиол. Т.42. № 5. С.639–645.

Новский В.А. 1960. Находка *Dreissena polymorpha* в четвертичных слоях Рыбинского района Ярославской области // Бюл. ин-та водохранилищ АН СССР. № 8/9. С.28–29

Носков Г.А., Зимин В.Б., Резвый С.П., Рымкевич Т.А., Лапшин Н.В., Головань В.И. 1981. Птицы Ладожского орнитологического стационара и его окрестностей // Носков Г.А. (ред.). Экология птиц Приладожья / Тр. Биол. НИИ ЛГУ № 32. С.3–86.

Носков Г.А., Шамов С.В. 1983. Канареечный вьюрок (*Serinus serinus*) в Ленинградской области // Сообщ. Прибалт. комисс. по изуч. миграций птиц. № 14. С.125–129.

Обедиентова Г.В. 1977. Эрозионные циклы и формирование долины Волги. М.: Наука. 356 с.

Обзор состояния загрязнения восточной части Финского залива по гидробиологическим показателям в 1985 г. 1986. Л.: Северо-западное управление гидрометеорологической службы. С.119–164, 233–243.

Обтемперанский С.И. 1958. К вопросу о взаимоотношениях уссурийского енота с другими животными в условиях Воронежской области // Тр. Воронежск. ун-та. Т.56. Вып.2. Зоология. С.11–17.

Овен Л.С. 1976. Особенности оогенеза и характер нереста морских рыб. Киев: Наук. думка. 132 с.

Овчинников И.Ф. 1954. Дрейссена Рыбинского водохранилища // Тез. докл. 3-й экол. конф. Киев. С.107–109.

Одум Ю. 1975. Основы экологии. / Пер. 3-го англ. изд. М.: Мир. 740 с.

Олейников Н.С. 1938. Большеротый американский окунь (*Micropterus salmoides*) в озере Абрау // Тр. Новоросс. биол. станции. Т.2. Вып.2. С.93–97.

Орлов Ю.А. 1989. В мире древних животных. М.: Наука. 163 с.

Орлова М.И. 1990. Экология эстуарных двустворчатых моллюсков Южного Приморья. Автореф. дис. на соиск. уч. степ. канд. биол. н. Л. 22 с.

Орлова М.И. 2000. Каспийский бассейн как регион-донор и регион-реципиент биоинвазий водных беспозвоночных // Матишов Г.Г., Денисов В.В., Чинарина А.Д., Зензеров В.С., Берестовский Е.Г. (ред.). Виды-вселенцы в европейских морях России. Сб. науч. тр. Аппатиты: Кольский науч. центр РАН. С.58–75.

Орлова М.И., Панов В.Е., Крылов П.И., Телеш И.В., Хлебович В.В. 1999. Изменения в планктонных и донных сообществах восточной части Финского залива Балтийского моря в связи с биологическими инвазиями // Тр. Зоол. ин-та РАН. Т.279. С.305–325.

Орлова М.И., Щербина Г.Х. 2002. О распространении *Dreissena bugensis* (Dreissenidae, Bivalvia) в верхневолжских водохранилищах // Зоол. журн. Т.81. Вып.5. С.515–520.

Остапеня А.П. 2000. Нарочанские озера: проблемы и прогнозы // Озерные экосистемы: биологические процессы, антропогенная трансформация, качество воды. Минск: Белорусск. гос. ун-т. С.282–292.

Оськин А.А. 1988. Борьба с амброзией в Ставропольском крае // Защ. раст. № 12. С.37.

Оськин А.А. 2002. Борьба с амброзией в Ставропольском крае // Защ. раст. № 12. С.33–34.

Павлинов И.Я., Россолимо О.Л. 1987. Систематика млекопитающих СССР. М.: изд-во МГУ. 282 с.

Павлинова Р. М. 1939. К вопросу о зарастании водохранилищ на примере водохранилища Горьковской энергетической областной станции // Бюл. Моск. о-ва испыт. прир. Отд. биол. Т.48. Вып.4. С.46–50.

Павлов Д.С., Дгебуадзе Ю.Ю., Фенева И.Ю. 2001. Инвазии чужеродных видов в природе и в моделях // Тез. докл. 8-го съезда Гидробиол. о-ва РАН. Т.1. Калининград. С.25–26.

Павлов М., Шультяев А., Гинеев А. 1984. Дикий кролик // Охота и охотничье хоз-во. № 9. С.18–20.

Павлов М.П., Корсакова И.Б., Лавров Н.П. 1974. Акклиматизация охотничье-промысловых зверей и птиц в СССР. Киров. Ч.2. 485 с.

Павлов М.П., Корсакова И.Б., Тимофеев В.В., Сафонов В.Г. 1973. Акклиматизация охотничье-промысловых видов зверей и птиц в СССР. Киров. Ч.1. 321 с.

Павлов П.И. 1964. Современное состояние запасов промысловых рыб нижнего Днепра и Днепровско-Бугского лимана и их охрана. Киев. Рукопись деп. в ВИНИТИ, № 27–64/Деп., 298 с.

Паевский В.А. 1985. Демография птиц // Тр. Зоол. ин-та АН СССР. Т.125. 285 с.

Палий В.Ф. 1963. Последовательно-географический метод акклиматизации животных в СССР // Акклиматизация животных в СССР. Мат-лы конф. по акклиматизации животных в СССР (10–15 мая 1963, г. Фрунзе). Алма-Ата: изд-во АН Каз. ССР. С.27–29.

Палтанавичюс С. 2000. Американская норка — агрессивный пришелец // Охота. № 2. С.34–35.

Панов В.Е. 1994. Байкальская эндемичная амфипода *Gmelinoides fasciatus* Stebb. в Ладожском озере // Докл. РАН. Т.336. № 2. С.279–282.

Панов В.Е. 2002. Биологическое загрязнение как глобальная экологическая проблема: международное законодательство и сотрудничество // С.С. Ижевский (ред.) Экол. безопасность и инвазии чужеродных организмов. Сб. мат-лов Круглого стола в рамках Всеросс. конф. по экол. безопасности (4–5 июня 2002 г.) М.: МСОП – Всемирный союз охраны природы, Представительство для России и СНГ. С.22–40.

Панов В.Е., Алимов А.Ф., Балушкина Е.В., Голубков С.М., Никулина В.Н., Телеш И.В., Финогенова Н.П. 1997. Мониторинг биоразнообразия донных и планктонных сообществ эстуария реки Невы // Соколов В.Е., Решетников Ю.С., Шатуновский М.И. (ред.). Мониторинг биоразнообразия. М. С.288–294.

Панов В.Е., Дианов М.Б., Лобанов А.Л. 2000. Географическая информационная система INVADER и перспективы ее использования для создания национальной и международной баз данных по видам-вселенцам // Тез. докл. науч. семинара “Виды-вселенцы в Европейских морях России”, Мурманск, 27–28 января 2000 г. Мурманск. С.71–72.

Панов В.Е., Дианов М.Б., Лобанов А.Л., Шестаков В.С. (ред.). 2003. Информационная система “Чужеродные виды Северо-Запада России и сопредельных регионов”. http://www.zin.ru/projects/invasions/rus/index.html

Пантелеев К.Н. 1926. Рыбные богатства Байкала // Очерки по изучению Прибайкалья. Иркутск. С.52–64.

Парамонов Б. 1985. Каланы переселенцы // Охота и охотничье хоз-во. № 3. С.30.

Патрин М. 2002. Вселенцы в Волге. проблемы инвазии в водоемах волжского бассейна (на примере Куйбышевского водохранилища) //Журнал научно-образовательных и творческих проектов Экология, 2 (www.piramida-maxima.ru/issues/2002/2/konferencijapos/ekologija/)

Первозванский В.Я. 1999. Сибирский чукучан *Catostomus catostomus rostratus* — новый компонент в ихтиофауне Ладожского озера // Вопр. ихтиол. Т.39. Вып.4. С.567–568.

Перескоков А.В. 2000. Экология рыб // Экология озера Большое Миассово. Миасс. С.201–220.

Перова С.Н., Щербина Г.Х. 2002. Многолетняя динамика структуры донных макробеспозвоночных Горьковского водохранилища // Биол. внутр. вод. № 1. С.62–65.

Петрова Л.П., Бабий А.А. 2000. Ихтиофауна Водлозерского водохранилища и ее промысловое использование // Природное историко-культурное наследие Северо-Запада России Петрозаводск. С.127–156.

Петрусенко А.А., Смирнов А.И. 1984. Пищевые связи бычковых рыб низовьев Дуная // Вестн. зоол. № 5. С.53–57.

Петунников А.Н. 1886. Водяная зараза // Сад и огород. М. С.1–7.

Пидгайко М.Л. 1971. Зоопланктон восточной части Финского залива как кормовая база салаки // Изв. ГосНИОРХ. Т.76. С. 65–74.

Пинчук В.И. 1968. О видовом составе бычков рода *Gobius* в различных районах Чёрного моря и у берегов Советского Союза // Экологическая биогеография контактных зон моря. Киев: Наукова думка. С.126–134.

Пинчук В.И. 1969. О бычках семейства Gobiidae кавказских рек бассейна Чёрного моря // Вестн. зоол. № 2. С.31–38.

Пинчук В.И. 1974. Дополнительные сведения о бычках семейства Gobiidae кавказских рек бассейна Чёрного моря // Вестн. зоол. № 5. С.45–51.

Пинчук В.И. 1977. Система бычков родов *Gobius* Linne (отечественные виды), *Neogobius* Iljin и *Mesogobius* Bleeker // Вопр. ихтиол. Т.17. Вып.4(105). С.587–596.

Пинчук В.И., Смирнов А.И., Коваль Н.В., Шевченко П.Г. 1985. О современном распространении бычковых рыб в бассейне Днепра // Гидробиологические исследования пресных вод. Киев: Наукова думка. С.121–130.

Пипоян С.Х. 1996. Новый для фауны Армении вид — верховка *Leucaspius delineatus* (Cyprinidae) // Вопр. ихтиол. Т.36. Вып.1. С.134–137.

Пирожников П.Л. 1937. К вопросу о происхождении северных элементов в фауне Каспия // Докл. АН СССР. Т.18. № 8. С.513–515.

Пирожников П.Л., Иоффе Ц.И. (ред.) 1974. Обогащение кормовой базы для рыб в водохранилищах СССР путем акклиматизации беспозвоночных. Л.: ГосНИОРХ. 226 с.

Плигин Ю. В . 1979. Расширение ареала *Dreissena bugensis* (Andr.) // Моллюски. Сб.6. С.222–224.

Плигин Ю.В. 1989. Макрозообентос // Беспозвоночные и рыбы Днепра и его водохранилищ. Киев: Наукова думка. С. 95–116.

Плотников Г.К. 2000. Фауна позвоночных Краснодарского края. Краснодар: Краснодарское кн. изд-во. 232 с.

Плотников И.С., Аладин Н.В., Филиппов А.А. 1991. Прошлое и настоящее фауны Аральского моря // Зоол. журн. Т.70. Вып.4. С.5–15.

Подушка С.Б. 1999. Проникновение амурского чебачка *Pseudorasbora parva* в Азовское море // Науч.-техн. бюл. Лаб. ихтиологии ИНЭНКО. СПб. Вып.1. С.36–37.

Позняк В.Г. 1984. Состав и пути формирования ихтиофауны озера Деед-Хулсун Калмыцкой АССР // Миноранский В.А. (отв. ред.). Фауна и экология животных Калмыкии и сопредельных районов. Элиста: Калмыцк. гос. ун-т. С.72–76.

Позняк В.Г. 1987а. Животный мир Калмыкии. Рыбы. Элиста: Калмыцк. кн. изд-во. 58 с.

Позняк В.Г. 1987б. О формировании ихтиофауны Состинских озёр // Абдурахманов Г.М. (отв. ред.). Животные водных и околоводных биогеоценозов полупустыни. Элиста: Калмыцк. гос. ун-т. С.97–103.

Позняк В.Г. 1988. Амурский чебачок в бассейне реки Кумы // Животный мир Предкавказья и сопредельных территорий. Ставрополь. С.64–66.

Позняк В.Г. 1990. Об изменении ихтиофауны внутренних водоёмов северо-западного Прикаспия в зоне мелиоративного строительства // Кукиш А.И. (отв. ред.). Фауна и экология животных в условиях ирригации земель. Элиста: Калмыцк. гос. ун-т. С.21–27.

Позняк В.Г., Жолобова Т.Б. 2000. О перспективах акклиматизации пиленгаса в Пролетарском водохранилище // Фауна Ставрополья. Вып.10. С.69–72.

Позняк В.Г., Кожара А.В. 2002. О распространении горчака в бассейне Кубани // Актуальные вопросы экологии и охраны природы экосистем южных регионов России и сопредельных территорий. Краснодар: Кубанск. ун-т. С.147–148.

Полтавчук М.А. 1976. Рыбы малых рек правобережного полесья Украины // Вестн. зоол. № 1. С.38–44.

Полунина Ю.Ю. 2000. О нахождении *Cercopagis pengoi* (Cladocera, Podonidae) в Вислинском заливе // Виды-вселенцы в европейских морях России. Тез. докл. науч. семинара (Мурманск, 27–28 января 2000). Мурманск. С.74–75.

Попов А.Н. 1993. Салака (*Clupea harengus membras* (L.)) восточной части Финского залива // Экол. сост. рыбохоз. водоемов бассейна Балтийского моря (в пределах Финского залива). Тез. докл. СПб., 14–16 апреля 1993 г. СПб. С.49–51.

Попов Ю.К. 1956. Материалы по экологии енотовидной собаки (*Nyctereutes procyonoides* Gray) в Татарской АССР // Изв. Казанск. фил. АН СССР. Сер. биол. н. № 5. С.11–23.

Попова М.С. 1961. Материалы по морфологии и биологии шемаи — *Chalcalburnus chalcoides schischkovi* Drensky, акклиматизированной в Сенгилеевском водохранилище Ставропольского края // Вопр. ихтиол. Т.1. Вып.3(20). С.468–480.

Попова О.А., Андреев В.Л., Макарова Н.П., Решетников Ю.С. 1993. Изменчивость морфологических показателей речного окуня *Perca fluviatilis* L. в пределах ареала // Биология речного окуня. М.: Наука. С.4–55.

Попова О.А. 1998. Centrarchidae // Решетников Ю.С. (ред.). Аннотированный каталог круглоротых и рыб континентальных вод России. М: Наука. С.116–117.

Постовалова Г.Г. 1966. О нахождении *Elodea canadensis* Michx. в Архангельской области // Бот. журн. Т.51. № 3. С.408–409.

Преображенский Л.Ю., Телеш И.В., Хлебович Т.В. 1987. Влияние гидрологических факторов на формирование прибрежного зоопланктона // Винберг Г.Г., Гутельмахер Б.Л. (ред.). Невская губа: гидробиологические исследования / Тр. Зоол. ин-та АН СССР. Т.151. С.105–111.

Промптов А.Н. 1934. Биология дубровника (*Emberiza aureola* Pall.) в связи с вопросом о расселении видов птиц // Зоол. журн. Т.13. С.523–539.

Пронин Н.М. 1982. Об экологических последствиях акклиматизационных работ в бассейне озера Байкал // Биологические ресурсы Забайкалья и их охрана. Улан-Удэ: Бурятск. фил. СО АН СССР. С.3–18.

Пронин Н.М. (ред.). 2002. Экологически эквивалентные и экзотические виды гидробионтов в великих и больших озерах мира. Мат-лы 2-го межд. симп. Улан-Удэ: изд-во Бурятск. науч. центра СО РАН. 180 с.

Пронин Н.М., Селгеби Д.Х., Литвинов А.Г., Пронина С.В. 1998. Сравнительная экология и паразитофауна экзотических вселенцев в Великие озера мира: ротана головешки (*Perccottus glehni*) в оз. Байкал и ерша (*Gymnocephalus cernuus*) в оз. Верхнее // Сибирск. экол. журн. Т.5. С.397–406.

Протасов А.А. 1994. Пресноводный перифитон. Киев: Наукова думка. 250 с.

Протасов А.А. 2002. Биоразнообразие и его оценка. Концептуальная диверсикология. Киев: ин-т гидробиологии НАНУ. 106 с.

Протасов В.Р. 1965. Биоакустика рыб. М.: Наука. 205 с.

Протасов В.Р., Романенко Е.В. 1965. О характере звуков, издаваемых некоторыми рыбами Чёрного моря // Докл. АН СССР. Т.139. № 3. С.726–728.

Протопопова В.В. 1966. Адвентивные растения лесостепи и степи Украины. Автореф. дисс. на соиск. уч. степ. канд. биол. н. Киев. 24 с.

Протопопова В.В. 1994. Триба Heliantheae // Флора европейской части СССР. Т.7. СПб. 317 с.

Пряхин Ю.В. 2003. Интродукция дальневосточной кефали пиленгаса в Азово-Черноморском бассейне // Матишов Г.Г., Лебедева Н.В., Фуштей Т.В., Бердников С.В., Чинарина А.Д., Ивакина Ю.И. (ред.). Эволюция морских экосистем под влиянием вселенцев и искусственной смертности фауны. Тез. докл. межд. конф. (г. Азов 15–18 июня 2003 г.). Ростов-на-Дону. С.116–118.

Пузырев А.Н. 1986. Адвентивная флора Удмуртии. Автореф. дисс. на соиск. уч. степ. канд. биол. н. Л. 22 с.

Пучков П.В., Кульчицкий А.Г. 1995. Раннемиоценовая драма: мастодонты против индрикотериев // Вестн. зоол. № 4. С.54–62.

Пьянова С.В., Бурканова Т.И., Ключарева Н.Г., Кузнецов В.В. 2001. Некоторые данные по биологии пиленгаса *Mugil so-iuy* (Bas.) из Черного моря и дальневосточных водоемов // Актуальные вопросы экологии и охраны природы экосистем южных регионов России и сопредельных территорий. Мат-лы 14-й межреспубл. науч.-прак. конф. Краснодар. 17 апреля 2001 г. С.131–133.

Рагимов Д.Б. 1966. Видовой состав, биология, и запасы бычковых у западного побережья Среднего и Южного Каспия. Автореф. дис. на соиск. уч. степ. канд. биол. н. Баку: Ин-т зоологии АН АзССР. 20 с.

Рагимов Д.Б. 1968. Биология размножения бычков у западного побережья Среднего и Южного Каспия // Изв. АН АзССР, сер. биол. н. № 2. С.51–57.

Рагимов Д.Б. 1976. Материалы по распространению и численности бычков у восточного побережья среднего и южного Каспия // Изв. АН АзССР, сер. биол. н. № 2. С.83–87.

Рагимов Д.Б. 1977. О распространении и численности некоторых бычковых рыб у восточного побережья среднего и южного Каспия (сообщение второе) // Изв. АН АзССР, сер. биол. н. № 4. С.87–91.

Рагимов Д.Б. 1981. Распространённость и численность бычковых в Северном Каспии // Вопр. ихтиол. Т.21. Вып.2(127). С.223–231.

Рагимов Д.Б. 1986. О размножении мелких видов бычков (Gobiidae) Каспийского моря // Вопр. ихтиол. Т.26. Вып.6. С.937–944.

Рагимов Д.Б. 1991. Бычковые рыбы Каспийского моря. Автореф. дис. на соиск. уч. степ. д. биол. н. СПб. 32 с.

Рагимов Д.Б. 2001. Размножение некоторых бычков в Каспийском море (сообщение второе) // Изв. НАН Азерб. № 4–6. С.113–118.

Рагимов Д.Б., Кулиев З.М. 1988. О морфо-экологических особенностях бычка-цуцика у западного побережья Южного Каспия // Изв. АН Азербайджана. №1. С.63–67.

Разумовский С.М. 1981. Закономерности динамики биоценозов. М.: Наука. 231 с.

Раменский Л.Г. 1938. Введение в комплексное почвенно-географическое изучение земель. М.: Сельхозгиз. 163 с.

Расс Т.С. 1939. Заметки о рыбах, собранных в заливах Мёртвый Кутук и Кайдак (Каспийское море) // Бюл. Моск. о-ва испыт. прир. Отд. биол. Т.47. Вып.2–3. С.93–97.

Расс Т.С. 1949. Ихтиофауна Чёрного моря и её использование // Тр. ин-та океанол. Т.4. С.103–122.

Ращеперин В.К. 1967. Экология размножения бычка-кругляка *Neogobius melanostomus* (Pallas). Автореф. дис. на соиск. уч. степ. канд. биол. н. Калининград: Калининградск. техн. ин-т рыбной пром-сти и хоз-ва. 19 с.

Резник С.Я. 1989. Избирательность яйцекладки, плотность популяции и эффективность амброзиевого полосатого листоеда // Ковалев О.В., Белокобыльский С.А. (ред.). Теоретические основы биологической борьбы с амброзией / Тр. Зоол. ин-та АН СССР. Т.189. С.45–55.

Резник С.Я., Белокобыльский С.А., Лобанов А.Л. 1990. Влияние стабильности агроценоза на плотность популяции амброзиевого листоеда *Zygogramma suturalis* (Coleoptera, Chrysomelidae) // Зоол. журн. Т.69. Вып.10. С.54–59.

Резник С.Я., Ковалев О.В. 1989. Поведение имаго амброзиевого полосатого листоеда при поиске и выборе кормового растения // Ковалев О.В., Белокобыльский С.А. (ред.). Теоретические основы биологической борьбы с амброзией / Тр. Зоол. ин-та АН СССР. Т.189. С.56–61.

Резник С.Я., Ковалев О.В., Марьюшкина В.Я., Калинин О.М., Ильина Е.Г., Барт А.Г. 1986. Конфигурация распределения амброзиевого полосатого листоеда *Zygogramma suturalis* (Coleoptera, Chrysomelidae) в зоне высокой плотности популяции // Энтомол. обозр. Т.65. Вып.2. С.244–250.

Реймерс Н.Ф. 1988. Основные биологические понятия и термины. М.: Просвещение. 319 с.

Реймерс Н.Ф., Яблоков А.В. 1982. Словарь терминов и понятий, связанных с охраной живой природы. М.: Наука. 144 с.

Рейх Е.М. 1969. Питание молоди бычка-кругляка в Обиточном заливе Азовского моря // Тр. ВНИРО. Т.65. С.26–40.

Ривьер И.К. 1969. Размножение церкопагид (Cladocera, Polyphemidae) Каспийского моря // Тр. ин-та биол. внутр. вод АН СССР. Вып. 19(22). С.119–128.

Ривьер И.К. 1993. Современное состояние зоопланктона Рыбинского водохранилища // Тр. ин-та биол. внутр. вод. Вып.67. С.119–128.

Ривьер И.К., Григорович И.А. 1999. Биология *Bythotrephes* (Leydig) (Crustacea, Cladocera, Onychopoda): результаты исследований // Гидробиол. журн. Т.35. № 5. С.13–40.

Ривьер И.К., Мордухай Болтовской Ф.Д. 1966. Материалы по биологии каспийских полифемид // Тр. ин-та биол. внутр. вод АН СССР. Вып.12(15). С.159–169.

Ривьер И.К., Щербина Г.Х. 2001. Водные беспозвоночные — вселенцы в бассейне Верхней Волги // Копылов А.И. (ред.). Экол. проблемы Верхней Волги. Ярославль: ЯрТУ. С.83–84.

Родионова Т.В. 1937. К биологии бычков Утлюкского лимана // Тр. Науч.-исслед. зоол. ин-та, Харьковский гос. ун-т. Т.4. Сектор экологии. С.173–190.

Романова А.П., Лаврентьева Г.М., Мещерякова С.В., Суслопарова О.Н., Огородникова В.А., Шуйский В.Ф. 1993. Экологическая оценка Лужской губы // Экол. сост. рыбохоз. водоемов бассейна Балтийского моря (в пределах Финского залива). Тез. докл. СПб., 14–16 апреля 1993 г. СПб. С.55–57.

Романова Н.Н. 1959. Выживание некоторых Amphipoda при разных соленостях // Тр. ВНИРО. Т.38. С.277–291.

Руденко Г.П. 1966. Итоги работ по рыбохозяйственному преобразованию оз. Жемчужного // Вопр. ихтиол. Т.6. Вып.4(41). С.656–662.

Русанов Ф.Н. 1967. Еще об основных понятиях в интродукции растений // Бюл. Гл. Бот. сада АН СССР. Вып.67. С.3–8.

Рыкова Т.И. 1995. Сводка данных о вселении рыб в водоемы в 1985–1989 годах // Результаты работ по акклиматизации водных организмов. СПб.: ГосНИОРХ. С.171–202.

Рябов П., Лавров В., Соколов М. 1991. Европейская и американская норки // Охота и охотничье хоз-во. № 12. С.12–14.

Рябова В.Н., Крылов П.И. 1988. Зоопланктон Копорской губы. Методы биоиндикации окружающей среды в районах АЭС. М.: Наука. С.45–50.

Рябова В.Н., Погребов В.Б. 1991. Биологическая сезонность в зоопланктоне Финского залива // Гидробиол. журн. Т.27. № 1. С.19–24.

Сабанский Г. 1958. Норка в Красноярском крае // Охота и охотничье хоз-во. № 12. С.26.

Саблина Т.Б. 1979. Непредвиденные последствия акклиматизации млекопитающих // Экологическое прогнозирование. М.: Наука. С.62–75.

Саватеева Е.Б. 1985. Результаты вселения байкальских бокоплавов и понто-каспийских мизид в озеро Ильмень // Сб. науч. тр. ГосНИОРХ. Вып.232. С.3–15.

Савваитова К.А. 1959. Некоторые вопросы биологии малоценных видов рыб в низовьях дельты Волги // Науч. докл. высш. шк., Биол. н. Вып.2. С.27–35.

Саенкова А.К. 1960. Цветная монодакна в Каспийском море // Природа. № 11. С.45–46.

Сакович И.Г. 1985. О случае поимки судака *Stizostedion lucioperca* (L.) в Амуре // Вопр. ихтиол. Т.25. Вып.5. С.863.

Сапунов В.Б. 2000. Способы оценки разнообразия видов в биоценозе // Теоретические основы биоразнообразия (материалы семинара 19–20 мая 2000 г. СпбГУ). СПб.: СПбГУ. С.19–20.

Саулич А.Х. 1999. Сезонное развитие насекомых и возможности их расселения. СПб.: изд-во СПб ГУ. 248 с.

Сафронов Г.П. 1993. Состав и экология видов рода *Gammarus* Fabricius южной части восточной Сибири. Автореф. дис. на соиск. уч. степ. канд. биол. н. Иркутск. 21 с.

Световидов А.Н. 1937. Рыбы заливов Каспийского моря Комсомолец (Мёртвый Култук) и Кайдак // Тр. Комиссии по компл. изуч. Касп. моря. Вып.1. Ч.1. С.183–211.

Световидов А.Н. 1952. Сельдевые (Clupeidae) // Фауна СССР. Рыбы. Т.2. Вып.1. М.: изд-во АН СССР. 331 с.

Световидов А.Н. 1964. Рыбы Чёрного моря. М.-Л.: Наука. 551 с.

Свириденко Б.Ф. 1986. Находки *Elodea canadensis* (Hydrocharitaceae) в Северном Казахстане // Бот. журн. Т.71. № 12. С.1686–1688.

Святковский Д.В., Завьялов Е.В., Шляхтин Г.В., Семихатова С.Н. 1996. Морфологическая характеристика и современное распространение рукокрылых на территории Саратовской области // Фауна Саратовской области. Саратов. Т.1. Вып.1. С.86–97.

Северцов А.Н. 1925. Главные направления эволюционного процесса // Прогресс, регресс и адаптация. М.: изд. Т-ва А.В. Думонов. С.41–78.

Селюнин В. 1989. Время действий // Новый мир. № 5. С.213–241.

Сидоров Е.Г. 1963. Акклиматизация кормовых беспозвоночных и паразитологический фактор // Акклиматизация животных в СССР. Мат-лы конф. по акклиматизации животных в СССР (10–15 мая 1963, г. Фрунзе). Алма-Ата: изд-во АН Каз. ССР. С.356–358.

Силина Н.И. 1997. Зоопланктон и его участие в биотическом круговороте // Проект “Балтика”.

Вып.5. Экосистемные модели. Оценка современного состояния Финского залива. Ч.2. СПб.: Гидрометеоиздат. С.390–404.

Синская Е.Н. 1948. Динамика вида. М.-Л.: ОГИЗ, СельхозГИЗ. 526 с.

Сказкина Е.П. 1964. Некоторые особенности дыхания бычка-кругляка // Тр. АзчерНИРО. Вып.22. С.125–131.

Сказкина Е.П. 1966. К вопросу об экологических различиях азовских бычков (кругяка и сирмана) // Тр. АзчерНИРО. Вып.24. С.35–38.

Скалон В.Н. 1950. Об акклиматизации в Сибири американской норки // Охрана природы. М. Сб.12. С.90–93.

Скальская И.А. 1993. Современное состояние зооперифитона Рыбинского водохранилища // Зооценозы водоемов бассейна Верхней Волги в условиях антропогенного воздействия. / Тр. Ин-та биол. Волжск. басс. РАН. Вып.69(72). С.94–107.

Скальская И.А. 1996. Структура популяций байкальского бокоплава *Gmelinoides fasciatus* (Stebb.) в Рыбинском водохранилище // Биол. внутр. вод. Инф. бюл. № 99. СПб.: Наука. С.29–35.

Скальская И.А. 2002. Зооперифитон водоемов бассейна Верхней Волги. Рыбинск. 256 с.

Скворцов А.К., Зайцева Т.А. 1989. Аборигенные и адвентивные компоненты популяции ежи (*Dactylus glomerata* L.) в Московской области // Проблемы изучения адвентивной флоры СССР. М.: Моск. о-во испыт. прир. С.8–11.

Скворцов В.В. 1975. Зоопланктон восточной части Финского залива в 1972 г. // Изв. ГосНИОРХ. Т.93. С.81–85.

Скрябин А.Г. 1997. Экология и морфология рыб Восточной Сибири. Автореф. дис. на соиск. уч. степ. д. биол. н. Иркутск. 38 с.

Сластененко Ю.П. 1929. Матеріяли до іхтіофавни р.Дністра та його головніших допивів (в межах Камя'нецькоі окр.) // Зап. Кам'янець-Поділ. н.-д. катедри. № 1. С.45–70.

Сластников Г.С. 1939. Новый вид *Polychaeta* в Белом море // Природа. № 1. С.80–81.

Слынько Ю.В., Кияшко В.И., Яковлев В.Н. 2000. Список видов рыбообразных и рыб бассейна р. Волга // Яковлев В.Н. (отв. ред.). Каталог растений и животных водоемов бассейна Волги. Ярославль: Ин-т биол. внутр. вод РАН. С.252–277.

Смирнов А.И. 1986. Фауна Украины. Т.8. Рыбы. Вып.5. Киев: Наукова думка. 313 с.

Смирнов А.И., Исаевич В.В., Полищук В.В. 1970. Питание рыб лимана Сасык // Охрана рыбных запасов и увеличение продуктивности водоёмов южной зоны СССР: Мат-лы межвуз. совещ. (Кишинёв, окт. 1969). Кишинёв: изд-во Кишинёвск. ун-та. С.110–112.

Смирнов Ю.А. 1967. Некоторые сведения о синце Водлозера // Сб. науч. раб. аспирантов и молодых специалистов, медицинские и биологические науки. Петрозаводск: гос. ун-т. Вып.2. С.206–209.

Смирнова Н.Ф. 1973 О реакции дрейссены на воздействие солености и фенола // Биол. внутр. вод. Инф. бюл. № 18. С.37–39.

Соболев В.И., Соболева Л.Н. 1979. К биологии амурского сазана оз. Байкал // Тез. докл. конф. "Проблемы экологии Прибайкалья". Иркутск. С.224–225.

Соколов В.Е. 1977. Систематика млекопитающих. М.: Высшая школа. 494 с.

Соколов В.Е. 1979. Систематика млекопитающих М.: Высшая школа. 528 с.

Соколов Л.И., Соколова Е.Л., Пегасов В.А., Шатуновский М.И., Кистенев А.Н. 1994. Ихтиофауна реки Москвы в черте г. Москвы и некоторые данные о её состоянии // Вопр. ихтиол. Т.34. Вып.5. С.634–641.

Соколов Л.И., Цепкин Е.А. 1992. Антропогенные изменения ихтиофауны речных систем центрального района России (на примере бассейна Москвы-реки) // Вестн. Московск. ун-та. Сер. 16, биол. № 1. С. 3–39.

Соколов С.Я. 1957. Современное состояние истории акклиматизации и интродукции растений // Тр. Бот. ин-та АН СССР. Сер.6. Интродукция растений и зеленое строительство. Вып.5. С.9–32.

Соколова М.Ф. 1927. Зоопланктон восточной части Финского залива // Исследования р. Невы и ее бассейна. Л. Вып.2. № 5. С.3–45.

Соловкина Л.Н. 1969а. О находках серебряного карася [*Carassius auratus gibelio* (Bloch)] и красноперки [*Scardinius erythrophthalmus* (L.)] на европейском северо-востоке СССР // Вопр. ихтиол. Т.9. Вып.5. С.945–948.

Соловкина Л.Н. 1969б. Обоснование ихтиогеографических границ и районов европейского северо-востока СССР // Изв. Коми фил. Геогр. о-ва СССР. Т.2. № 2(12). С.79–84.

Соловкина Л.Н. 1975. Рыбные ресурсы Коми АССР. Сыктывкар: Коми кн. изд-во. 167 с.

Солодовников С.В. 1924. Материалы к изучению рыб р. Донца // Природа и охота на Украине. № 1–2. С.189–202.

Сомов М.П. 1922. 24. Рыбоводство // Естественные и производительные силы России. Пг. Т.6 (животный мир). Отдел 3 (использование культурных животных). С.1–71.

Сон М.О. 2003. Моллюски-вселенцы азиатского происхождения в экосистемах взморья килийской дельты Дуная // Эволюция морских экосистем под влиянием вселенцев и искусственной смертности фауны. Тез. докл. межд. конф., г. Ростов на Дону, 16–19 июня, Ростов-на-Дону. С.130–131.

Сорокина А.П. 1999. Пищевые связи видов рода *Trichogramma* Westw. (Hymenoptera, Trichogrammatidae) мировой фауны // Энтомол. обозр. Т.78. Вып.1. С.49–59.

Станчинский В.В. 1922. Послеледниковые изменения Европейской России по данным современного распространения птиц // Изв. Геогр. ин-та. Пг. Вып.3. С.3–43.

Станчинский В.В. 1933. Теоретические основы акклиматизации животных // Тр. Ин-та с.-х. гибридизации и акклиматизации животных в Аскания Нова. Т.1. С.33–66.

Старобогатов Я.И. 1970. Фауна моллюсков и зоогеографическое районирование водоемов земного шара. Л.: Наука. 372 с.

Старобогатов Я.И. 1994. Систематика и палеонтология // Старобогатов Я.И. (ред.). Дрейссена, *Dreissena polymoprha* (Pall.) (Bivalvia, Dreissenidae). Систематика, экология и практическое значение. М.: Наука. С.18–46

Старобогатов Я.И., Андреева С.И. 1981. Новые виды моллюсков семейства Pyrgulidae (Gastropoda, Pectinibranchia) из Аральского моря // Зоол. журн. Т.60. Вып.1. С.29–35.

Старобогатов Я.И., Андреева С.И. 1994. Ареал // Старобогатов Я.И. (ред.). Дрейссена, *Dreissena polymoprha* (Pall.) (Bivalvia, Dreissenidae). Систематика, экология и практическое значение. М.: Наука. С.47–53

Стебаев И.В., Сергеев М.Г. 1982. Внутренняя ландшафтно-популяционная структура ареала на примере саранчовых // Журн. общ. биол. Т.43. Вып.3. С.399–410.

Стемнинский Л. 1909. История распространения *Elodea canadensis* Mich. в России // Тр. бот. сада Юрьев. ун-та. Т.10. Вып.5. С.214–229.

Степанова Т.Г. 1985. Питание бычков // Каспийское море. М.: Наука. С.214–220.

Стерлигова О.П., Павлов В.Н., Ильмаст Н.В., Павловский С.А., Комулайнен С.Ф., Кучко Я.А. 2002. Экосистема Сямозера (биологический режим и использование). Петрозаводск. 119 с.

Стефановская-Смирнова А.Ф. 1961. О результатах акклиматизации ладожской корюшки в Сегозерском водохранилище // Науч.-техн. бюл. ГосНИОРХ. № 13–14. С.81–82.

Страутман Е.И. 1963. Ондатра в Казахстане. Алма-Ата: изд-во АН Каз.ССР. 73 с.

Страутман И.Ф. 1972. Питание и пищевые взаимоотношения бычков (сем.Gobiidae) Днестровского лимана // Вестн. зоол. № 4. С.35–40.

Страутман И.Ф. 1973. Питание и пищевые взаимоотношения бычков сем. Gobiidae северо-западной части Чёрного моря и причерноморских лиманов // Мат-лы Всес. симп. по изученности Чёрного и Средиземного морей, использованию и охране их ресурсов, Киев. Ч.2. С.193–195.

Стрелков П.П. 1988. Бурый (*Plecotus auritus*) и серый (*P. austriacus*) ушаны (Chiroptera, Vespertilionidae) в СССР. Сообщ.1 // Зоол. журн. Т.67. Вып.1. С.90–101; Сообщ.2, Вып.9. С.287–291.

Стрелков П.П., Сосновцева В.П., Бабаев Х.Б. 1978. Летучие мыши (Chiroptera) Туркмении // Тр. Зоол. ин-та АН СССР. Т.79. С.3–71.

Стрелков П.П., Ункурова В.И., Медведева Г.А. 1985. Новые данные о нетопыре Куля (*Pipistrellus kuhlii*) и динамика его ареала в СССР // Зоол. журн. Т.64. Вып.1. С.87–97.

Стрелков П.П., Ильин В.Ю. 1990. Рукокрылые (Chiroptera, Vespertilionidae) юга Среднего и Нижнего Поволжья // Тр. Зоол. ин-та АН СССР. Т.225. С.42–167.

Стрелков П.П., Сосновцева В.П. 1994. Новые данные о рукокрылых (Chiroptera) пустыни Каракум // Зоол. журн. Т.73. Вып.2. С.140–143.

Стритинская Т.В., Степанова Т.Г. 2000. Сравнительная характеристика питания бычков в районе о. Малый Жемчужный // Каспийский плавучий ун-т. № 1. С.153–154.

Строганов Н.С. 1964. Рост и половое созревание амурских рыб в прудах Московской области // Вопр. ихтиол. Т.4. Вып.4(33). С.664–671.

Строганова Н.З., Ванюшина З.Я. 2000. Прошлое и настоящее акклиматизации // Рыбоводство и рыболовство. № 1. С.7–8.

Суркова Е.И. 1996. Акклиматизация горбуши и кеты в бассейне Баренцева и Белого морей // Рыбы Мурманской области. Мурманск. С.294–322.

Суханова Е.Р. 1971. *Moina microphthalma* (Cladocera, Daphniidae) в ультрагалинных условиях на Северном Кавказе // Зоол. журн. Т.50. Вып.2. С.285–287.

Сущеня Л.М. 1975. Количественные закономерности питания ракообразных. Минск: Наука и техника. 207 с.

Сущеня Л.М., Семенченко В.П., Вежновец В.В. 1986. Биология и продукция ледниковых реликтовых ракообразных. Минск: Наука и техника. 160 с.

Сыроватский И.Я. 1946. К познанию ихтиофауны р. Дона // Рыбн. хоз-во. № 7. С.37–38.

Сытин А.К. 1992. О полиморфизме, дискретности и критериях вида у астрагалов (*Astragalus*, Fabaceae) // Вид как базовая единица биологического разнообразия. СПб. С.123–132.

Таран М.К. 1964. Питание промысловых рыб Днепровско-Бугского лимана в зависимости от размещения кормовых объектов // Вопр. ихтиол. Т.4. Вып.2(31). С.365–371.

Тарнавський М.П. 1960. Глоса, бичкові та інші риби в промислі на Молочному лимані // Праці інституту гідробіології. № 35. С.165–174.

Телеш И.В. 1986. Сравнительная эффективность методов количественного учета планктонных коловраток // Гидробиол. журн. Т.22. № 4. С.99–102.

Телеш И.В. 1987. Коловратки и ракообразные планктона // Винберг Г.Г., Гутельмахер Б.Л. (ред.). Невская губа: гидробиологические исследования / Тр. Зоол. ин-та АН СССР. Т.151. С.82–103.

Телеш И.В., Литвинчук Л.Ф., Большагин П.В., Крылов П.И., Панов В.Е. 2000. Особенности биологии понто-каспийского вида *Cercopagis pengoi* (Crustacea: Onychopoda) в Балтийском море // Матишов Г.Г. и др. (ред.). Виды-вселенцы в европейских морях России. Сб. науч. тр. Апатиты: Кольский науч. центр РАН. С.130–151.

Телеш И.В., Большагин П.В., Панов В.Е. 2001. Количественная оценка воздействия вида-вселенца *Cercopagis pengoi* (Crustacea: Onychopoda) на структуру и функционирование планктонного сообщества в Финском заливе Балтийского моря // Докл. РАН. Т.377. № 3. С.427–429.

Терехина Т.А. 2000. Антропогенные фитосистемы. Барнаул. 250 с.

Терновский Д.В., Туманов И.Л. 1973. Сохранить европейскую норку // Охота и охотничье хоз-во. № 2. С.20–21.

Тимонов В.В. 1950. Основные черты гидрологического режима Белого моря // Памяти Ю.М. Шокальского. М.-Л. Ч.2. С.206–236.

Тимофеев-Ресовский Н.В., Яблоков А.В., Глотов Н.В. 1973. Очерк учения о популяции. М.: Наука. 277 с.

Тихий М.И. 1953. Результаты акклиматизации рыб // Изв. ВНИОРХ. Т.32. С.99–118.

Ткаченко Н.К. 1980. Особенности созревания и нереста бычка-кругляка (*Neogobius melanostomus* Pall.) Чёрного моря в естественных и искусственных условиях // Биол. моря. Вып.1. С.88–92.

Томилина И.М. 2000. Эколого-токсикологическая характеристика донных отложений водоемов Северо-Запада России. Автореф. дис. на соиск. уч. степ. канд. биол. н. Борок: Ин-т биол. внутр. вод РАН. 21 с.

Третьяков Д.И. 1998. Адвентивная фракция флоры Беларуси и ее становление // Изучение биологического разнообразия методами сравнительной флористики. СПб. С.250–259.

Треус В.Д. 1968. Акклиматизация и гибридизация животных в Аскании-Нова. Киев. 82 с.
Треус В.Д., Лобанов Н.В. 1976. Акклиматизация мозоленогих в Аскании-Нова // Вестн. зоол. № 1. С.3–9.
Трифонов Г.П. 1955. Биология размножения азовских бычков // Тр. Карадагск. биол. ст. Вып.13. С.5–45.
Трифонов Г.П. 1949. Биология размножения азовских бычков. Автореф. дис. на соиск. уч. степ. канд. биол. н. М. 18 с.
Троицкий С.К. 1939. О рыбах в бассейне р. Кубани // Природа. № 10. С.71–72.
Троицкий К.С. 1961. Кавказкий речной бычок в бассейне Дона // Зоол. журн. Т.40. Вып.4. С.620.
Троицкий С.К., Цуникова Е.П. 1983. Биология бычка-песочника *Neogobius fluviatilis* (Pallas) (Gobiidae) в кубанских лиманах // Вопр. ихтиол. Т.23. Вып.4. С.569–574.
Троицкий С.К., Цуникова Е.П. 1988. Рыбы бассейнов Нижнего Дона и Кубани: Руководство по определению видов. Ростов-на-Дону: Ростовск. кн. изд-во. 112 с.
Туганаев В.В. 1989. Археофиты Вятско-Камского междуречья // Пробл. изучения синантропной флоры СССР. М.: Моск. о-во испыт. прир. С.44–45.
Туганаев В.В., Пузырев А.Н. 1988. Гемерофиты Вятско-Камского междуречья. Свердловск. 128 с.
Тугарина П.Я., Асхаев, М.Г., Гоменюк Е.С. 1967. Экология восточного леща из оз. Убинского в Иркутском водохранилище // Изв. Биол.-геогр. НИИ при Иркутск. ун-те. Т.20. С.187–200.
Туманов И.Л. 1970. Американская норка // Охотничьи звери и их промысел в Северо-Западных областях СССР. Л.: Лесная промышленность. С.58–60.
Туманов И.Л. 1978. Численность и состояние американской и европейской норок на Северо-Западе СССР // Акклиматизация охотничьих животных в СССР. Минск. С.117–120
Туманов И.Л. 1986. Динамика ареала и состояние запасов европейской норки в СССР // 4-й съезд Всес. териол. об-ва. М. С.240.
Туманов И.Л., Зверев Е.Л. 1986. Современное распространение и численность европейской норки (*Mustela lutreola*) в СССР // Зоол. журн. Т.65. Вып.3. С.426–435.
Тупицын И.И. 1995. Изменение кормовой базы рыбоядных птиц в результате интродукции ротана-головешки в бассейн озера Байкал // Тез. докл. 5-й конф. орнитологов Сибири. Барнаул. С.75–77.
Тылик К.В. 2003. Расселение бычка-кругляка (*Neogobius melanostomus*) в Балтийском море у берегов Калининградской области // Матишов Г.Г. и др. (ред.). Эволюция морских экосистем под влиянием вселенцев и искусственной смертности фауны. Тез. докл. межд. конф. (г. Азов, 15–18 июня 2003 г.). Ростов-на-Дону. С.142–143.
Ульман Э.Ж. 1970. Бычки Каховского водохранилища и их биологическое значение. Автореф. дисс. на соиск. уч. степ. канд. биол. н. Киев: Украинский н.-и. ин-т рыбн. хоз-ва. 30 с.
Устинов А.И., Севрюков В.Н., Семьянихин В.В., Подушка С.Б. 1998. Живая рыба из Липецка // Рыбоводство и рыболовство. № 3–4. С.16–17.
Фадеев Е. 1984. Пятнистый олень в СССР // Охота и охотничье хоз-во. № 5. С.18–21.
Фалькович М.И. 1996. Пищевая специализация чехлоносок (Lepidoptera, Coleophoridae). 1 // Энтомол. обозр. Т.75. Вып.4. С.732–755.
Федоров А.В., Афонюшкина Е.В., Алфеев К.М. 1965. Материалы по миграции рыб в Верхнем Дону // Работы Н.-и. лаб. Воронежск. ун-та. Сб.3. С.34–64.
Федоров П.В. 1957. Стратиграфия четвертичных отложений Западной Туркмении и их положение в единой стратиграфической шкале Каспийской области // Тр. Геол. ин-та АН СССР. Вып.10. 300 с.
Федоров П.В. 1980. О некоторых вопросах голоценовой истории Каспия и Арала // Колебания увлажнения Арало-Каспийского региона в голоцене. М. С.19–22.
Федоров П.В. 1983. Некоторые вопросы палеогеографии Каспия и Арала в позднем плиоцене и плейстоцене // Палеогеография Каспийского и Аральского морей в кайнозое. Ч.1. М.: Наука. 16 с.
Федорович Б.А. 1952. Древние реки в пустынях Турана // Мат-лы по четвертичному периоду СССР.

Вып.3. М.: изд-во АН СССР. С.93–100.

Федосенко А.К. 1997. Состояние популяции диких баранов на юге СНГ // Редкие виды млекопитающих России и сопредельных территорий. М. С.96.

Федотова З.А. 2000. Галлицы-фитофаги (Diptera, Cecidomyiidae) пустынь и гор Казахстана: морфология, биология, распространение, филогения и систематика. Самара: Самарская ГСХА. 803 с.

Федяков В.В., Наумов А.Д. 1987. Двустворчатые моллюски Арктики // Природа. № 3. С.49–57.

Филонов К.П. 1977. Динамика численности копытных животных и заповедность // Лесная пром-ть. Т.2. № 2. 250 с.

Форманюк О.А., Панченко П.С. 2003. Появление средиземноморского нетопыря *Pipistrellus kuhlii* в окрестностях Одессы // Орлов В.Н. (отв. ред.). Териофауна России и сопредельных территорий. Мат-лы межд. совещ. М. С.369.

Формозов А.Н. 1965. О причинах нерегулярных массовых осенних перелетов синиц-московок // Сообщ. Прибалт. комиссии по изучению миграций птиц. Тарту. № 3. С.82–90.

Халдинова Н.А. 1951. Материалы по размножению и развитию рыб в осолонённых заливах Северного Каспия // Тр. ВНИРО. Т.18. С.99–126.

Ханин Г.В., Иванов А.А. 1990. Выхухоль. М.: Агропромиздат. 189 с.

Харченко Т.А. 1980. Особенности сезонной динамики и пространственное распределение макрозообентоса Северо-Крымского канала // Гидробиол. журн. Т.16. № 6. С.26–30.

Харченко Т.А. 1987. Дрейссена — друг или враг // Наука и жизнь. № 2. С.147–148.

Харченко Т.А. 1995. *Dreissena*: ареал, экология, бипомехи // Гидробиол. журн. Т.31. С.3–20.

Харченко Т.А., Шевцова Л.В., Понурко Я.В. 1985. Распределение дрейссены по каналу Днепр-Донбасс // Гидротехника и мелиорация. № 12. С.34.

Харченко Т. А., Ємельянова Л.В., Ляшенко А.В. и др. 2000. Використання нетрадуційних біоресурсів внутрішніх водойм на основі підвищення їх біорізноманітності методами культивування та інтродукції. Київ: ІГБ НАН України. 64 с.

Хлебович В.В. 1962. Особенности состава водной фауны в зависимости от солености среды // Журн. общ. биол. Т.23. № 2. С.90–97.

Хлебович В.В. 1974. Критическая соленость биологических процессов. Л.: Наука. 236 с.

Хлебович В.В. 1996. Многощетинковые черви (Polychaeta) морей России и сопредельных вод. Т.3. Сем. Nereidae. СПб: Наука. 225 с.

Хлебович В.В. 1999. Адаптивные нормы и генетические триады // Колчинский Э.И. (ред.). Эволюционная биология: история и теория. СПб.: СПб. филиал Ин-та истории естествознания и техники. С.93–101.

Хлебович В.В., Комендантов А.Ю. 1985. О физиологически пресноводных беспозвоночных морского происхождения // Журн. общ. биол. Т.46. № 3. С.331–335.

Хусаинова Н.З. 1958. Биологические особенности некоторых массовых донных кормовых беспозвоночных Аральского моря. Автореф. дисс. на соиск. уч. степ. д. биол. н. Алма-Ата. 41 с.

Цвелев Н.Н. 1981. Вероники (*Veronica* L.) из родства *V. spicata* и некоторые вопросы филогении этого рода // Бюл. Московск. о-ва испыт. прир. Отд. биол. Т.86. Вып.6. С.82–92.

Цвелев Н.Н. 2000. Определитель сосудистых растений Северо-Западной России (Ленинградская, Псковская и Новгородская области). СПб.: Изд-во СПХФА. 781 с.

Цееб Ю.Ю., Алмазов А.М., Владимиров В.И. 1966. Закономерности изменения гидрологического, гидрохимического и гидробиологического режимов в связи с зарегулированием стока Днепра и их влияние на биологическое и санитарное состояние водохранилищ // Гидробиол. журн. Т.2. № 3. С.3–18

Цепкин Е.А., Соколов Л.И., Русалимчик А.В. 1992. Экология бычка-кругляка — случайного акклиматизанта в водоёмах бассейна Москва-реки // Биол. н. № 1(337). С.46–51.

Цихон-Луканина Е.А. 1959. Питание бычков Северного Каспия // Тр. Всес. гидробиол. о-ва. Т.9. С.214–239.

Цуникова Е.П., Позняк В.Г. 1990. Медака в ирригационных водоемах Краснодарского края // Кукиш А.И. (отв. ред.). Фауна и экология животных в условиях ирригации земель. Элиста:

Калмыцкий гос. ун-т. С.89–91.
Чапский К.К. 1957. Преобразование животного мира СССР. М.: Сов. наука. С. 315.
Черемисова К.А. 1960. Наблюдения по биологии *Bythotrephes longimanus* Leydig и *Leptodora kindti* (Focke) // Тр. Белорусск. НИИ рыбн. хоз. Т.3. С.131–136.
Черешнев И.А., Жарников С.И. 1989. О первой находке американской сельди шед *Alosa sapidissima* в реке Анадырь // Вопр. ихтиол. Т.29. Вып.3. С.501–503.
Черных В.В. 1986. Проблема целостности высших таксонов. М.: Наука. 143 с.
Чесалина Т.Л., Чесалин М.В. 2002. *Liza haematohila* (Temminck & Schlegel, 1845) — правильное латинское название кефали-пиленгаса *Mugil soiuy* Basilewsky, 1855 (Pisces: Mugilidae) // Экол. моря. Т.62. С.41–45.
Чихачев А.С., Лужняк В.А. 2000. Виды рыб, интродуцированные в бассейны Азовского и Черного морей // Матишов Г.Г. и др. (ред.). Виды-вселенцы в европейских морях России. Сб. науч. тр. Апатиты: Кольский науч. центр. С.99–101.
Чихачев А.С., Лужняк В.А. 2001. Ихтиофауна пресноводных водоемов черноморского побережья России // Актуальные вопросы экологии и охраны природы экосистем южных регионов России и сопредельных территорий. Мат-лы 14-й межреспубл. науч.-практ. конф. Краснодар, 17 апреля 2001 г. Краснодар: Кубанский гос. ун-т. С.118–119.
Чичев А.В. 1984. Адвентивная флора Московской области за 200 лет // Состояние и перспективы исследования флоры Средней полосы Европейской части СССР. М.: Моск. о-ва испыт. прир. С.28–30.
Чичев А.В. 1985. Адвентивная флора железных дорог Московской области. Автореф. дисс. на соиск. уч. степ. канд. биол. н. М. 24 с.
Чугунова Н.И. 1946. Распределение бычков в Северном Каспии // Зоол. журн. Т.25. Вып.5. С.459–467.
Чуйков Ю.С. 1995. Зоопланктон Северного Прикаспия и Северного Каспия в условиях изменения уровня моря и антропогенных воздействий. Автореф. дис. на соиск. уч. степ. д. биол. н. СПб.: Зоол. ин-т РАН. 73 с.
Шадрин Н.В. 2000. Виды-вселенцы в Азовском и Черном морях: причины и последствия // Матишов Г.Г. и др. (ред.). Виды-вселенцы в европейских морях России. Сб. науч. тр. Апатиты: Кольский науч. центр. С.59–76.
Шаймарданов Р.Т., 2001. Новые находки (1985–1993) редких и малоизвестных для фауны Казахстана видов рукокрылых (Chiroptera) // Plecotus et al. Т.4. С.82–83.
Шамов А.Г. 1981. Бычки и их роль в фауне Северного Каспия. Автореф. дисс. на соиск. уч. степ. канд. биол. н. Астрахань. 19 с.
Шаповалов С.И. 1977. Канадский бобр в Ленинградской области // Охота и охотничье хоз-во. № 8. С.10–12.
Шапошникова Г.Х. 1964. Биология и распределение рыб в реках Уральского типа. М.: Наука. 175 с.
Шаронов И.В. 1960. О распределении снетка в Куйбышевском водохранилище // Бюл. Ин-та биол. водохранилищ АН СССР. № 8–9. С.44–45.
Шаронов И.В. 1971. Расширение ареала некоторых рыб в связи с зарегулированием Волги // Дзюбан Н.А. (ред.). Волга-1. Проблемы изучения и рационального использования биоогических ресурсов водоёмов. Куйбышев. Мат-лы 1-й конф. по изучению водоемов бассейна Волги. Куйбышев: Куйбышевск. кн. изд-во. С.226–232.
Шатуновский М.И., Огнев Е.Н., Соколов Л.И., Цепкин Е.А. 1988. Рыбы Подмосковья. М.: Наука. 143 с.
Шахматова Р.А., Антонов П.И. 1988. К изучению сезонной динамики, численности, биомассы и продукции волжских гаммарид // Наземные и водные экосистемы. Межвуз. сб. Горький: Горьковск. гос. ун-т. С.102–112.
Шевцова Л.В., Жданова Г.А., Мовчан В.А., Примак А.Б. 1986. Взаимоотношения дрейссены с планктонными беспозвоночными в экспериментальных условиях // Гидробиол. журн. Т.22. № 6. С.36–40.
Шевцова Л.В., Алиев К.А., Кузько О.А. 1998. Экологическое состояние реки Днестр. Киев: ИГБ НАН Украины. 148 с.

Шейко Б.А., В.В. Федоров. 2000. Круглоротые и рыбы // Моисеев Р.С., Токранов А.Н. (ред.). Каталог позвоночных Камчатки и сопредельных морских акваторий. Петропавловск-Камчатский: Камчатский печатный двор. С.7–72.

Шиганова Т.А., Мусаева Э.И., Булгакова Ю.В., Мирзоян З.А., Мартынюк М.А. 2003. Гребневики вселенцы *Mnemiopsis leidi* (A. Agassiz) и *Beroe ovata* Mayer 1912 и их воздействие на пелагическую экосистему северо-восточной части Черного моря // Изв. РАН. Сер. биол. № 2. С.225–235.

Шилов И.А. 2001. Экология. М.: Высшая школа. 510 с.

Широбоков И.И. 1993. О непреднамеренной интродукции радужной форели *Oncorhynchus mykiss* в Иркутское водохранилище // Вопр. ихтиол. Т.33. № 6. С.841–843.

Ширяев В. 1989а. Ондатра // Охота и охотничье хоз-во. № 2. С.13–15.

Ширяев В. 1989б. Ондатра // Охота и охотничье хоз-во. № 3. С 14–17.

Шишкин Б.А., Никулина В.Н., Максимов А.А., Силина Н.И. 1989. Основные характеристики биоты вершины Финского залива и ее роль в формировании качества воды // Исслед. р. Невы, Невской губы и восточной части Финского залива. Л.: Гидрометеоиздат. 95 с.

Шкорбатов Г.Л., Карпевич А.Ф., Антонов П.И. 1994. Экологическая физиология // Старобогатов Я.И. (ред.). Дрейссена, *Dreissena polymoprha* (Pall.) (Bivalvia, Dreissenidae). Систематика, экология и практическое значение. М.: Наука. С.53–75.

Шорыгин А.А. 1939. Питание, избирательная способность и пищевые взаимоотношения некоторых Gobiidae Каспийского моря // Зоол. журн. Т.18. Вып.1. С.27–51.

Шорыгин А.А. 1952. Питание и пищевые взаимоотношения рыб Каспийского моря (осетровых, карповых, бычковых, окуневых и хищных сельдей). М: Пищепромиздат (ВНИРО). 268 с.

Шостак С. 1990. Лань в Белоруссии // Охота и охотничье хоз-во. № 3. С.10–11.

Шпарковский И.А. 2003. Лососевые рыбы — вселенцы в реках Восточного Мурмана // Матишов Г.Г. и др. (ред.). Эволюция морских экосистем под влиянием вселенцев и искусственной смертности фауны. Тез. докл. межд. конф. (г. Азов 15–18 июня 2003 г.). Ростов-на-Дону. С.24–26.

Штейнфельд А.Л. 1959. Карликовый сомик из озер Брестской области БССР // Науч.-техн. бюл. ВНИОРХ. № 8. С.28–30.

Шульман Г.Е., Венгржин Е.П., Дубинина В.Н. 1957. Особенности газового обмена бычков Азовского моря в связи с условиями обитания // Вопр. ихтиол. Вып.8. С.77–80.

Шульман С.С., Добровольский А.А. 1977. Паразитизм и смежные с ним явления // Паразитол. сб. Т.27. С.230–249.

Шулятьев А. 1991. Расселение животных и пушной промысел // Охота и охотничье хоз-во. № 1. С.12–13.

Шурухин А.С., Печников А.С. 2000. Состояние промысла салаки и шпрота в морской части Финского залива (подрайоны 32.2 и 32.3 ИКЕС) // Современное состояние рыбного хозяйства на внутренних водоемах России. СПб.: ГосНИОРХ. С.45–48, 245.

Щербина Г.Х. 2001. Аутоакклиматизация каспийской полихеты *Hypania invalida* в бассейне верхней Волге // Зоол. журн. Т.80. Вып.3. С.278–284.

Щербина Г.Х., Архипова Н.Р., Баканов А.И. 1997. Об изменении биологического разнообразия зообентоса верхневолжских и Горьковского водохранилища // Пробл. биол. разнообразия водных организмов Поволжья. Тольятти. С.108–114.

Щербуха А.Я. 1987. Риби наших водойм. 2-е изд. Киев: Радяньска школа. 159 с.

Эланидзе Р.Ф. 1983. Ихтиофауна рек и озёр Грузии. Тбилиси: Мецниереба. 319 с.

Элтон Ч. 1960. Экология нашествий животных и растений. М.: Иност. литер. 230 с.

Юдин В.Г. 1972. О питании енотовидной собаки Верхнего Приамурья в зимний период // Зоол. пробл. Сибири. Новосибирск. С.7–16.

Юдин В.Г. 1977. Енотовидная собака Приморья и Приамурья. М.: Наука. 164 с.

Яблонская Е.А., Луконина Н.К. 1962. К вопросу о продуктивности Аральского моря // Океанология. Т.2. Вып.2. С.298–304.

Яковенко М.Я. 1995. Горбуша как объект рыболовства в бассейне Белого моря // Пробл. изучения, рационального использования и сохранения природных ресурсов Белого моря. СПб. С.35–37.

Яковлев В.Н. 2001. Биологические инвазии в континентальных водоемах как результат глобальных климатических трансформаций пресноводных экосиситем // Американо-российский симпозиум по инвазионным видам. 27–31 августа 2001 г., Борок, Россия. Тез. докл. Ярославль. С.252–253.

Яковлев В.Н., Слынько Ю.В., Кияшко В.И. 2001. Аннотированный каталог круглоротых и рыб водоемов бассейна Верхней Волги // Экол. пробл. Верхней Волги. Ярославль: Ин-т биол. внутр. вод РАН. С.52–69.

Янковский Б.А. 1966. О биологии размножения некоторых азовских бычков // Гидробиол. журн. Т.2. № 6. С.48–52.

Янковский Б.А. 1970. Некоторые особенности строения органов пищеварения азовско-черноморских бычков и связь их с питанием // Вопросы рыбохозйственного освоения и санитарно-биологический режим водоёмов Украины. Киев: Наукова думка. Т.1. С.77–79.

Янченко Н.Н. 1992. Трофические отношения молоди рыб в Вислинском заливе // Экол. рыбохозяйстве. исследования Балтийского моря. Калининград. С.151–165.

Ahnelt H., Bănărescu P., Spolwind R., Harka A., Waidbacher H. 1998. Occurrence and distribution of three gobiid species (Pisces, Gobiidae) in the middle and upper Danube region — examples of different dispersal patterns? // Biologia (Zoology). Vol.53. No.5. P.665–678.

Ahnelt H., Duchkowitsch M. 2001. The lateral line system of two Ponto-Caspian gobiid species (Gobiidae, Teleostei): a comparison // Folia Zool. Vol.50. No.3. P.217–230.

Ahnelt H., Duchkowitsch M., Scattolin G., Zweimüller I., Weissenbacher A. 2001. *Neogobius gymnotracheilus* (Kessler, 1857) (Teleostei: Gobiidae), die Nackthals-Grundel in Österreich // Österreichs Fischerei. Bd.54. S.262–266.

Ahnelt H., Duchkowitsch M. 2003. The postcranial skeleton of *Proterorhinus marmoratus* with remarks on the relationships of the genus *Proterorhinus* (Teleostei: Gobiidae) // J. Nat. Hist. (in press)

Aladin N.V. 1995. The conservation ecology of the Podonidae from the Caspian and Aral Seas // Hydrobiologia. Vol.307. P.85–97.

Aladin N.V., Filippov A.A., Plotnikov I.S. 2002. Zoobenthos and zooplankton of the Northern Aral Sea and possible ways of the ecosystem rehabilitation // Lake Issyk-Kul: Its natural environment. NATO Science Series. IV. Earth and Environmental Sciences. Vol.13. P.181–190.

Aladin N.V., Filippov A.A., Plotnikov I.S., Egorov A.N. 2001. Modern ecological state of the Small Aral Sea // S. Bruk, D. Keyser, J. Kutscher, V. Moustafaev (eds.). Ecological Research and monitoring of the Aral Sea Deltas. A basis for restoration. Book 2. UNESCO Aral Sea Project. 1997–1999 Final Scientific Reports. P.73–82.

Aladin N.V., Plotnikov I.S., Potts W.T.W. 1995. The Aral Sea desiccation and possible ways of rehabilitating and conserving its Northern part // Int. J. Environmetrics. Vol.6. P.17–29.

Aladin N.V., Potts W.T.W. 1992. Changes in the Aral Sea ecosystem during the period 1960–1990 // Hydrobiologia. Vol.237. P.67–79.

Alien species that threaten ecosystems, habitats or species. 2002. // Decisions adopted by the conference of the parties to the Convention on biological diversity at its 6th meeting. The Hague, 7–19 April 2002. P.249–261.

Alimov A.F., Bäck S., Golubkov S.M., Nikulina V.N., Orlova M.I., Telesh I.V., Berezina N.A., Panov V.E., Anokhina L.E., Klimentionok S. 2003. The effects of St. Petersburg and Neva nutrient loading of littoral ecology. Technical report. 53 p.

Andow D.A., Imura O. 1994. Specialization of phytophagous arthropod communities on introduced plants // Ecology. Vol.75. No.2. P.296–300.

Andreeva A.M., Orlova M.I., Slynko Y.V. 2001. Population-genetic analysis pf *Dreissena polymoprha* (Pallas) and *Dreissena bugensis* Andrusov in the upper Volga reservoirs, the Volga delta and the eastern Gulf of Finland of the Baltic Sea // US-Russia invasive species workshop. Book of Abstracts, Borok, Russia, August 27–31. P.7–9.

Antsulevich A., Välipakka P. 2000. *Cercopagis pengoi* — new important food object of the Baltic herring in the Gulf of Finland // Int. Rev. Hydrobiol. Vol.85. P.609–619.

Arbačiauskas K. 2002. Ponto-caspian amphipods and mysids in the inland waters of Lithuania: history of introduction, current distribution and relations with native malacostracans // Leppäkoski E., Olenin S., Golash S. (eds.). Invasive Aquatic Species of Europe. Dordrecht: Kluwer Publ. P.104–115.

Artimo A. 1960. The dispersal and acclimatization the muscart *Ondatra zibethica* (L) in Finland // Papers on Game Research. Helsinki. No.21. P.101.

Auld B.A. 1998. On the social value of biological control of weeds // Int. J. Social Economics. Vol.25. No.6/7/8. P.1199–1206.

Avinsky V.A. 1997. *Cercopagis pengoi* — a new species in the Eastern Gulf of Finland ecosystem // Proc. Final Seminar of the Gulf of Finland Year 1996. Helsinki. P.247–256.

Avise J.C. 1994. Molecular Markers, Natural History and Evolution. New York: Chapman & Hall. 511 pp.

Bahar N. 2000. Studies on occurrence and control measures of *Parthenium hysterophorus* L. // Indian Forester. Vol.126. No.8. P.903–904.

Bak P., Sneppen K. 1993. Punctuated equilibrium and criticality in a simple model of evolution // Physic. Rev. Lett. Vol.71. P.4083.

Balat F., Folk C. 1956. Der Blutspecht in Mitteleuropa // Falke. Bd.3. S.3–7.

Baldwin B.S., Black M., Sanjur O., Gustafson R., Lutz R.A., Vrifenhoek R.C. 1996. A diagnosis molecular marker for zebra mussel (*Dreissena polymorpha*) and potentially co-occurring bivalves: mitochondrial CO1 // Mar. Mol. Biol. Biotechnol. Vol.5. P.9–14.

Baldwin B.S., Mayer M.S., Dayton .J., Pau N., Mendilla J,. Sullivan M., Moore A., May A., Mills E.L. 2002. Comparative growth and feeding in zebra and quagga mussels (*Dreissena polymorpha* and *Dreissena bugensis*): implications for North American lakes // Can. J. Fish Aquat. Sci. Vol.59. P.680–694.

Ballard R.D. 2002. Black Sea Mysteries. Ancient shipwrecks and telltale shells bring to life epics of distant trade and prehistoric flood // National Geographics. Vol.199. No.5. P.52–69.

Baltic Sea Alien Species Database (BSAD) 2002. / Olenin S., Leppäkoski E., Daunys D. (eds.). Alien Species Directory. http://www.ku.lt/nemo/mainnemo.htm

Bănărescu P. 1957. Raspiridirea si rolul biological guvizilor din complexul Razelm // Bull. I.C.P. An.16. No.1. P.33–41.

Bănărescu P. 1964. Pisces — Osteichthyes (Peştii ganoizi si ososii) // Fauna RPR. Bucureşti. Vol.13. 962 p.

Barbiero R.P., Little R.E., Tuchman M.L. 2001. Results from the U.S. EPA's biological open water surveillance program of the Laurentian Great Lakes: III. Crustacean zooplankton // J. Great Lakes Res. Vol.27. P.167–184.

Baron J.S., Poff N.L. et al. 2003. Sustaining Healthy Freshwater Ecosystems // Issues in Ecology. 10 Winter 2003. P.1–16.

Baruš V., Penaz M., Kohlmann K. 2001. *Cyprinus carpio* // The Freshwater Fishes of Europe. Vol.5/I. Wiesbaden: AULA-Verlag. P.85–179.

Bazova N.V. 2002. Possibilities of further expasion of the Baikalian amphipode *Gmelinoides fasciatus* (Steb.) in the Siberian aquatic system // Abst. Symp. Ecological equivalent and exotic aquatic species in great and large lakes of the wold. Ulan-Ude. P.68–69.

Belmonte G., Mazzocchi M.G., Prusova I.Yu., Shadrin N.V. 1994. *Acartia tonsa*: a species new for the Black Sea fauna // Hydrobiologia. Vol.292/293. P.9–15.

Bennett K.D. 1987. The rate of spread and population increase of forest trees during the postglacial // Kornberg H., Williamson M.H. (eds.). Quantitative Aspects of the Ecology of Biological Invasions. London: Royal Society. P.523–531.

Benoît H.P., Johannsson O.E., Warner D.M., Sprules W.G., Rudstam L.G. 2002. Assessing the impact of a recent predatory invader: The population dynamics, vertical distribution, and potential prey of *Cercopagis pengoi* in Lake Ontario // Limnol. Oceanogr. Vol.47. P.626–635.

Berezina N.A., Panov V.E. 2002. Changes in the Neva Estuary littoral communities as a result of establishment of new gammarid species // The Gulf of Finland Symposium, Tallinn, 28–30 October 2002, Abstracts. P.8.

Berezina N.A., Panov V.E. 2003. Establishment of new gammarid species in the eastern Gulf of Finland (Baltic Sea) and their effects on littoral communities // Proc. Estonian Acad. Sci. Biol. Vol.52. No.3. P.284–304.

Berezina N.A., Panov V.E. 2004. Distribution, population structure and salinity resistance of the invasive amphipod *Gmelinoides fasciatus* (Stebbing) in the Neva Estuary (Gulf of Finland, Baltic Sea) // Hydrobiologia. Vol.514. Issue 1. P.199–206.

Berg D.J., Garton D.W. 1988. Seasonal abundance of the exotic predatory cladoceran, *Bythotrephes cederstroemi*, in western Lake Erie // J. Great Lakes Res. Vol.14. P.479–488.

Berg D.J., Garton D.W. 1994. Genetic differentiation in North American and European populations of the cladoceran *Bythotrephes* // Limnol. Oceanogr. Vol.39. P.1503–1516.

Berg D.J., Garton D.W., MacIsaac H.J., Panov V.E., Telesh I.V. 2002. Changes in genetic structure of North American *Bythotrephes populations* following invasion from Lake Ladoga, Russia // Freshwater Biol. Vol.47. P.275–282.

Berger V.Ja., Naumov A.D. 2002. Biological Invasions in the White Sea // Leppäkoski E., Olenin S., Gollasch S. (eds.). Alien species in European waters. Kluwer Publishers, Netherlands. P.235–239.

Bezzel E. 1969. Die Tafelente (*Aythya ferina*) // Neue Brehm-Bücherei. Nr.405. Wittenberg Lutherstadt. 108 S.

Bielecka L., Żmijewska M.I., Szymborska A. 2000. A new predatory cladoceran *Cercopagis* (*Cercopagis*) *pengoi* (Ostroumov 1891) in the Gulf of Gdańsk // Oceanologia. Vol.42. No.3. P.371–374.

Bij de Vaate A., Jazdzewski K., Ketelaars H.A.M., Gollasch S., Van der Velde G. 2002. Geographical patterns in range extension of Ponto-Caspian macroinvertebrate species in Europe // Can. J. Fish. Aquat. Sci. Vol.59. P.1159–1174.

Bilkovic D.M., Lehman J.T. 1997. Lipid concentration and size variation of *Bythotrephes* (Cladocera: Cercopagidae) from lakes Erie, Huron and Michigan // J. Great Lakes Res. Vol.23. P.149–159.

Binggeli P. 1994. The misuse of terminology and anthropometric concepts in the description of introduced species // Bull. Brit. Ecol. Soc. Vol.25. No.1. P.10–13.

Blossey B., Skinner L.C., Taylor J. 2001. Impact and management of purple loosestrife (*Lythrum salicaria*) in North America // Biodiversity and Conservation. Vol.10. P.1787–1807.

Boettger C.R. 1933. Die Ausbreitung der Wollhandkrabbe in Europa // Sitzungsber. Ges. naturforsch. Freunde, Berlin. S.399–415.

Borcea I. 1934. Revision systematique et distribution geographique des gobiides de la mér Noir et particulierment des eaux Roumaines // Ann. Sci. Univ. Yassy. Vol.19. P.1–231.

Boots P.S., Patterson B.A., Schloesser D.W. 1996. Zebra mussel effects on benthic invertebrates: physical or biotic? // J. N. Am. Bentol. Soc. Vol.15. No.2. P.179–184.

Bossenbroeck J.M., Kraft C.E., Nekola J.C. 2001. Prediction of long-distance dispersal using gravity models: zebra mussel invasion of inland lakes // Ecol. Applicat. Vol.11. P.1778–1788.

Boudouresque C.F., Verlague V.M. 2002. Biological pollution in the Mediterrameam Sea: invasive versus introduced macrophytes // Marine Pollution Bull. Vol.44. P.32–38.

Bourguignat J.R. 1885. Notice prodromique sur les mollusques terrestres et fluviatiles recueillis par M. Victor Giraud dans la region du lac Tanganika. Paris: V. Tremblay. 25 p.

Bousfield E.L. 1973. Shallow-water gammaridean Amphipoda of New England. Ithaca & London: Comstock Publ. Associat. 312 p.

Bozhko S.I. 1976. Distribution of the Collared Dove (*Streptopelia decaocto*) on the European territories of the Soviet Union // Aquila. Vol.83. P.173–177.

Bozhko S.I. 1980. Der Karmingimpel (*Carpodacus erythrinus*). Wittenberg Lutherstadt: Neue Brehm Bücherei. 124 S.

Branstrator D.K. 1995. Ecological interactions between *Bythotrephes cederstroemi* and *Leptodora kindti* and the implications for species replacement in Lake Michigan // J. Great Lakes Res. Vol.21. P.670–679.

Branstrator D.K., Lehman J.T. 1991. Invertebrate predation in Lake Michigan: Regulation of *Bosmina longirostris* by *Leptodora kindtii* // Limnol. Oceanogr. Vol.36. P.483–495.

Buchan L.A.J., Padilla D.K. 1999. Estimating the probability of long-distance overland dispersal of invading aquatic species // Ecological Applications. Vol.9. P.254–265.

Bulnheim H.-P. 1976. *Gammarus tigrinus*, ein neues Faunenelement der Ostseeförde Schlei // Schr. Naturw. Ver. Schlesw.-Holst. Bd.46. S.79–84.

Bur M.T., Klarer D.M. 1991. Prey selection for the exotic cladoceran *Bythotrephes cederstroemi* by selected Lake Erie fishes // J. Great Lakes Res. Vol.17. P.85–93.

Bur M.T., Klarer D.M., Krieger K.A. 1986. First records of a European cladoceran, *Bythotrephes cederstroemi*, in lakes Erie and Huron // J. Great Lakes Res. Vol.12. P.144–146.

Burkhard S. 1994. Seasonal size variation in the predatory cladoceran *Bythotrephes cederstroemi* in Lake Michigan // Freshwater Biol. Vol.31. P.97–108.

Byers J.E. 1999. The distribution of an introduced mollusc and its role in the long-term demise of a native confamiliar species // Biological Invasions. Vol.1. P.339–352.

Byers J.E., Reichard S., Randall J.M., Parker I.M., Smith C.S., Londsdale W.M., Atkinson I.A.E., Seasted T.R., Williamson M. 2002. Directing research to reduce the impacts of nonindigenous species // Conservation Biology. Vol.16. No.3. P.630–640.

Cáceres C.E., Lehman J.T. 1990. Spiny tailed *Bythotrephes*: its life history and effects on the Great Lakes // Michigan Sea Grant Comm. Ann Arbor: The Univ. of Michigan. 8 p.

Caraco N.F., Cole J.J., et al. 1997. Zebra Mussel Invasion in a Large, Turbid River: Phytoplankton Response to Increased Grazing // Ecology. Vol.78. No.2. P.588–602.

Cărăusu S. 1943. Amphipodes de Roumanie. 1. Gammarides de type Caspien // Bucurestu. Instit. de cerc. Pisc. Al. Roumaniei. 293 p.

Carlton J.T. 1989. Man's role in chanding the face of the ocean: Biological invasions and implications for conservation of nearshore environments // Conservation Biology. Vol.3. P.265–273.

Carlton J.T. 1996a. Biological invasions and cryptogenic species // Ecology. Vol.77. P.1653–1655.

Carlton J.T. 1996b. Pattern, process, and prediction in marine invasion ecology // Biol. Conserv. Vol.78. P.97–106.

Carlton J.T. 1997. Outlines of lections "Ecology of Marine Invasions and Introductions" NORFA post-graduate courses, August 5–14, 1997. Turku, Finland: Abo Academy University. P.1–27.

Carlton J.T. 2002. Bioinvasion ecology: assessing invasion impact and scale // Leppäkoski E., Olenin S., Gollasch S. (eds.). Alien species in European waters. Netherlands: Kluwer Publishers. P.7–19.

Caspian Sea Biodiversity Database. 2002. / Belyaeva V.N. (ed.). http://www.caspianenvironment.org/biodb/eng/main.htm

Caulerpa taxifolia Database http://www.caulerpa.org

Cerling T.E., Ehleringer J.R., Harris J.M. 1998. Carbon dioxide starvation, the development of C_4 ecosystems, and mammalian evolution // Phil. Trans. R. Soc. Lond. Ser.B. Vol.353. P.159–171.

Cerling T.E., Harris J.M., MacFadden B.J., Leakey M.G., Quade J., Elsenmann V., Ehleringer J.R. 1997. Global vegetation change through the Miocene/Pliocene boundary // Nature. Vol.389. P.153–158.

Cerling T.E., Wang Y., Quade J. 1993. Expansion of C_4 ecosystems as an indicator of global ecological change in the late Miocene // Nature. Vol.361. P.344–345.

Charlebois P.M., Marsden J.E., Goettel R.G., Wolfe R.K., Jude D.J., Rudnika S. 1997. The round goby, *Neogobius melanostomus* (Pallas), a review of European and North American literature // Illinois-Indiana Sea Grant Program and Illinois Natural History Survey. INHS Special Publication No.20. 76 p.

Charlebois P.M., Corkum L.D., Jude D.J., Knight C. 2001. The round (*Neogobius melanostomus*) invasion: current research and future needs // J. Great Lakes Res. Vol.27. No.3.P.63–266.

Chechko V.A., Ezhova E.E. 1999. Deep-burrowing bioturbators as important ecological factor for the Vistula Lagoon // Book of abstract of the 16th Baltic Marine Biologists Symposium, June 21–26, 1999, Klaipeda, Lithuania. P.48–49.

Chen Y.-R., Uwa H., Chu X.-L. 1989. Taxonomy and distribution of the genus *Oryzias* in Yunnan, China (Cyprinodontiformes: Oryziidae) // Acta Zootaxon. Sin. Vol.14. No.2. P.239–246.

Chew K.K. 1990. Gloval bivalve shellfish introductions // World aquaculture. Vol.21. No.3. P.9–22.

Chikwenhere G.P., Forno I.W. 1991. Introduction of *Neohydronomus affinis* for biological control of

Pistia stratiotes in Zimbabwe // J. Aquatic Plant Manag. Vol.29. No.1. P.53–55.

CIESM Atlas of Exotic Species in the Mediterranean Sea. 2001. http://www.ciesm.org/atlas

Claxton W.T., Mackie G.L. 1996. Seasonal and depth variations in gametogenesis and spawning of *Dreissena polymoprha* and *Dreissena bugensis* in eastern Lake Erie // Can. J. Fish. Aquat. Sci. Vol.76. P.2010–2019.

Claxton W.T., Martel A., Dermott R.M., Boulding E.G. 1996. Discrimination of field-collected juveniles of two introduced dreissenids (*Dreissena polymorpha* and *Dreissena bugensis*) using mitochondrial DNA and shell morphology // Can. J. Fish. Aquat. Sci. Vol.54. P.1280–1288.

Claxton W.T., Wilson A.B., Mackie G.L., Boulding E.G. 1998. A genetic and morphological comparison of shallow- and deep-water populations of the introduced dreissenid bivalve *Dreissena bugensis* // Can. J. Zool. Vol.76. P.1269–1276.

Clegg J.S., Jackson S.A. 1997. Significance of cyst fragments of *Artemia* sp. recorded from a 27,000 year old core taken under the Great Salt Lake, Utah, USA // Int. J. Salt Lake Res. Vol.6. No.3. P.207–216.

Clout M., Lowe S. 1996. Draft IUCN Guidelines for the prevention of Biodiversity loss due to biological invasion. IUCN/SSC. Gland, Switzerland. 42 p.

Cohen A.N., Carlton J.T. 1998. Accelerating invasion rate in a highly invaded estuary // Science. Vol.279. P.555–558.

Connell J.H., Slatyer R.O. 1977. Mechanisms of succession in natural communities and their role in community stability and organization // Amer. Nat. Vol.111. No.982. P.1119–1144.

Connolly A.P. 1977. The distribution and history in the British Isles of some alien species *of Polygonwn* and *Reynoutria* // Watsonia. Vol.11. P.291–311.

Coope G.R. 1987. The invasion and colonization of the North Atlantic islands: a palaeological solution to a biogeographic problem // Kornberg H., Williamson M.H. (eds.). Quantitative Aspects of the Ecology of Biological Invasions. London: Royal Society. P.619–635.

Corbett A., Plant R.E. 1993. Role of movement in the response of natural enemies to agroecosystem diversification: a theoretical evaluation // Environ. Entomol. Vol.22. No.3. P.519–531.

Corrigan J.E., Mackenzie D.L., Simser L. 1998. Field observations of non-target feeding by *Galerucella calmariensis* (Coleoptera: Chrysomelidae), an introduced biological control agent of purple loosestrife, *Lythrum salicaria* (Lythraceae) // Proc. Entomol. Soc. Ontario. Vol.129. P.99–106

Cramp S. (ed.). 1977. The Birds of the Western Palearctic. Vol.1. Oxford, New York: Oxford Univ. Press. 722 p.

Cramp S. (ed.). 1985. The Birds of the Western Palearctic. Vol.4. Oxford, New York: Oxford Univ. Press. 960 p.

Cramp S. (ed.). 1992. The Birds of the Western Palearctic. Vol.6. Oxford, New York: Oxford Univ. Press. 728 p.

Cramp S., Perrins C.M. (eds.). 1994a. The Birds of the Western Palearctic. Vol.8. Oxford, New York: Oxford Univ. Press. 899 p.

Cramp S., Perrins C.M. (eds.). 1994b. The Birds of the Western Palearctic. Vol.9. Oxford, New York: Oxford Univ. Press. 488 p.

Crawford G. I. 1937. An amphipod, *Eucrangonyx gracilis*, S.I.Smith, new to Britain // Nature, London. Vol.139. P.327.

Crawley M.J. 1989. Insect herbivores and plant population dynamics // Annu. Rev. Entomol. Vol.34. P.531–564.

Cristescu M., Witt J., Hebert P., Grigorovich I.A., MacIsaac H.J. 2001 An invasion history for *Cercopagis pengoi* based on mitochondrial gene sequences // Limnol. Oceanogr. Vol.46. P.224–229.

Crooks J.A. 2001. Assessing invader role within changing ecosystems: historical and experimental perspectives on an exotic mussel in an urbanized lagoon // Biological Invasions. Vol.3. P.23–36.

Crosby A.W. 1986. Ecological imperialism. The biological expansion of Europe, 900–1900. Cambridge: Cambridge Univ. Press. 368 p.

Crossman E.J., Holm E., Cholmondeley R., Tuininga K. 1992. First record for Canada of the ruddy, *Scardinius erythrophthalmus*, and notes on the introduced round goby, *Neogobius melanostómus* // Canadian Field-Nat. Vol.106. P.206–209.

Cullis K.J., Johnson G.E. 1988. First evidence of the cladoceran *Bythotrephes cederstoemi* Schoedler in Lake Superior // J. Great Lakes Res. Vol.14. P.524–525.

Černy W. 1966. Die biologischen Grundlagen der Ausbreitung der Reiherente (*Aythya fuligula*) in Mitteleuropa // Proc. Conf. Wildfowl research and conserv., Brno. P.199–214.

Danilkiewicz Z. 1996. Babka lysa (gologlowa) *Neogoibus gymnotrachelus* (Kessler, 1857) Perciformes, Gobiidae — nowy gatunek w ichtiofaunie zlewiska Morza Baltyckiego // Komuniaty rybackie IRS, Olsztyn. T.2. P.27–29.

Danilkiewicz Z. 1998. Babka szczupła, *Neogobius fluviatilis* (Pallas, 1811), Perciformes, Gobiidae — nowy, pontyjski element w ichtiofaunie zlewiska Morza Bałtyckiego // Fragm. faun. T.41. No.17–22. P.269–277.

Darr A., Zettler M.L. 2000. Erstnachweis von *Congeria leucophaeta* (Conrad, 1831) in Mecklenburg-Worpommern (Bivalvia: Dreissenidae) // Malakol. Abh., Staatl. Mus. Tiek. Dresden. Bd.20. Nr.19. S.197–200.

Davis M.B. 1987. Invasion of forest communities during the Holocene: beech and hemlock in the Great Lakes region // Gray A.J., Crawley M.J., Edwards P.J. (eds.). Colonization, Succession and Stability. Oxford: Blackwell Scientific Publ. P.373–393.

Dawson A.G. 1992. Ice Age Earth: Late Quternary Geology and Climate. London, U.K.: Routlege. 293 p.

De Candolle A. 1855. Geographie Botanique Raisonée. Vol. 1–2. Paris. 1365 p.

Delson E., Tattersall I., Van Couvering J.A., Brooks A.S. (eds). 2000. Encyclopedia of Human Evolution and Prehistory. Garland: New York. 800 p.

Dementiev G.P. 1958. Die Ausbreitung einiger Vogelarten in Mittelasien // Falke (Sonderheft). Bd.3. S.13–16.

Dennert H.G. 1974. Tolerance differences and interspecific competition in three members of the amphipod genus *Gammarus* // Bijdragen tot de Dierkund. Bd.44. H.1. P.83–99.

Dennill G.B. 1990. The contribution of a successful biocontrol project to the theory of agent selection in weed biocontrol — the gall wasp *Trichilogaster acaciaelongifoliae* and the weed *Acacia longifolia* // Agriculture, Ecosystems and Environment.Vol. 31, N 2. P. 147–154.

Dennill G.B., Moran V.C. 1989. On insect-plant associations in agriculture and the selection of agents for weed biocontrol // Ann. Appl. Biol. Vol.114. No.1. P.157–166.

Dermott R.M. 1993. Distribution and ecological impact of 'quagga mussels' in the lower Great Lakes // Tsou J.L., Mussali Y.G. (eds.). Proceedings: Third International Zebra Mussel conference, 1993. P.2–21.

Dermott R., Kerec D. 1997. Changes to the deepwater benthos of eastern Lake Erie since the invasion of *Dreissena*: 1979–1993 // Can. J. Fish. Aquat. Sci. Vol.54. P.922–930.

Devine A. 1998. Alien invasion: America's battle with non-native animals and plants. Washington, D.C.: National Geographic Society 280 p.

Di Castri F. 1989. History of Biological Invasions with special emphasis on the Old World // Drake J.A., Mooney H.A., Di Castri F., Groves R.H., Kruger F.J., Rejmanek M., Williamson M. (eds.). Biological invasions: a global perspective. Chichester & New York: John Wiley and Sons. P.1–28.

Di Castri F. 1990. On invading species and invaded ecosystems: the interplay of historical chance and biological necessity // Di Castri F., Hansen A.J., Debussche M. (eds.). Biological Invasions in Europe and Mediterranean Basin. Dordrecht: Kluwer Academic Publ. P.3–16.

Di Castri F., Hansen A.J., Debussche M. (eds.). 1990. Biological invasions in Europe and the Mediterranean Basin. Dordrecht: Kluwer Academic Publishers. 428 p.

Dick J.T.A., Elwood R.W. , Montgomery W.I. 1994. Range expansion of the alien amphipod *Gammarus pulex* in the River Lagan // Irish Nature J. Vol.23. P.403–404.

Dick J.T.A., Platvoet D. 1996. Intraguild predation and species exclusions in amphipods: the interaction of behavior, physiology and environment // Freshwater Biol. Vol.36. P.375–383.

Dick J.T.A., Montgomery W.I., Elwood R.W. 1999. Intraguild predation may explain an amphipod replacement: evidence from laboratory populations // J. Zool., Lond. Vol.249. P.463–468.

Dick J.T.A., Platvoet D. 2001. Predicting Future Aquatic Invaders; the case of *Dikerogammarus villosus* // Aquatic Nuisance Species Digest. Vol.4. No.3. P.25–27.

Dick J.T.A., Platvoet D., Kelly D.W. 2002. Predatory impact of the freshwater invader *Dikerogammarus villosus* (Crustacea: Amphipoda) // Can. J. Fish. Aquat. Sci. Vol.59. P.1078–1084.

Dillon, A.K., C.A. Stepien. 2001. Genetic and Biogeographic relationships of the invasive round (*Neogobius melanostomus*) and tubenose (*Proterorhinus marmoratus*) gobies in the Great Lakes versus Eurasian populations // J. Great Lakes Res. Vol.27. No.3. P.267–280.

Directory of Non-native Marine Species in British Waters. / Eno N.C., Clark R.A., Sanderson W.G. (eds.). http://www.jncc.gov.uk/marine/dns

Djuricich P., Janssen J. 2001. Impact of round goby predation on zebra mussel size distribution at Calumet Harbor, Lake Michigan // J. Great Lakes Res. Vol.27. No.3. P.312–318.

Dobrynina T.I. 2001. Distribution of *Eocyzicus orientalis* Daday, 1914 (Crustacea, Conchostraca) in Eastern Europe // US-Russia invasive species workshop, Book of abstracts, Borok, Russia, 27–31 August, 2001. P.42–44.

Donnelly D. 1991. Implications of host searching behaviour of the seed weevil, *Melanterius ventralis*, for biological control of the weed *Acacia longifolia* // Proc. 8th Entomol. Congr. (Bloemfomtain, July 1991). Pretoria. P. 36.

Dougherty J.D., Moore W.S., Ram J.L. 1996. Mitochondrial DNA analysis of round goby (*Neogobius melanostomus*) and tubenose goby (*Proterorhinus marmoratus*) in the Great Lakes basin // Can. J. Fish. Aquat. Sci. Vol.53. P.474–480.

Drake J.A., Mooney H.A., Di Castri F., Groves R.H., Kruger F.J., Rejmanek M., Williamson M. (eds.). 1989. Biological invasions: a global perspective. SCOPE Series 37. Chichester & New York: John Wiley and Sons. 525 pp.

Dubs D.O.L., Corkum L.D. 1996. Behavioral interactions between round gobies (*Neogobius melanostomus*) and mottled sculpins (*Cottus bairdi*) // J. Great Lakes Res. Vol.22. P.838–845.

Dukes J.S., Mooney H.A. 1999. Does global change increase the success of biological invaders? // Trends Ecol. Evol. Vol.14. P.135–139.

Dumont H.J. 1998. The Caspian Lake: History, biota, structure, and function // Limnol. Oceanogr. Vol.43. No.1. P.44–52.

Ehler L.E. 1998. Invasion biology and biological control // Biological Control. Vol.13. No.1. P.127–133.

Ekman S. 1935. Tiergeographie des Meeres. Leipzig: Akad. Verl. 542 S.

Eliason A., Haahtela I. 1969. *Polydora* (*Boccardia*) *redeki* Horst (Polychaeta, Spionidae) from Finland // Ann. Zool. Fennici. Vol.6. P.215–218.

Elliott M. 2003. Biological pollutants and biological pollution — an increasing cause for concern // Marine Pollution Bull. Vol.46. P.275–280.

Elton C.S. 1958. The ecology of invasions by animals and plants. London: Methuen. 181 p.

Elvira B. 2001. Identification of non-native freshwater fishes established in Europe and assessment of their potential threats to the biological diversity // Document prepared for the 21st meeting of the Convention on the conservation of European wildlife and natural habitats. Strasbourg, 26–30 November 2001. P.1–35.

Eschmeyer W.N. 1998. Catalog of fishes. San Francisco, 3 vols. 2905 p., Vol.1. Introductory materials. Species of fishes A–L. P.1–958, Vol.2. Species of fishes M–Z. P.959–1820, Vol.3. Genera of fishes. Species and genera in a classification. Literature cited and appendices. P.1821–2905.

Eschmeyer W. 2003. The Catalog of Fishes. On-line version. Updated March 13, 2003. http://www.calacademy.org/research/ichthyology/catalog/fishcatsearch.html

Evans M.S. 1986. Recent major declines in zooplankton populations in the inshore region of Lake Michigan: Probable causes and implications // Can. J. Fish. Aquat. Sci. Vol.43. P.154–159.

Evans M.S. 1988. *Bythotrephes cederstroemi*: its new appearance in Lake Michigan // J. Great Lakes Res. Vol.14. P.234–240.

Evans M.S. 1992. Historic changes in Lake Michigan zooplankton community structure: The 1960s revisited with implications for top-down control // Can. J. Fish. Aquat. Sci. Vol.49. P.1734–1749.

Everett R.A. 2000. Patterns and pathways of biological invasions // Trends Ecol. Evol. Vol.15. P.177–178.

Fagan W.F., Lewis M.A., Neubert M.G., van den Driessche P. 2002. Invasion theory and biological control // Ecology Letters. Vol.5. P.148–157.

Fahnenstiel G.L., Bridgeman T.B., Lang G.A., McCormick M.J., Nalepa T.F. 1995. Phytoplankton productivity in Siginaw Bay, Lake Huron effects of zebra mussels (*Dreissena polymorpha*) colonization // J. Great Lakes Res. Vol.21. No.4. P.465–475.

Fanslow D.L., Nalepa T.F., Lang G.A. 1995. Filtration rates of the zebra mussel (*Dreissena polymorpha*) on natural seston from Saginaw Bay, Lake Huron // J. Great Lakes Res. Vol.21. No.4. P.489–500.

FAO Database on Introductions of Aquatic Species (DIAS). 1998. http://www.fao.org/waicent/faoinfo/fishery/statist/fisoft/dias/index.htm

Fedyakov V.V., Naumov A.D. 1989. Marine Bivalvia of the Arctic Ocean // The Arctic seas. Climatology, oceanography, geology, and biology. New York: Van Nostrand Reinhold Company. P.303–324.

Follet P.A., Cantelo W.W., Roderick G.K. 1996. Local dispersal of overwintered Colorado potato beettle (Chrysomelidae; Coleoptera) determined by mark and recapture // Environ. Entomol. Vol.25. No.6. P.1304–1311.

Frank J.H., McCoy E.D. 1993. Introduction to the behavioral ecology of introduction. The introduction of insects into Florida // Florida Entomol. Vol.76. No.1. P.1–53.

French III J.R.P., Jude D.J. 2001. Diets and diet overlap of nonindigenous gobies and small benthic native fishes co-inhabiting the St. Clair River, Michigan // J. Great Lakes Res. Vol.27. No.3. P.300–311.

Froese R., Pauly D. (eds.). 2002. FishBase. World Wide Web electronic publication. http://www.fishbase.org, 09 December 2002.

Fuller P.L., Nico L.G., Williams J.D. 1999. Nonindigenous Fishes introduced into inland waters of the United States. Maryland, Bethesda: U.S. Geological Survey. 613 p.

Fürst M. 1981. Results of introductions of new fish food organisms into Swedish lakes // Rep. Inst. Freshwat. Res. Drottingholm. Vol.59. P.33–47.

Garcia-Ramos G., Rodriguez D. 2002. Evolutionary speed of species invasions // Evolution. Vol.46. No.4. P.661–668.

Garton D.W., Berg D.J. 1990. Occurrence of *Bythotrephes cederstoemi* (Schoedler 1877) in Lake Surerior, with evidence of demographic variation within the Great Lakes // J. Great Lakes Res. Vol.16. P.148–152.

Garton D.W., Berg D.J., Fletcher R.J. 1990. Thermal tolerances of the predatory cladocerans *Bythotrephes cederstroemi* and *Leptodora kindti*: Relationship to seasonal abundance in western Lake Erie // Can. J. Fish. Aquat. Sci. Vol.47. P.731–738.

Garton D.W., Berg D.J., Stoeckmann A.N., Haag W.R. 1993. Biology of recent invertebrate invading species in the Great Lakes: The spiny water flea, *Bythotrephes cederstroemi*, and the zebra mussel, *Dreissena polymorpha* // Biological pollution: the control and impact of invasive exotic species. Indiana Acad. Sci. P.63–84.

Gasiūnaitė Z.R. 2000. Seasonal dynamics and spatial heterogeneity of the plankton crustaceans in the eutrophic coastal lagoon. Summ. Doct. Diss., Biomed. Sci.: Ecol. & Environ. Sci. (03B). Klaipeda: Klaipeda University. 32 p.

Gassmann A. 1995. Europe as a source of biological control agents of exotic invasive weeds: status and implications // Bull. Soc. Entomol. Suisse. Vol.68. No.3–4. P.313–322.

Geary D.H., Magyar I., Muller P. 2000. Ancient Lake Pannon and its endemic molluscan fauna (Central Europe; Mio-Pliocene) // Adv. Ecol. Res. Vol.31. P.463–482.

GESAMPT. 1991. The work of the Joint group of experts on the scientific aspects of marine pollution // EC Fisheries Cooperation Bull. Vol.4. No.4. P.13–15.

Ghedotti M.J., Smihula J.C., Smith G.R. 1995. Zebra mussel predation by round gobies in the laboratory // J. Great Lakes Res. Vol.21. P.665–669.

GISP. 1999. Global Invasive Species Programme. http://jasper.stanford.edu/gisp

Gliwicz Z.M. 1969. Studies on the feeding of pelagic zooplankton in lakes with varying trophy // Ecol. Pol. Ser.A. T.17. P.663–706.

GloBallast. 2002. Global Ballast Water Management Programme. http://globallast.imo.org

Goddard Ch. I., Gaden M. 2002. Sea lamprey, Alewife, round goby — Great Lakes invaders: direct and indirect impacts. Ecologically equivalent and exotic aquatic species in great and large lakes of the world // Мат-лы 2-го межд. симп. Улан-Удэ: изд-во БНЦ СО РАН. С.74–76.

Goeden R.D. 1983. Critique and revision of Harris scoring system for selection of insect agents in biological control of weeds // Protection Ecology. Vol.5. No.4. P.287–301.

Goeden R.D. 1993. Arthropods for suppression of terrestrial weeds // Lumsden R.D., Vaughn J.L. (eds.). Pest management: biologically based technologies. Washington. P.231–237.

Gollasch S. 1996. Untersuchungen des Arteintrages durch den internationalen Schiffsverkehr unter besonderer Berücksihtigung nichtheimischer Arten. Hamburg, Kovač: 210 S. with suppl.

Gollasch S. 2002. Databases on aquatic alien species: North and Mediterranean Seas and non-European Initiatives // Leppäkoski E., Gollasch S., Olenin S. (eds.). Invasive Aquatic Species of Europe. Distribution, Impacts and Management. Dordrecht: Kluwer Academic Publishers. P.520–524.

Gollasch S., Mecke R. 1996. Eingeschleppte Organismen // Lozan J.L., Lampe R., Rachor E., Rumohr H., Westernhagen H. v. (eds.). Warnsignale aus der Ostsee. Berlin: Parey Buchverlag. S.146–150.

Golubkov S.M., Alimov A.F., Telesh I.V., Anokhina L.E., Maximov A.A., Nikulina V.N., Pavel'eva E.B., Panov V.E. 2003a. Functional response of midsummer planktonic and benthic communities in the Neva Estuary (eastern Gulf of Finland) to anthropogenic stress // Oceanologia. Vol.45. No.1. P.53–66.

Golubkov S.M., Bäck S., Nikulina V.N., Orlova M.I., Anokhina L.E., Umnova L.P. 2003b. Effects of eutrophication and invasion of *Dreissena polymorpha* in the coastal zone of the eastern Gulf of Finland // Proc. Estonian Acad. Sci. Biol. Ecol. Vol.52. No.3. P.218–235.

Gomoiu M.T., Sloka M. 1996. Changements recents dans la biodiversité de la Mer Noire dus aux immigrants // Geo-Eco-Marina, Romanian Centre of Marine. Geology and Geoecology. No.1/ 1996. P.34–47.

Gontar V.I., Denisenko N.V. 1989. Arctic Ocean Bryozoa // The Arctic seas. Climatology, oceanography, geology, and biology. New York: Van Nostrand Reinhold Company. P.341–372.

Gontar V.I., Naumov A.D. 1994. The sreading of benthic animals of the shelf of the northern seas of Eurasia // Matteucci R. et al. (eds.). Studies on ecology and paleoecology of benthic communities. Boll. Soc. Paleont. Ital., Spec Vol.2. P.153–156.

Gorokhova E., Aladin N., Dumont H.J. 2000. Further expansion of the genus *Cercopagis* (Crustacea, Branchiopoda, Onychopoda) in the Baltic Sea, with notes on the taxa present and their ecology // Hydrobiologia. Vol.429. P.207–218.

Grigorovich I.A., Pashkova O.V., Gromova Y.F., van Overdijk C.D.A. 1998. *Bythotrephes longimanus* in the Commonwealth of Independent States: variability, distribution and ecology // Hydrobiologia. Vol.379. P.183–198.

Grigorovich I.A., MacIsaac H.J., Rivier I.K., Aladin N.V., Panov V.E. 2000. Comparative biology of the predatory cladoceran *Cercopagis pengoi* from Lake Ontario, Baltic Sea and Caspian Lake // Arch. Hydrobiol. Vol.149. P.23–55.

Grigorovich I.A., MacIsaac H.J., Shadrin N.V., Mills E.L. 2002. Patterns and mechanisms of aquatic invertebrate introductions in the Ponto-Caspian region // Can. J. Fish. Aquat. Sci. Vol.59. P.1189–1208.

Grosswald M.G. 1980. Late Weichselian Ice Sheet of Northern Eurasia // Quaternary Research. Vol.13. P.1–32.

Gruner H.E., Moritz M., Dunger W. 1993. Wirbellose Tiere // Gruner H.E. (ed.). 4. Teil: Arthropoda (ohne Insecta). Bd.1. Gustav Fischer. 4. Aufl. 1279 S.

Haahtela I. 1963. Some new observations and remarks on the occurrence of the Mitten Crab in Finland // Aquilo, Ser. Zoologica. Vol.1. P.9–16.

Haas G., Brunke M., Streit B. 2002. Fast turnover in dominance of exotic species in the Rhine River determines biodiversity and ecosystem function: an affair between amphipods and mussels // Invasive aquatic species of Europe. Distribution, impacts and management. Dordrecht, Boston, London: Kluwer Academic Publ. P.426–432.

Hager H.A., McCoy K.D. 1998. The implications of accepting untested hypotheses: a review of the effects of purple loosestrife (*Lythrum salicaria*) in North America // Biodiversity and Conservation.

Vol.7. No.8. P.1069–1079.

Hakenkamp C.C., Palmer M.A. 1999. Introduced bivalves in freshwater ecosystems: the impact of *Corbicula* on organic matter dynamics in a sandy stream // Oecologia. Vol.119. No.4. P.445–451.

Halat K.M., Resh V.H. 1996. The Chinese Mitten Crab: Implication for the Freshwater Habitats of the San Francisco Bay and Delta Ecosystem // 6th Inter. Zebra Mussel and other Aquatic Nuisance Species Conference, Michigan, March 1996.

Hall R.W., Ehler L.E. 1979, Rate of establishment of natural enemies in classical biological control // Bull. Entomol. Soc. Amer. Vol. 25, N 2. P. 280–282.

Hanak V. 1966. Zur Systematik und Verbreitung der Gattung *Plecotus* Geoffroy, 1818 (Mammalia, Chiroptera) // Lynx. Ser. Nova. Bd.6. S.57–66.

Harley K.L.S. 1990. The role of biological control in the management of water hyacinth, *Eichhornia crassipes* // Biocontrol News Inform. Vol.1. No.1. P.11–22.

Harris P. 1973. The selection of effective agents for biological control of weeds // Can. Entomol. Vol.105. No.12. P.1495–1503.

Harris P. 1979. Cost of biological control of weeds with insects in Canada // Weed Science. Vol.27. No.2. P.242–250.

Harris P. 1988. Environmental impact of weed-control insects // BioScience. Vol.38. No.8. P.542–548.

Harris P. 1991. Classical biocontrol of weeds: its definition, selection of effective agents, and administrative-political problems // Can. Entomol. Vol.123. No.4. P.827–849.

Harris P. 1993. Effects, constrains and the future of weed biocontrol // Agriculture, Ecosystems and Environment. Vol.46. No.1–4. P.289–303.

Harris P., Pescken D., Milroy J. 1969. The status of biological control of the weed *Hypericum perforatum* in Brithish Columbia // Can. Entomol. Vol.4. P.1–15.

Harris P., Zwölfer H. 1968. Screening of phytophagous insects for biological control of weeds // Can. Entomol. Vol.100. No.3. P.295–303.

Harrison I.J. 2003. *Liza* Jordan et Swain, 1884 // Miller P.J. (ed.). The freshwater fishes of Europe. Vol.8/ I. Wiebelsheim: AULA-Verlag. P.25–27.

Hayes K.R. 2002a. Identifying Hazards in complex ecological systems. Part 1: Fault-tree analysis for biological invasions // Biological Invasions. Vol.4. No.3. P.235–249.

Hayes K.R. 2002b. Identifying Hazards in complex ecological systems. Part 2: Infection modes and affects analysis for biological invasions // Biological invasions. Vol.4. No.3. P.251–261.

Hebert P.D.N., Muncaster B.W., Mackie G.L. 1989. Ecological and genetic studies on *Dreissena polymorpha* (Pallas): a new mollusc in the Great Lakes // Can. J. Fish. Aquat. Sci. Vol.46. P.1587–1591

Hegedis A., Nilcevic M., Mickolic, Jankovic D., Andjus R.K. 1991. Discovery of the goby *Neogobius gymnotrachelus* in Yugoslav fresh water // Arhiv Bioloskih Nauka, Beograd. Vol.43. No.3–4. P.39–40.

Hengeveld R. 1989. Dynamics of biological invasions. London: Chapman & Hall. 176 p.

Herzig A. 1979. The zooplankton of the open lake // Neusiedlersee: The limnology of a shallow lake in Central Europe. The Hague: Dr. Junk. P.281–335.

Herzig A. 1980. Effects of food, predation and competition in the plankton community of a shallow lake (Neusiedler See, Austria) // Dev. Hydrobiol. Vol.3. P.45–51.

Herzig A. 1985. Resting eggs — a significant stage in the life cycle of crustaceans *Leptodora kindti* and *Bythotrephes longimanus* // Verh. Internat. Verein. Limnol. Vol.22. P.3088–3098.

Herzig A. 1994. Predator-prey relationships within the pelagic community of Neusiedlersee // Hydrobiologia. Vol.275–276. P.81–96.

Herzig A. 1995. *Leptodora kindti*: efficient predator and preferred prey item in Neusiedler See, Austria // Hydrobiologia. Vol.307. P.273–282.

Herzig A., Auer B. 1990. The feeding behaviour of *Leptodora kindti* and its impact on the zooplankton community of Neusiedler See (Austria) // Hydrobiologia. Vol.198. P.107–117.

Herzig A., Kubečka J. 2001. Fish biomass distribution in Neusiedler See (Austria): a hydroacoustic assessment of fish stock // Verh. Int. Ver. Limnol. Vol.27. P.3660–3665.

Hewitt C.L., Huxel G.R. 2002. Invasion success and community resistance in single and multiple species invasion models: do the models support the conclusions? // Biological Invasions. Vol.4. No.3. P.263–271.

Heywood V.H. 1989. Patterns, extents and modes of invasion by terrestrial plants // Drake J.A., Mooney H.A., di Castri F., Groves R.H., Kruger F.J., Rejmanek M., Williamson M. (eds.). Biological Invasions: A Global Perspective. Chichester: John Wiley and Sons. P.31–55.

Hill C., Furst M., Hammer J. 1990. Introduction of the amphipods *Pallasea quadrispinosa* and *Gammaracanthus lacustris* into lakes in northern Sweden // Ann. Zool. Fenn. Vol.27. P.241–244.

Hoffmann M. 1958. Die Bisamratte. Leipzig. 200 S.

Hokkanen H., Pimentel D. 1984. New approach for selecting biological control agents // Can. Entomol. Vol.116. No.8. P.1109–1121.

Holdich D.M., Rogers W.D., Reynolds J.D. 1999. Native and alien crayfish in the British Isles // Gherardi F., Holdich D.M. (eds.). Crayfish in Europe as alien species. How to make the best of a bad situation. Balkema, Rotterdam, Brookfield. P.221–235.

Holland B.S. 2000. Genetics of marine bioinvasions // Hydrobiologia. Vol.420. P.63–71.

Holloway J.K., Huffaker C.B. 1951. The role of *Chrysolina gemellata* in the biological control of Klamath weed // J. Econ. Entomol. Vol.44. P.244–247.

Holmgren M. 2002. Exotic herbovores as drivers of plant invasion and switch to ecosystem alternative states // Biological Invasion. Vol.4. No.1–2. P.25–33.

Holub J., Jirásek V. 1967. Zur Vereinheitlichtung der Terminologie in der Phytogeographie // Folia Geobot. Phytotax. Vol.2. No.1. P.69–113.

Horacek I., 1975. Notes on the ecology of bats the genus *Plecotus* Geoffroy, 1818 (Mammalia, Chiroptera) // Vest. Československ. spol. zool. Vol.39. No.3. P.195–210.

Howarth F.G. 1991. Environmental impact of classical biological control // Annu. Rev. Entomol. Vol.36. P.485–509.

Huffaker C.B. 1957. Fundamentals of biological control of weeds // Hilgardia. Vol.27. No.3. P.101–157.

Huffaker C.B. 1967. A comparison of the status of biological control of St. John's Wort in California and Australia // Mushi. Vol.39. P.51–73.

Human K.G., Gordon D.M. 1996. Exploitation and interference competition between the invasive Argentine ant, *Linepithema humile*, and native ant species // Oecologia (Berl.) Vol.105. P.405–412.

Hynes H.B.N. 1954. The ecology of *Gammarus duebeni* Lilljeborg and its occurrence in freshwater in western Britain // J. Anim. Ecol. Vol.23. P.38–84.

Hynes H.B.N. 1955. Distribution of some freshwater Amphipoda in Britain // Ver. Int. Ver. Theo. Ang. Limnol. Vol.12. P.620–628.

Igrč J. 1987. The investigations of the beetle *Zygogramma suturalis* F. as a potential agent for the biological control of the common ragweed // Agric. Consp. Scient. Vol.76/77. P.31–56.

Igrč J., DeLoach C.J., Zlof V. 1995. Release and establishment of *Zygogramma suturalis* F. (Coleoptera: Chrysomelidae) in Croatia for control of common ragweed (*Ambrosia artemisiifolia* L.) // Biol. Contr. Vol.5. No.2. P.203–208.

Isenmann P. 1994. L'extension geographique actuelle du Roselin cramoisi *Carpodacus erythrinus* en Europe // Alauda. Vol.62. No.3. P.81–88.

ISSG Global Invasive Species Database. http://www.issg.org/database

Ivanov V.P., Kamakin A.M., Ushivtzev V.B., Shiganova T., Zhukova O., Aladin N., Wilson S.I., Harbison G.R., Dumont H.J. 2000. Invasion of the Caspian Sea by the comb jellyfish *Mnemiopsis leidyi* (Ctenophora) // Biological Invasions. Vol.2. No.2. P.255–258.

Jalas J. 1955. Hemerobe und hemerochore Pflanzenarten. Ein terminologische Reformversuch // Acta Soc. fauna et flora fenn. Bd.72. H.11. S.1–15.

Jansson K. 1994a. Alien Species in the Marine Environment. Introductions to the Baltic sea and the Swedish West Coast. Solna, Swedish Environmental Protection Agency. 68 p.

Jansson K. 1994b. Unwanted Aquatic Organisms in Ballastwaters. MEPC. Vol.36 (INF.20). P.1–68.

Janssen J., Jude D.J. 1996. Round Gobies: Cyberfish of the 90s // Abstracts, The Sixth International Zebra Mussel and Other Aquatic Nuisance Species Conference, Dearborn, Michigan, March 1996.

P.23–24.

Janssen J., Jude D.J. 2001. Recruitment failure of mottled sculpin Cottus bairdi in Calumet Harbor, southern Lake Michigan, induced by the newly introduced round goby *Neogobius melanostomus* // J. Great Lakes Res. Vol.27. No.3. P.319–328.

Jarnagin S.T., Swan B.K., Kerfoot W.C. 2000. Fish as vectors in the dispersal of *Bythotrephes cederstoemi*: diapausing eggs survive passage through the gut // Freshwater Biol. Vol.43. P.579–589.

Jayanth K.P. 1996. Status of biological control trials against *Parthenium hysterophorus* by *Zygogramma bicolorata* in India // Madras Agric. J. Vol.83. No.11. P.672–678.

Jazdzewski K. 1980. Range expansions of some gammaridean species in European inland waters caused by human activity // Crustaceana. Vol.6. P.84–107

Jazdzewski K., Konopacka A. 1993. Survey and distribution of crustacean Malacostraca in Poland // Crustaceana. Vol.65. P.176–199.

Jazdzewski K., Roux A.L. 1988. Biogeographie de *Gammarus roeselii* Gervais en Europe, en particulier repartition en France et en Pologne // Crustaceana. Vol.13. P.272–277.

Jazdzewski K., Konopacka A., Grabowski M. 2002. Four Ponto-Caspian and one American gammarid species (Crustacea: Amphipoda) recently invading Polish waters // Contribution of Zoology. Bijdragen tot de Dierkunde. Vol.71. No.4. P.115–122.

Jin E.H., Sprules W.G. 1990. Distribution and abundance of *Bythotrephes cederstoemi* (Cladocera, Cercopagidae) in the St. Lawrence Great Lakes // Verh. Int. Verein. Limnol. Vol.24. P.383–385.

Johannsson O.E., Mills E.L., O'Gorman R. 1991. Changes in the nearshore and offshore zooplankton communities in Lake Ontario: 1981–88 // Can. J. Fish. Aquat. Sci. Vol.48. P.1546–1557.

Johnson C.G. 1969. Migration and dispersal of insects by flight. London: Methuen & Co Ltd. 763 p.

Johnson L.E., Carlton J.T. 1996. Post-establishment spread in large-scale invasions: dispersal mechanisms of the zebra mussel *Dreissena polymorpha* // Ecology. Vol.77. P.1686–1690.

Johnson L.E., Padilla D.K. 1996. Geographic spread of exotic species: Ecological lessons and opportunities from the invasion of the Zebra mussel *Dreissena polymorpha* // Biological Conservation. Elsevier. Vol.78. P.23–33.

Johnstone I.M. 1986. Plant invasion windows: a time-based classification of invasion potential // Biol. Rev. Vol.61. No.4. P.369–394.

Jones C.G., Lawton J.H., Shachak M. 1997. Positive and negative effects of organisms as physical ecosystem engineers // Ecology. Vol.78. No.7. P.1946–1957.

Józefik M. 1960. Modyfikacje południowo-zachodnej granicy zasięgu *Erythrina erythrina erythrina* (Pall.) na przestrzeni dwóch ostatnich stuleci // Acta Ornith. T.5. N.S. P.307–324.

Jude D.J. 1997. Round gobies: Cyberfish of the third millennium // Great Lakes Res. Review. Vol.3. P.27–34.

Jude D.J. 2001. Round and tubenose gobies: 10 years with the latest Great Lakes phantom menace // Dreissena. Vol.11. No.4. P.1–14.

Jude D.J., DeBoe S.F. 1996. Possible impacts of gobies and other introduced species on habitat resptoration efforts // Can. J. Fish. Aquat. Sci. Vol.53 (Suppl.1). P.136–141.

Jude D.J., Janssen J., Crawford G. 1995. Ecology, distribution and impact of the newly introduced round and tubenose gobies on the biota of the St. Clair- and Detroit Rivers // Munawar M., Edsall T., Leach J. (eds.). The Lake Huron Ecosystem: Ecology, Fisheries and Management. Amsterdam, The Netherlands: SPB Academic Publishing. P.447–460.

Jude D.J., Reider R.H., Smith G.R. 1992. Establishment of Gobiidae in the Great Lakes basin // Can. J. Fish. Aquat. Sci. Vol.49. P.416–421.

Julien M.H. 1989. Biological control of weeds worldwide: trends, rates of success and the future // Biocontrol News Inform. Vol.10. No.4. P.299–306.

Julien M.H. (ed.). 1992. Biological control of weeds: a world catalogue of agents and their target weeds. 3rd ed. Wallingford, UK: C.A.B. International. 186 p.

Julien M.H., Griffiths M.V. (eds.). 1998[1999]. Biological control of weeds: a world catalogue of agents and their target weeds. 4th ed. CABI Publishing. 223 p.

Jung N. 1983. Struktur und Faktoren der Expansion des Karmingimpels, *Carpodacus erythrinus*, in Europe und Kleinasien // Beiträge zur Vogelkunde. Bd.29. S.249–273.

Karaman G.S., Pinkster S. 1977. Freshwater *Gammarus* species from Europe, North Africa and adjacent regions of Asia (Crustacea, Amphipoda). II. *Gammarus roeselli*-group and related species // Bijdr. Dierk. Bd.47. H.2. P.165–196.

Karatayev A.Y., Burlakova L.E., Padilla D.K. 1997. The effects of *Dreissena polymorpha* (Pallas) invasion on aquatic communities in Eastern Europe // J. Shellfish Res. Vol.16. No.1. P.187–203.

Karatayev A.Y., Burlakova L.E., Padilla D.K. 1998. Physical factors that limit the distribution and abundance of *Dreissena polymoprha* (Pall.) // J. Shellfish Res. Vol.17. P.1219–1235.

Karatayev A.Y., Burlakova L.E., Padilla D.K. 2002. Impacts of zebra mussels on aquatic communities and their role as ecosystem engineers // Invasive aquatic species of Europe. Distribution, impacts and management. Dordrecht, Boston, London: Kluwer Academic Publishers. P.433–446.

Karppinen E., Kairasuo I. 1960. Villasakssiravusta, *Eriocheir sinensis* Milne-Edw., ja sen esiintymisesta Suomen rannicola // Luonnon Tutkija. Vol.64. P.81–87.

Kasulo V. 1999. The economics of invasive species: costs, incentives, risk analysis and the role of donors // E.E. Lyons, S.E. Miller (eds.). Invasive Species in Eastern Africa: Proceedings of a workshop held at ICIPE, July 5–6, 1999, Nairobi, Kenya. ICIPE Sci. Press. P.42–43.

Kautman J. 2001. The first occurrence of *Neogoibus gymnotrachelus* in the Slovak Danube // Folia Zool. Vol.50. No.1. P.79–80.

Keilty T.J. 1990. Evidence for alewife (*Alosa pseudoharengus*) predation on the European cladoceran *Bythotrephes cederstoemi* in northern Lake Michigan // J. Great Lakes Res. Vol.16. P.330–333.

Kessler K. 1857. Reiserbriefe aus der Krym // Bull. Soc. Natur. Moscou. T.53. No.2. S.201–216.

Ketelaars H.A.M., Gille L. 1994. Range extension of the predatory cladoceran *Bythotrephes longimanus* Leydig 1860 (Crustacea, Onychopoda) in Western Europe // Neth. J. Aquatic Ecol. Vol.28. No.2. P.175–180.

Ketelaars H.A.M., van Breemen L.W.C.A. 1993. The invasion of the predatory cladoceran *Bythotrephes longimanus* Leydig and its influence on the plankton communities in the Biesbosch reservoirs // Verh. Int. Verein. Limnol. Vol.25. P.1168–1175.

Ketelaars H.A.M., Wagenvoort A.J., Herbst R.F., van der Salm P.A.W., de Jonge-Pinkster G.J. 1995. Life history characteristics and distribution of *Bythotrephes longimanus* Leydig (Crustacea, Onychopoda) in the Biesbosch reservoirs // Hydrobiologia. Vol.307. P.239–251.

Ketelaars H.A.M., Lambregts van de Clundert F.E., Carpentier C.J., Wagenvoort A.J., Hoogenboezem W. 1999. Ecological effects of the mass occurrence of the Ponto-Caspian invader, *Hemimysis anomala* G.O. Sars, 1907 (Crustacea: Mysidacea), in a freshwater storage reservoir in the Netherlands, with notes on its autecology and new records // Hydrobiologia. Vol.394. P.233–248

Keyser D., Aladin N. 1991. Vom Meer zur Salzwüste: Der Aralsee, WüstenErde // Der Kampf gegen Durst, Dürre und Desertification. Ökozid 7, Focus-Verl., Giessen. S.213–228.

Khlebovich V.V. 1996. Estuaries in monsoon zone of East Asia as a sites of formation of "physiologically freshwater" species // Estuarine ecosystems and species. Crangon. No.1. P.139–142.

Khlebovich V.V., Abramova E.N. 2000. Some problems of crustacean taxonomy related to the phenomenon of Horohalinicum // Hydrobiologia. Vol.417. No.1. P.109–113.

Kideys A.E. 2002. The comb jelly *Mnemiopsis leidyi* in the Black Sea. Invasive aquatic species of Europe // Distribution, impacts and management. Dordrecht, Boston, London: Kluwer Academic Publishers. P.56–61.

Kilgour B.W., Mackie G.L., Baker M.A., Keppel R. 1994. Effects of salinity on the condition and survival of zebra mussels (*Dreissena polymorpha*) // Estuaries. Vol.17. P.385–393.

Kim I.-S. 1997. Illustrated encyclopedia of fauna and flora of Korea. Vol.37. Freshwater fishes. Seoul: Ministry of Education. 629 p.

Kingdon J. 1979. East African mammals. London. Vol.3. Pt.B. 436 p.

Kinne O. 1954. Interspezifische Sterilpaarung als konkurren-zoecologischer Factor bei Gammariden (Crustacea, Peracarida) // Naturwissenschaften. Bd.18. S.434–435.

Kinzelbach R. 1992. The main features of the phylogeny and dispersal of the zebra mussel *Dreissena polymopha* // Limnologie aktuell. Vol.4. P.5–17.

Kivi K. 1995. Petomainen vesikirppu saattaa kotiutua Suomeen // Helsingin Sanomat. 1995. Iauantaina 23, D2 (in Finnish).

Kolar, C.S., Lodge D.M. 2001. Progress in invasion biology: Predicting invaders // Trends Ecol. Evol. Vol.16. No.4. P.199–204.

Kolar C.S., Lodge D.M. 2002. Ecological Predictions and Risk Assessment for Alien Fishes in North America // Science. Vol.298 (8 November). P.1233–1236.

Kornas J. 1968. Geograficzno-hystoryczna klassifikacija roslin synantropijnych // Materialy Zaklady Fitosocjologii Stosowanej U.W. Warszawa — Bialowieza. No.25. S.33–41.

Kottelat M. 1997. European freshwater fishes. An heuristic checklist of the freshwater fishes of Europe (exclusive of former USSR), with an introduction for non-systematists and comments on nemenclature and conservation // Biologia, sec. Zool. Vol.52 (suppl.5). P.1–271.

Kottelat M. 2001. Freshwater fishes of northern Vietnam. A preliminary check-list of the fishes known or expected to occur in northern Vietnam with comments on systematics and nomenclature. Environment and Social Development Unit, East Asia and Pacific Region. The World Bank. Freshwater Fish. Vietnam: i–iii + 1–123 + 1–18, 15 unnumb. color pls.

Koutrakis E.T., Economidis P.S. 2000. First record in the Mediterranean (north Aegean Sea, Greece) of the Pacific mullet *Mugil soiuy* Basilewsky, 1855 (Mugilidae) // Cybium. Vol.24. No.3. P. 299–302.

Kovalev O.V. 1990. New factors of efficiency of phytophages: a solitary population wave and succession process // Proc. VII Int. Symp. Biol. Contr. Weeds, Rome, Italy, 1988. P.51–53.

Kovalev O.V. 1995. Co-evolution of the tamarisks (Tamaricaceae) and pest Arthropods (Insecta; Arachnida: Acarina), with special reference to biological control prospects // Proc. Zool. Inst. RAS. Vol.259. Sofia – Moscow – St. Petersburg: PENSOFT Publ. 109 p.

Kovalev O.V., Pis'mak Yu.M., Vechernin V.V. 1997. Self-organized criticality in the model of biological evolution describing interaction of "coenophilous" and "coenophobous" species // Europhysic Lett. Vol.40. No.4. P.471–476.

Kovalev O.V., Zaitzev V.F. 1996. New theoretical approaches to selection of promising agents for biological weed control // IX Int. Symp. Biol. Contr. Weeds. Abstracts. South Africa. P.63–64.

Kowarik I. 1995. Time lags in biological invasions with regard to the success and failure of alien species. // Pysek P., Prach K., Rejmanek M., Wade M. (eds.). Plant Invasions — General Aspects and Special Problems. Amsterdam: SPB Academic Publ. P.15–38.

Krasovskaya N.V. 1999. Reproduction and abundance dynamics of the Baltic herring (*Clupea haregus membras* L.) in the Vistula Lagoon of the Baltic Sea in 1980–1997 // Freshwater fish and the herring populations in the coastal lagoons. Environment and Fisheries. Proc. of Symp. Gdynia, Poland, 6–7 May 1998. Gdynia: Sea Fisheries Inst. P.128–142.

Kreh W. 1957. Zur Begriffsbildung und Namengebung in der Adventivfloristik // Mitt. Flor.-soc. Arbeitsgem. Stolzenau/Weser. N.F. H.6/7. S.90–95.

Krylov P.I., Bychenkov D.E. 2003. Population increase of native and alien predatory cladocerans: Consequence of herring decline? (A case study of two bays in the north-eastern Gulf of Finland) // Baltic Sea Science Congress 2003. Abstracts. Helsinki. P.170.

Krylov P.I., Bychenkov D.E., Panov V.E., Rodionova N.V., Telesh I.V. 1999. Distribution and seasonal dynamics of the Ponto-Caspian invader, *Cercopagis pengoi* (Crustacea, Cladocera), in the Neva Estuary (Gulf of Finland) // Hydrobiologia. Vol.393. P.227–232.

Krylov P.I., Panov V.E. 1998. Resting eggs in the life cycle of *Cercopagis pengoi*, a recent invader of the Baltic Sea // Arch. Hydrobiol. Spec. Issues Advanc. Limnol. Vol.52. P.383–392.

Kuhns L.A., Berg M.B. 1999. Benthic Invertebrate Community Responses to Round Goby (*Neogobius melanostomus*) and Zebra Mussel (*Dreissena polymorpha*) Invasion in Southern Lake Michigan // J. Great Lakes Res. Vol.25. No.4. P.910–917.

Kumari E. 1958. Zur Brutvorkommen des Girlitzes, *Serinus serinus* (L.), im Ostbalticum // J. f. Ornithol. Bd.99. S.32–34.

Lamb H.H. 1977. Climate: Present, Past and Future. London, U.K.: Methuen. Vol.2. 835 p.

Lampert W. 1993. Ultimate causes of diel vertical migration of zooplankton: new evidence for the predator-avoidance hypothesis // Arch. Hydrobiol. Vol.39. P.79–88.

Lange C., Cap R. 1986. *Bythotrephes cederstroemi* (Schodler) (Cercopagidae: Cladocera): a new record for Lake Ontario // J. Great Lakes Res. Vol.12. P.142–143.

Lapkina L.N., Svirsky A.M., Zharikova T.L. 2001 Non-indigenous leeches *Caspiobdella fadejevi* (Epstein, 1961) and *Acipenserobdella volgensis* (Zykoff, 1903) in reservoirs of the Upper and Middle Volga // US-Russia invasive species workshop, Book of abstracts, Borok, Russia, 27–31 August, 2001. P.106–109.

Lavrentyeva G.M., Mitskevich O.I., Ogorodnikova V.A., Susloparova O.N., Tereshenkova T.V. 1997. Evaluation of planktonic and benthic communities as food for fish and their young in Luga Bay // Proc. Final Seminar of the Gulf of Finland Year 1996. Helsinki. P.295–328.

Lawton J.H. 1985. Ecological theory and choice of biological control agents // Delfosse E.S. (ed.). Proc. of the VI Intern. Symp. on Biological Control of Weeds. Ottawa. P.13–26.

Lazzaro X. 1987. A review of planktivorous fishes: their evolution, feeding behaviors, selectivities, and impacts // Hydrobiologia. Vol.146. P.97–167.

Lee C.E. 2002. Evolutionary genetics of invasive species // Trends Ecol. Evol. Vol.17. No.3. P.386–391.

Lee C.E., Bell M.A. 1999. Causes and consequences of recent freshwater invasions by saltwater animals // Trends Ecol. Evol. Vol.14. No.7. P.284–288.

Lee R.F. 2001. New data on cysts from salt lakes // Int. J. Exobiol. Vol.4. No.2. P.68–76.

Lehman J.T. 1987. Palearctic predator invades North American Great Lakes // Oecologia. Vol.74. P.478–480.

Lehman J.T. 1993. Efficiencies of ingestion and assimilation by an invertebrate predator using C and P dual isotope labeling // Limnol. Oceanogr. Vol.38. P.1550–1554.

Lehman J.T., Cáceres C.E. 1993. Food-web responses to species invasion by a predatory invertebrate: *Bythotrephes* in Lake Michigan // Limnol. Oceanogr. Vol.38. P. 879–891.

Lehtonen H., Raid T., Kallio M., Aro E., Järv L., Kaljuste O., Parmanne R., Popov A., Shpilev H. 1997. Long-term trends in fish populations and catches in the Gulf of Finland // Proc. Final Seminar of the Gulf of Finland Year 1996. Helsinki. P.279–293.

Leppäkoski E., Gollasch S., Olenin S. (eds.) 2002. Invasive aquatic species in Europe. Distribution, impacts and management. Kluwer Academic Publishers. Dordrecht-Boston-London. 583 P.

Leppäkoski E., Olenin S. 2000. Xenodiversity of European brackish water seas: the North American contribution // Pedersen J. (ed.). Marine Bioinvasions. Proceedings of the first national conference, Massachusetts Cambridge, MA. P.107–119.

Leppäkoski E., Olenin S. 2001. The meltdown of biogeographical peculiarities of the Baltic Sea: The interaction of natural and men-made processes // Ambio. Vol.30. P.202–209.

Leppäkoski E, Olenin S., Gollasch S. 2002. The Baltic Sea — a field laboratory for invasion biology // Leppäkoski E., Olenin S., Gollasch S. (eds.). Invasive aquatic species of Europe. Distribution, impacts and management. Dordrecht-Boston-London: Kluwer Publishers. P.253–259.

Lever C. 1994. Naturalized animals: The ecology of successfully introduced species. London: C & A D Poyser Ltd. 354 p.

Levine J.M. 2000. Species diversity and biological invasions: relating local process to community pattern. // Science. Vol.288. P.852–854.

Levine J.M., D'Antonio C.M. 1999. Elton revisited: a review of evidence linking diversity and invisibility. // Oikos. Vol.87. No.1. P.15–26.

Lindroth C.H., Andersson H., Bödvarsson H., Richter S.H. 1973. Surtsay, Iceland. The development of a new fauna, 1963–1970, Terrestrial Invertebrates // Ent. Scand. Vol.5. 280 p.

Lindström M. 1992. The migration behavior of the amphipod *Pontoporeia affinis* Lindstrom. Academ. Diss… Univ of Helsinki. 87 p.

Litvinov A.G., O'Gorman R. 1996. Biology of Amur sleeper (*Perccottus glehni*) in the Delta of the Selenga River, Buryatia, Russia // J. Great Lakes Res. Vol.22. No.2. P.370–378.

Liu Z., Herzig A. 1996. Food and feeding behaviour of a planktivorous cyprinid, *Pelecus cultratus* (L.), in a shallow eutrophic lake, Neusiedler See (Austria) // Hydrobiologia. Vol.333. P.71–77.

Lodge D.M. 1993. Biological invasions: lessons for ecology // Trends Ecol. Evol. Vol.8. No.4. P.133–137.

Lohmeyer W., Sukopp H. 1992. Agriophyten in der Vegetation Mitteleuropas // Schrift. Vegetationsk. H.25. S.1–185.

Lonsdale W.M. 1999. Global pattern of plant invasions and the concept of invisibility // Ecology. Vol.80. P.1522–1536.

Lozon J.D., MacIsaac H.J. 1997. Biological invasions: are they dependent on disturbance // Environ. Rev. Vol.5. P.131–144.

Lyons E.E., Miller S.E. 1999. Invasive Species in Eastern Africa: Proceedings of a workshop held at ICIPE, July 5–6, 1999, Nairobi, Kenya, ICIPE Science Press. 108 pp.

MacArthur R.H., Wilson E.O. 1967. The Theory of Inland Biogeography. Princeton, N.Y.: Princeton Univ. Press. 208 p.

MacCulloch M.N., Tucher G.M., Baillie S.R. 1992. The hunting of migratory birds in Europe: a ringing recovery analysis // Ibis. Vol.134. Suppl.1. P.55–65.

MacInnis A., Corcum L. 2000. Fecundity and Reproductive Season of the *Neogobius melanostomus* in the Upper Detroit River // Trans. Am. Fisheries Soc. Vol.129. P.136–144.

MacIsaac H.J. 1996. Potential abiotic and biotic impacts of zebra mussel on the inland waters of North America // Amer. Zool. Vol.36. No.3. P.287–299.

MacIsaac H.J., Grigorovich I.A., Hoyle J.A., Yan N.D., Panov V.E. 1999. Invasion of Lake Ontario by the Ponto-Caspian cladoceran predator *Cercopagis pengoi* // Can. J. Fish. Aquat. Sci. Vol.56. P.1–5.

MacIsaac H.J., Grigorovich I.A., Ricciardi A. 2001. Reassessment of species invasions concepts: the Great Lake basin as a model // Biological Invasions. Vol.3. P.405–416.

MacIsaac H.J., Sprules W.G., Leach J.H. 1991. Ingestion of small-bodied zooplankton by zebra mussels (*Dreissena polymorpha*): can cannibalism on larvae influence population dynamics? // Can J. Fish. Aquat. Sci. Vol.48. P.2051–2060.

MacIsaac H.J., Sprules W.G., Johannsson O.E., Leach J.H. 1992. Filtering impacts of larval and sessile zebra mussels (*Dreissena polymorpha*) in western Lake Erie // Oecologia. Vol.92. P.30–39.

Mack R.N. 1985. Invading plants: their potential contribution to population biology // White J. (ed.). Studies on Plant Demography. London: Academic Press. P.127–142.

Mack R.N., Lonsdale M. 2001. Humans as global plant dispersers; getting more than we bargained for // Biosciences. Vol.51. P.92–102.

Mack R.N., Simberloff D., Lonsdale, W.M., Ewans H., Clout M., Bazzaz F.A. 2000. Biotic invasions: causes, epidemiology, global consequences, and control // Ecol. Appl. Vol.10. P.689–710.

Mackie G.L., Schloesser D.W. 1996. Comparative biology of zebra mussels in Europe and North America: an overview // Amer. Zool. Vol.36. P.244–254.

Maitland P.S., Adams C.E. 2001. Introduced freshwater invertebrates in Scotland: enhanced biodiversity or a treat to native species? // Glasgow Naturalist. Vol.23. P.26–34.

Makarewicz J.C., Bertram P., Lewis T., Brown E.H., Jr. 1995. A decade of predatory control of zooplankton species composition of Lake Michigan // J. Great Lakes Res. Vol.21. P.620–640.

Makarewicz J.C., Jones H.D. 1990. Occurrence of *Bythotrephes cederstoemi* in Lake Ontario offshore waters // J. Great Lakes Res. Vol.16. P.143–147.

Makarewicz J.C., Grigorovich I.A., Mills E., Damaske E., Cristescu M.E., Pearsall W., J.LaVoie M., Keats R., Rudstam L., Hebert P., Halbritter H., Kelly T., Matkovich C., MacIsaac H. 2001. Distribution, fecundity, and genetics of *Cercopagis pengoi* (Ostroumov) (Crustacea, Cladocera) in Lake Ontario // J. Great Lakes Res. Vol.27. P.19–32.

Manca M., Ruggiu D. 1998. Consequences of pelagic food-web changes during a long-term lake oligotrophication process // Limnol. Oceanogr. Vol.43. P.1368–1373.

Marco D.E., Raez S.A., Cannas S.A. 2002. Species invasiveness in biological invasions: a modeling approach // Biological Invasions. Vol.4. No.1–2. P.193–205.

Marelly D., Gray S. 1985. Comments on the status of recent members of the genus *Mytilopsis* (Bivalvia:

Dreissenidae) // Malacol. Rev. Vol.18. P.117–122.

Marine Alien Species of Estonia. http://www.sea.ee/Sektorid/merebioloogia/eesti/Marine_Alien_Species_of_Estonia.htm

Marquard O. 1926. Die Ńhinesische Wollhandkrabbe, *Eriocheir sinensis* Milne-Edwards, ein neuer Bewohner deutscher Flusse // Fischerei. Bd.24. S.417–433.

Marguillier S., Dehairs, F., van der Velde G., Kelleher B., Rajagopal, S. 1998. Initial results on the trophic relationships based on *Corophium curvispinum* in the Rhine traced by stable isotopes // Nienhuis P.H. (ed.). New concepts for sustainable management of river basins. Leiden: Backhyus Publ. P.171–177.

Marsden E.J., Spidle A.P., May B. 1996. Review of genetic studies of *Dreissena* spp. // Amer. Zool. Vol.36. P.259–270.

Maximov A.A., Panov V.E. 2002. Expansion of *Marenzelleria viridis* (Polychaeta: Spionidae) in the eastern Gulf of Finland // Abstracts of "The Gulf of Finland Symposium", Tallinn, 28–30 October 2002. P.27.

Mayr E. 1926. Die Ausbreitung des Girlitz. // J. Ornith. Bd.74. S.572–671.

Mayr E. 1951. Speciation in birds. // Proceed. X Internat. Orn. Congress, Uppsala. P.91–95.

McCulloch M.N., Tucher G.M., Baillie S.R. 1992. The hunting of migratory birds in Europe: a ringing recovery analysis // Ibis. Vol.134, suppl.1. P.55–65.

McEvoy P., Grevstad F.S., Schooler S., Schat M., Coombs E.M. 2000. Weed biocontrol as an invasion process // Spencer N.R. (ed.). Proc. X Intern Symposium on Biological control of weeds (Montana State University, USA, July 4–14, 1999). P.596.

McEvoy P.B., Rudd N.T., Cox C.S., Huso M. 1993. Disturbance, competition, and herbivory effects on ragwort *Senecio jacobaea* populations // Ecol. Monogr. Vol.63. No.1. P.55–75.

McFadyen R.E.C. 1998. Biological control of weeds // Annu. Rev. Entomol. Vol.43. P.369–393.

McKay S.I., Miller P.J. 1991. Isozyme criteria in the testing of phyletic relationships between species of *Gobius* and related eastern Atlantic-Mediterranean genera (Teleostei: Gobiidae) // J. Fish Biol. Vol.39 (Suppl.A). P.291–299.

McMahon R.F. 2002. Evolutionary and physiological adaptations of aquatic invasive animals: r selection versus resistance // Can. J. Fish Aquat. Sci. Vol.59. P.1235–1244.

McNeely J.A., Mooney, H.A., Neville L.E., Schei P., Waage J.K. (eds.). 2001 A global strategy on invasive alien species. IUCN Gland, Switzerland, and Cambridge, UK, in collaboration with the Global Invasive Species Programme. 50 pp.

Mellina E., Rasmussen J., Mills E.L. 1995. Impact of zebra mussel (*Dreissena polymorpha*) on phosphorus cycling and chlorophyll in lakes // Can. J. Fish. Aquat. Sci. Vol.52. No.12. P.2553–2573.

Meisenheimer J. 1901. Entwicklungsgeschichte von *Dreissena polymorpha* Pall. // Ztshr. wiss. Zool. Bd.69. S.1–137.

Michaux A. 1803. Flora Boreali-Americana. Vol.1. P.20.

Micklin Ph. 1991. The water Management Crisis in Soviet Central Asia // The Carl Beck paper in Russian and East European Studies. No.905. P.1–120.

Miller P.J. 1990. The endurance of endemism: the Mediterranean freshwater gobies and their prospects for survival // J. Fish Biol. Vol.37 (Suppl.A). P.145–156.

Miller P.J. (ed.). 2003. The freshwater fishes of Europe. Vol. 8/I. Mugilidae, Atherinidae, Athrinopsidae, Blenniidae, Odontobutidae, Gobiidae 1. Aula-Verlag, Wiebelsheim. 404 p.

Miller S.E. 1999. Invasive species in Eastern Africa: introductory comments // Lyons E.E., Miller S.E. (eds.) Invasive Species in Eastern Africa: Proceedings of a workshop held at ICIPE, July 5–6, 1999, Nairobi, Kenya. ICIPE Science Press. P.42–43.

Mills E.L., Leach J.H., Carlton J.T., Secor C.L. 1993. Exotic species in the Great Lakes: A history of biotic crises and anthropogenic introductions // J. Great Lakes Res. Vol.19. P.1–54.

Mills E.L., Rosenberg G., Spidle A.P., Ludyansky M., Pligin Y. 1996. A review of biology and ecology of the quagga mussel (*Dreissena bugensis*), a second species of freshwater Dreissenid introduced to North America // Amer. Zool. Vol.36. P.271–286.

Mills E.L., Chrisman J.R., Baldwin B.S., Howell T., Owens R.W., O'Gorman R., Roseman E.F., Raths M.K. 1999. Changes in the dreissenid community and a shift toward dominance of the quagga mussel (*Dreissena bugensis*) in the lower Great Lakes // J. Great Lakes Res. Vol.25. P.187–197.

Minchin D, Lucy F., Sullivan M. 2002. Zebra mussel: impact and spread // Leppäkoski E., Olenin S., Gollasch S. (eds.). Alien species in European waters. Dordrecht-Boston-London: Kluwer Publishers. P.135–146.

Mitchell J.S., Bailey R.C., Knapton R.W. 1996. Abundance of *Dreissena polymorpha* and *Dreissena bugensis* in a warmwater plume: effects of depth and temperature // Can. J. Fish Aquat. Sci. Vol.53. P.1705–1712.

Molloy D.P., Karataev A.Y., Burlakova E.V., Kurandina D.P., Laruelle F. 1997. Natural emenies of Zebra mussels: Predators, Parasites and Ecological Competitors // Reviews in Fisheries Science. Vol.5. No.1. P.27–97.

Mooney H. 2001. Invasive alien species — the nature of the problem // Secretariat of the Convention on Biological Diversity. Assessment and management of alien species that threaten ecosystems, habitats and species. Abstracts of keynote addresses and posters presented st the sixth meeting of the Subsidiary Body on Scientific, Technical and Technological Advice, held in Montreal, Canada, from 12 to 16 March 2001. Montreal, SCBD. P.1–2.

Mooney H.A., Hobbs R.V. (eds.). 2000. Invasive Species in a Changing World. Washington D.C., Island Press. 347 p.

Morgan M.E., Kingston J.D., Marino B.D. 1994. Carbon isotopic evidence for the emergence of C4-plants in the Neogene from Pakistan and Kenya // Nature. Vol.367. No.6459. P.162–164.

Mortensen S. H., Oivind S. 2000. Releases and captures of Manilia clams (*Ruditapes philippinarum*) introduced to Norway // Sarsia. Vol.85. P.87–91.

Morton B. 1981. The biology and functional morphology of *Mytilopsis sallei* (Recluz) (Bivalvia, Dreissenacea) fouling Visakhapatnam harbour Andhra Pradesh India // J. Moll. Stud. Vol.47. No.1. P.25–42.

Morton B., Velkovrh F., Sket B. 1998. Biology and anatomy of 'living fossil' *Congeria kusceri* (Bivalvia: Dreissenidae) from subterranean rivers and caves in the Dinaric karst of the former Yugoslavia // J Zool (London). Vol.245. P.147–174.

Mouthon J. 2001. Life cycle and population dynamics of the Asian clam *Corbicula fluminea* (Bivalvia: Corbiculidae) in the Saone River at Lyon (France) // Hydrobiologia. Vol.452. P.109–119.

Moyle P.B., Light T. 1996. Fish invasions in California: do abiotic factors determine success? // Ecology. Vol.77. No.6. P.1666–1670.

Muller J. 2001. Invasion history and genetic population structure of riverine macroinvertebrates // Zoology. Vol.104. P.1–10.

Mullin B.H. 1998. The biology and management of Purple loosestrife (*Lythrum salicaria*) // Weed Technology. Vol.12. No.2. P.397–401.

Murdoch W.W., Chesson J., Chesson P.L. 1985. Biological control in theory and practice // Amer. Natur. Vol.125. No.3. P.344–366.

Murray R.D. 1979. Colonization of Scotland by northern birds, 1820–1977 // Scott. Birds. Vol.10. No.5. P.158–174.

Myers J.H. 1980. Is the insect or the plant the driving force in the cinnabar moth — tansy ragwort system? // Oecologia. Vol.47. No.1. P.16–21.

Nakabo T. 2002. Fishes of Japan with pictorial keys to the species. English edition. Vol. 1, 2. 1800 p.

Nalepa T.F., Shloesser D.W. (eds.). 1993. Zebra mussels: Biology, impact and control. Boca Raton, FL: Lewis/CRC Press, Inc. 520 p.

Nalepa T.F., Hartson D.J., Fanslow D.L., Lang G.A., Lozano S.J. 1998. Declines in benthic macroinvertebrate populations in southern Lake Michigan, 1980–1993 // Can. J. Fish. Aquat. Sci. Vol.55. P.2402–2413.

Naseka A.M., Poznjak V.G., Bogutskaya N.G. 2001. *Gobio pentatrichus* // The Freshwater Fishes of Europe. Vol.5/I. Wiesbaden: AULA-Verlag. P.187–200.

Naumenko E.N. 1999. Species composition, seasonal and long-term dynamics of zooplankton abundance and biomass in the Vistula Lagoon of the Baltic Sea // Freshwater fish and the herring populations in the coastal lagoons. Environment and Fisheries. Proc. of Symp. Gdynia, Poland, 6–7 May 1998. Gdynia: Sea Fisheries Inst. P.161–173.

Naumov A.D., Gontar V. I. 1997. Colonization of the White Sea by boreal and arctic-boreal fauna in Holocene // 32nd EMBS. Programme and abstract volume. P.61.

Nepszy S.J., Leach J.H. 1973. First Records of the Chinese Mitten Crab, *Eriocheir sinensis* (Crustacea, Brachiura) from North America // J. Fish. Res. Bd. Canada. Vol.30. No.12. P.1909–1910.

Nichols S.J. 1996. Variations in the redpoductive cycle of *Dreissena polymorpha* in Europe, Russia and North America // Amer. Zool. Vol.36. P.311–325.

Niethammer G., Wolters H.E. 1964. Brutversuch des Grünen Laubsängers (*Phylloscopus trochiloides*) in West Deutschland // J. f. Ornithol. Bd.105. S.197–198.

Norkko A., Bonsdorff E., Boström C. 1993. Observations of the polychaete *Marenzelleria viridis* (Verril) on a shallow sandy bottom on the South coast of Finland // Memoranda Soc. Fauna Flora Fennica. Vol.69. P.112–113.

Novomodnyy G.V. 2002. The preliminary results of contemporary investigations of fish diversity in the Amur Basin: species structure on the boundary of XX–XXI centuries // First International Symposium “Fish productivity of the Amur River fresh waters and adjacent rivers”. 29 October–1 Novermber 2002. Khabarovsk, Russia. Abstracts. P.27–30.

Nowak E. 1971. O rozprzestrzenianiu się zwierząt i jego przyczynach (na przykładzie 28 współczesńe rozprzestrzeniających się gatunków z terenu Europy // Inst. Ekologii, zeszyty naukowe. Warszawa. No.3. 255 s.

Nowak E. 1975. Ist die Türkentaube (*Streptopelia decaocto*) “schädlich” oder “nützlich”? // Ornith. Mitteilungen. Bd.27. H.7–8. S.153–159.

Nuttall C.P. 1990. Review of the Caenozoic heterodont bivalve superfamily Dreissenacea // Palaeontology (Lond.). Vol.33. P.707–737.

Odum E.P. 1969. The strategy of ecosystem development // Science. Vol.164. No.3877. P.262–270.

O’Gorman R., Elrod J.H., Owens R.W., Schneider C.P., Eckert T.H., Lantry B.F. 2000. Shifts in depth distributions of alewives, rainbow smelt, and age-2 lake trout in Southern Lake Ontario following establishment of dreissenids // Trans. Amer. Fish. Soc. Vol.129. P.1096–1106.

Ojaveer E. 2002. Problems in fisheries and management of fish resources in the Gulf of Riga // Baltic coastal ecosystems: Structure, function and coastal zone management. Berlin, Heidelberg e.a.: Springer. P.157–169.

Ojaveer H., Lumberg A. 1995. On the role of *Cercopagis* (*Cercopagis*) *pengoi* (Ostroumov) in Pärnu Bay and the NE part of the Gulf of Riga ecosystem // Proc. Estonian Acad. Sci. Ecol. Vol.5. No.1–2. P.20–25.

Ojaveer H., Leppäkoski E., Olenin S., Riccardi A. 2002. Ecological impact of Ponto-Caspian invaders in the Baltic Sea, European inland waters and the Great Lakes: an inter-ecosystem comparison // Leppäkoski E., Gollasch S., Olenin S. (eds.). Invasive aquatic species of Europe. Distribution, impacts and management. Dordrecht, Boston, London: Kluwer Academic Publishers. P.412–425.

Olenin S., E. Leppäkoski and D. Daunys. 2002. Internet database on aliens species in the Baltic Sea // Leppäkoski E., Gollasch S., Olenin S. (eds.). Invasive Aquatic Species of Europe. Distribution, Impacts and Management. Dordrecht, Boston, London: Kluwer Academic Publishers. P.525–528

Olenin S., Orlova M., Minchin D. 1999. *Dreissena polymorpha* (Pallas, 1771) // Gollasch S., Minchin D., Rosenthal H., Voigh M. (eds.). Case histories on introduced species: their general biology, distribution, range expansion and impact. Kiel, Germany: University of Kiel. P.38–42.

Olsen T.M., Lodge D.M., Capelli G.M., Houlihan R.J. 1991. Mechanisms of impact of an introduced crayfish (*Orconectes rusticus*) on littoral congeners, snails and macrophytes // Can. J. Fish. Aquat. Sci. Vol.48. No.10. P.1853–1861.

Olsson V. 1969. Die Expansion des Girlitzes (*Serinus serinus*) in Nordeuropa in den letzten Jahrzehnten // Vogelwarte. Bd.25. S.147–156.

Orlova M.I. 2002. *Dreissena polymoprha*: Evolutionary origin and biological peculiarities as prerequisites of invasion success // Leppäkoski E., Gollasch S., Olenin S. (eds.). Invasive aquatic species in Europe. Distribution, impacts and management. Dordrecht, Boston, London: Kluwer Academic Publishers. P.127–134.

Orlova M.I., Anokhina L.E., Golubkov S.M., Ignatieva N.V., Klimentenok S.N. 2001. Distribution, biological peculiarities and impacts of *Dreissena polymorpha* Pallas in the Neva Estuary (Eastern Gulf of Finland, Baltic Sea) // Abstracts of Baltic Sea Science Congress 2001, Past, Present and Future — A Joint Venture, November 25–29, Stockholm. P.264.

Orlova M.I., Anokhina L.E., Panov V.E., Nekrasov A.V., Klimentenok S.N. 1999a. Preliminary environmental state assessment for littoral zone in Resort District of St.Petersburg // Baltic Floating Univ. Res. Bull. No.3. P.37–45.

Orlova M.I., Antonov P.I., Scherbina G.Kh., Starobogatov Ya.I., Biochino G.I., Therriault T.W., MacIsaak H.J. (in press). Range expansion of quagger mussels *Dreissena rostriformis bugensis* in the Volga Riverland and Caspian Sea basin // Aquat. Ecol.

Orlova M., Golubkov S., Kalinina L., Ignatieva N. 2004. *Dreissena polymoprha* (Bivalvia: Dreissenidae) in the Neva Estuary (the eastern Gulf of Finland, Baltic Sea): Is it a biofilter or source for pollution? // Marine Pollution Bull. (in press).

Orlova M.I., Komendantov A.Yu. 1997 Salinity responces of Laternula limicola (the Sea of Japan) // Proc of 30th EMBS, Olsen & Olsen, Southhampton, UK. P.17–35

Orlova M.I., Khlebovich V.V., Komendantov A.Y. 1998. Potential euryhalinity of *Dreissena polymorpha* (Pallas) and *Dreissena bugensis* (Andr.) // Russian J. Aquat. Ecol. Vol.7. P.17–28.

Orlova M.I., Panov V.E. 2004. Establishment of the zebra mussel, *Dreissena polymorpha* (Pallas) in the Neva Estuary (Gulf of Finland, Baltic Sea): distribution, population structure and possible impact on local unionid bivalves // Hydrobiologia. Vol.514. Issue 1. P.207–216.

Padilla D.K., Schneider D.W., Rehmann C.R., Stoekel J.A., Sparks R.E. 2002 .Metapopulation dynamics, mortality and recruitment in the zebra mussel (*Dreissena polymorpha*): potential for control in large river systems // 11th international conference on aquatic invasive species, Alexandria, Virginia. Book of Abstracts. P.120.

Page L.M., Burr B.M. 1991. A field guide to freshwater fishes of North America north of Mexico // The Peterson Filed Guide Series. Boston: Houghton Mifflin. Vol.42. **P. ....**

Paine R.T. 1966. Food web complexity and species diversity // Amer. Nat. Vol.100. No.1. P.65–75.

Paine R.T. 1980. Food webs: linkage, interaction strength and community infrastructure // J. Anim. Ecol. Vol.49. No.3. P.667–685.

Panov V.E. 1996. Establishment of the Baikalian endemic amphipod *Gmelinoides fasciatus* in Lake Ladoga // Simola H., Viljanen M., Slepukhina T., Murthy R. (eds.). Proceedings of the 1st Int. Lake Ladoga Symposium. / Hydrobiologia. Vol.322. P.187–192.

Panov V.E. 1999. GAAS: Group on Aquatic Alien Species at the Zoological Institute in St.Petersburg, Russia // Biol. Invasions. Vol.1. P.99–100.

Panov V.E., Alimov A.F., Golubkov S.M., Orlova M.I., Telesh I.V. 2002. Environmental problems and challenges for the coastal zone management in the Neva estuary (eastern Gulf of Finland) // Schernewski G., Schiewer U. (eds.). Baltic Coastal Ecosystems: Structure, Function and Coastal Zone Management. Berlin: Springer Publ. P.171–184.

Panov V.E., Berezina N.A. 2002. Invasion history, biology and impacts of the Baikalian amphipod *Gmelinoides fasciatus* // Leppäkoski E., Gollasch S., Olenin S. (eds.). Invasive Aquatic Species of Europe — Distribution, Impacts and Management. Dordrecht-Boston-London: Kluwer Academic Publishers. P.96–103.

Panov V.E., Dianov M.B., Krylov P.I., Lobanov A.L. 1999b. GIS "Invader" and its applications: invasion history of two predatory cladocerans, *Bythotrephes* sp. and *Cercopagis pengoi* (Crustacea, Onychopoda) // Abstracts of the 16th Baltic Marine Biologists Symposium. Functional diversity and ecosystem dynamics of the Baltic Sea. Alien species in the brackish water ecosystems. June 21–26, 1999, Klaipeda, Lithuania. P.30.

Panov V.E., Krylov P.I., Telesh I.V. 1996. The Caspian predatory cladoceran *Cercopagis pengoi* invades the Gulf of Finland // BFU Research Bulletin. No.2. P.80–81.

Panov V.E., Krylov P.I., Telesh I.V. 1999a. The St. Petersburg harbour profile // Gollasch S., Leppäkoski E. (eds.). Initial risk assessment of alien species in Nordic coastal waters. Nord 1999:8. Nordic Council of Ministers, Copenhagen. P.225–244.

Panov V.E., Timm T., Timm H. 2000. Current status of an introduced Baikalian amphipod *Gmelinoides fasciatus* Stebbing, in the littoral communities of Lake Peipsi // Proc. Estonian Acad. Sci. Biol. Ecol. Vol.49. No.1. P.71–80.

Perrins J., Fitter A., Williamson H. 1993. Population biology and rates of invasion of three introduced Impatiens species in the British Isles // J. Biogeogr. Vol.20. P.33–44.

Peters N. 1933. Lebenskundlicher Teil // Peters N., Panning A. (eds.). Die chinesische Wollhandkrabbe in Deutschland. Leipzig: Akademische Verlagsgesellschaft GmbH. S.59–156.

Petryashov V.V., Chernova N.V., Denisenko S.G., Sundet J.H. 2002. Red King Krab (*Paralithodes camtshaticus*) and Pink Salmon (*Oncorhynchus gorbuscha*) in the Barents Sea // Leppäkoski E., Gollasch S., Olenin S. (eds.). Invasive Aquatic Species of Europe — Distribution, Impacts and Management. Dordrecht-Boston-London: Kluwer Academic Publishers. P.147–152.

Pezold F. 1993. Evidence of a monophyletic Gobiinae // Copeia. No.3. P.634–643.

Piccoli G. 2002. Quantitative faunal exchange in the Tethys and climatic cycles // Memorie di Scienze Geologiche. Vol.54. P.9–17.

Piccoli G., Sartori S., Franchino A. 1986. Mathematical model of the migration of cenozoic benthic molluscs in the Tethyan Belt // Memorie di Scienze Geologiche. Vol.38. P.207–244.

Piccoli G., Sartori S., Franchino A., Pedron R., Claudio L., Natale R.A. 1991. Mathematical model of faunal spreading in benthic palaeobiogeography (applied to Cenozoic Tethyan molluscs) // Paleaogeography, Paleaoclimatology, Paleaoecology. Vol.86. P.139–196.

Pijanowska J., Stolpe G. 1996. Summer diapause in *Daphnia* as a response to the presence of fish // J. Plankton. Res. Vol.18. P.1407–1412.

Pikulik M.M., Kulesh V.F., Alekhnovich A.V., Pareiko O.V. 1999. Ecological consequences of appearance of North American crayfish species (*Orconectes limosus* Raf.) in water ecosystems of Belarus // Proceedings of the National Academy of Sciences of Belarus (Vestsi Natsiyanalnai Akademii Navuk Belarusi). Series of biological sciences. No.3. P.110–112.

Pimentel D. 2001. Putting invasive species management in perspective // Pesticides and You. Vol.21. No.4. P.13–14.

Pimentel D., Lach L., Zuniga R., Morrison D. 2000. Environmental and economic costs of nonindigenous species in tne United States // Bioscience. Vol.53. No.1. P.53–66.

Polis G.A., Myers C.A., Holt R.D. 1989. The evolution and ecology of intraguild predation: competitors that eat each other // Annu. Rev. Ecol. Syst. Vol.20. P.297–330.

Pora E.F., Cărăuşu S. 1939. Sur la resistance de l'amphipode *Pontogammarus maeoticus* de la mer Noire aux variations de salinité du milieu ambiant // Ann. sci. Univ. Jassy. T.25. Fasc.1. P.1–14.

Pothoven S.A., Fahnenstiel G.L., Vanderploeg H.A. 2003. Population characteristics of *Bythotrephes* in Lake Michigan // J. Great Lake Res. Vol.29. P.145–156.

Pourriot R. 1977. Food and feeding habits of Rotifera // Arch. Hydrobiol. Beih. Ergebn. Limnol. Vol.8. P.243–260.

Prach K., Wade P.M. 1992. Population characteristics of expansive perennial herbs // Preslia. Vol.64. P.45–51.

Preston C.D. 1986. An additional criterion for assessing native status // Watsonia. Vol.1. P. 83.

Pysek P. 1995. Recent trends in studies on plant invasions (1974–1993) // Pysek P., Prach K., Rejmanek M., Wade M. (eds.). Plant Invasions — General Aspects and Special Problems. Amsterdam: SPB Academic Publ. P.223–236.

Pysek P., Prach K. 1993. Plant invasions and the role of riparian habitats: a comparison of four species alien to central Europe // J. Biogeogr. Vol.20. P.413–420.

Pysek P., Prach K., Smilauer P. 1995. Relating invasion success to plant traits: an analysis of the Czech alien Flîăŕ // Pysek P., Prach K., Rejmanek M., Wade M. (eds.). Plant Invasions — General Aspects and Special Problems. Amsterdam: SPB Academic Publ. P.39–60.

Quaile D.B. 1941. The Japanese "little neck" clam accidentally introduced into British Columbia waters // Progress Reports of the Fisheries Research Board of Canada. No.48. P.17–18.

Ram J.L., Fong P.P., Garton D.W. 1996. Physiological aspects of zebra mussel reproduction: Maturation, spawning and fertilization // Amer. Zool. Vol.36. P.326–338.

Ramcharan C.W., Padilla D.K., Dodson S.I. 1992. Models to predict potential occurrence and density of the zebra mussel, *Dreissena polymorpha* // Can. J. Fish. Aquat. Sci. Vol.49. P.2611–2620.

Rauchenberger M. 1989. Systematics and biogeography of the genus *Gambusia* (Cyprinodontiformes: Poeciliidae) // Amer. Mus. Novit. No.2951. P.1–74.

Ray W.J., Corcum L. 2001. Habitat and site affinity of the round goby // J. Great Lakes Res. Vol.27. No.3. P.329–334.

Reeder H.H., de Vaate A.B. 1990. Zebra mussels (*Dreissena polymorpha*) a new perspective for water quality management. Biomanipulation: tool for water management // Hydrobiologia. Vols. 200/ 201. P.437–450.

Regional Biological Invasions Center. 2001a. Panov V., Dianov M., Lobanov A. (eds.). http://www.zin.ru/ projects/invasions

Regional Biological Invasions Center. 2001b. Panov V., Dianov M., Lobanov A. (eds.). Interactive Geographical Information System for Documentation and Mapping of Alien Species Distribution. http://www.zin.ru/projects/invasions/gaas/invader/invader.htm

Regional Biological Invasions Center. 2001c. Panov V., Dianov M., Lobanov A. (eds.). Aquatic Invasive Species of Europe. http://www.zin.ru/projects/invasions/gaas/aa_idb.htm

Regional Biological Invasions Center. 2001d. Panov V., Dianov M., Lobanov A. (eds.). International Networking. http://www.zin.ru/projects/invasions/gaas/aa_netw.htm

Reid D.F., Orlova M.I. 2002. Geological and evolutionary underpinnings for the success of Ponto-Caspian species invasion in the Baltic Sea and North American Great Lakes // Can. J. Fish. Aquat. Sci. Vol.59. No.7. P.1144–1158.

Rejmanek M. 1995. What makes a species invasive? // Pysek P., Prach K., Rejmanek M., Wade M. (eds.). Plant Invasions — General Aspects and Special Problems. Amsterdam: SPB Academic Publ. P.3–13.

Report of the Joint Convention on Biological Diversity. 2002. / Global Invasive Species Programme Informal Meeting on Formats, Protocols and Standards for Improved Exchange of Biodiversity-related Information. http://www.biodiv.org/doc/meetings/cop/cop-06/information/cop-06-inf-18-en.doc

Report of the Workshop on the Development of a Nordic/Baltic Invasive Species Informational Network. 2002. http://www.us-reo.dk/IS_Database.htm

Reznik S.Ya. 1996. The "*Ambrosia* — *Zygogramma*" host plant — phytophagous insect system // Caligari P.D.S., Hind D.J.N. (eds.). Compositae: Biology and utilization. (Proc. Intern. Conf.) Royal Botanic gardens, Kew, UK. Vol.2. P.237–244.

Reznik S.Ya., Belokobyl'skiy S.A., Lobanov A.L. 1994. Weed and herbivorous insect population densities at the broad spatial scale: *Ambrosia artemisiifolia* and *Zygogramma suturalis* (Coleoptera, Chrysomelidae) // J. Appl. Entomol. Vol.118. No.1. P.1–9.

Ricciardi A. 2001. Facilitative interactions among aquatic invaders: is an "invasional meltdown" occurring in the Great Lakes? // Can. J. Fish. Aquat. Sci. Vol.58. P.2513–2525.

Ricciardi A., MacIsaac H.J. 2000 Recent mass invasion of the North American Great Lakes by Ponto-Caspian species // Trends Ecol. Evol. Vol.16. P.62–65.

Ricciardi A., Whoriskey F.G., Rasmussen J.B. 1997. The role of the zebra mussel (*Dreissena polymorpha*) in structuring macroinvertebrate communities on hard substrata // Can. J. Fish. Aquat. Sci. Vol.54. No.11. P.2596–2608.

Ricciardi A., Rasmussen J. B. 1998. Predicting the identity and impact of future biological invaders: a priority for aquatic resource management // Can. J. Fish. Aquat. Sci. Vol.55. P.1759–1765.

Ricciardi A., Steiner W.W.M., Mack R.N., Simberloff D. 2000. Toward a Global Information System for Invasive Species // BioScience Vol.50. No.3. P.239–244.

Richardson D.M., Pysek P., Rejmanek M., Barbour M.G., Panetta F.D., West C. J. 2000. Ňaturalization and invasion of alien plants: concepts and definitions // Diversity and Distribution. Vol.6. P.93–107.

Rikli M. 1903. Die Anthropochoren und der Formenkreis der Nasturtium palustre DC. Ber. Zurich Bot Ges. 13:71–82.

Roditi H.A., Caraco N.F., Cole J.J., Strayer D.L. 1996. Filtration of Hudson River water by the zebra mussel (*Dreissena polymorpha*) // Estuaries. Vol.19. No.4. P.824–832.

Rogl F. 1998. Palaeogeographic considerations for Mediterranean and Paratethys seaways (Oligocene to Miocene) // Ann. Naturhist. Mus. Wien. Bd.99A. P.279–310.

Room P.M., Harley K.L.S., Forno I.W., Sands D.P.A. 1981. Successful biological control of the floating weed salvinia // Nature. Vol.294. No.5836. P.78–80.

Rosenberg G., Ludyasnskiy M.L. 1994. A nomenclatural review of *Dreissena* (Bivalvia: Dreissenidae) with identification of the quagga mussel as *Dreissena bugensis* // Can. J. Fish. Aquat. Sci. Vol.51. P.1474–1484.

Ross R.M., Lellis W.A., Bennett R.M., Johnson C.S. 2001. Landscape Determinants of Nonindigenous Fish Invasions. Biological Invasions. V. 3. Issue 4. P. 347–361.

Roy J. 1990. In search of the characteristics of plant invaders // di Castri F., HansenA.J., Debussche M. (eds.). Biological Invasions in Europe and Mediterranean Basin. Dordrecht: Kluwer Academic Publ. P.335–352.

Ruesink J.L., Parker I.M. et al. 1995. Reducing the risks of Non-indigenous Species introductions // Bioscience. Vol.45. P.465–477.

Ruiz G.M., Rawlings T.K., Dobbs F.S., Drake L.A., Mullady T., Hug A., Colwell R.R. 2000. Global spread of microorganisms by ships // Nature. Vol.408. P.49–50.

Ryan W.B.F., Pitman W.C., Major C.O., Shimkus K., Moskalenko V., Jones G.A., Dimitrov P., Gorer N., Sakinű M., Yuce H. 1997. An abrupt drowning of the Black Sea shelf // Mar. Geol. Vol.138. No.1–2. P.119–126.

Sandgren C.S., Lehman J.T. 1990. Response of chlorophyll-a, phytoplankton and microzooplankton to the invasion of Lake Michigan by *Bythotrephes* // Verh. int. Verein. Limnol. Vol.24. P.386–392.

Sankaran T. 1990. Biological control of weeds with insects: a dynamic phenomenon of insects-plant interaction // Proc. Indian Acad. Sci., Anim. Sci. Vol.99. No.3. P.225–232.

Sapunov V.B., Kovalev O.V. 1989. Population dynamics of*Zygogramma suturalis* (Coleoptera) in North Caucasus // Regulation of insect reproduction. Proc. of the IV Symp (Zynkovy, Czech Republic, 1987). Praha, Publ. House of Czech Acad. Sci. P.371–376.

Schadt J. 2000. Neue Fischart im Main entdeckt: Marmorierte Grundel (*Proterorhinus marmoratus*) // Fischer und Teichwirt. Bd.51. H.6. P.217–218.

Scheffer M. 1990. Multiplicity of stable states in freshwater system // Hydrobiologia. Vols.200/201. P.475–486.

Schindler D.W. 1990. Experimental perturbations of whole lakes as tests of hypotheses concerning ecosystem structure and functio // Oikos. Vol.57. No.1. P.25–41.

Schlesch H. 1937. Bemerkungen über die Verbreitung der Süsswasser- und Meeresmollusken im östlichen Ostseegebiete // Tartu Loodusuurijate Seltsi Aruanded. Bd.43. S.37–64.

Schmidt-Ries H. 1940. Untersuchungen zur Kenntnis des Pelagials eines Strandgewässers (Kurisches Haff) // Z. Fischerei. Bd.39. H.2. S.213–288.

Schnakenbeck W. 1924. Ueber das Auftreten chinesischer Krabben in der Unterelbe // Schr. f. Süwasser- und Meereskunde. H.5. S.29–36.

Schneeberger P.J. 1991. Seasonal incidence of *Bythotrephes cederstoemi* in the diet of yellow perch (ages 0–4) in Little Bay de Noc, Lake Michigan, 1988 // J. Great Lakes Res. Vol.17. P.281–285.

Schroeder D., Goeden R.D. 1986. The search for arthropod natural enemies of introduced weeds for biological control — in theory and practice // Biocontrol News Inform. Vol.7. No.3. P.147–155.

Schroeder F.G. 1969. Zur Klassifizierung der Antropochoren // Vegetatio. Bd.16. Fasc.5/6. S.225–238.

Schroeder F.G. 1969. Zur Klassifizierung der Antropochoren // Vegatatio. Vol.16. Fasc.5–6. P.225–238.

Schulz K.L., Yurista P.M. 1995. Diet composition from allozyme analysis in the predatory cladoceran

Bythotrephes cederstoemi // Limnol. Oceanogr. Vol.40. P.821–826.

Schreiber E.S.G., Lake P.S. et al. 2002. Facilitation of native stream fauna by an invading species? Experimental investigations of the interaction of the snail, *Potamopyrgus antipodarum* (Hydrobiidae) with native benthic fauna in Australia // Biol. Invasions. Vol.4. P.317–325.

Secretariat of the Convention on Biological Diversity. 2001. Assessment and management of alien species that threaten ecosystems, habitats and species. Abstracts of keynote addresses and posters presented st the sixth meeting of the Subsidiary Body on Scientific, Technical and Technological Advice, held in Montreal, Canada, from 12 to 16 March 2001. Montreal, SCBD. 146 p.

Secretariat of the Convention on Biological Diversity. 2002. Decision VI/23: Alien species that threaten ecosystems, habitats or species. COP6 Decisions. Convention on Biological Diversity. http://www.biodiv.org/decisions

Segestråle S. 1957. Baltic Sea // Hedgpeth J.W. (ed.). Treatise on Marine Ecology and Paleoecology I. Ecology. / Geol. Soc. Am. Mem. Vol.67. P.751–800.

Segestråle S. 1962. The immigration and prehistory of glacial relicts of Eurasia and North America. A survey and discussion of modern views // Int. Rev. ges. Hydrobiol. Vol.47. No.1. P.1–25.

Shaw R., Evans H.C., Murphy S.T. 2001. Managing invasive alien species in natural habitats: the role of biological control // Secretariat of the Convention on Biological Diversity. Assessment and management of alien species that threaten ecosystems, habitats and species. Abstracts of keynote addresses and posters presented st the sixth meeting of the Subsidiary Body on Scientific, Technical and Technological Advice, held in Montreal, Canada, from 12 to 16 March 2001. Montreal, SCBD. P.29–31.

Shea K., Chesson P. 2002. Community ecology theory as a framework for biological invasions // Trends Ecol. Evol. Vol.17. No.4. P.170–176.

Sheehan W. 1986. Response by specialist and generalist natural enemies to agroecosystem diversification: a selective review // Environ. Entomol. Vol.15. No.3. P.456–461.

Silvertown J., Lines C.E.M., Dale M.P. 1994. Spatial competition between grasses — rates of mutual invasion between four species and the interaction with grazing // J. Ecol. Vol.82. P.31–38.

Simberloff D. 1981. Community effects on introduced species // Nitecki T.N. (ed.). Biotic crises in ecological and evolutionary tree. N. Y.: Academic Press. P.53–81.

Simberloff D. 1996. Impacts of introduced species in the United States // Consequences. Vol.2. No.2. P.13–22.

Simberloff D., Stiling P. 1996a. Risks of species introduced for biological control // Biological Conservation. Vol.78. No.1–2. P.185–192.

Simberloff D., Stiling P. 1996b. How risky is biological control? // Ecology. Vol.77. No.7. P.1965–1974.

Simberloff D., Von Holle B. 1999. Positive interactions of nonindigenous species: invasional meltdown? // Biological Invasions. Vol.1. P.21–32.

Simonovic P.D., Nikolic V.P., Skora K.E. 1996. Vertebral number in Ponto-Caspian gobies: phylogenetic relevance // J. Fish Biology. Vol.49. P.1027–1029.

Simonovic P.D. 1999. Phylogenetic relationships of Ponto-Caspian gobies and their relationship to the Atlantic-Mediterranean Gobiinae // J. Fish Biology. Vol.54. No.3. P.533–555.

Simonovic P., Paunovic M., Popovic S. 2001. Morphology, feeding and reproduction of the round goby, *Neogobius melanostomus* (Pallas), in the Danube River Basin, Yugoslavia // J. Great Lakes Res. Vol.27. No.3. P.281–289.

Simpson G.G. 1940. Mammals and land bridges // J. Washington Acad. Sci. Vol.30. P.137–163.

Simpson G.G. 1952. Probabilities of dispersal in geological time // Bull. Amer. Mus. Nat. Hist. Vol.52. No.3. P.169–176.

Skora K.E. 1996. *Neogobius melanostomus* (Pallas 1811) // Report on Working group No.30. Nonindigenous estuarine and marine organisms and Working Group on introduction and transfers of marine organisms. Joint meeting in Gdynia. P.96–107.

Skora K.E., Stolarski J. 1993. New fish species in the Gulf of Gdansk, *Neogobius* spp. [cf. *Neogobius melanostomus* (Pallas 1811)] // Bull. Sea Fisheries Inst. No.1. P.83.

Skora K.E., Rzeznik J. 2001. Observations on diet composition of the round goby, *Neogobius melanostomus* Pallas 1811 (Gobiidae, Pisces) in the Gulf of Gdansk (Baltic Sea) // J. Great Lakes Res. Vol.27. No.3. P.290–299.

Slastenånko E.P. 1939. Les poissons de la Mer Noire et de la Mer d'Asov // Ann. Sci. Univ. Jassy, Seconde Partie, Sci. Nat. Vol.25. No.1 (1939[1938]). P.1–196.

Sloan W.D., Turelli M. 1986. Stable underdominance and the evolutionary invasion of empty niches // Amer. Natur. Vol.127. P.835–850.

Slusarczyck M. 1995. Predator-induced diapause in *Daphnia* // Ecology. Vol.76. P.1008–1013.

Slyn'ko Y.V., Korneva L.G., Rivier I.K., Shcherbina K.H., Papchenkov V.G., Orlova M.I., Therriault T.W. 2002. Caspian-Volga-Baltic invasion corridor // Leppäkoski E., Olenin S., Gollasch S. (eds.). Alien species in European waters. Dordrecht-Boston-London: Kluwer Publishers. P.339–411.

Smith L.D., Wonham L.D., McCann M.J., Ruiz G.M., Hines A.H., Carlton J.T. 1999. Invasion pressure to a ballast-flooded estuary ans an assessment of inoculant survival // Biol. Invasions. Vol.1. P.67–87.

Smith P.M. 1986. Native or introduced? Problems in the taxonomy of some widely introduced annual brome grasses // Proc. Roy. Soc. Edinburgh, Sect.B. P.273–281.

Smith S.M. 1996. Biological control with *Trichogramma*: advances, successes and potential of their use // Annu. Rev. Entomol. Vol.41. P.375–406.

Smith S.M., Carrow J.R., Laing J.E. (eds.). 1990. Ininudative release of the egg parasotoid, *Trichogramma minutum* (Hymenoptera: Trichogrammatidae) against forest insect pests such as the spruce budworm, *Choristoneura fumiferana* (Lepidoptera: Tortricidae): the Ontario project 1982–1986 // Mem. Entomol. Soc. Canada. No.153. P.4–87.

Spellenberg R. 1976. Chromosome numbers and their cytataxonomie significance for North American *Astragalus* (Fabaceae) // Taxon. Vol.25. No.4. P.463–476.

Spidle A.P., Marsden J.E., May B. 1994. Identification of the Great Lakes quagga mussel as *Dreissena bugensis* from the Dnieper River, Ukraine, on the basis of allozyme variation // Can. J. Fish Aquat. Sci. Vol.51. P.1485–1489.

Sprules W.G., Riessen H.P., Jin E.H. 1990. Dynamics of the *Bythotrephes* invasion of the St. Lawrence Great Lakes // J. Great Lakes Res. Vol.16. P.346–351.

Sprung M. 1989. Field and laboratory observations of *Dreissena polymorpha* larvae: abundance, growth, mortality and food demands // Arch. Hydrobiol. Bd.115. S.537–561.

Sprung M., Rose U. 1988. Influence of food size and food quantity on the feeding of the mussel *Dreissena polymorpha* // Oecologia. Vol.77. P.526–532.

SSC Invasive Species Specialist Group. 2000. IUCN Guidelines for the prevention of biodiversity loss caused by alien invasive species. http://iucn.org/themes/ssc/pubs/policy/invasivesEng.htm

Starushenko L.I., Kazansky A.B. 1996. Introduction of mullet haarder (*Mugil soiuy* Basilewsky) into the Black Sea and the Sea of Azov. Studies and Reviews, General Fisheries Council for the Mediterranean. Rome: FAO. No.67. P.1–29.

Steininger F.F., Rogl R. 1984. Paleogeography and palinspastic reconstruction of the Neogene of the Mediterranean and Paratethys // Dixon J.E., Robertson A.H.F. (eds.). The Geological Evolution of the eastern Mediterranean. Oxford: Blackwell Scientific Publishers, Inc. P.659–386.

Stepien C.A., Hubers A.N., Skidmore J.L. 1999. Diagnostic genetic markers and evolutionary relationships among invasive dreissenoid and corbiculoid bivalves in North America: phylogenetic signal from mitochondrial 16S rDNA // Mol. Phylogen. Evol. Vol.13. P.31–49.

Stepien C.A., Taylor C.D., Dabrowska K.A. 2002. Genetic variability and phylogeographic patterns of a nonindigenous species invasion: A comparison of exotic versus native zebra and quagga mussel populations // J. Evol. Biol. Vol.15. No.2. P.314–328.

Stiling P. 2002. Potential non-target effects of a biological control agent, prickly pear moth, *Cactoblastis cactorum* (Berg) (Lepidoptera: Pyralidae), in North America and possible management actions // Biol. Invasions. Vol.4. No.3. P.273–281.

Stjernberg T. 1985. Recent expansion of the Scarlet Rosefinch (*Carpodacus erythrinus*) in Europe // Proc. XVIII Int. Orn. Congr., Moscow, 1982. P.743–753.

Strayer D.L. 1999. Effects of alien species on freshwater mollusks in North America // J. N. Am. Benthol. Soc. Vol.18. No.1. P.74–98.
Sukopp H. 1962. Wandel von Flora und Vegetation in Mitteleuropa unter dem Einfluss des Menschen // Ber. Landwirtsch. Bd.50. S.112–130.
Svärdson G. 1957. The "invasion" type of bird migration // Brit. Birds. Vol.50. P.314–343.
Szczerbowski J.A. 2001. *Carassius auratus* // The Freshwater Fishes of Europe. Wiesbaden: AULA-Verlag. Vol.5/I. P.5–41.
Szczerbowski J.A., Szczerbowski A.J. 2001. *Carassius carassius* // The Freshwater Fishes of Europe. Wiesbaden: AULA-Verlag. Vol.5/I. P.43–78.
Telesh I.V. 1995. Rotifer assemblages in the Neva Bay, Russia: principles of formation, present state and perspectives // Hydrobiologia. Vol.313/314. P.57–62.
Telesh I.V. 2004. Plankton of the Baltic estuarine ecosystems with emphasis on Neva Estuary: a review of present knowledge and research perspectives // Marine Pollution Bull. (in press).
Telesh I.V., Ooms-Wilms A.L., Gulati R.D. 1995. Use of fluorescently labelled algae to measure the clearance rate of the rotifer *Keratella cochlearis* // Freshwater Biology. Vol.33. No.3. P.349–355.
Telesh I.V., Alimov A.F., Golubkov S.M., Nikulina V.N., Panov V.E. 1999. Response of aquatic communities to anthropogenic stress: A comparative study of Neva Bay and the eastern Gulf of Finland // Hydrobiologia. Vol.393. P.95–105.
Telesh I.V., Ojaveer H. 2002. The predatory water flea *Cercopagis pengoi* in the Baltic Sea: invasion history, distribution and implications to ecosystem dynamics // Leppäkoski E., Gollasch S., Olenin S. (eds.). Invasive Aquatic Species of Europe. Distribution, Impacts and Management. Dordrecht-Boston-London: Kluwer Academic Publishers. P.62–65.
Ten Winkel E.H., Davids C. 1982. Food selection by *Dreissena polymorpha* Pallas (Mollusca: Bivalvia) // Freshwater Biol. Vol.12. No.4. P.553–558.
Thellung A. 1915. Pflanzenwanderungen unter dem Einfluss des Menschen // Bot. Jahresber., Syst. Pflanzengesch. und Pflanzengeogr. Bd.53. Nr.3(5). S.37–66.
Thellung A. 1922. Zur Terminologie der Adventiv- und Ruderalfloristik // Allg. Bot. Z., Karlsruhe. Jg.1918/1919. H.24/25. S.36–42.
The Natural History Museum, 2002. The Chinese Mitten Crab. http://www.nhm.ac.uk/zoology/crab/
Therriault T.W., Docker M.F., Orlova M.I., Heath D.D., MacIsaac H.J. 2004. Molecular resolution of Dreissenidae (Mollusca: Bivalvia) including the first report of *Mytilopsis leucophaeata* in the Black Sea basin // Mol. Phyl. Evol. Vol.30. P.479–489.
Therriault T.W., Grigorovich I.A., Critescu M.E., Ketelaars H.A.M., Viljanen M., Heath D.D., MacIsaac H.J. 2002a. Taxonomic resolution of the genus *Bythotrephes* Leydig using molecular markers and re-evaluation of its global distribution // Diversity and Distibutions. Vol.8. P.67–84.
Therriault T.W., Grigorovich I.A., Kane D.D., Haas E.M., Culver D.A., MacIsaac H.J. 2002b. Range expansion of the exotic zooplankter *Cercopagis pengoi* in the Great Lakes // J. Great Lakes Res. Vol.28. P.698–701.
Thomas M.B., Willis A.J. 1998. Biocontrol — risky but necessary // Trends Ecol. Evol. Vol.13. P.325–329.
Thomson J.M. 1997. The Mugilidae of the World // Mem. Queensl. Mus. Vol.41. Pt.3. P.457–562.
Timm V., Timm T. 1993. The recent appearance of a Baikalian crustacean, *Gmelinoides fasciatus* (Stebbing, 1899) (Amphipoda, Gammaridae) in Lake Peipsi // Proc. Estonian Acad. Sci. Biol. Vol.42. P.144–153.
Timofeeff-Ressovsky N.W. 1940. Zur Frage über die „Eliminationsregel": Die geographische Grössen-variabilität von *Emberiza aureola* Pall. // J. f. Ornithol. Bd.88. S.334–340.
Trepi L. 1984. Uber *Impatiens par viflora* DC. als Agriophyt in Mitteleuropa // Diss. Bot. Vol.73. P.1–399.
Trepi L. 1990. Research on the anthropogenic migration of plants and naturalisation: its history and current state of development // Sukopp H., Hejny S., Kowarik I. (eds.). Urban Ecology: Plants and Plant Communities in Urban Environments. The Hague: SPB Academic Publ. P.75–97.
Trewavas E. 1983. Tilapine fishes of the genera *Sarotherodon*, *Oreochromis* and *Danakia* // Brit. Mus. (Nat. Hist.) Publ. No.878. P.1–583.
Trewick S., Wade P.M. 1986. The distribution and dispersal of two alien species of Impatiens, waterway

weeds in the British Isles // Proc. EWRS/AAB 7th Symposium on Aquatic Weeds. P.351–356.

Tsutsui N.D., Case T. J. 2001. Population genetics and colony structure of the Argentine ant (*Linepithema humile*) in its native and introduced ranges // Evolution. Vol.55. No.5. P.976–985.

Uitto A., Gorokhova E., Välipakka P. 1999. Distribution of the non-indigenous *Cercopagis pengoi* in the coastal waters of the eastern Gulf of Finland // ICES J. mar. Sci. Vol.56, Suppl. P.49–57.

Välikangas J. 1951. Die Expansion von *Phylloscopus trochiloides viridanus* Blyth im nordwesteuropäischen Raum, insbesondere nach Finnland, und ihre Ursachen // Ornis Fenn. Bd.28. S.25–39.

Van den Brink F.W.B., Van der Veide G., Bij de Vaate A. 1993. Ecological aspects, explosive range extention and impact of a mass invader, *Corophium curvispinum* Sars, 1895 (Crustacea: Amphipoda), in the Lower Phine (The Netherlands) // Oecologia. Vol.93. No.2. P.224–232.

Van der Velde G., Rajagopal S., Kelleher B., Musko I.B. , Bij de Vaate A. 2000. Ecological impact of crustacean invaders: general considerations and examples from the Rhine River // von Vaupel Klein C., Schram F.R. (eds.). The biodiversity crisis and crustacea: Proc. Fourth Intern. Crustacean congress. Balkema. Rotterdam. Brookfield. P.3–33.

Van der Velde G., Nagelkerken I., Rajagopal S., Bij de Vaate A. 2002. Invasions by alien species in inland freshwater bodies in western Europe: the Rhine delta // Leppäkoski E., Olenin S., Gollasch S. (eds.). Invasive aquatic species in Europe. Dordrecht-Boston-London: Kluwer Academic Publishers. P.360–372.

Van Hulst R. 1987. Invasion models of vegetation dynamics // Vegetatio. Vol.69. P.123–131.

Vanderploeg H.A., Liebig J.R., Omair M. 1993. *Bythotrephes* predation on Great Lakes zooplankton measured by an *in situ* method // Arch. Hydrobiol. Vol.127. P.1–8.

Vanderploeg H.A., Liebig J.R., Gluck A.A. 1996. Evaluation of different phytoplankton for supporting development of zebra mussel larvae (*Dreissena polymorpha*): the importance of size and polyunsaturated fatty acids content // J. Great Lakes Res. Vol.22. No.1. P.36–45.

Vanderploeg H.A., Nalepa T.F., Jude D.J., Mills E.L., Holeck K.T., Liebig J.R., Grigorovich I.A., Ojaverr H. 2002. Dispersal and emerging ecological impacts of Ponto-Caspian species in the Laurentian Great Lakes // Can. J. Fish. Aquatic Sci. Vol.59. P.1209–1228.

Vermeij G.J. 1991. When biotas meet: understanding biotic interchange // Science. Vol.253. No.5024. P.1099–1104.

Vermeij G.J. 1996. An adenda for invasion biology // Biological conservation. Vol.78. P.3–9.

Vickerman K. 1998. Revolution among the Protozoa // Coombs G.H., Vickerman K., Sleigh M.A., Warren A. (eds.). Evolutionary relationships among Protozoa. London, Chapman and Hall. P. 1–42.Wieloch M. 1984. Numbers and distribution of the mute swan *Gygnus olor* in Poland against the situation of this species in Europe // Acta ornithologica. Vol.20. No.2. P.187–240.

Virbickas J. 1986. Lituvos žuvys. Vilnus: Mokslas. 149 p.

Visser P. 1988. *Bythotrephes longimanus* Leydig in Nederland // Hydrobiol. Bull. Vol.22. P.211.

Vitousek P.M., D'Antonio C.M., Loope L.L., Rejmanek M., Westbrooks R. 1997. Introduced species: A significant component of human-caused global change // N. Z. J. Ecology. Vol.21. P.1–16.

Waage J.K., Greathead D. 1988. Biological control: challenges and opportunities // Phil. Trans. Roy. Soc. London. Ser.B. Vol.318. No.189. P.126–128.

Wacquant J.P. 1990. Biogeographical and physiological aspects of the invasion of *Dittrichia* (ex: Inuld) *viscosa*, a ruderal species in the Mediterranean basin // di Castri F., Hansen A.J., Debussche M. (eds.). Biological Invasions in Europe and Mediterranean Basin. Dordrecht: Kluwer Academic Publ. P.353–364.

Wahlström E., Westman E. 1999. Planktivory by the predacious cladoceran *Bythotrephes longimanus*: effects on zooplankton size structure and abundance // Can. J. Fish. Aquat. Sci. Vol.56. P.1865–1872.

Wallace D.I.M. 1999. History of the Common Rosefinch in Britain and Ireland, 1869–1996 // British Birds. Vol.92. No.9. P.445–471.

Wan F.H., Harris P. 1997. Use of risk analysis for screening weed biocontrol agents: *Altica carduorum* Guer. (Coleoptera: Chrysomelidae) from China as biocontrol agent of *Cirsium arvense* (L.) Scop. in North America // Biocontrol Sci. Techn. Vol.7. No.3. P.299–308.

Wan F.N., Wang R. 1990. A cage study on the control effects of *Ambrosia artemisiifolia* by the introduced biological control agent, *Zygogramma suturalis* (Coleoptera: Chrysomelidae) // Chinese J. Biol. Contr. Vol.6. No.1. P.8–12.

Wapshere A.J. 1992. Comparing methods of selecting effective biocontrol agents for weeds // Proc. 1st Intern. Weed Control Congress (Melbourne). P.557–560.

Warwick T. 1959. *Crangonyx pseudogracilis* Bousfield, an introduced freshwater amphipod new to Scotland // Glasgow Naturalist. Vol.18. P.109–110.

Webb D.A. 1985. What are the criteria for presuming native status? // Watsonia. Vol.15. P.231–236.

Weidema I.R. (ed.). 2000. NORD 2000:13. Introduced species in the Nordic countries. Copenhagen: Nordic Council of Ministers. 242 p.

Weider L.J. 1991. Allozymic variation in *Bythotrephes cederstoemi*: a recent invader of the Great Lakes // J. Great Lakes Res. Vol.17. P.141–143.

Weisz R., Smilowitz Z., Christ B. 1994. Distance, rotation and border crops affect Colorado potato beetle (Coleoptera: Chrysomelidae) colonization and population density and early blight (*Alternaria solani*) severity in rotated potato fields // J. Econom. Entomol. Vol.87. No.3. P.723–729.

Westman K. 2002. Alien crayfish in Europe: negative and positive impacts and interactions with native crayfish // Invasive aquatic species of Europe. Distribution, impacts and management. Dordrecht, Boston, London: Kluwer Academic Publishers. P.76–95.

Wiesner C., Spolwind R., Waidbacher H., Guttmann S., Dobinger A. 2000. Erstnachweis der Schwarzmundgrundel *Neogobius melanostomus* (Pallas, 1814) in Österreich // Österreichs Fischerei. Bd.53. S.318, 330–331.

Wilheim F.M., Hudson J.J., Schindler D.W. 1999. Contribution of *Gammarus lacustris* to phosphorus recycling in a fishless alpine lake // Can. J. Fish. Aquat. Sci. Vol.56. P.1679–1686.

Williams C.G. 1958. Insect migration. London: Collins. 235 p.

Williamson M. 1996. Biological Invasions. Population and Community Biology series. Vol.15. London: Chapman and Hall. 244 p.

Williamson M., Fitter A. 1996a. The varying success of invaders // Ecology. Vol.77. No.6. P.1661–1666.

Williamson M.H., Fitter A. 1996b. The character of successful invaders // Biol. Conservation. Vol.78. P.163–172.

Williams W.D., Aladin N.V. 1991. The Aral Sea: recent limnological changes and their conservation significance // Aquatic Conservation: Marine and Freshwater Ecosystems. Vol.1. P.3–23.

Wilson A.B., Naish K.A., Boulding E.G. 1999. Multiple dispersal strategies of the invasive quagga mussel (*Dreissena bugensis*) as revealed by microsatellite analysis // Can. J. Fish. Aquat. Sci. Vol.56. P.2248–2261.

Witt J.D.S., Hebert P.D.N., Morton W.B. 1997. *Echinogammarus ischnus*: another crustacean invader in the Laurentian Great Lakes basin // Can. J. Fish. Aquat. Sci. Vol.54. P.264–268.

Wittenberg R., Cock M.J.W. (eds.). 2001. Invasive Alien Species: A Toolkit of Best Prevention and Management Practices. CAB International, Wallingford, Oxon, UK, 2001. xii + 228 pp.

Wooten M.C., Scribner K.T., Smith M.H. 1988. Genetic variability and systematics of *Gambusia* in the southeastern Untied States // Copeia. No.2. P.283–289.

Wynne-Edwards V.C. 1962. Animal Dispersion in Relation to Social Behaviour. Edinburgh-London. 653 p.

Yan N.D., Dunlop W.I., Pawson T.W., MacKay L.E. 1992. *Bythotrephes cederstoemi* (Schoedler) in Muskoka Lakes: first records of the European invader in inland lakes of Canada // Can. J. Fish. Aquat. Sci. Vol.49. P.422–426.

Yan N.D., Pawson T.W. 1997. Changes in the crustacean zooplankton community of Harp Lake, Canada, following invasion by *Bythotrephes cederstoemi* // Freshwater Biol. Vol.37. P.409–425.

Younge C.M., Campbell J.I. 1968. On the heteromyarian condition in the Bivalvia with special Reference to *Dreissena polymorpha* and Certain Mytilacea // Trans. Royal Soc. Edinburgh. Vol.68. P.4–42.

Zagorodniuk I. 2001. Species of the genus *Plecotus* in the Crimea and neighbouring areas in the northern Black sea region // Proc. VIIIth Europ. Batres. Symposium, 2. Krakow. P.159–173.

Zaitsev Y., Mamaev V. 1997. Marine Biological Diversity in the Black Sea: A study of Change and Decline. Black Sea Environmental Series 3. United Nations Publications. New York. 208 p.

Zaret T., Suffern J.S. 1976. Vertical migration in zooplankton as a predator avoidance mechanism // Limnol. Oceanogr. Vol.21. P.804–813.

Zettler M.L., Daunys D., Kotta J., Bick A. 2002. History and success of an invasion into the Baltic Sea: the polychaete *Marenzellaria* cf. *viridis* , development and strategies // Leppäkoski E., Olenin S., Gollasch S. (eds.). Invasive aquatic species of Europe. Distribution, impacts and management. Dordrecht, Boston, London: Kluwer Academic Publishers. P.66–75.

Zimdahl R.L. 1983. Where are the principal exotic weed pests? // Wilson Ch.L., Graham Ch.L. (eds.). Exotic plant pests and North American Agriculture. Academic Press, Inc. P.185–218.

Zmudiński L. 1999. *Cercopagis pengoi* (Cladocera) conquered the southern Baltic Sea // Baltic Coastal Zone (Słupsk). 1998(1999). Vol.2. P.95–96.

Zweimüller I., Moidl S., Nimmervoll H. 1996. A new species for the Austrian Danube — *Neogobius kessleri* // Acta Universitatis Carolinae (Biologica). Vol.40. No.1–2. P.213–218.

Zweimüller I., Guttman S., Singer G., Schober E.-M., Weissenbacher A. 2000. Eine neue Fischart fur Österreich — *Neogobius syrman* (Nordman, 1940) // Österreichs Fischerei. Bd.53. S.186–189.

Yan N.D., Pawson T.W. 1997. Changes in the crustacean zooplankton community of Harp Lake, Canada, following invasion by Bythotrephes cederstoemi. Freshwater Biol. Vol.37. P. 409–425.

Younge C.M., Campbell J.I. 1968. On the heteromyarian condition in the Bivalvia with special Reference to *Dreissena polymorpha* and Certain Mytilacea // Trans. Royal Soc. Edinburgh. Vol.68. P.4–42.

Zagorodniuk I. 2001. Species of the genus *Plecotus* in the Crimea and neighbouring areas in the northern Black sea region // Proc. VIIIth Europ. Bat Res. Symp., 2. Krakow. P.159–173.

Zaitsev Y. V. Mamaev. 1997. Marine Biological Diversity in the Black Sea: A study of Change and Decline. Black Sea Environmental Series 3. United Nations Publications. New York. 208 p.

Zaret T., Suffern J.S. 1976. Vertical migration in zooplankton as a predator avoidance mechanism // Limnol. Oceanogr. Vol.21. P.804–813.

Zetter M.L., Daunys D., Kotta J., Bick A. 2002. History and success of an invasion into the Baltic Sea: the polychaete *Marenzellaria* cf. *viridis* , development and strategies // Leppäkoski E., Olenin S., Gollasch S. (eds.). Invasive aquatic species of Europe. Distribution, impacts and management. Dordrecht, Boston, London: Kluwer Academic Publishers. P.66–75.

Zimdahl R.L. 1983. Where are the principal exotic weed pests? // Wilson Ch. L., Graham Ch. L. (eds.). Exotic plant pests and North American Agriculture. Academic Press, Inc. P.185–218.

Żmudiński L. 1999. *Cercopagis pengoi* (Cladocera) conquered the southern Baltic Sea // Baltic Coastal Zone (Słupsk). Vol.2. P.95–96.

Zweimüller I., Moidl S., Nimmervoll H. 1996. A new species for the Austrian Danube — *Neogobius kessleri* // Acta Universitatis Carolinae (Biologica). Vol.40. No.1–2. P.213–218.

Zweimüller I., Guttman S., Singer G., Schober E.-M., Weissenbacher A. 2000. Eine neue Fischart fur Österreich — *Neogobius syrman* (Nordman, 1940) // Österreichs Fischerei. Bd.53. S.186–189.

English summary

CHAPTER 1. General concepts of biological introductions and invasions.

1.1. Anthropogenic dispersal of species of animals and plants beyond the limits of the historical range: process and result.

General questions of biological invasion theory are considered. A review of the major problems associated with the phenomenon of anthropogenic dispersal of organisms of different taxonomic groups and their integration into new ecosystems is made. Primary emphasis was placed on the terms used in the studies of invasions. ***A.F. Alimov, N.G. Bogutskaya, M.I. Orlova, V.A. Paevsky, S.Ya. Reznik*** **(ZIN RAN),** ***O.E. Kravchenko*** **(All-Russia Institute of Plant Breeding),** ***D.V. Geltman*** **(Botanical Institute RAN).**

1.2. Biocontrol method and biodiversity: two views of invasions problem. The chapter is devoted to discussion of ambiguity of consequences of expanding species range, which makes methods and criteria of assessment of invasive species impact on natural and anthropogenic biocoenoses important. The necessity of an integrated quantitative assessment of impact of invasive species on the environment is substantiated. Selection of criteria of the assessment of positive and negative consequences acquires particular importance. In terms of comparison, economic and ecological criteria have been considered for the assessment of consequences of introductions and invasions, and also the degree of their impact on the biodiversity. ***V.F. Zaitzev, S.Ya. Reznik*** **(ZIN RAN).**

1.3. A new concept of formation of biosphere invasions: expansion of "juvenile" taxa. A new concept is proposed for formation of biosphere invasions, which accounts for their success with expansion of phylogenetically young species. "Juvenile" taxa are initial stages in the evolution of superspecific taxa providing quick filling of ecological niches during expansion of superspecific taxa into disturbed systems. In the evolutionary process these are "coenophobic" taxa not infrequently occupying initial series of successions by nonrecombinant forms. These taxa retaining unstable state of the genome at invasions into disturbed ecosystems are provoked to expand on a new territory. For a number of species of the co-evolutionary system "insect-plant" in the region of invasion a principle increase of some population indices is shown, in particular a hyperbolic increase of numbers and exceptional increase of the range of phenetic variation, not characteristic of species in the ancestral range. ***O.V. Kovalev*** **(ZIN RAN).**

1.4. Review of invasive species of free-living aquatic animals in water-bodies of the European part of Russia and neighbouring countries. This chapter demonstrates the scale of phenomenon in question and its major tendencies by the example of water-bodies of the European part of Russia and neighbouring countries. Analysis of taxonomic and faunal composition of aquatic organisms demonstrating successful invasion has shown the leading role of separate faunal assemblages (e.g. estuary species) and regions as sources of invasions and allowed to make a proposal about different susceptibility of aquatic ecosystems to invasions and of the leading importance of a limited number of vectors in successful introduction.

1.4.1. Invertebrates. ***M.I. Orlova*** **(ZIN RAN),** ***N.V. Shadrin*** **(Institute of Biology of Southern Seas, National Academy of Sciences of Ukraine).**

1.4.2. Fishes. ***A.M. Naseka, N.G. Bogutskaya*** **(ZIN RAN).**

CHAPTER 2. Examples, causes and mechanisms of dispersal of species.

2.1. Canadian elodea — a characteristic example of invasion of a higher aquatic plant on the Russian territory. History of invasion of one of the best known and most aggressive invasive species often called "water contagion" or "water plague". It is shown that growth of E. canadensis can play both positive and negative role in the functioning of ecosystems of water-bodies. ***L.V. Zhakova*** **(ZIN RAN).**

2.2. Invasions of predatory planktonic Cladocera and possible reasons of their success. Invasions of carnivorous Cladocera into a number of water-bodies of Europe and North America are considered in detail. Dynamics of populations of *Cercopagis pengoi*, *Bythotrephes longimanus* and *Leptodora kindtii* in the invasion region is analyzed. It is shown that in the majority of cases invasion of new species was not accompanied by suppression of development of populations of indigenous carnivorous Cladocera. A conclusion is made that successful naturalization of carnivorous Cladocera in new habitats is a consequence of anthropogenic change of ichthyocoenoses of water-bodies (change of methods of fishing gear, introduction of new fish species, etc.), which led to weakening of control of zooplankton development by planktonophagous fishes. ***P.I. Krylov, P.V. Bolshagin, V.E. Panov*** **(ZIN RAN),** ***D.E. Bychenkov*** **(Legislative Assembly of St. Petersburg),** ***E.N. Naumenko*** **(Atlantic Research Institute of Fishery and Oceanography),** ***Yu.Yu. Polunina*** **(Atlantic Division of the Institute of Oceanology RAN).**

2.3. Major reasons of similarity and differences of invasions of related species by the example of *Dreissena polymoprha* and *D. bugensis* (Dreissenidae, Bivalvia). Comparative comparison of literature sources and factual data has been made in the light of the modern concept of causes of spreading of organisms with reference to two related invasive species of Dreissena and the assessment of significance of internal (biological characteristic features) and external factors in the course and completion of the invasion process. In revealing the major prerequisites, causes and characteristic features of the modern anthropogenic spreading of invasive dreissenids and paleoinvasion the main emphasis is placed on the living Ponto-Caspain *Dreissena polymoprha polymoprha*, *D. bugensis* and *D. rostriformis*. ***M.I. Orlova*** **(ZIN RAN),** ***T.W. Therriault*** **(Pacific Biological Station, Department of Fisheries and Oceans Canada, Nanaimo, British Columbia),** ***A.A. Protasov*** **(Hydrobiology Institute of the National Academy of Sciences of Ukraine),** ***T.A. Kharchenko*** **(Institute of Hydrobiology of the National Academy of Sciences of Ukraine),** ***F.M. Shakirova*** **(Institute of Deserts, Academy of Sciences of Turkmenistan).**

2.4. Freshwater fishes of Russia outside the historical distribution ranges: review of types of introductions and invasions. In this chapter the major concepts and categories related to the phenomenon of expanding of distribution ranges of freshwater fishes on Russia territory are illustrated by separate examples. From the authors' data not less than 120 species have been found outside the limits of their historical ranges. Such adventive species and also mechanisms and the process of their spreading are qualified by many criteria, in particular by location of the donor region in relation to the boundaries of the Russian Federation, nature of the factor that preconditioned the change of characteristics of the distribution range, way of penetration into the recipient region, character of introduction, goals and technologies of aquaculture, success of naturalization, degree of expansion. According to the classification of invasive species composition of fish population of drainage areas of Volga and Kuban rivers was analyzed. ***N.G. Bogutskaya, A.M. Naseka V.V. Spodareva (ZIN RAN), L.A. Kudersky (Institute of Lake Research, RAN).***

2.5. Invasive species in Lake Baikal and Baikal Region. Recent fish fauna of Lake Baikal is analyzed. It is shown that out of 12 invasive species a half of the species became naturalized in Baikal, of which four inhabit together with fish of the Siberian complex, and two species — with fish of Siberian Baikalian species complex. In Lake Baikal the shore zone with depths of up to 50 m on which fish of the Siberian complex and non-native species can inhabit constitutes only 8% of the total lake area. Geomorphological and climatic characteristics of Lake Baikal prevent an increase in the numbers of near-shore fish species, introduced species included. Non-native fish did not have any strong impact on the ecosystem of Lake Baikal. ***V.G. Sideleva*** **(ZIN RAN),** ***A.N. Telpukhovksy*** **(Limnologicl Institute, Siberian Branch, RAN).**

2.6. Dispersal of birds in Europe: review of more rapid expansion over the past two centuries. The review summarizes factual data on dates, rates and territories of spreading of nine species of birds of the orders of Anseriformes, Columbiformes Piciformes, and Passeriformes and also explanations of their expansion given by different authors are given. ***V.A. Payevsky*** **(ZIN RAN).**

2.7. Expanding of distribution areas of Palearctic Chiroptera, Mammalia as an example of invasion in anthropogenic biotopes. Rapid expansion of distribution range and spreading of tree species of Palearctic bats (typical synantrops that have nearly lost their contact with natural refuges) to new types of landscapes are considered. It is shown that anthropogenic transformation of nature favour rapid distribution of these species mostly in the northern direction, which is probably related to warming of the climate in Europe. ***P.P. Strelkov*** **(ZIN RAN).**

2.8. Dispersal of marine benthic animals as a mechanism of biological invasion. Dispersal of boreal and boreal-arctic benthic animals of Atlantic origin on the shelf of Arctic Eurasian seas is considered using Piccoli-Sartory equation. Dispersal potential of different taxa can probably depend on the predominant mode of reproduction and on the presence of pelagic distribution stage. A possibility of using the above mathematical model for verifying the hypothesis for correspondence of the number of species of the taxon in the local fauna and the theoretically expected number and for the elucidation of invasive ability of separate groups of marine animals is discussed. ***A.D. Naumov, V.I. Gontar*** **(ZIN RAN).**

2.9. Causes and tendencies of anthropogenic dispersal of estuary organisms. This chapter demonstrates heterogeneity of brackish water fauna. Proposition is made that within the limits of one species most invasive are populations and subspecies inhabiting in geologically young estuary regions of the same zoogeographic province (e.g. of the Ponto-Caspian region). It is also shown that estuary regions characterized by abrupt non-periodic fluctuations of hydrodynamic and hydrochemical parameters (estuaries of monsoon climate of eastern Asia) can be regarded among sources of successful invaders. Analysis of structure of benthic communities of estuary regions was used for explaining the causes of such phenomenon observed during the past few decades as a conjugate invasion of two or several species ***V.V. Khlebovich, M.I. Orlova*** **(ZIN RAN).**

2.10. Colonization of the White Sea by different species in the Holocene: natural and anthropogenic constituents. By the example of bivalve mollusks and other animal taxa it was shown that the most intensive natural dispersal (paleoinvasion) of marine animals in the White Sea took place during the Atlantic climatic phase. At present new species are added to the fauna of the White Sea owing to natural dispersal of organisms and to invasive and introduced species (anthropogenic process). ***A.D. Naumov, V.Ya Berger*** **(ZIN RAN).**

2.11. Impact of invasive species on biodiversity of the Caspian Sea. History and ways of penetration of aquatic organisms into the Caspian Sea from other water-bodies in the past and at present and also their role in formation of this brackish basin are considered. Particular emphasis is placed on the role of recently introduced species on the ecosystem of the Caspian Sea and their influence on biological diversity. ***N.V. Aladin, I.S. Plotnikov*** **(ZIN RAN).**

CHAPTER 3. Role of invasive species in communities and ecosystems and models of invasive process.

3.1. Impact of invasive species on the functioning of aquatic ecosystems. Characteristics of "biological pollution" in ecosystems of water-bodies are considered, such as self-reproduction, self-intensification, invariateness, varied aspects, unpredictability, and inability to remove it, which make it a specific and powerful form of anthropogenic impact. It is noted that the invasions of alien organisms into new ecosystems are large-scale experiments, permitting to examine in natural conditions the mechanisms of ecosystem functioning. Changes in structural-functional indices of ecosystems and directions of development (succession) of ecosystem under the impact of invasive species are considered. ***S.M. Golubkov*** **(ZIN RAN).**

3.2. Causes, characteristics and consequences of non-indigenous amphipod species dispersal in aquatic ecosystems of Europe. Considered in the chapter are the major anthropogenic and natural processes, favouring increase of dispersion rate (local and large-scale) of alien amphipod species. By the example of some amphipod species the major patterns of abundance growth rate in populations of naturalized species, characteristics determining success of invasion are considered, different mechanisms of impact and consequences of impact of invasive amphipods, on different components of recipient ecosystem are discussed. ***N.A. Berezina*** **(ZIN RAN).**

3.3. Relationships between invasive species *Dreissena polymorpha* (Pallas) and microzooplankton in coastal waters of the Neva River estuary (Gulf of Finland of the Baltic Sea). A comparative quantitative description is given of edificator species on pelagic communities of the recipient water-body, based upon new factual material and literature data ***I.V. Telesh, M.I. Orlova*** **(ZIN RAN).**

3.4. The role of introduced animal species in the ecosystem of the Aral Sea. Consequences of planned introductions and accidental penetration of invasive species in the water-body are analyzed. Particular emphasis is placed on the role of non-indigenous species in the modern ecosystem of the Aral Sea in connection with an abrupt decline of biodiversity as a result of salinization. ***N.V. Aladin, I.S. Plotnikov, A.O. Smurov, V.I. Gontar*** **(ZIN RAN).**

3.5. Neogobiin gobies (Teleostei: Gobiidae) in ecosystems of Eurasia and North American Great Lakes. Fish subfamily widely spread in basins of Black, Azov and Caspian seas is considered for the purpose of analyzing causes and mechanisms of dispersal of a number of species beyond the boundaries of the historical distribution range. This group of species can serve as a model for verifying the hypothesis that invasions of closely related and ecologically similar species begin from regions, giving a large number of immigrants, such as, for example, estuary regions of the Ponto-Caspian basin. Morphological characteristics and characteristics of mode of life of seven species having the largest invasive potential are analyzed. ***N.G. Bogutskaya, A.M. Naseka* (ZIN RAN), *V.S. Boldyrev* (Volgograd Division of the State Institute of Lake and River Fisheries).**

3.6. Introduced mammals in Russia: ecological and economic effect. The chapter is devoted to analysis of introductions of mammals and their results on the territory of the former Soviet Union with particular emphasis on north-western Russia. It is shown that for the purposes of acclimatization a total of more than 470 thousand specimens of mammals belonging to 47 species were introduced on the territory of the former Soviet Union for enriching the fauna by fur-trade forms or for incorporation of specialized predators for the purpose of conducting biological control of undesirable component of the biocoenosis. Of these only a small number of species have become successfully naturalized and continue to spread. The economic profit even of the successful acclimatizations is quite doubtful. Analysis of all examples given shows the necessity of scientifically substantiated approach to any acclimatizations of mammals. ***I.M. Fokin* (ZIN RAN), *A.E. Airapetyants* (St. Petersburg State University).**

3.7. Introduction of ragweed leaf beetle *Zygogramma suturalis* (Coleoptera, Chrysomelidae) as a model of invasive process. The chapter includes a brief analysis of results of introduction of ragweed beetle for control of noxious invasive weeds, i.e. ragweeds. "Ragweed leaf beetle – ambrosia" system is close to an "ideally simple" model for studies: ragweed leaf beetle does not feed on anything except ambrosia, and ambrosia is not eaten by anyone, except ragweed leaf beetle. A similar mode permitted revealing and formulating a number of patterns applicable also to more complicated cases. ***S.Ya. Reznik* (ZIN RAN).**

CHAPTER 4. Importance of open information systems and databases on invasive species.

Importance of open information systems and databases on invasive species is discussed, also in relation to requirements of the international legislation (Convention on the Conservation of Biological Diversity). A review is given of the major international and national sources of information on the problem on the Internet. The necessity of development of open national information system on invasive species of Russia, which should be designed considering international recommendations and standards is substantiated.

A concept is proposed of national information system on invasive species that should be a network of open compatible data bases with access of the users through the central Internet portal. *V.E. Panov, A.L. Lobanov* (ZIN RAN), *M.B. Dianov* (ZIN RAN), *V.S. Shestakov* (ZIN RAN).

The **Dictionary of Terms** contains definitions of all the major notions used in the book. It reflects the critically analyzed terminology accepted in the modern literature and original opinion of the authors of the present monograph.

The **List of Literature** includes 1365 references to publications reflecting all fields of invasive biology and also providing information on distribution and ecological characteristics of many groups of organisms: from viruses to mammals. Authors of the monograph set the goal to prepare literature review on the issues considered as complete as possible and hope that the list of literature may be a kind of references for every one who is interested in biological invasions.

The work reported was supported by the Russian Academy of Sciences, the Russian Foundation of Basic Research, the Ministry of Industry, Science and Technology of the Russian Federation and a number of other organizations. The monograph is prepared within the framework of the following programs, projects and grants:

• programme of the Department of the Biological Sciences of RAS "Problems of General Biology and Ecology", including the theme "A Study of Spatial Distribution, Functional Ecology, Population Dynamics and the Role of Introduced Species in Ecosystems as the Scientific Basis of Prediction of their Dispersal and Control" and "Development of Information Systems for Recording Introduced Species";

• programme of the Presidium of RAN "Scientific Bases of the Conservation of Biodiversity of Russia" (6.4. Study of impact of invasive species on biodiversity of Russia, development of prediction and preventive methods of invasions control);

• programme of the Department of Biological Sciences of RAN "Assessment of the State and Dynamics of the Major Biological Resources, Scientific Bases of Bioresources Management on the Level of Species, Communities and Ecosystems";

• "Competitive Foundation of Individual Support of Leading Scientists and Scientific Schools" of the Ministry of Industry, Science and Technology of the Russian Federation ("School of Production Hydrobiology", "St. Petersburg Ichthyological School", "St. Petersburg Dipterological School");

• initiative projects of the Russian Foundation for Basic Research 01-04-485424, 01-04-49550, 01-04-49560, 02-04-48617, 02-04-49993;

• grants INTAS Aral Sea 2000-1053, 2000-1030, 2000-1039;

• grant of the Council "The Natural Sciences and Engineering Research Council of Canada (NSERC)", Canada;

• grant of the Foundation "Maj and Tør Nessling Foundation", Finland.

Содержание

Книги Товарищества научных изданий КМК

Биология

Серия «Определители по флоре и фауне России»

Ивы европейской части России [Вып.5]. *Е.Т. Валягина-Малютина. 004. 217 с. Формат 170 х 242 мм. Тв. перепл. — Цена 150 руб.*

Булавоусые чешуекрылые Северной Азии [Вып.4]. *Ю.П. Коршунов. 2002. 424 с. с портр., илл. Формат 170 х 244 мм. Тв. перепл. — Цена 300 руб.*

Определитель сосудистых растений севера Российского Причерноморья. [Вып.3]. *А.С. Зернов. 2002. 283 с. Формат 170 х 244 мм. Тв. перепл. — Цена 150 руб.*

Наземные звери России. Справочник-определитель. [Вып.2]. *И.Я. Павлинов и др. 2002. 298 с. Формат 170 х 244 мм. Тв. перепл. — Цена 150 руб.*

В этой серии также планируется:

В.А. Кривохатский, С.Я. Цалолихин (ред.). **Определитель пресноводных беспозвоночных России** в 8 томах.

***Ф.А. Чепик.* Определитель деревьев и кустарников.**

***В.С. Новиков и др.* Определитель растений Соловецких островов.**

***В.Э. Скворцов.* Атлас-определитель сосудистых растений таёжной зоны Европейской России.**

***А.Д. Михеев.* Определитель растений Кавказских Минеральных Вод.**

***А.С. Зернов.* Определитель растений черноморского побережья Краснодарского края и Адыгеи.**

***Е.Т. Валягина-Малютина.* Деревья и кустарники зимой. 2-е изд.**

Прочие определители по флоре и фауне

Определитель грибов России. Дискомицеты. Вып.1. Копротрофные виды. *В.П. Прохоров. 2004. 255 с. Формат 145 х 218 мм. Тв. перепл. — Цена 120 руб.*

Иллюстрированный определитель растений Средней России. Том.2. *И.А. Губанов, К.В. Киселева, В.С. Новиков, В.Н. Тихомиров. 2003. 665 с. Формат 210 х 295 мм. Тв. перепл. — Цена 250 руб.*

Иллюстрированный определитель растений Средней России. Том.1. *И.А. Губанов, К.В. Киселева, В.С. Новиков, В.Н. Тихомиров. 2002. 526 с. с портр. Формат 210 х 295 мм. Тв. перепл. — Цена 200 руб.*

Флора мхов средней части Европейской России. Том 1. *М.С. Игнатов, Е.А. Игнатова. 2003. 608 с., бум. мелов. Формат 195 х 270 мм. Тв. перепл. — Цена 450 руб.*

Также планируется:

***П.Ф. Маевский.* Флора Средней России.** 10-е издание.

***И.А. Губанов и др.* Иллюстрированый определитель..., том 3** *(в печати).*

***М.С. Игнатов, Е.А. Игнатова.* Флора мхов... Том 2** *(в печати)*.

Н.Н. Цвелёв (ред.). **Флора Восточной Европы, том 11** *(в печати)*

***В.Э. Скворцов.* Иллюстрированное руководство для ботанических практик и экскурсий в Средней России** *(в печати)*

Серия «Разнообразие животных»

Гидра: от Абраама Трамбле до наших дней. [Вып.1]. *С.Д. Степаньянц, В.Г. Кузнецова, Б.А. Анохин. 2003. 101 с. + цв.вкл. Формат 145 х 205 мм. — Цена 50 руб.*

В этой серии также планируется:
***Е.Б. Виноградова*. Городские комары (в печати).**
***А.Н. Тихонов*. Мамонт.**

Учебники для вузов

Лекции о клеточном цикле. 2-е изд. *О.И. Епифанова. 2003. 160 с. Формат 140 х 200 мм. — Цена 70 руб.*
Развитие эволюционных идей в биологии. 2-е изд. *Н.Н. Воронцов. 2004. 432 с. Формат 145 х 210 мм. Тв. перепл. — Цена 150 руб.*
Знакомство с нематодами: Общая нематология. *Б. Вайшер, Д.Д.Ф. Браун. Пер. с англ. 2001. 206 с. Формат 143 х 213 мм.— Цена 200 руб.*
Также планируется:
***Л.В. Гарибова, С.Н. Лекомцева*. Основы микологии (морфология и систематика грибов и грибоподобных организмов).**
***В.Г. Мордкович*. Основы биогеографии.**
И.А. Тихомиров (СПбГУ). **Малый практикум по зоологии беспозвоночных.**
Е.А. Нинбург (СПбГУ). **Введение в экологию (подходы и методы).**
***В.Н. Павленко, С.А. Таглин*. Общая и прикладная этнопсихология** (пер. с укр.).

Серия «Современная отечественная биология»

Избранные труды по палеоэкологии и филоценогенетике. *В.В. Жерихин. 2003. vi + 542 с. с портр. Формат 170 х 240 мм. Тв. перепл. — Цена 200 руб.*
В этой серии также планируется:
***А.П. Расницын*. Избранные труды по палеоэнтомологии.**
***С.М. Разумовский*. Избранные труды по фитоценологии.**
***А.С. Раутиан*. Избранные труды по теории эволюции.**
***С.В. Мейен*. Избранные труды по типологии.**
***Е.Н. Матюшкин*. Избранные труды по биогеографии.**

Справочные издания

Вредители тепличных и оранжерейных растений (морфология, образ жизни, вредоносность, борьба). *А.К. Ахатов, С.С. Ижевский (ред.). 2004. 307 с., бум. мелов., цв. фото, в тв. перепл. Формат 205 х 290 мм. — Цена 450 руб.*
Международный кодекс зоологической номенклатуры. Изд. 4-е. 2-е изд. русск. пер. *2004. 223 с. Формат 143 х 213 мм. — Цена 70 руб.*
Сорта яблони коллекции Ботанического сада МГУ (каталог). *И.Н. Гусева, Т.В. Кочешкова. 2002. Формат 140х210 мм. 108 стр. 44 цв. фото. — Цена 100 руб.*
Биология гидротермальных систем. *А.В. Гебрук (ред.). 2002. 543 с. с цв. вкл., в тв. перепл. Формат 210х260 мм. — Цена 250 руб.*
Также планируется:
***А.Ф. Алимов, С.Д. Степаньянц (ред.).* Фундаментальные зоологические исследования. Теория и методы** (*в печати*)
***Г.Ю. Любарский*. История московской зоологии.**

Научные монографии

Зоогенная дефолиация и лесное сообщество. *Е.Н. Иерусалимов. 2004. 263 с. Формат 148х213 мм. Тв. перепл. — Цена 120 руб.*

Морфогенез и эволюция. *В.Г. Черданцев. 2003. 360 с. Формат 145 х 205 мм. Тв. перепл. — Цена 150 руб.*

Состав и распространение энтомофаун земного шара. *О.Л. Крыжановский. 2002. 237 с. с портр., цв. вкл. (карта). Формат 170 х 244 мм. Тв. перепл. — Цена 150 руб.*

Зонтичные (Umbelliferae) Киргизии. *М.Г. Пименов, Е.В. Клюйков. 288 с., илл., карты. Формат 200 х 285 мм. Тв. перепл. — Цена 250 руб.*

Головохоботные черви (Cephalorhyncha) Мирового Океана. *А.В. Адрианов, В.В. Малахов. 1999. 328 стр. Формат 205 х 285 мм. — Цена 100 руб.*

Приапулиды: строение, развитие, филогения и система. *А.В. Адрианов, В.В. Малахов. 1996. 268 стр. Формат 210 х 285 мм. — Цена 100 руб.*

Также планируется:

В.А. Зубакин и др. (ред.). **Птицы России и сопредельных регионов. Совообразные, козодоеобразные, стрижеобразные, ракшеобразные, удодообразные, дятлообразные**.

***О.Н. Кабаков*. Жуки трибы Onthophagini** (серия «Монографии по фауне»)

География, путешествия

В тростниках Прибалхашья (Жизнь и приключения ссыльного натуралиста 1941–1946 гг.). *Б.К. Штегман. 2004. 208 с. с портр. Формат 140 х 203 мм. — Цена 60 руб.*

Пятеро на Рио-Парагвай. Документальная повесть. *В.Н. Танасийчук. 2003. 253 с. + ч/б фото. Формат 143 х 213 мм. — Цена 70 руб.*

Переход к устойчивому развитию: глобальный, региональный и локальный уровни. Зарубежный опыт и проблемы России. *Н.Ф. Глазовский и др. 2002. 444 с. Формат 167 х 238 мм. Тв. перепл. — Цена 150 руб.*

История

Сокровенное сказание монголов. *С.А. Козин (перевод). 2002. 156 с. Формат 142х215 мм. — Цена 70 руб.*

Также планируется:

Барон Унгерн в документах и мемуарах (серия «Сфера Евразии», *в печати*).

***П.К. Козлов*. Тибет и Далай-Лама. 2-е изд.** (серия «Сфера Евразии»).

Медицина

Действие биологически активных веществ в малых дозах. *А.А. Подколзин, К.Г. Гуревич. 2002. 170 с. Формат 143 х 200 мм. — Цена 50 руб*

АЛИМОВ Александр Федорович,
БОГУЦКАЯ Нина Гидальевна (ред.).

БИОЛОГИЧЕСКИЕ ИНВАЗИИ
В ВОДНЫХ И НАЗЕМНЫХ ЭКОСИСТЕМАХ.
Москва: Товарищество научных изданий КМК. 2004. 436 с.

Редактор издательства К.Г. Михайлов

Для заявок:
123100 Москва а/я 16, изд-во КМК
или:
kmk2000@online.ru
см. также:
http://webcenter.ru/~kmk2000

Отпечатано в ППП "Типография "Наука" 121099 Москва, Шубинский пер., 6.
Подписано в печать 11.08.2004. Заказ № 10565
Формат 70x100/16. Объём 27,5 печ.л. Бум. офсетная. Тираж 1000 экз.

Для заметок

Для заметок

Для заметок

Для заметок

Для заметок

Для заметок

Для заметок

Для заметок